STAHLBETONBAU IN BEISPIELEN
TEIL 1

STAHLBETONBAU IN BEISPIELEN TEIL 1

Grundlagen der Stahlbeton-Bemessung
Bemessung von Stabtragwerken nach EC 2

8. überarbeitete und aktualisierte Auflage

von

Dr.-Ing. Denis Busch
Prof. Dr.-Ing. Carina Neff

Begründet von

Univ.-Prof. Dr.-Ing. Ralf Avak

Fortgeführt ab der 6. Auflage von

Prof. Dr.-Ing. René Conchon
Dr.-Ing. Markus Aldejohann

Reguvis

Bibliografische Information der Deutschen Nationalbibliothek
Die Deutsche Nationalbibliothek verzeichnet diese Publikation in der Deutschen Nationalbibliografie; detaillierte bibliografische Daten sind im Internet über http://dnb.dnb.de abrufbar.

Reguvis Fachmedien GmbH · Amsterdamer Straße 192 · 50735 Köln
Internet: www.reguvis.de

Beratung und Bestellung:
Tel.: +49 221 97668-306
Fax: +49 221 97668-236
E-Mail: bau-immobilien@reguvis.de

ISBN (Print): 978-3-8462-1317-9

Satz: Reemers Publishing Services GmbH, Krefeld
Druck und buchbinderische Verarbeitung: Appel & Klinger Druck und Medien GmbH, Schneckenlohe

Printed in Germany

Vorwort

Die Umstellung der nationalen auf europäische Bemessungsnormen ist im Betonbau zwischenzeitlich erfolgreich umgesetzt. Die Bemessungsgrundlagen für den Stahlbetonbau sind mit der Einführung der Eurocodes und hierbei insbesondere der DIN EN 1992-1-1 (EC 2-1-1) und der DIN EN 1992-1-2 (EC 2-1-2) gegeben. Die Erläuterungen zum Normentext liegen im Heft 600 des DAfStb vollständig vor.

Mit der Bearbeitung der 8. Auflage fand ein weiterer Autorenwechsel statt. Wir danken Herrn Professor Avak, auf dessen Vorarbeit und Manuskript wir aufbauen konnten, für sein Vertrauen und hoffen, dass es uns gelingt, das Buch in seinem Sinne weiterzuführen. Des Weiteren bedanken wir uns bei Herrn Professor Conchon und Herrn Dr.-Ing. Aldejohann für die sorgfältige Bearbeitung der 6. und 7. Auflage.

Die Struktur des Buches sowie das erfolgreiche Konzept, nach Darstellung der Theorie, die praktische Bemessung anhand von Beispielen zu veranschaulichen, wurde beibehalten. Insbesondere Lesern, die mit früheren Auflagen dieses Buches vertraut sind, wird es hierdurch hoffentlich leichter fallen, sich in die neuen normativen Regelungen einzuarbeiten. Generell hoffen wir, dass „Stahlbetonbau in Beispielen“ weiterhin sowohl Studierenden als auch Praktikern ein nützliches Hilfsmittel bei der täglichen Arbeit sein wird.

Ein ganz besonderer Dank gilt Frau Dipl.-Ing. (FH) Klaudia Emrich von der Hochschule Kaiserslautern, die sämtliche Bewehrungszeichnungen und Texte bezüglich der konstruktiven Durchbildung überarbeitet hat.

Abschließend möchten wir uns beim Bundesanzeiger Verlag für die sehr angenehme Zusammenarbeit bedanken.

Bochum / Kaiserslautern, im Mai 2023

Denis Busch
Carina Neff

Inhaltsverzeichnis

3 Betondeckung

4 Bewehren mit Betonstabstahl

5 Tragwerke und deren Idealisierung

6 Grundlagen der Bemessung

7 Nachweis für Biegung und Längskraft (Biegebemessung)

8 Bemessung für Querkräfte

9 Bemessung für Torsionsmomente

10 Zugkraftdeckung

11 Begrenzung der Spannungen

12 Beschränkung der Rissbreite

15 Druckglieder und Stabilität

16 Brandschutznachweis

1 Allgemeines

1.1 Bauteile aus Stahlbeton

Beginnen möchten wir das zweibändige Werk Stahlbetonbau in Beispielen mit den Fragen, „Was ist Stahlbeton?" und „Warum ist der Baustoff Stahlbeton so erfolgreich?".

Stahlbeton ist ein Verbundbaustoff aus den beiden Komponenten Beton und Stahl, der die hervorragenden Eigenschaften der beiden Bestandteile in bestmöglicher Weise miteinander kombiniert. Stahl ist in der Lage, sowohl hohe Druck- als auch Zugkräfte aufzunehmen, ist im Vergleich zum Beton aber deutlich teurer und nur werksmäßig herstellbar. Beton hingegen kann nur geringe Zugkräfte aufnehmen, ist auf Druck aber sehr hoch belastbar. Aber nicht nur der geringere Preis rechtfertigt den Einsatz, sondern der Beton schützt den Stahl auch vor äußeren Einflüssen und stellt somit einen Brand- und Korrosionsschutz für den Stahl dar. Ein reiner Balken aus Beton würde aufgrund der geringen Zugfestigkeit bereits bei einer geringen Beanspruchung versagen, deshalb wird grundlegend der Beton in Bereichen mit großen Druckbeanspruchungen und der Stahl in Bereichen mit hohen Zugbeanspruchungen vorgesehen. Der Stahl kann aber auch in Bereichen hoher Druckbeanspruchungen eingelegt werden, um die Tragfähigkeit des Bauteils auf Druck zu verbessern.

Der im Stahlbeton verwendete Stahl wird in der Regel als Bewehrung oder Betonstahl bezeichnet. Für die Bewehrung eines Stahlbetonbauteils kommt in Deutschland seit einigen Jahren Betonstahl B500 mit einer Streck- bzw. Fließgrenze von 500 N/mm² und einer Zug- und Druckfestigkeit, die noch höher liegen, zum Einsatz. Der im üblichen Hochbau eingesetzte Beton weist Betondruckfestigkeiten von 15 bis 35 N/mm² auf. Es können aber auch Druckfestigkeiten von mehr als 100 N/mm² erreicht werden. Trotz dieser deutlich geringeren Druckfestigkeit im Vergleich zum Stahl ist der Einsatz von Beton im Bereich hoher Druckbeanspruchung wirtschaftlich. Die Zugfestigkeit des Betons hingegen liegt nur bei ca. 10 % der Betondruckfestigkeit und ist außerdem hohen Streuungen unterlegen, deshalb kann in Bereichen hoher Zugbeanspruchung auf die Verwendung von Bewehrung, die unverschieblich im Beton eingebettet ist, nicht verzichtet werden. Eine sehr wichtige Eigenschaft für das gute Zusammenwirken von Beton und Stahl ist der Verbund zwischen den beiden Komponenten. Die Sicherstellung der Verbundwirkung über lange Zeiträume kann allerdings nur bei ungefähr gleichen Wärmeausdehnungskoeffizienten (Beton $\alpha_{T,c} = 1{,}2 \cdot 10^{-5}$ und Betonstahl $\alpha_{T,s} = 1{,}1$ bis $1{,}3 \cdot 10^{-5}$) beider Werkstoffe erfolgen.

Stahlbeton ist grundsätzlich ein gerissener Baustoff, das bedeutet, dass die Rissbildung beabsichtigt und zur Aktivierung der Bewehrung sogar erforderlich ist. Diese Risse sind ein (die Dauerhaftigkeit nicht beeinträchtigender) Bestandteil der Bauweise, sofern sie ausreichend klein gehalten werden (→ Kap. 12).

Dieses perfekte Zusammenspiel zwischen den beiden Komponenten Stahl und Beton ist in einem umfangreichen Entwicklungsprozess entstanden. Die Entstehungsgeschichte des Baustoffes Stahlbeton wird mit den wesentlichen Meilensteinen in Abschnitt 1.2 dargestellt.

Stahlbeton hat aufgrund seiner beachtlichen Vorteile im Vergleich zum Stahl- und Holzbau im Bauwesen eine hohe Bedeutung und kann somit als wichtigster Baustoff bezeichnet werden. Dies liegt hauptsächlich an folgenden Gründen:

- Stahlbeton ist während der Herstellung beliebig formbar, da sich der Frischbeton der Form der Schalung anpasst. Er ermöglicht somit eine Anpassung der Form an die Beanspruchung sowie eine vielfältige architektonische Gestaltungsmöglichkeit.
- Hohe Wirtschaftlichkeit: Stahlbeton lässt sich bei geeigneter Bewehrungsführung (angepasst an den inneren Kraftfluss) mit den verfügbaren Schalsystemen äußerst wirtschaftlich herstellen. Der teure Stahl wird nur in der Zugzone benötigt. Des Weiteren sind in der Regel keine Unterhaltungsarbeiten erforderlich, die zusätzliche Kosten verursachen würden.
- Guter Schallschutz aufgrund der hohen Masse.
- Stahlbeton ist widerstandsfähig gegen Witterungseinflüsse, Feuer, mechanische Abnutzung und chemische Einflüssen.
- Stahlbeton hat aufgrund seiner Bauweise als monolithisches Tragwerk hohe Tragreserven, die für eine zusätzliche Sicherheit hinsichtlich des Versagens eines Bauteils oder des gesamten Tragwerks sorgen.

Den ganzen Vorteilen stehen aber auch Nachteile gegenüber. Diese sind:

- Hohes Eigengewicht.
- Aufgrund des hohen CO_2-Ausstoßes bei der Zementproduktion ist Beton nicht nachhaltig.
- Geringer Wärmeschutz (Dieses Manko lässt sich jedoch problemlos durch eine Wärmedämmung beheben.)
- Herstellung abhängig von Witterungseinflüssen.
- Der Umbau bzw. Abbruch ist aufgrund der schwierigen Demontierbarkeit aufwendig und teuer.

Um dem Nachteil einer aufwendigen Demontierbarkeit entgegenzuwirken, sollte ein Gebäude aus Stahlbeton so geplant werden, dass es dauerhaft erstellt wird und es erst nach einer sehr langen Zeitspanne zu einem Abbruch kommen muss. Mit der Reduktion des Eigengewichtes und der Reduktion des CO_2-Ausstoßes beschäftigen sich zahlreiche Forschungsarbeiten, sodass festgestellt werden kann, dass man auf einem guten Weg ist, diese Nachteile etwas auszugleichen.

Die Herstellung eines Stahlbetonbauteils läuft in den folgenden Schritten ab:

- Erstellung und Vorbereitung des Arbeitsplanums für alle weiteren Arbeitsschritte. Hierfür ist in der Regel ein Aushub bis zur Einbauhöhe erforderlich.
- Herstellen und Aufbau der Schalung, die entsprechend der gewünschten äußeren Form des Körpers anzupassen ist.

- Einbau der Bewehrung. Dafür wird entweder der Bewehrungskorb direkt auf der Baustelle geflochten oder als vorgefertigter Bewehrungskorb auf die Baustelle geliefert.
- Einbringen des Frischbetons in die Schalung und Verdichten des Betons mit Rüttlern.
- Nach einer gewissenhaft durchgeführten Nachbehandlung kann das Bauteil nach einer ausreichenden Erhärtungszeit ausgeschalt werden.

Stahlbetontragwerke (reinforced concrete structures) sind i.d.R. komplexe zusammenhängende (= monolithische) Tragwerke. Das Tragverhalten wird in der Regel nicht am Gesamtgebäudemodell untersucht, sondern für die Bemessung in einzelne Tragelemente (→ Kap. 5) zerlegt. Dieser Vorgang wird auch als Modellbildung bezeichnet. Die einzelnen Tragelemente lassen sich in folgende Bauteilgruppen einteilen:

- *stabförmige Bauteile* (Balken, Stützen, Zugstäbe): Ihre Aufgabe ist der Lastabtrag.
- *flächenförmige Bauteile* (Platten, Wände, wandartige Träger → Teil 2): Ihre Aufgaben sind der Lastabtrag und i.d.R. zusätzlich die Bildung des Raumabschlusses.
- *räumliche Bauteile* (Schalen): Ihre Aufgaben sind der Lastabtrag und zusätzlich die Bildung der Bauwerkshülle.

In **Abb. 1.1** ist das Verhalten von Balken, die aus verschiedenen Materialien bestehen, unter einer vertikalen Belastung dargestellt. Alle Balken biegen sich unter der Einwirkung aus Eigen- und Verkehrslast durch und es werden im Inneren des Balkens Druck- und Zugspannungen wirksam. Die Spannungen σ, die beim unbelasteten und belasteten Balken entstehen, sind neben dem Balken dargestellt. Bei Balken, die aus Stahl oder Holz hergestellt werden, verhält sich das Bauteil annähernd linear-elastisch und es entstehen Druckspannungen an der Balkenoberseite und Zugspannungen an der Balkenunterseite und dazwischen eine lineare Spannungs- und Dehnungsverteilung. Das Bauteil weist bei einer üblichen Belastung keine Rissbildung auf. Ein Stahlbetonbauteil dagegen verhält sich deutlich anders. Bereits bei geringen Zugspannungen an der Bauteilunterkante entstehen Risse, sodass in diesem Bereich die Spannungen im Beton auf 0 abfallen und die gesamten Zugspannungen vom Stahl aufgenommen werden. Aber auch die Spannungen in der Betondruckzone verhalten sich nicht linear. Wie in der **Abb. 1.1** zu erkennen, ergibt sich ein parabelförmiger Spannungsverlauf in der Druckzone. Beim Spannbeton wird vor Belastungsbeginn mit Hilfe des Spannstahls eine Druckspannung in den Beton eingebracht, sodass sich im Gegensatz zu den Balken mit den anderen Materialien bereits ohne die Berücksichtigung von äußeren Lasten Spannungen über die Querschnittshöhe ergeben. Nach Belastung verbleibt ein Spannbetonbauteil im ungerissenen Zustand, bis die Vorspannung durch die äußeren Lasten „aufgebraucht" wurde und an der Bauteilunterkante Zugspannungen entstehen. Auch hier stellt sich ein nichtlinearer Spannungsverlauf über die Querschnittshöhe bzw. Druckzonenhöhe ein. Nach Rissbildung verhält sich ein Spannbetonbauteil im Prinzip wie ein schlaff bewehrtes Stahlbetonbauteil mit hochfestem Stahl.

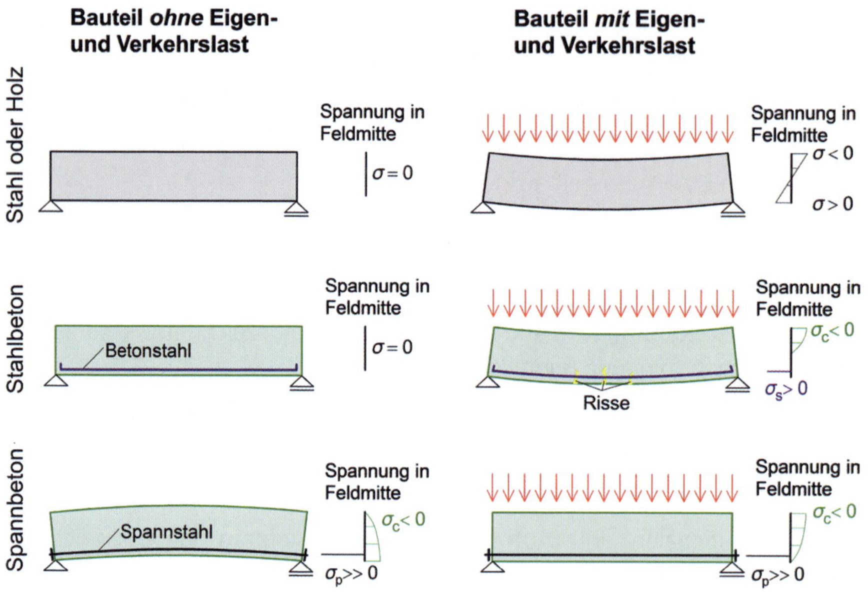

Abb. 1.1 *Tragverhalten verschiedener Baustoffe*

Aufgrund der Rissbildung und des nichtlinearen Spannungsverlaufes in der Druckzone ist ersichtlich, dass ein Stahlbetonbauteil eine hohe physikalische Nichtlinearität aufweist. Das Tragverhalten lässt sich somit nur bei geringer Belastung annähernd mit dem Hooke´schen Gesetz beschreiben. Bei höheren Belastungen ist das Hooke´sche Gesetz nicht mehr anwendbar. Durch Rissbildung kommt es zu einer Veränderung der Querschnittseigenschaften und daraus resultierend zu einer Veränderung der Steifigkeiten entlang des Bauteils. Die elementare Beziehung der Festigkeitslehre

$$\sigma = \frac{N}{A} \pm \frac{M}{W} \tag{1.1}$$

gilt für Stahlbetonbauteile nur im ungerissenen Zustand (Zustand I). Sobald die Zugfestigkeit erreicht wird und sich das Stahlbetonbauteil im gerissenen Zustand (Zustand II) befindet, ist die Beziehung aus der Festigkeitslehre nicht mehr gültig. Bei der Bemessung von Stahlbetonbauteilen sind die physikalischen Nichtlinearitäten zu berücksichtigen. Bei der Schnittgrößenermittlung allerdings darf der Einfluss der Nichtlinearität in vielen Fällen vernachlässigt werden, sodass hier näherungsweise die lineare Stabstatik angewendet werden darf.

1.2 Geschichtliche Entwicklung

Die ersten Zeugnisse, die den Einsatz hydraulischen Mörtels (Mörtel, der unter Wasserzugabe erhärtet) belegen, führen auf die Phönizier, die diesen in etwa 1000 v. Chr. einsetzten, zurück. Für den hydraulischen Mörtel wurden auch damals schon Kalk und Zusätze aus vulkanischem Gestein verwendet. Die größten Baumeister der Antike, die den Werkstoff Beton benutzten, sind aber wohl die Römer, die aus Kalk sowie natürlichen hydraulischen Zusätzen (Puzzolanen) und Gesteinsbrocken den römischen Beton „Opus

Caementitium" entwickelten. Dieser Beton wurde auch damals schon zur Formgebung zwischen einer Schalung aus Brettern oder einem Mauerwerk verbaut. Der Einsatz einer Bretterschalung kann unter anderem bei den Fundamenten im Kolosseum in Rom begutachtet werden. Die Herstellung des „Opus Caementitium" wurde vom römischen Architekten Vitruv in etwa um das Jahr 25 v. Chr. in dem Werk „Zehn Bücher über Architektur" beschrieben. Als eines der beeindruckendsten Werke der römischen Baukultur kann das in der Regierungszeit von Kaiser Hadrian in etwa in den Jahren 125 bis 128 n. Chr. fertiggestellte Pantheon in Rom bezeichnet werden. Die Kuppel des Pantheons spannt über 43,3 m, was für damalige Verhältnisse als Meisterleistung angesehen werden muss. Die Spannweite der Kuppel des Pantheons wurde erst mit dem Bau der Jahrhunderthalle in Breslau im Jahr 1913 mit einer Kuppelspannweite von 65 m übertroffen.

Einhergehend mit dem Ende des römischen Reiches gingen viele Kenntnisse über den Baustoff Beton verloren. Abgesehen von den Kirchenbauten gab es bis zur Neuzeit keine vergleichbare Baukultur wie die der Römer, sodass sich bis zur industriellen Revolution in der Entstehungsgeschichte des Stahlbetons keine neuen Entwicklungsschritte ergaben. In England wurde in dieser Zeit mit der Herstellung von größeren Mengen Eisen und später auch Stahl begonnen. Dieser Baustoff, der in der Lage war, hohe Zugkräfte aufnehmen zu können, war eine Grundvoraussetzung für den späteren Einsatz des Stahls als Bewehrung im Beton. Im Jahr 1779 wurde bereits die erste Brücke aus Gusseisen (Iron Bridge), die den Fluss Severn überspannt, errichtet. 1796 entwickelte der Engländer J. Parker den Romanzement, der ohne Zugabe von puzzolanischen Zusatzstoffen auskam. Romanzement war bis zur Mitte des 19. Jahrhunderts das bevorzugte Bindemittel, bevor es vom Portlandzement abgelöst wurde. Im Jahr 1824 wurde Portlandzement von J. Aspdin patentiert und im Jahr 1844 von C. Johnson bis zur Sinterung bei 1400-1450 °C gebrannt, wodurch sich eine deutliche Verbesserung der Materialeigenschaften ergab. Im Jahr 1855 wurde dann auch schließlich das erste deutsche Portlandzementwerk in Stettin errichtet. Bereits im selben Jahr wurde J. L. Lambot ein französisches Patent für Behälter aus Beton mit integrierten Drähten aus Eisen erteilt. Diese Erfindung kann bereits als Vorläufer des heutigen Stahlbetons angesehen werden, erlangte damals allerdings keine große Aufmerksamkeit. In den Folgejahren wurde von F. Coignet eine Betondecke patentiert, die bereits Bewehrungen aus Eisenstäben beinhaltete. Der Durchbruch des Eisenbetons wurde aber erst 1861 durch den Franzosen Joseph Monier erreicht. Er stellte drahtverstärkte Blumenkübel her und erhielt im Jahr 1867 dafür und für verschiedene andere Bauteile mit Stabbewehrung Patente. 1875 baute Monier die weltweit erste Brücke aus Eisenbeton mit einer Länge von 16,50 m über einen Schlossgraben. In Frankreich blieben seine Ideen jedoch im Wesentlichen auf den Garten- und Landschaftsbau begrenzt. In Deutschland jedoch wurde von G. A. Wayss und C. Freytag das Patent von Monier gekauft und umfangreich in der Baupraxis genutzt.

Das erste Bauwerk, bei dem die Eisenbetonbauweise im großen Maßstab genutzt wurde, ist das Reichstagsgebäude in Berlin, welches in den Jahren 1884 bis 1894 errichtet wurde. M. Koenen, der leitende Bauleiter bei der Errichtung des Reichstagsgebäudes, veröffentlichte als erster eine Abhandlung über Eisenbeton, die auch erste Berechnungsverfahren enthielt. Er führte überdies gemeinsam mit Wayss Bauteilversuche zum besseren Verständnis des Bauteilverhaltens durch. Koenen widerlegte die von vielen Kritikern aufgeführten

Vorurteile hinsichtlich des Baustoffs Stahlbeton. Er zeigte, dass Eisen nicht, verursacht durch den nassen Beton, anfängt zu rosten und dass der Beton an dem sehr glatten Stahl haftet und somit im Verbund mit dem Beton wirkt sowie dass sich Stahl und Beton bei Temperaturänderung hinsichtlich ihrer Dehnung ziemlich gleich verhalten. F. Hennebique sorgte 1892 mit der Einführung des Plattenbalkens für einen sparsameren Materialeinsatz. 1898 wird der DBV Deutscher Beton- und Bautechnik-Verein (Damals Deutscher Beton Verein) gegründet. E. Mörsch verfasste im Jahr 1902 die erste umfangreiche wissenschaftliche Darstellung der Wirkungsweise des Eisenbetons. Auch heute ist das für die Querkraftbemessung bekannte Fachwerkmodell nach Mörsch noch jedem Tragwerksplaner bekannt. 1903 wurde in den USA das erste Eisenbetonhochhaus, das 16-stöckige Ignalls Building in Cincinnati, errichtet.

Bereits im Jahr 1888 erhielt der Berliner W. Döhring ein Patent für Spannstahl, welches aber erst durch den Franzosen E. Freyssinet im Jahr 1928 aufgrund des Einsatzes von hochfestem Stahl seine Wirkung voll entfalten konnte. Im Jahr 1936 folgte dann auch der Bau der weltweit ersten Spannbetonbrücke durch F. Dischinger in Aue/Sachsen.

Einen wesentlichen Anteil an dem weltweiten Siegeszug des Stahlbetonbaus bildet nach dem zweiten Weltkrieg die Weiterentwicklung der Transportfahrzeuge zu modernen Fahrmischern. Es entstanden in kürzester Zeit zahlreiche Transportbetonwerke in Europa und den USA. Ebenfalls gewann der Betonfertigteilbau nach dem Zweiten Weltkrieg an Bedeutung. Von Le Corbusier wurde durch eine standardisierte Massenproduktion eine hohe Wirtschaftlichkeit erreicht, die dem Wohnungsmangel, der durch den Zweiten Weltkrieg entstanden war, entgegenwirken sollte.

In den späten 70er Jahren wurden in Deutschland das erste Mal Stahlfasern dem Beton beigemischt, um die Leistungsfähigkeit des Verbundbaustoffs weiter zu verbessern. Seitdem entwickelte sich der Stahl- und Spannbeton immer weiter und kann heute als Hightech-Produkt bezeichnet werden. Aktuelle Entwicklungen der letzten Jahre befassen sich mit den Themen Ultrahochleistungsbeton mit einer Betondruckfestigkeit von mehr als 150 N/mm^2, selbstverdichtender Beton, der sich ohne den Einsatz von Rüttelflaschen selbst verdichtet, lichtdurchlässiger Beton (auch als transluzenter Beton bezeichnet), Textil- und Carbonbeton sowie mikrobewehrter Beton für die Ausführung von sehr schlanken Stahlbetonbauteilen. Im Bereich der Stahlbetondecken gewinnen überdies ein- und zweiachsig gespannte Hohlkörperdecken aufgrund des geringeren Eigengewichts und des geringeren CO_2-Ausstoßes im Sinne der Nachhaltigkeit immer mehr an Bedeutung.

1.3 Bemessungsnormen im Stahlbetonbau

Die Entwicklung einer Bemessungsnorm ist einer stetigen Veränderung unterlegen. Als erster Vorläufer der DIN-Normung können die 1904 erschienenen Leitsätze des Deutschen Betonvereins (DBV) angesehen werden. 1916 wurde vom im Jahr 1907 gegründeten Deutschen Ausschuss für Stahlbeton (DAfStb) (damals noch als Deutscher Ausschuss für Eisenbeton bezeichnet) eine Bestimmung für die Ausführung von Bauwerken aus Eisenbeton herausgegeben. 1925 wurde die Bestimmung von 1916 genormt und als DIN 1045 veröffentlicht. Es folgten Überarbeitungen der Norm in den Jahren 1932, 1937, 1943 und 1959, bis im Jahr 1972 die erste große Änderung der DIN 1045 veröffentlicht wurde. Erst nach dieser Überarbeitung wurde das heute noch übliche dehnungsorientierte Bemessungsverfahren auf der Grundlage einer nichtlinearen Spannungs-Dehnungs-Beziehung für den Beton eingeführt. Die Nachweisführung erfolgte nun anhand aufnehmbarer Schnittgrößen anstelle von vorher üblichen Spannungsnachweisen. Nach weiteren Überarbeitungen in den Jahren 1978 und 1988 erfolgte im Jahr 2001 eine zweite vollständige Überarbeitung der DIN 1045. In dieser Fassung wurden unter anderem das vorher gültige globale Sicherheitskonzept durch das heutige Teilsicherheitskonzept ersetzt und die Nachweise für den Querkraft- und Durchstanzwiderstand geändert sowie eine Ausweitung der Nachweise der Dauerhaftigkeit und Gebrauchstauglichkeit vorgenommen. Bis zur Einführung der europäisierten Normung kam noch im Jahr 2008 die letzte DIN 1045 heraus, die allerdings heute keine Gültigkeit mehr besitzt.

Aufgrund der fortschreitenden Europäisierung wurde im Jahr 1978 vom Comité Européen du Béton (CEB) und von der Fédération Internationale de la Précontrainte (fip) ein erstes Grundlagenwerk für Praktiker und Forscher, der Model Code 1978, herausgegeben, der als eine wichtige Grundlage der internationalen, aber auch der nationalen Normung angesehen werden kann. 1990 kam eine überarbeitete Fassung, der Model Code 1990, heraus, der die rasanten Entwicklungen im Stahlbetonbau berücksichtigte. Zwei Jahre später folgte die erste europäisierte Vornorm, die DIN V ENV 1992-1-1 in Deutschland. Allerdings dauerte es dann noch bis Januar 2011, bis der erste Teil der DIN EN 1992-1-1 veröffentlicht wurde.

Im Jahr 2010 brachte die Fédération internationale du béton (fib), die aus einem Zusammenschluss des CEB und des fip entstand, den aktuellen Model Code 2010 heraus. Ein paar grundlegende Ideen dieses Werkes wurden bereits in der aktuellen Fassung der DIN EN 1992-1-1 von 2011 berücksichtigt, werden aber mit Sicherheit auch noch Einzug in die überarbeitete Fassung der DIN-Norm, die voraussichtlich Mitte dieses Jahrzehnts erscheinen wird, halten.

Die Umstellung von nationalen auf europäische Bemessungsnormen kann im Betonbau als erfolgreich umgesetzt angesehen werden. Die DIN 1045 ist vollständig zurückgezogen, sodass aktuell nur die DIN EN 1992-1-1 in Deutschland Gültigkeit besitzt. Wann eine Norm Gültigkeit besitzt und als bauaufsichtlich eingeführt gilt, wird im Folgenden erläutert.

Das Deutsche Institut für Bautechnik (*DIBt*) veröffentlicht im Auftrag der Bundesländer in regelmäßigen Abständen eine *Muster-Verwaltungsvorschrift für die Technischen Baubestimmungen*. Die Bundesländer überführen diese Liste individuell mit mehr oder weniger großen Abweichungen in ihre eigenen Listen. Es entsteht die *Liste der als Technische Baubestimmungen eingeführten technischen Regeln*. Erst wenn die einzelnen Normen in dieser Liste erscheinen, sind sie bauaufsichtlich eingeführt und müssen von den jeweiligen Behörden der Bauaufsicht beachtet werden.

Für die Bemessung von Stahlbeton- und Spannbetonbaukonstruktionen im Hochbau ist in **Tafel 1.1** ein Abschnitt der *Muster-Liste der Technischen Baubestimmungen* des *DIBt* zusammengestellt.

Nr.	Bezeichnung	Titel	Ausgabe
1.2.3	DIN EN 1992 (EC 2)	Eurocode 2: Bemessung und Konstruktion von Stahlbeton- und Spannbetontragwerken	
Bezugsquelle: Beuth Verlag GmbH, 10772 Berlin	-1-1	- Teil 1-1: Allgemeine Bemessungsregeln und Regeln für den Hochbau	Januar 2011
	-1-1/A1	A1 Änderung	März 2015
	-1-1/NA	Nationaler Anhang-National festgelegte Parameter zum Eurocode 2 Teil 1-1	April 2013
	-1-1/NA/A1	A1 Änderung zum Nationalen Anhang	Dezember 2015
	-1-2	- Teil 1-2: Allgemeine Regeln-Tragwerksbemessung für den Brandfall	Dezember 2010
	-1-2/NA	Nationaler Anhang-National festgelegte Parameter zum Eurocode 2 Teil 1-2	Dezember 2010
	-1-2/NA/A1	A1 Änderung zum Nationalen Anhang	September 2015
	-4	Bemessung der Verankerung von Befestigungen in Beton	April 2019
	-4/NA	Nationaler Anhang – National festgelegte Parameter zum Eurocode 2 Teil 4	April 2019

Tafel 1.1 *Auszug aus der Muster-Liste der Technischen Baubestimmungen (DIBt, Januar 2021)*

Die *Liste der als Technische Baubestimmungen eingeführten technischen Regeln* betrifft nur den Hochbau. Die Einführung der Eurocodes für den Brücken- und Ingenieurbau erfolgt bei Straßenbrücken durch das Bundesministerium für Verkehr, Bau und Stadtentwicklung mit den *Allgemeinen Rundschreiben* (*ARS*) an die Obersten Straßenbaubehörden der Länder. Für die Bemessung und Konstruktion von Bahnanlagen und Eisenbahnbrücken ist die vom Eisenbahn-Bundesamt eingeführte *Eisenbahnspezifische Liste Technischer Baubestimmungen* (*ELTB*) maßgebend.

Neben der DIN EN 1992 sind noch weitere Regelwerke bei der Bemessung und Planung von Tragwerken aus Stahlbeton zu berücksichtigen. Zu diesen gehören unter anderem:

- DIN EN 1990: Grundlagen der Tragwerksplanung (Dezember 2010)
- DIN EN 1991: Einwirkungen auf Tragwerke (Dezember 2010)
- DIN EN 1997: Entwurf, Berechnung und Bemessung in der Geotechnik (März 2014)
- DIN EN 1998: Auslegung von Bauwerken gegen Erdbeben (Dezember 2010)
- DIN EN 13670: Ausführung von Tragwerken aus Beton (März 2011)
- DIN EN 206-1: Festlegung, Eigenschaften, Herstellung und Konformität (Januar 2017)

Neben den zuvor genannten DIN-Normen sind noch die nachfolgend aufgeführten Dokumente, die den Stand der Technik wiedergeben, zu berücksichtigen:

- Richtlinien von Behörden oder Fachausschüssen (z.B. vom DAfStb) oder Fachverbänden (z.B. Betonverein).
- Allgemeine Bauartgenehmigung aBG (ersetzt seit 2017 die Allgemeine bauaufsichtliche Zulassung (abZ)). Diese werden vom DIBt erteilt.
- ETA „European Technical Assessment" – auf Deutsch: Europäische Technische Bewertung. Die ETA ist ein Produktleistungsnachweis, der zur CE-Kennzeichnung führt und somit die Vermarktung eines Produktes im gesamten Europäischen Wirtschaftsraum ermöglicht.

In der Schriftenreihe des DAfStb erscheinen regelmäßig aktuelle Forschungsberichte, die als Ergänzung zu den gültigen Normen gewertet werden können. Bisher sind schon mehr als 630 Hefte in der Schriftenreihe erschienen. Eine Erläuterung der wissenschaftlichen Grundlagen der aktuellen DIN EN 1992-1-1 befindet sich im DAfStb-Heft 600. Eine kommentierte Fassung des Eurocode 2, die ebenfalls die wissenschaftlichen Grundlagen erläutert, wird vom DBV herausgegeben. In den allgemeinen Bauartgenehmigungen werden aktuelle Entwicklungen, die noch nicht in der Normung berücksichtigt wurden, geregelt. Zu diesen gehörten bis zum Erscheinen der DIN EN 1992 Teil 4 auch die Befestigungsmittel im Beton.

Bei der Anwendung der DIN EN 1992 ist zwischen Prinzipien und Anwendungsregeln zu unterscheiden. Prinzipien enthalten Festlegungen, Definitionen und Angaben, die zwingend zu befolgen sind. Dies können Rechenmodelle und Formulierungen gewisser Anforderungen sein, von denen keine Abweichungen erlaubt sind. Die Prinzipien werden mit einem P nach der Absatznummer gekennzeichnet. Anwendungsregeln sind allgemein anerkannte Regeln, die den Prinzipien folgen und deren Anforderungen erfüllen. Von diesen Anwendungsregeln darf abgewichen werden, solange diese Abweichungen mit den Prinzipien übereinstimmen und die Tragfähigkeit, Gebrauchstauglichkeit und Dauerhaftigkeit des Bauwerks nicht negativ beeinflussen und sich somit hinsichtlich der genannten Anforderungen als gleichwertig erweisen.

Die DIN EN 1992-1-1 wird durch einen Nationalen Anhang (NA) ergänzt, der national festgelegte Regelungen enthält, die in dem jeweiligen Land verbindlich anzuwenden sind. Im NA wird unterschieden zwischen national festzulegenden Parametern (NDP) und zusätzlichen nationalen Ergänzungen (NCI). Die NDPs geben Hinweise zu Parametern, die im Eurocode für nationale Entscheidungen offengelassen wurden, dies können Zahlenwerte oder landesspezifische Daten, die nur für das spezielle Land gelten, wie Schnee- und Erdbebenkarten sein. Auch die Festlegung einer Vorgehensweise, wenn der Eurocode mehrere Alternativen zur Wahl stellt, kann über NDPs erfolgen. NCIs enthalten normative Zusätze und abweichende Regeln, die nur in Deutschland Gültigkeit besitzen. Bei allen Festlegungen ist darauf zu achten, dass diese den Angaben aus dem Eurocode nicht widersprechen. In Deutschland wurden, um das Sicherheitsniveau der DIN 1045 beizubehalten, zahlreiche NDPs im nationalen Anhang eingeführt.

Die DIN EN 1992-1-1 gilt für die Bemessung und Konstruktion von Stahlbeton- und Spannbetontragwerken des Hoch- und Ingenieurbaus. Genormt ist Normalbeton in den Festigkeitsklassen C12/15 bis C100/115 und Leichtbeton in den Festigkeitsklassen LC12/13 bis LC60/66. Im üblichen Hochbau wird Normalbeton in den Betonfestigkeitsklassen C12/15 bis C50/60 eingesetzt. Aus diesem Grund werden in dem vorliegenden zweibändigen Werk die Bemessung und Konstruktion überwiegend nur für diesen üblichen Anwendungsbereich aufgezeigt. Die Nachweise für Spannbetontragwerke benötigen eine ausführliche separate Darstellung und werden in diesem Werk nicht behandelt.

In DIN EN 1992-1-1 werden die Anforderungen für die Tragfähigkeit, Gebrauchstauglichkeit und Dauerhaftigkeit von Tragwerken untersucht. Andere Anforderungen wie z.B. die bauphysikalischen Nachweise des Wärme- und Schallschutzes sind in der Norm nicht geregelt und somit auch nicht Bestandteil dieses Buches.

1.4 Eigenschaften des Verbundbaustoffs Stahlbeton

1.4.1 Allgemeines

Im Stahlbetonbau beteiligen sich der Beton und der Betonstahl an der Aufnahme der Beanspruchung (Schnittgrößen). Die Aufteilung hängt hierbei von der Art der Beanspruchung (Druck-, Zug-, Biegebeanspruchung) und ihrer Größe ab. Der Tragmechanismus und die Lastaufteilung werden nachfolgend für jede dieser Beanspruchungen erläutert.

1.4.2 Tragverhalten unter zentrischem Druck

Um das Tragverhalten von Stahlbeton unter zentrischem Druck zu erläutern, soll das in **Abb. 1.3** dargestellte Prisma mit der Querschnittsfläche A_c und einem mittig angeordneten Bewehrungsstab der Fläche A_s betrachtet werden. In **Abb. 1.2** ist die Kraft-Stauchungs-Beziehung des zentrisch gedrückten Stahlbetonbauteils dargestellt. Bis zu einer Kraft, die in etwa 40 % der Versagenslast F_u beträgt, verhält sich das Bauteil linear (Bereich A). Bei höherer Belastung (Bereich B) kommt es durch das nichtlineare Materialverhalten des Betons auf Druck zu einer Abnahme der Steifigkeiten, sodass sich bis zum Erreichen der Quetschgrenze (Druckfließgrenze) des Betonstahls ein parabelförmiger Verlauf der Kraft-Stauchungs-Beziehung ergibt. In dem sich anschließenden Bereich (Bereich C) ergeben sich plastische Verformungen im Betonstahl, weshalb die Kraft-Stauchungs-Beziehung nochmals flacher verläuft und nur noch eine geringe Steigerung bis zum Erreichen der Versagenslast entsteht.

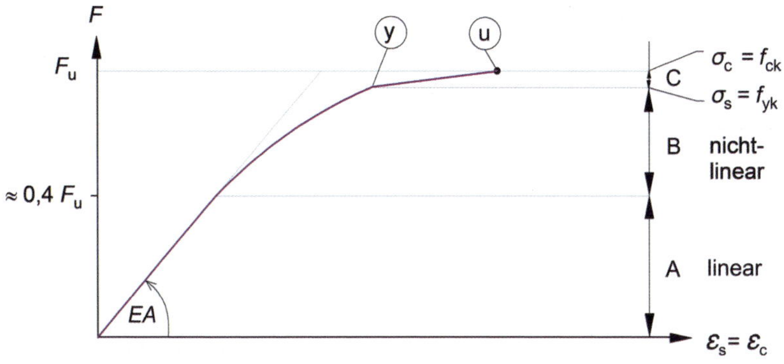

Abb. 1.2 *Kraft-Stauchungs-Beziehung eines zentrisch gedrückten Stahlbetonbauteils*

Zur Veranschaulichung ist in **Abb. 1.3** im oberen Bereich die Relativverschiebung u zwischen den beiden Werkstoffen in ihrer Kontaktfläche dargestellt. Da es bei einem auf Druck belasteten Bauteil zu keiner Rissbildung kommt, liegt im gesamten Bauteil ein idealer Verbund vor und es kommt zu keiner Relativverschiebung zwischen der Bewehrung und dem Beton ($u = 0$). **Abb. 1.3** zeigt des Weiteren einen Vergleich der Stauchungen des Betons ε_c und des Betonstahls ε_s sowie der zugehörigen Spannungen σ_c und σ_s. Da es aufgrund des idealen Verbundes zu keiner Relativverschiebung zwischen den beiden Komponenten kommt, ist über die gesamte Bauteillänge die Stauchung des Betons und der Bewehrung gleich. Die Spannung hingegen ist in der Bewehrung deutlich größer, dies liegt an dem deutlich größeren E-Modul des Betonstahls (E_s = 200.000 N/mm²) im Vergleich zum E-Modul des Betons (E_{cm} = 30.000 bis 35.000 N/mm² für üblichen Beton) und dem damit deutlich größeren Widerstand gegen die aufgezwängte Stauchung.

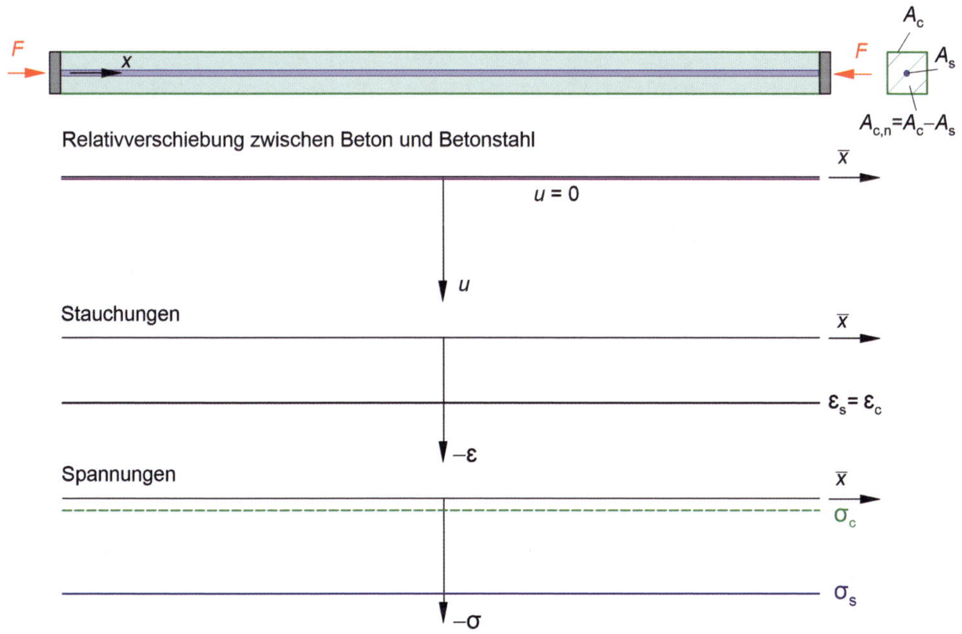

Abb. 1.3 *Stahlbetonprisma unter zentrischem Druck*

Niedrige Beanspruchung (Bereich A):

Beide Baustoffe verhalten sich im Belastungsbereich A nach dem HOOKEschen Gesetz. Hierüber lassen sich mit dem E-Modul, welcher die Proportionalitätskonstanten zwischen der Spannung und der Dehnung darstellt, folgende Beziehungen für den Beton und den Betonstahl formulieren:

$$\sigma_c = E_c \cdot \varepsilon_c \tag{1.2}$$

$$\sigma_s = E_s \cdot \varepsilon_s \tag{1.3}$$

Da, wie in **Abb. 1.3** gezeigt, die Dehnungen im Beton und in der Bewehrung gleich groß sind ($\varepsilon_c = \varepsilon_s$), ergibt sich:

$$\sigma_s = E_s \cdot \varepsilon_c = E_s \cdot \frac{\sigma_c}{E_c} = \alpha_e \cdot \sigma_c \tag{1.4}$$

$$\text{mit } \alpha_e = \frac{E_s}{E_c} \tag{1.5}$$

Da sich an der Aufnahme einer Druckkraft sowohl der Beton als auch die Bewehrung beteiligen, ergibt sich unter Berücksichtigung der elementaren Beziehung $F = \sigma \cdot A$:

$$F = F_c + F_s = \sigma_c \cdot A_{c,n} + \sigma_s \cdot A_s = \sigma_c \cdot A_{c,n} \cdot \left(1 + \alpha_e \cdot \frac{A_s}{A_{c,n}}\right) \tag{1.6}$$

Beachtet man, dass die Nettofläche des Betonquerschnitts $A_{c,n}$ ungefähr gleich der Querschnittsfläche des Prismas A_c ist und definiert als Verhältnis der Stahlfläche zur Betonfläche den geometrischen Bewehrungsgrad ρ (geometrical reinforcement ratio), so kann die Beanspruchung über die innere Betondruckkraft F_c beschrieben werden.

$$\rho = \frac{A_s}{A_{c,n}} \approx \frac{A_s}{A_c} \tag{1.7}$$

$$F = F_c \cdot \left(1 + \alpha_e \cdot \rho\right) \tag{1.8}$$

Da der geometrische Bewehrungsgrad von Stahlbetonkonstruktionen wenige Prozent beträgt und das Verhältnis der Elastizitätsmoduln < 10 ist, lässt sich aus Gl. (1.8) sofort erkennen, dass der zweite Summand in der Klammer < 1 ist und somit die Tragfähigkeit einer Stahlbetonkonstruktion auf Druck durch den Beton bestimmt wird. Der Einfluss der Bewehrung nimmt weiterhin mit steigender Betonfestigkeit (= wachsendem E_c) ab. Die Steifigkeit $E \cdot A$ der Konstruktion ergibt sich bei niedriger Beanspruchung wie folgt:

$$E \cdot A = E \cdot A^I = E_c \cdot A_{c,n} + E_s \cdot A_s = E_c \cdot A_{c,n} \cdot \left(1 + \alpha_e \cdot \rho\right) \tag{1.9}$$

Aus Gl. (1.9) ist ersichtlich, dass der Ausdruck $A_{c,n} \cdot \left(1 + \alpha_e \cdot \rho\right)$ eine Fläche darstellt. Sie wird als ideeller Querschnitt A_i definiert.

$$A_i = A_{c,n} \cdot \left(1 + \alpha_e \cdot \rho\right) \tag{1.10}$$

Beanspruchungsbereich B:
Bei zunehmender Belastungssteigerung verhält sich der Beton zunehmend nichtlinear. Die Steifigkeit vermindert sich (Bereich B).

Hohe Beanspruchung (Punkt u):
Der Betonstahl erreicht mit zunehmender Belastung und damit Stauchung des Prismas die Druckfließgrenze. Dieser Zustand wird in **Abb. 1.2** durch den Punkt y beschrieben. Bei weiterer Laststeigerung nimmt nur noch die Druckspannung im Beton zu, bis diese die Druckfestigkeit f_{ck} erreicht. Mit den Gln. (1.6) und (1.7) lässt sich die Bruchlast F_u bestimmen:

$$F_u = F_c + F_s = f_{ck} \cdot A_{c,n} + f_{yk} \cdot A_s \tag{1.11}$$

$$F_u = F_c \cdot \left(1 + \frac{f_{yk}}{f_{ck}} \cdot \rho\right) \tag{1.12}$$

Bei einem Stahlbetonbauteil, welches durch eine zentrische Druckkraft belastetet wird, kommt es zwar zum Fließen der Bewehrung, dieses Fließen führt aber nicht zum Versagen des Bauteils. Als Versagensursache kann der Beton, der durch Querzugspannungen versagt, angesehen werden.

Beispiel 1.1: Längenänderung einer Stütze

a) An einer 2,50 m langen Stütze 20/20 cm greift eine Last in Höhe von F = -300 kN an. Der Beton der Stütze hat die Festigkeitsklasse C20/25 (E_{cm} = 30.000 N/mm²). Wie groß ist die Längenänderung der Stütze unmittelbar nach Lastaufbringung?

b) Die Stütze wird zusätzlich mit Betonstahl 4 Ø 20 (E_s = 200.000 N/mm²)) in den Ecken bewehrt. Um wie viel Prozent vermindert sich die Längenänderung durch den Einbau der Bewehrung?

Lösung Frage a:

$A_c = 20 \cdot 20 = 400\ \text{cm}^2$	$A_c = b \cdot h$
$\Delta l = \frac{-0{,}300 \cdot 2{,}5}{30000 \cdot 0{,}04} = \underline{\underline{-0{,}63 \cdot 10^{-3}\ \text{m}}}$	$\Delta l = \frac{F \cdot l}{E \cdot A}$

Lösung Frage b:

$A_s = 4 \cdot \pi \cdot \frac{2{,}0^2}{4} = 12{,}6\ \text{cm}^2$	$A_s = n \cdot \pi \cdot \frac{\varnothing_s^2}{4}$
$A_{c,n} = A_c - A_s = 400 - 12{,}6 = 387\ \text{cm}^2$	$A_{c,n} = A_c - A_s$
$\rho = \frac{12{,}6}{387} = 0{,}033 = 3{,}3\%$	(1.7): $\rho = \frac{A_s}{A_{c,n}}$
$\alpha_e = \frac{200000}{30000} = 6{,}67$	(1.5): $\alpha_e = \frac{E_s}{E_c}$
$E \cdot A = 30000 \cdot 387 \cdot 10^{-4} \cdot (1 + 6{,}67 \cdot 0{,}033)$ $= 1420\,\text{MN}$	(1.9): $E \cdot A = E_c \cdot A_{c,n} \cdot \left(1 + \alpha_e \cdot \rho\right)$
$\Delta l = \frac{-0{,}300 \cdot 2{,}5}{1420} = \underline{\underline{-0{,}53 \cdot 10^{-3}\ \text{m}}}$	$\Delta l = \frac{F \cdot l}{E \cdot A}$

Die Bewehrung reduziert die Stauchung um 16 %. Fortsetzung mit Beispiel 2.3

1.4.3 Tragverhalten unter zentrischem Zug

Es wird wieder ein Stahlbetonprisma betrachtet, welches allerdings diesmal durch eine Zugkraft beansprucht wird (**Abb. 1.4**).

Niedrige Beanspruchung (Bereich A):

Beide Baustoffe verhalten sich zunächst wieder nach dem HOOKEschen Gesetz. Die inneren Spannungen und Kräfte lassen sich somit formulieren zu:

$$F = F_c + F_s = \sigma_{ct} \cdot A_{c,n} + \sigma_s \cdot A_s = \sigma_{ct} \cdot A_{c,n} \cdot \left(1 + \alpha_e \cdot \frac{A_s}{A_{c,n}}\right) = \sigma_{ct} \cdot A_i \qquad (1.13)$$

$$\sigma_{ct} = \frac{F}{A_i} \approx \frac{F}{A_c} \qquad (1.14)$$

$$\sigma_s = E_s \cdot \varepsilon_s = \alpha_e \cdot \sigma_{ct} \qquad (1.15)$$

Bis auf das umgekehrte Vorzeichen der Spannungen liegt somit zunächst die gleiche Situation wie bei zentrischem Druck vor. Dies gilt auch für die Steifigkeit *EA*ᴵ (**Abb. 1.5**), die gemäß Gl. (1.9) berechnet werden kann.

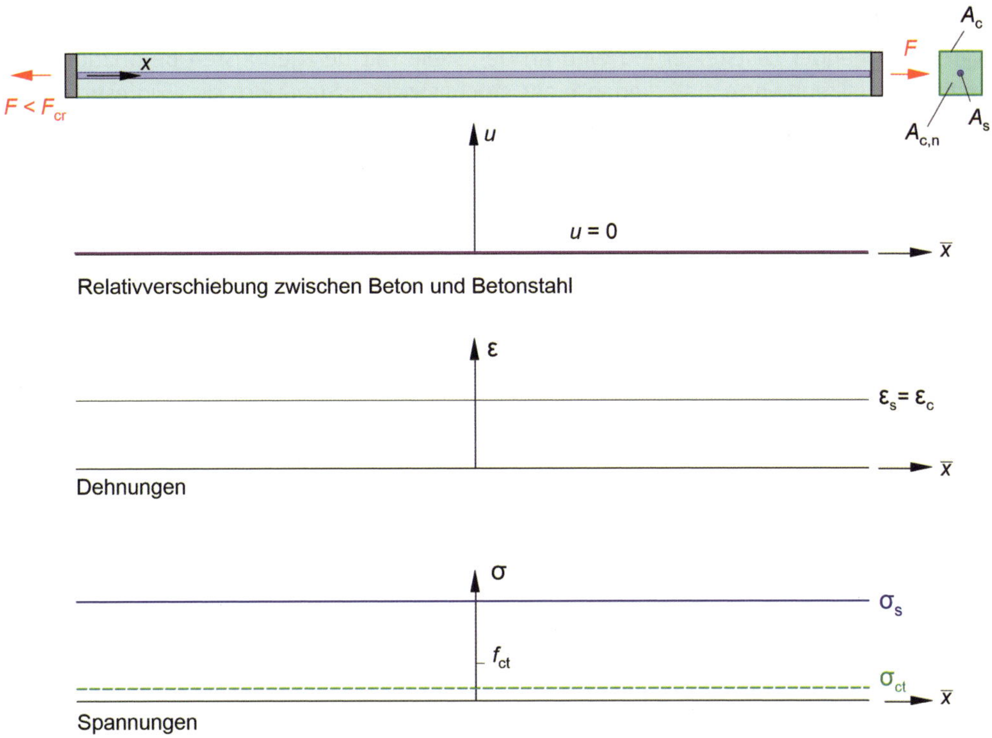

Abb. 1.4 *Stahlbetonprisma unter zentrischem Zug vor Rissbildung*

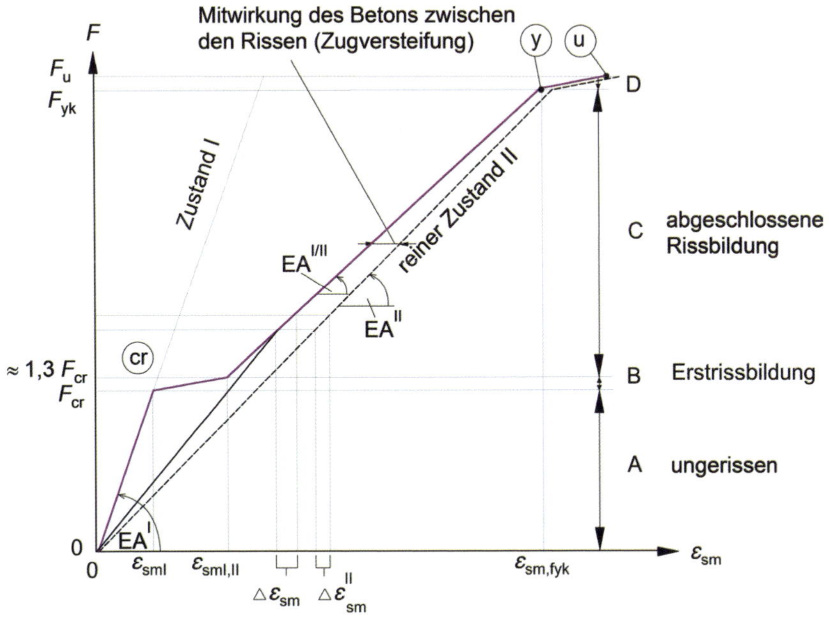

Abb. 1.5 *Kraft-Dehnungs-Beziehung eines zentrisch gezogenen Stahlbetonbauteils*

Bildung des 1. Risses (Punkt cr):

Mit zunehmender Laststeigerung wird an der Stelle mit der geringsten Betonzugfestigkeit (Materialkennwerte unterliegen einer stochastischen Streuung) die Zugfestigkeit f_{ct} erreicht und überschritten. Als Folge hiervon stellt sich ein Riss im Beton ein. Bei einem unbewehrten Betonprisma würde dies unmittelbar zu einem Versagen führen. Bei einem Stahlbetonbauteil übernimmt ab diesem Zeitpunkt die Bewehrung die gesamte Zugkraft im Riss (Gl. (1.17)).

unmittelbar *vor* Rissbildung (Zustand I = uncracked stage) $F \approx F_{cr} = f_{ct} \cdot A_i$ (1.16)

unmittelbar *nach* Rissbildung (Zustand II = cracked stage) $\sigma_c = 0$

$$F_{cr} = \sigma_{s,cr} \cdot A_s \tag{1.17}$$

Durch Gleichsetzen von Gl. (1.16) und (1.17) lassen sich folgende Erkenntnisse gewinnen:

$$f_{ct} \cdot A_i = \sigma_{s,cr} \cdot A_s$$

$$\sigma_{s,cr} = f_{ct} \cdot \frac{A_i}{A_s} = f_{ct} \cdot \frac{A_{c,n} \cdot (1 + \alpha_e \cdot \rho)}{\rho \cdot A_{c,n}} = f_{ct} \cdot \frac{1 + \alpha_e \cdot \rho}{\rho} \tag{1.18}$$

$$\Delta\sigma_s = \sigma_{s,cr} - \sigma_s = f_{ct} \cdot \left(\frac{1 + \alpha_e \cdot \rho}{\rho} - \alpha_e\right) = \frac{f_{ct}}{\rho} \tag{1.19}$$

Durch die Rissbildung entstehen Relativverschiebungen zwischen Beton und Betonstahl im Riss und in der unmittelbaren Umgebung des Risses (**Abb. 1.6**). Im Beton fallen durch die Rissbildung die Spannungen im Riss auf null ab, sodass im Betonstahl die Spannungen und damit auch die Dehnungen an der Rissstelle sprunghaft zunehmen (**Abb. 1.6**). Dieser Spannungssprung ist umso größer, je kleiner der Bewehrungsgrad ρ ist. Die Rissbreite w lässt sich über das Integral der Dehnungsunterschiede von Beton und Betonstahl ermitteln. Infolge der Verbundwirkung zwischen Beton und Betonstahl wird der Dehnungsunterschied jedoch schnell abgebaut. Außerhalb der Einleitungslänge l_t (transfer length) liegen im Prisma die Verhältnisse des ungerissenen Zustandes vor.

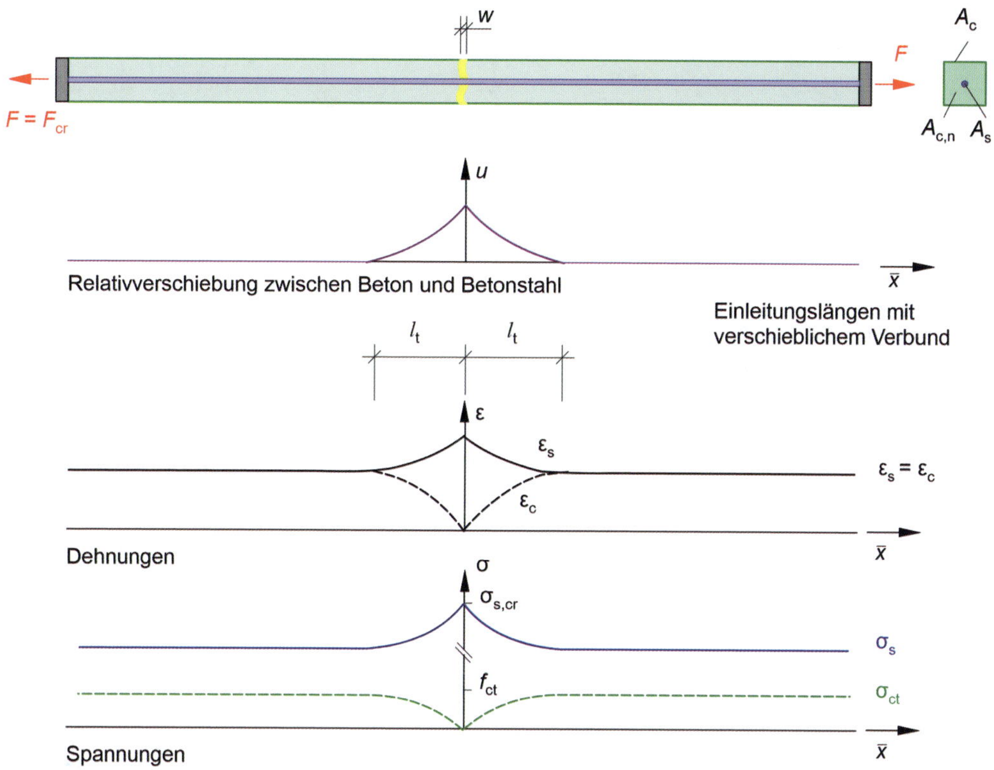

Abb. 1.6 *Stahlbetonprisma unter zentrischem Zug nach Bildung des ersten Risses*

Erstrissbildung (crack formation stage = Bereich B):

Schon bei geringfügiger Belastungssteigerung bilden sich an den zufällig schwächsten Stellen weitere Risse. Die Risse treten jedoch frühestens im Abstand der Einleitungslänge l_t auf, da erst in diesem Abstand wieder die Betonzugfestigkeit erreicht wird (**Abb. 1.7**). In den Bereichen außerhalb der Einleitungslängen haben Beton und Betonstahl identische Dehnungen. Für die Betonstahldehnungen kann ein Mittelwert ε_{sm} angegeben werden. Der Beiwert β_t erfasst den Rissabstand und die Belastungsdauer, er ist geometrisch ein Völligkeitsbeiwert.

$$\varepsilon_{sm} = \varepsilon_{s,max} - \beta_t \cdot \Delta\varepsilon_s = \varepsilon_{s,max} - \beta_t \cdot \frac{\Delta\sigma_s}{E_s} \tag{1.20}$$

Wie in **Abb. 1.5** zu sehen ist, kommt es durch die Rissbildung zu einem deutlichen Steifigkeitsabfall. Es ist bei einer lediglich geringen Laststeigerung ein deutlicher Dehnungszuwachs im Stahlbetonbauteil zu verzeichnen.

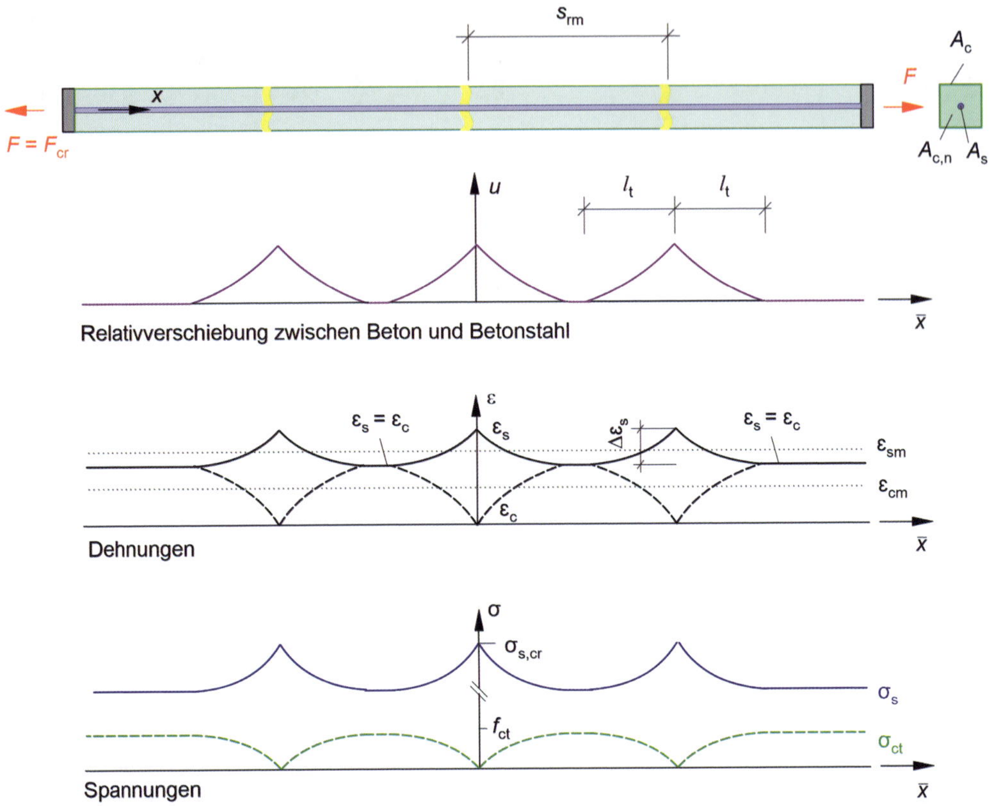

Abb. 1.7 *Stahlbetonprisma unter zentrischem Zug bei Erstrissbildung*

Abgeschlossene Rissbildung (stabilized cracking stage = Bereich C):

Bei etwa 1,3 F_{cr} haben die Rissabstände so weit abgenommen, dass sich die Einleitungslänge l_t nicht mehr voll ausbilden kann und zwischen zwei Rissen keine Bereiche mit gleichen Beton- und Stahldehnungen vorhanden sind; die Rissbildung ist somit abgeschlossen. Da die Einleitungslänge nicht mehr erreicht wird, liegt die Betonzugspannung σ_{ct} im ganzen Bauteil unterhalb der Betonzugfestigkeit f_{ct} (**Abb. 1.8**). Wegen der zunehmenden Schädigung des Verbundes in der Nähe der Rissufer ist $\Delta\varepsilon_{sm} > \Delta\varepsilon_s^{II}$ (**Abb. 1.5**), das bedeutet, dass sich mit zunehmender Rissschädigung die Mitwirkung des Betons zwischen den Rissen verringert und sich das Tragverhalten dem eines „nackten" Betonstahls ohne umgebenden Beton annähert.

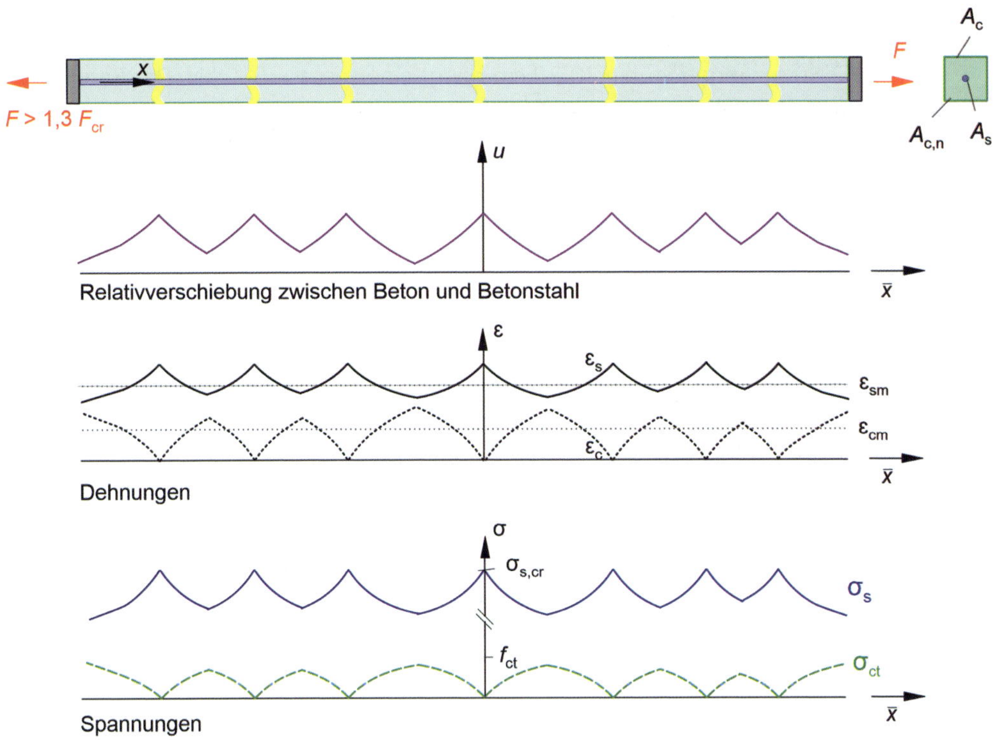

Abb. 1.8 *Stahlbetonprisma unter zentrischem Zug bei abgeschlossener Rissbildung*

Für die Steifigkeit der Konstruktion gilt mit Berücksichtigung der Mitwirkung des Betons zwischen den Rissen:

$$E \cdot A^{I/II} = \frac{\Delta F}{\Delta \varepsilon_{\mathrm{sm}}} \tag{1.21}$$

und ohne Mitwirkung des Betons:

$$E \cdot A^{II} = \frac{\Delta F}{\Delta \varepsilon_{\mathrm{s}}^{\mathrm{II}}} \tag{1.22}$$

Für Nachweise im Grenzzustand der Tragfähigkeit (Kap. 6.2.1) kann ein reiner Zustand II betrachtet werden; für Nachweise im Grenzzustand der Gebrauchstauglichkeit wird hingegen die Mitwirkung des Betons zwischen den Rissen (Zugversteifung; tension stiffening) berücksichtigt.

Erreichen der Fließgrenze (yield strength = Punkt y):

Wenn die Zugspannung im Betonstahl die Fließgrenze f_{yk} erreicht (**Abb. 1.5**), nehmen bei weiterer Laststeigerung die Dehnungen sehr stark zu. Infolge des Verfestigungsbereiches des Betonstahls ist noch eine geringe Laststeigerung möglich, bis der Bruch infolge Betonstahlversagens eintritt (Punkt u).

Beispiel 1.2: Längenänderung einer Hängestütze

An einer 2,50 m langen Stütze 20/20 cm hängt eine Last $F = 300$ kN. Der Beton der Stütze hat die Festigkeitsklasse C20/25 ($E_{cm} = 30.000$ N/mm² ; $f_{ct} = 1{,}5$ N/mm²). Die Stütze ist mit Betonstahl 4 Ø20 ($E_s = 200.000$ N/mm² ; $\beta_t = 0{,}40$) in den Ecken bewehrt. Wie groß ist die Längenänderung der Hängestütze unmittelbar nach Lastaufbringung?

Lösung:

$A_c = 20 \cdot 20 = 400\ \text{cm}^2$	$A_c = b \cdot h$
$A_s = 4 \cdot \pi \cdot \frac{2{,}0^2}{4} = 12{,}6\ \text{cm}^2$	$A_s = n \cdot \pi \cdot \frac{\varnothing_s^2}{4}$
$A_{c,n} = A_c - A_s = 400 - 12{,}6 = 387\ \text{cm}^2$	$A_{c,n} = A_c - A_s$
$\rho = \frac{12{,}6}{387} = 0{,}033 = 3{,}3\%$	(1.7): $\rho = \frac{A_s}{A_{c,n}}$
$\alpha_e = \frac{200000}{30000} = 6{,}67$	(1.5): $\alpha_e = \frac{E_s}{E_c}$
$A_i = 387 \cdot (1 + 6{,}67 \cdot 0{,}033) = 472\ \text{cm}^2$	(1.10): $A_i = A_{c,n} \cdot \left(1 + \alpha_e \cdot \rho\right)$
$\sigma_{ct} = \frac{0{,}300}{472 \cdot 10^{-4}} = 6{,}4\ \text{N/mm}^2$	(1.14): $\sigma_{ct} = \frac{F}{A_i}$
$\sigma_{ct} = 6{,}4\ \text{N/mm}^2 > 1{,}5\ \text{N/mm}^2 = f_{ct}$ $\Rightarrow$ der Beton reißt, der Stahl trägt danach allein die Last	Zugfestigkeit des Betons: $f_{ct} = 1{,}5\ \text{N/mm}^2$
$\sigma_s = \frac{0{,}300}{12{,}6 \cdot 10^{-4}} = 238\ \text{N/mm}^2$	$\sigma_s = \frac{F}{A_s}$
$\varepsilon_{s,max} = \frac{238}{200000} = 1{,}19 \cdot 10^{-3}$	$\varepsilon_{s,max} = \frac{\sigma_s}{E_s}$
$\sigma_{s,cr} = 1{,}5 \cdot \frac{1 + 6{,}67 \cdot 0{,}033}{0{,}033} = 55\ \text{N/mm}^2$	(1.18): $\sigma_{s,cr} = f_{ct} \cdot \frac{1 + \alpha_e \cdot \rho}{\rho}$
$\Delta\sigma_s = 238 - 55 = 183\ \text{N/mm}^2$	(1.19): $\Delta\sigma_s = \sigma_s - \sigma_{s,cr}$
$\varepsilon_{sm} = 1{,}19 \cdot 10^{-3} - 0{,}40 \cdot \frac{183}{200000} = 0{,}82 \cdot 10^{-3}$	(1.20): $\varepsilon_{sm} = \varepsilon_{s,max} - \beta_t \cdot \frac{\Delta\sigma_s}{E_s}$
$\Delta l = 0{,}82 \cdot 10^{-3} \cdot 2{,}50 = \underline{\underline{2{,}1 \cdot 10^{-3}\ \text{m}}}$	$\Delta l = \varepsilon \cdot l$

Infolge der Zugversteifung sinkt die Dehnung von 1,19 ‰ des gerissenen Querschnitts auf einen Mittelwert von 0,82 ‰. Die Dehnung ist aber immer noch 4,0-mal so groß wie die Stauchung bei einer gleich großen Druckkraft (→ Beispiel 1.1).

1.4.4 Tragverhalten unter Biegung

Zur Erläuterung des Tragverhaltens auf Biegung soll ein einfeldriger Biegeträger, der durch eine Gleichstreckenlast beansprucht wird, betrachtet werden. Es ergibt sich hierdurch ein parabelförmiger Momentenverlauf mit der maximalen Ordinate in Feldmitte. Die Dehnungs- und Spannungsverläufe, die vor und nach Rissbildung in Feldmitte vorhanden sind,

sind in **Abb. 1.9** dargestellt. Durch analoge Betrachtungen zu den bei Druck- und Zuglast auftretenden Spannungen lassen sich die entsprechenden Gleichungen formulieren. Statt der Dehnsteifigkeit $E \cdot A$ ist hier die Biegesteifigkeit $E \cdot I$ zu betrachten.

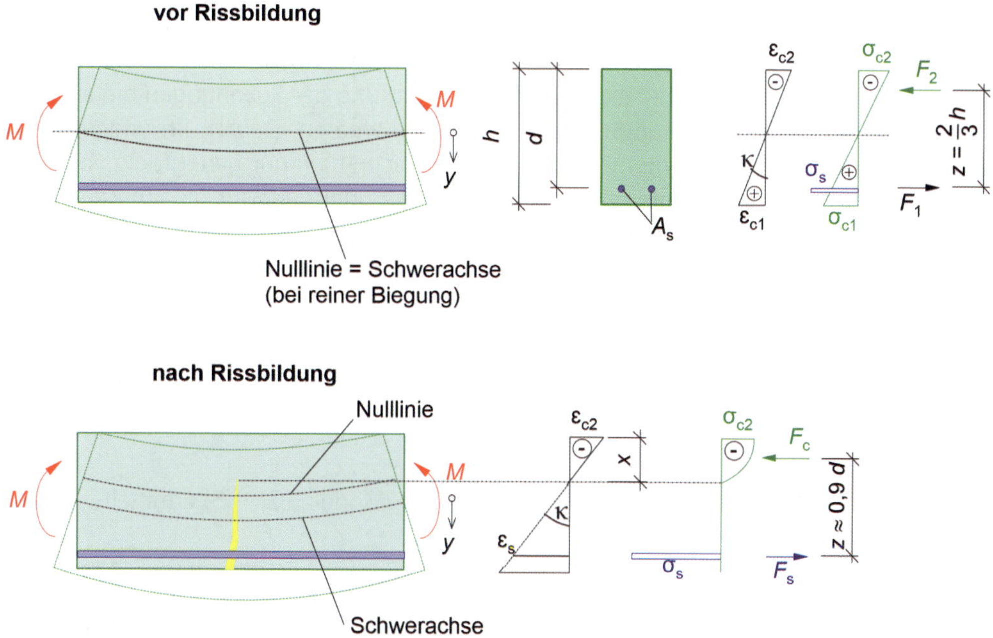

Abb. 1.9 *Stahlbetonbalken unter Biegung*

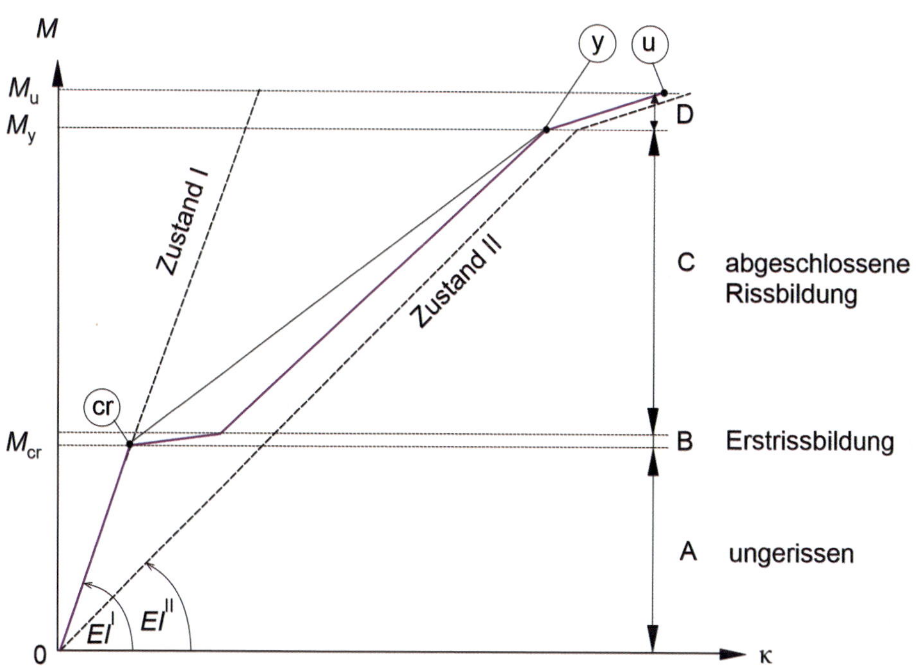

Abb. 1.10 *Momenten-Krümmungs-Diagramm für einen Stahlbetonbalken unter Biegung*

Niedrige Beanspruchung (Bereich A):

Beide Baustoffe verhalten sich zunächst wieder nach dem HOOKEschen Gesetz. Es gilt die Hypothese von BERNOULLI. Die Dehnungen und Spannungen im Beton sind vor der Rissbildung linear über die Querschnittshöhe verteilt. Die Spannungen in der Bewehrung sind aufgrund des größeren E-Moduls bei gleicher Dehnung größer als die des Betons. Das Momenten-Krümmungsdiagramm verläuft bis zur Erstrissbildung linear (**Abb. 1.9**). Bei der betrachteten geringen Beanspruchung kann zur Ermittlung der Spannungen die elementare Beziehung aus der linearen Statik herangezogen werden. Da sich im ungerissenen Zustand das Flächenträgheitsmoment des Betonquerschnitts I_c nur geringfügig von dem des ideellen Querschnitts I_i unterscheidet, kann I_c näherungsweise für die Ermittlung der Spannung berücksichtigt werden.

$$\sigma_c = \frac{M}{I_i} \cdot y \approx \frac{M}{I_c} \cdot y \qquad (1.23)$$

Das Moment kann bei gegebener Spannung über die Beziehung

$$M = \sigma_c \cdot W \qquad (1.24)$$

berechnet werden.

Die Spannung im Stahl kann über das Verhältnis der E-Moduln (Gl. 1.5) ermittelt werden, siehe Gl. (1.4): $\sigma_s = \alpha_e \cdot \sigma_c$

Die Krümmung kann mit Hilfe der Dehnungsverteilung über die Querschnittshöhe ermittelt oder aus dem Momenten-Krümmungs-Diagramm gewonnen werden. Dabei gibt die Biegesteifigkeit $E \cdot I^I$ die Proportionalitätskonstante zwischen der Momentenbeanspruchung und der Krümmung wieder.

$$\kappa = \frac{|\varepsilon_{c1}| + |\varepsilon_{c2}|}{h} = \frac{M}{E \cdot I^I} \qquad (1.25)$$

$$E \cdot I^I = E_c \cdot I_i \approx E_c \cdot I_c \qquad (1.26)$$

Bildung des 1. Risses (Punkt cr):

Mit zunehmender Laststeigerung wird an der Stelle mit der geringsten Betonzugfestigkeit die Zugfestigkeit f_{ct} am gezogenen Rand erreicht und es bildet sich der erste Biegeriss.

unmittelbar *vor* Rissbildung	(Zustand I)	$M \approx M_{cr} = f_{ct} \cdot W_i \approx f_{ct} \cdot W$	(1.27)
unmittelbar *nach* Rissbildung	(Zustand II)	$M_{cr} = \sigma_{s,cr} \cdot A_s \cdot z = F_{s,cr} \cdot z$	(1.28)

Bei einem unbewehrten Betonbauteil tritt bei Erstrissbildung ein Bauteilversagen ein. Auch bei einem Stahlbetonbauteil versagt der Beton in der Zugzone, allerdings kann hier durch die im Verbund liegende Bewehrung ein Gleichgewichtszustand erreicht werden, sodass die Erstrissbildung nicht zu einem Versagen des Bauteils führt. Die Nulllinie (neutral axis) und die Schwerachse (centroidal axis) fallen nach der Rissbildung nicht mehr zusammen. Die Lage der Nulllinie ist durch die Rissspitze gegeben, die wiederrum abhängig von der

Stahldehnung (und somit vom Stahlquerschnitt A_s) ist. Der Hebelarm der inneren Kräfte nimmt durch die Rissbildung zu ($z > \frac{2}{3}d$). Dies ist gegenüber Werkstoffen mit linear-elastischem Verhalten eine sehr günstige Eigenschaft, da sich hierdurch der Bauteilwiderstand auf Biegung vergrößert. Bei weiterer Steigerung des Momentes entsteht an der wiederum schwächsten Stelle des Betons ein neuer Riss. Der Beton beteiligt sich nur noch in den ungerissenen Querschnittsteilen (in der Druckzone und zwischen den Rissen) an der Tragwirkung. Im Momenten-Krümmungs-Diagramm ist in diesem Bereich ein starker Steifigkeitsabfall zu verzeichnen. Die Krümmung nimmt bei kleiner Belastungssteigerung stark zu.

Abgeschlossene Rissbildung (Bereich C):

Wie in **Abb. 1.9** gezeigt, wird nach Rissbildung das Moment von einem inneren Kräftepaar aus einer Betondruckkraft F_c und einer Stahlzugkraft F_s aufgenommen. Der Abstand zwischen den inneren Kräften wird dementsprechend als Hebelarm der inneren Kräfte bezeichnet und kann näherungsweise mit $z \approx 0{,}9 \cdot d$ berechnet werden. Die Betondruckkraft kann über Integration der Druckspannungen in der Betondruckzone gewonnen werden. Mit Hilfe der Betondruckkraft oder der Stahlzugkraft und dem Hebelarm der inneren Kräfte kann das Moment wie folgt ermittelt werden:

$$M = F_c \cdot z \qquad \text{oder} \tag{1.29}$$

$$M = F_s \cdot z = \sigma_s \cdot A_s \cdot z = E_s \cdot \varepsilon_s \cdot A_s \cdot z \tag{1.30}$$

Nach Umstellen der Gleichung ergibt sich die Dehnung im Stahl zu:

$$\varepsilon_s = \frac{M}{E_s \cdot A_s \cdot z} \tag{1.31}$$

Die Krümmung lässt sich auch bei der abgeschlossen Rissbildung über den Dehnungsverlauf (**Abb. 1.9**) ermitteln. Nach einsetzen der Gl. (1.30) ergibt sich:

$$\kappa = \frac{1}{r} = \frac{\varepsilon_s}{d-x} = \frac{M}{E_s \cdot A_s \cdot z \cdot (d-x)} = \frac{M}{E \cdot I^{II}} \tag{1.32}$$

$$E \cdot I^{II} = E_s \cdot A_s \cdot z \cdot (d-x) \tag{1.33}$$

Aus Gl. (1.30) kann auch die Stahlspannung σ_s bestimmt werden, wenn näherungsweise eine lineare Spannungsverteilung in der Druckzone angenommen wird und damit

$$z \approx d - \frac{x}{3} \text{ (gilt nur für den Rechteckquerschnitt)} \tag{1.34}$$

ist.

$$\sigma_s = \frac{M}{A_s \cdot z} = \frac{M}{A_s \cdot \left(d - \frac{x}{3}\right)} \tag{1.35}$$

Bei zusätzlicher Momentenbeanspruchung nimmt wie in Abb. 1.9 zu sehen die Krümmung bei geringer Steigerung des Momentes stark zu. Es ist nur noch eine geringe Steigerung des Momentes möglich, bis entweder die Tragfähigkeit der Druckzone oder die der Biegezugbewehrung erschöpft ist und der Bruch eintritt. [1]

1 Es ist auch eine Situation denkbar, bei der beide Werkstoffe gleichzeitig versagen.

1.4.5 Schlussfolgerungen

In den vorangegangenen Abschnitten wurde das Tragverhalten von Stahlbetonbauteilen für unterschiedliche Beanspruchungsarten erläutert. Die theoretischen Ableitungen werden nachfolgend zu wichtigen Stichpunkten zusammengefasst, die beim weiteren Kennenlernen des Stahlbetonbaus bekannt sein sollten:

- Der *Verbund* zwischen Beton und Bewehrung ist eine *notwendige Voraussetzung* für die Tragfähigkeit. Die Verbundwirkung wird wesentlich durch die Rippung der Betonstähle (**Abb. 2.14**) erreicht. Bei fehlendem Verbund würde der Versagenszustand schon bei der Entstehung des ersten Risses eintreten, da die im Beton nicht mehr aufnehmbaren Zugspannungen nicht umgelagert werden können.
- Selbst unter konstanter Beanspruchung längs der Stabachse stellen sich in unterschiedlichen Querschnitten nicht dieselben Dehnungen (bzw. Spannungen) ein, die *Hypothese von* BERNOULLI *gilt streng genommen nicht.*
- Das *Tragverhalten* ist auch *abhängig von der Größe der Beanspruchung* und verhält sich *nichtlinear*. Bei der Bemessung ist daher streng zwischen den Grenzzuständen der Tragfähigkeit (Kap. 7 bis 10) und der Gebrauchstauglichkeit (Kap. 11 bis 14) zu unterscheiden.
- Weiterhin wurde gezeigt, dass sich der *Beton im tatsächlichen Tragverhalten an der Aufnahme von Zugspannungen beteiligt. Näherungsweise* wird bei den meisten Nachweisen im Zuge der Bemessung angenommen, dass der Beton die *Zugfestigkeit Null* hat.

Voraussetzung für das gute Zusammenwirken der beiden Komponenten ist die (relative) Unverschieblichkeit des Stahls gegenüber dem ihn umgebenden Beton, die auch dauerhaft gewährleistet sein muss. Dies ist infolge des annähernd gleichen Temperaturausdehnungskoeffizienten von Beton und Stahl möglich.

2 Baustoffe des Stahlbetons

2.1 Beton

2.1.1 Einteilung und Begriffe

Beton ist ein künstlicher Stein, der aus einem Gemisch von Zement (1), grob- und feinkörniger Gesteinskörnung (2) und Wasser (3) – gegebenenfalls auch mit Betonzusatzmitteln (4) und Betonzusatzstoffen (5) – durch Erhärten des Zementleims entsteht (5-Stoff-System). Bei einem Nennwert des Größtkorns für die Gesteinskörnung von nicht mehr als 4 mm wird das Gemisch als Mörtel bezeichnet.

Man unterscheidet Beton je nach der Trockenrohdichte (DIN EN 206-1, 3.1 und 4.3.2). Die Trockenrohdichte wird maßgeblich durch die Kornrohdichte der Gesteinskörnung beeinflusst.

- *Leicht*beton (lightweight concrete) ($\rho \leq 2{,}0$ kg/dm^3)
- *Normal*beton (normal weight concrete) (2,0 kg/dm^3 $< \rho \leq 2{,}6$ kg/dm^3)
- *Schwer*beton (weighty or heavy concrete) ($\rho > 2{,}6$ kg/dm^3).

Unter dem Begriff „Beton" ist i. Allg. Normalbeton zu verstehen. Beton kann auch nach der Herstellung (Baustellenbeton, Transportbeton), dem Erhärtungszustand (Frischbeton, Festbeton), der Festigkeit (Hochleistungsbeton bzw. hochfester Beton) oder der Verwendung (Beton für Außenbauteile) bezeichnet werden. Weiterhin kann Beton nach der Konsistenz (steifer Beton, Fließbeton) unterschieden werden. Die quantitative Zusammensetzung von Beton und die Konsequenzen hieraus sind Lehrbüchern zur Baustoffkunde, z.B. [Scholz/Hiese-16], zu entnehmen.

Beton ist wie alle Baustoffe den Einwirkungen aus der Umwelt ausgesetzt. In Abhängigkeit von den Umweltbedingungen werden für den Beton Expositionsklassen (EC 2-1-1, 4.2 und DIN EN 206-1, 4.1) festgelegt. Diese werden mit *X* (für Expositionsklasse) – *Buchstabe* (für Art der Expositionsklasse) – *laufende Nummerierung* (größere Zahl = stärkerer Angriff) beschrieben. Zusätzlich werden in EC 2-1-1/NA, 4.2 Feuchtigkeitsklassen festgelegt. Es gibt 21 Expositionsklassen und 4 Feuchtigkeitsklassen, die sich aus folgenden Einwirkungen ergeben (Beispiele siehe **Tafel 2.1**):

X0 **kein Korrosions- oder Angriffsrisiko**

für Bauteile ohne Bewehrung oder eingebettetes Metall in nicht betonangreifender Umgebung; für Bauteile mit Bewehrung in sehr trockener Umgebung

XC*i* **Bewehrungskorrosion durch Karbonatisierung** (Carbonation) wenn Beton, welcher Bewehrung oder anderes eingebettetes Metall enthält, Luft und Feuchtigkeit ausgesetzt ist

XD*i* **Bewehrungskorrosion, ausgelöst durch Chloride aus Taumittel** (Deicing), wenn Beton, welcher Bewehrung oder anderes eingebettetes Metall enthält, chloridhaltigem Wasser (einschließlich Taumittel, ausgenommen Meerwasser) ausgesetzt ist

Klasse		Beschreibung der Umgebung	Beispiele für die Zuordnung von Expositionsklassen
	X0	Beton ohne Bewehrung: alle Umgebungsbedingungen, ausgenommen Frostangriff, Verschleiß oder chemischer Angriff; Beton mit Bewehrung: sehr trocken	Fundamente ohne Bewehrung ohne Frost, Innenbauteile ohne Bewehrung; Beton in Gebäuden mit sehr geringer Luftfeuchte (RH ≤ 30 %)
Expositionsklassen für Bewehrungskorrosion	XC1	trocken oder ständig nass	Bauteil in Innenräumen mit üblicher Luftfeuchte (einschließlich Küche, Bad und Waschküche in Wohngebäuden); Beton, der ständig in Wasser getaucht ist
	XC2	nass, selten trocken	Teile von Wasserbehältern, Gründungsbauteile
	XC3	mäßige Feuchte	Bauteile, zu denen die Außenluft häufig oder ständig Zugang hat, z.B. offene Hallen; Innenräume mit hoher Luftfeuchte, z.B. in gewerblichen Küchen, Bädern, Wäschereien, in Feuchträumen von Hallenbädern und in Viehställen
	XC4	wechselnd nass und trocken	Außenbauteile mit direkter Beregnung
	XD1	mäßige Feuchte	Bauteile im Sprühnebelbereich von Verkehrsflächen; Einzelgaragen
	XD2	nass, selten trocken	Solebäder; Bauteile, die chloridhaltigen Industriewässern ausgesetzt sind
	XD3	wechselnd nass und trocken	Teile von Brücken mit häufiger Spritzwasserbehandlung; Fahrbahndecken; direkt befahrene Parkdecks (Ausführung nur mit zusätzlichen Maßnahmen [DAfStb Heft 600 – 20])
	XS1	salzhaltige Luft, aber kein unmittelbarer Kontakt mit Meerwasser	Außenbauteile in Küstennähe
	XS2	unter Wasser	Bauteile in Hafenanlagen, die ständig unter Wasser liegen

Klasse		Beschreibung der Umgebung	Beispiele für die Zuordnung von Expositionsklassen
	XS3	Tidebereiche, Spritzwasser- und Sprühnebelbereiche	Kaimauern in Hafenanlagen
Expositionsklassen für Betonangriff	XF1	mäßige Wassersättigung ohne Taumittel	Außenbauteile
	XF2	mäßige Wassersättigung mit Taumittel	Bauteile im Sprühnebelbereich von taumittelbehandelten Verkehrsflächen (soweit nicht XF4); Bauteile im Sprühnebelbereich von Meerwasser
	XF3	hohe Wassersättigung ohne Taumittel	offene Wasserbehälter; Bauteile in der Wasserwechselzone von Süßwasser
	XF4	hohe Wassersättigung mit Taumittel	Verkehrsflächen, die mit Taumitteln behandelt werden; überwiegend horizontale Bauteile im Spritzwasserbereich von taumittelbehandelten Verkehrsflächen; direkt befahrene Parkdecks (Ausführung nur mit zusätzlichen Maßnahmen [DAfStb Heft 600 - 20]); Räumerlaufbahnen von Kläranlagen; Meerwasserbauteile in der Wasserwechselzone
Expositionsklassen für Betonangriff	XA1	chemisch schwach angreifende Umgebung	Behälter von Kläranlagen; Güllebehälter
	XA2	chemisch mäßig angreifende Umgebung und Meeresbauwerke	Betonbauteile, die mit Meerwasser in Berührung kommen; Bauteile in betonangreifenden Böden
	XA3	chemisch stark angreifende Umgebung	Industrieabwasseranl. mit chem. angreifenden Abwässern; Futtertische der Landwirtschaft; Kühltürme mit Rauchgasableitung
	XM1	mäßige Verschleißbeanspruchung	tragende oder aussteifende Industrieböden mit Beanspruchung durch luftbereifte Fahrzeuge
	XM2	schwere Verschleißbeanspruchung	tragende oder aussteifende Industrieböden mit Beanspruchung durch luft- oder vollgummibereifte Gabelstapler

Klasse		Beschreibung der Umgebung	Beispiele für die Zuordnung von Expositionsklassen
	XM3	extreme Verschleiß-beanspruchung	tragende oder aussteifende Industrieböden mit Beanspruchung durch elastomer- oder stahlrollenbereifte Gabelstapler; Oberflächen, die häufig mit Kettenfahrzeugen befahren werden; Wasserbauwerke in geschiebebelasteten Gewässern, z.B. Tosbecken
Betonkorrosion infolge Alkali-Kieselsäurereaktion	W0	Beton weitgehend trocken	Innenbauteile des Hochbaus; Außenbauteile ohne Beregnung, Oberflächenwasser oder Bodenfeuchte
	WF	Beton häufig oder längere Zeit feucht	Außenbauteile mit Beregnung, Oberflächenwasser oder Bodenfeuchte; Feuchträume; Massige Bauteile gemäß DAfStb-Richtlinie "Massige Bauteile aus Beton", deren kleinste Abmessung 0,80 m überschreitet (unabhängig vom Feuchtezutritt)
	WA	Beton mit häufiger oder langzeitiger Alkalizufuhr von außen	Bauteile mit Meerwassereinwirkung oder Tausalzeinwirkung; Bauteile von Industriebauten und landwirtschaftlichen Bauwerken (z.B. Güllebehälter) mit Alkalisalzeinwirkung
	WS	Beton mit hoher dynamischer Beanspruchung und direktem Alkalieintrag	Bauteile unter Tausalzeinwirkung mit zusätzlicher hoher dynamischer Beanspruchung (z.B. Betonfahrbahnen)

Tafel 2.1 *Expositionsklassen (EC 2-1-1/NA, Tabelle 4.1)*

XS*i* **Bewehrungskorrosion, ausgelöst durch Chloride aus Meerwasser** (Seawater), wenn Beton, der Bewehrung oder anderes eingebettetes Metall enthält, Chloriden aus Meerwasser oder salzhaltiger Seeluft ausgesetzt ist

XF*i* **Betonkorrosion durch Frost ohne und mit Taumittel** (Freezing)

wenn durchfeuchteter Beton einem erheblichen Angriff durch Frost-Tauwechsel ausgesetzt ist

XA*i* **Betonkorrosion durch chemischen Angriff** (Chemical Attack)

wenn Beton einem chemischen Angriff durch natürliche Böden, Grundwasser und Meerwasser ausgesetzt ist

XM*i* **Betonkorrosion durch Verschleißbeanspruchung** (Mechanical Abrasion)

wenn Beton einer erheblichen mechanischen Beanspruchung ausgesetzt ist

W*j* **Betonkorrosion** infolge Alkali-Kieselsäurereaktion (Feuchtigkeitsklassen)

2.1.2 Bestandteile

Zement

ist ein hydraulisches Bindemittel. Mit Wasser gemischt entsteht Zementleim, der durch Hydratation erhärtet und nach dem Erhärten auch unter Wasser fest und raumbeständig bleibt. Zementarten sind entweder in DIN EN 197-1 genormt oder bauaufsichtlich zugelassen. Zur Herstellung von Beton wird meistens Portlandzement CEM I oder Hochofenzement CEM III verwendet. Daneben gibt es diverse weitere Sorten, wie z.B. Portlandkompositzemente (CEM II); hierzu zählen Portlandhüttenzement, Portlandpuzzolanzement, Portlandflugaschezement, Portlandölschieferzement usw. (Näheres → [Hilsdorf – 00]; [Scholz/Hiese – 16]).

Die Normzemente werden gemäß DIN EN 197-1 in drei Festigkeitsklassen 32,5; 42,5 und 52,5 eingeteilt (28-Tage-Festigkeit des Mörtels). Je nach Erhärtungsgeschwindigkeit werden sie in schnell (R) und normal (N) erhärtende Zemente eingeteilt.

Gesteinskörnung

ist in der Regel ein Gemenge von Körnern aus natürlichen (Granit, Quarzit, Kalkstein usw.) oder künstlichen (Hochofenschlacke, Ziegelsplitt usw.) mineralischen Stoffen. Die Körner können gebrochen oder ungebrochen sein. Zur Herstellung von genormtem Stahlbeton müssen die Korngrößen eine definierte Zusammensetzung aufweisen, d.h. zu einer bestimmten Sieblinie gehören (DIN 1045-2, Anhang L).

Betonzusatzstoffe und Betonzusatzmittel

Um bestimmte Eigenschaften des Betons günstig zu beeinflussen, können ihm spezielle Zusätze beigegeben werden. Man unterscheidet Betonzusatzstoffe und Betonzusatzmittel. Betonzusatzmittel verändern durch chemische oder physikalische Wirkung die Verarbeitbarkeit und das Erstarrungsverhalten des Betons (Betonverflüssiger, Verzögerer usw.). Betonzusatzstoffe beeinflussen die Betoneigenschaften. Sie werden in größerer Menge als die Betonzusatzmittel zugegeben und sind daher volumenmäßig in der Betonzusammensetzung zu berücksichtigen. Man unterscheidet

- latent-hydraulische Stoffe
- nicht hydraulische Stoffe
- puzzolanische Stoffe
- faserartige Stoffe
- Zusatzstoffe mit organischen Bestandteilen

Zugabewasser
ist erforderlich, damit der Beton verarbeitet werden und der Zement erhärten kann. Der Wassergehalt *w* darf eine bestimmte Menge weder unter- noch überschreiten (→ Kap. 2.2.1). Geeignet ist Trinkwasser oder (im Allg.) in der Natur vorkommendes Wasser.

2.2 Frischbeton

2.2.1 Wasserzementwert und Betonqualität

Der gesamte Wassergehalt *w* des Frischbetons setzt sich aus der Oberflächenfeuchte der Gesteinskörnung und dem Zugabewasser zusammen. Der Wassergehalt bestimmt die Steifigkeit, die Verarbeitbarkeit und den Zusammenhalt des Frischbetons. Diese Eigenschaften werden durch die Konsistenz beschrieben. Nach DIN EN 106-1, 4.2.1 in Verbindung mit DIN 1045-2, 4.2.1 sind vier verschiedene Verfahren zur Bestimmung der Konsistenzklassen möglich:

- Einteilung nach *Setzmaß*
- Einteilung nach *Setzzeit*
- Einteilung nach *Verdichtungsmaß*
- Einteilung nach *Ausbreitmaß*

In Deutschland ist die letztgenannte Methode zur Bestimmung des Konsistenzbereichs üblich (**Tafel 2.2**). Die Konsistenz wird bei vergleichbaren Sieblinien und Oberflächen der Zuschläge maßgeblich durch Fließmittel (sofern welche zugegeben wurden) und den Wasserzementwert (bzw. Wasserbindemittelwert) beeinflusst.

Klasse	Ausbreitmaß (Durchmesser) in mm	Konsistenzbeschreibungen
F1	≤ 340	steif
F2	350 bis 410	plastisch
F3	420 bis 480	weich
F4	490 bis 550	sehr weich
F5	560 bis 620	fließfähig
F6	≥ 630	sehr fließfähig

Tafel 2.2 *Konsistenzbereiche des Frischbetons (DIN 1045-2, Tabelle 6)*

Expositions-klasse nach Tafel 2.1	Mindestfestig-keitsklasse	Mindestzement-gehalt in kg/m³	Maximal zulässiger *w/z*-Wert
X0	C12/15	–	–
XC1	C16/20	240	0,75
XC2	C16/20	240	0,75
XC3	C20/25	260	0,65
XC4	C25/30	280	0,60
XS1	C30/37	300	0,55
XS2	C35/45	320	0,50
XS3	C35/45	320	0,45
XD1	C30/37	300	0,55
XD2	C35/45	320	0,50
XD3	C35/45	320	0,45
XF1	C25/30	280	0,60
XF2	C25/30LP[a)]; C35/45	300/320[b)]	0,55/0,50[b)]
XF3	C25/30LP[a)]; C35/45	300/320[b)]	0,55/0,50[b)]
XF4	C30/37LP[a)]	320	0,50
XA1	C25/30	280	0,60
XA2	C35/45[b)]	320	0,50
XA3	C35/45[b)]	320	0,45
XM1	C30/37[b)]	300	0,55
XM2	C30/37; C35/45[b)]	300/320[b)]	0,55/0,45[b)]
XM3	C35/45[b)]	320	0,45

a) Mindestluftgehalte und Zusatzregelungen für Luftporenbeton (LP) siehe Fußnoten zu DIN 1045-2, Tabelle F.2.2

b) Siehe Fußnoten zu DIN 1045-2, Tabelle F.2.2

Tafel 2.3 *Empfohlene Grenzwerte für die Zusammensetzung und Eigenschaften von Beton nach (EC 2-1-1/NA, Tabelle E.1DE und DIN 1045-2, Tabelle F.2.1 und F.2.2)*

Der Wasserzementwert w/z ist das Verhältnis des Wassergehalts w zum Zementgehalt z; der Wasserbindemittelwert w/z_{eq} berücksichtigt neben dem Zementgehalt zusätzlich die anrechenbaren Betonzusatzstoffe mit hydraulischen Eigenschaften (z.B. Flugasche, Silikastaub). Sie werden mit einem Wirksamkeitsfaktor k gewichtet.

$$z_{eq} = z + k \cdot \text{Zusatzstoff} \qquad (2.1)$$

Zement kann ca. 25 % seines Gewichtes an Wasser chemisch fest binden. Darüber hinaus bindet er 10 bis 15 % seines Gewichtes physikalisch als sogenanntes „Gelwasser". Somit benötigt er insgesamt 35 bis 40 % seines Gewichtes an Wasser (w/z_{eq} = 0,35 bis 0,40), um vollständig abzubinden, man spricht von „vollständiger Hydratation".

Wasser, das vom Beton nicht gebunden werden kann, verdunstet nach dem Erhärten des Betons und hinterlässt Kapillarporen. Mit steigendem Wasserzementwert kann mehr Wasser verdunsten, es entstehen also mehr und größere Kapillarporen. Diese können sich nachteilig auf die Dauerhaftigkeit des Betons auswirken (→ Kap. 2.5). Andererseits würde ein zu kleiner Wasserbindemittelwert zu einer ungenügenden (Druck-)Festigkeit führen, da der Zement nicht vollständig hydratisieren kann und sich nicht einbauen lässt. Daher ist der Wasserzementwert durch die Steuerung des maximalen Wassergehaltes und minimalen Zementgehaltes so zu optimieren, dass beide Anforderungen - gute Verarbeitbarkeit des Frischbetons und Dauerhaftigkeit des Festbetons - bestmöglich erreicht werden. Grenzwerte für die Zusammensetzung von Beton sind in **Tafel 2.3** angegeben.

Beton muss so zusammengesetzt sein, dass er nach dem Verdichten ein geschlossenes Gefüge aufweist. Dies bedeutet, dass ein Normalbeton (Größtkorn der Gesteinskörnung $d_g \geq 16$ mm) einen Luftgehalt von maximal 3 % aufweisen darf.

2.2.2 Nachbehandlung des Betons

Beton ist bis zur ausreichenden Erhärtung seiner oberflächennahen Schichten gegen schädigende Einflüsse zu schützen, z.B. gegen Austrocknen, zu starke Temperaturänderung, Gefrieren, Auswaschen infolge strömenden Wassers, Erschütterungen usw. Unter Nachbehandlung (curing, after treatment) des Betons (DIN 1045-3, 2.8.7) werden alle Maßnahmen verstanden, die den frisch verarbeiteten Beton bis zur ausreichenden Erhärtung von schädlichen Einwirkungen abschirmen.

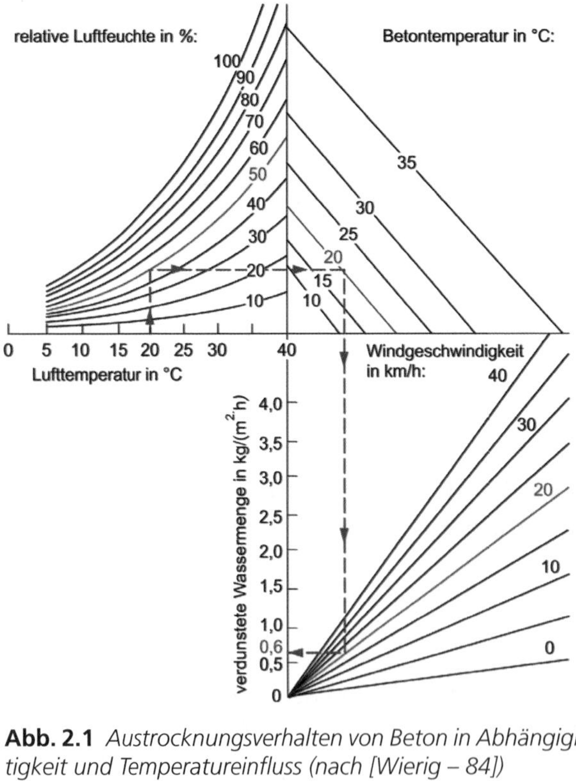

Abb. 2.1 *Austrocknungsverhalten von Beton in Abhängigkeit von Windgeschwindigkeit, Luftfeuchtigkeit und Temperatureinfluss (nach [Wierig – 84])*

Beispiel 2.1: Berechnung der Wasserverdunstung im Frischbeton

Gegeben:
- Außenbauteil betoniert mit Betontemperatur θ = 20 °C bei rel F = 50 %.
- Windgeschwindigkeit beträgt v = 20 km/h
- Betonherstellung mit Zementgehalt z = 300 kg/m³
- Wasserzementwert w/z = 0,6
- Entgegen den Regeln der Technik wird eine Nachbehandlung nicht durchgeführt.

Gesucht: Wann ist der gesamte Wassergehalt w in der 3,5 cm dicken Betondeckung verdunstet?

Lösung:

Abb. 2.1 ergibt mit rel F = 50 %; θ = 20 °C; v = 20 km/h eine verdunstende Wassermenge von 0,6 l/m²h. Der Wassergehalt im Beton beträgt

$w = 0{,}6 \cdot 300 = 180\ \text{kg/m}^3 = 180\ \text{l/m}^3$	$w = 0{,}6 \cdot z$
$w = \frac{180}{100} = 1{,}8\ \text{l/m}^2\text{cm}$	Wassergehalt je cm Beton

Aus diesen Zahlen wird deutlich, dass nach drei Stunden das gesamte Wasser verdunstet ist, welches innerhalb der Randschicht von 1 cm enthalten war. Bei einer für Außenbauteile erforderlichen Betondeckung von 35 mm ist das innerhalb der Betondeckung vorhandene Wasser nach 10,5 Stunden verdunstet. Da aus den weiter innen liegenden Bereichen Wasser jedoch nur langsam und unzureichend an die Betonoberfläche transportiert werden kann und der Beton eine weitaus längere Zeit zum Hydratisieren benötigt, wird deutlich, dass bei einem nicht nachbehandelten Beton die Betondeckung geschädigt und somit nicht dauerhaft ist.

Gebräuchliche Verfahren der Nachbehandlung sind:

- Belassen in der Schalung
- Abdecken mit Folien, die an den Kanten und Stößen gegen Durchzug gesichert sind
- Aufbringen wasserspeichernder Abdeckungen mit gleichzeitigem Verdunstungsschutz
- Aufbringen flüssiger Nachbehandlungsmittel mit nachgewiesener Eignung
- Fluten des Bauteils mit Wasser

Besprühen mit Wasser ist insbesondere an heißen Sommertagen nur eine bedingt geeignete Nachbehandlungsmaßnahme, da durch die Verdunstungskälte des Wassers Eigenspannungen aus Temperatur im Beton erzeugt werden, die zu Rissen führen können.

Wände werden i. Allg. in der Schalung belassen. Sofern eine Stahlschalung verwendet wird, ist diese bei direkter Sonneneinstrahlung vor zu starkem Aufheizen zu schützen. Dasselbe gilt bei niedrigen Temperaturen für zu starkes Abkühlen.

Mindestnachbehandlungsdauer in *d*				
	Festigkeitsentwicklung des Betons[a)] $r = \frac{f_{cm2}}{f_{cm28}}$ **b)**			
Oberflächen-temperatur ϑ in °C	$r \geq$ **0,50**	$r \geq$ **0,30**	$r \geq$ **0,15**	$r <$ **0,15**
$\vartheta \geq 25$	1	2	2	3
$25 > \vartheta \geq 15$	1	2	4	5
$15 > \vartheta \geq 10$	2	4	7	10
$10 > \vartheta \geq 5$[c)]	3	6	10	15

a) Die Festigkeitsentwicklung des Betons wird durch das Verhältnis *r* der Mittelwerte der Druckfestigkeiten nach 2 Tagen und nach 28 Tagen beschrieben, das bei einer Eignungsprüfung oder auf der Grundlage eines bekannten Verhältnisses von Beton vergleichbarer Zusammensetzung ermittelt wurde.

b) Eine lineare Interpolation zwischen den Spalten der *r*-Werte ist zulässig.

c) Bei einer Temperatur unter 5 °C ist die Nachbehandlungsdauer um die Zeit zu verlängern, während der die Temperatur unter 5 °C lag.

Tafel 2.4 *Mindestdauer der Nachbehandlung von Beton bei den Expositionsklassen nach Tafel 2.1 außer X0, XC1 und XM (nach DIN 1045-3, Tabelle 5.NA)*

Decken werden mit Kunststofffolien abgedeckt. Hierbei besteht jedoch bei normalem Beton die Schwierigkeit, dass er nicht sofort nach dem Betonieren trittfest ist. Die Folie kann erst einige Stunden nach dem Betonieren aufgelegt werden. Bei ungünstigen Windverhältnissen können dann schon erste Risse infolge Austrocknung entstanden sein. Sofern an das Betonbauteil besonders hohe Anforderungen gestellt werden, kann Vakuumbeton[1] hergestellt werden, der sofort nach der Herstellung begehbar ist.

Bei niedrigen Temperaturen reicht es nicht aus, das Austrocknen des Betons allein zu verhindern; der Beton ist zusätzlich gegen Abkühlen mit einer Wärmedämmung abzudecken. Hierfür eignen sich mit Stroh oder Styropor gefüllte abgesteppte Kunststofffolien, da diese den Verdunstungsschutz und die Wärmedämmung gleichzeitig gewährleisten. Bei sehr geringer Luftfeuchtigkeit kann unter die Folie ein wasserhaltendes Material (z.B. Jutegewebe oder Strohmatte) gelegt werden.

1 Vakuumbeton ist ein Beton, dem nach dem Einbau durch Erzeugen eines Unterdrucks auf der Oberfläche überschüssiges Wasser entzogen wird. Dies bewirkt beim Festbeton eine Oberfläche mit weniger Kapillarporen.

Die Dauer der Nachbehandlung hängt wesentlich von der Festigkeitsentwicklung des Betons ab. Sie muss so bemessen sein, dass auch in den oberflächennahen Schichten eine ausreichende Erhärtung des Betons erzielt wird. Dies wird erreicht, indem die Nachbehandlung so lange durchgeführt wird, bis 40 bis 50 % der charakteristischen Festigkeit vorhanden sind. In DIN 1045-3, 2.8.7 ist diese Forderung in eine Mindestnachbehandlungsdauer (**Tafel 2.4**) umgesetzt worden. Die hierin festgelegten Zeiten der Nachbehandlung sind angemessen zu verlängern, wenn

- an die Bauteile besonders hohe Anforderungen gestellt werden (z.B. Frost-Tausalz-Beständigkeit, chemischer Angriff)
- die Betontemperatur die Frostgrenze unterschreitet (praktisch erfasst als Grenztemperatur auf der Bauteiloberfläche von 5 °C) um die Zeit, während der die Grenztemperatur unterschritten wurde
- Betonverzögerer eingesetzt werden oder die Betonierdauer 5 Stunden überschreitet.

2.3 Festbeton

2.3.1 Druckfestigkeit

Die wichtigste bautechnische Eigenschaft des Betons (für die meisten Anwendungen) ist die hohe Druckfestigkeit (im Verhältnis zu den geringen Herstellkosten). Gegenwärtig sind Druckfestigkeiten auch über 250 N/mm^2 erreichbar, genormt sind Festigkeiten bis 115 N/mm^2.

Die Druckfestigkeit hängt von Aufbau und Durchführung des Versuchs ab, da die Form des Probekörpers und die Art der Prüfmaschine das Ergebnis beeinflussen. Um die an unterschiedlichen Orten ermittelten Druckfestigkeiten vergleichen zu können, muss die Prüfmethode genau festgelegt sein. Die Druckfestigkeit wird mit einem definierten Versuch bestimmt. Die Definition besteht in

- Festlegen der *Probekörperform* und -größe (Zylinder, Prisma bzw. Würfel, vgl. **Abb. 2.2**); DIN EN 206-1, 5.5.1.1: wahlweise Zylinder $Ø/h$ = 150/300 mm oder Würfel h = 150 mm.
- Festlegen des *Prüfzeitpunkt*es und der Lagerungsbedingungen bis zum Prüfzeitpunkt;

  DIN EN 12390-2: 28 Tage nach Herstellung, Lagerung vor dem Prüfzeitpunkt in der Feuchtekammer oder im Wasserbad (Referenzlagerung). Bei einer abweichenden Trockenlagerung muss beispielsweise bei Probewürfeln die geprüfte Festigkeit $f_{c,dry}$ auf die Festigkeit mit Referenzlagerung $f_{c,cube}$ nach Gl. (2.5) umgerechnet werden.
- Festlegen der Versuchseinrichtung gemäß DIN EN 12390-4.
- Festlegen der *Belastungsfunktion* (z.B. Kurzzeitversuch ohne Lastwechsel mit kontinuierlicher Steigerung der Prüflast bis zur Bruchlast nach ein bis zwei Minuten).

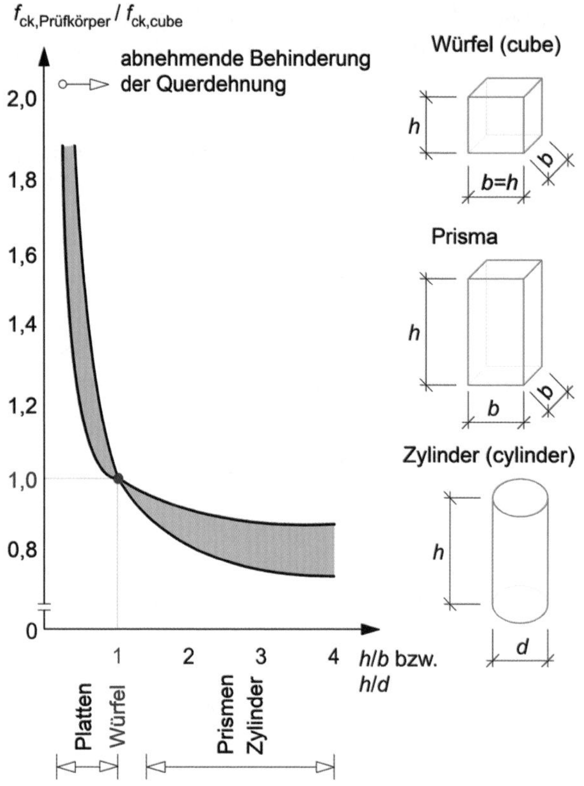

Abb. 2.2 *Festigkeitverhältnis unterschiedlicher Prüfkörperformen*

Die Druckfestigkeit an einem Würfel wird bestimmt aus:

$$f_c = \frac{F_u}{A_0} \tag{2.2}$$

A_0 Querschnittsfläche des Prüfkörpers senkrecht zur Lastrichtung

Die Ergebnisse von Prüfkörpern aus einer Grundgesamtheit streuen nach der Normalverteilung. Da das Versagen eines Bauteils durch die Stelle mit dem geringsten Bauteilwiderstand initiiert wird, ist die minimale Betonfestigkeit wichtig; für eine statistische Beurteilung ist daher ein charakteristischer Wert der Druckfestigkeit f_{ck} zu verwenden, der von einem vorgegebenen Anteil der Grundgesamtheit nicht unterschritten wird. Für die charakteristischen Betondruckfestigkeiten nach DIN EN 206-1, Tabelle 7, wird das 5%-Quantil verwendet. Bei Kenntnis des Mittelwerts der Druckfestigkeit f_{cm} und der Standardabweichung σ lässt sich somit die charakteristische Festigkeit der normalverteilten Grundgesamtheit bestimmen:

$$f_{ck} = f_{cm} - k_p \cdot \sigma \tag{2.3}$$

k_p Quantilenfaktor (für 5%-Quantil $k_p = 1{,}645$)

σ Standardabweichung (näherungsweise unabhängig von der Festigkeit $\sigma \approx 5$ N/mm²)

Während für Nachweise im Grenzzustand der Tragfähigkeit der charakteristische Wert der Festigkeit wichtig ist, ist für den Grenzzustand der Gebrauchstauglichkeit der Mittelwert der Festigkeit entscheidend. Dieser lässt sich aus der umgestellten Gl. (2.3) ermitteln:

$$f_{cm} = f_{ck} + k_p \cdot \sigma = f_{ck} + 1{,}645 \cdot 5 \approx f_{ck} + 8 \qquad (2.4)$$

Beanspruchung	Druck		E-Modul	Zug		
	f_{ck}	$f_{ck,cube}$	E_{cm}	$f_{ctk;0.05}$	f_{ctm}	$f_{ctk;0.95}$
Festigkeitsklasse	$= f_{cm} - 8$			$= 0{,}7\,f_{ctm}$		$= 1{,}3\,f_{ctm}$
	in N/mm²					
C12/15	12	15	27000	1,1	1,6	2,0
C16/20	16	20	29000	1,3	1,9	2,5
C20/25	20	25	30000	1,5	2,2	2,9
C25/30	25	30	31000	1,8	2,6	3,3
C30/37	30	37	33000	2,0	2,9	3,8
C35/45	35	45	34000	2,2	3,2	4,2
C40/50	40	50	35000	2,5	3,5	4,6
C45/55	45	55	36000	2,7	3,8	4,9
C50/60	50	60	37000	2,9	4,1	5,3
C55/67	55	67	38000	3,0	4,2	5,5
C60/75	60	75	39000	3,1	4,4	5,7
C70/85	70	85	41000	3,2	4,6	6,0
C80/95	80	95	42000	3,4	4,8	6,3
C90/105	90	105	44000	3,5	5,0	6,6
C100/115	100	115	45000	3,7	5,2	6,8

Tafel 2.5 *Festigkeitskennwerte und Elastizitätsmoduln von Beton nach EC 2-1-1*

Die charakteristische Festigkeit f_{ck} wird in EC 2-1-1 als Zylinderdruckfestigkeit bezeichnet und in DIN EN 206-1 abweichend $f_{ck,cyl}$ genannt.

$$f_{c,cube} = \begin{cases} 0{,}92\,f_{c,dry} & \text{für Festigkeitsklassen bis C50/60} \\ 0{,}95\,f_{c,dry} & \text{für Festigkeitsklassen ab C55/67} \end{cases} \qquad (2.5)$$

Aufgrund der charakteristischen Festigkeit an Zylindern f_{ck} (characteristic compressive strength) werden die Betonsorten in Festigkeitsklassen (strength classes of concrete) eingeteilt. Normalfeste Betone werden mit C $f_{ck}/f_{ck,cube}$ (concrete) bezeichnet (**Tafel 2.5**). Die Festigkeitsklassen umfassen in DIN 1045-2 nur die normalfesten und die hochfesten Betone (high strength concrete) bis C100/115. Höhere Festigkeiten sind herstellbar, aber nur mit „Zustimmung im Einzelfall" anzuwenden.

2.3.2 Zugfestigkeit

Die Zugfestigkeit des Betons ist wesentlich kleiner als die Druckfestigkeit und beträgt nur 5 bis 10 % der Druckfestigkeit. Außerdem streut die Zugfestigkeit je nach Gesteinskörnung, Beanspruchungsart, Festigkeitsklasse des Betons wesentlich stärker als die Druckfestigkeit. Sie ist daher kein Werkstoffparameter, mit dem sich Beton hinsichtlich seiner Festigkeit ausreichend genau beschreiben lässt.

Für Nachweise im Grenzzustand (→ Kap. 6.2.1) der Tragfähigkeit wird die Zugfestigkeit zu null gesetzt (kein Mitwirken des Betons auf Zug). Für einige Nachweise, insbesondere im Grenzzustand der Gebrauchstauglichkeit, werden jedoch Anhaltswerte benötigt. Diese werden indirekt aus der Druckfestigkeit bestimmt:

$$f_{ctm} = \begin{cases} 0{,}3\, f_{ck}^{\frac{2}{3}} & \text{für Festigkeitsklassen bis C50/60} \\ 2{,}12 \cdot \ln\left(1 + \frac{f_{cm}}{10}\right) & \text{für Festigkeitsklassen ab C55/67} \end{cases} \tag{2.6}$$

In **Tafel 2.5** sind die Quantilwerte für die genormten Festigkeitsklassen angegeben.

2.3.3 Elastizitätsmodul

Für linear elastische Werkstoffe – wie Stahl – gilt das HOOKEsche Gesetz.

$$\sigma = E \cdot \varepsilon \tag{2.7}$$

Der Elastizitätsmodul ist für alle Spannungen konstant. Sofern das Werkstoffverhalten - wie beim Beton - nichtlinear ist, hängt der Elastizitätsmodul von der Spannung ab. Im Ursprung liegt der Tangentenmodul E_c vor (**Abb. 2.3**), der sich mit zunehmender Spannung verringert. Um dennoch die Formänderungen näherungsweise durch eine lineare Berechnung ermitteln zu können, verwendet man den Sekantenmodul E_{cm} (**Tafel 2.5**):

$$E_{cm} = 22000 \cdot (f_{cm}/10)^{0{,}3} \approx 11000 \cdot f_{cm}^{\ 0{,}3} \tag{2.8}$$

Die Neigung der Sekante wird dabei je nach Bemessungsnorm so vorgegeben, dass sie die tatsächliche Spannungs-Dehnungs-Beziehung bei 33 bis 40 % der Prismen- bzw. Zylinderdruckfestigkeit schneidet. Für den Tangentenmodul E_c wird festgelegt:

$$E_c = 1{,}05 \cdot E_{cm} \tag{2.9}$$

In der Schreibweise für den Beton lautet das HOOKEsche Gesetz damit:

$$\sigma_c = E_{cm} \cdot \varepsilon_c \tag{2.10}$$

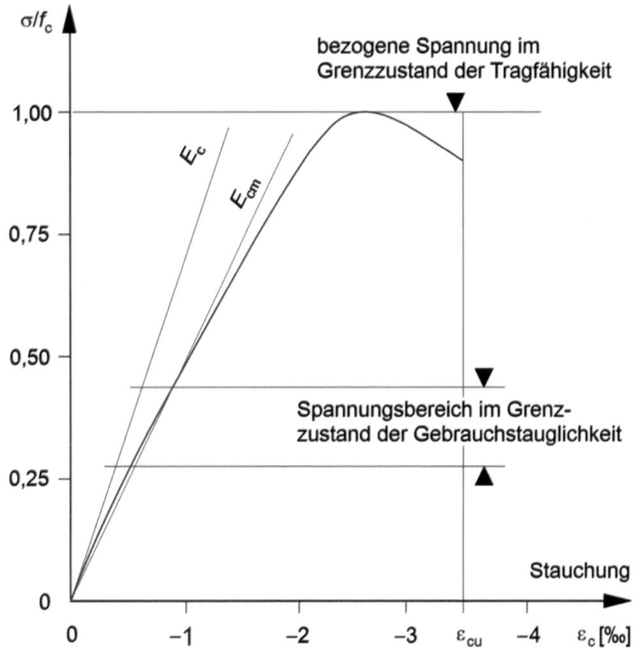

Abb. 2.3 *Rechenwerte für die Spannungs-Dehnungs-Linie des Betons*

2.3.4 Werkstoffgesetze

Für die Schnittgrößenermittlung (statisch unbestimmter Tragwerke) und die Bemessung ist nicht allein die Kenntnis der Festigkeiten ausreichend, sondern es muss ein „Werkstoffgesetz" formuliert werden, das die Dehnungen des Baustoffs mit den Spannungen verknüpft. Die für den Beton besonders stark vereinfachende Beziehung ist das HOOKEsche Gesetz entsprechend Gl. (2.10). Diese einfache Form reicht oftmals nicht. **Abb. 2.4** zeigt genauere Spannungs-Dehnungs-Linien für unterschiedliche Festigkeitsklassen.

Die Spannungs-Dehnungs-Linien werden in Kurzzeitversuchen ermittelt. Es ist zu erkennen, dass der abfallende Ast der Spannungs-Dehnungs-Linie nach Überschreiten der Festigkeit mit zunehmender Festigkeitsklasse immer steiler und die Bruchstauchung geringer wird. Der Beton wird mit zunehmender Festigkeit spröder. Im ansteigenden Ast ist dagegen erkennbar, dass hochfester Beton zunächst ein deutlich lineares Verhalten aufweist. Dies ist in einem gleichmäßigeren Spannungszustand von Gesteinskörnung und Zementstein in hochfestem Beton und einer damit verbundenen geringeren Mikrorissbildung begründet.

Die Spannungs-Dehnungs-Linie ist werkstoffspezifisch und gilt streng genommen sowohl für die „äußeren" als auch die „inneren" Schnittgrößen. Von diesem Punkt wird jedoch derzeit aus rein praktischen Gründen der Handhabung in der Tragwerksplanung abgewichen, und es werden *unterschiedliche* Spannungs-Dehnungs-Linien für die Schnittgrößenermittlung und die Querschnittsbemessung formuliert.

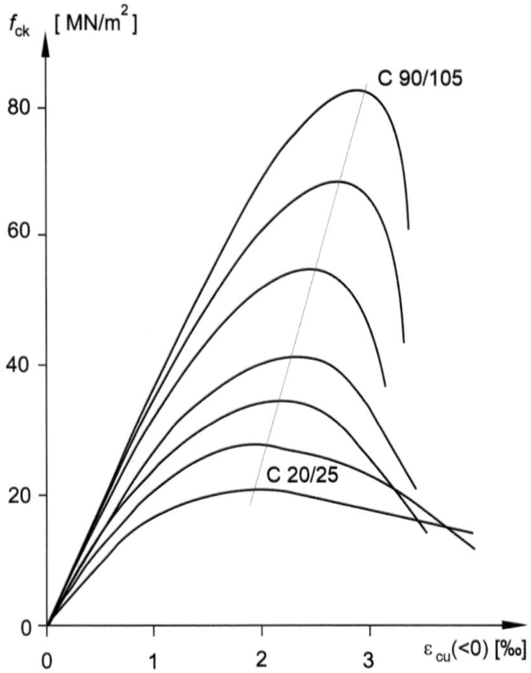

Abb. 2.4 *Reale Spannungs-Dehnungs-Linien von Betonen unterschiedlicher Festigkeit*

Schnittgrößenermittlung

Mögliche Spannungs-Dehnungs-Linien, die bei der Ermittlung der Schnittgrößen (Beanspruchung) verwendet werden dürfen, sind in **Abb. 2.5** dargestellt; i.d.R. wird die lineare Beziehung gemäß Gl. (2.10) verwendet. Daneben ist auch die dargestellte nichtlineare Funktion gemäß Gl. (2.11) möglich, die in dieser Form für kurzzeitig wirkende Einwirkungen und einachsige Spannungszustände gilt. Vereinfachend darf sie jedoch auch unabhängig von der zeitlichen Einwirkung und bei mehrachsigen Spannungszuständen verwendet werden.

linear: $$\sigma_c = E_{cm} \cdot \varepsilon_c \tag{2.10}$$

nichtlinear: $$\sigma_c = -\frac{k \cdot \eta - \eta^2}{1 + (k-2) \cdot \eta} \cdot f_{cm} \tag{2.11}$$

k Spannungsbeiwert eines elastischen Dehnungsansatzes für die Dehnung bei Erreichen der größten Spannung

$$k = -1{,}05 \cdot \frac{E_{cm} \cdot \varepsilon_{c1}}{f_{cm}} \tag{2.12}$$

η Dehnungsverhältnis

$$\eta = \frac{\varepsilon_c}{\varepsilon_{c1}} \leq 1{,}0 \tag{2.13}$$

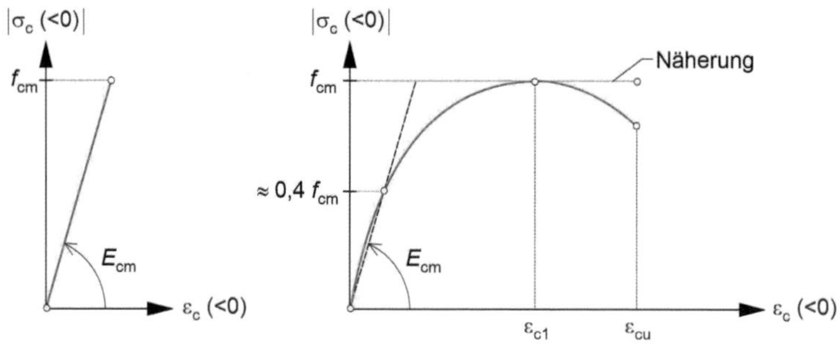

Abb. 2.5 *Spannungs-Dehnungs-Linien von Beton für die Schnittgrößenermittlung*

Querschnittsbemessung

Gemäß EC 2-1-1, 3.1.7 sind die folgenden Spannungs-Dehnungs-Linien für die Querschnittsbemessung möglich (**Abb. 2.6**):

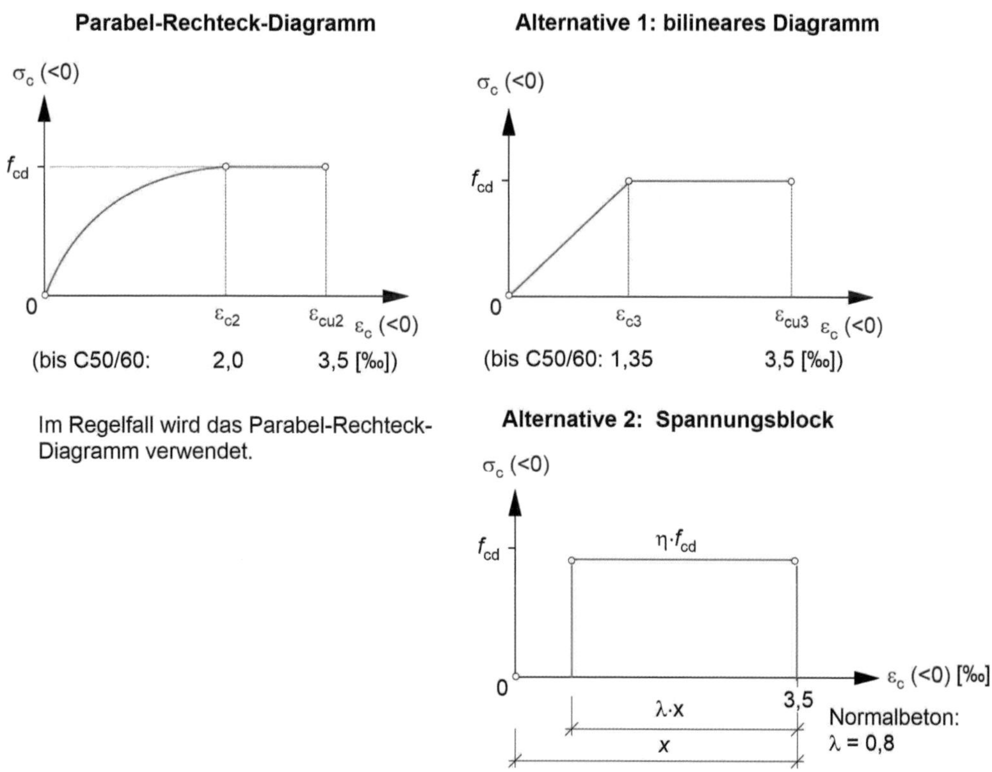

Abb. 2.6 *Spannungs-Dehnungs-Linien von Beton für die Bemessung*

- im Regelfall das *Parabel-Rechteck-Diagramm* (parabolic-rectangular stress-strain diagram);

$$\sigma_c = \begin{cases} \left[\left(1 - \frac{\varepsilon_c}{\varepsilon_{c2}}\right)^n - 1\right] \cdot f_{cd} \text{ für } 0 \leq |\varepsilon_c| < |\varepsilon_{c2}| \\ f_{cd} \text{ für } |\varepsilon_{c2}| < |\varepsilon_c| < |\varepsilon_{cu2}| \end{cases} \tag{2.14}$$

Die Formänderungskennwerte n, ε_{c2}, und ε_{cu2} sind in **Tafel 2.6** angegeben.

- das *bilineare Diagramm* (bi-linear stress-strain diagram) für kompliziertere Querschnitte (Formänderungskennwerte ε_{c3}, und ε_{cu3} → **Tafel 2.6)**

$$\sigma_c = \begin{cases} \frac{\varepsilon_c}{\varepsilon_{c3}} \cdot f_{cd} \text{ für } 0 \leq |\varepsilon_c| < |\varepsilon_{c3}| \\ f_{cd} \text{ für } |\varepsilon_{c3}| \leq |\varepsilon_c| \leq |\varepsilon_{cu3}| \end{cases} \quad (2.15)$$

- der *Spannungsblock* (stress block) für Handrechnungen ohne Bemessungshilfsmittel; zulässig nur bei im Querschnitt liegender Dehnungsnulllinie

$$\sigma_c = \eta \cdot f_{cd} \quad (2.16)$$

x Höhe der Druckzone

η Beiwert für Betonfestigkeitsklasse ($\eta = 1{,}00$ für $f_{ck} \leq 50$ N/mm²)

C	12/15	16/20	20/25	25/30	30/37	35/45	40/50	45/55	50/60	55/67	60/75	70/85	80/95	90/105	100/115
ε_{c2} in ‰	-2,00									-2,20	-2,30	-2,40	-2,50	-2,60	-2,60
ε_{cu2} in ‰	-3,50									-3,10	-2,90	-2,70	-2,60	-2,60	-2,60
n	2,00									1,75	1,60	1,45	1,40	1,40	1,40
ε_{c3} in ‰	-1,75									-1,80	-1,90	-2,00	-2,20	-2,30	-2,40
ε_{cu3} in ‰	-3,50									-3,10	-2,90	-2,70	-2,60	-2,60	-2,60

Tafel 2.6 *Formänderungskennwerte von Beton (nach EC 2-1-1, Tabelle 3.1 und EC 2-1-1/NA, 3.1.3)*

In allen Spannungs-Dehnungs-Linien ist f_{cd} der Bemessungswert der Betondruckfestigkeit. Er wird aus der charakteristischen Druckfestigkeit f_{ck} ermittelt.

$$f_{cd} = \frac{\alpha_{cc} \cdot f_{ck}}{\gamma_C} \quad (2.17)$$

a_{cc} Beiwert zur Erfassung der Festigkeit unter Dauerlasten für die mit Kurzzeitversuchen gewonnene charakteristische Druckfestigkeit ($a_{cc} = 0{,}85$ i. Allg., bei nachgewiesener Kurzzeitbelastung dürfen auch höhere Werte verwendet werden, jedoch immer $a_{cc} \leq 1{,}0$).

γ_C Teilsicherheitsbeiwert für Beton in der Grundkombination für

Ortbeton: $\gamma_C = 1{,}50$ (2.18)

Fertigteil[2]: $\gamma_C = 1{,}35$ (2.19)

2 Werksmäßige und ständig überwachte Herstellung mit Überprüfung der Betonfestigkeit

2.3.5 Beton unter Hochtemperatur

Die im vorangegangenen Abschnitt erläuterten Werkstoffgesetze gelten bei normalen Temperaturen (θ = 20 °C). Für die Bemessung unter Brandeinwirkung ist auch die Kenntnis der Bauteilfestigkeit unter sehr hohen Temperaturen erforderlich, da diese für den Beton – wie auch bei anderen Baustoffen – mit zunehmender Temperatur abfällt (**Abb. 2.7**) bei gleichzeitigem Anstieg der Stauchungen. Dieser Prozess beginnt bei Betontemperaturen über 50 °C. Mit zunehmender Temperatur sinkt auch die Steigung der Spannungs-Dehnungs-Linie, d.h., der Elastizitätsmodul nimmt ab. An den Bereich I mit ansteigender Betonspannung σ_c schließt sich der Bereich II mit einem abfallenden Spannungsast. Die Druckfestigkeit des Betons $f_{ck,\theta}$ bei der Temperatur θ wird bei der Stauchung $\varepsilon_{cu,\theta}$ erreicht. Werte für diese beiden Hauptparameter sind in **Abb. 2.7** angegeben.

Bei Temperaturen über 150° C verdampft auch das im Beton physikalisch gebundene Wasser. Der entstehende Dampfdruck kann nicht durch die Kapillarporen entweichen und somit zu explosionsartigen Abplatzungen an der Oberfläche führen. Derartige Erscheinungen treten verstärkt bei den (sehr dichten) Hochleistungsbetonen (≥ C55/67) auf. Sie können durch einen Zusatz von in den Frischbeton gemischten Polypropylen-Fasern verringert werden. Im Brandfall verbrennen oder schmelzen die Fasern und hinterlassen röhrenförmige Poren zum Abbau des Dampfdrucks.

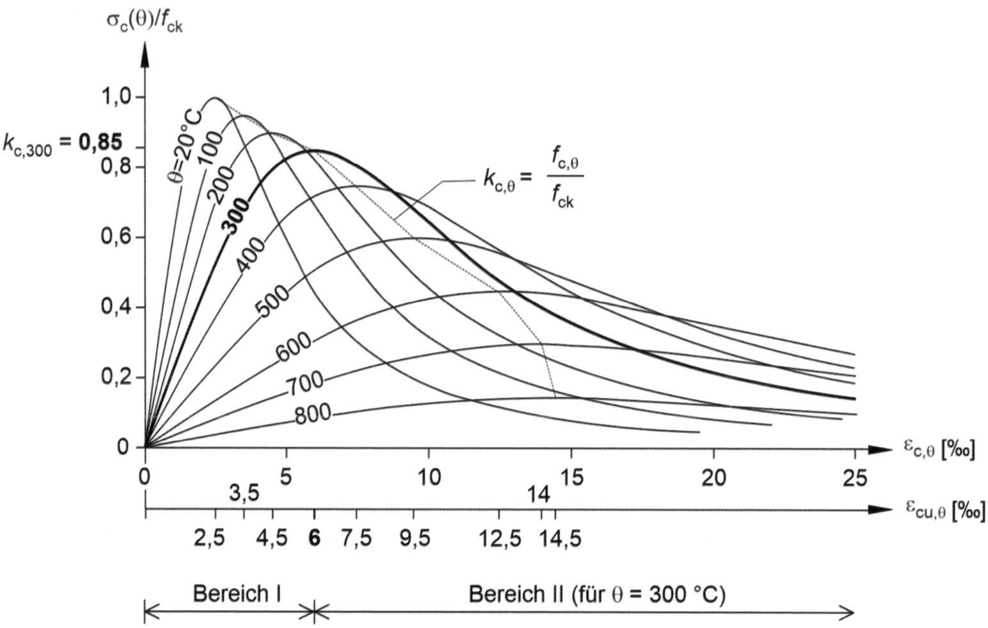

Abb. 2.7 *Temperaturabhängige Spannungs-Dehnungs-Linien für Normalbeton ≤ C50/60 mit quarzitischem Zuschlag*

2.3.6 Kriechen und Schwinden

Gl. (2.10) kann umgeformt werden, um die elastische Dehnung (bzw. Stauchung) zu bestimmen:

$$\varepsilon_c = \frac{\sigma_c}{E_{cm}} \tag{2.20}$$

Die Verformung ist hierbei unabhängig von der Dauer der Lasteinwirkung und geht nach Entfernen der Last auf Null zurück. Für Beton gilt dies nur bei Lasten mit kurzzeitiger Dauer. Bei über einen längeren Zeitraum einwirkenden Lasten (mehrere Tage bei jungem Beton, mehrere Wochen bei altem Beton) ändern sich die Verformungen zeitabhängig (**Abb. 2.8**). Man nennt dies Kriechen (creep), sofern die einwirkende Last hierbei konstant gehalten wird, bzw. Relaxation, sofern die Verformung konstant gehalten wird. Ein Teil der zusätzlich entstehenden Verformung Δl_{cc} ist irreversibel, d.h., auch nach Entlastung geht die Verformung nicht mehr auf Null zurück.

Die Auswirkungen des Kriechens auf das Bauteil sind sowohl günstig (Einwirkungen aus Zwang verrringern sich mit zunehmender Zeit) als auch ungünstig (Durchbiegungen nehmen zeitabhängig zu). Im (nicht vorgespannten) Stahlbeton wird Kriechen nur bei der Durchbiegungsberechnung (→ Kap. 13.4) und bei der Schnittgrößenermittlung schlanker Stützen berücksichtigt.

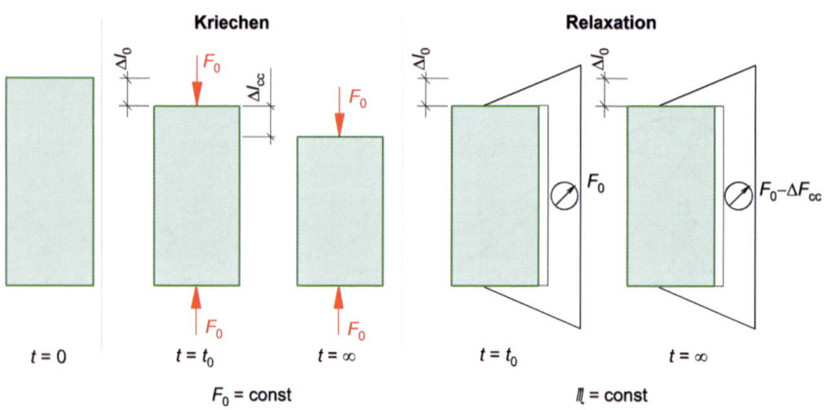

Abb. 2.8 *Kriechen und Relaxation am Beispiel eines Betonprismas*

Die Kriechzahl φ ist der Quotient aus der zusätzlich entstehenden Verformung Δl_{cc} und der elastischen Verformung Δl_0. Ein Wert von z.B. 3,0 bedeutet, dass die Verformung aus Kriechen das 3fache der elastischen Verformung beträgt. Übliche Kriechzahlen liegen zwischen eins und vier.

Die Kriechzahl ist abhängig vom Betrachtungszeitpunkt t und vom Belastungszeitpunkt t_0. Im Folgenden wird als Betrachtungszeitpunkt immer der Zeitpunkt $t = \infty$ verstanden, der zur Endkriechzahl $\varphi(\infty, t_0)$ führt.

$$\varphi(\infty, t_0) = \frac{\Delta l_{cc}(\infty)}{\Delta l_0} = \frac{\varepsilon_{cc}(\infty)}{\varepsilon_c(t_0)} = \frac{\varepsilon_{cc}(\infty)}{\frac{\sigma_c(t_0)}{E_c}} \tag{2.21}$$

Da die Endkriechzahl in Abhängigkeit von dem Zement, den Bauteilabmessungen und den Umgebungsbedingungen nach EC 2-1-1, Bild 3.1 (**Abb. 2.9** unter Berücksichtigung von **Tafel 2.7**) bestimmt werden kann, lässt sich durch Umstellen die Kriechdehnung des Betons ε_{cc} berechnen. Alternativ sind Grundgleichungen zur Bestimmung der Endkriechzahl in EC 2-1-1, Anhang B, B.1, angegeben.

$$\varepsilon_{cc}(\infty) = \varphi(\infty, t_0) \cdot \frac{\sigma_c(t_0)}{E_c} \tag{2.22}$$

E_c Tangentenmodul nach Gl. (2.9)

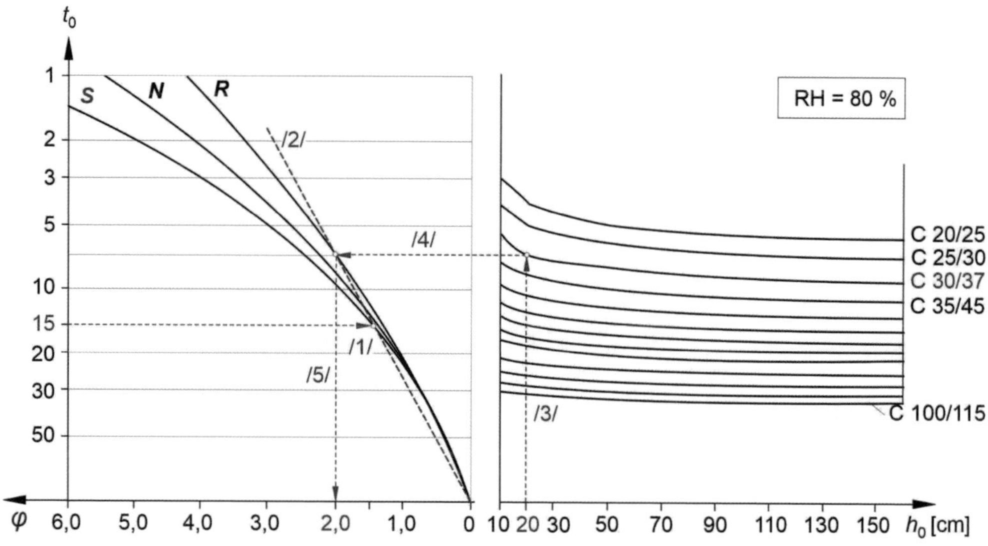

Abb. 2.9 *Endkriechzahl $\varphi(\infty,t_0)$ für Normalbeton und Außenluft (EC 2-1-1, Bild 3.1 b)*

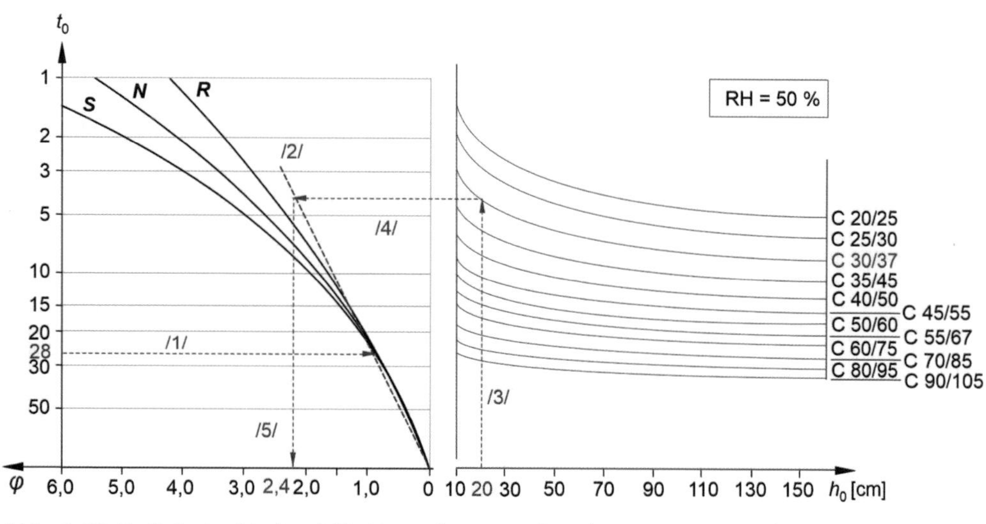

Abb. 2.10 *Endkriechzahl $\varphi(\infty,t_0)$ für Normalbeton und trockene Innenräume (EC 2-1-1, Bild 3.1 a)*

S	CEM 32,5 N
N	CEM 32,5 R; CEM 42,5 N
R	CEM 42,5 R; CEM 52,5 N; CEM 52,5 R

Tafel 2.7 *Zuordnung der Zementfestigkeitsklassen*

Beispiel 2.2: Berechnung der Kriechzahl

Gegeben:
- Wand als Außenbauteil (RH = 80 %)
- h = 20 cm
- Bauteil wird nach 15 Tagen belastet
- Betonherstellung mit CEM 32,5 N
- C30/37

Gesucht: Kriechzahl zum Zeitpunkt $t = \infty$

Lösung:

CEM 32,5 N → S

$$h_0 = \frac{2 \cdot (0{,}20 \cdot 1{,}0)}{2 \cdot 1{,}0} = 0{,}20\,\text{m}$$

$$t_0 = 15\,\text{d}$$

C30/37; RH = 80 %, S, t_0 = 15 d :

$$\varphi(\infty,15) = 2{,}0$$

Tafel 2.7

(2.28): $h_0 = \frac{2\,A_c}{u}$

Abb. 2.9

wird in Beispiel 11.1 verwendet

Mit Schwinden (shrinkage) wird die Volumenverringerung des Betons infolge Austrocknens bezeichnet. Die hieraus resultierende Schwinddehnung des Betons $\varepsilon_{cs,\infty}$ setzt sich aus den Anteilen der autogenen Schwinddehnung $\varepsilon_{ca,\infty}$ und der Trocknungsschwinddehnung $\varepsilon_{cd,\infty}$ (jeweils wieder für den Betrachtungszeitpunkt $t = \infty$) zusammen und kann nach den Gleichungen in EC 2-1-1, 3.1.4 und Anhang B.2 (Gleichungen 2.23 bis 2.28) berechnet werden.

$$\varepsilon_{cs,\infty} = \varepsilon_{ca,\infty} + \varepsilon_{cd,\infty} \tag{2.23}$$

Die autogene Schwinddehnung folgt aus:

$$\varepsilon_{ca}(t) = \beta_{as}(t) \cdot \varepsilon_{ca,\infty} \tag{2.24}$$

dabei ist:

$$\varepsilon_{ca,\infty} = 2{,}5 \cdot (f_{ck} - 10) \cdot 10^{-6} \tag{2.25}$$

$$\beta_{as}(t) = 1 - e^{-0{,}2 \cdot \sqrt{t}} \quad \text{mit t in Tagen} \tag{2.26}$$

Der Endwert der Trocknungsschwinddehnung beträgt:

$$\varepsilon_{cd,\infty} = k_h \cdot \varepsilon_{cd,0} \tag{2.27}$$

k_h ein von der wirksamen Querschnittsdicke h_0 abhängiger Koeffizient gemäß **Tafel 2.8**.

h_0 [mm]	k_h
100	1,0
200	0,85
300	0,75
≥ 500	0,7

Tafel 2.8 *k_h-Werte (nach EC 2-1-1, Tabelle 3.3)*

Wirksame Querschnittsdicke:

$$h_0 = \frac{2 \cdot A_c}{u} \tag{2.28}$$

A_c die Betonquerschnittsfläche

u die Umfangslänge der dem Trocknen ausgesetzten Querschnittsflächen

Die Grundwerte der Trocknungsschwinddehnung $\varepsilon_{cd,0}$ sind in Abhängigkeit von der Zementklasse in den **Tafeln 2.9 bis 2.11** aufgeführt.

Beton	Zement CEM Klasse S					
f_{ck} / $f_{ck,cube}$	relative Luftfeuchte RH in %					
N/mm²	40	**50**	60	70	**80**	90
C12/15	0,52	**0,49**	0,44	0,37	**0,27**	0,15
C16/20	0,50	**0,46**	0,42	0,35	**0,26**	0,14
C20/25	0,47	**0,44**	0,39	0,33	**0,25**	0,14
C25/30	0,44	**0,41**	0,37	0,31	**0,23**	0,13
C30/37	0,41	**0,39**	0,35	0,29	**0,22**	0,12
C35/45	0,39	**0,36**	0,32	0,27	**0,20**	0,11
C40/50	0,36	**0,34**	0,30	0,26	**0,19**	0,11
C45/55	0,34	**0,32**	0,29	0,24	**0,18**	0,10
C50/60	0,32	**0,30**	0,27	0,22	**0,17**	0,09
C55/67	0,30	**0,28**	0,25	0,21	**0,16**	0,09
C60/75	0,28	**0,26**	0,23	0,20	**0,15**	0,08
C70/85	0,25	**0,23**	0,21	0,17	**0,13**	0,07
C80/95	0,22	**0,20**	0,18	0,15	**0,11**	0,06
C90/105	0,19	**0,18**	0,16	0,13	**0,10**	0,05
C100/115	0,17	**0,16**	0,14	0,12	**0,09**	0,05

Tafel 2.9 *Grundwerte der Trocknungsschwinddehnung $\varepsilon_{cd,0}$ in [‰] für Beton - Zement CEM Klasse S (nach EC 2-1-1, Tabelle NA.B.1)*

Beton	Zement CEM Klasse N					
f_{ck} / $f_{ck,cube}$	relative Luftfeuchte RH in %					
N/mm²	40	**50**	60	70	**80**	90
C12/15	0,64	**0,60**	0,54	0,45	**0,33**	0,19
C16/20	0,61	**0,57**	0,51	0,43	**0,32**	0,18
C20/25	0,58	**0,54**	0,49	0,41	**0,30**	0,17
C25/30	0,55	**0,51**	0,46	0,38	**0,29**	0,16
C30/37	0,52	**0,48**	0,43	0,36	**0,27**	0,15
C35/45	0,49	**0,45**	0,41	0,34	**0,25**	0,14
C40/50	0,46	**0,43**	0,38	0,32	**0,24**	0,13
C45/55	0,43	**0,40**	0,36	0,30	**0,22**	0,12
C50/60	0,41	**0,38**	0,34	0,28	**0,21**	0,12
C55/67	0,38	**0,36**	0,32	0,27	**0,20**	0,11
C60/75	0,36	**0,34**	0,30	0,25	**0,19**	0,10
C70/85	0,32	**0,30**	0,27	0,22	**0,17**	0,09
C80/95	0,28	**0,26**	0,24	0,20	**0,15**	0,08
C90/105	0,25	**0,23**	0,21	0,18	**0,13**	0,07
C100/115	0,22	**0,21**	0,19	0,16	**0,12**	0,06

Tafel 2.10 *Grundwerte der Trocknungsschwinddehnung $\varepsilon_{cd,0}$ in [‰] für Beton - Zement CEM Klasse N (nach EC 2-1-1, Tabelle NA.B.2)*

Beton	Zement CEM Klasse R					
f_{ck} / $f_{ck,cube}$	relative Luftfeuchte RH in %					
N/mm²	40	**50**	60	70	**80**	90
C12/15	0,87	**0,81**	0,73	0,61	**0,45**	0,25
C16/20	0,83	**0,78**	0,70	0,58	**0,43**	0,24
C20/25	0,80	**0,75**	0,67	0,56	**0,42**	0,23
C25/30	0,75	**0,71**	0,63	0,53	**0,39**	0,22
C30/37	0,71	**0,67**	0,60	0,50	**0,37**	0,21
C35/45	0,68	**0,63**	0,57	0,47	**0,35**	0,20
C40/50	0,64	**0,60**	0,54	0,45	**0,33**	0,19
C45/55	0,61	**0,57**	0,51	0,43	**0,32**	0,18
C50/60	0,57	**0,54**	0,48	0,40	**0,30**	0,17
C55/67	0,54	**0,51**	0,45	0,38	**0,28**	0,16
C60/75	0,51	**0,48**	0,43	0,36	**0,27**	0,15
C70/85	0,46	**0,43**	0,39	0,32	**0,24**	0,13
C80/95	0,41	**0,39**	0,35	0,29	**0,21**	0,12
C90/105	0,37	**0,35**	0,31	0,26	**0,19**	0,11
C100/115	0,33	**0,31**	0,28	0,23	**0,17**	0,10

Tafel 2.11 *Grundwerte der Trocknungsschwinddehnung $\varepsilon_{cd,0}$ in [‰] für Beton - Zement CEM Klasse R (nach EC 2-1-1, Tabelle NA.B.3)*

Übliche Endschwindmaße liegen zwischen 0,2 ‰ und 0,6 ‰. Die gesamte Dehnung ist die Summe der elastischen Dehnung, der Kriechdehnung und des Schwindmaßes.

$$\varepsilon_{ges} = \varepsilon_c(t_0) + \varepsilon_{cc}(\infty) + \varepsilon_{cs,\infty} \tag{2.29}$$

Beispiel 2.3: Längenänderung einer Stütze zum Zeitpunkt $t = \infty$ (Fortsetzung von Beispiel 1.1)

Gegeben:
- Ergebnisse des Beispiels 1.1
- Bauteil wird nach 3 Tagen ausgeschalt und nach 30 Tagen belastet
- Innenstütze (RH = 50 %)
- Betonherstellung mit CEM 32,5 N

Gesucht: Verkürzung zum Zeitpunkt $t = \infty$

Lösung:

$A_i = 387 \cdot (1 + 6{,}67 \cdot 0{,}033) = 472\ \text{cm}^2$	(1.10): $A_i = A_{c,n} \cdot \left(1 + \alpha_e \cdot \rho\right)$
$\sigma_c = \dfrac{-0{,}300}{0{,}0472} = -6{,}36\ \text{N/mm}^2$	$\sigma_c = \dfrac{F}{A_i}$
$E_c = 1{,}05 \cdot 30000 = 31500\ \text{MN/m}^2$	**Tafel 2.5**: C20/25; Gl. (2.9)
$h_0 = \dfrac{2 \cdot (0{,}20 \cdot 0{,}2)}{4 \cdot 0{,}2} = 0{,}10\,\text{m}$	(2.28): $h_0 = \dfrac{2 \cdot A_c}{u}$
CEM 32,5 N → S	**Tafel 2.7**
C20/25; RH = 50 %, S, t_0 = 30 d : $\varphi(\infty{,}30) = 3{,}2$	**Tafel 2.10**
$\varepsilon_{cc}(\infty) = 3{,}2 \cdot \dfrac{-6{,}36}{31500} = -0{,}65 \cdot 10^{-3}$	(2.22): $\varepsilon_{cc}(\infty) = \varphi\left(\infty, t_0\right) \cdot \dfrac{\sigma_c(t_0)}{E_c}$
C20/25: $\varepsilon_{ca,\infty} = -2{,}5 \cdot (20 - 10) \cdot 10^{-6} = -0{,}025 \cdot 10^{-3}$	(2.25): $\varepsilon_{ca,\infty} = 2{,}5 \cdot \left(f_{ck} - 10\right) \cdot 10^{-6}$
h_0 = 100 mm → k_h = 1,0	**Tafel 2.8**
C20/25; RH = 50 %, S, t_s = 3 d : $\varepsilon_{cd,0} = -0{,}440 \cdot 10^{-3}$	**Tafel 2.9**
$\varepsilon_{cd,\infty} = 1{,}0 \cdot \left(-0{,}44 \cdot 10^{-3}\right) = -0{,}44 \cdot 10^{-3}$	(2.27): $\varepsilon_{cd,\infty} = k_h \cdot \varepsilon_{cd,0}$
$\varepsilon_{cs,\infty} = -0{,}025 \cdot 10^{-3} - 0{,}440 \cdot 10^{-3} = -0{,}465 \cdot 10^{-3}$	(2.23): $\varepsilon_{cs,\infty} = \varepsilon_{ca,\infty} + \varepsilon_{cd,\infty}$
$\Delta l = -0{,}53 \cdot 10^{-3} - (0{,}65 \cdot 10^{-3} + 0{,}465 \cdot 10^{-3}) \cdot 2{,}5 = \underline{\underline{-3{,}32 \cdot 10^{-3}\ \text{m}}}$	$\Delta l = \varepsilon \cdot l$ (2.29): $\varepsilon_{ges} = \varepsilon_c + \varepsilon_{cc}(\infty) + \varepsilon_{cs,\infty}$

Die Stauchung steigt auf den 6,3fachen Wert der anfänglichen Stauchung.

2.3.7 Betone mit besonderen Eigenschaften

Moderne Betone können die Eigenschaften des Stahlbetons durch zusätzliche Qualitätsmerkmale weiter verbessern. Um diese Qualitätsmerkmale zu erreichen, sind – über den EC 2-1-1 hinausgehend – weitergehende Regelungen zu beachten, die nicht in diesem Buch behandelt werden. Nachfolgend werden einige dieser Betone vorgestellt.

Wasserundurchlässiger Beton:

Stahlbeton, der neben der tragenden Funktion gleichzeitig eine Abdichtung gegen Wasser übernimmt, bezeichnet man als wasserundurchlässigen Beton (WU-Beton, watertight concrete). In der Baupraxis wird der Beton auch häufig als „weiße Wanne" bezeichnet, aufgrund seiner helleren Farbe im Vergleich zu einem Keller mit bituminöser Abdichtung, die als „schwarze Wanne" bezeichnet wird.

In wasserundurchlässigen Beton kann Wasser zwar durch kapillares Saugen ein-, aber nicht durchdringen (**Abb. 2.11**). Dagegen kann Wasser in gasförmigem Zustand durch Diffusion das Bauteil durchdringen. Auf der wasserabgewandten Bauteiloberfläche muss ein Abtrocknen möglich sein.

Die Bemessung von WU-Beton erfolgt nach [WU-Richtlinie – 17] und [DAfStb Heft 555 – 06]. Wesentliche Konstruktionsdetails sind Fugenführung und Fugenausbildung. In den Fugen werden elastische Fugenbänder oder Kombinationsprodukte aus Blech und einer polymermodifizierten Beschichtung (z.B. Pentaflex®) angeordnet. Nähere Einzelheiten zur Konstruktion und Ausführung von WU-Beton sind in [Cziesielski/Schrepfer – 00], [Lohmeyer/Ebeling – 07], [Ebeling – 07] zu finden.

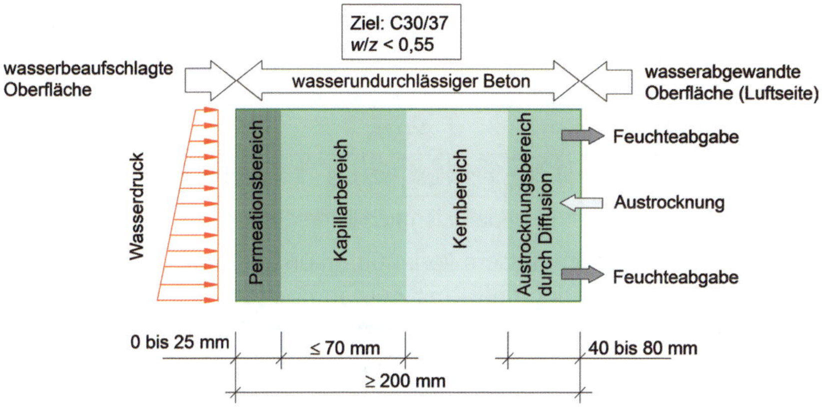

Abb. 2.11 *Wasserundurchlässiger Beton*

Stahlfaserbeton:

In Stahlfaserbeton werden in die Frischbetonmatrix Stahlfasern zugemischt. Die Stahlfasern verbessern die Duktilität in der Zugzone, da Kräfte über die (Mikro-)Risse übertragen werden können (**Abb. 2.12**). Die Eigenschaften hängen sehr stark von der Menge und der Art der zugemischten Fasern ab (bis zu 80 kg/m³). Außerdem erhöhen Stahlfasern die mechanische Abriebfestigkeit von Beton. Ein bedeutendes Anwendungsgebiet sind Industriefußböden.

Weitere Einzelheiten sind in [Schnütgen – 05] zu finden. Die Bemessung erfolgt nach [Stahlfaserbeton-RiL – 21].

Selbstverdichtender Beton:

Selbstverdichtender Beton (self compacting concrete) benötigt keine Verdichtung durch Rüttler. Infolge seiner Sieblinie und Fließmittel entweicht die Luft nach dem Einfüllen in die Schalung ohne Rüttlereinwirkung.

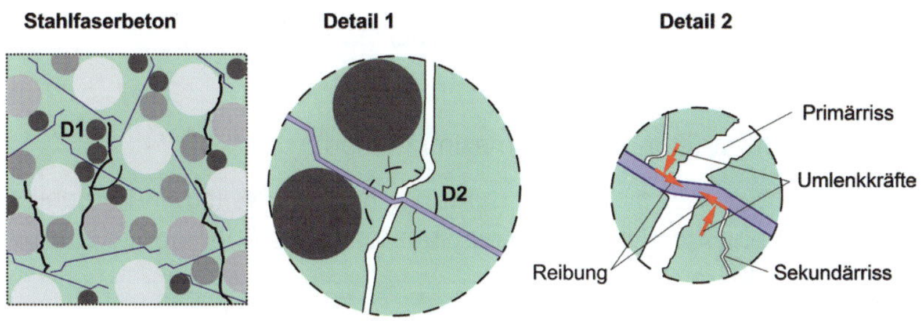

Abb. 2.12 *Stahlfaserbeton und Übertragung von Kräften über die Risse*

Betonstahlsorte	Erzeugnisform	Betonstabstahl	Betonstahlmatte	Betonstabstahl	Betonstahlmatte
	Benennung	B500A	B500A	B500B	B500B
Duktilität (ductility)		normal		hoch	
Fließgrenze f_{yk} (yield stress)		500 N/mm²			
Zugfestigkeit f_{tk} (tensile strength)		≥ 550 N/mm² (festgelegt durch nächste Zeile)			
Verhältnis $(f_t / f_y)_k$		≥ 1,05		≥ 1,08	
Stahldehnung unter Höchstlast ε_{uk}		0,025		0,050	
Nenndurchmesser Ø in mm		6 bis 40[a)]	6 bis 12	6 bis 40[a)]	6 bis 14[b)]

a) Nenndurchmesser Ø > 40 mm sind bauaufsichtlich zugelassen.

b) Betonstahlmatten mit Nenndurchmessern von 4,0 mm und 4,5 mm dürfen nur bei vorwiegend ruhender Belastung und – mit Ausnahme von untergeordneten vorgefertigten Bauteilen, wie eingeschossigen Einzelgaragen – nur als Querbewehrung bei einachsig gespannten Platten, bei Rippendecken und bei Wänden verwendet werden.

Tafel 2.12 *Sorteneinteilung und Eigenschaften der Betonstähle (nach EC 2-1-1, 3.2.1 und DIN 488)*

2.4 Betonstahl

2.4.1 Werkstoffkennwerte für Druck- und Zugbeanspruchung

Die im Stahlbetonbau anwendbaren Betonstähle sind in DIN 488-1 genormt. Die drei wesentlichen Kenngrößen im Hinblick auf die Bemessung zur Bezeichnung einer Stahlsorte sind:

- der charakteristische Wert der *Fließgrenze* f_{yk} (Bezeichnung in DIN 488-1 : R_e)
- der charakteristische Wert der *Zugfestigkeit* f_{tk} (Bezeichnung in DIN 488-1 : R_m)
- die *Duktilität* (DIN 488-1)

normalduktil: $\varepsilon_{uk} \geq 2{,}5\ \%$ und $\dfrac{f_{tk}}{f_{yk}} \geq 1{,}05$ (Kennbuchstabe A) (2.30)

hochduktil: $\varepsilon_{uk} \geq 5{,}0\ \%$ und $\dfrac{f_{tk}}{f_{yk}} \geq 1{,}08$ (Kennbuchstabe B) (2.31)

ε_{uk} Stahldehnung unter Höchstlast (elongation at maximum load)

Ein Verhältnis $f_{tk}/f_{yk} > 1$ kennzeichnet die Verfestigung des Betonstahls (strain-hardening of reinforcing steel). Der Dehnungsbereich, in dem die Stahlspannung über die Fließgrenze ansteigt, wird als Verfestigungsbereich bezeichnet.

Die in Deutschland wichtigen Stahlsorten und Eigenschaften sind in **Tafel 2.12** zusammengefasst. Man unterscheidet:

- Betonstabstahl (reinforcing steel bar)
- Betonstahlmatten (welded meshes)

Unter Betonstabstahl versteht man einzelne Stäbe, während Betonstahlmatten (→ Teil 2, Kap. 1) aus einer Vielzahl von Stäben bestehen, die werksmäßig in einem orthogonalen Raster durch Punktschweißung verbunden werden. Stäbe können hochduktil sein, wenn sie aus warmverformtem Material bestehen. Sie können auch nur normalduktil sein, wenn sie aus kaltverformtem Material (vom Ring) gefertigt werden. Letztgenannte treten insbesondere für die Durchmesserreihen bis $\varnothing_s = 12$ mm auf.

Betonstähle werden mit einer Buchstaben-Zahlen-Kombination bezeichnet wie z.B.: B500B

B Betonstahl nach DIN 488-1

500 Fließgrenze f_{yk} des Stahls, genormt sind $R_e = \underline{500}$ N/mm²

B Kennzeichen für Duktilität; A = normalduktil, B = hochduktil

Beide Betonstahlformen haben eine gerippte Oberfläche, um den Verbund zwischen dem Stahl und dem ihn umgebenden Beton zu verbessern. Eine Kenngröße zur Beschreibung der Rippen als wichtige Einflussgröße auf die Verbundeigenschaften ist die bezogene Rippenfläche f_R des Betonstahls (projected rib factor, **Abb. 2.13**). Aus der Anordnung der Rippen lässt sich die Duktilitätsklasse erkennen. Ein Betonstabstahl der Stahlsorte B500B muss entweder zwei oder vier Rippenreihen haben, Betonstabstahl der Stahlsorte B500A wird durch drei Rippenreihen gekennzeichnet (**Abb. 2.14**).

$$f_R = \frac{A_R}{A_S} = \frac{\pi \cdot (\varnothing + h_R) \cdot h_R}{\pi \cdot (\varnothing + 2 \cdot h_R) \cdot s_R} \approx \frac{h_R}{s_R} \qquad (2.32)$$

Betonstähle nach DIN 488-1 sind schweißbar (weldable). Neben diesen genormten Stählen gibt es Betonstabstahl vom Ring, beschichtete und nichtrostende Betonstähle für besondere Anforderungen an den Korrosionsschutz und „GEWI"-Stahl (→ Kap. 4.5.3) für spezielle Verbindungsmittel. Ihre Anwendungen werden durch bauaufsichtliche Zulassungen geregelt.

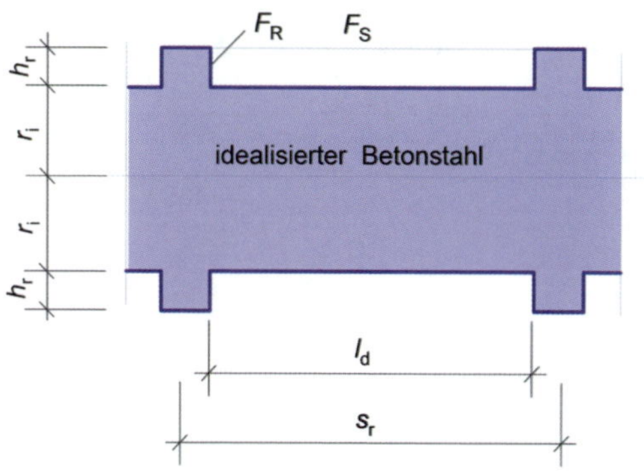

ϕ in mm	f_R
$5{,}0 \le \phi \le 6{,}0$	0,039
$6{,}5 \le \phi \le 8{,}5$	0,045
$9{,}0 \le \phi \le 10{,}5$	0,052
$11{,}0 \le \phi \le 40$	0,056

Abb. 2.13 *Geometriekennzahlen zur Ermittlung der bezogenen Rippenfläche f_R*

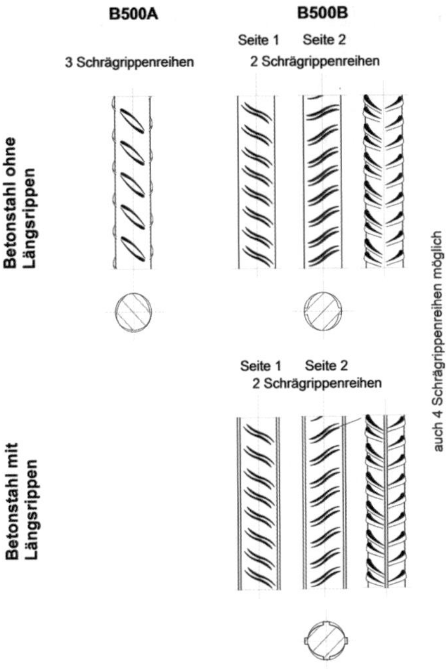

Abb. 2.14 *Oberfläche verschiedener Betonstähle nach DIN 488-1*

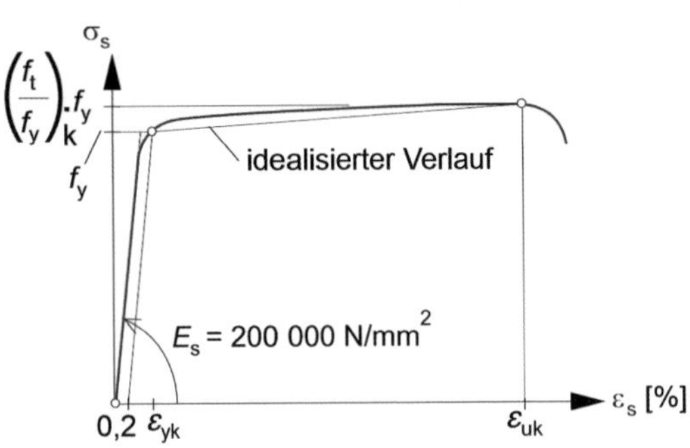

Abb. 2.15 *Spannungs-Dehnungs-Linien von Betonstahl für die Schnittgrößenermittlung*

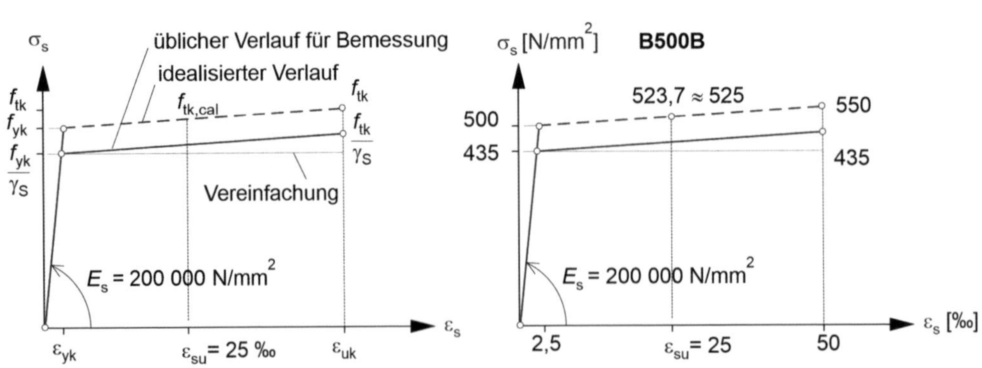

Abb. 2.16 *Spannungs-Dehnungs-Linien von Betonstahl für die Bemessung*

2.4.2 Werkstoffgesetze

Das Werkstoffgesetz für Betonstahl verhält sich nach dem HOOKEschen Gesetz,

$$\sigma_s = E_s \cdot \varepsilon_s \tag{2.33}$$

bis die Fließgrenze erreicht wird. Nach dem Fließen lässt sich die Spannung im Verfestigungsbereich noch geringfügig steigern.

Schnittgrößenermittlung

Mögliche Spannungs-Dehnungs-Linien, die bei der Ermittlung der Schnittgrößen (Beanspruchung) verwendet werden dürfen, sind in **Abb. 2.15** dargestellt. Üblich ist hierbei der linearisierte Verlauf.

$$\sigma_s = \begin{cases} E_s \cdot \varepsilon_s \quad \text{für } |\varepsilon_s| \leq \varepsilon_{yk} \\ f_y \cdot \left[1 + \dfrac{\left(\dfrac{f_t}{f_y}\right)_k - 1}{\varepsilon_{uk} - \varepsilon_{yk}} \right] \quad \text{für } \varepsilon_{yk} < |\varepsilon_s| \leq \varepsilon_{uk} \end{cases} \tag{2.34}$$

Querschnittsbemessung

Es wird ebenfalls eine bilineare Spannungs-Dehnungs-Linie verwendet (**Abb. 2.16**). Der Verfestigungsbereich darf hierbei ausgenutzt oder vereinfacht vernachlässigt werden.

- *Genauere Spannungs-Dehnungs-Linie (mit Verfestigungsbereich):*

$$\sigma_s = \begin{cases} E_s \cdot \varepsilon_s & |\varepsilon_s| \leq \dfrac{\varepsilon_{yk}}{\gamma_s} = \dfrac{f_{yk}}{\gamma_s \cdot E_s} \\ \dfrac{f_{yk}}{\gamma_s} \cdot \left[1 + \left(\dfrac{f_{tk}}{f_{yk}} - 1 \right) \cdot \dfrac{\varepsilon_s - \dfrac{\varepsilon_{yk}}{\gamma_s}}{\varepsilon_{uk} - \dfrac{\varepsilon_{yk}}{\gamma_s}} \right] \text{ für} & \dfrac{\varepsilon_{yk}}{\gamma_s} < |\varepsilon_s| \leq \varepsilon_{su} \end{cases} \tag{2.35}$$

Gemäß EC 2-1-1/NA, 3.2.7 wird die Dehnung hierbei (auch für hochduktilen Stahl) auf den Wert

$$\varepsilon_{su} = 2{,}5\,\% \tag{2.36}$$

begrenzt und die Verfestigung einheitlich für beide Duktilitätsarten mit der Spannung des hochduktilen Stahls bei $\varepsilon_{su} = 2{,}5\ \%$ angesetzt (Gl. (2.30) für B500: $\sigma_s(0{,}025) = 525\ \text{N/mm}^2 = f_{tk,cal}$ → **Abb. 2.16**). Der Vorteil dieser Vorgehensweise besteht darin, dass für beide Stahlsorten einheitliche Bemessungshilfsmittel (→ Kap. 7.5.1) verwendet werden können. Die maximale Stahlersparnis beim Ausnutzen des Verfestigungsbereichs beträgt damit 5 % ([525-500]/500).

Für die Bemessung ist die Spannung bei Dehnungen, die größer als ε_{yk} sind, durch den Teilsicherheitsbeiwert zu dividieren

$$\sigma_{sd} = \frac{\sigma_s}{\gamma_S} \tag{2.37}$$

γ_S Teilsicherheitsbeiwert für Betonstahl in der

Grundkombination: $\gamma_S = 1{,}15$ (2.38)

außergewöhnlichen Kombination: $\gamma_S = 1{,}00$ (2.39)

- *Vereinfachte Spannungs-Dehnungs-Linie (ohne Verfestigungsbereich):*

$$\sigma_{sd} = \begin{cases} E_s \cdot \varepsilon_s & \text{für } |\varepsilon_s| \leq \varepsilon_{yk} = \dfrac{f_{yk}}{\gamma_S \cdot E_s} \\ \dfrac{f_{yk}}{\gamma_S} & \text{für } \varepsilon_{yk} < |\varepsilon_s| \leq \varepsilon_{uk} \end{cases} \quad (2.40)$$

Der durch den Teilsicherheitsbeiwert für Betonstahl γ_S dividierte charakteristische Wert der Festigkeit f_{yk} wird als Bemessungswert der Stahlspannung f_{yd} an der Fließgrenze bezeichnet.

$$f_{yd} = \frac{f_{yk}}{\gamma_S} \quad (2.41)$$

2.4.3 Betonstahl unter Hochtemperatur

Auch bei Betonstahl sinken mit steigender Temperatur die Fließgrenze und die Zugfestigkeit sowie der Elastizitätsmodul. Die Fließgrenze sinkt bei höheren Temperaturen als 100 °C, die Zugfestigkeit bei mehr als ca. 400 °C (**Abb. 2.17**).

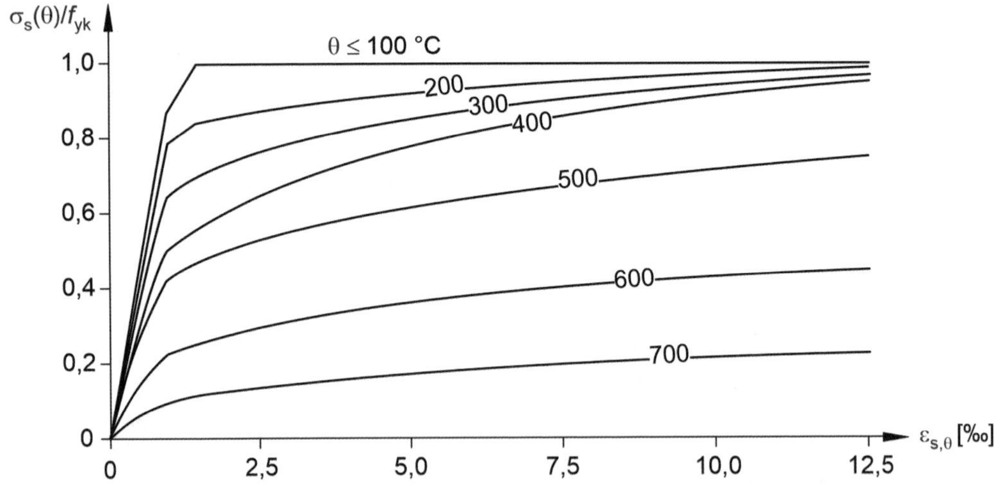

Abb. 2.17 *Temperaturabhängige Spannungs-Dehnungs-Linien für warm gewalzten Betonstahl (entspricht einem Baustahl S235)*

2.5 Stahlbeton unter Umwelteinflüssen

2.5.1 Karbonatisierung

Junger Beton besitzt einen hohen pH-Wert von ca. 13. Dieser wird durch das vom Zement erzeugte Calciumhydroxid $Ca(OH)_2$ bewirkt. Überschüssiges Anmachwasser (→ Kap. 2.2.1) füllt zunächst die Kapillarporen aus. Trocknet das nicht gebundene Wasser aus dem erhärteten Beton aus, so kann das in der Luft enthaltene Kohlendioxid CO_2 in die Kapillarporen des Betons eindringen. Dort reagiert es mit dem Calciumhydroxid zu Calciumcarbonat $CaCO_3$ und Wasser H_2O.

$$Ca(OH)_2 + CO_2 \rightarrow CaCO_3 + H_2O \tag{2.42}$$

Calciumcarbonat (auch „Kalkstein" genannt), ein Salz, ist neutral (pH = 7). Hierdurch sinkt der pH-Wert des Betons an der Oberfläche langsam ab. Dieser Vorgang wird als „Karbonatisierung" bezeichnet. Die Fläche, an der der Beton den Wert pH = 9 hat, nennt man Karbonatisierungsfront; auf der bauteilinneren Seite der Karbonatisierungsfront ist der pH-Wert größer, auf der äußeren Seite kleiner als 9 (**Abb. 2.18**). Der Fortschritt der Karbonatisierungsfront verläuft nicht mit zeitlich konstanter Geschwindigkeit, sondern wird mit zunehmender Karbonatisierungstiefe, also mit zunehmendem Betonalter, immer langsamer. Gl. (2.43) ist das sog. „Wurzel-T-Gesetz". Der zeitliche Verlauf der Karbonatisierungstiefe hängt ab von:

- dem *w/z*-Wert und der Verdichtung bzw. dem sich daraus ergebenden Porenvolumen (**Abb. 2.19** und **Abb. 2.20**); der *w/z*-Wert kann im Randzonenbereich durch Vakuumbeton oder das Auskleiden der Schalung mit einem wasseraufsaugenden Textilgewebe ([Karl/Sola-colu – 92]) vermindert werden.

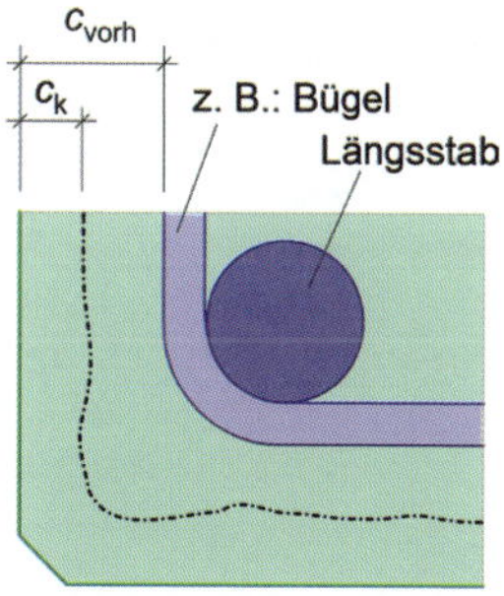

Abb. 2.18 *Karbonatisierungsfront und Betondeckung*

- der Betongüte (Zementgehalt, Zementfestigkeitsklasse, w/z_{eq}-Wert) (**Abb. 2.21**)
- der Nachbehandlung (gute Nachbehandlung verbessert den Widerstand gegen Karbonatisierung)
- den Umweltbedingungen (CO_2-Gehalt in der Luft).

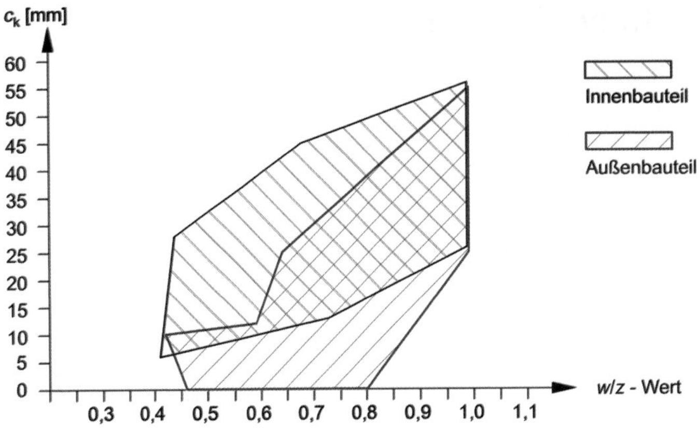

Abb. 2.19 *Einfluss des Wasserzementwertes auf die mittlere Karbonatisierungstiefe von 1 bis 55 Jahre alten Betonbauteilen (nach [Soretz – 79])*

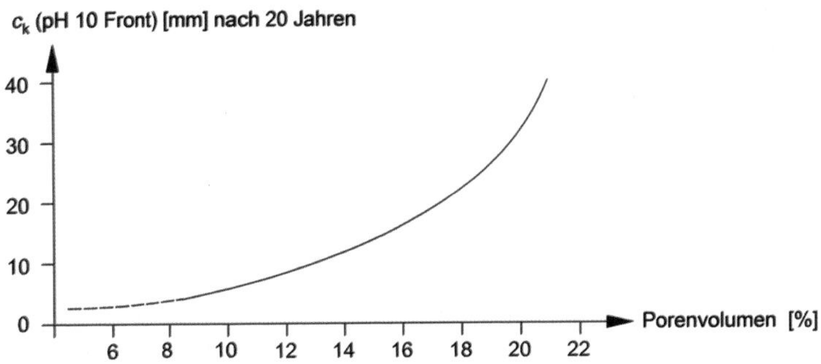

Abb. 2.20 *Einfluss des Porenvolumens auf die Karbonatisierungsfront (nach [Grunau – 92])*

Bei gleichbleibenden Umweltbedingungen kann die Karbonatisierungstiefe nach folgender Gleichung bestimmt werden:

$$c_k(t) = \alpha \cdot \sqrt{t} \tag{2.43}$$

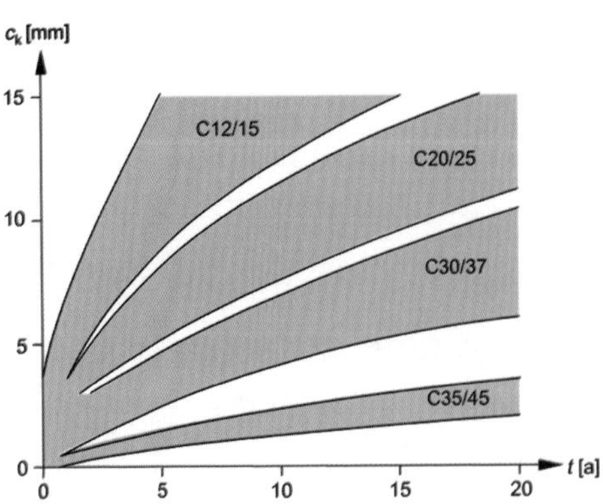

Abb. 2.21 *Zeitlicher Verlauf der Karbonatisierungstiefe bei geschützter Lagerung im Freien (nach [KLOPFER – 83])*

$$\alpha = \frac{c_k(t_0)}{\sqrt{t_0}} \tag{2.44}$$

Der Faktor α erfasst hierbei die o.g. Einflussfaktoren. Sofern die Karbonatisierungstiefe an einem Bauteil zu einem bestimmten Zeitpunkt t_0 bekannt ist, kann ihr weiteres Fortschreiten für spätere Zeitpunkte t_1 nach Gl. (2.43) bis (2.45) ermittelt werden.

$$t_1 = \left(\frac{c_k}{\alpha}\right)^2 - t_0 \tag{2.45}$$

In der Praxis zeigt sich, dass die Karbonatisierungsfront einem Endwert zustrebt. Für unbewehrten Beton ist der Vorgang der Karbonatisierung ohne Bedeutung, zumal die Oberflächenfestigkeit hierdurch etwas ansteigt. Bei Stahlbetonbauteilen bewirkt die hohe Alkalität bei pH ≥ 10 den Korrosionsschutz des Betonstahls. Durch die Karbonatisierung wird dieser Schutz aufgehoben. Karbonatisierung ist also eine Voraussetzung für eine mögliche Betonstahlkorrosion. Stahlkorrosion kann aber erst dann eintreten, wenn zusätzlich Feuchtigkeit und Sauerstoff hinzukommen. Bei einer Betonstahlkorrosion müssen demnach folgende Voraussetzungen vorliegen:

Karbonatisierter Beton

⊕ ausreichende *Feuchtigkeit* zur Erhöhung der elektrischen Leitfähigkeit

⊕ ständiger Luftzutritt (Einwirkung von *Sauerstoff*).

Hieraus wird deutlich, dass Stahl in einem karbonatisierten Bauteil, das sich ständig im Wasser befindet, (im Sinne der für das Bauwesen relevanten Werte) nicht korrodieren kann. Durch die Korrosion entsteht aus Eisen Eisenhydroxid (Rost):

$$4\,Fe + 3\,O_2 + 2\,H_2O \rightarrow 4\,FeOOH \tag{2.46}$$

Eisenhydroxid hat das 2,5fache Volumen von Stahl. Deshalb verursacht der korrodierte Betonstahl eine Sprengwirkung auf den ihn umgebenden Beton, und die Betondeckung platzt ab. Daher muss u.a. durch eine ausreichend bemessene Betondeckung sichergestellt werden, dass die Karbonatisierungsfront während der geplanten Nutzungsdauer eines Bauwerks die Bewehrung nicht erreichen kann, sofern der Zutritt von Feuchtigkeit möglich ist.

Beispiel 2.4: Berechnung des Karbonatisierungsfortschritts

Gegeben: An einem Betonbauteil wird im Alter von fünf Jahren eine Karbonatisierungstiefe von c_k = 10 mm ermittelt. Die Betondeckung des Bauteils beträgt 30 mm.

Gesucht: Wann erreicht die Karbonatisierungsfront die Bewehrung?

Lösung:

$\alpha = \frac{10}{\sqrt{5}} = 4{,}47\,\text{mm}/\sqrt{\text{a}}$	(2.44): $\alpha = \frac{c_k(t_0)}{\sqrt{t_0}}$
$t_1 = \left(\frac{30}{4{,}47}\right)^2 - 5 = \underline{\underline{40\,\text{a}}}$	(2.45): $t_1 = \left(\frac{c_k}{\alpha}\right)^2 - t_0$

Nach 5 + 40 = 45 Jahren wird die Bewehrung von der Karbonatisierungsfront erreicht. Die Oberfläche des Betonbauteils muss daher in den nächsten Jahren nicht zusätzlich beschichtet werden.

2.5.2 Betonkorrosion

Unter Betonkorrosion werden ausschließlich Schädigungen durch *chemische* Angriffe verstanden. Die chemischen Angriffe lassen sich in lösende und in treibende Angriffe unterteilen. Lösende Angriffe entstehen durch das in der Luft enthaltene Kohlendioxid und Schwefeldioxid SO_2. Schwefeldioxid ist in der Luft durch Hausbrand-, Kraftwerksabgase usw. enthalten. Die UV-Strahlung lässt in Verbindung mit der Luftfeuchtigkeit Schwefelsäure H_2SO_4 entstehen.

$$SO_2 + H_2O \rightarrow H_2SO_3 \tag{2.47}$$

$$2\,H_2SO_3 + O_2 \rightarrow 2\,H_2SO_4 \tag{2.48}$$

Die Schwefelsäure löst das Calciumhydroxid des Betons auf und zerstört das Betongefüge, es entsteht Gips $CaSO_4\ 2H_2O$. Damit ist der Beton zerstört.

$$Ca(OH)_2 + H_2SO_4 \rightarrow CaSO_4 \cdot 2H_2O \tag{2.49}$$

Gips hat ein größeres Volumen als das Calciumhydroxid. Hierdurch entsteht gleichzeitig zu dem lösenden ein treibender Angriff.

Weiterhin reagiert das in der Luft enthaltene Kohlendioxid mit Regen zu Kohlensäure H_2CO_3.

$$CO_2 + H_2O \rightarrow H_2CO_3 \tag{2.50}$$

Die Kohlensäure dringt mit weiterem Regen in die Oberfläche des Betons ein und löst das Calciumhydroxid auf. Dabei wird der Zementstein zerstört, es entsteht Calciumcarbonat $CaCO_3$, ein wasserunlösliches Salz.

$$Ca(OH)_2 + H_2CO_3 \rightarrow CaCO_3 + 2\,H_2O \tag{2.51}$$

2.5.3 Chlorideinwirkung

Stahlbetontragwerke können im Wesentlichen durch folgende Einwirkungen mit Chloriden beansprucht werden:

- Salze (Natriumchlorid), die z.B. als Auftaumittel im Winterdienst eingesetzt werden, setzen Chloridionen frei. Da sie im Schmelzwasser gelöst vorliegen, können sie gut in die äußeren, durchnässten Bereiche des Betons eingetragen werden (durchnässt sind 2 bis 10 mm je nach Betonqualität).
- Meerwasser enthält Salze. Überall dort, wo Beton mit Meerwasser in Berührung kommt, werden Chloride in den Beton eingetragen.
- Im Brandfall verbrennen heute fast immer auch Kunststoffe, die chloridhaltig sein können (z.B. PVC = Polyvinylchlorid). Zusammen mit dem Löschwasser dringen sie in den Beton ein.

Die Chloride greifen den Beton nicht an, sie diffundieren jedoch auch durch dichten Beton und zerstören die alkalische Schutzschicht des Betonstahls. Am Betonstahl kommt es dann zur chloridinduzierten Stahlkorrosion, dem sog. Lochfraß. Der Zement kann nur eine sehr geringe Menge an Chloriden durch Bildung von „Friedelschem Salz" binden (Einflussgrößen sind Zementmenge und möglichst große Mengen von Aluminaten im Zement). Bei längerer Chlorideinwirkung ist diese Schutzwirkung schnell erschöpft. Während Beton durch geeignete Maßnahmen bei der Herstellung der Karbonatisierung und der Betonkorrosion ausreichenden Widerstand entgegensetzen kann und während der Nutzungsdauer eines Bauwerks dauerhaft ist, müssen daher Stahlbetonbauwerke zusätzlich geschützt werden, sofern sie Chlorideinwirkung ausgesetzt sind. Dies kann durch eine Beschichtung (z.B. auf Epoxidharzbasis) geschehen.

2.5.4 Dauerhafte Stahlbetonbauwerke

Um der Karbonatisierung und der Betonkorrosion einen den Umgebungsbedingungen angepassten ausreichenden Widerstand entgegenzusetzen, sind seitens der Betonrezeptur folgende Maßnahmen zu ergreifen:

- Einhaltung der *Mindestfestigkeitsklasse* des Betons und der Expositionsklasse (Begründung → **Abb. 2.21**) je nach Schwere des Angriffs (d.h. Expositionsklasse) nach **Tafel 2.3**. Beides ist vom Tragwerksplaner auf dem Bewehrungsplan anzugeben (EC 2-1-1/NA, 2.8.2).
- Einhaltung der *Mindestzementmenge* (Begründung → **Abb. 2.21**) nach **Tafel 2.3**
- *Begrenzung des Wasserzementwertes*(Begründung → **Abb. 2.19**) je nach Expositionsklasse nach **Tafel 2.3**

Weiterhin ist die Betondeckung (→ Kap. 3) ausreichend groß zu wählen (Begründung → **Abb. 2.19**).

Ein Bauwerk, das die vorgesehene Nutzungsdauer (z.B. 70 bis 110 Jahre) unter planmäßigen Einwirkungen erreicht, bezeichnet man als dauerhaft. Stahlbetonbauteile sind dauerhaft, sofern sie

- *sachgerecht geplant und konstruiert* sind (Einflussgrößen: Bauphysik, Zementwahl, Bewehrungsdurchmesser und -abstände usw.)
- *fachgerecht ausgeführt* werden (Einflussgrößen: vorhandene Betondeckung, *w/z*-Wert, Nachbehandlung usw.)
- *termingerecht überprüft und gewartet* werden (Beobachten von Rissen, Reinigen von Oberflächen usw.)
- *materialgerecht und rechtzeitig gepflegt* werden (bei Bedarf hydrophobieren und beschichten).

Schäden an (im Verhältnis zur Gesamtzahl wenigen) bestehenden Gebäuden wurden verursacht durch die Verletzung einer oder mehrerer der o.g. Bedingungen.

2.6 Ausschalfristen

Um einen schnellen Baufortschritt zu erreichen, wird die kürzestmögliche Ausschalfrist angestrebt. Im Hinblick auf die Erhärtung und evtl. auch auf die Nachbehandlung des Betons (→ Kap. 2.2.2) dürfen bestimmte Mindestzeiträume nicht unterschritten werden. Allgemeine Angaben hierzu sind in DIN EN 13670, 5.7 zu finden. Weitergehende Angaben macht das DBV-Merkblatt „Betonschalungen und Ausschalfristen“ [DBV – 13].

3 Betondeckung

3.1 Aufgabe

Als Betondeckung (concrete cover) wird die Betonschicht bezeichnet, die die Bewehrung zu den Bauteiloberflächen hin schützend abdeckt. Sie erfüllt im Stahlbetonbau die folgenden wesentlichen Funktionen:

- *Sicherung des* für das Tragverhalten notwendigen *Verbundes* zwischen Bewehrung und Beton (→ **Abb. 4.1**)
- *Schutz* der Bewehrung *vor Korrosion* (→ Kap. 2, **Abb. 2.18**)
- *Schutz* der Bewehrung *im Brandfall* vor frühzeitigem Verlust der Festigkeit (→ vgl. EC 2-1-2 sowie Kap. 16)

Eine in Dicke und Dichtheit gute Betondeckung kann nur dann gelingen, wenn hierauf bei allen Herstellungsstufen des Bauwerks besonderes Augenmerk gerichtet wird:

- *Planung*
  - Feingliedrige Bauteile vermeiden
  - Maßtoleranzen und Verformungen von Schalungen beachten
- *Konstruktion*
  - Anordnung von Füllgassen und Rüttellücken
  - Passlängen bei der Bewehrung vermeiden
  - Bewehrungsanhäufungen vermeiden
- *Betontechnik* Sieblinie muss gute Umhüllung der Bewehrung ermöglichen
- *Bauausführung*
  - Beton in einer angemessenen Konsistenz verarbeiten
  - Abbindenden Beton nachbehandeln

Die große Bedeutung der Betondeckung für die Herstellung dauerhafter Stahlbetonbauwerke (→ Kap. 2.5) wurde in der Vergangenheit nicht immer ausreichend beachtet, was zu Schäden an Betonbauteilen führte.

3.2 Maße der Betondeckung

Sowohl Biegeformen von Bewehrungsstäben ([DBV – 15], Tabelle 3) als auch Schalungen ([DIN 18202 – 19]) sind mit Ausführungsabweichungen behaftet. Weiterhin treten beim Verlegen der Bewehrung Abweichungen zum gewünschten Sollmaß auf (**Abb. 3.1**). Diese Ungenauigkeiten werden durch ein Vorhaltemaß Δc_{dev} (allowance for tolerance) abgedeckt, das zum Mindestmaß (minimum cover) der Betondeckung c_{min} zu addieren ist. Die Summe aus beiden ergibt das Nennmaß (nominal cover) der Betondeckung c_{nom} (**Abb. 3.1**). Das Verlegemaß c_v erhält man aus dem Nennmaß durch Aufrunden auf den nächsthöheren durch fünf teilbaren Wert, da Abstandhalter (→ Kap. 3.5) in den Stufen 25, 30, 35, 40 mm etc. erhältlich sind. Verlegemaß und Vorhaltemaß sind auf Bewehrungsplänen anzugeben.

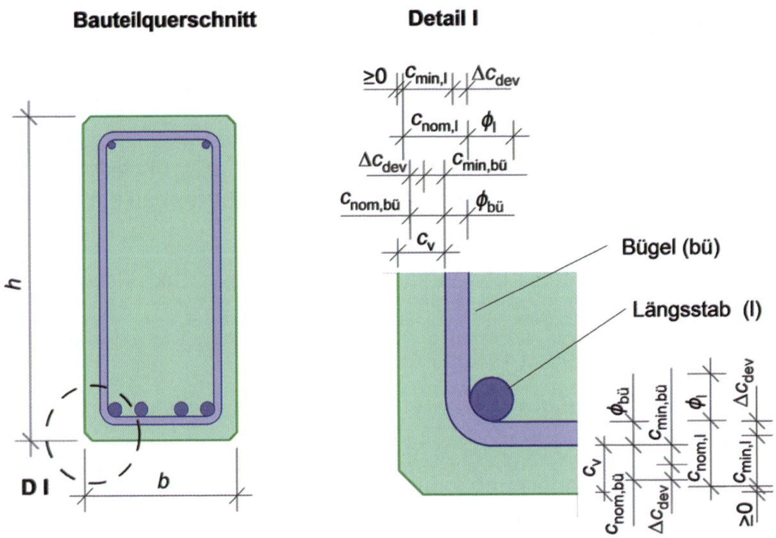

Abb. 3.1 *Veranschaulichung der Betondeckungsmaße*

Das *Verlege*maß ist für die Bemessung (→ Kap. 7) und für die Höhe der Abstandhalter der unten liegenden Bewehrung bzw. der Unterstützungskörbe bei Platten (→ Teil 2, Kap 1.5) für die oben liegende Bewehrung maßgebend.

$$c_{nom} = c_{min} + \Delta c_{dev} \tag{3.1}$$

Das *Mindest*maß der Betondeckung (= Mindestbetondeckung) ist an jeder Stelle *im fertigen (betonierten) Bauteil* einzuhalten. Es ist das für die Bewehrungsabnahme signifikante Maß und gilt für *alle Bewehrungsstäbe* unabhängig davon, ob es sich um einen statisch erforderlichen oder einen nur für die Montage erforderlichen Stab handelt. Das Mindestmaß der Betondeckung hängt ab vom Durchmesser des Betonstahls und den Umgebungsbedingungen. Es ist gemäß EC 2-1-1 zu bestimmen aus:

$$c_{min} = \max \begin{cases} c_{min} + \Delta c_{dur,\gamma} - \Delta c_{dur,st} - \Delta c_{dur,add} \\ c_{min,b} \\ 10\text{ mm} \end{cases} \tag{3.2}$$

$c_{min,dur}$ Mindestmaß zur Einhaltung des Dauerhaftigkeitskriteriums (durability – abhängig von Expositionsklassen) (**Tafel 3.1**)

$\Delta c_{dur,\gamma}$ Additives Sicherheitselement (bei Stahlbetonbauteilen des Hochbaus gilt: für XD1/XS1: $\Delta c_{dur,\gamma}$ = +10 mm, für XD2/XS2: $\Delta c_{dur,\gamma}$ = +5 mm); $\Delta c_{dur,\gamma}$ ist in den Werten in Tafel 3.1 bereits enthalten

$\Delta c_{dur,st}$ Verringerung der Mindestbetondeckung bei Verwendung rostfreien Stahls; die jeweilige allgemeine bauaufsichtliche Zulassung ist zu beachten; in der Regel darf bei Verwendung rostfreien Stahls für c_{min} der größere der beiden Werte $c_{min,b}$ und 10 mm angesetzt werden

$\Delta c_{dur,add}$ Verringerung der Mindestbetondeckung aufgrund zusätzlicher Schutzmaßnahmen (= 10 mm für Expositionsklassen XD bei dauerhafter, rissüberbrückender Beschichtung [DAfStb Heft 600 – 20])

$c_{min,b}$ Mindestmaß zur Einhaltung des Verbundkriteriums (bond) (**Tafel 3.1**)

Zusätzlich sind bei der Festlegung der Betondeckung die Regelungen bzgl. des Brandschutzes (vgl. EC 2-1-2) zu beachten.

In EC 2-1-1 sind Anforderungsklassen S1 bis S6 vorgesehen, über die das hinsichtlich des Dauerhaftigkeitskriteriums einzuhaltende Mindestmaß der Betondeckung für die verschiedenen Expositionsklassen verknüpft ist. In EC 2-1-1/NA wird im Hinblick auf eine vorgesehene Nutzungsdauer von 50 Jahren die Anforderungsklasse S3 zugrunde gelegt. Die sich daraus ergebenden Werte für c_{min} sind Tafel 3.1 zu entnehmen.

Mindestbetondeckung c_{min} (in mm)	**Expositionsklasse nach Tafel 2.1**									
	Karbonatisierungs-induzierte Korrosion				Cloridinduzierte Korrosion			Cloridinduzierte Korrosion aus Meerwasser		
	XC1	XC2	XC3	XC4	XD1	XD2	XD3[d)]	XS1	XS2	XS3
Verbund-kriterium	$\geq \varnothing$ bzw. $\varnothing_n$									
Dauerhaftigkeitskriterium Betonstahl[a) b) c)]	10	20		25	40			40		

a) Die Mindestbetondeckung der Expositionsklassen XC, XD und XS (mit Ausnahme von XC 1) darf für Bauteile, deren Festigkeit um 2 Festigkeitsklassen höher liegt als nach Tafel 2.1 erforderlich ist, um 5 mm vermindert werden.

b) Für mechanische Beanspruchung sind die Werte zu erhöhen; in Expositionsklasse XM1 +5 mm, in XM2 +10 mm und in XM3 +15 mm.

c) Angaben für Spannstahl sind in EC 2-1-1/NA, Tabelle 4.5DE zu finden.

d) Ausführung von Parkdecks nur mit besonderen Maßnahmen (z.B. rissüberbrückende Beschichtung, siehe [DAfStb Heft 600 – 20])

Tafel 3.1 *Mindestbetondeckung für Betonstahl in Abhängigkeit von der Expositionsklasse (nach EC 2-1-1/NA, Tabelle 4.4DE)*

Zusätzlich werden in EC2-1-1/NA die für die Einschätzung einer Gefährdung durch Betonkorrosion infolge einer Alkali-Kieselsäurereaktion relevanten Feuchteklassen W0-WS angegeben. Die Einstufung eines Bauteils in eine der Klassen ermöglicht die Wahl eines geeigneten Zements sowie geeigneter Zuschlagsstoffe, hat jedoch keine Auswirkungen auf die Betondeckung. Gleichwohl liegt es in der Verantwortung des Tragwerksplaners, diese Einstufung vorzunehmen und auf den Ausführungsplänen anzugeben.

3.3 Mindestmaß

Das Mindestmaß der Betondeckung hinsichtlich des Verbundes $c_{min,b}$ hängt vom Durchmesser der oberflächennahen Bewehrungen ab. Der ungünstigste Bewehrungsdurchmesser (dies muss nicht unbedingt der oberflächennächste Stab sein) wird maßgebend.

$$c_{min,b} \geq \varnothing \text{ bzw. } \varnothing_n \tag{3.3}$$

$\varnothing$ Stabdurchmesser

$\varnothing_n$ Vergleichsdurchmesser (equivalent diameter) eines Stabbündels (→ Kap. 4.3.6)

Von den in **Tafel 2.1** beschriebenen Expositionsklassen (exposure classes) sind diejenigen hinsichtlich der Bewehrungskorrosion und des Betonangriffs zu unterscheiden. Es können gleichzeitig mehrere Expositionsklassen zutreffen. In diesem Fall ist die Ungünstigste maßgebend. Die Forderungen hinsichtlich des Verbundes und der Dauerhaftigkeit sind in **Tafel 3.1** berücksichtigt. In **Tafel 3.2** wird neben der Dauerhaftigkeit zusätzlich der Verbund berücksichtigt. Die lt. Fußzeile der Tabelle mögliche Verringerung der Betondeckung bei einer die Erfordernisse übersteigenden Betongüte um mindestens zwei Festigkeitsklassen ist in **Abb. 2.21** begründet. Die für die Expositionsklassen XM*i* notwendige Erhöhung entspricht einer Verschleißschicht (auch bezeichnet als „Opferbeton").

Expositionsklasse[1]	Indikative Mindestfestigkeitsklasse	Stabdurchmesser Ø bzw. Ø$_n$ [mm]	Mindestbetondeckung und Vorhaltemaß [mm]: Dauerhaftigkeit[3] $c_{min,dur} + \Delta c_{dur,y}$	Dauerhaftigkeit[3] Δc_{dev}	Verbund[4] $c_{min,b}$	Verbund[4] Δc_{dev}	Nennmaß c_{nom} [mm]
XC1	C16/20	6 - 10	10	10	6 - 10	10	20
		12 - 14			12 - 14		25
		16 - 20			16 - 20		30
		25			25		35
		28			28		40
		32			32		45
		40			40		50
XC2	C16/20	6 - 20	20	15	6 - 20	10	35
		25			25		
		28			28		40
XC3	C20/25	32			32		45
		40			40		50
XC4	C25/30	6 - 28	25		6 - 28	10	40
		32			32		45
		40			40		50
XD1, XS1	C30/37[2]	6 - 25	40		6 - 25	10	55
XD2, XS2	C35/45[2]	28 - 40			28 - 40		
XD3, XS3	C35/45[2]						

[1] Bei mehreren zutreffenden Expositionsklassen ist die ungünstigste Beanspruchung maßgebend.

[2] Eine Betonfestigkeitsklasse niedriger, sofern aufgrund der zusätzlich zutreffenden Expositionsklasse XF Luftporenbeton mit einem Mindestluftgehalt nach DIN 1045-2 verwendet wird.

[3] Reduzierung der Mindestbetondeckung $c_{min,dur}$ um 5 mm bei dichterem Beton zulässig (außer XC1), d.h. Festlegung von zwei Festigkeitsklassen höher als die Mindestanforderung nach DIN EN 206-1/DIN 1045-2, Tabelle F.2.1.

[4] Erhöhung von $c_{min,b}$ um 5 mm bei Nenndurchmesser des Größtkorns d_g > 32 mm

Tafel 3.2 *Betondeckung für Betonstahl in Abhängigkeit von der Expositionsklasse und vom Stabdurchmesser (nach [DBV – 15] in Anlehnung an [Fingerloos/Hegger/Zilch – 16])*

Wird Ortbeton kraftschlüssig mit einem Fertigteil verbunden, darf die Mindestbetondeckung an den der Arbeitsfuge zugewandten Flächen auf 5 mm im Fertigteil und 10 mm im Ortbeton ohne ein zusätzliches Vorhaltemaß verringert werden. Sofern die Bewehrung im Bauzustand ausgenutzt wird, ist das Kriterium zur Sicherstellung des Verbundes einzuhalten. Zudem ist im Bereich der Elementfuge mindestens c_{nom} als Betondeckung vorzusehen.

3.4 Vorhaltemaß

Im Regelfall versteht man unter der Mindestbetondeckung den 5%-Quantilwert. Dies entspricht einem Vorhaltemaß Δc_{dev} = 15 mm für die Expositionsklassen XC2 bis XS3 nach **Tafel 3.1**. Für Innenbauteile der Expositionsklasse XC1 gilt der 10%-Quantilwert, der einem Vorhaltemaß Δc_{dev} = 10 mm entspricht. Bei besonderen Qualitätssicherungsmaßnahmen ([DBV – 15] und [DBV – 19]), die zur besseren Einhaltung o.g. Quantilwerte auch bei einem geringeren Vorhaltemaß führen, darf Δc_{dev} um 5 mm abgemindert werden. Für das Verbundkriterium beträgt das Vorhaltemaß Δc_{dev} = 10 mm.

Für Beton, der gegen unebene Oberflächen geschüttet wird, sollte das Vorhaltemaß grundsätzlich erhöht werden. Die Erhöhung erfolgt generell um das Differenzmaß der Unebenheit, mindestens jedoch um 20 mm bei unebener Sauberkeitsschicht und bei Schüttung direkt gegen Erdreich um 50 mm.

Beispiel 3.1: Ermittlung der erforderlichen Betondeckung für einen Randunterzug einer offenen Halle

Gegeben:
- Bauteil lt. Skizze; es handelt sich hierbei um einen Randunterzug einer offenen Halle.
- Brandschutzanforderungen bestehen nicht
- Betonfestigkeitsklasse C30/37

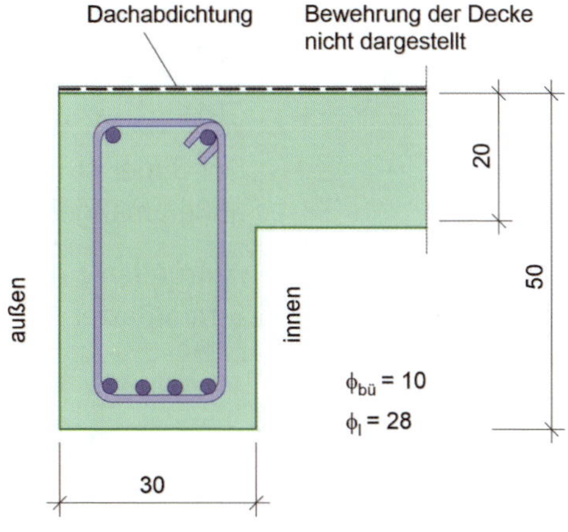

Gesucht: Verlegemaß der Bewehrung auf allen Seiten des Randunterzuges

Lösung:

Außenseite:	Gilt gleichzeitig auch für Ober-/ Unterseite
Zunächst sind die Expositionsklassen zu bestimmen. Wenn das Bauwerk nicht an der Küste liegt, ist die Seite hinsichtlich der Bewehrungskorrosion in Expositionsklasse XC4 einzuordnen. Hinsichtlich des Betonangriffs ist es in Expositionsklasse XF1 einzuordnen.	**Tafel 2.1**
Die Mindestfestigkeitsklasse ist in beiden Fällen C25/30	**Tafel 2.3**
$c_{\text{min, dur}} = 25\,\text{mm};\ \Delta c_{\text{min},\gamma} = \Delta c_{\text{min, st}} = \Delta c_{\text{min, add}} = 0$	**Tafel 3.1** für Expositionsklasse XC4
Eine Abminderung darf nicht vorgenommen werden, da die verwendete Betonfestigkeitsklasse C30/37 nicht um zwei Festigkeitsklassen über der Mindestfestigkeitsklasse C25/30 liegt.	**Tafel 3.1** Fußnote
$c_{\text{min,b}} \geq \varnothing_{\text{bü}} = 10\,\text{mm}$	(3.3): $c_{\text{min,b}} \geq \varnothing$ zunächst für die außen liegende Bügelbewehrung; die Umweltbedingung ist damit maßgebend.
$\Delta c_{\text{dev}} = 15\,\text{mm}$	Vorhaltemaß für XC4
$c_{\text{nom,bü}} = 25 + 15 = 40\,\text{mm}$	(3.1): $c_{\text{nom}} = c_{\text{min}} + \Delta c_{\text{dev}}$
$c_{\text{min,b}} \geq \varnothing = 28\,\text{mm}$	Überprüfung der Betondeckung für die Längsbewehrung (vgl. Aufgabenskizze)
$c_{\text{nom,l}} = 28 + 10 = 38\,\text{mm}$ $< 50\,\text{mm} = 40 + 10 = c_{\text{nom,bü}} + \varnothing_{\text{bü}}$	(3.1): $c_{\text{nom}} = c_{\text{min}} + \Delta c_{\text{dev}}$ Der Bügel ist für die Betondeckung außen maßgebend.
außen: $c_{\text{v}} = \underline{\underline{40\,\text{mm}}}$	Aufrunden auf das Verlegemaß im 5-mm-Raster

Innenseite:

Hinsichtlich der Bewehrungskorrosion gilt Expositionsklasse XC3, hinsichtlich des Betonangriffs Expositionsklasse X0.

Tafel 2.1

Die Mindestfestigkeitsklasse ist die größere, somit C20/25.

Tafel 2.3

$c_{\min,b} = 20\,\text{mm}$

Tafel 3.1 für Expositionsklasse XC3

Eine Abminderung um 5 mm darf vorgenommen werden, da die verwendete Betonfestigkeitsklasse C30/37 um zwei Festigkeitsklassen über der Mindestfestigkeitsklasse C20/25 liegt.

Tafel 3.1 Fußnote

red $c_{\min,dur} = 20 - 5 = 15\,\text{mm}$

$c_{\min,b} \geq \varnothing_{bü} = 10\,\text{mm} < 15\,\text{mm}$, damit nicht maßgebend

(3.3): $c_{\min,b} \geq \varnothing$ zunächst für die außen liegende Bügelbewehrung;

$\Delta c_{dev} = 15\,\text{mm}$

Vorhaltemaß für XC3

$c_{nom,bü} = 15 + 15 = 30\,\text{mm}$

(3.1): $c_{nom} = c_{\min} + \Delta c_{dev}$

$c_{\min,b} \geq \varnothing = 28\,\text{mm}$

Überprüfung der Betondeckung für die Längsbewehrung

$\Delta c_{dev} = 10\,\text{mm}$

Vorhaltemaß für Verbundbedingung

$c_{nom,l} = 28 + 10 = 38\,\text{mm}$
$< 40\text{ mm} = 30 + 10 = c_{nom,bü} + d_{sbü}$

(3.1): $c_{nom} = c_{\min} + \Delta c_{dev}$

Die Längsbewehrung ist für die Betondeckung innen nicht maßgebend.

innen: $c_v = \underline{\underline{30\,\text{mm}}}$

Aufrunden auf das Verlegemaß im 5-mm-Raster

Beispiel 3.2: Ermittlung der statischen Nutzhöhe für ein Innenbauteil

Gegeben:
- Bauteil lt. Skizze; es handelt sich hierbei um einen Unterzug im Inneren eines Gebäudes.
- Brandschutzanforderungen bestehen nicht
- Betonfestigkeitsklasse C30/37

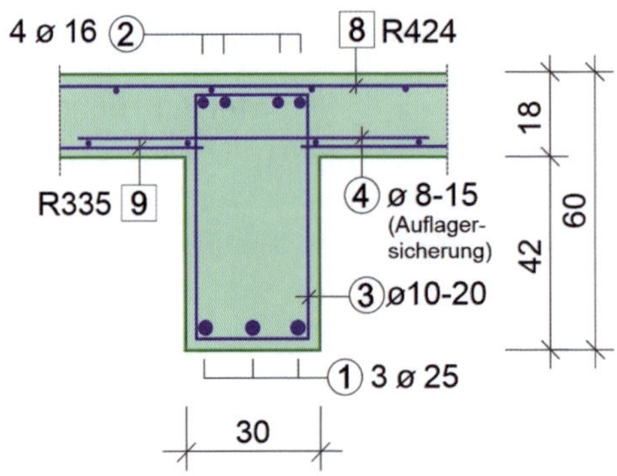

Gesucht: Statische Nutzhöhe der Bewehrung auf der Ober- und Unterseite des Unterzuges

Anmerkung: Die Erläuterungen zur statischen Nutzhöhe erfolgen in Kapitel 7.2.

Lösung:

Unterseite:

Da es sich um ein Innenbauteil handelt, ist Expositionsklasse XC1 maßgebend.	**Tafel 2.1**
Die Mindestfestigkeitsklasse ist C16/20.	**Tafel 2.3**
Obwohl die verwendete Betonfestigkeitsklasse C30/37 um zwei Festigkeitsklassen über der Mindestfestigkeitsklasse C16/20 liegt, ist für die Expositionsklasse XC1 eine Abminderung nicht erlaubt.	**Tafel 3.1** Fußnote
Sicherstellung der Dauerhaftigkeit:	
$c_{\text{min,dur}} = 10$ mm	**Tafel 3.1** für Expositionsklasse XC1
$\Delta c_{\text{dev}} = 10$ mm	Vorhaltemaß für XC1
$c_{\text{nom,dur}} = 10 + 10 = 20$ mm	(3.1): $c_{\text{nom}} = c_{\text{min}} + \Delta c_{\text{dev}}$

Sicherstellung des Verbundes:

Längsstäbe unten:	$3\ \varnothing\ 25\,\text{mm}$ Längsstäbe maßgebend
$c_{\text{min,b}} \geq \varnothing = 25\,\text{mm}$	Überprüfung der Betondeckung für die Längsbewehrung (vgl. Aufgabenskizze)
$c_{\text{nom,b}} = 25 + 10 = \underline{35\text{ mm}} > c_{\text{nom,dur}} = 20\text{ mm}$	(3.1): $c_{\text{nom}} = c_{\text{min}} + \Delta c_{\text{dev}}$ Die Sicherstellung des Verbundes ist maßgebend.
unten: $c_{\text{v,l}} = 35\text{ mm}$	Verlegemaß für die Längsbewehrung
$c_{\text{v}} = 35 - 10 = \underline{25\text{ mm}}$	Das Verlegemaß c_v für die Bügel ist immer auf dem Plan anzugeben. Aufrunden auf das Verlegemaß im 5-mm-Raster hier nicht erforderlich.
$d = 60 - 3{,}5 - \frac{2{,}5}{2} = \underline{55{,}25\text{ cm}}$	(7.9): $d = h - c_{\text{v,l}} - e$ Statische Nutzhöhe unten

Oberseite:

Sicherstellung der Dauerhaftigkeit:

$c_{\text{nom}} = 10 + 10 = 20\text{ mm}$	Auch an der Oberseite ist die Expositionsklasse XC1.

Sicherstellung des Verbundes:

Bügel	$\varnothing\ 10\,\text{mm}$
$c_{\text{min,b}} \geq \varnothing = 10\,\text{mm}$	
$c_{\text{nom,b}} = 10 + 10 = \underline{20\text{ mm}} =$ $c_{\text{nom,dur}} = 20\text{ mm}$	(3.1): $c_{\text{nom}} = c_{\text{min}} + \Delta c_{\text{dev}}$
Längsbewehrung oben	$4\ \varnothing\ 16\,\text{mm}$
$c_{\text{min,b}} \geq \varnothing = 16\,\text{mm}$	
$c_{\text{nom,b}} = 16 + 10 = \underline{26\text{ mm}} >$ $c_{\text{nom,dur}} = 20\text{ mm}$	(3.1): $c_{\text{nom}} = c_{\text{min}} + \Delta c_{\text{dev}}$
$c_{\text{nom,l}} = c_{\text{nom,bü}} + \varnothing_{\text{bü}} = 20 + 10 = \underline{30\text{ mm}} >$ $c_{\text{nom,l}} = 26\text{ mm}$	Bügel maßgebend

$d = 60 - 3{,}0 - \frac{1{,}6}{2} = \underline{56{,}2\ \text{cm}}$

(7.9): $d = h - c_{v,l} - e$

Statische Nutzhöhe ohne Berücksichtigung der Deckenbewehrung

Bei der Berechnung der statischen Nutzhöhe oben ist die durchgehende Deckenbewehrung zu berücksichtigen. Da die Matte auch gestoßen werden kann, sind die Durchmesser der Matte mit dem Faktor 2 zu multiplizieren.

$d = 56{,}2 - 2 \cdot (0{,}9 + 0{,}8) = \underline{52{,}8\ \text{cm}}$

Statische Nutzhöhe mit Berücksichtigung der Deckenbewehrung R424 im Bereich eines Stoßes:

Band 2, Tafel 1.1:

$\varnothing\,9\ \text{mm (längs)} + \varnothing\,8\ \text{mm (quer)}$

3.5 Abstandhalter

3.5.1 Arten

Abstandhalter (spacer) sind notwendig, um die erforderliche Dicke der Betondeckung beim Betonieren sicherzustellen. Hierzu müssen die Abstandhalter an der äußersten Bewehrungslage befestigt werden.

Abstandhalter werden aus verschiedenen Werkstoffen (Kunststoff, Faserbeton) und in verschiedenen Ausführungen (Unterstützung punkt-, linien- oder flächenförmig) hergestellt. Aus dem lieferbaren Sortiment ist der für den jeweiligen Anwendungsfall geeignete Abstandhalter auszuwählen. Einerseits ist eine sichere Lastabtragung des Bewehrungsgewichtes und des Betonierdruckes auf die Schalung, andererseits eine geringe Beeinträchtigung der Dichtigkeit der Betondeckung im Bereich des Abstandhalters anzustreben. Für Balken und senkrechte Flächentragwerke eignen sich punktförmige Abstandhalter; diese sollten kreisförmig sein, damit sie nicht infolge der Vibrationen aus dem Rütteln beim Einbringen des Betons den Abstand zur Schalung beim Verdrehen verändern. Für waagerechte Flächentragwerke eignen sich linien- oder flächenförmige Abstandhalter. Abstandhalter aus Kunststoff sind bei Sichtbetonflächen deutlicher sichtbar als jene aus Faserbeton. Insbesondere bei einer weichen Schalhaut oder beim Betonieren gegen Dämmplatten (Dreischichtverbundplatten, Perimeterdämmungen) ist darauf zu achten, dass die Fußpunkte der Abstandhalter nicht eindrücken. Andernfalls muss das Nennmaß der Betondeckung angemessen vergrößert werden.

3.5.2 Anordnung der Abstandhalter

Die Anordnung und Anzahl der einzubauenden Abstandhalter hängen ab von

- dem zu unterstützenden Stabdurchmesser der Bewehrung
- der Art der Abstandhalter (linien- oder punktförmig wirkend)
- Art und Lage des Bauteils

In **Tafel 3.3** sind Richtwerte für die Anzahl und Anordnung von Abstandhaltern angegeben.

3.5.3 Bezeichnung der Abstandhalter

Abstandhalter gelten jeweils für eine bestimmte Betondeckung und einen eingeschränkten Bereich aller Stabdurchmesser. Diese beiden Angaben sind auf den Abstandhaltern bzw. deren Verpackung verzeichnet. Im DBV-Merkblatt Betondeckung und Bewehrung nach Eurocode 2 [DBV – 15] ist eine Bezeichnungsweise geregelt, die für Bewehrungspläne verwendet werden sollte. Abstandhalter werden wie folgt beschrieben:

$$\mathrm{DBV} - c - \mathrm{L/F/T/A/D} \qquad (3.4)$$

DBV Abstandhalter nach [DBV – 19]

c Verlegemaß der Betondeckung c_v (in mm)

L Leistungsklasse

- L1 Keine erhöhten Anforderungen an Tragfähigkeit und Kippstabilität. Verwendung z.B. in Fällen, bei denen die Bewehrung nicht durch Begehen beansprucht wird (z.B. bei der Herstellung von Fertigteilen)
- L2 Erhöhte Anforderungen an die Tragfähigkeit und Kippstabilität. Verwendung als Standardabstandhalter im Ortbetonbau

Folgende Angaben sind nur bei besonderen Anforderungen anzugeben:

F Erhöhter Frost-Tauwiderstand (Expositionsklassen XF1 bis XF4)

T Eignung für Bauteile, die Temperaturbeanspruchungen ausgesetzt sind (z.B. Brücken)

A Hoher Wassereindringwiderstand und Widerstand gegen chemischen Angriff und Chloride in den Expositionsklassen XA, XD und XS

D Erlaubter Stabdurchmesserbereich für den Abstandhalter (sofern eine Unterscheidung auf dem Bewehrungsplan erforderlich ist)

Form der Abstandhalter	Punktförmig		z.B. Klötzchen, Rädchen
	linienförmig und flächig		z.B. Dreikantprofile, U-Profile, Ringe
Unterstützungen			z.B. Unterstützungskörbe, Unterstützungsböcke, Stehbügel
Lagesicherungen			z.B. S-Haken, U-Haken

Platten

Unterstützungen für die obere Bewehrung z.B. Unterstützungskörbe

auf der unteren Bewehrung stehend

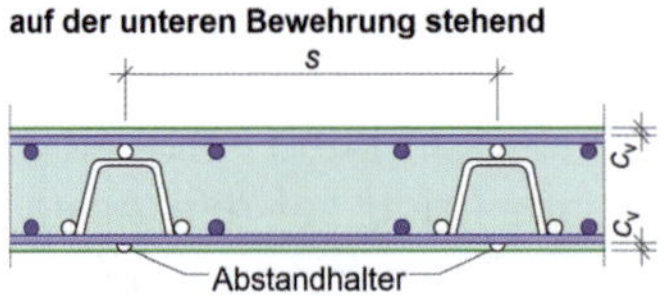

auf der Schalung stehend

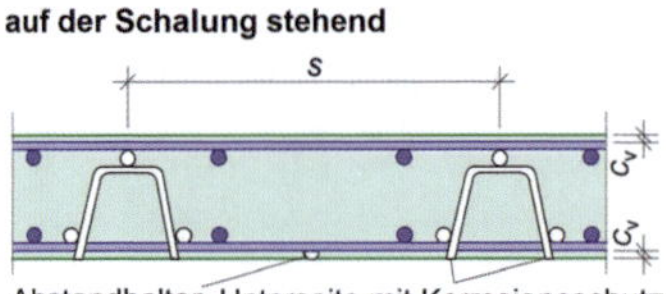

Abstände *s* der Abstandhalter/Unterstützungen

Tragstäbe mit Ø	Abstandhalter			Unterstützungen
	punktförmig		linienförmig, flächig	
	max *s*	Stück/m²	max *s*	max *s*
≤ 6,5 mm	50 cm	4	50 cm	50 cm
> 6,5 mm	70 cm	2	70 cm	70 cm

Stützen, Balken

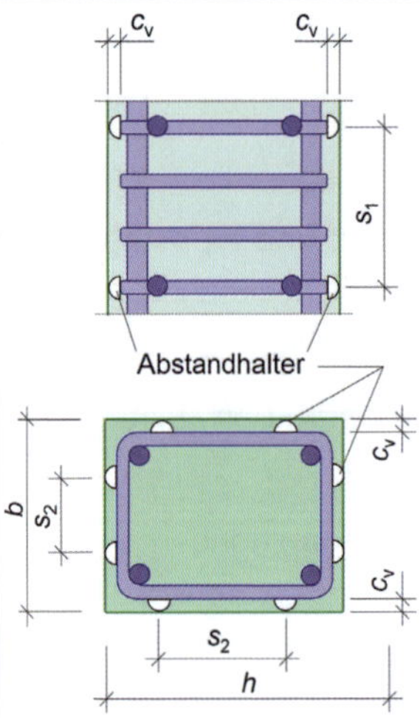

Abstände der Abstandhalter max s_1 in Längsrichtung

Längsstäbe Ø	Stützen	Balken
≤ 10 mm	50 cm	25 cm
12 ≤ $Ø_s$ ≤ 20 mm	100 cm	50 cm
> 20 mm	125 cm	75 cm

Abstände der Abstandhalter max s_2 in Querrichtung

	Anzahl, Abstände	
b bzw. *h*	Stützen	Balken
≤ 100 cm	2	2
> 100 cm	≥ 3	≥ 3
max s_2	75 cm	50 cm

Wände

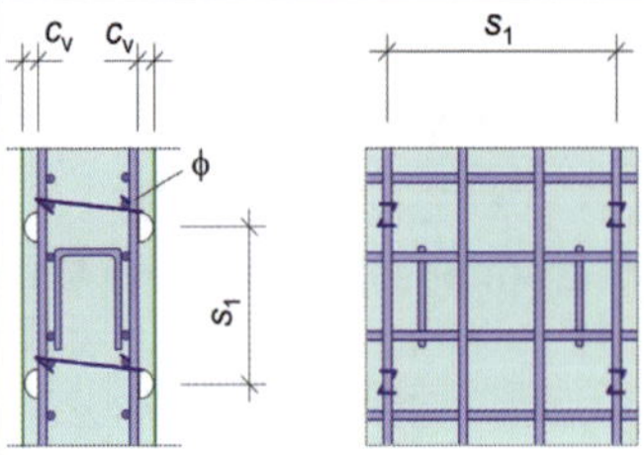

Abstände und Anzahl

Tragstäbe Ø in mm	Abstandhalter		S-Haken	Lagesicherung U-Bügel
	max s_1 in cm	Stück je m² Wand je Wandseite	Stück je m² Wand	Stück je m² Wand
≤ 8	70	4	1	1
10 ≤ $Ø_s$ ≤16	100	2		
> 16			4	

Tafel 3.3 *Richtwerte für Anzahl und Anordnung von Abstandhaltern (nach [DBV – 15])*

Beispiel 3.3: Bezeichnung von Abstandhaltern

Gegeben:
- Verlegemaß c_v = 30 mm
- Decke eines Hochbaus in Ortbeton
- Stabdurchmesser 8 ≤ ∅ ≤ 12 in mm sind aufzunehmen.

Gesucht: korrekte Bezeichnung für die erforderlichen Abstandhalter

Lösung:

DBV – 30 – L2/8 ... 12 (3.4): DBV – c – L/F/T/A/D

4 Bewehren mit Betonstabstahl

4.1 Betonstahlquerschnitte

Ziel der Bemessung ist es, die zur Gewährleistung des Gleichgewichts notwendigen Bauteilquerschnitte zu bestimmen. Hierzu zählt auch die erforderliche Betonstahlfläche. Wichtig bei der Wahl der Bauteilabmessungen, die durch die Bemessung zu bestätigen sind, ist eine ausreichende Größe auch im Hinblick auf den Platzbedarf der Bewehrung. Die Bedingungen zur Bestimmung des Platzbedarfs werden in den folgenden Abschnitten behandelt.

Der Betonstahl ist umgeben von Beton und liegt mit diesem im Verbund (bond). Nur hierdurch ist es möglich, dass längs der Stabrichtung Spannungen (bzw. Kräfte, als Integral der Spannungen) zwischen Betonstahl und Beton übertragen werden können. Im Wesentlichen erfolgt die Spannungsübertragung durch Formschluss über die Rippen (**Abb. 4.1**); die Adhäsionsspannungen des Betons am Stahl sind demgegenüber vernachlässigbar klein. Die Betonstahlrippen übertragen schräge, kegelförmig ausstrahlende Druckspannungskomponenten auf den Beton. Die hierbei senkrecht zur Stabachse auftretende Spannungskomponente wird über Zugringe kurzgeschlossen. Damit sich die Zugringe ausbilden können, ist eine ausreichend große Betondeckung (→ Kap. 3.1) erforderlich. Um die Zugkraft im Ring gering zu halten, sind Form und Größe der Rippen optimiert und über die bezogene Rippenfläche (**Abb. 2.13**) definiert. Auch bei im Bauteilinneren liegenden Stäben muss zwischen den Stäben ein Mindeststababstand vorhanden sein, damit sich der Zugring ausbilden kann. Die Bewehrungsstäbe müssen vollständig von Beton umgeben sein. Für den lichten Abstand *s* zu einem Nachbarstab müssen in beliebiger radialer Richtung zur Stabachse nachfolgende Mindestwerte eingehalten werden.

$$s \geq 20\ \text{mm} \geq \begin{cases} \varnothing & \text{für Einzelstäbe} \\ \varnothing_{\text{n}} & \text{für Stabbündel} \\ d_{\text{g}} + 5 & \text{für Zuschlagkörnung } d_{\text{g}} > 16\ \text{mm} \end{cases} \tag{4.1}$$

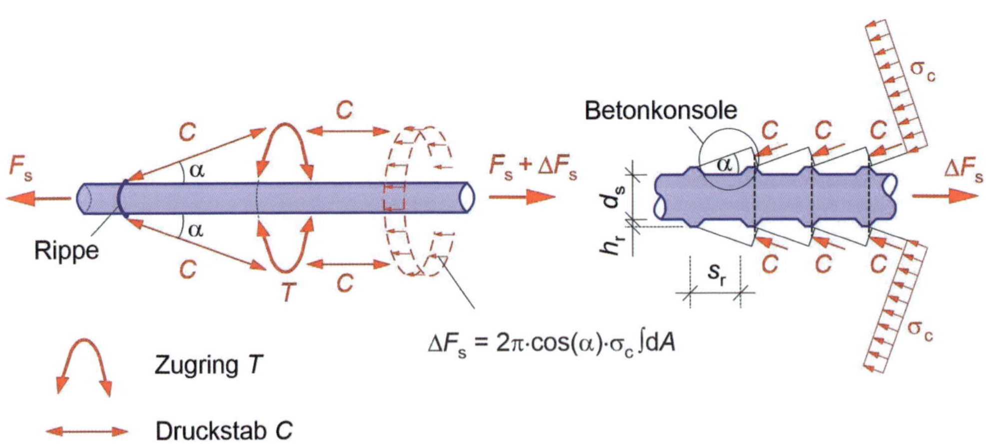

Abb. 4.1 *Mehrdimensionaler Spannungszustand infolge Veränderung der Kraft im Bewehrungsstab*

Nenndurchmesser Ø in mm	**6**	**8**	**10**	**12**	**14**	**16**	**20**	**25**	**28**	**32**
realer Durchmesser in mm	7	10	12	14	17	19	24	30	34	39
Stabanzahl *n*	Betonstahlquerschnitt A_s in cm^2									
1	0,28	0,50	0,79	1,13	1,54	2,01	3,14	4,91	6,16	8,04
2	0,57	1,01	1,57	2,26	3,08	4,02	6,28	9,82	12,3	16,1
3	0,85	1,51	2,36	3,39	4,62	6,03	9,42	14,7	18,5	24,1
4	1,13	2,01	3,14	4,52	6,16	8,04	12,6	19,6	24,6	32,2
5	1,41	2,51	3,93	5,65	7,70	10,1	15,7	24,5	30,8	40,2
6	1,70	3,02	4,71	6,79	9,24	12,1	18,8	29,5	37,0	48,2
7	1,98	3,52	5,50	7,92	10,8	14,1	22,0	34,4	43,1	56,2
8	2,26	4,02	6,28	9,05	12,3	16,1	25,1	39,3	49,3	64,3
9	2,54	4,52	7,07	10,2	13,9	18,1	28,3	44,2	55,4	72,4
10	2,83	5,03	7,85	11,3	15,4	20,1	31,4	49,1	61,6	80,4
Balkenbreite an der Stelle der Bewehrung b; b_w in cm	Größte Stabanzahl in einer Lage (bei einer Betondeckung c_v = 35 mm)									
15	3	3	2	2	2	2	(2)	2	2	(2)
20	5	4	4	4	3	3	3	3	(3)	2
25	6	6	5	5	5	4	4	4	3	3
30	8	7	7	(7)	6	6	5	5	4	4
35		9	(9)	8	7	7	6	6	5	4
40		11	10	9	9	8	7	(7)	6	5
45			12	11	10	(10)	8	7	7	5
50			13	12	11	11	(10)	8	7	6
55				14	13	12	11	9	8	7
60				15	14	13	12	10	9	8
65					15	15	13	11	10	(9)
70						16	14			
min $Ø_{bü}$	8							10		

Tafel 4.1 *Betonstahlquerschnitte und größte Stabanzahl je Lage (für $d_g \leq 16$ mm)*

Hierbei ist zu beachten, dass der reale Durchmesser von Betonstahl aufgrund der Rippen größer als der Nenndurchmesser Ø ist (**Tafel 4.1**). Aus der Abstandsregel nach Gl. (4.1) ergibt sich je nach verwendetem Durchmesser eine Höchstzahl von Stäben, die bei festgelegter Balkenbreite in einer Lage angeordnet werden kann. Sofern nur eine Durchmessergröße verwendet wurde, ist die Maximalanzahl dem unteren Teil der **Tafel 4.1** zu entnehmen. Eingeklammerte Werte bedeuten, dass der Platz *knapp* ausreicht. Sofern die Betondeckung im aktuellen Fall größer als der in **Tafel 4.1** angesetzte Wert c_v = 35 mm ist, ist die in Klammern stehende Anzahl nicht mehr möglich, die Stückzahl ist um einen Stab zu vermindern.

Es dürfen aber auch Bewehrungsstäbe unterschiedlicher Durchmesser innerhalb einer Bewehrungsart (z.B. Biegezugbewehrung; Querkraftbewehrung) kombiniert werden. In diesem Fall kann die Stabanzahl näherungsweise aus **Tafel 4.1** ermittelt werden, wenn der größte verwendete Durchmesser der Tabelleneingangswert ist. Aus konstruktiven Gründen ist zu beachten, dass nur Stäbe mit ähnlichem Durchmesser miteinander kombiniert werden.

4.2 Biegen von Betonstahl

4.2.1 Beanspruchungen infolge der Stabkrümmung

Die Bewehrungsführung bedingt oft gebogene Bewehrungsstäbe. An die Ausbildung der Stabkrümmungen werden Mindestanforderungen gestellt, um Schäden infolge zu hoher Beanspruchung im Betonstahl und im Beton zu vermeiden.

Beanspruchung des Betonstahls

Der Bewehrungsstab wird in einer Biegemaschine um den Biegedorn mit dem Biegerollendurchmesser D_{min} (diameter of mandrel) gebogen und dabei plastisch verformt, d.h., in Teilen des Stabes wird die Fließgrenze erreicht bzw. überschritten (**Abb. 4.2**). Nach dem Biegen federt der Stab nur geringfügig zurück, da in ihm durch die (bleibende) Verformung ein Eigenspannungszustand erzeugt worden ist. Die aufnehmbare Kraft des Stabes wird durch die Krümmung (rechnerisch) nicht vermindert, da die resultierende Längskraft auch nach dem Biegen Null ist. Der Biegerollendurchmesser ist so zu begrenzen, dass die Stahldehnungen deutlich unter den Bruchdehnungen bleiben.

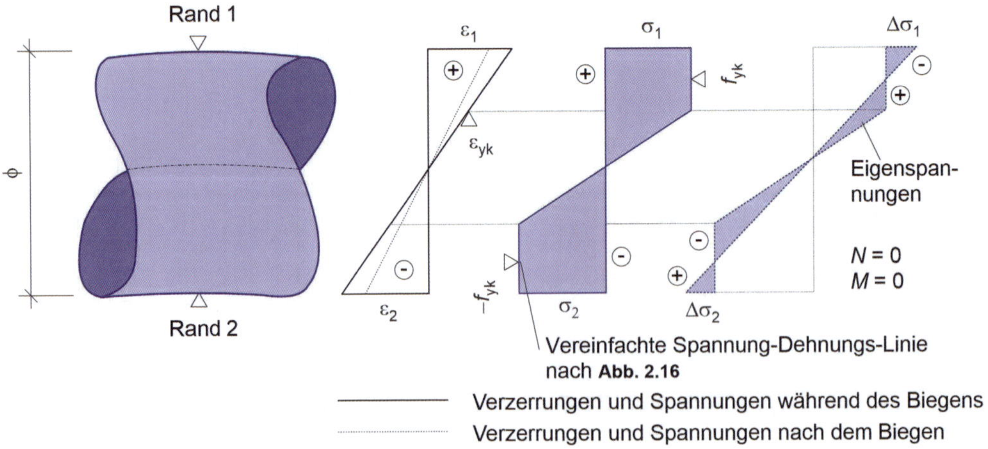

Abb. 4.2 *Verzerrungs- und Spannungsverlauf in einem Betonstahl infolge einer Stabkrümmung*

Beanspruchung des Betons

Aus der Umlenkung der Zugkraft im Betonstahl sind zur Erfüllung des Gleichgewichts in der Krümmung des Stabes Spannungen zwischen Beton und Stahl (**Abb. 4.3**) notwendig. Diese Spannungen (Umlenkpressungen) können aus der Gleichgewichtsbedingung in vertikaler Richtung bestimmt werden.[1]

$$\sum F_v = 0 = 2 \cdot F_s \cdot \sin\tfrac{\alpha}{2} - 2\int_0 p_u \cdot \varnothing \cdot \frac{D_{min}}{2} \cdot \cos\varphi \mathrm{d}\varphi$$

$$= 2 \cdot F_s \cdot \sin\tfrac{\alpha}{2} - p_u \cdot \varnothing \cdot D_{min} \cdot \sin\varphi\Big|_0^{\frac{\alpha}{2}} = 2 \cdot \pi \cdot \frac{\varnothing^2}{4} \cdot f_{yk} - p_u \cdot \varnothing \cdot D_{min}$$

$$D_{min} = \frac{\pi \cdot \varnothing \cdot f_{yk}}{2 \cdot p_u}$$

Die Druckspannungen dürfen die Betondruckfestigkeit an der Kontaktstelle f_c (bzw. rechnerisch f_{ck}) nicht überschreiten.

$$p_u \leq f_{ck}$$

$$D_{min} \geq \frac{\pi \cdot \varnothing \cdot f_{yk}}{2 \cdot f_{ck}} \tag{4.2}$$

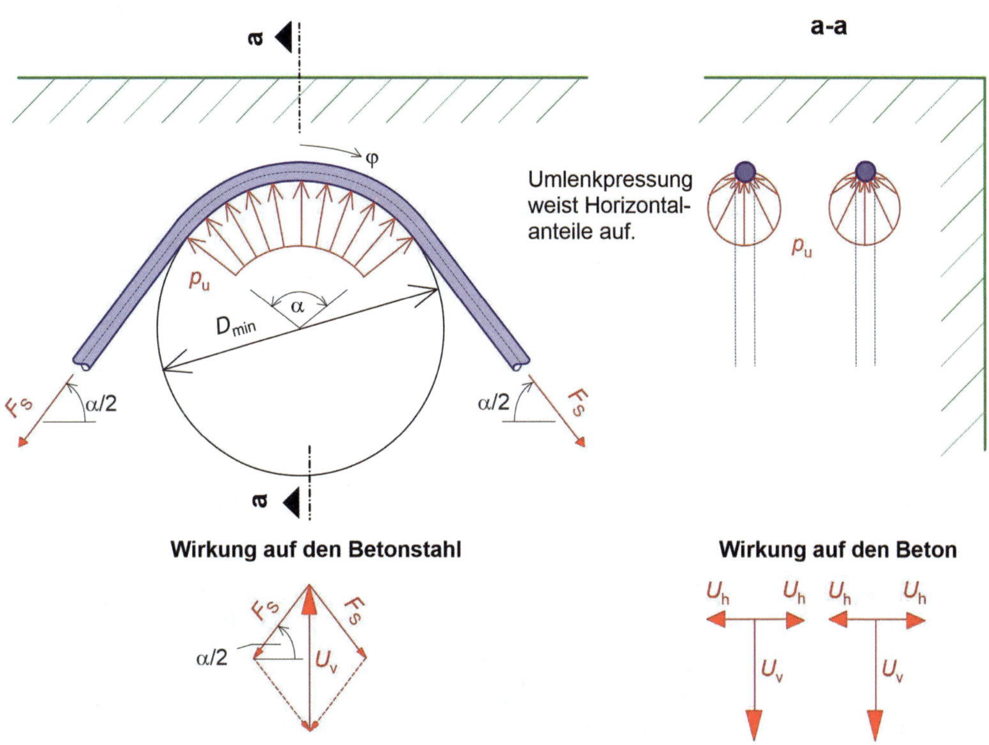

Abb. 4.3 *Spannungen an Stabkrümmungen zwischen Beton und Betonstahl*

1 Alternativ erhält man die entsprechende Gl. (4.2) nach der Kesselformel ([Gross – 05], [Motz – 91]).

	Stabdurchmesser in mm			D_{min} für Haken, Winkelhaken, Schlaufen, Bügel
1	< 20			4 Ø
2	≥ 20			7 Ø
	Mindestmaß der Betondeckung c_{min} rechtwinklig zur Biegeebene			D_{min} für Schrägstäbe und andere gebogene Stäbe (z.B. in Rahmenecken)
3	> 100 mm	und	> 7 Ø	10 Ø
4	> 50 mm	und	> 3 Ø	15 Ø
5	≤ 50 mm	oder	≤ 3 Ø	20 Ø

Tafel 4.2 *Mindestwerte des Biegerollendurchmessers D_{min} (nach EC 2-1-1/NA, Tabelle 8.1DE)*

Aus Gl. (4.2) ist ersichtlich, dass die Umlenkpressungen mit abnehmendem Biegerollendurchmesser zunehmen. Der Biegerollendurchmesser darf daher einen Mindestwert nicht unterschreiten, wenn die Druckfestigkeit des Betons (und die Verformbarkeit des Stahls) nicht überschritten werden soll. Es ist weiterhin ersichtlich, dass die Umlenkpressung mit zunehmendem Stabdurchmesser und zunehmender Stahlgüte (also zunehmender Zugkraft im Stab) zunimmt. Da die Druckspannungen senkrecht zur Staboberfläche wirken, entstehen zusätzliche Spannungen senkrecht zur Krümmungsebene (**Abb. 4.3**). Diese wirken als Spaltzugspannung auf den Beton, sodass auch die Zugfestigkeit des Betons f_{ct} senkrecht zur Stabebene nicht überschritten werden darf.

$$U_h \leq f_{ct} \cdot A_{ct} \tag{4.3}$$

Bei Stäben, die nahe an der Oberfläche eines Bauteils liegen, ist daher der Biegerollendurchmesser auf größere Werte zu begrenzen, damit die äußere Betonschale nicht abplatzt. Die Grenzbedingung ist mit Gl. (4.4) angegeben:

$$D_{min} \approx \frac{\pi \cdot f_{yk}}{10 f_{ct}} \cdot \frac{Ø^2}{c + 0{,}5\,Ø} \tag{4.4}$$

Beispiel für $c = 3\,d_s$ und C20/25:

$$D_{min} \approx \frac{\pi \cdot 500}{10 \cdot 2{,}2} \cdot \frac{Ø^2}{3\,d_s + 0{,}5\,Ø} = 20{,}4\,Ø$$ (vgl. **Tafel 4.2**, Zeile 5)

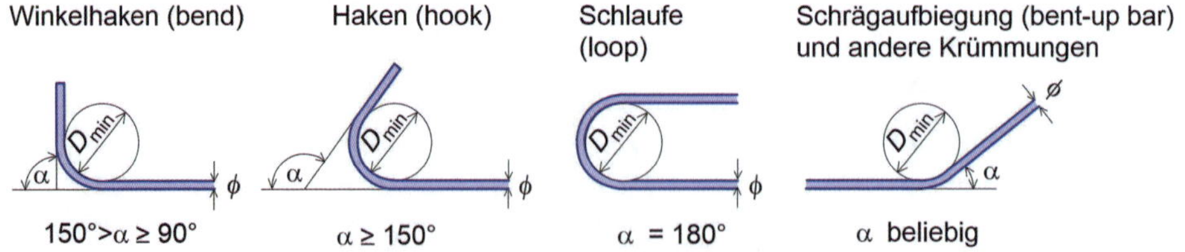

Haken und Winkelhaken werden nur zum Verankern von Stäben verwendet.

Abb.4.4 *Bezeichnung unterschiedlicher Biegeformen*

Vorwiegend ruhende Einwirkung			Nicht vorwiegend ruhende Einwirkung	
Schweißung außerhalb des Biegebereichs		Schweißung innerhalb des Biegebereichs	Schweißung auf der Biegeaußen-seite	Schweißung auf der Biegeinnen-seite
für $a < 4$ Ø:	20 Ø	20 Ø	100 Ø	500 Ø
für $a \geq 4$ Ø:	**Tafel 4.2**			
a ist der Abstand zwischen Biegeanfang und Schweißstelle.				

Tafel 4.3 *Mindestwerte des Biegerollendurchmessers für nach dem Schweißen gebogene Bewehrung (nach EC 2-1-1/NA, Tabelle 8.1DE)*

4.2.2 Mindestwerte des Biegerollendurchmessers

Aufgrund der geschilderten Beanspruchungen sind in EC 2-1-1/NA, 8.3(2) Mindestwerte des Biegerollendurchmessers vorgeschrieben (**Tafel 4.2**). Sie hängen zusätzlich von der Biegeform ab (**Abb. 4.4**). Bei geschweißten Bewehrungsstäben gelten zusätzliche Bedingungen (**Tafel 4.3**).

4.2.3 Hin- und Zurückbiegen von Bewehrungsstäben

Infolge des Arbeitsablaufs auf Baustellen ist es manchmal erforderlich, bereits gebogene Bewehrungsstäbe nach dem Einbau zurückzubiegen. Die wesentlichen Gründe hierfür sind (**Abb. 4.5**):

- die Arbeitsfuge kreuzende Bewehrungsstäbe,
- dem Bauablauf nicht angepasste Bewehrungsführung.

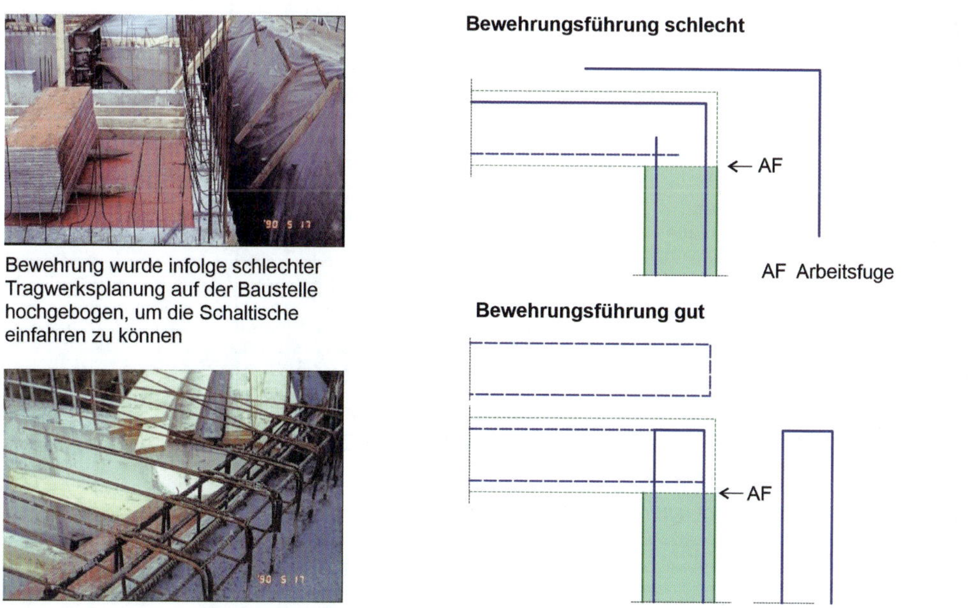

Abb. 4.5 *Folgen einer schlechten Bewehrungsführung sowie Vorschlag für eine bessere Biegeform*

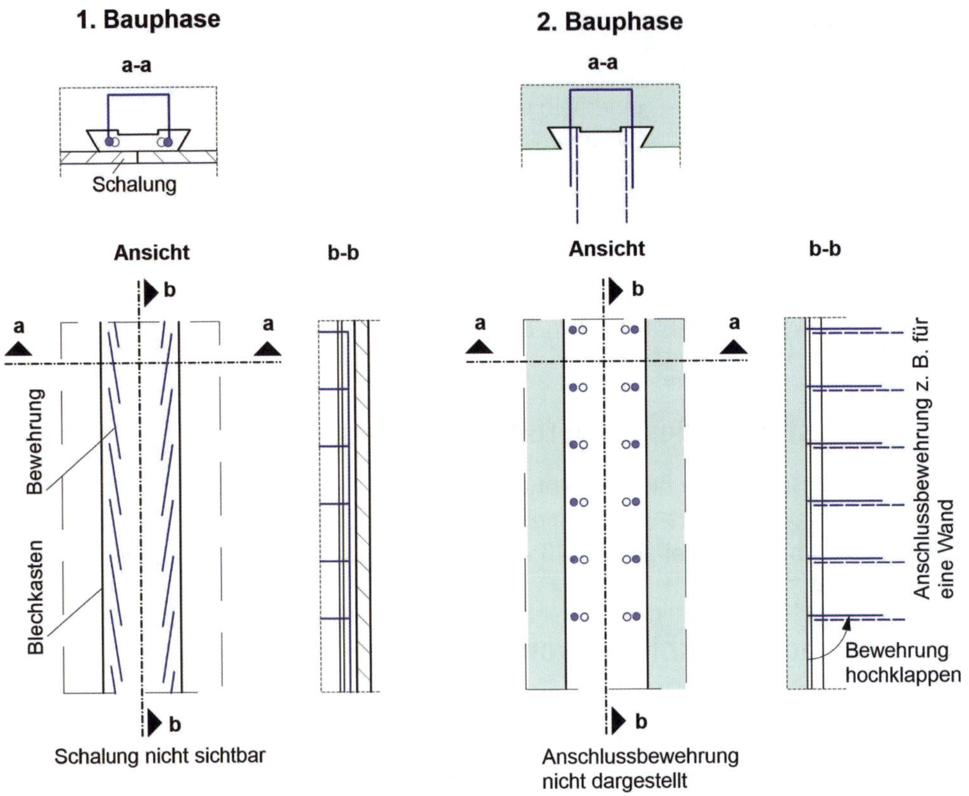

Abb. 4.6 *Einbau von Verwahrkästen*

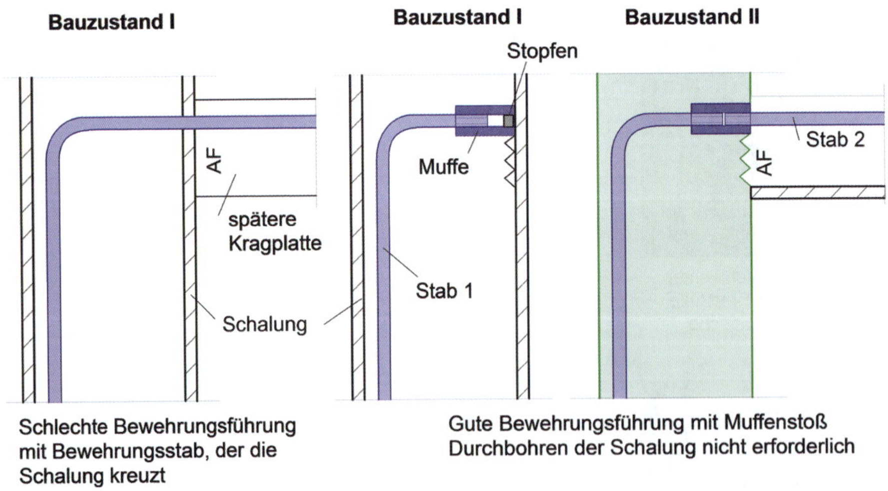

Abb. 4.7 *Vermeidung von Schalungsdurchdringungen mit Hilfe von Muffenstößen*

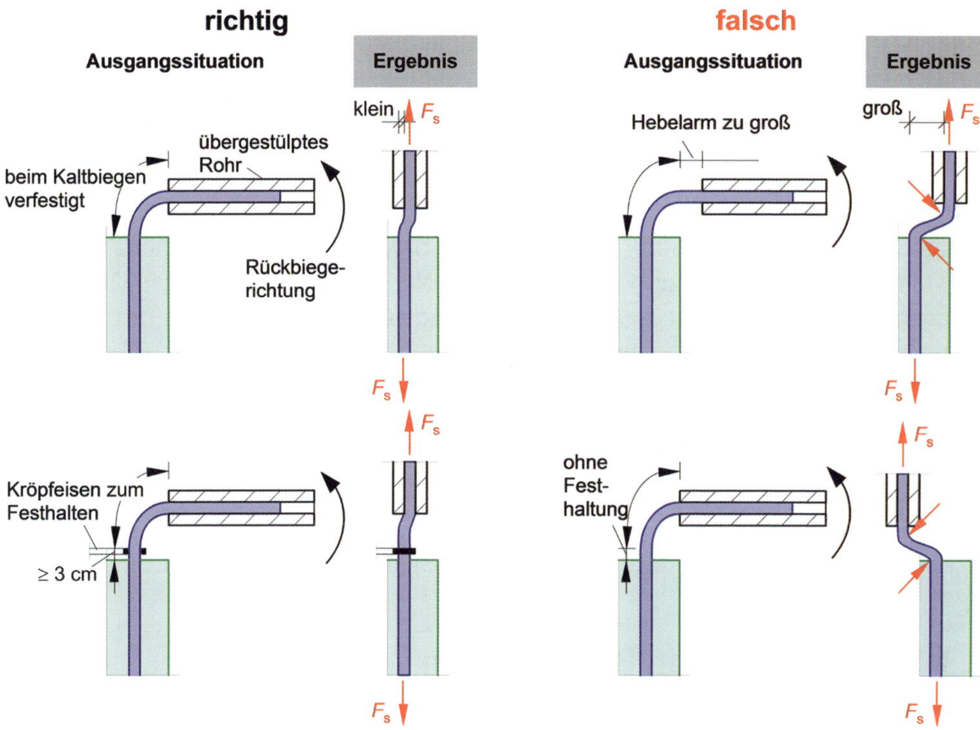

Abb. 4.8 *Kaltrückbiegen mit einem Rohr (nach [DBV – 11])*

Das Hin- und Zurückbiegen stellt für den Betonstahl und den umgebenden Beton eine zusätzliche Beanspruchung dar und ist ohne Verwahrkästen (rebend connections, **Abb. 4.6**) nach Möglichkeit zu vermeiden. Ein mehrfaches Hin- und Zurückbiegen ist in jedem Fall unzulässig. Man unterscheidet ein Zurückbiegen im kalten Zustand (= Kaltrückbiegen) von einem in warmem Zustand (= Warmrückbiegen). Hierbei sind folgende Einschränkungen zu beachten (EC 2-1-1/NA, 8.3):

Kaltrückbiegen

Das Kaltrückbiegen ist nur bis zum Stabdurchmesser $\varnothing$ = 14 mm zulässig. Im Bereich der Rückbiegestelle ist die Querkraft auf 0,3 $V_{\mathrm{Rd,max}}$ (bei Querkraftbewehrung senkrecht zur Bauteilebene) bzw. auf 0,2 $V_{\mathrm{Rd,max}}$ (bei Querkraftbewehrung mit $\alpha < 90°$ zur Bauteilebene) zu begrenzen (→ Kap. 8). Der Biegerollendurchmesser beim Hinbiegen ist angemessen zu vergrößern:

- *Vorwiegend ruhende Belastung*: $D_{\mathrm{min}} \geq 6\varnothing$
- Die Bewehrung darf im Grenzzustand der Tragfähigkeit höchstens zu 80 % ausgenutzt werden.
- *Nicht vorwiegend ruhende Belastung*: $D_{\mathrm{min}} \geq 15\varnothing$
- Die Schwingbreite der Stahlspannung darf 50 N/mm² nicht überschreiten.

Mit den auf der Baustelle verfügbaren Hilfsmitteln ist es nicht möglich, einen gebogenen Stab in kaltem Zustand wieder vollständig gerade zu richten. Im Stab verbleibt eine s-förmige Doppelkrümmung. Infolge der durch die Doppelkrümmung verursachten Umlenkkräfte entstehen Zusatzbeanspruchungen im Beton. Diese lassen sich in den meisten Fällen durch eine andere Bewehrungsführung oder -ausbildung vermeiden (**Abb. 4.6**, **Abb. 4.7**). Weiterhin muss entsprechend den Anweisungen in [DBV – 11] zurückgebogen werden (**Abb. 4.8**).

Warmrückbiegen

Hierbei wird der Stab über 500 °C erwärmt. Dies bewirkt eine Festigkeitsabnahme, und der Stahl kann rechnerisch nur noch mit f_{yk} = 250 N/mm² ausgenutzt werden. Ein Warmrückbiegen ist daher nur mit Zustimmung des Tragwerksplaners und ggf. des Prüfingenieurs zulässig. Die Schwingbreite der Stahlspannung bei nicht vorwiegend ruhender Belastung darf 50 N/mm² nicht überschreiten.

4.2.4 Grenzabmaße von Bewehrungsstäben

Die Istmaße der Bewehrungsstäbe weisen Abweichungen gegenüber den Sollmaßen auf. Diese dürfen die in **Tafel 4.4** angegebenen Grenzabmaße (→ Teil 2, Kap. 2.1) nicht überschreiten, damit z.B. die Betondeckung sicher eingehalten werden kann.

4.3 Verankerung von Betonstählen

4.3.1 Tragwirkung

Wenn ein Bewehrungsstab rechnerisch nicht mehr erforderlich ist (z.B. am Bauteilende oder aufgrund der Zugkraftdeckungslinie nach Kap. 10), muss die Kraft im Stahl auf den Beton übertragen werden, bevor der Stab enden darf (**Abb. 4.9**). Die Länge, die zur Einleitung der Stabkraft in den Beton erforderlich ist, wird als Verankerungslänge (anchorage or bond length) bezeichnet.

		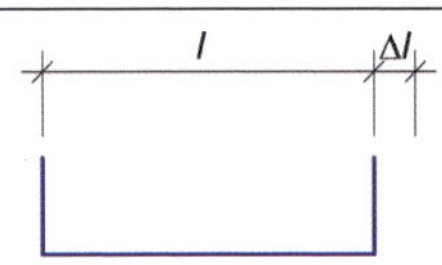		 a)		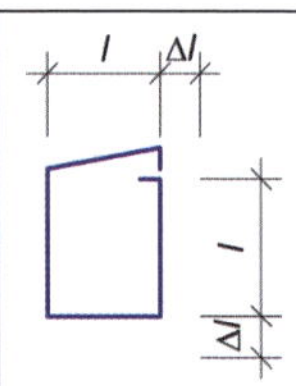	
Ø in mm		≤ 14	> 14	≤ 14	> 14	≤ 10	> 10
Grenzabmaße Δ*l* in mm	allgemein	+0 -15	+0 -25	+0 -10	+0 -20	+0 -10	+0 -15
	bei Passlängen	+0 -10	+0 -15	+0 -10	+0 -20	+0 –5	+0 -10

a) Bei diesem Maß ist das Grenzmaß der zugehörigen Bügel zu beachten.

Tafel 4.4 *Grenzabmaße Δl von gebogenen Bewehrungsstäben (nach [DBV – 15], Tabelle 3)*

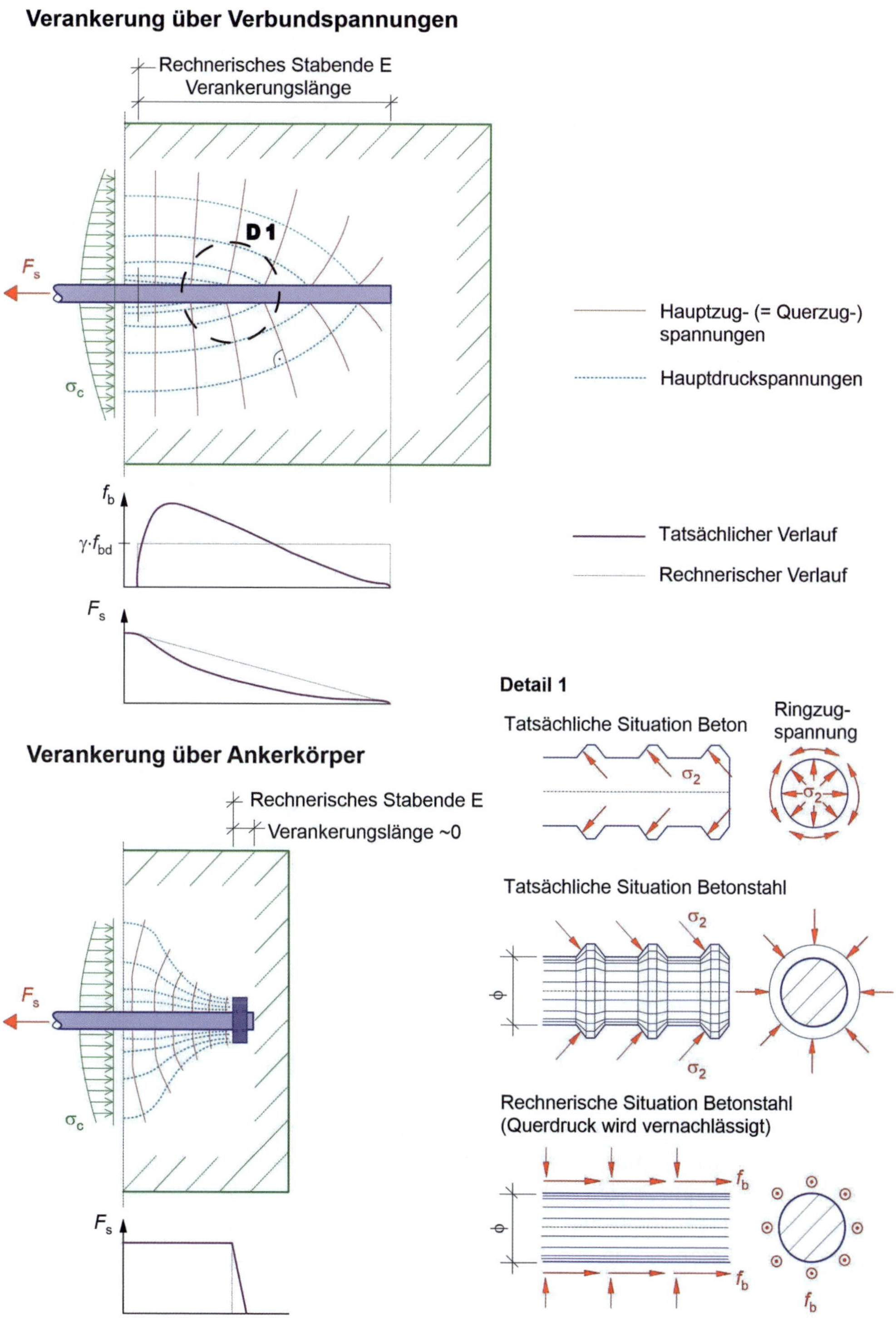

Abb. 4.9 *Spannungen im Verankerungsbereich eines Bewehrungsstabes*

In der Regel erfolgt die Einleitung der Stabkräfte über einen zusätzlich vorzusehenden Bewehrungsabschnitt, die Verankerungslänge. Eine Verankerung mittels Ankerplatte ist auf Ausnahmen beschränkt.

Der Wirkungsmechanismus der Kraftübertragung aus dem Betonstahl in den Beton ist in **Abb. 4.1** dargestellt. Die Verankerungslänge muss ausreichend lang sein, damit weder die Ringzugspannungen die Zugfestigkeit des Betons erreichen, noch die Tragfähigkeit der Betonkonsolen erreicht wird. Das erstgenannte Versagen führt zu einem Längsriss parallel zum Bewehrungsstab, das zweitgenannte zu einem Abscheren des Betons zwischen den Rippen.

4.3.2 Basiswert der Verankerungslänge

Die erforderliche Verankerungslänge wird über die Verbundspannungen f_b berechnet, die (rechnerisch) um die idealisierte Zylindermantelfläche eines Betonstahls wirken. Bei geradem Stabende hängt die Größe der aufnehmbaren Verbundspannung[2] neben der Betonfestigkeitsklasse maßgeblich von der Lage des Stabes beim Betonieren ab. Die Lage des Stahls ist wichtig, da der Beton nach dem Verdichten sackt. Bei parallel zur Betonierrichtung verlaufenden oberflächennahen Stäben kann sich der Beton dabei von der Bewehrung lösen, und es entsteht eine (zunächst) wassergefüllte Linse (**Abb. 4.10**). Hierdurch können sich die Verbundspannungen nicht mehr über die volle Mantelfläche ausbilden. In EC 2-1-1, 8.4.2 werden daher gute Verbundbedingungen (good bond conditions) und mäßige Verbundbedingungen (poor bond conditions) unterschieden.

Die Einteilung hinsichtlich der Verbundbedingungen erfolgt gemäß **Abb. 4.10**. Sofern einer der Fälle 1 bis 4 zutrifft, gelten für das zu verankernde Stabende gute Verbundbedingungen, andernfalls gelten mäßige Verbundbedingungen. Der Nachweis der Verankerungslänge erfolgt auch im Falle von mäßigen Verbundbedingungen mit der vollen Stahloberfläche, jedoch mit einer mit Hilfe des Beiwerts η_1 reduzierten Verbundfestigkeit. Der Bemessungswert der Verbundfestigkeit wird wie folgt ermittelt:

$$f_{bd} = 2{,}25 \cdot \eta_1 \cdot \eta_2 \cdot f_{ctd} \tag{4.5}$$

mit $\eta_1 = 1{,}0$, bei guten Verbundbedingungen
$= 0{,}7$, bei mäßigen Verbundbedingungen $\eta_2 = 1{,}0,$
für $\varnothing \leq 32\,\text{mm} = (132 - \varnothing)/100,$
für $\varnothing > 32$ mm

Sofern im Verankerungsbereich senkrecht zur Stabachse Druckspannungen (Querdruck) wirken, steigern diese die übertragbaren Verbundspannungen. Dieser Effekt wird jedoch nicht bei der Verbundfestigkeit, sondern bei der Berechnung der Verankerungslänge mit Hilfe des Beiwertes α_5 berücksichtigt (→ Gl. 4.9). Ein gleichartiger Effekt tritt bei einer allseitig großen Betondeckung von mindestens 10 Ø mit gleichzeitiger Verbügelung auf. Dieser Effekt wird ebenfalls bei der Berechnung der Verankerungslänge berücksichtigt (durch den Faktor α_2 bzw. α_5).

2 Anmerkung: Die Rippenausbildung beeinflusst ganz wesentlich die Verbundspannung. Sie liegt jedoch fest und ist nicht mehr wählbar.

Mit Ermittlung einer ausreichend großen Verankerunglänge weist man indirekt nach, dass die Verbundspannungen im Verankerungsbereich eines Stabes die zulässigen Werte nicht überschreiten. Die Betrachtung erfolgt zunächst für ein *gerades* Stabende. Man definiert hierzu den Basiswert der Verankerungslänge $l_{b,rqd}$ (basic anchorage length). Diesen kann man aus der Bedingung bestimmen, dass die in einem Bewehrungsstab zulässige Kraft der über die Stahloberfläche übertragbaren Kraft gleich sein muss.

f_{ck}	12	16	20	25	30	35	40	45	50	55	60	70	80	90	100
f_{bd}	1,65	2,00	2,32	2,69	3,04	3,37	3,68	3,99	4,28	4,43	4,57	4,57	4,57	4,57	4,57

Tafel 4.5 *Bemessungswert der Verbundspannung f_{bd} in N/mm² bei guten Verbundbedingungen und für $Ø_s \leq 32$ mm ($f_{bd} = 2{,}25\ f_{ctk;0,05}/\gamma_c$)*[3]

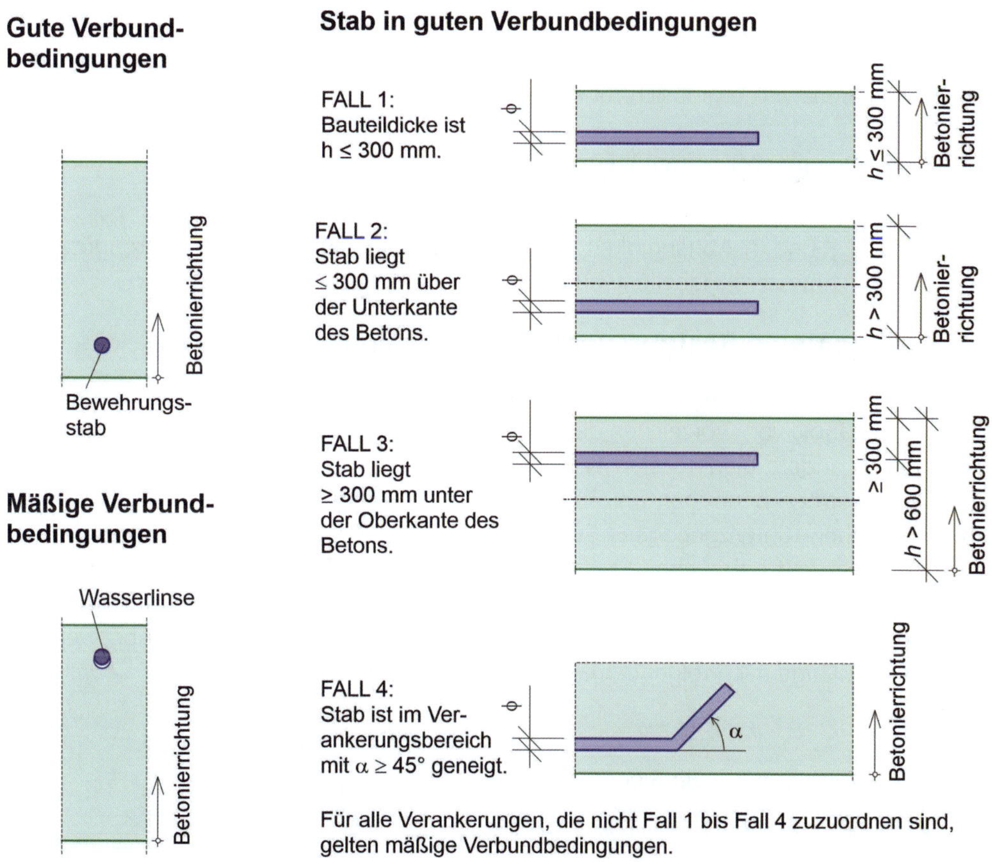

Abb. 4.10 *Erläuterung und Einteilung der Verbundbedingungen*

3 $f_{ctk;0,05}$ ist in der Regel auf den Wert für C60/75 zu begrenzen.

$$F_{sd} = A_s \cdot \sigma_{sd} = \pi \cdot \frac{Ø^2}{4} \cdot \frac{\sigma_{sd}}{\gamma_s} \leq \pi \cdot Ø \cdot l_{b,rqd} \cdot f_{bd} \tag{4.6}$$

$$l_{b,rqd} = \frac{Ø}{4} \cdot \frac{\sigma_{sd}}{f_{bd}} \tag{4.7}$$

Für σ_{sd} ist hierbei die Stahlspannung am Beginn der Verankerungslänge einzusetzen. Diese ergibt sich, indem die bei der Bemessung zugrunde gelegte Stahlspannung (i.Allg. f_{yd}; bei Ausnutzung des Verfestigungsbereichs der σ-ε-Linie jedoch $>f_{yd}$) abgemindert wird im Verhältnis der rechnerisch erforderlichen Bewehrung $A_{s,erf}$ zur tatsächlich eingebauten Bewehrung $A_{s,vorh}$. Lässt man den Verfestigungsbereich der σ-ε-Linie bei der Bemessung unberücksichtigt und geht von einer maximal zulässigen Spannung f_{yd} aus, so ergibt sich für den Basiswert der Verankerungslänge:

$$l_{b,rqd} = \frac{Ø}{4} \cdot \frac{f_{yd}}{f_{bd}} \cdot \frac{A_{s,erf}}{A_{s,vorh}} \tag{4.8}$$

Als oberen Grenzwert ergibt sich für $\sigma_{sd} = f_{yd}$ aus Gl. (4.7):

$$l_{b,rqd}' = \frac{Ø}{4} \cdot \frac{f_{yd}}{f_{bd}} \quad (\text{B500: } f_{yd} = 435 \text{ MN/m}^2) \tag{4.9}$$

Die Werte $l_{b,rqd}'$ sind in Abhängigkeit von den Verbundbedingungen, der Betongüte und dem Stabdurchmesser in Tabellenwerken (z.B. Schneider/Albert – 20) tabelliert.

4.3.3 Allgemeine Bestimmungen der Verankerungslänge

Der Basiswert der Verankerungslänge wurde für einen gerade endenden Stab bestimmt. Er gilt unabhängig vom Vorzeichen der Stabkraft. Neben dem geraden Stabende bestehen jedoch auch andere Biegeformen wie Haken, Winkelhaken oder Schlaufen (**Tafel 4.6**). Diese Biegeformen benötigen bei Zugkräften im Stab eine kürzere Verankerungslänge. Bei Druckstäben führen gebogene Stabenden zu einer Biegebeanspruchung des Stabes; Verankerungen mit gebogenen Stabenden sind daher für Druckstäbe unzulässig. Lediglich angeschweißte Querstäbe verringern für Zug- *und* Druckkräfte die erforderliche Verankerungslänge. Der Basiswert der Verankerungslänge darf auf den Bemessungswert der Verankerungslänge nach folgender Gleichung vermindert werden:

$$l_{bd} = \alpha_1 \cdot \alpha_2 \cdot \alpha_3 \cdot \alpha_4 \cdot \alpha_5 \cdot l_{b,rqd} \geq l_{b,min} \tag{4.10}$$

α_1 Berücksichtigung der Biegeform

α_2 Berücksichtigung der Mindestbetondeckung

α_3 Berücksichtigung nicht angeschweißter Querstäbe

α_4 Berücksichtigung angeschweißter Querstäbe

α_5 Berücksichtigung von Querdruck

Der Beiwert α_1 (**Tafel 4.6**, Zeile 1 und Zeile 2) berücksichtigt hierbei die Biegeform, der Beiwert α_4 (**Tafel 4.6**, Zeile 3 und Zeile 5) berücksichtigt angeschweißte Querstäbe. In Zeile 4 ist mit $\alpha_1 \cdot \alpha_4$ die Kombination aus Biegeform und angeschweißten Querstäben dargestellt. Generell können die Zahlenwerte der Tabelle immer als Ergebnis des Produktes $(\alpha_1 \cdot \alpha_4)$ angesehen werden.

Der Beiwert α_2 dient zur Berücksichtigung des Einflusses der Betondeckung. Dieser Wert ist gemäß EC 2-1-1/NA jedoch i. Allg. mit 1,0 anzusetzen. Der Beiwert α_3 zur Berücksichtigung nicht angeschweißter Querbewehrung kann gemäß EC 2-1-1, 8.4.4 ermittelt werden, vereinfacht kann jedoch immer $\alpha_3 = 1{,}0$ angesetzt werden.

Art und Ausbildung der Verankerung		Beiwerte $(\alpha_1 \cdot \alpha_4)$[c)]	
		Zugstab[a)]	Druckstab
Gerade Stabenden	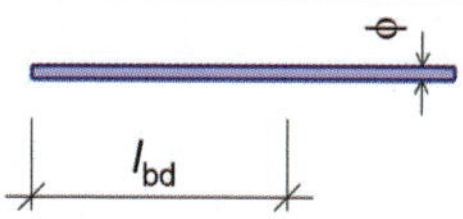	1,0	1,0
Haken Winkelhaken Schlaufen (Draufsicht) 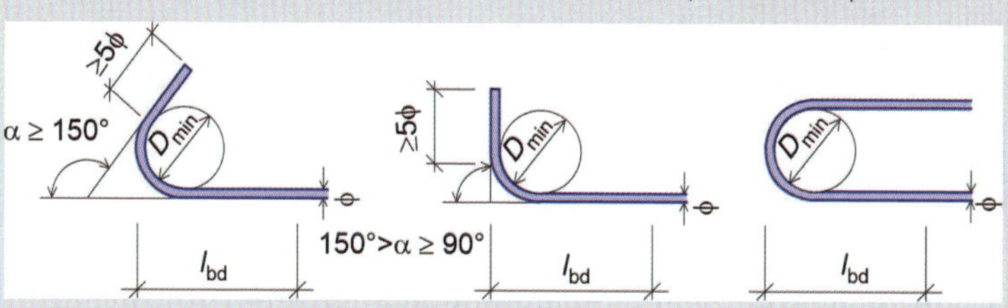		0,7[b)] (1,0)	Nicht zulässig
Gerade Stabenden mit mindestens einem angeschweißten Stab innerhalb l_{bd}	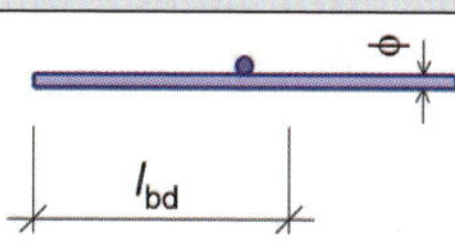	0,7	0,7
Haken Winkelhaken Schlaufen (Draufsicht) mit mindestens einem angeschweißten Stab innerhalb l_{bd} 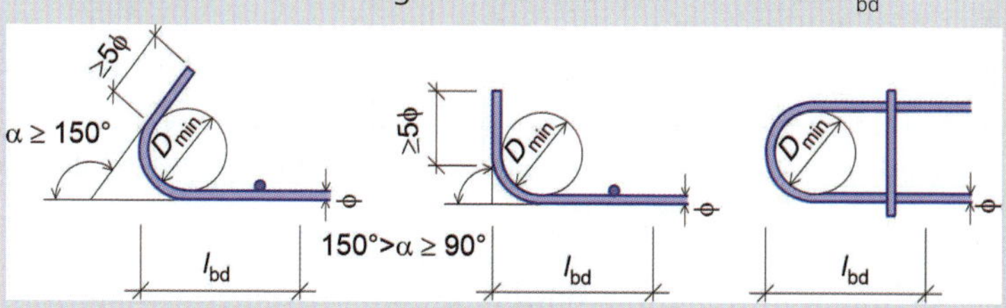		0,5 (0,7)	Nicht zulässig
Gerade Stabenden mit jeweils mindestens zwei angeschweißten Stäben innerhalb l_{bd} (Stababstand s < 10 cm bzw. ≥ 5Ø und ≥ 5 cm) nur zulässig bei Einzelstäben mit Ø ≤ 16 mm bzw. Doppelstäben mit Ø ≤ 12 mm	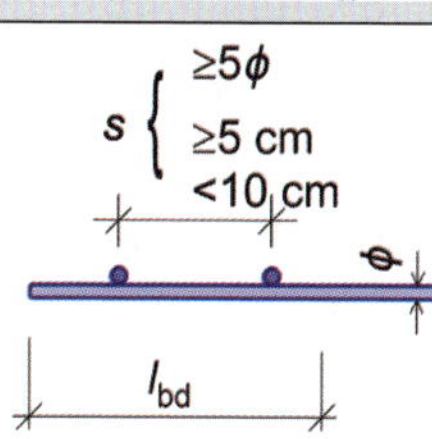	0,5	0,7

Art und Ausbildung der Verankerung	Beiwerte $(\alpha_1 \cdot \alpha_4)$[c)]	
	Zug-stab[a)]	Druck-stab

a) Die in Klammern dieser Spalte angegebenen Werte gelten, wenn im Krümmungsbeginn rechtwinklig zur Krümmungsebene die Betondeckung weniger als 3Ø beträgt. Liegt jedoch Querdruck oder eine enge Verbügelung vor, gelten die Werte ohne Klammern.

b) Bei Schlaufenverankerungen mit Biegerollendurchmesser $D_{min} \geq 15Ø$ und einer Betondeckung rechtwinklig zur Krümmungsebene von mindestens 3Ø darf der Wert α_1 auf 0,5 reduziert werden.

c) Für angeschweißte Querstäbe gilt $Ø_t > 0{,}6 \cdot Ø$

Tafel 4.6 *Beiwerte α_1 und α_4 zur Berücksichtigung der Biegeform und angeschweißter Querstäbe bei der Ermittlung der Verankerungslänge (nach EC 2-1-1, Tabelle 8.2)*

Im Falle einer allseitig durch Bewehrung gesicherten Betondeckung von mindestens 10Ø wird deren positiver Einfluss durch den Beiwert $\alpha_5 = 2/3$ berücksichtigt (dies gilt nicht für Übergreifungsstöße mit einem Achsabstand der Stöße $s \leq 10Ø$). Generell dient der Beiwert α_5 zur Berücksichtigung der Auswirkungen von Querdruck oder Querzug auf die Verankerungslänge. Der Beiwert α_5 ist nur bei der Verankerung von Zugstäben anzusetzen:

$$\alpha_5 = \begin{cases} 1 - 0{,}04 \cdot p \geq 0{,}7 & \text{bei Querdruck } p \text{ in MN/m}^2 \\ \frac{2}{3} & \text{bei direkter Lagerung } (\rightarrow \text{ Kap. 8.2.1}) \\ \frac{2}{3} & \text{bei allseitiger durch Bewehrung gesicherter Betondeckung } \geq 10\,Ø \\ 1{,}5 & \text{bei Querzug rechtwinklig zur Bewehrungsebene} \end{cases} \tag{4.11}$$

Alternativ zur Berücksichtigung von $\alpha_5 = 1{,}5$ im Falle von Querzug rechtwinklig zur Bewehrungsebene besteht bei vorwiegend ruhenden Einwirkungen die Möglichkeit, die Breite der Risse parallel zur Bewehrung auf ≤ 0,2 mm im Grenzzustand der Gebrauchstauglichkeit zu begrenzen.

Die Mindestverankerungslänge $l_{b,min}$ soll die sich bei kurzen Verankerungen besonders stark auswirkenden Verlegeungenauigkeiten abdecken und wird nach Gl. (4.12) ermittelt. Hierbei ist der obere Grenzwert des Basiswertes der Verankerungslänge $l_{b,rqd}'$ nach Gl. (4.9) zu verwenden.

$$l_{b,min} = \begin{cases} 0{,}3\,\alpha_1 \cdot \alpha_4 \cdot l_{b,rqd}' \geq 10\,Ø & \text{für Zugstäbe allgemein} \\ 0{,}3\,\alpha_1 \cdot \alpha_4 \cdot l_{b,rqd}' \cdot \frac{2}{3} \geq 6{,}7\,Ø & \text{für Zugstäbe im Auflagerbereich} \\ & \text{bei direkter Lagerung} \\ 0{,}6\,l_{b,rqd}' \geq 10\,Ø & \text{für Druckstäbe} \end{cases} \tag{4.12}$$

Im Verankerungsbereich treten – besonders bei Haken und Winkelhaken – Querzugspannungen auf (**Abb. 4.9**), die zu Betonabplatzungen führen können. Daher muss die seitliche Betondeckung bei Bauteilen beachtet und eine Querbewehrung im Verankerungsbereich angeordnet werden. Die Querbewehrung soll auf der zur Oberfläche hin zeigenden Seite angeordnet werden. Bei Platten mit dünnen zu verankernden Stäben (z.B. von Betonstahlmatten) ist auch die Innenseite möglich. Bei Druckstäben sollte die Querbewehrung die zu verankernden Stäbe umfassen und am Ende der Verankerungslänge konzentriert angeordnet werden. Zusätzlich ist ein Querstab hinter den Stabenden anzuordnen, um die Spaltzugspannungen aus dem Spitzendruck der Stirnflächen aufnehmen zu können. Bei Balken und Stützen mit Bügelbewehrung im Verankerungsbereich ist keine zusätzliche Querbewehrung erforderlich. Bei Platten gilt die Forderung durch Anordnung der Mindestquerbewehrung als erfüllt.

4.3.4 Verankerungslänge an Auflagern

Mindestens ein Viertel der größten Bewehrung im Feld ist über das Auflager zu führen und dort zu verankern. Bei Platten muss mindestens die Hälfte der Bewehrung zum Auflager geführt und dort verankert werden.

Allgemein: $$A_{sR} \geq \frac{1}{4} A_{s,Feld} \tag{4.13}$$

Platten: $$A_{sR} \geq \frac{1}{2} A_{s,Feld} \tag{4.14}$$

Bei der Ermittlung der Verankerungslänge wird unterschieden, ob es sich um ein Zwischen- oder ein Endauflager handelt. Weiterhin wird die Lagerungsart unterschieden. Ein Bauteil gilt als direkt (oder unmittelbar) gelagert, wenn es auf dem stützenden Bauteil aufliegt, sodass die Auflagerkraft über Druckspannungen in das gestützte Bauteil eingetragen wird. Das stützende Bauteil kann eine Stütze, eine Wand oder ein hoher Unterzug sein (**Abb. 8.2**). In allen anderen Fällen ist ein Bauteil indirekt (oder mittelbar) gestützt (**Abb. 8.4**).

Am Endauflager wirkt entsprechend der Zugkraftdeckungslinie (→ Kap. 10) noch eine Zugkraft, die sich nach Gl. (4.15) ermitteln lässt.

$$F_{sd} = \left|V_{Ed}\right| \cdot \frac{a_l}{z} + N_{Ed} \geq \frac{V_{Ed}}{2} \tag{4.15}$$

a_l Versatzmaß nach Gl. (10.6)

Die Verankerungslänge l_{bd} beginnt an der Auflagervorderkante. Zur Verankerungslänge zählt nur der gerade Stabteil des Bewehrungsstabes. Die Länge der Haken und Winkelhaken zählen nicht zur Verankerungslänge hinzu, sondern werden durch den Beiwert α_1 berücksichtigt. Der Bewehrungsstab darf nicht vor der rechnerischen Auflagerlinie R enden (**Abb. 4.11**).

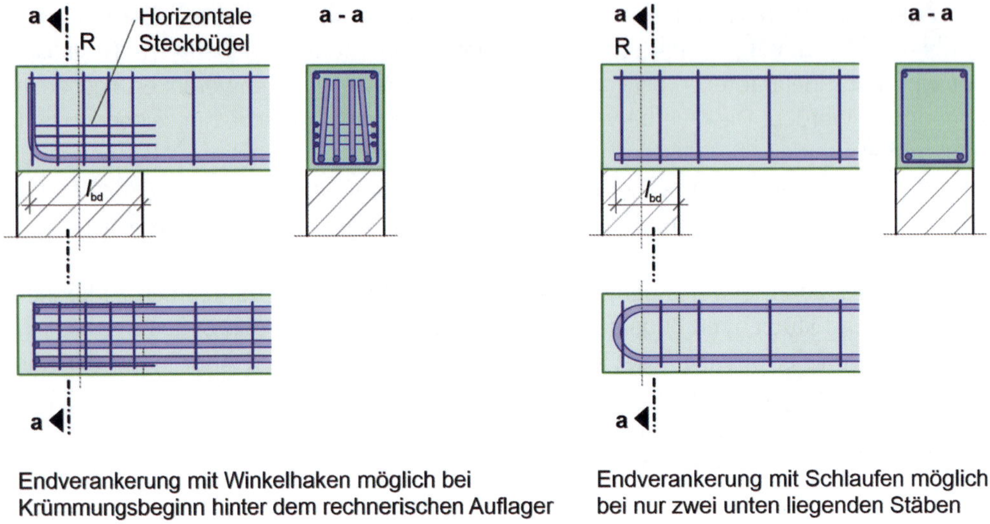

Abb. 4.11 *Bewehrungsführung an Endauflagern*

Sofern Haken oder Winkelhaken als Verankerungselement benutzt werden, soll der Krümmungsbeginn hinter der rechnerischen Auflagerlinie R liegen. Konstruktiv ist es besser (besonders bei dicken Durchmessern), die Haken horizontal anzuordnen oder zwei Stäbe in Form einer Schlaufe zu führen (**Abb. 4.11**). Hiermit wird ein Abplatzen der Auflagerecke vermieden. Ist dies nicht möglich, sollten zusätzliche horizontale Steckbügel vorgesehen werden.

Zwischenauflager

Eine Bewehrung, die zur Aufnahme möglicher positiver Momente (z.B. Brandeinwirkung, Stützensenkung usw.) erforderlich ist, ist gemäß EC 2-1-1, 9.2.1.5(3) in den Vertragsunterlagen festzulegen. Eine solche Bewehrung sollte über ein Zwischenauflager hinweg geführt oder kraftschlüssig gestoßen werden. Ansonsten ist es ausreichend, die untere Bewehrung an Zwischenauflagern zur Verankerung um 6Ø hinter die Auflagervorderkante zu führen.

Beispiel 4.1: Ermittlung von Verankerungslängen

Gegeben:
- Balken lt. Skizze
- Baustoffe C30/37; B500
- Betondeckung: $c_v = 3{,}0$ cm
- Erforderliche Bewehrung:
  $A_{s,Feld} = 9{,}0\ cm^2$; $a_{s,bü} = 18{,}0\ cm^2/m$

Pos 4.1 Unterzug **Schnitt A-A**

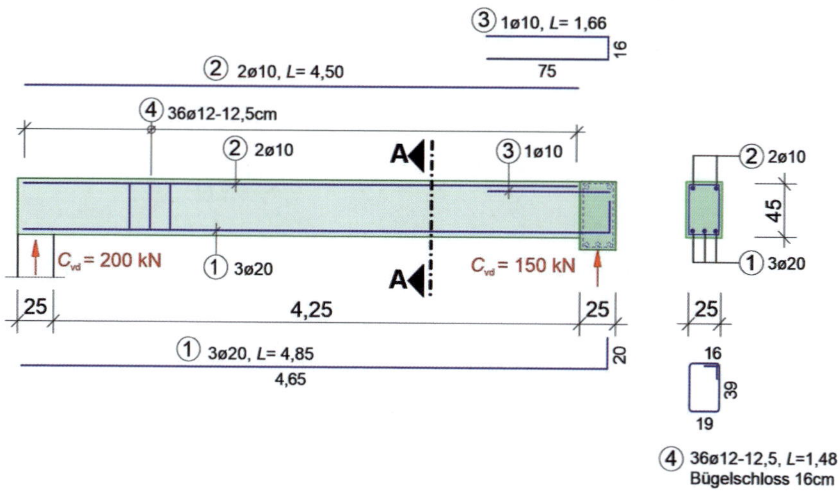

Gesucht: Verankerungslängen für den Fall einer Bemessung ohne Ausnutzen des Verfestigungsbereichs

Lösung:

linkes Ende:	Gerade Verankerung
$A_{s,vorh} = 9{,}42\ \text{cm}^2$	**Tafel 4.1:** 3 Ø20
$A_{sR} = 9{,}42\ \text{cm}^2 > 2{,}25\ \text{cm}^2 = \frac{9{,}0}{4} = \frac{A_{s,Feld}}{4}$	(4.13): $A_{sR} \geq \frac{1}{4} A_{s,Feld}$
Gute Verbundbedingungen	**Abb. 4.10:** Stab liegt unten: Fall 2
$f_{bd} = 2{,}25 \cdot 1{,}0 \cdot 1{,}0 \cdot \frac{2{,}0}{1{,}5} = 3{,}0\ \text{N/mm}^2$	(4.5): $f_{bd} = 2{,}25 \cdot \eta_1 \cdot \eta_2 \cdot f_{ctd}$
$f_{yd} = \frac{500}{1{,}15} = 435\ \text{N/mm}^2$	(2.41): $f_{yd} = \frac{f_{yk}}{\gamma_s}$
Hier[4]: $a_1 = \frac{z}{2}$	(10.6): $a_1 = \frac{1}{2}(\cot\theta - \cot\alpha) \cdot z$
$F_{sd} = 200 \cdot \frac{z}{2 \cdot z} + 0 = \frac{200}{2} = 100\,\text{kN}$	(4.15): $F_{sd} = \lvert V_{Ed} \rvert \cdot \frac{a_1}{z} + N_{Ed} \geq \frac{V_{Ed}}{2}$
$A_{s,erf} = \frac{100}{435} \cdot 10 = 2{,}3\ \text{cm}^2$	$A = \frac{F}{\sigma}$
$\frac{2{,}3}{9{,}42} = 0{,}244$	$\frac{A_{s,erf}}{A_{s,vorh}}$
$l_{b,rqd} = \frac{20}{4} \cdot \frac{435}{3{,}0} \cdot 0{,}244 = 177\text{mm}$	(4.8): $l_{b,rqd} = \frac{Ø}{4} \cdot \frac{f_{yd}}{f_{bd}} \cdot \frac{A_{s,erf}}{A_{s,vorh}}$

4 Das Versatzmaß wird in Kap. 8 und 10 erläutert.

$l_{b,rqd}' = \frac{20}{4} \cdot \frac{435}{3,0} = 725 \text{ mm}$

(4.9): $l_{b,rqd}' = \frac{Ø}{4} \cdot \frac{f_{yd}}{f_{bd}}$

$\alpha_1 = 1,0;\ \alpha_4 = 1,0;\ \alpha_5 = \frac{2}{3}$

Tafel 4.6, (4.11): Gerades Stabende, keine angeschweißten Querstäbe, direktes Auflager

$l_{b,min} = 0,3 \cdot 1,0 \cdot 1,0 \cdot 725 \cdot \frac{2}{3} = \underline{145 \text{ mm}}$
$> 134 \text{ mm} = 6,7 \cdot 20 = 6,7 Ø$

(4.12): $l_{b,min} = 0,3\, \alpha_1 \cdot \alpha_4 \cdot l_{b,rqd}' \cdot \frac{2}{3} \geq 6,7 Ø$

$l_{bd} = 1,0 \cdot 1,0 \cdot 1,0 \cdot 1,0 \cdot \frac{2}{3} \cdot 177$
$= 118 \text{ mm} < \underline{145 \text{ mm}} = l_{b,min}$

(4.10): $l_{bd} = \alpha_1 \cdot \alpha_2 \cdot \alpha_3 \cdot \alpha_4 \cdot \alpha_5 \cdot l_{b,rqd} \geq l_{b,min}$

$l_{b,vorh} \approx 250 - 30 = 220 \text{ mm} > 145 \text{ mm}$

Hier: $l_{b,vorh} = t - c_v$

Die erforderliche Querbewehrung ist bei Balken durch die für Querkraft erforderlichen Bügel vorhanden.

rechtes Ende:

Winkelhaken

$A_{s,vorh} = 9,42 \text{ cm}^2$

Tafel 4.1: 3Ø20

$A_{sR} = 9,42 \text{ cm}^2 > 2,25 \text{ cm}^2 = \frac{9,0}{4} = \frac{A_{s,Feld}}{4}$

(4.13): $A_{sR} \geq \frac{1}{4} A_{s,Feld}$

Gute Verbundbedingungen

Abb. 4.10: Stab liegt unten: Fall 2

$f_{bd} = 2,25 \cdot 1,0 \cdot 1,0 \cdot \frac{2,0}{1,5} = 3,0 \text{ N/mm}^2$

(4.5): $f_{bd} = 2,25 \cdot \eta_1 \cdot \eta_2 \cdot f_{ctd}$

$F_{sd} = 150 \cdot \frac{z}{2 \cdot z} + 0 = \frac{150}{2} = 75 \text{ kN}$

(4.15): $F_{sd} = \left|V_{Ed}\right| \cdot \frac{a_1}{z} + N_{Ed} \geq \frac{V_{Ed}}{2}$

$A_{s,erf} = \frac{75}{435} \cdot 10 = 1,7 \text{ cm}^2$

$A = \frac{F}{\sigma}$

$\frac{1,7}{9,42} = 0,18$

$\frac{A_{s,erf}}{A_{s,vorh}}$

$l_{b,rqd} = \frac{20}{4} \cdot \frac{435}{3,0} \cdot 0,18 = 131 \text{ mm}$

(4.7): $l_{b,rqd} = \frac{Ø}{4} \cdot \frac{\sigma_{sd}}{f_{bd}} \cdot \frac{A_{s,erf}}{A_{s,vorh}}$

$l_{b,rqd}' = \frac{20}{4} \cdot \frac{435}{3,0} = 725 \text{ mm}$

(4.9): $l_{b,rqd}' = \frac{Ø}{4} \cdot \frac{f_{yd}}{f_{bd}}$

$\alpha_1 = 0,7;\ \alpha_4 = 1,0;\ \alpha_5 = 1,0$

Tafel 4.6, (4.11): Winkelhaken, keine angeschweißten Querstäbe, indirektes Auflager

Die Betondeckung rechtwinklig zur Krümmungsebene ist infolge des Hauptträgers $> 3Ø$.

$l_{b,min} = 0,3 \cdot 0,7 \cdot 1,0 \cdot 725 = 152 \text{ mm}$
$> \underline{200 \text{ mm}} = 10 \cdot 20 = 10 Ø$

(4.12): $l_{b,min} = 0,3\, \alpha_1 \cdot \alpha_4 \cdot l_{b,rqd}' \geq 10 Ø$

$l_{bd} = 0{,}7 \cdot 1{,}0 \cdot 1{,}0 \cdot 1{,}0 \cdot 1{,}0 \cdot 131$ $= 92\,\text{mm} < \underline{200\,\text{mm}} = l_{b,min}$	(4.10): $l_{bd} = \alpha_1 \cdot \alpha_2 \cdot \alpha_3 \cdot \alpha_4 \cdot \alpha_5 \cdot l_{b,rqd}$ $\geq l_{b,min}$
$l_{b,vorh} \approx 250 - 25 = 220\,\text{mm} > 200\,\text{mm}$	Hier: $l_{b,vorh} = t - c_v$

4.3.5 Ergänzende Regelungen für große Bewehrungsdurchmesser

Hierzu zählen Stabdurchmesser $\varnothing > 32$ mm. Sie müssen mit geraden Stabenden oder mit Ankerkörpern verankert werden. Der Bemessungswert der Verbundspannung muss wie bereits erläutert mit Hilfe des Beiwertes η_2 abgemindert werden (vgl. Gleichung 4.5):

$$\eta_2 = \frac{132 - \varnothing}{100} \cdot f_{bd} \tag{4.16}$$

Eine zusätzliche Querbewehrung ist auch dann erforderlich, sofern Bügel im Verankerungsbereich vorhanden sind. Der Querschnitt der erforderlichen Querbewehrung beträgt

- in Richtung parallel zur Zugseite:

$$\sum A_{sh} = 0{,}25 \cdot A_s \cdot n_1 \tag{4.17}$$

n_1 Anzahl der Bewehrungslagen, die im selben Schnitt verankert werden

- in der Richtung rechtwinklig zur Zugseite:

$$\sum A_{sv} = 0{,}25 \cdot A_s \cdot n_2 \tag{4.18}$$

n_2 Anzahl der Bewehrungsstäbe, die in jeder Lage verankert werden

Die Zusatzbewehrung muss in Abständen verlegt werden, die näherungsweise dem fünffachen Stabdurchmesser der zu verankernden Bewehrung entsprechen. Für weitere Regelungen für Bewehrungsstäbe mit $\varnothing > 32$mm wird auf EC 2-1-1 verwiesen.

4.3.6 Verankerung von Stabbündeln

Stabbündel (bundled bars) bestehen aus zwei oder drei direkt nebeneinander liegenden Stäben mit Einzelstabdurchmessern $\varnothing \leq 28$ mm (**Abb. 4.12**). Sie sind bei der Montage und beim Betonieren durch geeignete Maßnahmen zusammenzuhalten. Stabbündel sind bei sehr dichter Bewehrung vorteilhaft, um Platz für Rüttelgassen zu schaffen. Zwei sich berührende, übereinander liegende Stäbe mit guten Verbundbedingungen müssen nicht als Stabbündel betrachtet werden.

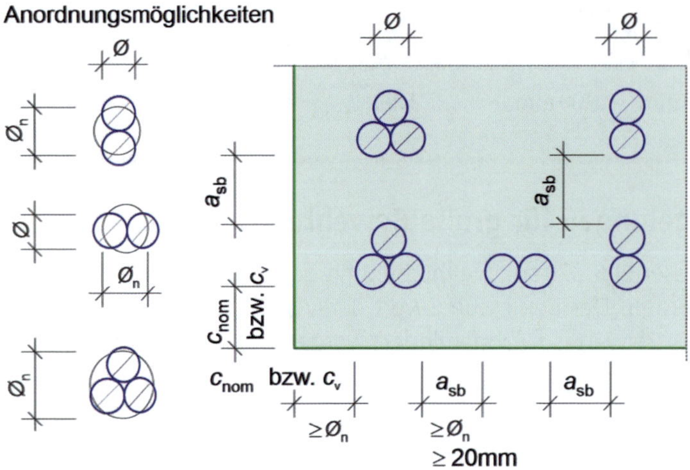

Abb. 4.12 *Stabbündel*

Die Vorschriften über die Anordnung und Verankerung von Einzelstäben gelten auch für Stabbündel mit einigen Ergänzungen. Anstelle des Einzelstabdurchmessers Ø ist der Vergleichsdurchmesser $Ø_n$ (equivalent diameter) einzusetzen, der einem flächengleichen Kreisquerschnitt entspricht. Er ergibt sich bei Stäben gleichen Durchmessers Ø zu:

$$Ø_n = \sqrt{n_b} \cdot Ø \leq 55 \text{ mm} \tag{4.19}$$

$Ø_n$	Vergleichsdurchmesser
$n_b \leq 4$	Lotrechte Stäbe unter Druck und für Stäbe in einem Übergreifungsstoß
$n_b \leq 3$	Sonstige Fälle

Die Durchmesser der Einzelstäbe dürfen Ø = 28 mm nicht überschreiten. Stäbe mit verschiedenen Durchmessern dürfen zu Stabbündeln zusammengefasst werden, wenn das Verhältnis der Durchmesser den Wert 1,7 nicht übersteigt. Hiermit gelten die konstruktiven Regeln zur Ermittlung des Mindestmaßes der Betondeckung gemäß Gl. (3.3) und des Stababstandes gemäß Gl. (4.1) weiterhin.

Zugbeanspruchte Stabbündel dürfen über End- und Zwischenauflagern ohne Längsversatz enden. Außerhalb von Auflagern müssen Stabbündel mit $Ø_n \geq 32$ mm gegeneinander versetzt verankert werden (**Abb. 4.13**). Wird der Längsversatz $\geq 1{,}3 \cdot l_{b,rqd}'$ ausgeführt, darf der Stabdurchmesser Ø zur Berechnung von $l_{b,rqd}'$ angesetzt werden. Der Mindestlängsversatz beträgt $0{,}3 \cdot l_{b,rqd}'$, allerdings muss dann $l_{b,rqd}'$ mit dem Vergleichsdurchmesser $Ø_n$ berechnet werden (**Abb. 4.13**).

Bei druckbeanspruchten Stäben dürfen alle Stäbe an einer Stelle enden. Für Vergleichsdurchmesser $Ø_n \geq 32$ mm sind in der Regel mindestens 4 Bügel mit einem Durchmesser ≥ 12 mm am Ende des Stabbündels und ein weiterer Bügel direkt hinter dem Ende anzuordnen.

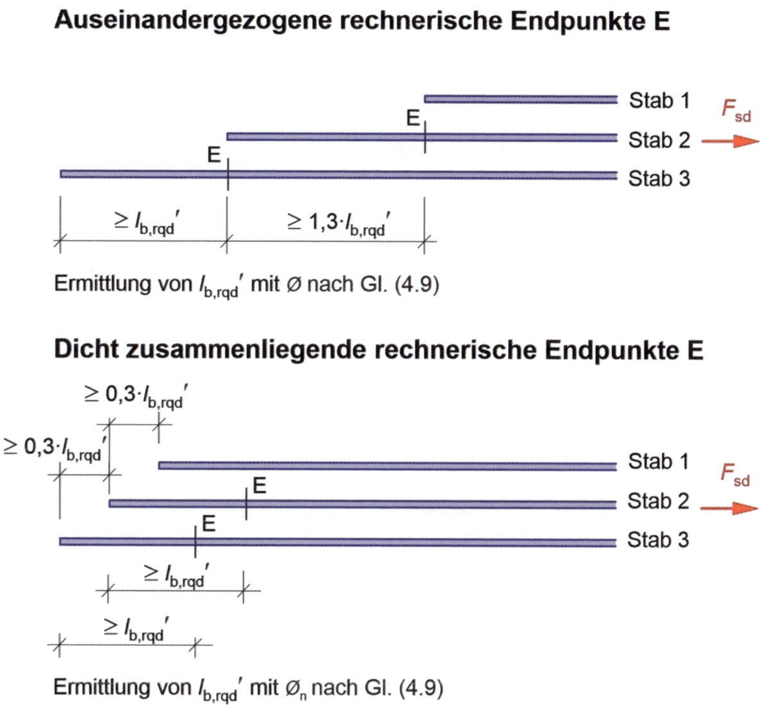

Abb. 4.13 *Verankerung von Stabbündeln*

4.3.7 Ankerkörper

Die Verankerung von Stäben mit Ankerkörpern ist in den bauaufsichtlichen Zulassungen der Ankerkörper geregelt. Zum einen gibt es Ankerkörper, die direkt mit dem Bewehrungsstab verbunden werden. Das Prinzip der Kraftübertragung vom Stab auf den Ankerkörper ist dem bei Muffenstößen (→ Kap. 4.5) ähnlich. Die Übertragung der Kraft aus dem Ankerkörper in den Beton ist aus **Abb. 4.9** ersichtlich. Zum anderen gibt es Ankerkörper, die in Verbindung mit einer definierten Biegeform des Bewehrungsstabes und einem Verbundkörper die Verbundoberfläche erhöhen (**Abb. 4.14**).

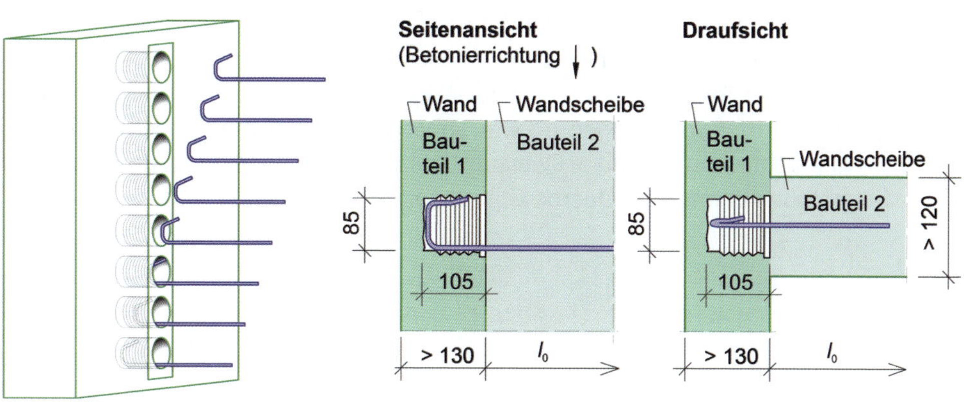

Abb. 4.14 *Bewehrungsanschluss mit Formkörpern ([H-BAU], Boxfer-Bewehrungsanschluss)*

4.4 Stöße von Betonstabstahl

4.4.1 Erfordernis von Stößen

Im Stahlbetonbau werden Stöße für folgende Aufgaben eingesetzt:

- Kreuzung einer Arbeitsfuge
- Verlängerung der Bewehrung; diese kann erforderlich sein, weil der Stabstrang länger als die Regellieferlänge von 14 m ist. Stabdurchmesser $\varnothing \leq 14$ mm im Biegebetrieb werden auch in Ringen, Coils genannt, geliefert. Die Lieferlänge wird dann nur durch die Transportmöglichkeiten begrenzt.
- begrenzte Stablängen aufgrund der Einbausituation in die Schalung
- Anordnung von vorgefertigten Stößen, z.B. Verwahrkästen (**Abb. 4.6**).

Es werden direkte und indirekte Stöße unterschieden. Bei einem indirekten Stoß (üblicherweise als Übergreifungsstoß bezeichnet) wird die Stabkraft *über den Beton* in den anderen Stab eingeleitet, während bei einem direkten Stoß die Stabkraft durch ein Verbindungsmittel zwischen zwei Stäben übertragen wird, sodass der Beton keine Tragwirkung übernimmt. Aufgrund des vergleichsweise hohen Preises wird i.d.R. der indirekte Stoß gewählt; der direkte Stoß wird nur verwendet, wenn der indirekte Stoß aufgrund der Bauteilgeometrie oder des Bauablaufs nicht möglich ist (**Abb. 4.7**). Ein Stoß soll nach Möglichkeit an einer Stelle geringer Beanspruchung (Stelle mit betragsmäßig kleinem Biegemoment) angeordnet werden, da an dieser Stelle auch die Kraft in den Bewehrungsstäben gering ist.

4.4.2 Übergreifungsstöße

Ein Übergreifungsstoß (lapping of reinforcement) ist nur tragfähig, sofern folgende Anforderungen erfüllt werden:

- Der Beton übernimmt über Druckstreben die Kraftübertragung (s.u.).
- Die zu stoßenden Stäbe liegen ausreichend dicht nebeneinander (oder übereinander).
- Zwischen Beton und Betonstahl ist (über die Rippen) die Übertragung von Verbundspannungen möglich.

Die Kraftübertragung erfolgt innerhalb der Übergreifungslänge l_0.

Beim Übergreifungsstoß wird die Zugkraft F_s über schräge Betondruckstreben übertragen, die sich zwischen den Rippen ausbilden (**Abb. 4.15**). Diese schrägen Druckkräfte erzeugen in Querrichtung Zugspannungen σ_t, was anhand eines Stabwerkmodells (→ Teil 2, Kap. 14) leicht ersichtlich ist. Um diese Querzugspannungen aufnehmen zu können, ist bei Übergreifungsstößen immer eine Querbewehrung erforderlich.

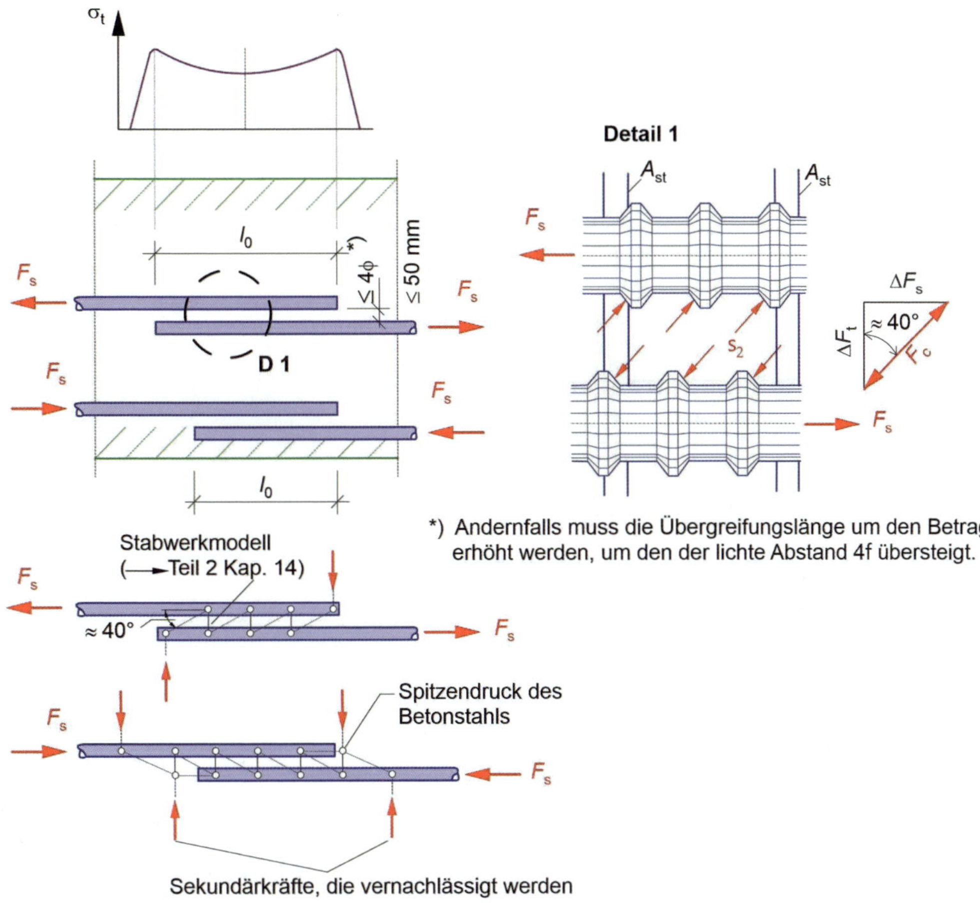

Abb. 4.15 *Wirkungsprinzip von Übergreifungsstößen*

Sofern mehrere Stäbe gestoßen werden, sollten die Übergreifungsstöße möglichst versetzt werden, damit sich die Querzugspannungen nicht überlagern (**Abb. 4.15**). Ein Versatz um 1,0 l_0 ist ungünstig, da sich hierbei die Querzugspannungen besonders ungünstig addieren (**Abb. 4.16**). Übergreifungsstöße gelten als längsversetzt, wenn der Längsabstand der Stoßmitten mindestens 1,3 l_0 beträgt (EC 2-1-1, 8.7.2). Sofern dieser Längsversatz nicht möglich ist, sollten die Stöße um 0,3 l_0 bis 0,5 l_0 versetzt werden. Die zu stoßenden Stäbe sollen in Querrichtung möglichst nahe beieinander liegen (≤ 50 mm und ≤ 4·Ø). Der lichte Abstand von Stäben, die nicht gestoßen werden, muss in der Querrichtung Gl. (4.1) genügen. Übergreifungsstöße werden üblicherweise mit geraden Stabenden ausgebildet. Es sind jedoch auch Haken, Winkelhaken oder Schlaufen möglich (**Abb. 4.17**).

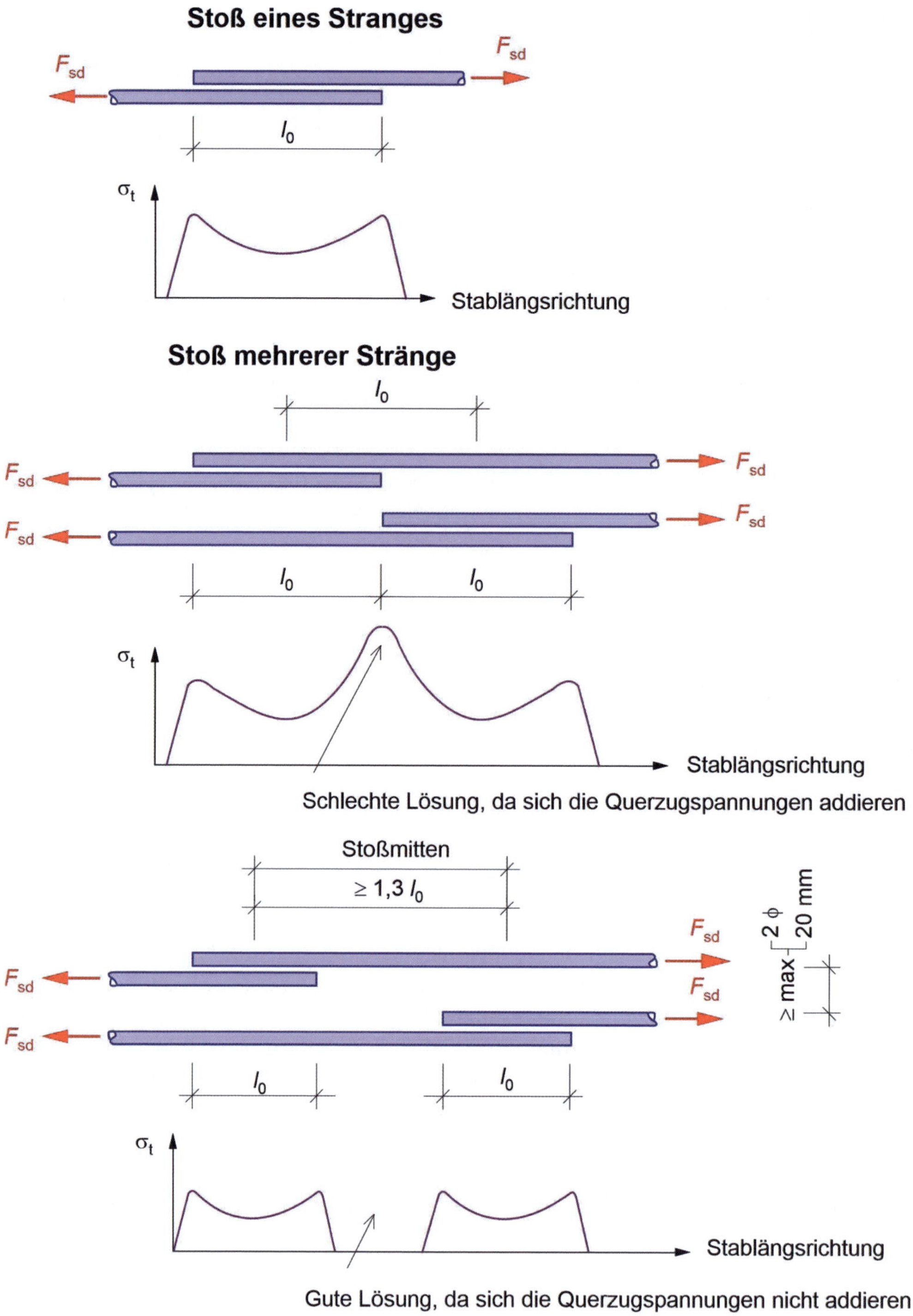

Abb. 4.16 *Querzugspannungen bei Übergreifungsstößen*

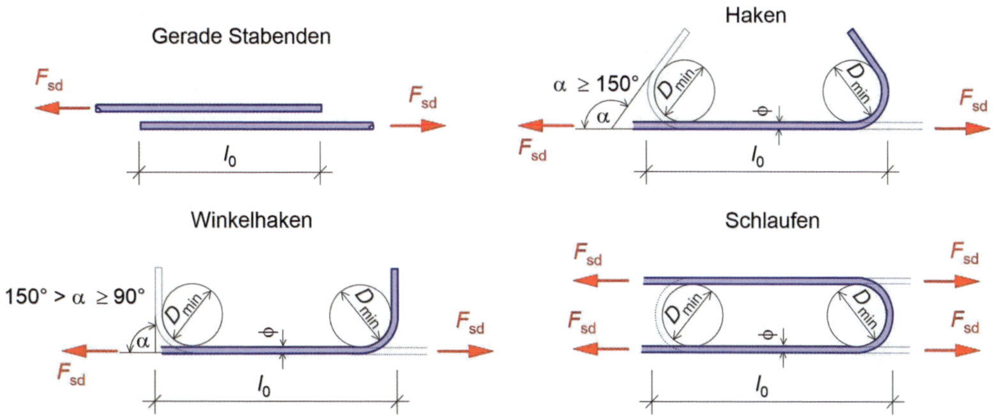

Abb. 4.17 *Beispiele für die Ausbildung von Übergreifungsstößen*

Stöße sind vorzugsweise in Bauteilbereichen mit geringer Beanspruchung vorzusehen, sodass die Bewehrung nicht voll ausgenutzt ist. Eine Überbeanspruchung des Betons im Stoßbereich muss vermieden werden. Bei einlagiger Bewehrung dürfen zwar alle Stäbe in einem Querschnitt gestoßen werden; konstruktiv besser ist es jedoch, den Stoß nicht an einer Stelle auszuführen. Verteilen sich die zu stoßenden Stäbe jedoch auf mehrere Bewehrungslagen, sollten in einem Querschnitt nur 50 % der gesamten Bewehrung gestoßen werden.

Ein Stoß übereinander liegender Stäbe ist aufgrund des Betoniervorgangs ungünstiger als einer nebeneinander liegender Stäbe, da in dem Betonbereich zwischen den Stäben nur Feinanteile sind und Absetzerscheinungen mit Wasserlinsen wie in **Abb. 4.10** auftreten. Stöße übereinander liegender Stäbe sind daher nach Möglichkeit zu vermeiden. Sofern dies nicht möglich ist, sollten die Übergreifungslängen nicht zu knapp gewählt werden.

4.4.3 Bestimmung der Übergreifungslänge

Im Gegensatz zur Verankerung von Stäben bilden sich die Betondruckstreben auf nur einer Seite des jeweiligen Stabes aus, nämlich derjenigen, die auf den zu stoßenden (anderen) Stab zeigt. Die Übergreifungslänge (lap length) muss daher größer als die Verankerungslänge sein. Die Übergreifungslänge l_0 wird aus dem Bemessungswert der Verankerungslänge l_{bd} berechnet, wobei bei der Ermittlung von l_{bd} angeschweißte Querstäbe nicht berücksichtigt werden dürfen. Der Beiwert α_4 ist demzufolge mit 1,0 anzusetzen. Zusätzlich muss eine Mindestübergreifungslänge $l_{0,min}$ eingehalten werden. Zur Berechnung von $l_{0,min}$ ist wiederum der obere Grenzwert des Basiswertes der Verankerungslänge $l_{b,rqd}'$ nach Gl. (4.9) zu verwenden.

$$l_0 = \alpha_6 \cdot l_{bd} \geq l_{0,min} \tag{4.20}$$

$$l_{0,min} = 0{,}3 \cdot \alpha_1 \cdot \alpha_6 \cdot l_{b,rqd}' \geq \max \begin{cases} 15\,Ø \\ 200\,\text{mm} \end{cases} \tag{4.21}$$

Der Beiwert α_1 kennzeichnet die Form des Übergreifungsstoßes und kann **Tafel 4.6**, Zeile 1 und Zeile 2 entnommen werden. Der Beiwert α_6 bezeichnet die Wirksamkeit von Bewehrungsstößen und wird mit **Tafel 4.7** bestimmt. Für die Bestimmung des im Stoßbereich erforderlichen Stabquerschnitts sind die Beanspruchungen am stärker beanspruchten Stoßende zugrunde zu legen. Bei Stabbündeln und bei Stäben $\varnothing > 32$ mm sind Übergreifungsstöße aufgrund der langen Übergreifungslänge und der Bewehrungsanhäufung zu vermeiden. In diesem Fall wird besser ein direkter Stoß angeordnet.

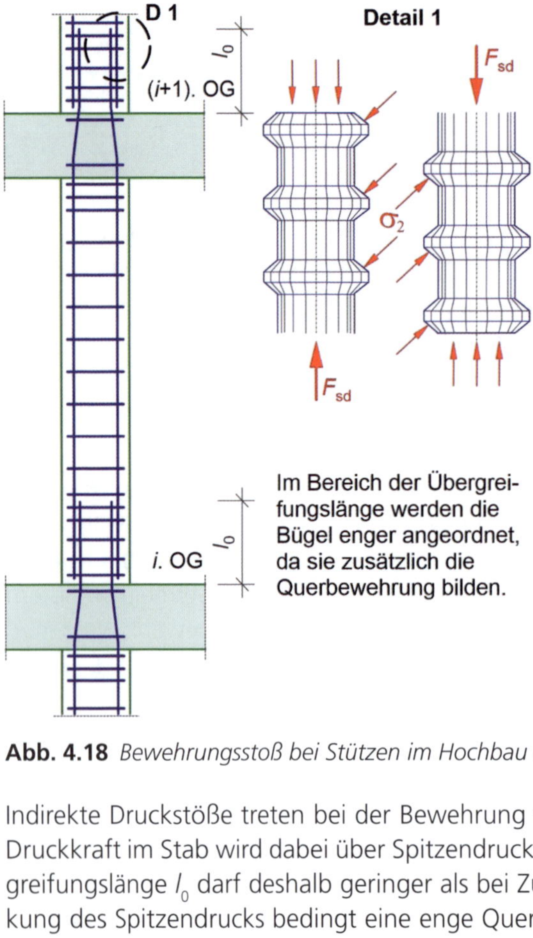

Abb. 4.18 *Bewehrungsstoß bei Stützen im Hochbau und Tragwirkung im Stoß*

Indirekte Druckstöße treten bei der Bewehrung von Stützen auf (**Abb. 4.18**). Ein Teil der Druckkraft im Stab wird dabei über Spitzendruck an den Stabenden übertragen. Die Übergreifungslänge l_0 darf deshalb geringer als bei Zugstößen sein (**Tafel 4.7**). Die Sprengwirkung des Spitzendrucks bedingt eine enge Querbewehrung, die auch noch über die Stabenden hinaus eingelegt werden muss (**Abb. 4.18**). Haken, Winkelhaken und Schlaufen dürfen als Verankerungselemente nicht verwendet werden, da sie

- den Stab zusätzlich auf Biegung (infolge des exzentrischen Spitzendrucks) beanspruchen,
- die Gefahr von Betonabplatzungen bei außen liegenden Stäben erhöhen.

Die Querbewehrung soll die im Stoßbereich auftretenden Sprengkräfte aufnehmen und die Breite evtl. auftretender Längsrisse gering halten. Daher ist im Übergreifungsbereich immer eine Querbewehrung erforderlich. Diese Forderung ist bei Balken leicht erfüllbar, da sie stets eine Bügelbewehrung haben. Bewehrungsstäbe mit $\varnothing \geq 20$mm, die auch unter Berücksichtigung der Schnittgrößen gemäß Theorie II. Ordnung nur auf Druck beansprucht werden, dürfen in Stützen durch Kontaktstoß der Stirnflächen gestoßen werden, wenn sie beim Betonieren lotrecht stehen und die Stützen an beiden Enden unverschieblich gehalten sind (Stoßanteil ≤ 50 % gleichmäßig über den Querschnitt verteilen). Der Querschnitt der nicht gestoßenen Stäbe muss mindestens 0,8 % des statisch erforderlichen Betonquerschnitts betragen. Die Stöße müssen in den äußeren Vierteln der Stützenenden liegen und mit $1{,}3 \cdot l_{b,rqd}'$ längsversetzt angeordnet werden.

Eine außen liegende Bewehrung ist wirkungsvoller als eine innen liegende (**Abb. 4.19**), daher muss die Querbewehrung zwischen der Oberfläche und den zu stoßenden Stäben liegen. Die Querbewehrung wird längs des Übergreifungsstoßes so verteilt, dass sie im Bereich der maximalen Querzugspannungen liegt. Sie wird daher jeweils in den äußeren Dritteln der Übergreifungslänge angeordnet und soll keine größeren Abstände als 15 cm haben (**Abb. 4.20**). Eine vorhandene Querbewehrung darf angerechnet werden. Die Größe der erforderlichen Querbewehrung erhält man nach **Tafel 4.8**.

Werden mehr als 50 % der Bewehrung in einem Querschnitt gestoßen und ist der Abstand zwischen benachbarten Stößen in einem Querschnitt $a \leq 10\ \varnothing$, ist in der Regel die Querbewehrung in Form von Bügeln oder Steckbügeln ins Innere des Betonquerschnitts zu verankern. Weitere Details sind EC 2-1-1, 8.7.4 zu entnehmen.

Bei Druckstäben ist ein Stab der Querbewehrung außerhalb des Stoßbereichs, jedoch nicht weiter als $4\varnothing$ vom Stoßbereich entfernt anzuordnen.

Anteil der ohne Längsversatz gestoßenen Stäbe am Querschnitt einer Bewehrungslage		≤ 33 %	> 33 %
Zugstoß (Stoß in der Zugzone)	$\varnothing < 16$ mm	1,2[a)]	1,4[a)]
	$\varnothing \geq 16$ mm	1,4[a)]	2,0[b)]
Druckstoß (Stoß in der Druckzone)		1,0	1,0

a) Falls $a \geq 8\ \varnothing$ und $c_1 \geq 4\ \varnothing$, gilt $\alpha_6 = 1{,}0$

b) Falls $a \geq 8\ \varnothing$ und $c_1 \geq 4\ \varnothing$, gilt $\alpha_6 = 1{,}4$

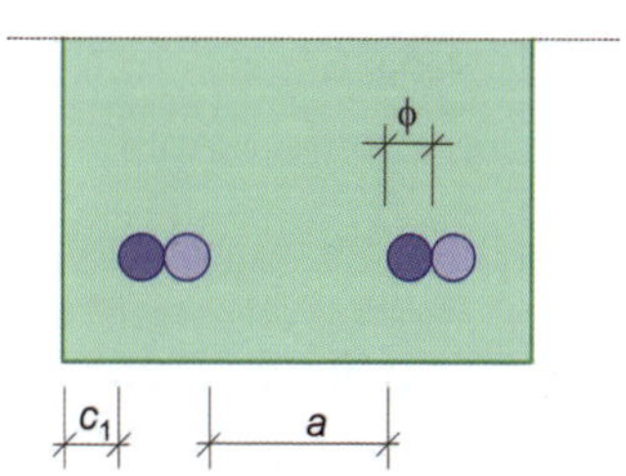

Bedingung 1: $a \geq 8\ \phi$

Bedingung 2: $c_1 \geq 4\ \phi$

Tafel 4.7 *Beiwert α_6 zur Berücksichtigung der Übergreifungsanordnung (EC 2-1-1/NA, Tabelle 8.3DE)*

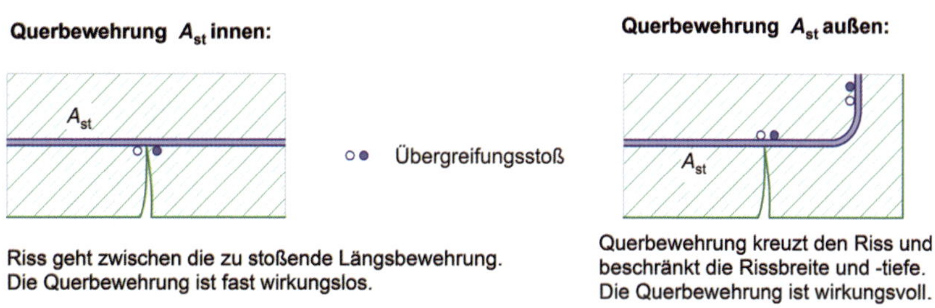

Abb. 4.19 *Lage der Querbewehrung*

Durchmesser der gestoßenen Stäbe	Anteil der gestoßenen Stäbe in %	erforderlicher Querschnitt A_{st}
$\varnothing < 20$	beliebig	Mindestbewehrung[1)] entsprechend EC 2-1-1, Kapitel 9
$\varnothing \geq 20$	≤ 25	
	> 25	Querschnitt eines gestoßenen Stabes ($A_{s,\varnothing}$)

Tafel 4.8 *Erforderliche Querbewehrung (nach EC 2-1-1, 8.7.4)*

[1)] Eine vorhandene Querbewehrung oder vorhandene Bügel können ohne jeden Nachweis als ausreichend zur Aufnahme der Querzugkräfte angesehen werden.

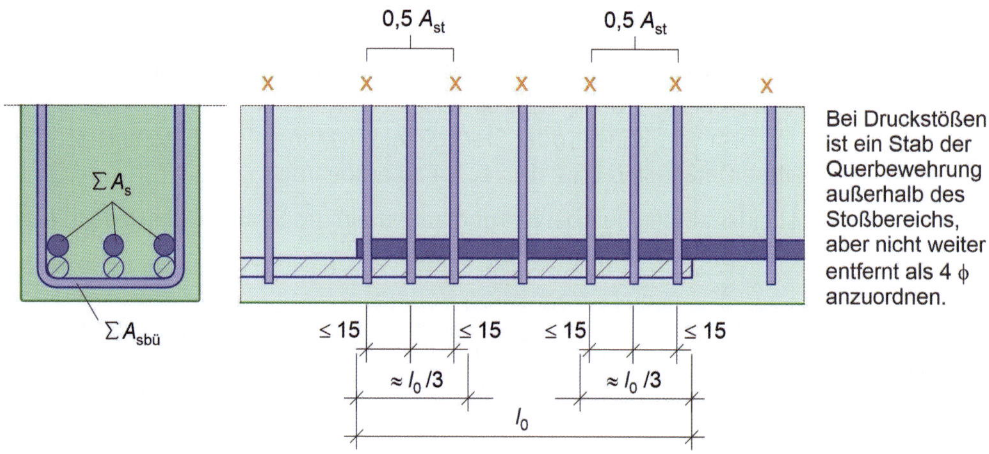

x Bügel $A_{sbü}$ ist aus der Bemessung für Querkräfte bereits vorhanden. Er darf auf die erforderliche Querbewehrung A_{st} angerechnet werden.

Abb. 4.20 *Beispiel für die Anordnung zusätzlicher Querbewehrung bei Übergreifungsstößen*

Beispiel 4.2: Ermittlung von Übergreifungslängen

Gegeben: Skizze in Beispiel 4.1

Gesucht: Übergreifungslänge für 2 Ø20 der unteren Bewehrung an der Stelle $M_{Ed} = 0{,}7\ M_{max}$ (es werden die beiden äußeren Stäbe gestoßen)

Lösung:

Gute Verbundbedingungen

$$\frac{M_{Ed}}{M_{max}} = 0{,}70$$

Abb. 4.10: Stab liegt unten: Fall 2

$$\frac{A_{s,erf}}{A_{s,vorh}} \approx \frac{M_{Ed}}{M_{max}}$$

$l_{b,rqd} = \frac{20}{4} \cdot \frac{435}{3{,}0} \cdot 0{,}7 = 508 \text{ mm}$	(4.8): $l_{b,rqd} = \frac{\varnothing}{4} \cdot \frac{fyd}{f_{bd}} \cdot \frac{A_{s,erf}}{A_{s,vorh}}$
$l_{b,rqd}' = \frac{20}{4} \cdot \frac{435}{3{,}0} = 725 \text{ mm}$	(4.9): $l_{b,rqd}' = \frac{\varnothing}{4} \cdot \frac{f_{yd}}{f_{bd}}$
$\alpha_1 = 1{,}0;\ \alpha_4 = 1{,}0$	**Tafel 4.6**: Gerades Stabende, keine angeschweißten Querstäbe
$l_{b,min} = 0{,}3 \cdot 1{,}0 \cdot 1{,}0 \cdot 725 = \underline{218 \text{mm}}$ $> 200 \text{ mm} = 10 \cdot 20 = 10\varnothing$	(4.12): $l_{b,min} = 0{,}3\, \alpha_1 \cdot \alpha_4 \cdot l_{b,rqd}' \geq 10\varnothing$
$l_{bd} = 1{,}0 \cdot 1{,}0 \cdot 1{,}0 \cdot 1{,}0 \cdot 1{,}0 \cdot 508 = \underline{508 \text{mm}}$ $> 218 = l_{b,min}$	(4.10): $l_{bd} = \alpha_1 \cdot \alpha_2 \cdot \alpha_3 \cdot \alpha_4 \cdot \alpha_5 \cdot l_{b,rqd}$ $\geq l_{b,min}$
$n_{Stoß}/n = 2/3 = 0{,}667 = 67\ \% > 33\ \%$	**Tafel 4.7**: Anteil gestoßener Stäbe > 33 %
$c_1 = c_v + \varnothing_{bü} \approx 30 + 12 = 42 \text{mm} =$ $2{,}1 \cdot 20 = 2{,}1\varnothing < 4\varnothing$	**Tafel 4.7**: $c_1 < 4\varnothing$
$a = b - 4 \cdot \varnothing - 2 \cdot c_v - 2 \cdot \varnothing_{Bü}$ $= 250 - 4 \cdot 20 - 2 \cdot 30 - 2 \cdot 12$ $= 86 \text{ mm} = 4{,}3 \cdot 20 = 4{,}3\varnothing < 8\varnothing$	**Tafel 4.7**: $a < 8\varnothing$
$\alpha_6 = 2{,}0$	**Tafel 4.7**: $c_1 < 4\varnothing$ oder $a < 8\varnothing$ Anteil gestoßener Stäbe > 33 %

Da zwischen den gestoßenen Außenstäben und dem durchlaufenden Innenstab nur noch 25 mm lichter Abstand verbleiben, sollten die Außenstäbe verschwenkt eingebaut werden, sodass die Stöße versetzt angeordnet und somit in einem Schnitt effektiv nur noch 1Ø20 gestoßen werden.

Draufsicht

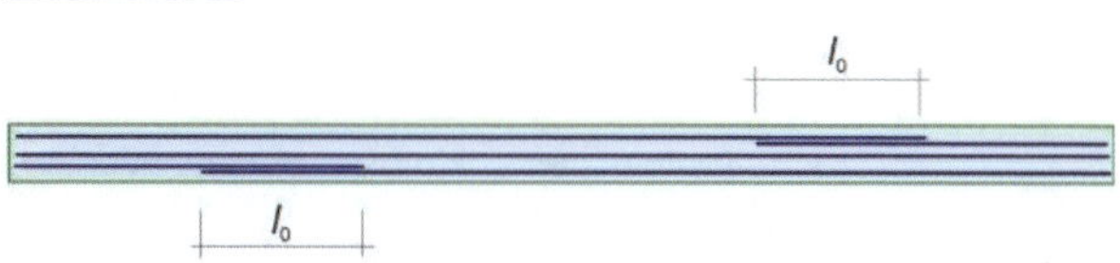

$l_{0,min} = 0{,}3 \cdot 1{,}0 \cdot 2{,}0 \cdot 725 = \underline{435 \text{mm}}$ $> \max \begin{cases} 300 \text{mm} = 15 \cdot 20 \\ 200 \text{mm} \end{cases}$	(4.21): $l_{0,min} = 0{,}3 \cdot \alpha_1 \cdot \alpha_6 \cdot l_{b,rqd}' \geq \max \begin{cases} 15\varnothing \\ 200 \text{mm} \end{cases}$
$l_0 = 2{,}0 \cdot 508 = 1016 \text{mm} > 435 \text{mm}$	(4.20): $l_0 = \alpha_6 \cdot l_{bd} \geq l_{0,min}$
gew: $l_0 = 1{,}05 \text{m}$	
Querbewehrung:	
$A_{st} = 3{,}14 \text{ cm}^2$	**Tafel 4.8**: letzte Zeile $A_{st} \geq A_{s,\phi}$

$$A_{\text{st,vorh}} = 9{,}04 \cdot \frac{2}{3} \cdot 1{,}05 = 6{,}3\ \text{cm}^2 > 3{,}14\ \text{cm}^2 = A_{\text{st}}$$

Bügel Ø12-12[5] ($a_{s,bü}$ = 9,04 cm²/m) im Stoß. Angerechnet werden die horizontalen unteren Bügelschenkel in den äußeren Dritteln der Verankerungslänge.

4.5 Direkte Zug- und Druckstöße

4.5.1 Erfordernis, Stoßarten und Auswahlkriterien

Bei besonderen Randbedingungen sind Übergreifungsstöße nicht möglich, oder es sprechen Gründe des Bauablaufs für einen direkten Stoß:

- Bei hohem Bewehrungsgrad. Hier führte ein Übergreifungsstoß (infolge der Verdoppelung der zu stoßenden Bewehrung) zu einem unzulässig großen Bewehrungsgrad bzw. ein Einbringen und Verdichten des Frischbetons wäre nicht mehr möglich.
- An abgeschalten Arbeitsfugen, die von Bewehrung gekreuzt werden. Hier müsste die Schalung durchbohrt werden (übliche Systemschalungen sind nicht verwendbar). Das Ein- und Ausschalen ist erschwert, die Schalung kann nur einmal verwendet werden.
- Bei Erfordernis, alle Stäbe an einer Stelle stoßen zu müssen ohne die Möglichkeit, eine ausreichende Querbewehrung einlegen zu können.
- Bei Vermeidung großer Stoßlängen.

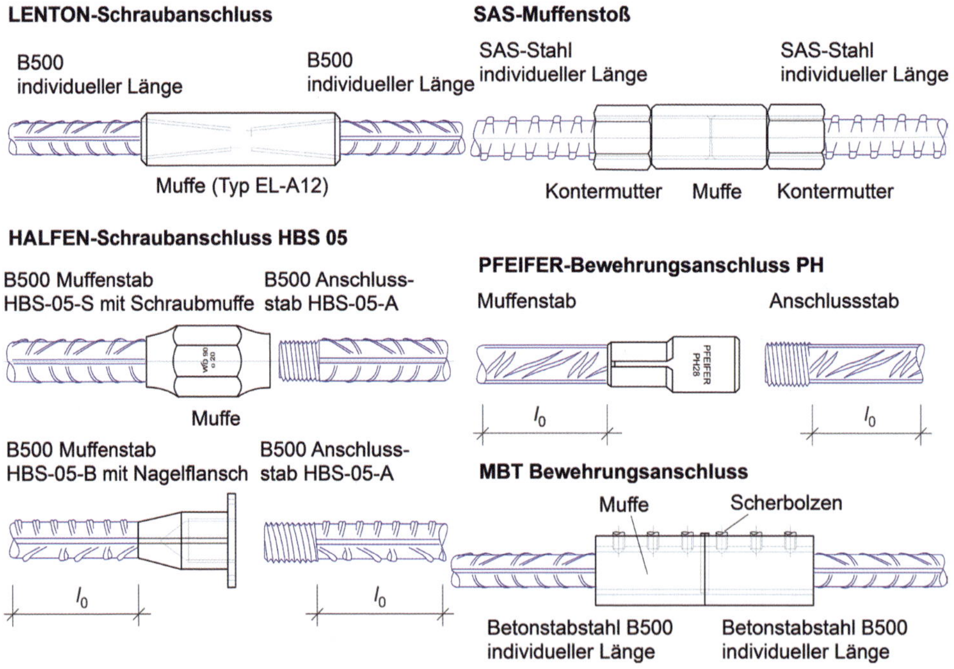

Abb. 4.21 *Ausbildung üblicher Schraubmuffenstöße*

Die direkten Stöße lassen sich einteilen in

- *Schweißverbindungen* (→ Kap. 4.5.2)
- *Mechanische Verbindungen* (**Abb. 4.21**, **Tafel 4.9**)

  Allen Systemen gemeinsam ist das Erfordernis einer allgemeinen bauaufsichtlichen Zulassung des Deutschen Instituts für Bautechnik (DIBt), sofern sie in Deutschland eingesetzt werden sollen. Es ist zwischen standardisierten objektunabhängigen und objektgefertigten Systemen zu unterscheiden (→ Kap. 4.5.3).

Die Auswahl des geeigneten Verbindungsmittels aus der Vielzahl der angebotenen Systeme richtet sich nach folgenden Punkten:

- *Kosten*
  - Materialkosten der Verbindung (= Lieferpreis für die Zubehörteile)
  - Zeitaufwand für die Montage
  - Evtl. Erfordernis zusätzlicher Montagegeräte auf der Baustelle (Schweißgerät, Presse)
  - Evtl. erforderliche Zusatzbewehrung
- *Herstellbarkeit*
  - Erforderlicher Platzbedarf für den Zusammenbau
  - Möglichkeit der Vorfertigung außerhalb des Einbauortes
  - Einschränkungen in der Montage, z.B.: Beide Stäbe lassen sich nicht drehen (erfordert eine „Positionsmuffe"); Stäbe unterschiedlichen Durchmessers sollen verbunden werden (erfordert eine „Reduziermuffe"); Stabkrümmungen beeinflussen den Stoß
- *Systemeinflüsse*
  - Bei dynamischen Einwirkungen bestehen Unterschiede in der zulässigen Schwell-/Wechselspannung.
  - Erforderliche Qualifikation des Personals
  - Personal ist Arbeit mit einem bestimmten System gewohnt
  - Gefahr von Beschädigungen vor dem Einbau
  - Flexibilität des Systems bei Fehlern (sind Änderungen auf der Baustelle möglich oder müssen neue Teile angeliefert werden?)
- *Konstruktive Gesichtspunkte*
  - Zusatzbeanspruchungen auf den Beton und hieraus erforderliche Zusatzbewehrung
  - Erforderliche Mindeststababstände (ermittelt aus den größten Teilen der Verbindung, z.B. Muffe)
  - Mögliche Erhöhung der Betondeckung infolge des größten Teils der Verbindung (z.B. Muffe)
  - Mögliche Durchmesserauswahl für Betonstabstahl (Systeme verfügen nicht über Muffen für alle Stabdurchmesser)

Name	Anbieter	Internet	Prinzip der Verbindung	Montage und Geräte	Vor- und Nachteile
LENTON	Erico	www. eric.com	Kegelstumpfförmig im Biegebetrieb aufgeschnittenes Gewinde auf Betonstabstahl	Keine Sondergeräte auf der Baustelle erforderlich	Keine Kontermuttern erforderlich; leichtes Einschrauben infolge Gewindegeometrie; Muffe erfordert großen Abstand von Stabkrümmungen
SAS	Stahlwerk Annahütte	www. annahuette. de	Betonsonderstahl mit zu Gewinde ausgeformten Rippen	Keine Sondergeräte auf der Baustelle erforderlich	Unempfindliches Gewinde; hohe dynamische Belastung möglich; schnelle Montage; Betonsonderstahl teuer
HBS 05	Halfen	www. halfen. de	Betonstabstahl mit werkseitig aufgerolltem zylindrischem Gewinde	Keine Sondergeräte auf der Baustelle erforderlich	Unempfindliches Gewinde, keine Kontermuttern erforderlich; leichtes Einschrauben infolge Gewindegeometrie
MBT	Halfen	www. halfen. de	Stäbe werden in Muffe mittels Scherbolzen festgeklemmt	Keine Sondergeräte auf der Baustelle erforderlich	Keine Bearbeitung der Stäbe; unempfindlich gegen Beschädigungen; einfache optische Kontrolle
Standardbewehrungsanschluss	diverse Anbieter, z.B. Pfeifer	www. pfeifer. de	Seriengefertigte Muffen- und Anschlussstäbe mit festgelegter (durchmesserabhängiger) Standardlänge	Keine Sondergeräte auf der Baustelle erforderlich	Preiswerte Standardserienteile; Anwendungseinschränkung durch nochmalige Übergreifungsstöße auf beiden Seiten

Tafel 4.9 *Eigenschaften mechanischer Verbindungen*

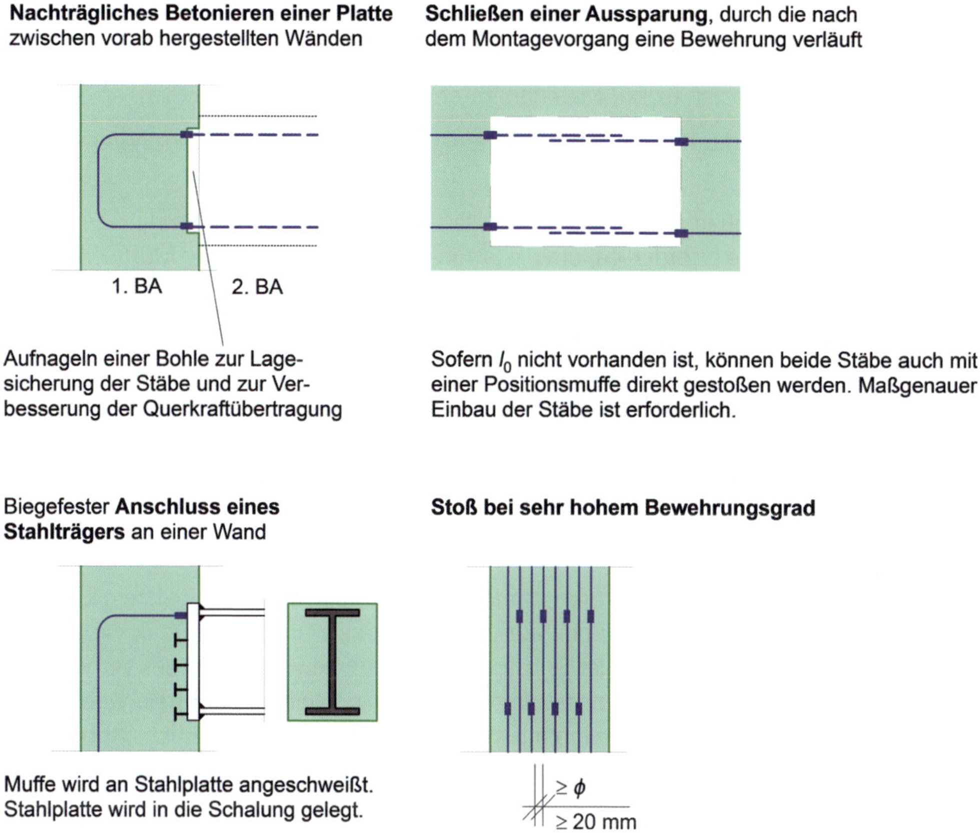

Abb. 4.22 *Anwendungsbeispiele für Gewindemuffenstöße*

4.5.2 Schweißverbindungen

Die in Deutschland verwendeten Betonstähle sind zwar seit etlichen Jahren schweißgeeignet (DIN 488-1), trotzdem konnte sich das Schweißen auf der Baustelle bisher kaum durchsetzen. Dies liegt sicherlich an der fachfremden Tätigkeit (des Schweißens) für den die Bewehrung Verlegenden. Bei dem zeitlichen Anfall der Arbeiten können ausgebildete Schweißer nicht ausgelastet werden, das mangelhaft qualifizierte Verlegepersonal kann und darf nicht schweißen. Einen Überblick über die möglichen Schweißverfahren gibt [Rußwurm/Martin - 93].

4.5.3 Mechanische Verbindungen

Die Anwendungen sind vielfältig möglich und allein der Kreativität des Konstrukteurs belassen. Einige Anwendungsbeispiele zeigt **Abb. 4.22**. Bei den angebotenen Systemen gibt es standardisierte Systeme, die objektunabhängig vorgefertigt und als Lagerware verfügbar sind (z.B. Pfeifer Bewehrungsanschluss **Abb. 4.21**). Kennzeichen dieser Verbindungen ist, dass sie den Übergang zu dem eigentlichen Bewehrungsstab durch je einen zusätzlichen Übergreifungsstoß (auf jeder Seite der Arbeitsfuge) vollziehen. Bei den objektgefertigten Muffenverbindungen (z.B. LENTON-Schraubanschluss **Abb. 4.21**) werden dagegen die weiterführenden Bewehrungsstäbe direkt gekoppelt. Den vielen Vorteilen der Muffenverbindungen stehen nur wenige Nachteile gegenüber:

- Höhere Gesamtkosten (Lohn, Material) für den Stoß als bei einem indirekten Stoß
- Nachträgliche Änderung der Stablänge auf der Baustelle bei einigen Systemen nur schwer möglich
- Aufgrund des größeren Muffendurchmessers ist evtl. Stabanordnung mit verminderter statischer Höhe erforderlich, um die Betondeckung im Bereich der Muffe einhalten zu können.

Die lieferbaren Durchmesser, Reduzier- und Positionsmuffen sowie bei der Berechnung zu beachtende Besonderheiten sind der jeweils geltenden bauaufsichtlichen Zulassung zu entnehmen. Eine bauaufsichtliche Zulassung wird für einen Zeitraum von fünf Jahren erteilt und gilt in Zusammenhang mit einer bestimmten Norm. Die aktuellen Fassungen können über die in **Tafel 4.9** genannten Internetadressen aus dem Web heruntergeladen werden.

SAS-Schraubanschluss

Ausgehend vom Gewindestahl wurde ein Betonrippenstahl mit aufgewalztem Linksgewinde entwickelt. Die Form der Rippen auf dem SAS-Stahl wurde unter Berücksichtigung walztechnischer Gesichtspunkte, der Selbsthemmung des Gewindes und des Verbundverhaltens entwickelt. Um bei dem aufgewalzten Grobgewinde eine schlupffreie Verbindung herzustellen, muss die Muffe beidseitig mit Kontermuttern gekontert werden (**Abb. 4.21**). Neben der Muffe sind auch Endverankerungen mit Ankerstücken möglich.

LENTON-Schraubanschluss

Die Besonderheit des LENTON-Schraubanschlusses sind kegelförmige Gewinde, die auf beiden mittels der Muffe zu verbindenden Stabenden geschnitten sind (**Abb. 4.21**). Das kegelförmige Gewinde bietet gegenüber den anderen Systemen einige Vorteile:

- Es gibt kein langwieriges Zentrieren mit langen Stäben (wie bei den zylindrisch aufgeschnittenen Gewinden), bis die ersten Gewindegänge fassen.
- Es bedarf nur ca. 5 Umdrehungen, um eine Verbindung herzustellen, da sich der Stab tief in die Muffe stecken lässt.
- Durch das kegelförmige Gewinde können Kontermuttern entfallen, bei Anzug mit dem Drehmomentschlüssel verspannen sich die Gewinde; es ist kein Schlupf vorhanden.
- Durch den günstigen Kraftfluss ist eine sehr kurze Muffe möglich (da der Querschnitt jeder Muffe größer als der eines Stabes ist, werden die Verzerrungen des Bauteils durch die Muffe beeinflusst).

HALFEN-Schraubanschluss HBS 05

Es handelt sich um einen werkmäßig hergestellten Stab mit aufgerolltem Gewinde. Die Muffe wird werkseitig montiert (**Abb. 4.21**). Die Stäbe werden nach Angabe des Auftraggebers im Werk gefertigt. Unterschiedliche Ausführungen sind lieferbar, auch Muffen für gebogene Anschlussstäbe und mit Rechts-Links-Gewinde.

HALFEN-Bewehrungsanschluss MBT

Der Stoß erfolgt mit nicht besonders vorbereiteten Stäben mittels einer Klemmmuffe. In der Muffe befinden sich zwei Zahnleisten aus gehärtetem Stahl. Auf diese werden die Stabstähle mit Hilfe von Scherbolzen gedrückt. Die Scherbolzen scheren bei ordnungsgemäßer Montage ab, sodass der Anschluss über eine einfache Sichtkontrolle überprüft werden kann.

Vorgefertigte Standard-Bewehrungsanschlüsse

Bei diesen Muffenstößen handelt es sich um Stäbe, die in einer festen Stablänge vorfabriziert werden (z.B. [PFEIFER], [BETOMAX]). Ihr Einsatzgebiet sind vornehmlich Stöße an Arbeitsfugen. Für den Anschluss werden ein Muffenstab und ein Anschlussstab benötigt (**Abb. 4.21**). Aufgrund der kurzen Länge der Stäbe sind i.d.R. weitere Übergreifungsstöße erforderlich.

Neben diesen aufgeführten Systemen mit überregionaler Bedeutung werden weitere Bewehrungsanschlüsse angeboten. Für den Einsatz sind (wie auch bei den explizit aufgeführten Verbindungen) die Bestimmungen der jeweiligen bauaufsichtlichen Zulassung zu beachten.

4.6 Hinweise zur Bewehrungswahl

Nicht die Minimierung des Stahlbedarfs, sondern eine lohnsparende Bewehrungswahl fördert wirtschaftliches Bauen. Hierbei sind insbesondere bei der Planerstellung diverse Punkte zu beachten. Aber auch im Rahmen der statischen Berechnung kann die Wirtschaftlichkeit durch Beachten der folgenden Hinweise gesteigert werden:

- Bei vorgegebenem Bewehrungsquerschnitt möglichst große Stabdurchmesser (unter Beachtung des Nachweises der Rissbreitenbeschränkung → Kap. 12) verwenden (senkt Lohnkosten beim Verlegen)
- Möglichst gerade Stäbe verwenden (Kosten für das Biegen entfallen)[5]
- Die Haupttragbewehrung so anordnen, dass der Hebelarm der inneren Kräfte möglichst groß wird (senkt Stahlbedarf)
- Wenige Biegeformen verwenden (senkt Lohnkosten beim Biegen und Verlegen)
- Bei Erfordernis von dünnen Stabdurchmessern vorgefertigte Bewehrungselemente (z.B. Betonstahlmatten) verwenden (senkt Lohnkosten beim Verlegen)

5 Da die Biegebetriebe mit einer Mischkalkulation aus Erfahrungswerten vergangener Aufträge arbeiten, kommt die Beachtung dieses Punktes dem aktuellen Bauvorhaben nicht direkt zugute.

5 Tragwerke und deren Idealisierung

5.1 Tragwerke

Die Tragwerksplanung für ein Bauwerk erfolgt schrittweise in aufeinander aufbauenden logischen Elementen. Hierbei filtert der Tragwerksplaner aus dem geplanten (und damit zunächst imaginären) Bauwerk das Tragwerk heraus, indem er alle Bauteile, die keine tragende Funktion haben (z.B. Fenster, Fußbodenaufbauten usw.), entfernt. In der verbleibenden Struktur befinden sich dann weitere Bauteile, deren Einsatz als Tragelement nicht sinnvoll ist. Das Ausblenden dieser Teile hängt von den geometrischen Randbedingungen des Bauwerks ab und ist ein ingenieurmäßiger Gedankengang (z.B.: Soll eine Wand, die im Erdgeschoss fehlt, in den oberen Geschossen ein Tragelement sein?).

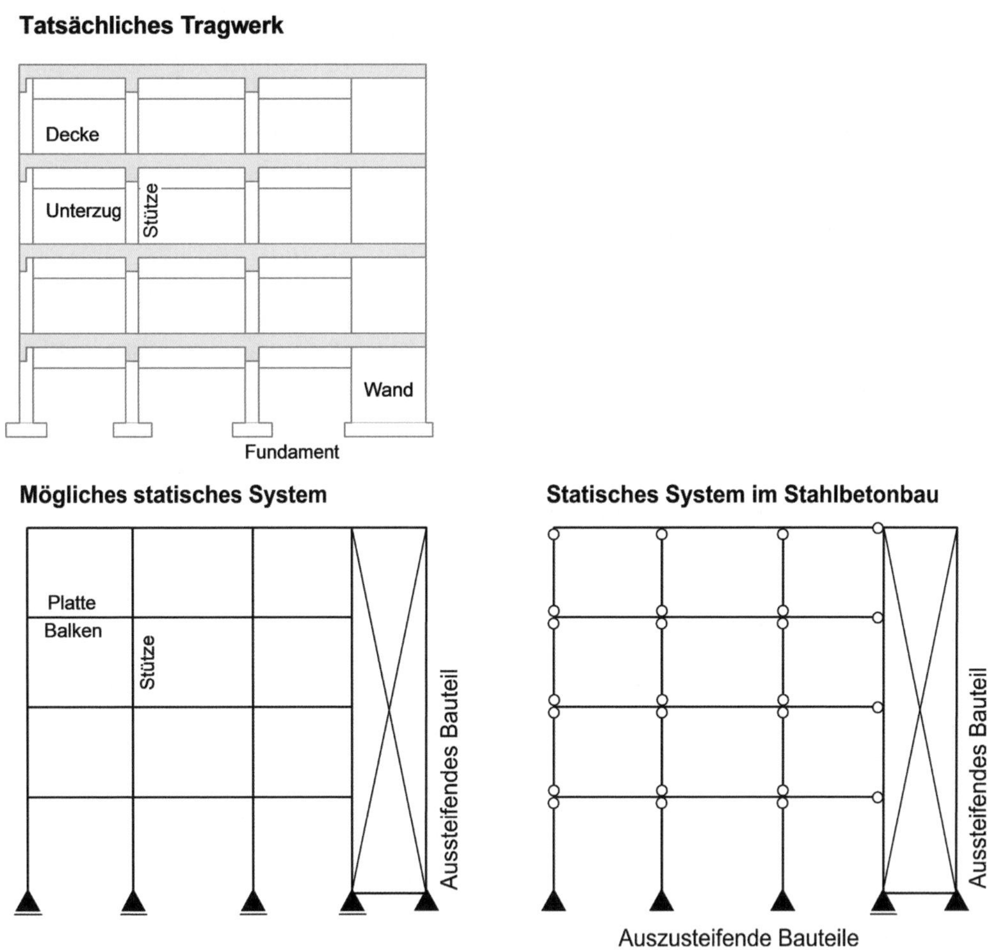

Abb. 5.1 *Tragwerksidealisierung bei Stahlbetontragwerken im Hochbau*

Aus-dehnung	Tragelemente (Grundtypen)	Beispiel	Eignung von Stahlbeton für das Tragelement im Vergleich zu anderen Werkstoffen
Ein-dimensional	Seil	Hochspan-nungsleitung	ungeeignet
	Stab	Stütze	auf Zug: bedingt geeignet auf Druck: sehr geeignet
	Balken	Unterzug	sehr geeignet
Zwei-dimensional	Scheibe	Wand, wandar-tiger Träger	sehr geeignet
	Platte	Decke	sehr geeignet
Drei-dimensional	Schale	Behälter	optimal geeignet

Tafel 5.1 *Tragelemente im Stahlbetonbau*

Anschließend wird die Tragstruktur in einzelne Tragelemente zerlegt (**Abb. 5.1**). Die Tragelemente können ein- oder mehrdimensional sein. Mit den Grundtypen (**Tafel 5.1**) können bei Beachtung von Bedingungen auch weitere Tragelemente gebildet werden (z.B. aus mehreren Stäben wird ein Fachwerk, aus mehreren Scheiben ein Faltwerk gebildet).

Die einzelnen Tragelemente sind an diskreten Stellen oder an Linien gekoppelt. Die Koppelstellen sind

- bei Ausleitung von Kräften (bzw. Momenten) aus dem Tragelement die *Lager*; die Lager nehmen je nach Ausbildung Kräfte, Biegemomente, Torsionsmomente auf;
- bei Einleitung von Einwirkungen in das Tragelement *Einwirkungsstellen*; die Einwirkungen können Kräfte und/oder Momente sein.

Der Ablauf der Tragwerksplanung erfolgt in folgenden Schritten:

1. Bilden des Tragwerks und Separieren der Tragelemente
2. Lastannahmen am zu realisierenden Bauwerk. Für Hochbauten gelten in Deutschland die entsprechenden Normenteile des EC 1.
3. Tragwerksidealisierung (→ Kap. 5.2)
4. Ermittlung der Beanspruchungen (→ Kap. 5.4) am globalen statischen System (= am ganzen Bauwerksteil) und evtl. zusätzlich in örtlichen Bereichen (z.B. Lasteinleitungsbereichen)
5. Superposition zu extremalen Beanspruchungen (Extremalschnittgrößen) (→ Kap. 5.4.2)
6. Festlegen der maßgebenden Bemessungsschnittgrößen (z.B.: Momente → Kap. 7.3)
7. Bemessung (für Stahlbeton → Kap. 7 bis 16)

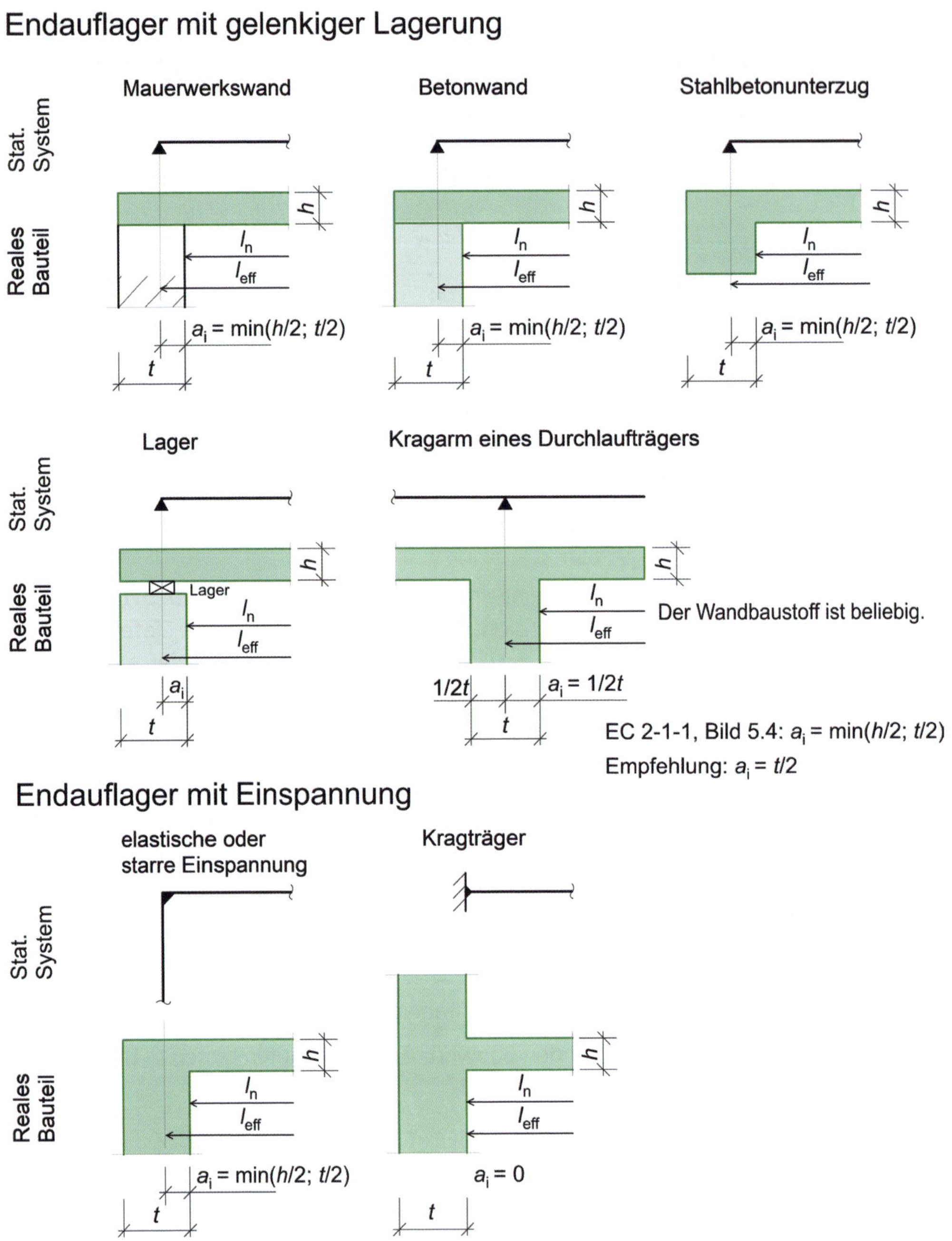

Abb. 5.2 *Endauflager*

5.2 Tragwerksidealisierung

5.2.1 Systemfindung

Für die statische Berechnung muss das tatsächliche Tragwerk in ein statisches System (geometrisch) idealisiert werden. Dieser Vorgang kennzeichnet einen Teil der Tragwerksidealisierung. Bei der Schnittgrößenermittlung (→ Kap. 5.4) erfolgt ein weiterer Teil der Tragwerksidealisierung hinsichtlich des Materialverhaltens (elastisch, elastoplastisch). Auch bei der Bemessung werden Idealisierungen vorgenommen, diese erfolgen jedoch nicht für das Tragwerk insgesamt oder für die Tragelemente, sondern nur für den jeweils betrachteten Querschnitt. Diese Idealisierungen sind somit von der Tragwerksidealisierung entkoppelt. Hierdurch können Widersprüche entstehen (im Stahlbetonbau z.B. eine linear-elastische Schnittgrößenermittlung und eine nichtlineare Bemessung).

Als statische Systeme kommen statisch bestimmte und statisch unbestimmte Systeme in Betracht. Bauteile aus Stahlbeton sind i.d.R. monolithisch hergestellt, sofern sie als Ortbetonbauwerke erstellt wurden (und damit vorzugsweise statisch unbestimmt). Im Fertigteilbau (prefabricated building) werden die Fertigteile durch Ortbeton (in-situ concrete) so ergänzt, dass quasi-monolithische Konstruktionen entstehen. Alle Verbindungen von Decken, Unterzügen und Stützen sind somit tatsächlich biegesteif. Der Regelfall im Stahlbeton ist das statisch unbestimmte System mit seinen günstigen Eigenschaften. Es ist oftmals sogar sinnvoll, einen Teil der statisch unbestimmten Tragwirkung zu vernachlässigen. Wenn z.B. biegesteife Verbindungen keine bedeutenden Auswirkungen auf die Biegemomente haben, wird statt einer Einspannung ein Gelenk angesetzt, um den Rechenaufwand zu vermindern. Die vernachlässigten Einspannmomente werden durch eine Mindestbewehrung konstruktiv berücksichtigt. Dies zeigt das Beispiel 5.1.

Zur Nachweisführung werden Tragwerke oder Tragwerksteile in ausgesteifte oder nicht ausgesteifte Systeme eingeteilt, je nachdem, ob aussteifende Bauteile vorhanden sind (**Abb. 5.1**). Ein aussteifendes Bauteil ist ein Teil des Tragwerks, das eine große Biege- und/oder Schubsteifigkeit aufweist und das entweder vollständig oder teilweise mit dem Fundament verbunden ist. Ein aussteifendes Bauteil sollte eine ausreichende Steifigkeit besitzen, um alle auf das Tragwerk wirkenden horizontalen Lasten aufzunehmen und in die Fundamente weiterzuleiten. Aussteifende Bauteile (→ Kap. 5.6) sind insbesondere bei Bauwerken mit mehr als zwei Geschossen äußerst sinnvoll, da andernfalls alle Biegemomente aus Wind und Imperfektionen über die Stützen abzuleiten wären, was zum einen viel Stützenbewehrung erfordert und zum anderen große Horizontalverschiebungen im Bauwerk bewirkt.

Beispiel 5.1: Tragwerksidealisierung für ein Gebäude im Hochbau

Gegeben: Tragwerk lt. **Abb. 5.1**

Gesucht: Tragwerksidealisierung

Lösung:

Aus dem Tragwerk werden die einzelnen Tragelemente (gemäß **Tafel 5.1**) selektiert. Bei der Kopplung der Tragelemente ist zu beachten, dass sowohl für jedes einzelne Element als auch für das gesamte Tragwerk ein stabiles System gebildet wird (Gebäudeaussteifung).

Im vorliegenden Fall könnte das mögliche statische System ein vielfach innerlich und äußerlich statisch unbestimmter Rahmen sein (**Abb. 5.1**). Aufgrund des Steifigkeitsverhältnisses von Rahmenriegeln (Unterzüge mit monolithischen Decken) und Stützen und der zu erwartenden Biegelinie des Riegels werden bei diesem System an den Kopf- und Fußpunkten der Stützen nur geringe Biegemomente auftreten. Es ist daher nicht sinnvoll, mit einem derart aufwändigen statischen System zu arbeiten. Der Tragwerksplaner idealisiert das System weiter zu einem System aus Durchlaufträgern (Unterzüge und Decken) und Pendelstützen. Sofern die Idealisierung zu größeren Fehlern führen wird (z.B. an den Endauflagern der Durchlaufträger), ist zu einem späteren Zeitpunkt eine Korrektur durchzuführen (→ Kap. 5.7).

Das gewählte System hat neben einer Verminderung der Anzahl der statisch Unbestimmten (aufgrund der Datenverarbeitung ist dies nicht mehr so bedeutungsvoll) den Vorteil, dass bei denselben Nutzungsarten die Durchlaufträger in den Geschossen identisch werden. Es muss somit nur noch ein Träger bemessen werden. In ähnlicher Form können auch leicht die Stützen mit der maximalen Beanspruchung gefunden werden. Der Umfang der statischen Berechnung sinkt entscheidend. Es wird bearbeitet:

- Platte → Durchlaufträger (bei einachsig gespannten Systemen → Teil 2, Kap. 5)
- Unterzug → Durchlaufträger mit einer Korrekturberechnung für die Randfelder (→ Kap. 5.7)
- Stützen → Pendelstäbe mit einer Korrekturberechnung für die Randfelder (→ Kap. 5.7)

5.2.2 Auflager und Stützweiten

Die Stützweite l_{eff} (effective width) ist der Abstand der Lagerachsen. Bauteile von Stahlbetonkonstruktionen des Hochbaus werden jedoch üblich ohne Lager (monolithisch) miteinander verbunden. Für die statische Berechnung ist festzulegen, an welcher Stelle der Unterstützung (support) die rechnerische Auflagerlinie anzusetzen ist. Sie ist abhängig von der Art der Unterstützung (End- oder Zwischenauflager) und den verwendeten Baustoffen

(**Abb. 5.2** und **Abb. 5.3**). Allgemein lässt sich die Stützweite aus der lichten Weite l_n und den rechnerischen Auflagertiefen a_i ermitteln.

$$l_{eff} = l_n + a_1 + a_2 \tag{5.1}$$

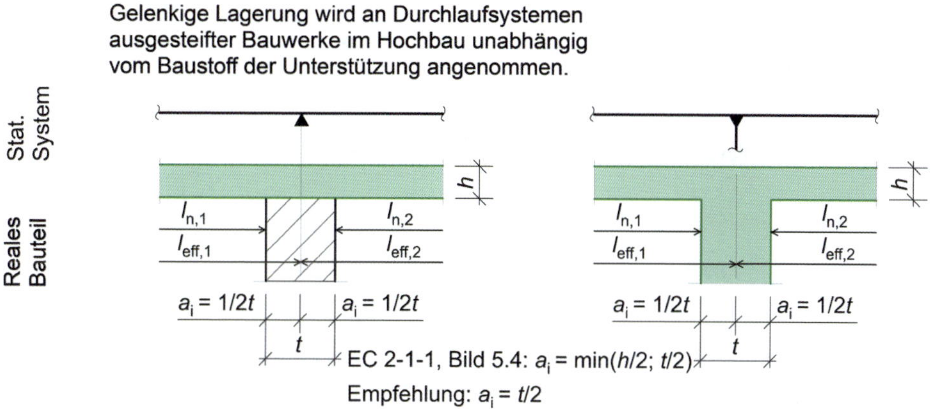

Abb. 5.3 *Zwischenauflager*

Endauflager

- Aus einer Mauerwerks- oder Betonwand, einem Stahlbetonunterzug (**Abb. 5.2**):

$$a_i = \min(h/2; t/2) \tag{5.2}$$

- Aus einer Stahlbetonwand oder -stütze (nur bei einem ausgesteiften Hochbau[1]) oder einem Stahlbetonunterzug; aus einer Stahlbetonwand oder -stütze bei Annahme einer Einspannung (kein ausgesteifter Hochbau) (**Abb. 5.2**):

$$a_i = \min(h/2; t/2) \tag{5.3}$$

- Aus einem beliebigen Baustoff bei einem auskragenden Durchlaufträger (**Abb. 5.2**):

$$a_i = t/2 \tag{5.4}$$

Gemäß EC 2-1-1, Bild 5.4 darf für die Auflagerbreiten a_i der kleinere der beiden Werte $h/2$ oder $t/2$ angesetzt werden. Dies kann bei dünnen Decken und breiten Auflagern mit $h<t$ dazu führen, dass zwei Auflagerlinien für die Ermittlung der effektiven Stützweite zulässig wären. Man sollte hier auch weiterhin die Auflagermitte für die Stützweite heranziehen.

- Aus einem beliebigen Baustoff bei einem Kragträger (**Abb. 5.2**):

$$a_i = 0 \tag{5.5}$$

1 Bei ausgesteiften Hochbauten werden alle Lager unabhängig vom Baustoff gelenkig angenommen.

Zwischenauflager

- Durchlaufträger (**Abb. 5.3**):

$$a_i = t/2 \tag{5.6}$$

(→ Endauflager, Anmerkung zu Gl. (5.4))

Beispiel 5.2: Stützweitenermittlung

Gegeben: Balken im Hochbau lt. Skizze

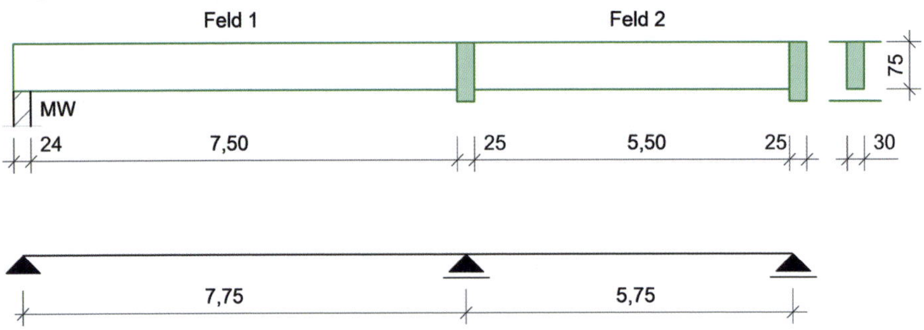

Gesucht: Stützweiten

Lösung:

Feld 1:

$a_1 = \frac{0{,}24}{2} = 0{,}12\,\text{m}$	(5.2): $a_i = \min(h/2; t/2)$
$a_2 = \frac{0{,}25}{2} = 0{,}125\,\text{m}$	(5.6): $a_i = \frac{t}{2}$ maßgebend
$l_{\text{eff},1} = 7{,}50 + 0{,}12 + 0{,}125 = 7{,}75\,\text{m}$	(5.1): $l_{\text{eff}} = l_n + a_1 + a_2$

Feld 2:

$a_1 = \frac{0{,}25}{2} = 0{,}125\,\text{m}$	(5.6): $a_i = \frac{t}{2}$ maßgebend
$a_2 = \frac{0{,}25}{2} = 0{,}125\,\text{m}$	(5.3): $a_i = \min(h/2; t/2)$
$l_{\text{eff},2} = 5{,}50 + 0{,}125 + 0{,}125 = 5{,}75\,\text{m}$	(5.1): $l_{\text{eff}} = l_n + a_1 + a_2$

(Fortsetzung mit Beispiel 5.3)

5.2.3 Steifigkeiten

Bei statisch unbestimmten Systemen beeinflusst das Verhältnis der Steifigkeiten innerhalb des Tragelements die Verteilung der Schnittgrößen. Beim Plattenbalken (T-beam, **Abb. 5.4**) führt die Beantwortung der Frage der für die Schnittgrößenermittlung einzuführenden Steifigkeiten auf den Begriff der mitwirkenden Plattenbreite b_{eff}[2]. Wenn diese mitwirkende Plattenbreite bekannt ist, werden die Flächenmomente 2. Ordnung (Trägheitsmomente) für einen Plattenbalken ermittelt, dessen rechnerische Breite die mitwirkende Breite ist.

Aufgrund der schubfesten Verbindung zwischen Gurt und Steg wirken die Gurtplatten im stegnahen Bereich in vollem Umfang, mit zunehmender Entfernung vom Steg jedoch immer weniger mit. Rechnerisch kann dieses Tragverhalten mit der Elastizitätstheorie einer Scheibe erfasst werden. Da die Scheibentheorie für die alltägliche Praxis zu aufwändig ist, wird mit einem Näherungsverfahren gerechnet, für welches die mitwirkende Plattenbreite ermittelt wird.

Betrachtet man die Druckspannungen aus der Tragwirkung des Plattenbalkens, so haben sie ihr Maximum im Steg und werden mit zunehmender Entfernung vom Steg kleiner (**Abb. 5.4**). Bei sehr breiten Platten kann die Druckspannung in den vom Steg weit entfernten Plattenbereichen auch null sein; hier beteiligt sich die Platte dann nicht mehr am Tragverhalten.

Die mitwirkende Breite wird erst ab dem Nulldurchgang des Biegemomentes aktiviert, da von dieser Stelle an Schubkräfte T über die Verbindungsstelle Steg-Platte in dieselbe eingeleitet werden. Aus **Abb. 5.4** ist auch ersichtlich, dass die mitwirkende Plattenbreite maßgeblich von der zur Verfügung stehenden Breite b_i und der Stützweite l_{eff} abhängt.

Überschlägig kann die mitwirkende Plattenbreite (effective width) nach den folgenden Gleichungen gemäß EC 2-1-1/NA, 5.3.2 .1 bestimmt werden (**Abb. 5.5**):

$$b_{eff} = \sum_{i} b_{eff,i} + b_w \tag{5.7}$$

$$b_{eff,i} = 0{,}2\, b_i + 0{,}1\, l_0 \leq \min \begin{cases} 0{,}2\, l_0 \\ b_i \end{cases} \tag{5.8}$$

l_0 Abstand der Momentennullpunkte; bei annähernd gleichen Steifigkeitsverhältnissen und annähernd gleicher Belastung innerhalb eines Durchlaufträgers (**Abb. 5.5**), wenn die Platte in der Druckzone liegt:

Endfeld: $$l_0 = 0{,}85 \cdot l_1 \tag{5.9}$$

Innenfeld: $$l_0 = 0{,}70 \cdot l_2 \tag{5.10}$$

Innenstütze: $$l_0 = 0{,}15 \cdot (l_1 + l_2) \tag{5.11}$$

Kragarm: $$l_0 = 0{,}15 \cdot l_2 + l_3 \tag{5.12}$$

Kurzer Kragarm: $$l_0 = 1{,}5 \cdot l_3 \tag{5.13}$$

2 Weitere Zusammenhänge zur mitwirkenden Plattenbreite werden in Kap. 7.6.2 behandelt, für dessen Verständnis die Grundlagen der Biegebemessung benötigt werden.

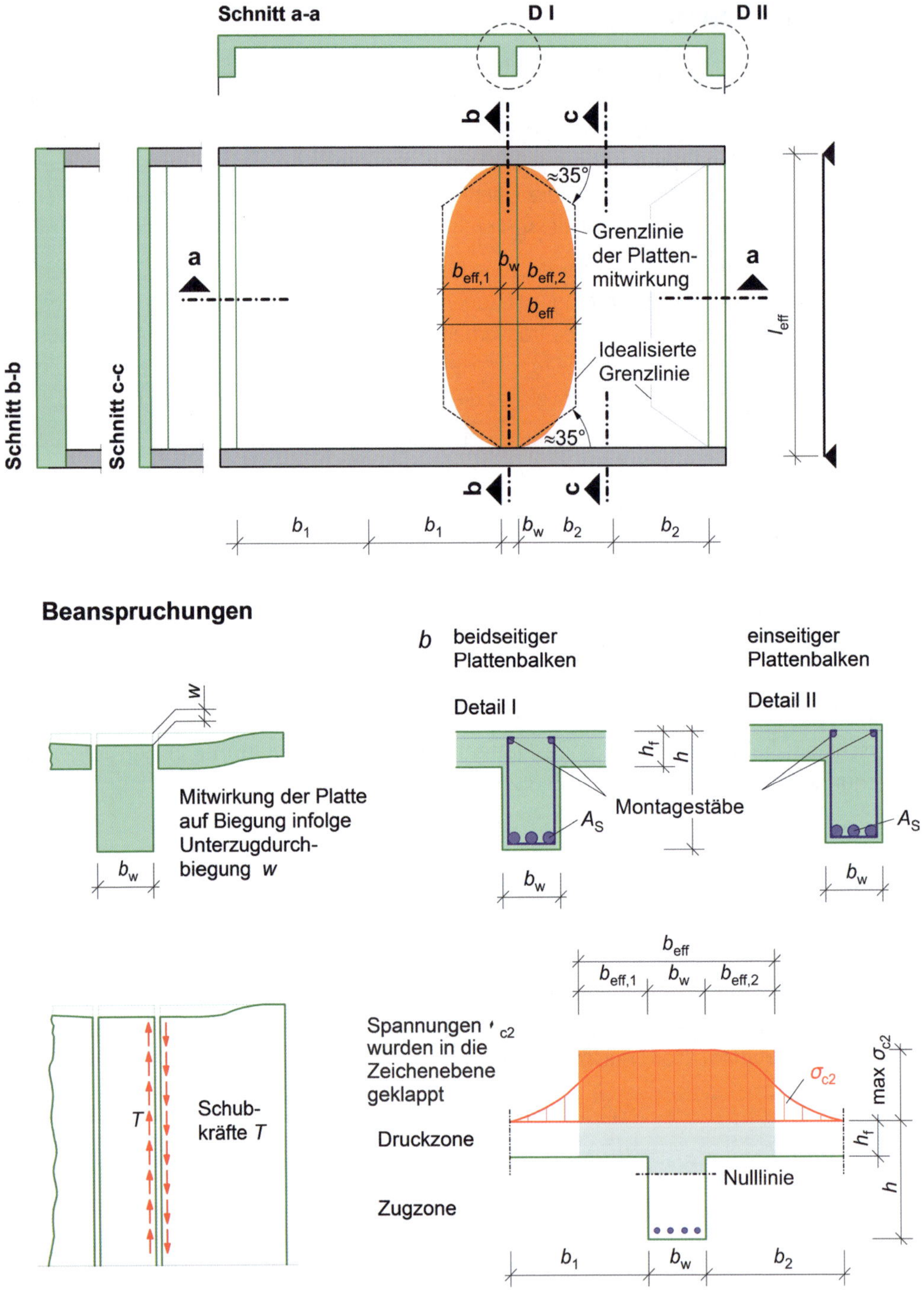

Abb. 5.4 *Plattenbalken und mitwirkende Plattenbreite*

Bei kurzen Kragarmen (in Bezug auf das angrenzende Feld) kann Gl. (5.12) unsichere Ergebnisse liefern. Hierzu wurde in EC 2-1-1/NA, 5.3.2.1 die mitwirkende Plattenbreite gemäß Gl. (5.13) begrenzt. Unter Einzellasten und über (Zwischen-)Auflagern schnürt sich die mitwirkende Plattenbreite ein. Da der Einschnürungsbereich bezogen auf die Gesamttragwerksabmessungen in der Regel klein ist, ergeben sich nur geringe Auswirkungen auf die Verteilung der Schnittgrößen am Gesamttragwerk. Meist ist es ausreichend, die mitwirkende Breite für die Orte der maximalen Feldmomente zu bestimmen und konstant über die Feldlänge anzusetzen. Liegen die Stützweitenunterschiede benachbarter Felder nicht in den Grenzen gemäß **Abb. 5.5**, sind größere Steifigkeitsunterschiede vorhanden oder liegt keine annähernd gleichmäßige Belastung vor, ist der Abstand der Momentennullpunkte durch die statische Berechnung zu bestimmen. Bei negativer Momentenbeanspruchung kann nur eine mitwirkende Breite bestimmt werden, wenn sich die Platte des Plattenbalkens im Querschnitt unten befindet.

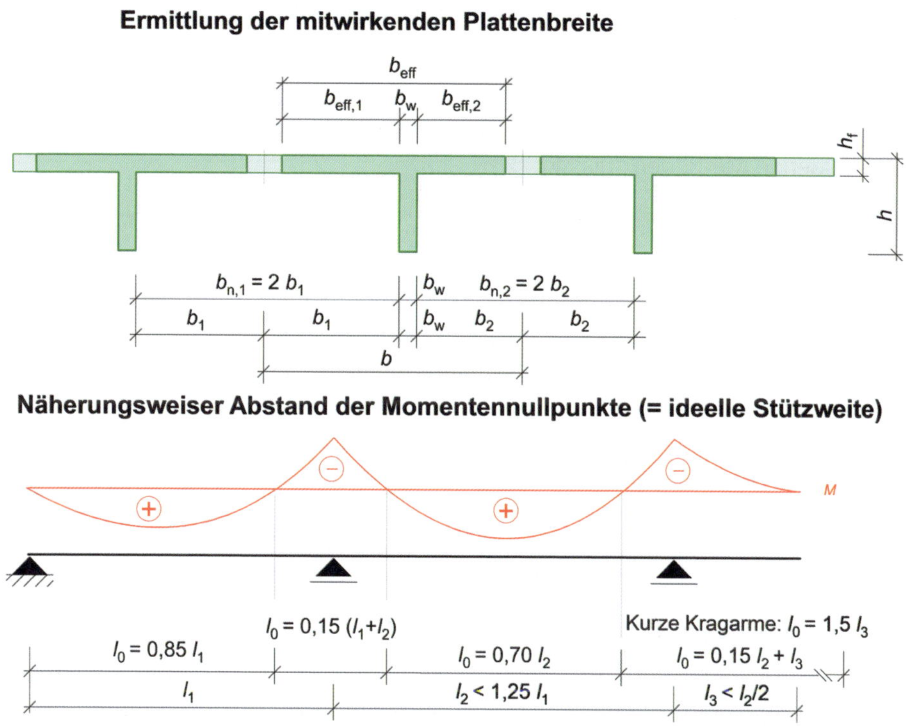

Abb. 5.5 *Näherungsweise Bestimmung des Abstandes der Momentennullpunkte*

5.3 Mindestabmessungen

Mindestabmessungen von Bauteilen sind erforderlich, um einerseits die bei der Herstellung unvermeidlichen Abweichungen von den Sollmaßen (z.B. zu dünn betonierte Platte), andererseits um rechnerisch nicht berücksichtigte Effekte (z.B. Schlupf zwischen Stahl und Beton bei Querkraft-/Durchstanzbewehrung) nicht versagensauslösend werden zu lassen. Angaben sind **Tafel 5.2** zu entnehmen.

Bauteil		EC 2-1-1/NA	h_{min} in mm
Liniengestützte Platten	ohne Querkraftbewehrung	9.3.1.1	70
	mit Querkraftbewehrung	9.3.2	160
Punktgestützte Platten mit Durchstanzbewehrung		9.3.2	200
Stützen	Ortbeton	9.5.1	200
	Fertigteil liegend hergestellt	10.9.8	120

Tafel 5.2 *Mindestabmessungen*

5.4 Verfahren zur Schnittgrößenermittlung

5.4.1 Allgemeines

Die Schnittgrößen werden mit den in der Statik üblichen Verfahren ermittelt. Im Stahlbetonbau sind folgende Methoden zulässig:

- Lineare Verfahren auf Basis der Elastizitätstheorie ohne Momentenumlagerung (→ Kap. 5.4.2)
- Lineare Verfahren auf Basis der Elastizitätstheorie mit begrenzter Momentenumlagerung (→ Kap. 5.4.3)
- Nichtlineare Verfahren (→ Kap. 5.4.4; Teil 2, Kap. 8)
- Verfahren auf Grundlage der Plastizitätstheorie (→ Kap. 5.4.5).

Da Stahlbeton ein Werkstoff ist, der sich sowohl aufgrund der Rissentwicklung als auch aufgrund der Werkstoffgesetze nichtlinear verhält, sind die mit den elastischen Verfahren (ohne und mit Momentenumlagerung) ermittelten Werte grobe, aber für die Praxis in den meisten Fällen ausreichend genaue Näherungen.

5.4.2 Lineare Verfahren auf Basis der Elastizitätstheorie

Von allen genannten Verfahren liefert die Elastizitätstheorie die ungünstigsten (größten) Querschnittsabmessungen bzw. Bemessungsergebnisse. Dies muss (abgesehen von wirtschaftlichen Gesichtspunkten) jedoch nicht unbedingt gut sein, da z.B. eine zu groß ermittelte oben liegende Biegezugbewehrung über einer Stütze das Betonieren behindern kann.

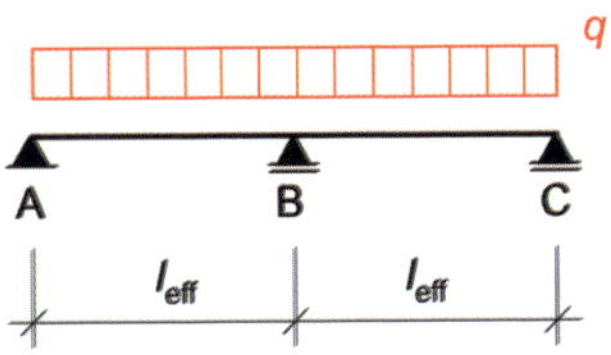

$$M_B = -\frac{1}{8}\,q l_{eff}^2$$

$$f = \frac{2}{369}\,\frac{q l_{eff}^4}{EI}$$

Abb. 5.6 *Zweifeldträger mit Gleichlast*

Kennzeichen der elastischen Verfahren ist eine konstante, von den Einwirkungen unabhängige Steifigkeit des statischen Systems; i.d.R. wird die Steifigkeit des ungerissenen Querschnitts (Zustand I) angesetzt. Die Querschnittswerte werden mit den Bauteilabmessungen des Betons bestimmt, für den Elastizitätsmodul wird der Sekantenmodul E_{cm} verwendet. Die konstante Steifigkeit bewirkt einen lastunabhängigen Proportionalitätsfaktor zwischen Einwirkungen und Beanspruchungen. Damit wird die Anwendung des Superpositionsgesetzes möglich (jede Belastung kann als Summe von Teillastfällen gebildet werden).

Exemplarisch wird dies am Zweifeldträger mit Gleichlast gezeigt (**Abb. 5.6**). Das Stützmoment weist den Proportionalitätsfaktor $-0{,}125\ l_{eff}^2$ auf. Es ist in diesem Fall sogar unabhängig von den Abmessungen, weil das Steifigkeits*verhältnis* beider Felder eins ist. Die Durchbiegung weist den Proportionalitätsfaktor $\frac{2}{369} \cdot \frac{l_{eff}^4}{E \cdot I}$ auf. Die Steifigkeit $E \cdot I$ geht lastunabhängig in die Durchbiegung ein.

5.4.3 Lineare Verfahren mit begrenzter Momentenumlagerung

In Kap. 1.3 wurde gezeigt, dass sich die Steifigkeit infolge der Rissbildung im Beton je nach Belastungszustand verändert. Dies hat bei statisch unbestimmten Systemen Auswirkungen auf die Schnittgrößen. Die Proportionalitätsfaktoren der Elastizitätstheorie gelten nicht mehr, z.B. sinkt der Proportionalitätsfaktor des Stützmomentes betragsmäßig mit steigender Last (→ **Abb. 5.6** und **Abb. 5.7**: $-0{,}125\ l_{eff}^2 \ \Rightarrow\ -0{,}1\ l_{eff}^2$). Das Größenverhältnis zwischen Stütz- und Feldmomenten verändert sich lastabhängig! Dieser Umstand wird gezielt genutzt, um die erforderlichen Abmessungen bzw. die erforderliche Bewehrung zu minimieren. Ein Stahlbetontragwerk wird so dimensioniert, dass gegenüber den nach der Elastizitätstheorie berechneten betragsmäßig sehr unterschiedlichen Stütz- und Feldmomenten ein Ausgleich angestrebt wird. Dieses Verfahren hat den Terminus „Schnittgrößen- (bzw. Momenten-)umlagerung" (moment redistribution). Der Begriff kennzeichnet jedoch nur die Vorgehensweise des Tragwerksplaners ausgehend von der Elastizitätstheorie. Das Tragwerk sucht sich in jedem Fall den Gleichgewichtszustand unter Beachtung des Minimums der inneren Arbeit.

Bei der Schnittgrößenumlagerung wird ausgehend von dem Biegemoment M_{el}, das sich aufgrund der Elastizitätstheorie ergibt, ein Moment ΔM umgelagert. Die Größe der Umlagerung ist durch den Umlagerungsgrad $(1 - \delta)$ gekennzeichnet, den man aus dem Verhältnis des rechnerischen zum elastischen Moment δ erhält.

$$M_{cal} = M_{el} - \Delta M \tag{5.14}$$

$$\delta = \frac{M_{cal}}{M_{el}} \tag{5.15}$$

$$1 - \delta = 1 - \frac{M_{cal}}{M_{el}} = 1 - \frac{M_{el} - \Delta M}{M_{el}} = \frac{\Delta M}{M_{el}} \tag{5.16}$$

Da Bauteile durch ständige *und* veränderliche Lasten beansprucht werden, führt die Momentenumlagerung über einer Stütze (z.B. Abminderung des Momentes) nicht zwangsläufig zu größeren Feldmomenten (**Abb. 5.7**). In diesem Fall verringert sich die erforderliche Gesamtbewehrung für das Bauteil. Bei der Schnittgrößenumlagerung sind zwei Voraussetzungen zu beachten:

- Es muss ein *Gleichgewichtszustand* möglich sein, d.h., es ist zu überprüfen, ob das Feldmoment bei Ausbildung des Fließmomentes über der Stütze (= Biegemoment im Fließgelenk) maßgebend wird. Meistens ist für das extremale Stützmoment jedoch eine andere Lastfallkombination maßgebend als für das extremale Feldmoment. In diesem Fall führt die Momentenumlagerung infolge entstehender Fließmomente zu geringeren Bemessungsschnittgrößen und damit zu geringerer Biegezugbewehrung.
- Die infolge des Fließgelenks an der Stelle des abgeminderten Momentes (i.d.R. Stützmomentes) entstehende Rotation (Verdrehung) muss sowohl vom Beton als auch von der Biegezugbewehrung ermöglicht werden. Dies wird im Rahmen eines *Rotationsnachweis*es überprüft.
- Die unter linearen Verfahren ermittelten Momente dürfen nur für die Nachweise im Grenzzustand der Tragfähigkeit umgelagert werden.

Das Rotationsvermögen eines Bauteils hängt vom statischen System sowie von der Duktilität des Betons und des Betonstahls ab. Innenknoten von Durchlaufträgern und Rahmen weisen ein gutes Rotationsvermögen auf, Rahmeneckknoten ein schlechteres. Demzufolge ist bei unverschieblichen Rahmen eine Umlagerung von Momenten in der Rahmenecke nicht sinnvoll. Bei horizontal verschieblichen Rahmen ist das Rotationsvermögen gering und daher keine Momentenumlagerung zugelassen. Der Rotationsnachweis kann vereinfacht über eine Begrenzung der Momentenumlagerung δ oder genauer über einen Nachweis des Rotationswinkels (→ Teil 2, Kap. 8) geführt werden. Nachfolgend wird nur die erstgenannte Möglichkeit erläutert, da die zweite Methode eine vertiefte Kenntnis über Stahlbetontragwerke erfordert und daher an dieser Stelle noch nicht verständlich ist.

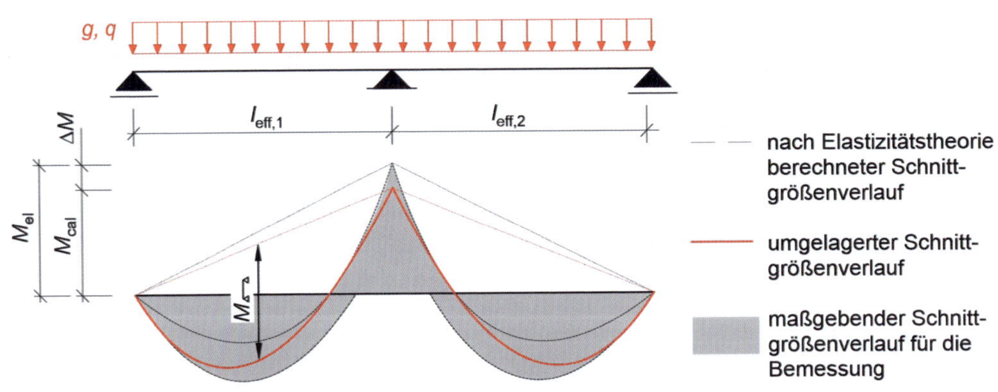

Abb. 5.7 *Momentenumlagerung unter Wahrung des Gleichgewichts*

Stahleigenschaft		Betonfestigkeitsklasse	
		≤ C50/60	≥ C55/67
Durchlaufende Platten oder Balken mit $0{,}5 < \frac{l_{\mathrm{eff},1}}{l_{\mathrm{eff},2}} < 2$	B500A	$\delta_{\mathrm{lim}} = \max\begin{cases}0{,}64 + 0{,}8\xi \\ 0{,}85\end{cases}$	$\delta_{\mathrm{lim}} = 1{,}0$
	B500B	$\delta_{\mathrm{lim}} = \max\begin{cases}0{,}64 + 0{,}8\xi \\ 0{,}70\end{cases}$	$\delta_{\mathrm{lim}} = \max\begin{cases}0{,}72 + 0{,}8\xi \\ 0{,}8\end{cases}$

Tafel 5.3 *Grenzwerte δ_{lim} nach EC 2-1-1/NA, 5.5*

Der Grenzwert der Momentenumlagerung δ_{lim} ist in **Tafel 5.3** angegeben. Die Duktilität des Betons wird hierbei maßgeblich von der Festigkeitsklasse und der Höhe der Beanspruchung beeinflusst, die sich ihrerseits in der bezogenen Höhe der Druckzone ξ manifestiert.

$\xi = \frac{x}{d}$ (→ Kap. 7, **Abb. 7.12**) (5.17)

$\delta \geq \delta_{\mathrm{lim}}$ (5.18)

5.4.4 Nichtlineare Verfahren

Nichtlineare Verfahren führen zwar zu „genaueren" Ergebnissen und erlauben daher eine wirklichkeitsnähere Bemessung von Stahlbetonbauteilen, sie weisen in der praktischen Handhabung jedoch folgende Nachteile auf:

- Aufgrund der Nichtlinearität gilt das Superpositionsgesetz nicht mehr. Die Schnittgrößenermittlung muss daher getrennt für alle Kombinationsmöglichkeiten erfolgen.
- Da bei nichtlinearen Verfahren die Bauteilsteifigkeiten entsprechend der jeweiligen Laststufe iterativ benötigt werden, sind die nichtlinearen Verfahren numerisch aufwändig. Dieser Aspekt wird in Zukunft aufgrund immer leistungsfähigerer Rechnerleistungen an Bedeutung verlieren.
- Von großer Bedeutung bleibt aber ein anderer Aspekt der Bauteilsteifigkeiten. Ein realitätsnahes Ergebnis setzt als Eingangswert die Vorgabe der richtigen Bauteilabmessungen (inkl. der Biegezugbewehrung) voraus, damit die Steifigkeit richtig ermittelt werden kann. Die Kenntnis der Querschnittswerte ist jedoch das *Ziel* einer jeden Bemessung. Daher kann eine nichtlineare Rechnung nur im iterativen Verfahren durchgeführt werden. Als erster Anhalt müsste z. B. eine Bemessung nach der Elastizitätstheorie vorangestellt werden.
- Es müssen für alle Nachweise im Grenzzustand der Gebrauchstauglichkeit zusätzlich die Schnittgrößen bestimmt werden.

Diese Hemmnisse führen in der Gegenwart dazu, dass eine nichtlineare Berechnung für die üblichen Fälle der Baupraxis einen hohen Aufwand in der technischen Bearbeitung erfordert und dieser bei Neubauten nicht durch Einsparungen in der Bauausführung zu einem insgesamt wirtschaftlichen Vorgehen führt. Für Umbauten und Verstärkungen bestehender Bauten ist das Verfahren jedoch sinnvoll.

5.4.5 Verfahren auf Grundlage der Plastizitätstheorie

Die Plastizitätstheorie geht bei Annahme eines ideal plastischen Verhaltens davon aus, dass der Werkstoff ausschließlich Verformungen in Fließgelenken erfährt. Diese Annahme erfordert in diesen Fließgelenken eine hohe Duktilität (Rotationsfähigkeit) des Werkstoffs und ist im Stahlbetonbau nur für dünne Tragwerke (z.B. Platten) zutreffend. Weiterhin gilt die Plastizitätstheorie nur für den Grenzzustand der Tragfähigkeit. Für die Nachweise im Grenzzustand der Gebrauchstauglichkeit sind weitere Schnittgrößenermittlungen erforderlich, z.B. auf Basis der Elastizitätstheorie. Daher ist auch diese Methode derzeit für den baupraktischen Regelfall unüblich.

5.5 Mindestmomente

Die Bemessung an der Stütze muss bei linearer Berechnung ohne oder mit Umlagerung mindestens für ein Moment erfolgen, das 65 % des mit der lichten Weite l_n ermittelten Festeinspannmomentes entspricht (EC 2-1-1, 5.3.2.2). Hierdurch werden Abweichungen des tatsächlichen Tragelementes von der Idealisierung und unbeabsichtigte geometrische Abweichungen von der Systemachse erfasst. Für einen Durchlaufträger unter Gleichstreckenlast erhält man also:

1. Innenstütze im Endfeld $$\min M_{Ed} = -0{,}65 \cdot F_d \cdot \frac{l_n^2}{8} \approx -F_d \cdot \frac{l_n^2}{12} \quad (5.19)$$

Übrige Innenstützen $$\min M_{Ed} = -0{,}65 \cdot F_d \cdot \frac{l_n^2}{12} \approx -F_d \cdot \frac{l_n^2}{18} \quad (5.20)$$

F_d Bemessungswert der Streckenlast

Beispiel 5.3: Bemessungsschnittgrößen nach Elastizitätstheorie mit Momentenumlagerung (Fortsetzung von Beispiel 5.2)[3]

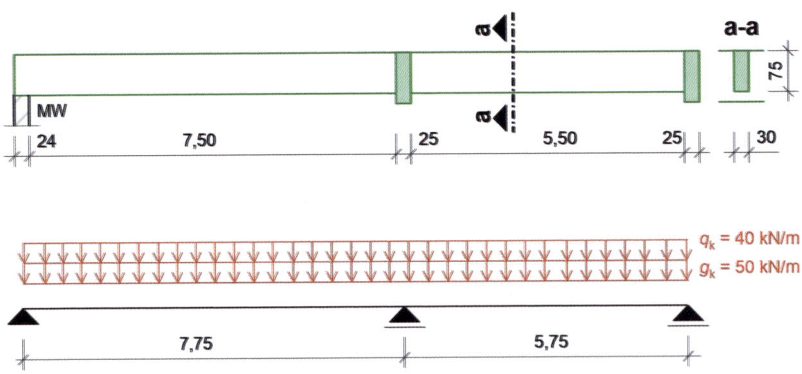

3 Dieses Beispiel ist hinsichtlich des Rotationsnachweises erst vollkommen verständlich, wenn die Kapitel 6 und 7 bekannt sind.

Gegeben:
- Balken im Hochbau lt. Skizze
- Belastung g_k = 50 kN/m; q_k = 40 kN/m
- Baustoffe C35/45; B500A

Gesucht: Bemessungsschnittgrößen nach Elastizitätstheorie mit begrenzter Momentenumlagerung um 5 %

Lösung:

Beanspruchungen		LF G	LF Q	
max M_1	[kNm]	239	220	Die Schnittgrößen können z.B. mit EDV-Programmen oder mit Tabellenwerken (z.B. [Schneider/Albert – 20], Abschnitt 4, Baustatik Kap. 1.4.3) bestimmt werden. Die veränderliche Last q_k ist feldweise anzuordnen.
max M_2	[kNm]	83	132	
max M_B	[kNm]	–304	–243	
max V_A	[kN]	155	133	
min V_{Bli}	[kN]	–233	186	
max V_{Br}	[kN]	197	157	
min V_C	[kN]	–91	–103	

Superposition zu Bemessungsschnittgrößen:

γ_G = 1,35; γ_Q = 1,50

(feldweise Anordnung von q_k)

Tafel 6.6:

(6.12): $\max E_d = 1{,}35 \cdot E_{Gk} \oplus 1{,}50 \cdot E_{Qk,unf}$

$$\max M_1 = 1{,}35 \cdot 239 + 1{,}50 \cdot 220 = 653\,\text{kNm}$$

$$\max M_2 = 1{,}35 \cdot 83 + 1{,}50 \cdot 132 = 310\,\text{kNm}$$

$$\min M_B = 1{,}35 \cdot (-304) + 1{,}50 \cdot (-243) = -775\,\text{kNm}$$

$$V_{Bli} = 1{,}35 \cdot (-233) + 1{,}50 \cdot (-186) = -594\,\text{kN}$$

$$V_{Br} = 1{,}35 \cdot 197 + 1{,}50 \cdot 157 = 501\,\text{kN}$$

Momentenumlagerung:

(5.16): $1 - \delta = \frac{\Delta M}{M_{el}}$

$$\Delta M_B = (1 - 0{,}95) \cdot (-775) = -39\,\text{kNm}$$

$$M_{cal} = -775 + 39 = -736\,\text{kNm}$$

(5.14): $M_{cal} = M_{el} - \Delta M$

$$V_{Bli,cal} = -595 + \frac{39}{7{,}75} = -590\,\text{kN}$$

$$V_{Br,cal} = 501 - \frac{39}{5{,}75} = 494\,\text{kN}$$

Korrektur der nach Elastizitätstheorie berechneten Querkräfte um den Anteil aus der Änderung des Stützmomentes

$$\Delta M = \min \begin{cases} |-590| \cdot \frac{0{,}25}{2} = 74\,\text{kNm} \\ |494| \cdot \frac{0{,}25}{2} = \underline{62\,\text{kNm}} \end{cases}$$

(7.17): $\Delta M = \min \begin{cases} \left|V_{\text{Ed,li}}\right| \cdot \frac{t}{2} \\ \left|V_{\text{Ed,re}}\right| \cdot \frac{t}{2} \end{cases}$

$$M_{\text{Ed}} = |-736| - |62| = -674\,\text{kNm}$$

(7.15): $M_{\text{Ed}} = \left|M_{\text{el}}\right| - |\Delta M|$

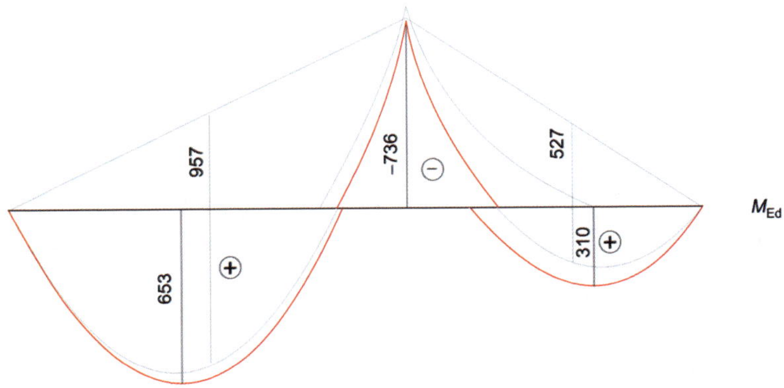

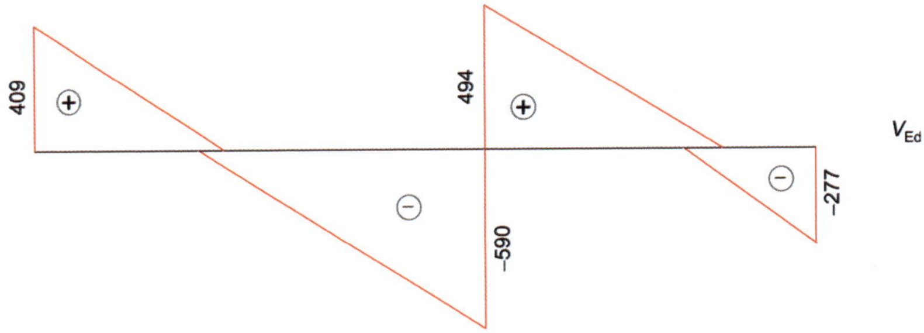

$$\min M_{\text{Ed}} = -(1{,}35 \cdot 50 + 1{,}50 \cdot 40) \cdot \frac{7{,}50^2}{12} = -598\,\text{kNm}$$

(5.19): $\min M_{\text{Ed}} \approx -F_{\text{d}} \cdot \frac{l_{\text{n}}^2}{12}$

$$M_{\text{Ed}} = \underline{|-674|} > |-598|\,\text{kNm}$$

Überprüfung der Zulässigkeit des Faktors δ zur Momentenumlagerung:

$$0{,}5 < \frac{7{,}75}{5{,}75} = 1{,}35 < 2$$

Tafel 5.3: $0{,}5 < \frac{l_{\text{eff,1}}}{l_{\text{eff,2}}} < 2$

$$f_{\text{cd}} = \frac{0{,}85 \cdot 35}{1{,}50} = 19{,}8\,\text{N/mm}^2$$

(2.17): $f_{\text{cd}} = \frac{\alpha_{\text{cc}} \cdot f_{\text{ck}}}{\gamma_{\text{C}}}$

$$\mu_{\text{Eds}} = \frac{0{,}736}{0{,}30 \cdot 0{,}675^2 \cdot 19{,}8} = 0{,}272$$

(7.21): $\mu_{\text{Eds}} = \frac{M_{\text{Eds}}}{b \cdot d^2 \cdot f_{\text{cd}}}$

$$\xi = 0{,}404$$

Tafel 7.1: interpolierter Wert

$$\delta_{\text{lim}} = \max \begin{cases} 0{,}64 + 0{,}8 \cdot 0{,}404 = \underline{0{,}96} \\ 0{,}85 \end{cases}$$

Tafel 5.3: $\delta_{\text{lim}} = \max \begin{cases} 0{,}64 + 0{,}8\,\xi \\ 0{,}85 \end{cases}$

$$\delta = 0{,}95 \approx 0{,}96 = \delta_{\text{lim}}$$

(5.18): $\delta \geq \delta_{\text{lim}}$

Es ist zu überprüfen, ob durch die Umlagerung des Stützmomentes eine andere Lastfallkombination maßgebend wird. Dies geschieht hier, indem die ($\frac{(g_d + q_d) \cdot l^2}{8}$)-Parabel in die Schlusslinie eingehängt wird. Man sieht, dass sich an den maßgebenden Lastfallkombinationen nichts ändert.

$$\left|\Delta V_{\text{Feld 1}}\right| = \frac{775 - 736}{7{,}75} = 5\,\text{kN} \qquad |\Delta V| = \frac{\Delta M}{l_{\text{eff}}}$$

$$\left|\Delta V_{\text{Feld 2}}\right| = \frac{775 - 736}{5{,}75} = 7\,\text{kN} \qquad |\Delta V| = \frac{\Delta M}{l_{\text{eff}}}$$

Wegen der geringen Änderungen der Querkraft werden keine Überlegungen angestellt, welche Querkraftlinie zu welcher Momentenlinie zuzuordnen ist.

5.6 Gebäudeaussteifung

5.6.1 Lotrechte aussteifende Bauteile

Eine Herstellung von *exakt* waagerechten bzw. senkrechten Bauteilen (wie im statischen System unterstellt) ist in der Realität nicht möglich. Eine mögliche ungünstige Einwirkung infolge von Schiefstellungen ist bei der Schnittgrößenermittlung für den Grenzzustand der Tragfähigkeit zu berücksichtigen (EC 2-1-1/NA, 5.2). Bei der Schnittgrößenermittlung für das aussteifende Bauteil wird daher eine Ersatzschiefstellung θ_i des Gesamttragwerks unterstellt (**Abb. 5.8**), aus der sich Belastungen für das aussteifende Bauteil ergeben. Sofern mehrere ($m > 1$) vertikale Lasten abtragende Bauteile (Stützen) gleichzeitig vorhanden sind, unterscheiden sich die Schiefstellungen der Stützenreihen nach Größe und Richtung. Daher kompensieren sich die Abtriebskräfte teilweise. Dies berücksichtigt der Beiwert α_m nach Gl. (5.22).

$$\alpha_h = \frac{2}{\sqrt{l}} \leq 1{,}0 \tag{5.21}$$

$$\alpha_m = \sqrt{\frac{1 + \frac{1}{m}}{2}} \tag{5.22}$$

l Gesamthöhe des Bauwerks ab Einspannebene

m Anzahl der Stützenreihen mit mindestens 70 % der mittleren Längskraft (**Abb. 5.8**)

$$\theta_i = \frac{1}{200}\alpha_h \cdot \alpha_m \tag{5.23}$$

5.6.2 Waagerechte aussteifende Bauteile

Für diejenigen Bauteile, die die Abtriebskräfte von den auszusteifenden Bauteilen in die aussteifenden Bauteile leiten (z.B. Decken), sind ebenfalls Zusatzbeanspruchungen zu ermitteln und bei der Bemessung zu berücksichtigen. Der ungünstigste denkbare Fall ist hierbei, dass die Stützenschiefstellungen zweier benachbarter Stockwerke gerade entgegengesetzt sind

(**Abb. 5.8**). Die Abtriebskraft H_i (EC 2-1-1/NA, 5.3) dient nur zur Scheibenbemessung der Decke. Sie braucht nicht als Belastung auf das vertikal aussteifende Bauteil angesetzt zu werden. Für die Scheibenbemessung der Decken mit den zugehörigen Abtriebskräften aus Stützenschiefstellungen wird zwischen Decken- und Dachscheiben unterschieden.

Dachscheibe:

$$\theta_i = \frac{0{,}008}{\sqrt{m}} \tag{5.24}$$

$$H_i = \pm N_a \cdot \theta_i \tag{5.25}$$

Deckenscheibe:

$$\theta_i = \frac{0{,}008}{\sqrt{2m}} \tag{5.26}$$

$$H_i = \pm (N_a + N_b) \cdot \theta_i \tag{5.27}$$

m Anzahl der auszusteifenden Stützenstränge im betrachteten Geschoss

N_a, N_b Bemessungswert der Stützenlängskraft im jeweils oberen und unteren Geschoss für den betrachteten Stützenstrang (**Abb. 5.8**)

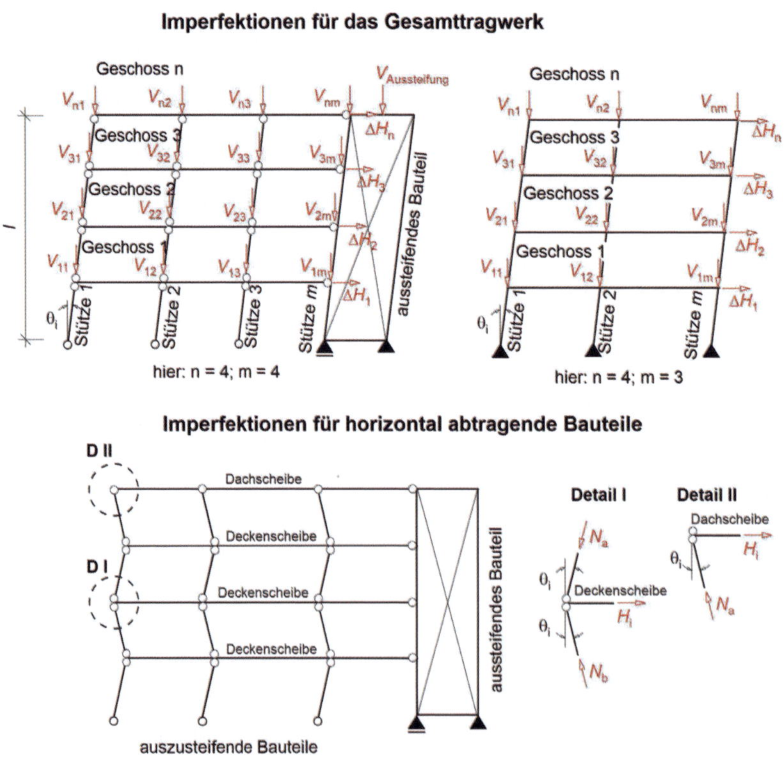

Abb. 5.8 *Ansatz von Ersatzschiefstellungen*

5.7 Näherungsverfahren zur Schnittgrößenermittlung für horizontal unverschiebliche Rahmen des Hochbaus

5.7.1 Anwendungsmöglichkeiten

Stahlbetonskeletttragwerke sind innerlich vielfach statisch unbestimmte Rahmen. Derartige Rahmen können zwar durch die Möglichkeiten der Datenverarbeitung als vielfach statisch unbestimmtes System berechnet werden; dies ist jedoch in vielen Fällen weder sinnvoll noch erforderlich.

Stahlbetontragwerke können durch Rissbildung ihre Steifigkeitsverhältnisse verändern. Bei statisch unbestimmten Systemen lassen sich hierdurch die Schnittgrößen umlagern (→ Kap. 5.4.3), solange die Gleichgewichtsbedingungen eingehalten werden. Daher brauchen die Schnittgrößen bei horizontal unverschieblichen mehrfeldrigen Rahmensystemen des Hochbaus auch nicht (entsprechend der Elastizitätstheorie) exakt in Rahmentragwerken ermittelt zu werden (**Abb. 5.1**). Am genauen statischen System müssen dagegen berechnet werden:

- Einfeldrige Rahmen
- Horizontal verschiebliche Rahmen
- Alle Rahmen des Tiefbaus

Das nachfolgend beschriebene Näherungsverfahren ([Grasser/Thielen – 91] Kapitel 1.6) darf für horizontal unverschiebliche Rahmensysteme des Hochbaus verwendet werden:

- Die Rahmenriegel werden als Durchlaufträger berechnet, die Biegemomente in den biegesteif angeschlossenen Innenstützen werden rechnerisch vernachlässigt (**Abb. 5.1**, **Abb. 5.9**). Sie sind konstruktiv durch die Mindestbewehrung in den Stützen abgedeckt (→ Kap. 15.2.1).
- Bei biegefester Verbindung von Randstützen und Rahmenriegel müssen die Schnittgrößen in den Randfeldern des Durchlaufträgers korrigiert werden (**Abb. 5.9**). Diese Korrektur ist im Grundsatz der 1. Ausgleichsschritt des Momentenausgleichsverfahrens nach CROSS [Schneider - 88]. Sie wird mit „c_o-c_u-Verfahren" bezeichnet. Bei dem in [Grasser/Thielen - 91] dargestellten „verbesserten c_o-c_u-Verfahren" wird zusätzlich der Lastanteil der veränderlichen Last an der Gesamtlast berücksichtigt.

  Bei einer Endauflagerung auf Mauerwerk ist eine wesentliche Einspannung nicht vorhanden. Die gelenkig angenommene Endauflagerung muss daher nicht korrigiert werden.

Eine biegesteife Verbindung von Stütze und Riegel kann bei folgenden Bauteilen auftreten:

- Stahlbetonskelettbau mit Riegel als Balken (oder Plattenbalken) und Stütze (Regelfall der Berechnung mit dem c_o-c_u-Verfahren → Kap. 5.7.2)

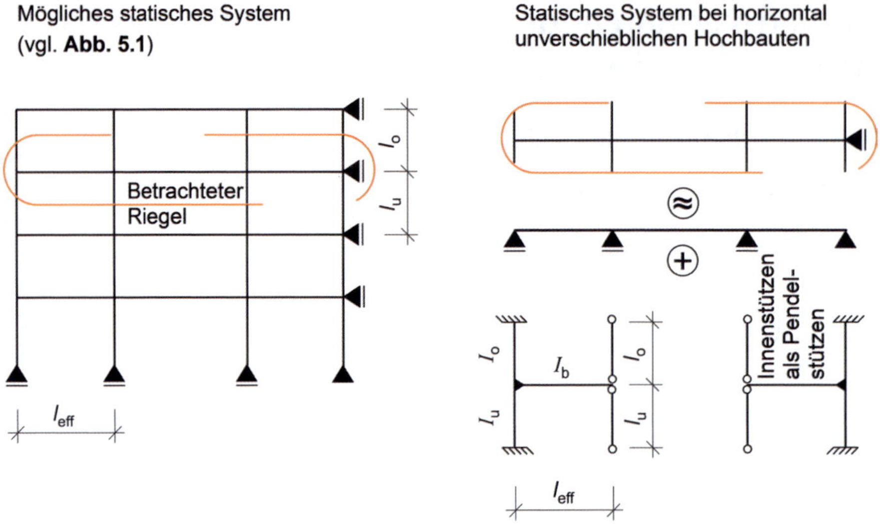

Abb. 5.9 *Prinzip des c_o-c_u-Verfahrens*

- Schottenbauweise mit Riegel als Stahlbetondecke und Stahlbetonwand (Regelfall der Berechnung mit dem c_o-c_u-Verfahren → Kap. 5.7.2)
- Stahlbetonskelettbau mit Riegel als einachsig gespannte Rippendecke und Stütze (Sonderfall der Berechnung mit dem c_o-c_u-Verfahren → Kap. 5.7.3)
- Riegel als Balken (oder Plattenbalken) und Stahlbetonwand (Sonderfall der Berechnung mit dem c_o-c_u-Verfahren → Kap. 5.7.4)
- Stahlbetonplatte (ohne Unterzüge) als Riegel und Stütze. Dieser Fall muss wie die Momente in den Randfeldern von punktgestützten Platten berechnet werden.

5.7.2 Regeldurchführung des c_o-c_u-Verfahrens

Die Biegemomente werden an einem Ersatzdurchlaufträger berechnet. Die Rahmenwirkung in den Randfeldern dieses Durchlaufträgers wird anschließend am Teilsystem erfasst. Sie ergibt den Momentenverlauf für das Endfeld des Durchlaufträgers (**Abb. 5.10**). Die Biegemomente des Randfeldes M_R, M_{So}, M_{Su} werden mit den folgenden Gln. ermittelt.

$$c_o = \frac{l_{eff}}{l_o} \cdot \frac{I_o}{I_b} \tag{5.28}$$

$$c_u = \frac{l_{eff}}{l_u} \cdot \frac{I_u}{I_b} \tag{5.29}$$

$$M_b = \frac{c_o + c_u}{3 \cdot (c_o + c_u) + 2{,}5} \cdot \left[3 + \frac{\gamma_Q \cdot q_k}{\gamma_G \cdot g_k + \gamma_Q \cdot q_k}\right] \cdot M_b^{(0)} \tag{5.30}$$

$$M_o = \frac{-c_o}{3 \cdot (c_o + c_u) + 2{,}5} \cdot \left[3 + \frac{\gamma_Q \cdot q_k}{\gamma_G \cdot g_k + \gamma_Q \cdot q_k}\right] \cdot M_b^{(0)} \tag{5.31}$$

$$M_u = \frac{c_u}{3(c_o + c_u) + 2{,}5} \cdot \left[3 + \frac{\gamma_Q \cdot q_k}{\gamma_G \cdot g_k + \gamma_Q \cdot q_k}\right] \cdot M_b^{(0)} \tag{5.32}$$

c_o, c_u Steifigkeitsbeiwerte der oberen bzw. unteren Stütze

M_b Stützmoment des Riegels am Endauflager

$M_b^{(0)}$ Stützmoment des Endfeldes unter Annahme einer beidseitigen Volleinspannung und Volllast ($\gamma_G \cdot g_k + \gamma_Q \cdot q_k$)

I_b Flächenmoment 2. Grades des Riegels; sofern der Rahmenriegel durch einen Plattenbalken gebildet wird, ist das Flächenmoment unter Berücksichtigung der mitwirkenden Plattenbreite zu ermitteln (→ Kap. 5.2.3).

I_o, I_u Flächenmoment 2. Grades der oberen bzw. unteren Randstütze

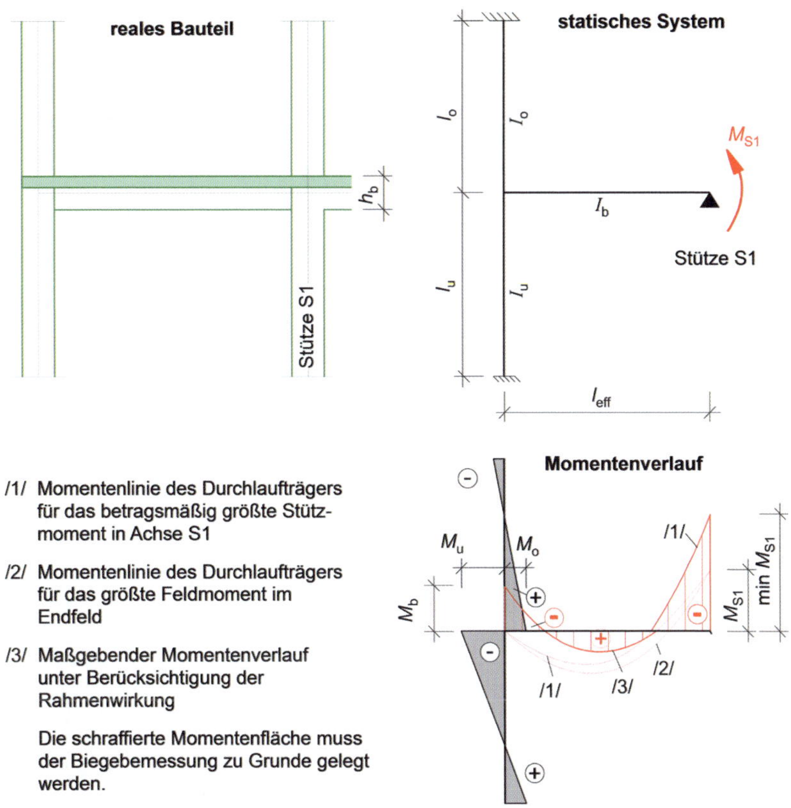

Abb. 5.10 *Momentenverlauf in den Endfeldern eines Rahmens*

Aus den Gln. (5.30) bis (5.32) ist ersichtlich, dass das Momentengleichgewicht am Knoten erfüllt ist. Die Genauigkeit des c_o-c_u-Verfahrens nimmt ab, sofern sich die Riegelstützweiten sehr stark unterscheiden. Um die Ungenauigkeiten des Verfahrens zu kompensieren, kann auf eine Verringerung des Feldmomentes im Endfeld verzichtet werden (Linie /2/ in **Abb. 5.10** wird der Bemessung zugrunde gelegt) oder das Bemessungsfeldmoment wird erhöht auf:

$$\text{cal}\, M_{F,Ed} = M_{F,Ed} + 0{,}15 \cdot |M_b| \tag{5.33}$$

5.7.3 Durchführung des c_o-c_u-Verfahrens bei Rippenplatten

Das Verfahren kann auch auf einachsig gespannte Rippenplatten angewendet werden, die wie ein Rahmenriegel spannen. Zur Vermeidung von Schäden am Stützenkopf infolge zu großer Rissbildung ist die Wirkung der Einspannung der Rippenplatte im Randunterzug und der daraus folgenden Torsionsverdrehung des Randunterzuges zu berücksichtigen. Hierzu wird in der Rippendecke ein mitwirkender Streifen der Breite b_{eff} (**Abb. 5.11**) bestimmt. Die mitwirkende Breite dient dabei gleichzeitig als Lasteinzugsbreite. Sie hängt von einem Beiwert λ ab, der das Verhältnis der Biegesteifigkeit des Riegels zur Torsionssteifigkeit des Randunterzuges berücksichtigt. Mit dem Beiwert kann die mitwirkende Breite aus **Abb. 5.12** entnommen werden.

$$\lambda = 3{,}5\sqrt{\frac{I_b}{I_T}\cdot\frac{l_{Rand}}{l_{eff}}} \tag{5.34}$$

- I_b Flächenmoment 2. Grades für den Riegel unter Berücksichtigung der mitwirkenden Breite
- I_T Torsionsflächenmoment 2. Grades (→ Kap. 9.2) des Randunterzuges
- l_{Rand} Abstand der Rahmen; entspricht der Stützweite des Randunterzuges zwischen den Rahmen

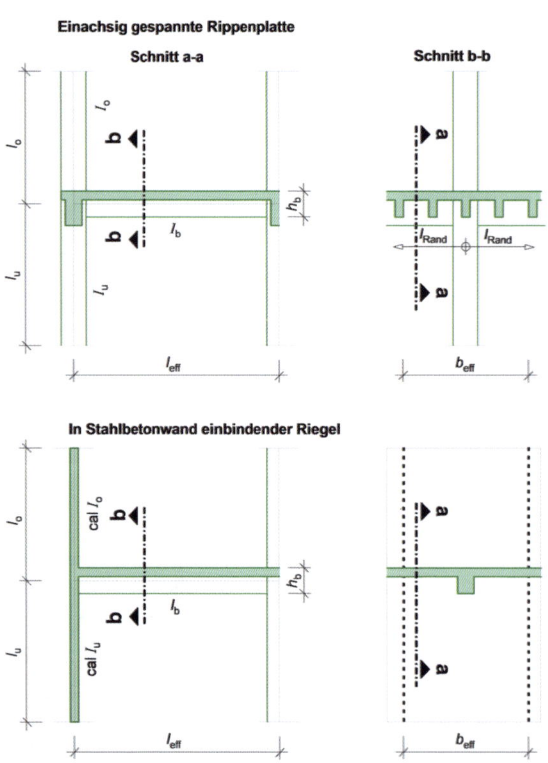

Abb. 5.11 *Bestimmung der mitwirkenden Breite*

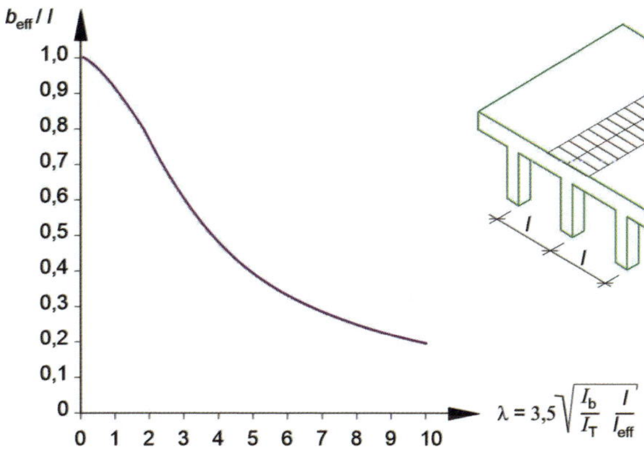

Abb. 5.12 *Bezogene mitwirkende Breite zur Berechnung der Rahmeneckmomente bei Rippenplatten [Grasser/Thielen – 91]*

5.7.4 Durchführung des c_o-c_u-Verfahrens bei in Stahlbetonwand einspannenden Balken

Wenn ein Rahmenriegel in eine Stahlbetonwand einbindet, kann ein Flächenmoment 2. Grades für eine fiktive Stütze ermittelt werden. Hierzu ist zunächst in der Wand eine mitwirkende Breite b_{eff} (**Abb. 5.11**) zu berechnen, mit der anschließend das Flächenmoment 2. Grades cal I_o = cal I_u für einen Rechteckquerschnitt bestimmt wird. Die mitwirkende Breite in der fiktiven Stütze kann wie bei einem Plattenbalken (→ Kap. 5.2.3) nach Gl. (5.7) ermittelt werden.

$$l = \min \begin{cases} 2\,l_o \\ 2\,l_u \end{cases} \tag{5.35}$$

$$l_0 = 0{,}6\,l \tag{5.36}$$

Beispiel 5.4: Anwendung des c_o-c_u-Verfahrens

Gegeben: in Wand einspannender 2-Feld-Träger in einem ausgesteiften Hochbau mit Lasten lt. Skizze

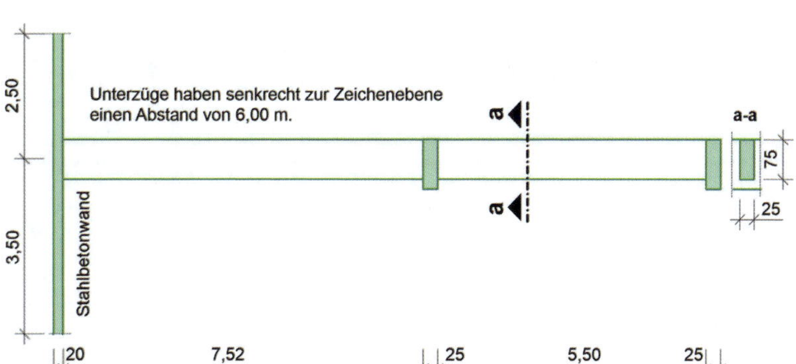

Gesucht: Biegemomente des Riegels am linken Endauflager

Lösung:

Das statische System und die Belastung des sich aus dem Riegel ergebenden Durchlaufträgers stimmen mit Beispiel 5.3 überein. Die Schnittgrößen des Durchlaufträgers können daher aus Beispiel 5.3 entnommen werden.

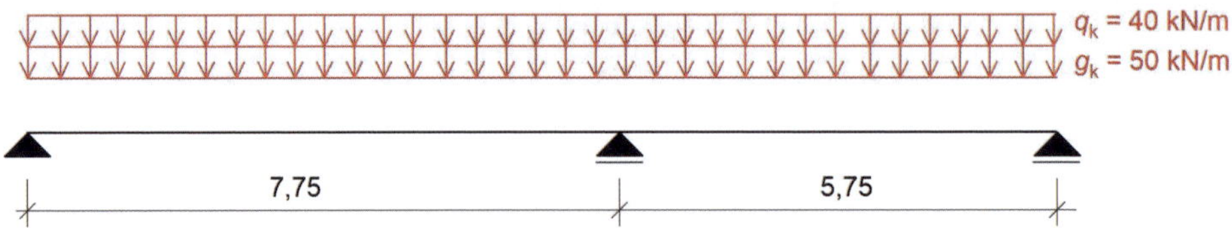

$$l = 5{,}00\,\text{m} = \min\begin{cases}5{,}00\,\text{m} = 2\cdot 2{,}50\\ 7{,}00\,\text{m} = 2\cdot 3{,}50\end{cases}$$

$$l_0 = 0{,}6\cdot 5{,}00 = 3{,}00\,\text{m}$$

$$b_{\text{eff,i}} = 0{,}2\cdot\frac{6{,}00-0{,}25}{2} + 0{,}1\cdot 3{,}00 = 0{,}875\,\text{m}$$

$$> \min\begin{cases}0{,}2\cdot 3{,}0 = \underline{0{,}60\,\text{m}}\\ \dfrac{6{,}00-0{,}25}{2} = 2{,}875\,\text{m}\end{cases}$$

$$b_{\text{eff}} = 2\cdot 0{,}60 + 0{,}25 = 1{,}45\,\text{m}$$

$$I_\text{b} = \frac{0{,}25\cdot 0{,}75^3}{12} = 8{,}79\cdot 10^{-3}\ \text{m}^4$$

$$I_\text{u} = I_\text{o} = \frac{1{,}45\cdot 0{,}20^3}{12} = 0{,}97\cdot 10^{-3}\ \text{m}^4$$

$$c_\text{o} = \frac{7{,}75}{2{,}50}\cdot\frac{0{,}97}{8{,}79} = 0{,}342$$

$$c_\text{u} = \frac{7{,}75}{3{,}50}\cdot\frac{0{,}97}{8{,}79} = 0{,}244$$

$$M_\text{b}^{(0)} = -\frac{(1{,}35\cdot 50 + 1{,}50\cdot 40)\cdot 7{,}75^2}{12} = -638\,\text{kNm}$$

$$M_\text{b} = \frac{0{,}342+0{,}244}{3\cdot(0{,}342+0{,}244)+2{,}5}\cdot\left(3+\frac{1{,}50\cdot 40}{1{,}35\cdot 50 + 1{,}50\cdot 40}\right)\cdot(-638) = \underline{\underline{-305\,\text{kNm}}}$$

(5.35): $l = \min\begin{cases}2\,l_\text{o}\\ 2\,l_\text{u}\end{cases}$

(5.36): $l_0 = 0{,}6\,l$

(5.8): $b_{\text{eff,i}} = 0{,}2\,b_\text{i} + 0{,}1\,l_0 \le \min\begin{cases}0{,}2\,l_0\\ b_\text{i}\end{cases}$

(5.7): $b_{\text{eff}} = \sum_\text{i} b_{\text{eff,i}} + b_\text{w}$

$I = \dfrac{b\cdot h^3}{12}$

(5.28): $c_\text{o} = \dfrac{l_{\text{eff}}}{l_{\text{col,o}}}\cdot\dfrac{I_{\text{col,o}}}{I_\text{b}}$

(5.29): $c_\text{u} = \dfrac{l_{\text{eff}}}{l_{\text{col,u}}}\cdot\dfrac{I_{\text{col,u}}}{I_\text{b}}$

$M_\text{b}^{(0)} = -\dfrac{F_\text{d}\cdot l_{\text{eff}}^2}{12}$

(5.30): $M_\text{b} = \dfrac{c_\text{o}+c_\text{u}}{3\cdot(c_\text{o}+c_\text{u})+2{,}5}\cdot\left[3+\dfrac{\gamma_\text{Q}\cdot q_\text{k}}{\gamma_\text{G}\cdot g_\text{k}+\gamma_\text{Q}\cdot q_\text{k}}\right]\cdot M_\text{b}^{(0)}$

5.8 Bautechnische Unterlagen

Die Umsetzung der Gedanken des Tragwerksplaners erfolgt mit Hilfe der bautechnischen Unterlagen. Hierzu gehören:

- Baubeschreibung mit Nennung der verwendeten Baustoffe, Angaben zum Haupttragwerk, soweit sie für die Prüfung von Zeichnungen und Berechnungen erforderlich sind
- Evtl. eine Montagebeschreibung, sofern ein besonderer Bauablauf oder das Verlegen von Fertigteilen vorgesehen ist
- Statische Berechnung mit Positionsplan (→ Teil 2, Kap. 2) (mit den Positionsnummern der berechneten Bauteile)
- Zeichnungen (→ Teil 2, Kap. 2 bis 4) (Schalpläne, Bewehrungspläne, Stahllisten, Verlegepläne bei Fertigteilen)

Vollständige und eindeutige Zeichnungen sind mindestens ebenso wichtig wie eine richtige statische Berechnung.

6 Grundlagen der Bemessung

6.1 Allgemeines

Die Bemessung eines Bauteils hat die Aufgaben, die

- *Tragfähigkeit* (= Standsicherheit)
- *Gebrauchstauglichkeit*
- Dauerhaftigkeit

zu gewährleisten. Weiterhin soll die Bemessung zu wirtschaftlichen (i.d.R. geringen) Bauteilquerschnitten führen. Es ist offensichtlich, dass Sicherheitsanforderungen und Wirtschaftlichkeitsbedürfnisse in der Tendenz zu unterschiedlichen Ergebnissen führen und gegeneinander abzuwägen sind. Die Anforderungen an die Sicherheit müssen umso höher sein, je größer das Schadenspotenzial eines Bauwerks ist. Hierzu wird in EC 0, Anhang B nach Zuverlässigkeits- und Schadensfolgeklassen (RC: reliability class, CC: consequences class) differenziert (**Tafel 6.1**). Die angegebene Klasse 4 für eine geplante Nutzungsdauer von 50 Jahren gilt als Anhaltswert für den Hochbau (**Tafel 6.2**). Je höher der Sicherheitsindex β, desto geringer ist die Versagenswahrscheinlichkeit. Ergänzend soll eine Bemessung innerhalb eines Bauwerks erreichen, dass alle Tragelemente in etwa das gleiche Sicherheitsniveau aufweisen, da für ein Versagen das schwächste Tragelement maßgebend ist. Hierzu wird im Stahlbetonbau das auf der semiprobalistischen Sicherheitstheorie beruhende Konzept der Teilsicherheitsbeiwerte verwendet. Mit diesem Verfahren lässt sich ein gleichmäßiges Sicherheitsniveau bestmöglich annähern. Hinsichtlich der Hintergründe zu Sicherheitsmodellen für die Bemessung wird auf [Grünberg – 01] verwiesen. Da die Bemessungen für die Standsicherheit als reine Querschnittsbemessungen erfolgen, ein Querschnittsversagen bei statisch unbestimmten Bauteilen jedoch nicht notwendig ein Tragwerksversagen zur Folge hat (Beispiel: Ausbildung von Fließgelenken in einem Durchlaufträger), wird ein gleiches Sicherheitsniveau nicht erreicht. Die Systemreserven statisch unbestimmter Systeme werden derzeit nur zum Teil genutzt. Wird ein Tragwerk mit den Teilsicherheitsbeiwerten gemäß EC 2-1-1 und EC 0 bemessen, entspricht es der Zuverlässigkeitsklasse RC 2 (**Tafel 6.1**). Mit dem Sicherheitsindex $\beta = 4{,}7$ ergibt sich für die Tragfähigkeit im Bezugszeitraum von einem Jahr eine Versagenswahrscheinlichkeit von $p_f = 10^{-6}$.

6.2 Bemessungskonzepte

Die Bemessung im Stahlbetonbau erfolgt nach EC 2-1-1 für Grenzzustände. Ein Grenzzustand ist als derjenige Zustand definiert, in dem das Tragelement die nachzuweisende Eigenschaft (Tragfähigkeit oder Gebrauchstauglichkeit) *rechnerisch* verliert. Demzufolge wird unterschieden zwischen

- Grenzzuständen der *Tragfähigkeit* (GZT) und
- Grenzzuständen der *Gebrauchstauglichkeit* (GZG).

Schadensfolgeklasse	Merkmale	Beispiele im Hochbau oder bei sonstigen Ingenieurtragwerken	Zuverlässigkeitsklasse	Mindestwert β Bezugszeitraum	
				1 Jahr	50 Jahre
CC 3	Hohe Folgen für Menschenleben oder sehr große wirtschaftliche, soziale oder umweltbeeinträchtigende Folgen	Tribüne, öffentliche Gebäude mit hohen Versagensfolgen	RC 3	5,2	4,3
CC 2	Mittlere Folgen für Menschenleben, beträchtliche wirtschaftliche, soziale oder umweltbeeinträchtigende Folgen	Wohn- und Bürogebäude, öffentliche Gebäude mit mittleren Versagensfolgen (z.B. ein Bürogebäude)	RC 2	4,7	3,8
CC 1	Niedrige Folgen für Menschenleben und kleine oder vernachlässigbare wirtschaftliche, soziale oder umweltbeeinträchtigende Folgen	Landwirtschaftliche Gebäude ohne regelmäßigen Personenverkehr (z.B. Scheunen, Gewächshäuser)	RC 1	4,2	3,3

Tafel 6.1 *Klassen für Schadensfolgen und Zuverlässigkeitsindex β (EC 0, Tabelle B.1 und B.2)*

Klasse	Planungsgröße	Beispiele
1	10 Jahre	Tragwerke mit befristeter Standzeit
2	10 bis 25 Jahre	Austauschbare Tragwerksteile, z.B. Kranbahnträger, Lager
3	15 bis 30 Jahre	Landwirtschaftlich genutzte und ähnliche Tragwerke
4	50 Jahre	Gebäude und andere gewöhnliche Tragwerke
5	100 Jahre	Monumentale Gebäude, Brücken und andere Ingenieurbauwerke

Tafel 6.2 *Klassifizierung und Nutzungsdauer (EC 0, Tabelle 2.1)*

Im Grenzzustand der Tragfähigkeit tritt das *rechnerische Versagen* durch Überschreiten der Querschnittsfestigkeiten, durch Stabilitätsversagen, durch Ermüdung oder durch Verlust des globalen Gleichgewichts ein. Zur Vermeidung dieser Versagensformen sind die folgenden Nachweise zu führen.[1]

1 In der Regel werden nur solche Nachweise geführt, die maßgebend werden können, es sind also nicht immer alle aufgelisteten Nachweise erforderlich.

Nachweis im Grenzzustand der Tragfähigkeit für[2]

- *Biegung* und Längskraft (→ Kap. 7)
- *Querkraft* (→ Kap. 8)
- *Durchstanzen* (→ Teil 2, Kap. 9)
- *Torsion* (→ Kap. 9)
- Materialermüdung (→ Kap. 14)
- Erhöhte Beanspruchungen aus Tragwerksverformungen (*Stabilitätsnachweis*) (→ Kap. 15)

Evtl. sind die Nachweise auch für außergewöhnliche Einwirkungen (z.B. Brand → Kap. 16) zu erfüllen. Im Grenzzustand der Gebrauchstauglichkeit werden die *Nutzungsanforderungen rechnerisch nicht* mehr *erfüllt*. Zur Vermeidung dieser Versagensformen sind die folgenden Nachweise zu führen:

Nachweis im Grenzzustand der Gebrauchstauglichkeit für die

- Begrenzung der *Spannungen* (→ Kap. 11)
- Beschränkung der *Rissbreite* (→ Kap. 12)
- Begrenzung der *Verformungen* (→ Kap. 13)
- Begrenzung von *Schwingungen* (im Hochbau i.d.R. nicht erforderlich)

6.3 Nachweisführung im Grenzzustand der Tragfähigkeit

6.3.1 Bemessungskonzept

In einer Bemessung wird nachgewiesen, dass der auf ein Tragwerk wirkende Bemessungswert der Einwirkungen (= Beanspruchungen) E_d nicht größer als der Bemessungswert des Tragwiderstandes R_d (= Bauteilwiderstand) ist.

$$E_d \leq R_d \tag{6.1}$$

Grundsätzlich sind hierbei zwei unterschiedliche Bemessungssituationen zu betrachten:

- *Ständige und vorübergehende* Bemessungssituation (Tragwerk unter planmäßigen Ereignissen Eigenlast, Verkehr, Wind, Schnee usw.)
- *Außergewöhnliche* Bemessungssituation (Katastrophenfälle wie Brand, Fahrzeuganprall, Explosion, Erdbeben)

Der Bauteilwiderstand wird für den maßgebenden Querschnitt ermittelt. Die Bemessungswerte der Materialeigenschaften werden hierbei durch Division der charakteristischen Werte mit dem Teilsicherheitsbeiwert (**Tafel 6.3**) ermittelt.

2 Das Wort „für" wird im Sinne von „... gegen Versagen infolge ..." verwendet.

$$R_d = R\left\{f_{cd} = \alpha_{cc} \cdot \frac{f_{ck}}{\gamma_C}; f_{yd} = \frac{f_{yk}}{\gamma_S}; f_{pd} = \frac{f_{p0.1k}}{\gamma_S}\right\} \tag{6.2}$$

Bemessungssituation	Beton γ_C		Betonstahl oder Spannstahl γ_S
	in Stahlbeton	**in unbewehrtem Beton[b)] (→ Teil 2, Kap. 11)**	
Ständige und vorübergehende Kombination (Grundkombination)	1,5[a)]	1,5	1,15
Außergewöhnliche Kombination (ausgenommen Erdbeben)	1,3	1,3	1,0
Nachweis gegen Ermüdung	1,5	–	1,15

a) Bei Fertigteilen darf der Wert bei einer werksmäßigen und ständig überwachten Herstellung der Fertigteile auf $\gamma_C = 1{,}35$ verringert werden.

b) Bei unbewehrtem Beton ist der Beiwert α_{cc} in Gl. (6.2) mit 0,7 statt 0,85 anzusetzen.

Tafel 6.3 *Teilsicherheitsbeiwerte für die Bestimmung des Tragwiderstandes (nach EC 2-1-1/NA, 2.4.2.4)*

Bei einer Schnittgrößenermittlung mit einem nichtlinearen Verfahren[3] ist der Teilsicherheits beiwert auf den Gesamtquerschnitt zu beziehen.

$$R_d = \frac{1}{\gamma_R} R\left\{f_{cR;} f_{yR;} f_{pR}\right\} \tag{6.3}$$

Einwirkungsgruppen	Einwirkungen
Ständige Einwirkungen $G_{k,i}$	• Eigenlast Tragwerk und Ausbauten $G_{k,1}$ • Erddruck (aus Baugrund) $G_{k,2}$ • Grundwasser, Flüssigkeitsdruck[a)] $G_{k,3}$ • Vorspannung P_k
Veränderliche Einwirkungen $Q_{k,i}$	• Nutzlasten $Q_{k,1}$ • Schneelasten $Q_{k,2}$ • Windlasten $Q_{k,3}$ • Temperatureinwirkungen $Q_{k,4}$ • Flüssigkeitsdruck[a)] $Q_{k,5}$ • Baugrundsetzung $Q_{k,6}$ • Erddruck (aus veränderlichen Lasten) $Q_{k,7}$

3 Der Ausdruck „nichtlinear" bezieht sich hierbei ausschließlich auf eine *physikalisch* nichtlineare Berechnung, eine *statisch* nichtlineare Berechnung (Theorie II. Ordnung) ist hiervon nicht betroffen.

Einwirkungsgruppen	Einwirkungen
Außergewöhnliche Einwirkungen $A_{k,i}$	• Anpralllasten $A_{k,1}$ • Explosionslasten $A_{k,2}$ • Brandbelastung $A_{k,3}$
Erdbeben A_{Ek}	• Erbebeneinwirkungen
Vorübergehende Einwirkungen	• Einwirkungen während der Bauausführung • Montagelasten • Einbauten (nicht dauernd vorhanden)

a) Flüssigkeitsdruck ist im Allgemeinen als eine veränderliche Einwirkung zu behandeln, Flüssigkeitsdruck, dessen Größe durch geometrische Verhältnisse begrenzt ist, darf als eine ständige Einwirkung behandelt werden. Einwirkungen aus Grundwasser sind in der Regel ebenfalls als ständige Einwirkungen anzusehen.

Tafel 6.4 *Unabhängige Einwirkungsgruppen*

6.3.2 Schnittgrößenermittlung im Grenzzustand der Tragfähigkeit

Ausgangswert für den Bemessungswert der Einwirkungen E_d sind die Einwirkungen selbst. Eine Einwirkung F auf ein Bauwerk kann sich darstellen als

- eine *Last*, die auf ein Tragwerk einwirkt (direkte Einwirkung);
- ein *Zwang* (z.B. aus Temperatur, Setzungen, Kriechen und Schwinden), dem das Bauteil unterliegt (indirekte Einwirkung);
- ein *Einfluss aus der Umgebung* (chemische oder physikalische Einwirkungen), z.B. Chlorideinwirkung.

Für die zu führenden Nachweise sind die maßgebenden Einwirkungskombinationen zu betrachten (EC 2-1-1, 5.3.4). Sofern sehr viele Einwirkungen auftreten können (z.B. im Brückenbau), ist es sinnvoll, die Einwirkungen in Einwirkungsgruppen gemäß (**Tafel 6.4**) zusammenzufassen.

Die Größe der Einwirkungen ist in den einschlägigen Lastnormen als jeweils charakteristischer Wert (Index k) quantifiziert. Der in der jeweiligen Lastnorm (z.B. für Hochbauten, EC 1-1, Teile 1 bis 7) angegebene Wert stellt einen *Mindestwert* dar, der vom Bauherrn erhöht werden kann.

Die charakteristischen Einwirkungen werden unter Beachtung von Kombinationsbeiwerten ψ (**Tafel 6.5**) kombiniert. Durch die Kombinationsbeiwerte wird erfasst, dass bei einer zunehmenden Zahl von Einwirkungen nicht alle Einwirkungen gleichzeitig mit maximaler Lastordinate auftreten.

Den Bemessungswert einer Einwirkung E_d erhält man durch Multiplikation der Einwirkung bzw. des Produktes aus Kombinationsbeiwert und Einwirkung mit dem für den nachzuweisenden Grenzzustand geltenden Teilsicherheitsbeiwert. Die entsprechenden Teilsicherheitsbeiwerte sind je nach Lastart **Tafel 6.6** zu entnehmen. Diese Teilsicherheitsbeiwerte gelten für Nachweise gegen das Versagen des Tragwerks oder seiner Bauteile (STR) sowie für Nachweise gegen das Versagen des Baugrundes (GEO).

$$E_d = \gamma_F \cdot \psi_i \cdot F_k \tag{6.4}$$

oder vereinfacht

$$E_d = \gamma_F \cdot F_k \tag{6.5}$$

Beim Nachweis gegen den Verlust der Lagesicherheit (EQU) gelten abweichend von den in **Tafel 6.6** genannten Teilsicherheitsbeiwerten für die ständige Last $\gamma_{G,stb}$ = 0,9 für Anteile der ständigen Einwirkung, die günstig wirken, bzw. $\gamma_{G,dst}$ = 1,1 für Anteile der ständigen Einwirkung, die ungünstig wirken (s. EC 0/NA, Tabelle NA.A.1.2(A)).

Die ungünstigsten Bemessungssituationen (d.h. Kombinationen von Einwirkungen zur Ermittlung von Beanspruchungen entsprechend der linken Seite von Gl. (6.1)) sind nun anhand der folgenden Kombinationsregeln zu bestimmen:

- *Ständige und vorübergehende Bemessungssituationen (P/T)*, ausgenommen Nachweise auf Ermüdung (Grundkombination)

$$E_d = E\left\{ \sum_i \gamma_{G,i} \cdot G_{k,i} + \gamma_P \cdot P_k \oplus \gamma_{Q,1} \cdot Q_{k,1} \oplus \sum_{j\geq 2} \gamma_{Q,j} \cdot \psi_{0,j} \cdot Q_{k,j} \right\} \tag{6.6}$$

  ⊕ bedeutet Überlagerung im Sinne einer Extremwertbildung

- *Außergewöhnliche Bemessungssituationen (A)*

$$E_{dA} = E\left\{ \sum_i \gamma_{GA,i} \cdot G_{k,i} + \gamma_{PA} \cdot P_k \oplus A_d \oplus \psi_{1,1} \cdot Q_{k,1} \oplus \sum_{j\geq 2} \psi_{2,j} \cdot Q_{k,j} \right\} \tag{6.7}$$

  Vereinzelt entfällt bei bestimmten maßgebenden außergewöhnlichen Bemessungssituationen (z.B. Brandbelastung mit Nutzlasten als Leiteinwirkung) die vorherrschende veränderliche Einwirkung $Q_{k,1}$:

$$E_{dA} = E\left\{ \sum_i \gamma_{GA,i} \cdot G_{k,i} + \gamma_{PA} \cdot P_k \oplus A_d \oplus \sum_{j\geq 1} \psi_{2,j} \cdot Q_{k,j} \right\} \tag{6.8}$$

- *Bemessungssituation Erdbeben*

$$E_{dAE} = E\left\{ \sum_i \gamma_{GA,i} \cdot G_{k,i} + \gamma_{PA} \cdot P_k \oplus A_{Ed} \oplus \sum_{j\geq 1} \psi_{2,j} \cdot Q_{k,j} \right\} \tag{6.9}$$

Einwirkung		Kombinationsbeiwerte ψ_0	ψ_1	ψ_2
Nutzlasten für Hochbauten (Kategorien gemäß EC 1-1-1)[a]				
Kategorie A, B:	Wohn- und Aufenthaltsräume, Büros	0,7	0,5	0,3
Kategorie C, D:	Versammlungsräume, Verkaufsräume	0,7	0,7	0,6
Kategorie E:	Lagerräume[b]	1,0	0,9	0,8
Nutzlasten für Hochbauten (→ EC 1-1-1)				
Kategorie F[c]:	Verkehrsflächen, Fahrzeuglast ≤ 30 kN	0,7	0,7	0,6
Kategorie G[d]:	Verkehrsflächen, 30 kN ≤ Fahrzeuglast ≤ 160 kN	0,7	0,5	0,3
Kategorie H:	Dächer	0	0	0
Schnee- und Eislasten (→ EC 1-1-3)				
Orte bis zu NN +1000 m		0,5	0,2	0
Orte über NN +1000 m		0,7	0,5	0,2
Windlasten (→ EC 1-1-4)		0,6	0,2	0
Temperatureinwirkungen (nicht für Brandlasten) (→ EC 1-1-5)		0,6	0,5	0
Baugrundsetzungen (→ EC 7)		1,0	1,0	1,0
Sonstige veränderliche Einwirkungen[e) f)]		0,8	0,7	0,5

a) Abminderungsbeiwerte für Nutzlasten in mehrgeschossigen Hochbauten siehe DIN EN 1991-1-1.

b) Nutzlasten auf Lagerflächen mit Gabelstaplern gemäß EC 1-1-1/NA, Tabelle 6.4DE.

c) Lotrechte Nutzlasten für Parkhäuser und Flächen mit Fahrzeugverkehr sind EC 1-1-1/NA, Tabelle 6.8DE zu entnehmen. Brücken sind hierbei ausgeschlossen. Einwirkungen für Brücken sind in EC 1-2 festgelegt, die Kombinationsbeiwerte sind in EC 0, Anhang A2, aufgeführt.

d) Brücken sind ausgeschlossen, siehe[c)].

e) Flüssigkeitsdruck ist im Allgemeinen als eine veränderliche Einwirkung zu behandeln (γ_Q = 1,50, ψ-Beiwerte standortbedingt). Flüssigkeitsdruck, dessen Größe durch geometrische Verhältnisse begrenzt ist, darf abweichend mit γ_Q = 1,35 berechnet werden, wobei alle ψ-Beiwerte gleich 1,0 zu setzen sind. Dies gilt ebenfalls für Einwirkungen aus Grundwasser.

f) ψ-Beiwerte für Maschinenlasten sind betriebsbedingt festzulegen.

Tafel 6.5 *Kombinationsbeiwerte für Einwirkungen bei Hochbauten (EC 0/NA, Tab. NA.A.1.1)*

Auswirkung	Ständige Einwirkungen γ_G	Veränderliche Einwirkungen γ_Q	Vorspannung γ_P
Günstig	1,0	0	1,0
Ungünstig	1,35	1,5	1,0

Tafel 6.6 *Teilsicherheitsbeiwerte für Einwirkungen (STR/GEO) (EC 0, Tabelle NA.A.1.2(B) und EC 2-1-1/NA, 2.4)*

Beispiel 6.1: Schnittgrößen nach Elastizitätstheorie im Grenzzustand der Tragfähigkeit am Beispiel eines Balkens

Gegeben:
- Balken laut Skizze
- Ständige Lasten:
  - $g_{k1} = 35\ \text{kN/m}$
  - $G_{k2} = 150\ \text{kN}$
- Veränderliche Lasten:
  - $q_{k1} = 25\ \text{kN/m}$ (Versammlungsraum)
  - $Q_{k2} = 40\ \text{kN}$ (Schnee)
  - $Q_{k3} = 8\ \text{kN}$ (Wind)

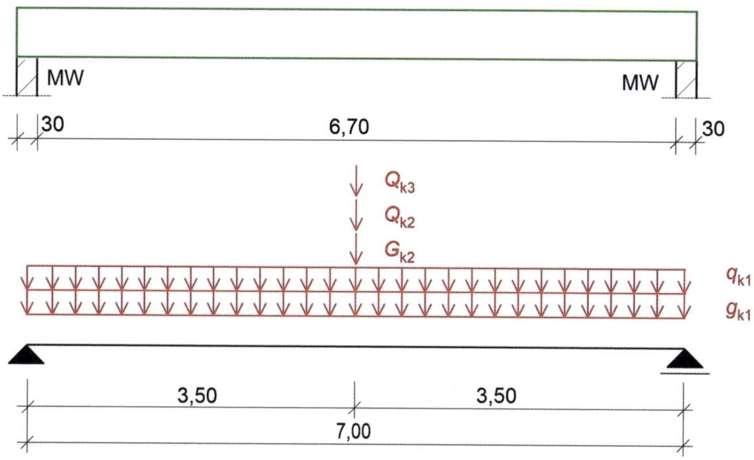

Gesucht: Maßgebendes Biegemoment für Biegebemessung im Grenzzustand der Tragfähigkeit

Lösung:

$$l_{\text{eff}} = 6{,}70 + \frac{0{,}30}{2} + \frac{0{,}30}{2} = 7{,}0\,\text{m}$$

(5.1): $l_{\text{eff}} = l_{\text{n}} + a_1 + a_2$

Das größte Biegemoment befindet sich in Feldmitte.

Schnittgrößen:

Charakteristische Biegemomente in Feldmitte infolge ständiger Lasten:

$$M_{\text{gk1}} = 35 \cdot \frac{7{,}0^2}{8} = 214\ \text{kNm}$$

$M_{\text{k}} = q_{\text{k}} \cdot \frac{l_{\text{eff}}^2}{8}$ (z.B. [Schneider/Albert – 20], S. 4.2)

$$M_{\text{Gk2}} = 150 \cdot \frac{7{,}0}{4} = 263\ \text{kNm}$$

$M_{\text{k}} = F_{\text{k}} \cdot \frac{l_{\text{eff}}}{4}$ (z.B. [Schneider/Albert – 20], S. 4.2)

Summe der Biegemomente aus ständigen Lasten:

$$M_{\text{gk}} = 214 + 263 = 477\,\text{kNm}$$

$M_{\text{gk}} = M_{\text{gk1}} + M_{\text{Gk2}}$

Charakteristische Biegemomente in Feldmitte infolge veränderlicher Lasten:

Versammlungsraum:

$$M_{\text{qk1}} = 25 \cdot \frac{7{,}0^2}{8} = 153\ \text{kNm}$$

$M_{\text{k}} = q_{\text{k}} \cdot \frac{l_{\text{eff}}^2}{8}$ (z.B. [Schneider/Albert – 20], S. 4.2)

Schnee:

$$M_{\text{Qk2}} = 40 \cdot \frac{7{,}0}{4} = 70\ \text{kNm}$$

$M_{\text{k}} = F_{\text{k}} \cdot \frac{l_{\text{eff}}}{4}$ (z.B. [Schneider/Albert – 20], S. 4.2)

Wind:

$$M_{\text{Qk3}} = 8 \cdot \frac{7{,}0}{4} = 14\ \text{kNm}$$

$M_{\text{k}} = F_{\text{k}} \cdot \frac{l_{\text{eff}}}{4}$ (z.B. [Schneider/Albert – 20], S. 4.2)

Bemessungsschnittgrößen im Grenzzustand der Tragfähigkeit

$\gamma_{\text{G}} = 1{,}35$ — Tafel 6.6

$\gamma_{\text{Q}} = 1{,}5$ — Tafel 6.6

Kombinationsbeiwert für Kategorie C, D: — Tafel 6.5

Versammlungsräume

$\psi_0 = 0{,}7$

Kombinationsbeiwert für Schnee- und Eislasten:	Tafel 6.5
Orte bis zu NN +1000 m	
$\psi_0 = 0{,}5$	
Kombinationsbeiwert für Windlasten:	Tafel 6.5
$\psi_0 = 0{,}6$	
1. Kombination: Last aus Versammlungsraum ist Leiteinwirkung	
$M_{\text{Ed1}} = 1{,}35 \cdot 477 + 1{,}5 \cdot 153 + 1{,}5 \cdot 0{,}5 \cdot 70 + 1{,}5 \cdot 0{,}6 + 14 = 938{,}6 \text{ KNm}$	6.6: $\sum \gamma_{G,i} \cdot G_{k,i} + \gamma_P \cdot P_k \oplus \gamma_{Q,1} \cdot Q_{k,1} \oplus \sum_{j\geq 2} \gamma_{Q,j} \cdot \psi_{Q,j} \cdot Q_{k,j}$
2. Kombination: Last aus Schnee ist Leiteinwirkung	
$M_{\text{Ed2}} = 1{,}35 \cdot 477 + 1{,}5 \cdot 70 + 1{,}5 \cdot 0{,}7 \cdot 153 + 1{,}5 \cdot 0{,}6 \cdot 14 = 922{,}2 \text{ KNm}$	6.6: $\sum \gamma_{G,i} \cdot G_{k,i} + \gamma_P \cdot P_k \oplus \gamma_{Q,1} \cdot Q_{k,1} \oplus \sum_{j\geq 2} \gamma_{Q,j} \cdot \psi_{Q,j} \cdot Q_{k,j}$
3. Kombination: Last aus Wind ist Leiteinwirkung	
$M_{\text{Ed3}} = 1{,}35 \cdot 477 + 1{,}5 \cdot 14 + 1{,}5 \cdot 0{,}7 \cdot 153 + 1{,}5 \cdot 0{,}5 \cdot 70 = 878{,}1 \text{ KNm}$	6.6: $\sum \gamma_{G,i} \cdot G_{k,i} + \gamma_P \cdot P_k \oplus \gamma_{Q,1} \cdot Q_{k,1} \oplus \sum_{j\geq 2} \gamma_{Q,j} \cdot \psi_{Q,j} \cdot Q_{k,j}$
Die dritte Kombination ist aufgrund des größten Biegemomentes maßgebend.	
$M_{\text{Ed, maßgebend}} = M_{\text{Ed1}} = \underline{938{,}6 \text{ kNm}}$	
	Beispiel wird mit Beispiel 6.3 fortgesetzt.

Beispiel 6.2: Schnittgrößen nach Elastizitätstheorie im Grenzzustand der Tragfähigkeit am Beispiel einer Wand

Gegeben: Wand eines Wasserbehälters laut Skizze

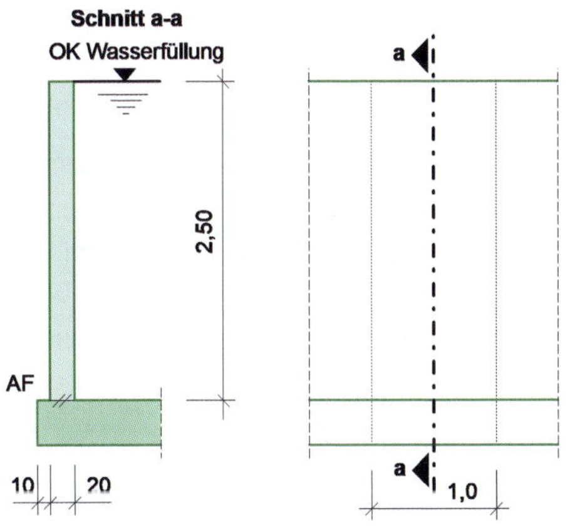

Gesucht: Extremalschnittgrößen für Bemessungen im Grenzzustand der Tragfähigkeit

Lösung:

$a_i = 0$	(5.5): $a_i = 0$
$l_{eff} = 2{,}50 + 0 = 2{,}50\,\text{m}$	(5.1): $l_{eff} = l_n + a_1 + a_2$
Stelle mit Extremalschnittgrößen ist die Einspannung	Schnittgrößen für 1 m Breite
$N_{Gk} = -25 \cdot 1{,}0 \cdot 0{,}20 \cdot 2{,}50 = -12{,}5\,\text{kN}$	$N_{Gk} = \rho_{Wand} \cdot V$
$M_{Qk} = -(10 \cdot 2{,}50) \cdot \frac{2{,}50^2}{6} = -26{,}0\,\text{kNm}$	$M_k = -F_k \cdot \frac{l_{eff}^2}{6}$ (z. B. [Schneider/Albert – 20], S. 4.12)
$V_{Qk} = 10 \cdot 2{,}50 \cdot \frac{2{,}50}{2} = 31{,}3\,\text{kN}$	$V_k = -F_k \cdot \frac{l_{eff}}{2}$ (z. B. [Schneider/Albert – 20], S. 4.12)
$\gamma_G = 1{,}00$ (die Längskraft wirkt bei der späteren Biegebemessung günstig)	Tafel 6.6
$\gamma_Q = 1{,}35$	Tafel 6.5,[e)]: Flüssigkeitsdruck mit begrenzter Füllhöhe
$N_{Ed} = 1{,}0 \cdot (-12{,}5) + 0 = -12{,}5\,\text{kN}$ $M_{Ed} = 0 + 1{,}35(-26{,}0) = -35{,}1\,\text{kNm}$ $V_{Ed} = 0 + 1{,}35 \cdot 31{,}3 = 42{,}3\,\text{kN}$	(6.6): $\sum \gamma_{G,i} \cdot G_{k,i} + \gamma_P \cdot P_k \oplus \gamma_{Q,1} \cdot Q_{k,1} \oplus \sum_{j\geq 2} \gamma_{Q,j} \cdot \psi_{Q,j} \cdot Q_{k,j}$
	Beispiel wird mit Beispiel 7.5 fortgesetzt.

6.3.3 Vereinfachte Schnittgrößenermittlung für Hochbauten

Für Tragwerke des üblichen Hochbaus können vereinfachte Kombinationsregeln verwendet werden. Die vereinfachten Kombinationsregeln setzen voraus, dass die *Schnittgrößenermittlung linear-elastisch* (mit oder ohne Momentenumlagerung) erfolgt.

Ständige und vorübergehende Bemessungssituation

Vereinfacht können die unabhängigen veränderlichen Auswirkungen durch Kombination ihrer ungünstigen charakteristischen Werte als repräsentative Größen $E_{Qk,unf}$ zusammengefasst werden.

$$E_{\mathrm{Qk,unf}} = E_{\mathrm{Q,1}} \oplus \psi_{0,\mathrm{Q}} \cdot \sum_{\mathrm{i>1(unf)}} \left\{ E_{\mathrm{Q,i}} \right\} \tag{6.10}$$

mit der vorherrschenden unabhängigen veränderlichen Auswirkung $E_{\mathrm{Q,1}} = \mathrm{extr}\, E_{\mathrm{Q,i}}$ und $\psi_{0,\mathrm{Q}}$ als bauwerksbezogenes Maximum von ψ_0 nach **Tafel 6.5**

Im Grenzzustand der Tragfähigkeit wird dann folgende Kombination für ständige und vorübergehende Einwirkungen (Grundkombination) gebildet:

$$E_{\mathrm{d}} = \sum_{\mathrm{i}} \gamma_{\mathrm{G,i}} \cdot E_{\mathrm{Gk,i}} \oplus 1{,}50 \cdot E_{\mathrm{Qk,unf}} \tag{6.11}$$

Für die Weiterleitung der vertikalen Lasten im Tragwerk darf für den häufig gegebenen Fall, dass die ständigen Einwirkungen insgesamt ungünstig sind, die Grundkombination wie folgt vereinfacht werden:

$$\max E_{\mathrm{d}} = 1{,}35 \cdot E_{\mathrm{Gk}} \oplus 1{,}50 \cdot E_{\mathrm{Qk,unf}} \tag{6.12}$$

$$\min E_{\mathrm{d}} = 1{,}0 \cdot E_{\mathrm{Gk}} \tag{6.13}$$

Außergewöhnliche Bemessungssituation

Neben der außergewöhnlichen Einwirkung E_{Ad} ist die häufige Kombination $E_{d,frequ}$ zugrunde zu legen:

$$E_{\mathrm{d}} = E_{\mathrm{Ad}} + E_{\mathrm{d,frequ}} = E_{\mathrm{Ad}} + E_{\mathrm{Gk}} \oplus \psi_{1,\mathrm{Q}} \cdot E_{\mathrm{Q,unf}} \tag{6.14}$$

Für Brandeinwirkung gilt:

$$E_{\mathrm{d}} = E_{\mathrm{Gk}} \oplus \psi_{1,1} \cdot E_{\mathrm{Qk,1}} \oplus \sum_{\mathrm{i\geq 2}} \psi_{2,\mathrm{i}} \cdot E_{\mathrm{Qk,i}} \tag{6.15}$$

Beim Brandschutznachweis dürfen die Einwirkungen näherungsweise aus dem Bemessungswert bei Normaltemperatur bestimmt werden. Hierbei werden diese mit dem Beiwert η_{fi} abgemindert. Der Beiwert erfasst die verminderten Sicherheitsbeiwerte im Brandfall und beträgt für Stahlbeton $\eta_{fi} = 0{,}70$.

$$E_{\mathrm{d,fi}} = \eta_{\mathrm{fi}} \cdot E_{\mathrm{d}} = 0{,}70 \cdot E_{\mathrm{d}} \tag{6.16}$$

6.4 Nachweisführung im Grenzzustand der Gebrauchstauglichkeit

6.4.1 Bemessungskonzept

Die Nachweise für den Grenzzustand der Gebrauchstauglichkeit werden analog zu denen der Tragfähigkeit geführt. Der Unterschied besteht darin, dass die Teilsicherheitsbeiwerte i.d.R. für den Gebrauchszustand zu 1 gesetzt werden. Die Bemessungsformel lautet:

$$E_\mathrm{d} \leq C_\mathrm{d} \tag{6.17}$$

E_d eine durch Einwirkungen verursachte Größe (z.B. Durchbiegungen, Rissbreite)

C_d ein festgelegter Grenzwert (z.B. zulässige Durchbiegung, zulässige Rissbreite)

Der Bauteilwiderstand wird für den maßgebenden Querschnitt ermittelt. Die Bemessungswerte der Materialeigenschaften werden hierbei durch Division der mittleren Festigkeitswerte mit dem Teilsicherheitsbeiwert (i.d.R. 1,0) ermittelt.

$$C_\mathrm{d} = C_\mathrm{d}\left\{\frac{f_\mathrm{cm}}{\gamma_\mathrm{c}}; \frac{f_\mathrm{ym}}{\gamma_\mathrm{s}}; \begin{pmatrix}0{,}9\\1{,}1\end{pmatrix}\frac{f_\mathrm{pm}}{\gamma_\mathrm{s}}\right\} \tag{6.18}$$

6.4.2 Schnittgrößenermittlung im Grenzzustand der Gebrauchstauglichkeit

Je nach durchzuführendem Nachweis sind die Schnittgrößen für unterschiedliche Lastniveaus (Einwirkungsniveaus) zu bestimmen:

- *Seltene* Kombinationen (rare)

$$E_\mathrm{d,rare} = E\left\{\sum_\mathrm{i} G_\mathrm{k,i} + P_\mathrm{k} \oplus Q_\mathrm{k,1} \oplus \sum_{\mathrm{j}\geq 2} \psi_\mathrm{0,j} \cdot Q_\mathrm{k,j}\right\} \tag{6.19}$$

- *Nicht häufige* Kombinationen (nonfrequent)[4]

$$E_\mathrm{d,nonfrequ} = E\left\{\sum_\mathrm{i} G_\mathrm{k,i} + P_\mathrm{k} \oplus \psi'_{1,1} \cdot Q_\mathrm{k,1} \oplus \sum_{\mathrm{j}\geq 2} \psi_\mathrm{1,j} \cdot Q_\mathrm{k,j}\right\} \tag{6.20}$$

- *Häufige* Kombinationen (frequent)

$$E_\mathrm{d,frequ} = E\left\{\sum_\mathrm{i} G_\mathrm{k,i} + P_\mathrm{k} \oplus \psi_{1,1} \cdot Q_\mathrm{k,1} \oplus \sum_{\mathrm{j}\geq 2} \psi_\mathrm{2,j} \cdot Q_\mathrm{k,j}\right\} \tag{6.21}$$

- *Quasi-ständige* Kombinationen (permanent)

$$E_\mathrm{d,perm} = E\left\{\sum_\mathrm{i} G_\mathrm{k,i} + P_\mathrm{k} \oplus \sum_{\mathrm{j}} \psi_\mathrm{2,j} \cdot Q_\mathrm{k,j}\right\} \tag{6.22}$$

4 Verwendung im Brückenbau

Die Art der zu verwendenden Kombination wird bei dem jeweiligen Nachweis im Grenzzustand der Gebrauchstauglichkeit behandelt.

Beispiel 6.3: Schnittgrößen nach Elastizitätstheorie im Grenzzustand der Gebrauchstauglichkeit am Beispiel eines Unterzugs

(Fortsetzung von Beispiel 6.1)

Gegeben: Balken lt. Beispiel 6.1

Gesucht: Maßgebendes Biegemoment für Biegebemessung im Grenzzustand der Gebrauchstauglichkeit

Lösung:

Bemessungsschnittgrößen im Grenzzustand der Gebrauchstauglichkeit	
Kombinationsbeiwerte für Kategorie C, D:	Tafel 6.5
Versammlungsräume	
$\psi_0 = 0{,}7,\ \psi_1 = 0{,}7,\ \psi_2 = 0{,}6$	
Kombinationsbeiwerte für Schnee- und Eislasten:	Tafel 6.5
Orte bis zu NN +1000 m	
$\psi_0 = 0{,}5,\ \psi_1 = 0{,}2,\ \psi_2 = 0$	
Kombinationsbeiwerte für Windlasten:	Tafel 6.5
$\psi_0 = 0{,}6,\ \psi_1 = 0{,}2,\ \psi_2 = 0$	
Schnittgrößenermittlung für die seltene Kombination	
1. Kombination: Last aus Versammlungsraum ist Leiteinwirkung	
$M_{\mathrm{d1,rare}} = 477 + 153 + 0{,}5 \cdot 70 + 0{,}6 \cdot 14 = 673{,}4\ \mathrm{KNm}$	6.19: $E_{\mathrm{d,rare}} = E\left\{ \sum_i G_{\mathrm{k,i}} + P_\mathrm{k} \oplus Q_{\mathrm{k,1}} \oplus \sum_{j\geq 2} \psi_{0,j} \cdot Q_{\mathrm{k,j}} \right\}$
2. Kombination: Last aus Schnee ist Leiteinwirkung	
$M_{\mathrm{d2,rare}} = 477 + 70 + 0{,}7 \cdot 153 + 0{,}6 \cdot 14 = 662{,}5\ \mathrm{KNm}$	6.19: $E_{\mathrm{d,rare}} = E\left\{ \sum_i G_{\mathrm{k,i}} + P_\mathrm{k} \oplus Q_{\mathrm{k,1}} \oplus \sum_{j\geq 2} \psi_{0,j} \cdot Q_{\mathrm{k,j}} \right\}$
3. Kombination: Last aus Wind ist Leiteinwirkung	
$M_{\mathrm{d3,rare}} = 477 + 14 + 0{,}7 \cdot 153 + 0{,}5 \cdot 70 = 633{,}1\ \mathrm{KNm}$	6.19: $E_{\mathrm{d,rare}} = E\left\{ \sum_i G_{\mathrm{k,i}} + P_\mathrm{k} \oplus Q_{\mathrm{k,1}} \oplus \sum_{j\geq 2} \psi_{0,j} \cdot Q_{\mathrm{k,j}} \right\}$

Die erste Kombination ist aufgrund des größten Biegemomentes maßgebend.

$M_{d,rare,\,maßgebend} = M_{Ed1} = 673{,}4\ \text{kNm}$

Schnittgrößenermittlung für die häufige Kombination

1. Kombination:
Last aus Versammlungsraum ist Leiteinwirkung

$$M_{d1,frequ} = 477 + 0{,}7 \cdot 153 + 0 \cdot 70 + 0 \cdot 14 = 584{,}1\ \text{kNm}$$

6.21: $E_{d,frequ} = E\left\{ \sum_i G_{k,i} + P_k \oplus \psi_{1,1} \cdot Q_{k,1} \oplus \sum_{j\geq 2} \psi_{2,j} \cdot Q_{k,j} \right\}$

2. Kombination:
Last aus Schnee ist Leiteinwirkung

$$M_{d2,frequ} = 477 + 0{,}2 \cdot 70 + 0{,}6 \cdot 153 + 0 \cdot 14 = 576{,}3\ \text{kNm}$$

6.21: $E_{d,frequ} = E\left\{ \sum_i G_{k,i} + P_k \oplus \psi_{1,1} \cdot Q_{k,1} \oplus \sum_{j\geq 2} \psi_{2,j} \cdot Q_{k,j} \right\}$

3. Kombination:
Last aus Wind ist Leiteinwirkung

$$M_{d2,frequ} = 477 + 0{,}2 \cdot 14 + 0{,}6 \cdot 153 + 0 \cdot 70 = 571{,}6\ \text{kNm}$$

6.21: $E_{d,frequ} = E\left\{ \sum_i G_{k,i} + P_k \oplus \psi_{1,1} \cdot Q_{k,1} \oplus \sum_{j\geq 2} \psi_{2,j} \cdot Q_{k,j} \right\}$

Die erste Kombination ist aufgrund des größten Biegemomentes maßgebend.

$M_{d,frequ,\,maßgebend} = M_{Ed1} = 584{,}1\ \text{kNm}$

Schnittgrößenermittlung für die quasi-ständige Kombination

$$M_{d,perm} = 477 + 0{,}6 \cdot 153 + 0 \cdot 70 + 0 \cdot 14 = 568{,}8\ \text{kNm}$$

6.22: $E_{d,perm} = E\left\{ \sum_i G_{k,i} + P_k \oplus \sum_j \psi_{2,j} \cdot Q_{k,j} \right\}$

6.4.3 Vereinfachte Schnittgrößenermittlung für Hochbauten[5]

Für Tragwerke des üblichen Hochbaus dürfen vereinfachte Kombinationsregeln verwendet werden. Die vereinfachten Kombinationsregeln setzen voraus, dass die Schnittgrößenermittlung *linear-elastisch* erfolgt.

- *Seltene* Kombinationen

$$E_{d,rare} = \sum_i E_{Gk,i} \oplus E_{Qk,unf} \tag{6.23}$$

- *Häufige* Kombinationen

$$E_{d,frequ} = \sum_i E_{Gk,i} \oplus \psi_{1,Q} \cdot E_{Q,unf} \tag{6.24}$$

- *Quasi-ständige* Kombinationen

$$E_{d,perm} = \sum_i E_{Gk,i} \oplus \sum_j \psi_{2,j} \cdot E_{Qk,j} \tag{6.25}$$

5 Die angegebenen Gleichungen gelten für nicht vorgespannte Tragwerke.

7 Nachweis für Biegung und Längskraft (Biegebemessung)

7.1 Grundlagen des Nachweises

Die Bemessung eines Stahlbetonbauteils erfolgt im Grenzzustand der Tragfähigkeit (→ Kap. 6.3.1). Im Unterschied zu homogenen elastischen Werkstoffen erfolgt der Nachweis im Stahlbetonbau nicht über Hauptspannungen, die aus allen Schnittgrößen ermittelt werden, sondern in getrennten Nachweisen für Biegung und Längskraft (design for bending), Querkraft (design for shear → Kap. 8) und evtl. Torsion (design for torsion → Kap. 9).

Bei der Bemessung könnte entweder der erforderliche Betonquerschnitt oder der Betonstahlquerschnitt minimiert werden. Im Hinblick auf eine lohnsparende Bauweise werden die Bauteilquerschnitte (= Betonquerschnitte) möglichst einheitlich gewählt, um Schalungsumbauten zu vermeiden. Die Biegebemessung hat daher folgende zwei Aufgaben:

- Nachzuweisen, dass der gewählte Betonquerschnitt die vorhandenen (Druck-)Spannungen aufnehmen kann (Nachweis der Druckzone)
- Die in das Bauteil einzulegende Biegezugbewehrung A_s zu bestimmen (Nachweis der Zugzone)

Bei der Biegebemessung geht man von folgenden Annahmen aus:

- Die Hypothese von BERNOULLI ist gültig, d.h., Querschnitte, die vor der Verformung eben waren, bleiben auch während der Verformung eben. Diese Annahme gilt nur bei schlanken Bauteilen (= Balken, Platten) und nicht bei wandartigen Trägern (= Scheiben). Schlanke Bauteile liegen dann vor, wenn

  $$\frac{l}{h} \geq 3 \qquad (7.1)$$

  l Stützweite
  h Bauteilhöhe

  ist. Die Biegebemessung ist also nur auf solche Bauteile anwendbar, die Gl. (7.1) erfüllen. Aus der Hypothese von BERNOULLI folgt, dass die Verzerrungen mit zunehmendem Abstand von der Nulllinie linear zunehmen (**Abb. 7.1**).
- Zwischen dem Beton und der Bewehrung liegt vollkommener Verbund vor, d.h., die Biegezugbewehrung hat dieselbe Dehnung wie die Betonfaser in der Höhe des Schwerpunktes des Bewehrungsstranges.
- Die Zugfestigkeit des Betons wird rechnerisch nicht berücksichtigt (im Unterschied zu dem in Kap. 1.4.4 geschilderten tatsächlichen Tragverhalten), d.h., der Querschnitt wird für die Bemessung als bis zur Nulllinie gerissen angenommen (Zustand II). Sämtliche Zugkräfte müssen durch die Bewehrung aufgenommen werden (**Abb. 7.1**).
- Die Verknüpfung der Stauchungen mit den Beton*druck*spannungen und der Dehnungen/Stauchungen mit den Stahlspannungen erfolgt über festgelegte Werkstoffgesetze (z.B. nach **Abb. 2.6** und **Abb. 2.16**).

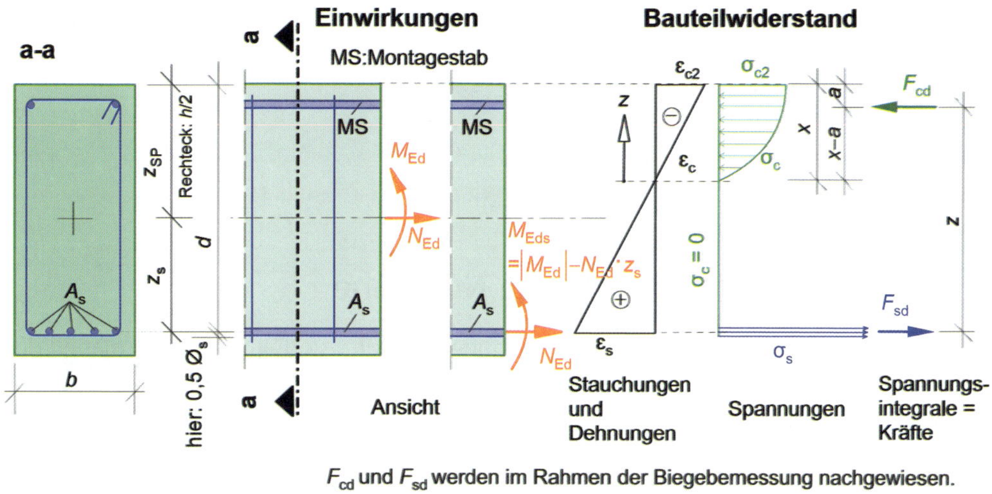

Abb. 7.1 *Rechteckquerschnitt unter einachsiger Biegung*

Ein Spannungsnachweis nach der technischen Biegelehre ist nur für ungerissene Querschnitte gültig. In der Beanspruchungskombination Biegemoment plus Längskraft sind Stahlbetonbauteile gerissen (Ausnahme: geringe Beanspruchungen → Kap. 1.4.4). Daher sind die Gleichungen (7.2) bis (7.4) nicht anwendbar.

$$\sigma = \sigma_x = \frac{N(x)}{A(x)} + \frac{M_y(x)}{I_y(x)} \cdot z \tag{7.2}$$

$$\tau = \tau_{xz} = \frac{V_z(x) \cdot S_y(x)}{I_y(x) \cdot b(x)} \tag{7.3}$$

$$\sigma_{I,II} = \frac{\sigma_x}{2} \pm \sqrt{\left(\frac{\sigma_x}{2}\right)^2 + \tau_{xz}^2} \tag{7.4}$$

Um Stahlbetonbauteile bemessen zu können, sind Bemessungshilfsmittel (z.B. [Schneider/Albert – 20]) oder FEM-Programme erforderlich. Die Grundlagen der Biegebemessung werden im Folgenden dargestellt. Der Nachweis für Biegung und Längskraft erfolgt mit den o.g. Annahmen über die Identitätsbedingung zwischen den (äußeren) Schnittgrößen M_{Ed} und N_{Ed} und den inneren Kräften F_c und F_s (bzw. F_{cd} und F_{sd}). Aus praktischen Gründen (die Bemessungshilfsmittel lassen sich unabhängig von der Längskraft aufstellen) werden vorher die Schnittgrößen in die Schwerachse der (gesuchten) Biegezugbewehrung transformiert. Es gilt:

$$M_{Eds} = |M_{Ed}| - N_{Ed} \cdot z_s \tag{7.5}$$

Da das *Vorzeichen des Momentes* lediglich die *Lage* der Druck- bzw. Zugzone im Querschnitt zuordnet, somit anzeigt, in welcher Querschnittshälfte die *Biegezugbewehrung* angeordnet werden muss, kann die Gl. (7.5) unabhängig vom Vorzeichen des Momentes geschrieben werden:

Für den Abstand der Bewehrung, gemessen von der Schwerachse des Bauteils (Index SP), gilt:

$$z_s = d - z_{SP} \text{ allgemein} \tag{7.6}$$

$$z_s = d - \frac{h}{2} \text{ für Rechteckquerschnitte} \tag{7.7}$$

7.2 Bauteilhöhe und statische Nutzhöhe

Die Bauteilbreite *b* (breadth) und die Bauteilhöhe *h* (height) sind aus den Werkplänen des Architekten oder einer Vorbemessung bekannt. Die statische Nutzhöhe *d* (depth) ist der Abstand vom gedrückten Querschnittsrand bis zum Schwerpunkt der Biegezugbewehrung. Sie muss zunächst geschätzt werden, da Anzahl und Durchmesser der Bewehrungsstäbe der Biegezugbewehrung erst durch die Bemessung bestimmt werden sollen und auch erst dann der Schwerpunkt der Biegezugbewehrung bekannt ist (**Abb. 7.2**). Am Ende einer Biegebemessung ist diese Schätzung zu überprüfen.

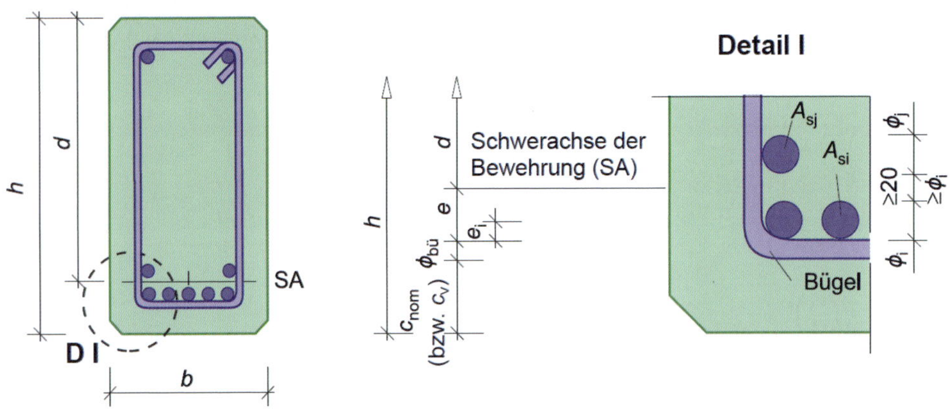

Abb. 7.2 *Ermittlung der statischen Höhe*

Die Biegezugbewehrung wird möglichst so angeordnet, dass die statische Nutzhöhe groß wird (dies minimiert F_c bzw. F_s in **Abb. 7.1**). Sie wird daher unter Beachtung des Verlegemaßes der Betondeckung möglichst oberflächennah angeordnet.

Bei mehrlagiger Bewehrung oder bei obenliegender Biegezugbewehrung ist jedoch gleichzeitig darauf zu achten, dass der Beton auf der Baustelle eingebracht werden kann, es sind Rüttelgassen vorzusehen. Aufgrund des Flächenbedarfs für einen Innenrüttler ergibt sich für die Rüttelgasse ein lichter Abstand von 4 bis 8 cm. Auch der Abstand der Rüttelgassen ist an den Wirkungsbereich des Innenrüttlers anzupassen (**Abb. 7.3**). Innenrüttler Ø40 mm haben einen Wirkungsgrad < 45 cm, praxisübliche Innenrüttler Ø80 mm einen Wirkungsgrad von < 110 cm.

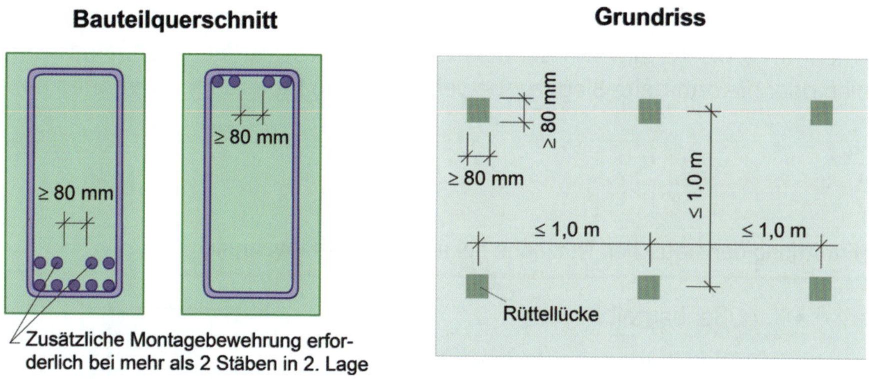

Abb. 7.3 *Anordnung von Rüttellücken und -gassen*

Bei üblichen Hochbauten wird eine Biegezugbewehrung ein- oder zweilagig angeordnet. Für die Schätzung der statischen Nutzhöhe muss entschieden werden, ob die Biegezugbewehrung in *einer* Lage eingelegt werden kann oder ob eine *zweilagige* Bewehrung (wie in **Abb. 7.3**) erforderlich ist, da sich beide Schwerpunkte deutlich unterscheiden. Für Schätzungen kann je nach Betondeckung und Bewehrungsgrad

$$d_{est} = h - (4 \text{ bis } 10) \text{ in cm} \tag{7.8}$$

angenommen werden. Die Überprüfung der Schätzung erfolgt mit folgenden Gleichungen (vgl. Abb. 7.3), wobei der Bügeldurchmesser $\varnothing_{bü}$, der erst nach der Querkraftbemessung bekannt ist, im Hochbau mit 10 mm angenommen werden sollte. Hier sind Bügeldurchmesser 8 mm ≤ $\varnothing_{bü}$ ≤ 12 mm üblich.

$$d = h - c_{v,l} - e \tag{7.9}$$

$$e = \frac{\sum_i A_{si} \cdot e_i}{\sum_i A_{si}} \tag{7.10}$$

Sofern auf eine genaue Ermittlung von e verzichtet werden soll, kann dieses Maß auf „der sicheren Seite" liegend ermittelt werden

- bei *einlagiger* Bewehrung:

$$e = \frac{\varnothing}{2}$$

bzw. (7.11)

$$e \approx \frac{\max \varnothing}{2} \tag{7.12}$$

max Ø größter Durchmesser der Biegezugbewehrung

- bei *zweilagiger* Bewehrung

$$e \approx 1{,}5 \cdot \max \varnothing \geq \varnothing + 10\,\text{mm} \tag{7.13}$$

Wenn die sich tatsächlich ergebende statische Nutzhöhe *d* bei üblichen Hochbauabmessungen um mehr als 5 bis 10 mm von der Schätzung abweicht, ist die Biegebemessung zu wiederholen oder die ermittelte Biegezugbewehrung ist (in Näherung) zu erhöhen auf:

$$A_{s,erf} \approx A_s \cdot \frac{d_{alt}}{d_{neu}} \tag{7.14}$$

Beispiel 7.1: Ermittlung der statischen Nutzhöhe bei mehrlagiger Bewehrung

Gegeben:
- Außenbauteil
- Rechteckquerschnitt *b*/*h* = 25/75 cm
- Baustoffe C30/37 (Ortbeton); B500

Gesucht:
- Verlegemaß der Bewehrung
- Schätzung der statischen Nutzhöhe
- Exakte statische Nutzhöhe bei vorgegebener Biegezugbewehrung

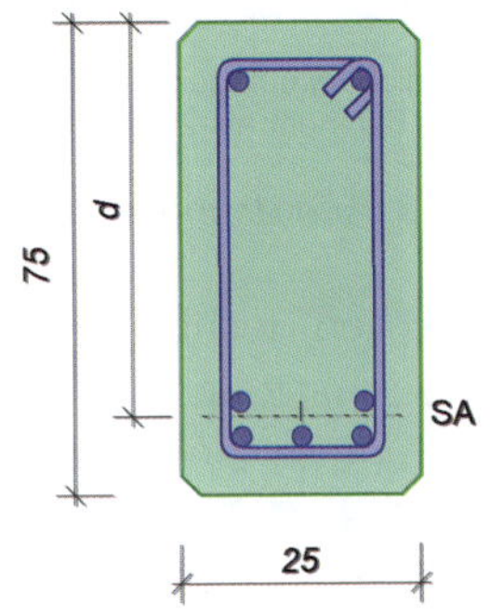

Lösung:

- Ermittlung des Verlegemaßes

Umweltklasse für Bewehrungskorrosion: XC4 — **Tafel 2.1**: für Außenbauteil

Umweltklasse für Betonangriff: XF1

XC4: C25/30

XF1: C25/30 < C30/37 — **Tafel 2.3**: Gewählte Festigkeitsklasse des Betons darf nicht unter der Mindestfestigkeitsklasse liegen.

$c_{min} = 25$ mm — **Tafel 3.1**: Umweltklasse XC4

$\Delta c_{dev} = 15\,\text{mm}$ — Vorhaltemaß für Umweltklasse XC4

$c_{nom} = c_{v,bü} = 25 + 15 = 40\,\text{mm}$ — (3.1): $c_{nom} = c_{min} + \Delta c_{dev} = c_{v,bü}$

$c_{v,l} = 40 + 10 = 50\,\text{mm}$ — $c_{v,l} = c_{v,bü} + \varnothing_{bü,geschätzt}$

$\varnothing_{bü,geschätzt} = 10$ mm — (Verbund nicht maßgebend)

- Schätzung der statischen Nutzhöhe

Es wird angenommen, dass eine 2-lagige Bewehrung erforderlich ist.

$e_{max} = 1{,}5 \cdot 28 = 42\,\text{mm}$ — (7.13): $e_{max} = 1{,}5 \cdot \max \varnothing_l \geq \varnothing_l + 10$

$\varnothing_{l,geschätzt} = 28$ mm

$e_{geschätzt} = 35\,\text{mm}$

$d_{est} = 75 - 5{,}0 - 3{,}5 = 66{,}5\,\text{cm}$ — $d_{est} = h - c_{v,l} - e$

Ermittlung der exakten statischen Nutzhöhe bei vorgegebener Biegezugbewehrung

Gegeben: 2 ∅28 + 3 ∅25

mit 1. Lage 2 ∅28 + 1 ∅25 und 2. Lage 2 ∅25

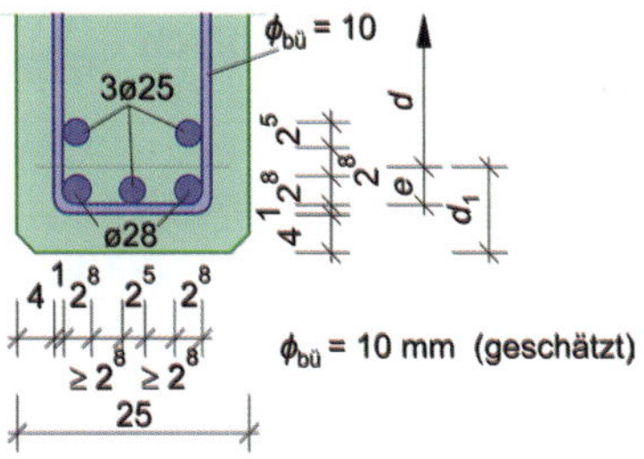

Bewehrungslage unter Berücksichtigung des Mindestmaßes der lichten Stababstände nach Gl. (4.1), des Bügeldurchmessers $\varnothing_{bü}$ und der Betondeckung.

Ablesen aus Tafel 4.1:

∅28: 6,16 cm²; ∅25: 4,91 cm²

$$e = \frac{2 \cdot 6{,}16 \cdot \frac{2{,}8}{2} + 4{,}91 \cdot \frac{2{,}5}{2} + 2 \cdot 4{,}91 \cdot \left(2 \cdot 2{,}8 + \frac{2{,}5}{2}\right)}{2 \cdot 6{,}16 + 3 \cdot 4{,}91}$$

$$= 3{,}4 \text{ cm} < e_{\text{geschätzt}} = 3{,}5 \text{ cm}$$

(7.10): $e = \frac{\sum_i A_{si} \cdot e_i}{\sum_i A_{si}}$

Fortsetzung mit Beispiel 7.2

Die geschätzte Lage des Schwerpunktes e ist etwas größer als die ermittelte Lage, sodass die statische Nutzhöhe mit $d_{\text{geschätzt}} = 66{,}5$ cm im Vergleich zur tatsächlichen Nutzhöhe $d = 66{,}6$ cm leicht auf der sicheren Seite angenommen wurde.

7.3 Bemessungsmomente

Die Biegebemessung erfolgt an den Stellen der maximalen Biegebeanspruchung. Bei einem Bauteil konstanter Höhe sind dies die Orte der Extremalmomente im Feld und/oder über der Stütze. Sie treten an Lagern von Durchlaufträgern direkt über dem idealisierten schneidenförmigen Auflager auf. Bei einer Lagerung auf einer Mauerwerkswand (nicht monolithische Lagerung) lässt sich das Bemessungsmoment reduzieren, indem die Auflagerkraft $F_{Ed,sup}$ auf die Auflagerbreite verteilt wird (Fall 1). Bei monolithischer Unterstützung durch einen Unterzug (Fall 2) ist die Auflagermitte nicht bemessungsbestimmend, da die Bauteilhöhe des unterstützten Bauteils im Bereich des Auflagers größer ist (**Abb. 7.4**). Die Unterstützungsränder stellen die maßgebenden Stellen dar; dies führt zu Gl. (7.17).

$$M_{Ed} = |M_{el}| - |\Delta M| \quad (7.15)$$

Fall 1 (Auflagerung Mauerwerkswand): $\Delta M = F_{Ed,sup} \cdot \frac{t}{8}$ (7.16)

Fall 2 (monolithische Lagerung): $\Delta M = \min \begin{cases} |V_{Ed,li}| \cdot \frac{t}{2} \\ |V_{Ed,re}| \cdot \frac{t}{2} \end{cases}$ (7.17)

$F_{Ed,sup}$ zugehörige Auflagerkraft zum Moment M_{Ed}

Die Vorgehensweise entsprechend **Abb. 7.4** liefert bei sehr breiten Unterstützungen unzutreffende Ergebnisse. Die Bemessung muss daher unter Einhaltung eines Mindestmomentes erfolgen, das 65 % des mit der lichten Weite l_n ermittelten Festeinspannmomentes (→ Kap. 5.5) entspricht, sofern die Schnittgrößenermittlung mit einem linearen Verfahren (mit begrenzter Momentenumlagerung) erfolgt ist. An Endauflagern ist ebenfalls ein Mindestmoment einzuhalten.

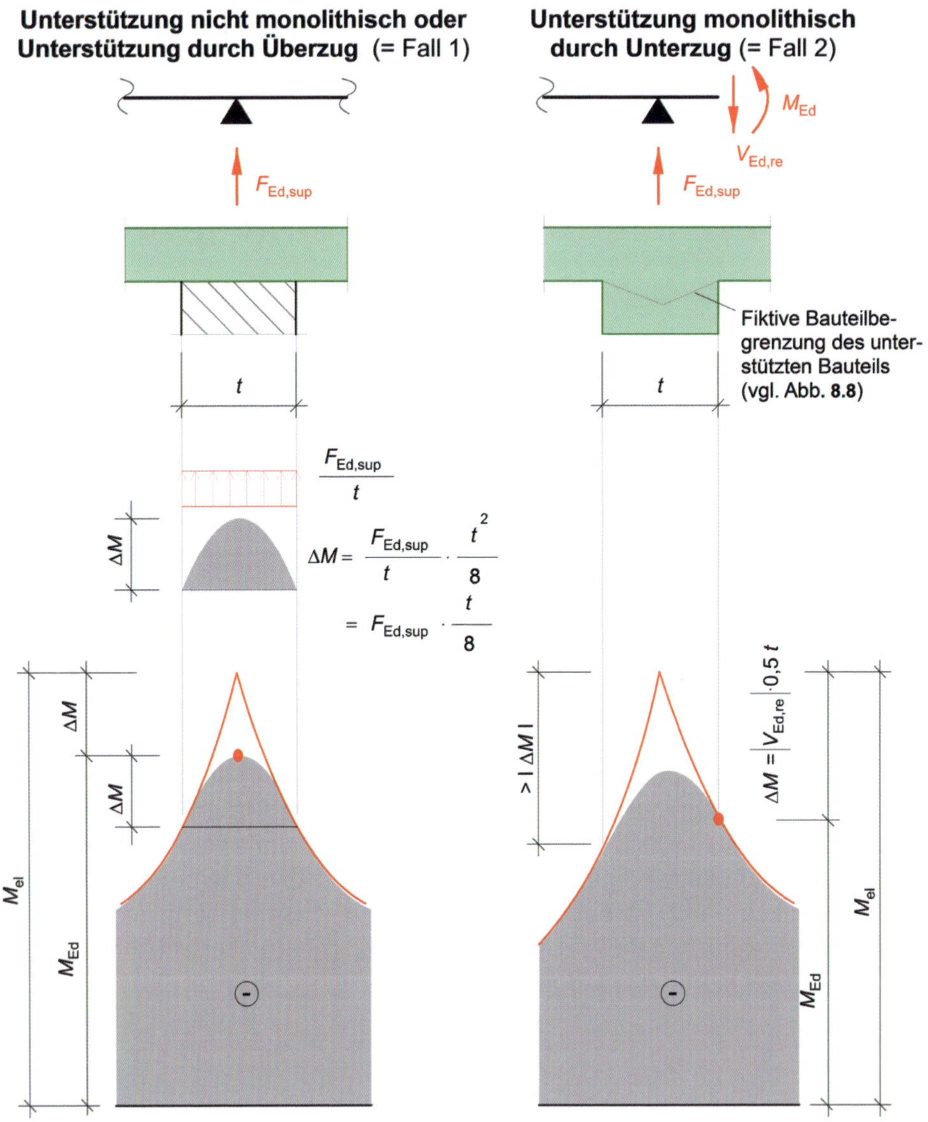

Abb. 7.4 *Momentenausrundung bei gelenkiger Lagerung*

7.4 Zulässige Stauchungen und Dehnungen

7.4.1 Grenzdehnungen

Um ein Bauteil bemessen zu können, müssen die Spannungs-Dehnungs-Linien bekannt sein, beim Stahlbeton diejenigen für den Beton und den Betonstahl. Als Rechenwert der Spannungs-Dehnungs-Linie für den Beton wird eine der gemäß **Abb. 2.6** möglichen, für den Betonstahl eine nach **Abb. 2.16** verwendet. In der Regel wird dabei für den Beton das „Parabel-Rechteck-Diagramm" benutzt.

Die Biegebemessung erfolgt – wie bereits erläutert – im Grenzzustand der Tragfähigkeit. Dieser rechnerische Versagenszustand tritt ein, wenn die Grenzverzerrungen (= Grenzdehnung oder Grenzstauchung) erreicht werden. Die zulässigen Dehnungsverteilungen nach EC 2 sind in **Abb. 7.5** dargestellt. Je nachdem, wo diese Grenzverzerrungen vorkommen, kann das Versagen durch den Beton oder den Betonstahl ausgelöst werden.

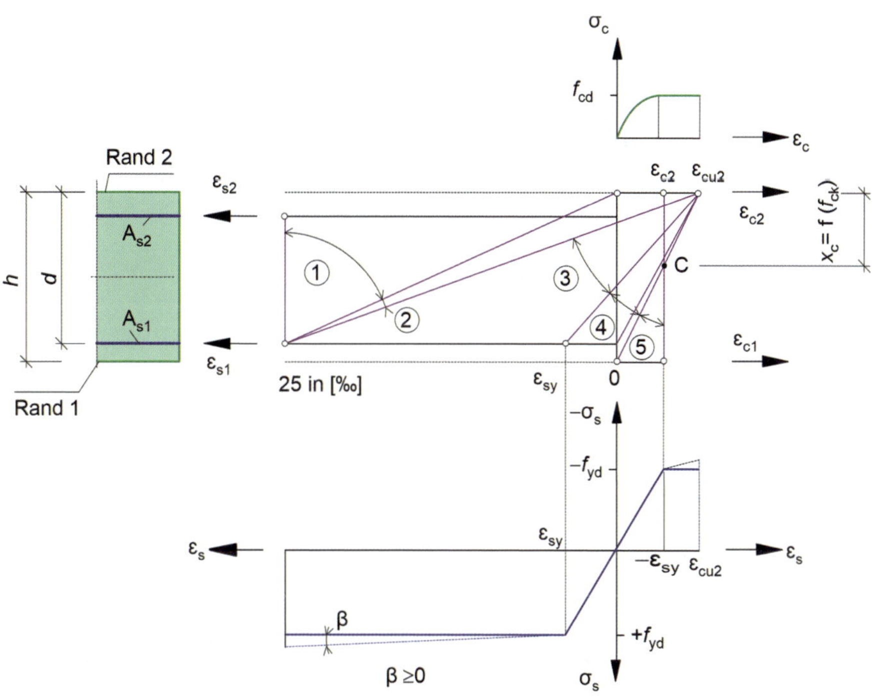

Abb. 7.5 *Rechnerisch mögliche Dehnungsverteilungen für Stahlbetonquerschnitte nach EC 2-1-1, 6.1*

- Ein *Versagen des Betons* (Bereiche 3 bis 5) liegt vor, wenn folgende für Betonfestigkeitsklassen bis C 50/60 geltende Grenzstauchungen am Bauteilrand erreicht werden:

  bei Biegung: $\varepsilon_{c2} = -3{,}5\ ‰$ (7.18)

  bei zentrischem Druck: $\varepsilon_{c1} = \varepsilon_{c2} = -2{,}2\ ‰$ (7.19)

- Ein *Versagen des Betonstahls* (Bereiche 1 und 2) liegt vor, wenn der Stahl folgende Grenzdehnungen erreicht:

$$\varepsilon_{s1} = \varepsilon_{s2} = 25\ ‰ \tag{7.20}$$

Die in **Abb. 7.5** gezeigten Bereiche der Verzerrungen werden im Folgenden näher erläutert.

7.4.2 Dehnungsbereiche

Bereich 1

Bereich 1 tritt bei einer mittig angreifenden Zugkraft oder bei einer Zugkraft mit kleiner Ausmitte (Biegung mit großem Axialzug) auf. Er umfasst alle Lastkombinationen, die über den gesamten Querschnitt positive Dehnungen verursachen (**Abb. 7.6**). Der statisch wirksame Querschnitt besteht nur aus der Bewehrung mit den Querschnitten A_{s1} und A_{s2}. Die Bewehrung A_{s1} versagt, weil sie die Grenzdehnung von ε_{s1} = 25,0 ‰ erreicht. Die Bemessung erfolgt nach dem Hebelgesetz (→ Kap. 7.10).

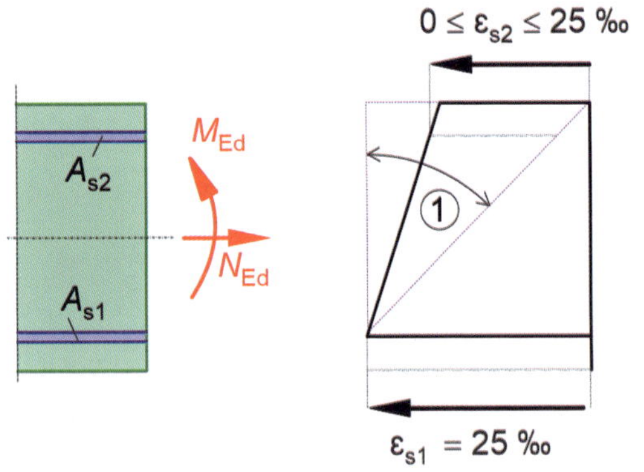

Abb. 7.6 *Dehnungen im Bereich 1*

Bereich 2

Bereich 2 tritt bei reiner Biegung und bei Biegung mit Längskraft (Druck- oder Zugkraft) auf (**Abb. 7.7**). Die Nulllinie liegt innerhalb des Querschnitts. Die Biegezugbewehrung wird voll ausgenutzt, d.h., der Stahl versagt, weil er die Grenzdehnung erreicht. Der Betonquerschnitt wird i. Allg. nicht voll ausgenutzt (Stauchungen erreichen nicht ε_{cu2} (= 3,5 für Normalbeton). Sofern das Dehnungsverhältnis $\varepsilon_{c2} / \varepsilon_{s1}$ = –3,5 / 25,0 auftritt, versagen Beton und Betonstahl gleichzeitig.

Die Bemessung erfolgt z.B mit einem dimensionslosen Bemessungsverfahren (→ Kap. 7.5.2) oder dem k_d-Verfahren (→ Kap. 7.5.3).

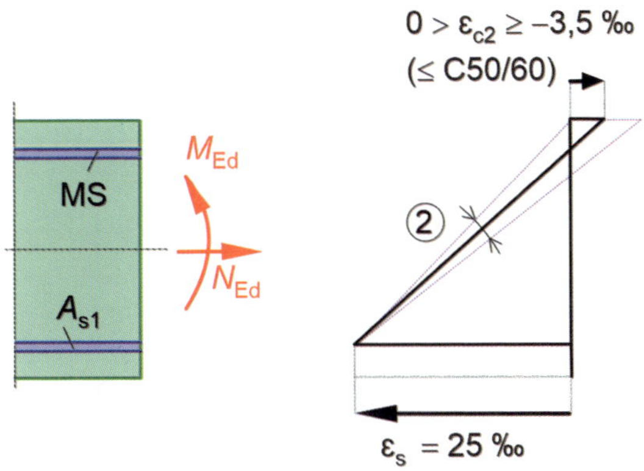

Abb. 7.7 *Stauchungen und Dehnungen im Bereich 2*

Bereich 3

Bereich 3 tritt bei reiner Biegung und bei Biegung mit Längskraft (Druck) auf (**Abb. 7.8**). Die Tragkraft des Stahls ist größer als die Tragkraft des Betons; es versagt der Beton, weil seine Grenzstauchung ε_{cu2} (= –3,5 ‰ für Normalbeton) erreicht wird. Das Versagen kündigt sich wie in den Bereichen 1 und 2 durch breite Risse an, da der Stahl die Fließgrenze überschreitet (Bruch mit Vorankündigung). Die Bemessung erfolgt z.B. mit einem dimensionslosen Bemessungsverfahren oder dem k_d-Verfahren.

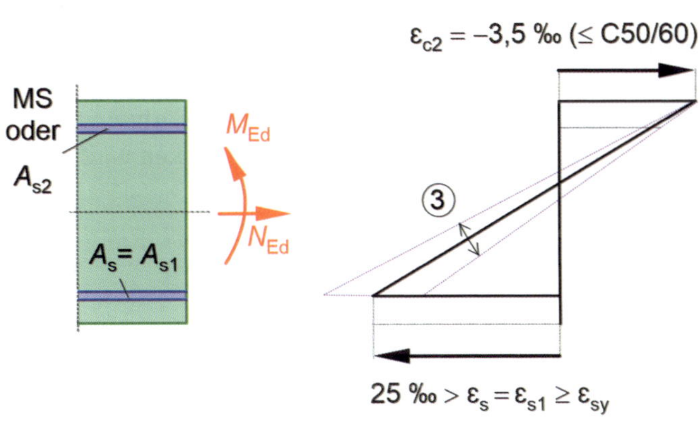

Abb. 7.8 *Stauchungen und Dehnungen im Bereich 3*

Bereich 4

Bereich 4 tritt bei Biegung mit einer Längsdruckkraft auf (**Abb. 7.9**). Er stellt den Übergang eines vorwiegend auf Biegung beanspruchten Querschnitts zu einem auf Druck beanspruchten Querschnitt dar. Der Beton versagt, bevor im Stahl die Fließgrenze erreicht wird, da die möglichen Dehnungen äußerst klein sind. Dieser Bereich führt zu einem stark bewehrten Querschnitt. Er wird daher bei der Bemessungspraxis durch Einlegen einer Druckbewehrung (→ Kap. 7.5.5) vermieden. Kleine Stahldehnungen in der Zugzone führen zum Bruch ohne Vorankündigung (die Biegezugbewehrung beginnt nicht zu fließen).

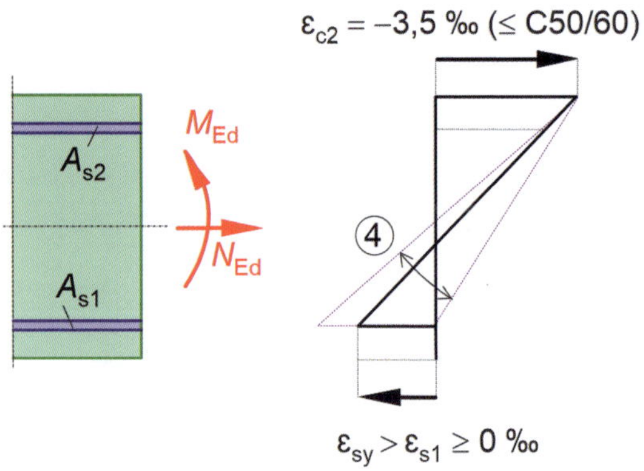

Abb. 7.9 *Stauchungen und Dehnungen im Bereich 4*

Bereich 5

Bereich 5 tritt bei einer Druckkraft mit geringer Ausmitte (z.B. bei Stützen, → Kap. 15) oder einer zentrischen Druckkraft auf. Er umfasst alle Lastkombinationen, die über den gesamten Querschnitt Stauchungen (**Abb. 7.10**) erzeugen, sodass nur Druckspannungen auftreten. Die Stauchung am weniger gedrückten Rand liegt zwischen $0 > \varepsilon_{c1} > \varepsilon_{c2}$. Alle Stauchungsverteilungen schneiden sich im Punkt C. Die Bemessung erfolgt z.B. mit Interaktionsdiagrammen gemäß Kap. 7.11.

Für profilierte Querschnitte gilt eine nach **Abb. 7.11** einzuhaltende Zusatzbedingung hinsichtlich des Punktes C, der nicht unter der Plattenmitte liegen darf. Hiermit soll ein sprödes Versagen der Druckzone insbesondere profilierter Querschnitte verhindert werden. Für normalfeste Betone bis C50/60 ist in diesem Fall die Betonstauchung in Plattenmitte auf $\varepsilon_{c2} = -2{,}0$ ‰ (→ **Tafel 2.6**) zu begrenzen. Die untere Grenze der Tragfähigkeit wird durch ein eingeschriebenes Rechteck gemäß **Abb. 7.11** festgelegt.

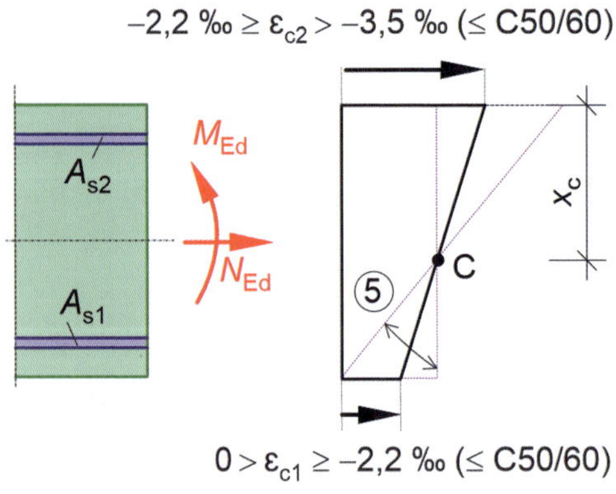

Abb. 7.10 *Stauchungen im Bereich 5*

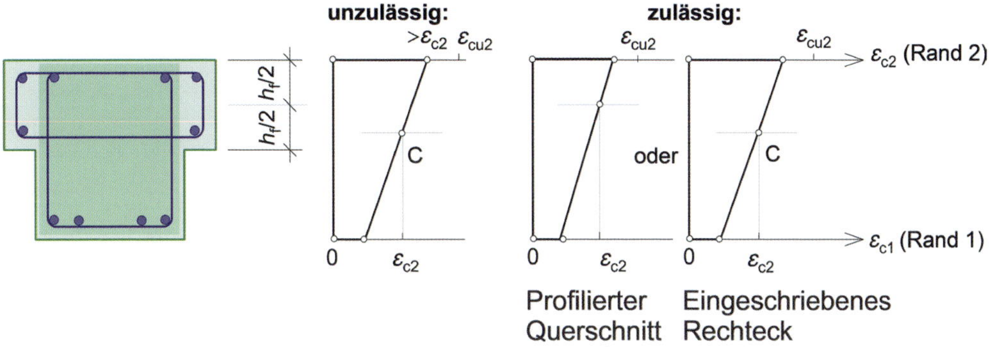

Abb. 7.11 *Begrenzung der Stauchung profilierter Druckglieder über die Lage von Punkt C und den Querschnitt*

7.4.3 Auswirkungen unterschiedlicher Grenzdehnungen

Zwischen verschiedenen internationalen Stahlbetonstandards (z.B. [DIN 1045 – 88], [DIN 1045-1 – 08] und EC 2-1-1 mit den Nationalen Anhängen) gelten z.T. unterschiedliche Grenzstauchungen bzw. Grenzdehnungen. Die Auswirkungen hieraus sollen im Folgenden betrachtet werden. Um die Betrachtung unabhängig von den Bauteilabmessungen zu ermöglichen, werden bezogene Werte (der Dimension 1) eingeführt. Sie sind auch in **Abb. 7.13** erläutert.

Bezogenes Moment (relative bending moment)

$$\mu_{\text{Eds}} = \frac{M_{\text{Eds}}}{b \cdot d^2 \cdot f_{\text{cd}}} \tag{7.21}$$

Bezogener innerer Hebelarm (lever arm factor)

$$\zeta = \frac{z}{d} \tag{7.22}$$

Bezogene Druckzonenhöhe (neutral axis depth factor)

$$\xi = \frac{x}{d} \tag{7.23}$$

$$x = \xi \cdot d \tag{7.24}$$

Aus einer Veränderung der zulässigen Grenzdehnungen entstehen nur geringe Auswirkungen auf das Bemessungsergebnis, den gesuchten Querschnitt der Biegezugbewehrung (**Abb. 7.12**). Der bezogene Hebelarm der inneren Kräfte ζ, der umgekehrt proportional zur erforderlichen Biegezugbewehrung ist, ist nur bei geringer Beanspruchung μ_{Eds} von der Grenzdehnung ε_s abhängig. Bei höherer Beanspruchung ist der Hebelarm der inneren Kräfte unabhängig von der Grenzdehnung (Die Kurven für ζ laufen ab einem Wert von $\mu_{\text{Eds}} \approx 0{,}2$ für $\varepsilon_s = 5\ ‰ = 25\ ‰ = \infty$ deckungsgleich.).

Die bezogene Druckzonenhöhe ξ unterscheidet sich für geringere Beanspruchungen zwar stärker. Diese wird jedoch bei derartigen geringen Beanspruchungen nicht bemessungsrelevant.

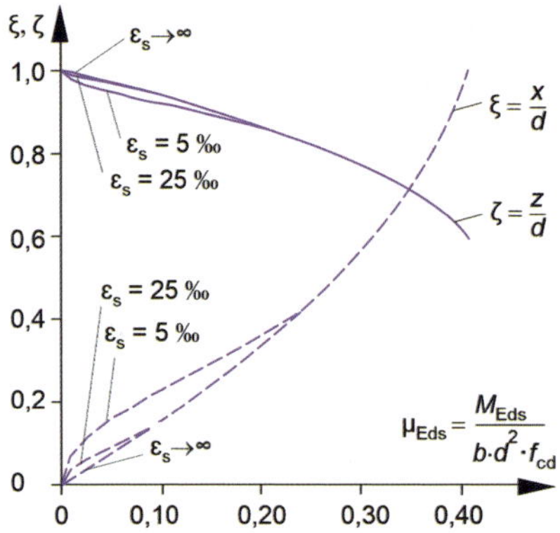

Abb. 7.12 *Bezogener Hebelarm der inneren Kräfte ζ und bezogene Druckzonenhöhe ξ bei unterschiedlichen Grenzdehnungen des Betonstahls ε_s für einen Querschnitt mit rechteckiger Druckzone*

Abb. 7.13 zeigt für einen Rechteckquerschnitt, der durch ein Biegemoment beansprucht wird, den Dehnungs- und Spannungsverlauf sowie die daraus resultierenden inneren Kräfte für ein reales Tragelement (oben) und für ein normiertes Tragelement (unten). Die Querschnittsbreite und die statische Nutzhöhe werden bei dem normierten Tragelement mit einem Wert von 1 m angenommen. Die Höhenangaben h, z und x werden zur Normierung auf die statische Nutzhöhe d bezogen. Zur Normierung der Kräfte werden diese durch $b \cdot d$ dividiert. Um für alle Betonfestigkeiten ein allgemeines Bemessungshilfsmittel zu entwickeln, werden alle Spannungen durch Division von f_{cd} normiert.

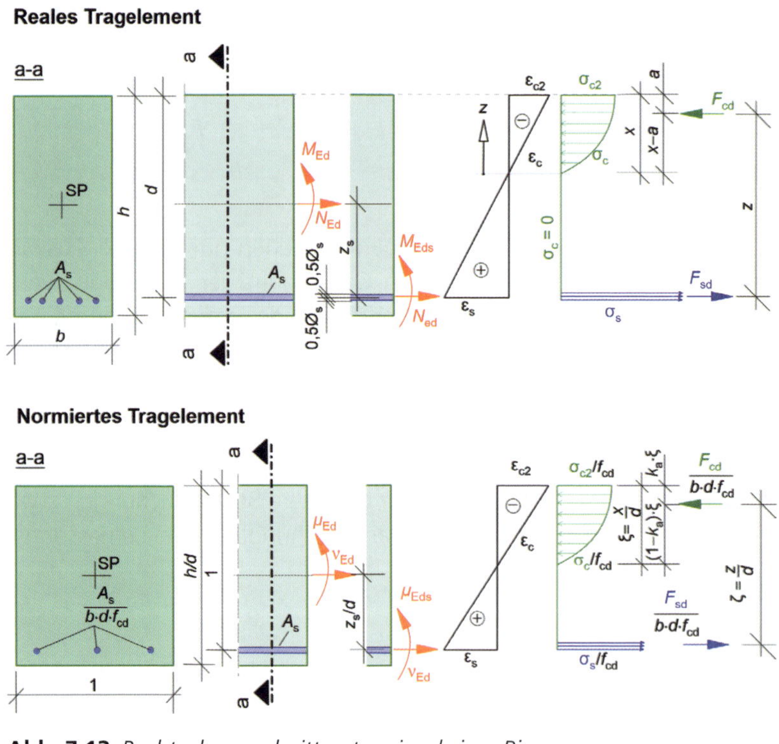

Abb. 7.13 *Rechteckquerschnitt unter einachsiger Biegung*

Die im folgenden Abschnitt entwickelten Bemessungshilfsmittel gelten nur für Normalbeton, da bei Hochleistungsbeton die Randstauchung ε_{cu2} auf unterschiedliche Werte je nach Festigkeitsklasse zu begrenzen ist (vgl. **Tafel 2.6**). Dies führt zu unterschiedlichen Drehpunkten C (**Abb. 7.11**). Bemessungshilfsmittel sind daher (für die höherfesten Festigkeitsklassen) von der Druckfestigkeit abhängig.

7.5 Biegebemessung von Querschnitten mit rechteckiger Druckzone für einachsige Biegung

7.5.1 Grundlegende Zusammenhänge für die Erstellung von Bemessungshilfen

Die innerhalb eines Stahlbetonquerschnitts zugelassenen Stauchungen und Dehnungen wurden in **Abb. 7.5** dargestellt. Verzerrungen und Spannungen werden über die Werkstoffgesetze für Beton (**Abb. 2.6**) und Betonstahl (**Abb. 2.16**) gekoppelt. Sofern ein beliebiges Dehnungsverhältnis gewählt wird, sind somit die Spannungen bekannt, und die bei diesem Verzerrungszustand aufnehmbaren inneren Schnittgrößen (= Bauteilwiderstand) können durch Integration der Spannungen bestimmt werden. Die allgemeine Situation ist für einen Rechteckquerschnitt mit realen Abmessungen und zusätzlich für einen normierten Querschnitt der Breite und der statischen Nutzhöhe 1 in **Abb. 7.13** dargestellt.

Die grundlegenden Beziehungen hierzu werden im Folgenden entwickelt, wobei jeweils zuerst die Gleichungen für einen realen Querschnitt stehen, an dem die einzelnen Schritte anschaulich nachvollzogen werden können. Darunter stehen jeweils die äquivalenten Gleichungen für einen normierten Querschnitt beliebiger Betonfestigkeitsklasse. Diese Gleichungen sind allgemeingültig (für einen Querschnitt mit rechteckiger Druckzone) und für die Entwicklung allgemeingültiger Bemessungshilfsmittel unerlässlich.

Die Druckzonenhöhe x lässt sich aufgrund der linearen Verteilung der Dehnung (siehe **Abb. 7.13**) bei einer bestimmten Dehnungsverteilung angeben durch:

$$x = \frac{|\varepsilon_{c2}|}{|\varepsilon_{c2}| + \varepsilon_s} \cdot d \qquad (7.25)$$

$$\xi = \frac{x}{d} = \frac{|\varepsilon_{c2}|}{|\varepsilon_{c2}| + \varepsilon_s} \qquad (7.26)$$

Die innere Betondruckkraft F_{cd} wird bestimmt, indem die Betondruckspannungen σ_{cd} über die Höhe der Druckzone integriert werden.

$$F_{cd} = \int_0^x \sigma_{cd} \cdot b \cdot dz \qquad (7.27)$$

Ein Maß für die Ausnutzung der Betondruckzone ergibt sich über den sogenannten Völligkeitsbeiwert $\alpha_R < 1$. Er beschreibt, wie groß die Spannungsfläche (= Druckkraft) bei dem gewählten Verzerrungsverhältnis im Vergleich zu einer rechteckigen Spannungsfläche mit der Maximalordinate f_{cd} ist und kann somit geometrisch als Verhältniswert der mittleren

Betondruckspannung σ_m innerhalb der Druckzonenfläche zur Maximalordinate f_{cd} gedeutet werden (**Abb. 7.14**).

$$\alpha_R = \sigma_m / f_{cd} \tag{7.28}$$

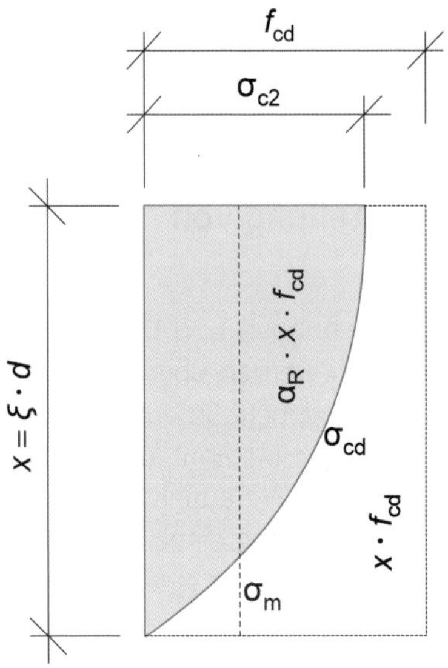

Abb. 7.14 *Spannungen in der Druckzone; Erläuterung zum Völligkeitsbeiwert für Beton* α_R

F_{cd} lässt sich somit auch mit Hilfe des Völligkeitsbeiwertes α_R ermitteln.

$$F_{cd} = \alpha_R \cdot b \cdot x \cdot f_{cd} \tag{7.29}$$

Die folgende Darstellung ist besonders anschaulich, da sich α_R alleine in Abhängigkeit von der Dehnung ε_{c2} formulieren lässt.

$$\alpha_R = \frac{1}{2} \cdot |\varepsilon_{c2}| - \frac{1}{12} \cdot |\varepsilon_{c2}|^2 \quad \textit{für } 0 \leq |\varepsilon_{c2}| \leq 2{,}0\ ‰ \tag{7.30}$$

$$\alpha_R = 1 - \frac{2}{3|\varepsilon_{c2}|} \quad \textit{für } 2{,}0\ ‰ < |\varepsilon_{c2}| \leq 3{,}5\ ‰ \tag{7.31}$$

Wenn in Gl. (7.30) die bezogene Höhe der Druckzone nach Gl. (7.23) eingeführt wird, ergibt sich Gl. (7.33). Die Umrechnung auf das normierte Tragelement erfolgt für die Kraft in dieser Gleichung sowie in allen folgenden durch Division durch $b \cdot d$. Damit die Gleichung für jede Betonfestigkeitsklasse allgemeingültig gilt, müssen die Gleichungen ebenfalls durch f_{cd} dividiert werden.

$$F_{cd} = \alpha_R \cdot b \cdot \xi \cdot d \cdot f_{cd} \tag{7.32}$$

$$\frac{F_{cd}}{b \cdot d \cdot f_{cd}} = \xi \cdot \alpha_R \tag{7.33}$$

Der Bauteilwiderstand ergibt sich aus der Identitätsbedingung für das Biegemoment um einen beliebigen Punkt (z.B. um den Schwerpunkt der Bewehrung):

$$M_{\mathrm{Rds}} \equiv F_{\mathrm{cd}} \cdot z \tag{7.34}$$

$$M_{\mathrm{Eds}} \stackrel{!}{=} M_{\mathrm{Rds}} \tag{7.35}$$

$$M_{\mathrm{Eds}} = F_{\mathrm{cd}} \cdot z \tag{7.36}$$

$$\frac{M_{\mathrm{Eds}}}{b \cdot d^2 \cdot f_{\mathrm{cd}}} = \frac{F_{\mathrm{cd}}}{b \cdot d \cdot f_{\mathrm{cd}}} \cdot \frac{z}{d} \tag{7.37}$$

Zusätzlich zur oben angegeben Umrechnug auf das normierte Tragelement müssen auch alle Höhenangaben auf die statische Nutzhöhe d bezogen werden. In Gl. (7.37) wurde somit der Hebelarm z durch d dividiert, wodurch sich auf der linken Seite von Gl. (7.37) das bezogene Moment μ_{Eds} (siehe Gl. (7.21)) ergibt.

$$\mu_{\mathrm{Eds}} = \frac{F_{\mathrm{cd}}}{b \cdot d \cdot f_{\mathrm{cd}}} \cdot \frac{z}{d} \tag{7.38}$$

Der Randabstand *a* vom gestauchten Rand, der die genaue Lage der Betondruckkraft angibt, ist definiert durch:

$$\mathrm{a} = x - \frac{\int_{z=0}^{x} \sigma_{\mathrm{cd}} \cdot b \cdot z \cdot dz}{\int_{z=0}^{x} \sigma_{\mathrm{cd}} \cdot b \cdot dz} = x - \frac{\int_{z=0}^{x} \sigma_{\mathrm{cd}} \cdot b \cdot z \cdot dz}{F_{\mathrm{cd}}} \tag{7.39}$$

Setzt man für σ_{cd} die Gleichung des Parabel-Rechteck-Diagramms Gl. (2.14) an, so ergibt sich eine Beziehung, die nur noch von der Randdehnung $\varepsilon_{\mathrm{c2}}$ abhängig ist. Um diesen Wert dimensionslos zu formulieren, bezieht man ihn auf die Druckzonenhöhe x. Es ergibt sich der Höhenbeiwert k_{a}.

$$\mathrm{a} = \frac{|\varepsilon_{\mathrm{c2}}| - 8}{4|\varepsilon_{\mathrm{c2}}| - 24} \cdot x \qquad \text{für } 0 \leq |\varepsilon_{\mathrm{c2}}| \leq 2{,}0\ ‰ \tag{7.40}$$

$$\mathrm{a} = \frac{3|\varepsilon_{\mathrm{c2}}|^2 - 4|\varepsilon_{\mathrm{c2}}| + 2}{6|\varepsilon_{\mathrm{c2}}|^2 - 4|\varepsilon_{\mathrm{c2}}|} \cdot x \qquad \text{für } 2{,}0\ ‰ < |\varepsilon_{\mathrm{c2}}| \leq 3{,}5\ ‰ \tag{7.42}$$

$$\mathrm{k_a} = \frac{a}{x} = \frac{|\varepsilon_{\mathrm{c2}}| - 8}{4|\varepsilon_{\mathrm{c2}}| - 24} \qquad \text{für } 0 \leq |\varepsilon_{\mathrm{c2}}| \leq 2{,}0\ ‰ \tag{7.41}$$

$$\mathrm{k_a} = \frac{a}{x} = \frac{3|\varepsilon_{\mathrm{c2}}|^2 - 4|\varepsilon_{\mathrm{c2}}| + 2}{6|\varepsilon_{\mathrm{c2}}|^2 - 4|\varepsilon_{\mathrm{c2}}|} \qquad \text{für } 2{,}0\ ‰ < |\varepsilon_{\mathrm{c2}}| \leq 3{,}5\ ‰ \tag{7.43}$$

Aus **Abb. 7.13** ist ersichtlich, dass sich der innere Hebelarm über

$$z = d - a \tag{7.44}$$

ermitteln lässt. Der Dimesionslose Wert ζ kann somit wie folgt bestimmt werden:

$$\zeta = \frac{z}{d} = \frac{d-a}{d} = 1 - \frac{a}{d} = 1 - \frac{a}{x} \cdot \frac{x}{d} = 1 - k_{\mathrm{a}} \cdot \xi \tag{7.45}$$

Mit Gl. (7.36) ergibt sich unter Verwendung von Gl. (7.32) und Gl. (7.45) Folgendes:

$$M_{Eds} = \alpha_R \cdot b \cdot \xi \cdot d \cdot f_{cd} \cdot (1 - k_a \cdot \xi) \cdot d$$

$$M_{Eds} = \alpha_R \cdot \xi \cdot (1 - k_a \cdot \xi) \cdot b \cdot d^2 \cdot f_{cd} \tag{7.46}$$

$$\mu_{Eds} = \frac{\alpha_R \cdot b \cdot \xi \cdot d \cdot f_{cd}}{b \cdot d \cdot f_{cd}} \cdot \frac{(1 - k_a \cdot \xi) \cdot d}{d}$$

$$\mu_{Eds} = \alpha_R \cdot \xi \cdot \zeta \tag{7.47}$$

Aus den Gleichungen ist ersichtlich, dass das (bezogene) Moment anhand eines vorgegebenen Verzerrungszustandes bestimmt werden kann, da ξ, ζ, und α_R sich eindeutig aus einem gegebenen Verzerrungsverhältnis ermitteln lassen.

Weiterhin ergibt sich aus der Identitätsbedingung für die Längskräfte (**Abb. 7.13**):

$$N_{Rd} \equiv F_{sd} - F_{cd} \tag{7.48}$$

$$N_{Ed} \overset{!}{=} N_{Rd}$$

$$F_{sd} = F_{cd} + N_{Ed} \tag{7.49}$$

$$\frac{F_{sd}}{b \cdot d \cdot f_{cd}} = \frac{F_{cd}}{b \cdot d \cdot f_{cd}} + \frac{N_{Ed}}{b \cdot d \cdot f_{cd}} \tag{7.50}$$

Der zweite Summand in Gl. (7.50) wird als bezogene Längskraft ν_{Ed} definiert

$$\nu_{Ed} = \frac{N_{Ed}}{b \cdot d \cdot f_{cd}} \tag{7.51}$$

$$\frac{F_{sd}}{b \cdot d \cdot f_{cd}} = \frac{F_{cd}}{b \cdot d \cdot f_{cd}} + \nu_{Ed}$$

Mit Gl. (7.49) erhält man unter Verwendung von Gl. (7.36):

$$F_{sd} = \frac{M_{Eds}}{z} + N_{Ed} \tag{7.52}$$

$$\frac{F_{sd}}{b \cdot d \cdot f_{cd}} = \xi \cdot \alpha_R + \nu_{Ed} \tag{7.53}$$

Gl. (7.53) kann unter Verwendung von Gl. (7.47) auch geschrieben werden:

$$\frac{F_{sd}}{b \cdot d \cdot f_{cd}} = \frac{\mu_{Eds}}{\zeta} + \nu_{Ed}$$

Die erforderliche Bewehrung lässt sich damit unter Berücksichtigung von $F_{sd} = \sigma_{sd} \cdot A_s$ wie folgt ermitteln:

$$A_s = \frac{1}{\sigma_{sd}} \cdot \left(\frac{M_{Eds}}{z} + N_{Ed}\right) \tag{7.54}$$

$$\frac{A_s}{b \cdot d \cdot f_{cd}} = \frac{1}{\sigma_{sd}} \cdot \left(\frac{\mu_{Eds}}{\zeta} + \nu_{Ed}\right) \tag{7.55}$$

Da die Gln. (7.54) und (7.55) vollkommen unabhängig von den Bauteilabmessungen und der Betonfestigkeitsklasse sind und nur vom gewählten Verzerrungsverhältnis abhängen, wurde damit ein Weg beschrieben, der allgemeingültig ist. Wenn diese Gleichungen für alle zulässigen Verzerrungsverhältnisse ausgewertet werden, ergeben sich jeweils das aufnehmbare Biegemoment und die zugehörige erforderliche Bewehrung. Auf diese Weise können die in den folgenden Abschnitten dargestellten grafischen oder numerischen Bemessungshilfsmittel entwickelt werden. Für die numerischen Bemessungshilfsmittel wird jeweils ein dimensionsloses und ein dimensionsgebundenes Verfahren vorgestellt. Dimensionsgebundene Verfahren haben den Nachteil, dass innerhalb der Gleichungen festgelegte Dimensionen verwendet werden müssen, sodass sie für Computeranwendungen schlecht geeignet sind. Sie sind jedoch für Handrechnungen sinnnvoll und bieten eine gute Grundlage für Vorbemessungen (→ Kap. 7.8).

7.5.2 Biegebemessung mit einem dimensionslosen Verfahren[1] (ω-Verfahren)

Für die Anwendung des dimensionslosen Bemessungsverfahrens wird der mechanische Bewehrungsgrad ω eingeführt, der im Gegensatz zum geometrischen Bewehrungsgrad $\rho = \frac{A_s}{b \cdot d}$ die unterschiedlichen zulässigen Spannungen der Baustoffe berücksichtigt:

$$\omega = \rho \cdot \frac{\sigma_{sd}}{f_{cd}} = \frac{A_s \cdot \sigma_{sd}}{b \cdot d \cdot f_{cd}} \tag{7.56}$$

Bei reiner Biegung ($\nu_{Ed} = 0$) kann μ_{Eds} auch mittels ω und ζ ermitelt werden. Dafür wird Gl. (7.56) in Gl. (7.55) eingesetzt.

$$\mu_{Eds} = \omega \cdot \zeta \quad oder \quad \omega = \frac{\mu_{Eds}}{\zeta} \tag{7.57}$$

Falls ein Biegemoment und eine Normalkraft einwirken, ergibt sich ω zu:

$$\omega = \frac{A_s \cdot \sigma_{sd} - N_{Ed}}{b \cdot d \cdot f_{cd}} \tag{7.58}$$

Statt σ_{sd} wird ω häufig ohne die Berücksichtigung des Verfestigungsbereiches des Stahls (siehe **Abb. 2.16**) ermittelt und mit $\sigma_{sd} = f_{yd} = 435\ \text{N/mm}^2$ angesetzt. Dann ergibt sich ω zu:

$$\omega = \frac{A_s \cdot f_{yd} - N_{Ed}}{b \cdot d \cdot f_{cd}} \tag{7.59}$$

Der mechanische Bewehrungsgrad ω unterscheidet sich bei dieser vereinfachten Annahme bei großen Stahldehnungen (25 ‰) um das Verhältnis $f_{tk,cal}/f_{yk} = 525/500 = 1{,}05$.

1 Eine andere übliche Bezeichnungsweise ist „dimensionsechtes Verfahren".

Die Bewehrungsmenge A_s lässt sich in beiden Fällen wie folgt ermitteln:

$$A_s = \frac{\omega \cdot b \cdot d \cdot f_{cd} + N_{Ed}}{\sigma_{sd}} \tag{7.60}$$

$$A_s = \frac{\omega \cdot b \cdot d \cdot f_{cd} + N_{Ed}}{f_{yd}} \tag{7.61}$$

Da μ_{Eds} und ρ sich für jeden beliebigen Verzerrungszustand ermitteln lassen, kann ω gemäß Gl. (7.57) ebenfalls allein anhand des Verzerrungszustandes ermittelt werden. In **Tafel 7.1** ist ω in Abhängigkeit von μ_{Eds} tabelliert.

Da im Regelfall für μ_{Eds} ein Wert ermittelt wird, der zwischen zwei vertafelten Zeilen liegt, ist der ungünstigere (= untere Zeile) zu wählen oder der exakte Wert per Interpolation zu ermitteln. Aus dieser Zeile können die gesuchten Größen ω, ζ und ξ abgelesen werden.

		C12/15 bis C50/60					**C100/115**				
	μ_{Eds}	ω	ζ	ξ	σ_{sd} **N/mm²**	$-\varepsilon_{c2}/\varepsilon_{s1}$ **‰**	ω	ζ	ξ	σ_{sd} **N/mm²**	$-\varepsilon_{c2}/\varepsilon_{s1}$ **‰**
	0,01	0,0101	0,990	0,030	457	0,77/25,00	0,0101	0,987	0,039	457	1,02/25,00
	0,02	0,0203	0,985	0,044	457	1,15/25,00	0,0204	0,981	0,056	457	1,48/25,00
	0,03	0,0306	0,980	0,055	457	1,46/2500	0,0307	0,976	0,069	457	1,85/25,00
	0,04	0,0410	0,976	0,066	457	1,76/25,00	0,0412	0,972	0,081	457	2,19/25,00
Bereich 2	0,05	0,0515	0,971	0,076	457	2,06/25,00	0,0517	0,968	0,091	457	2,50/25,00
	0,06	0,0621	0,967	0,086	457	2,37/25,00	0,0624	0,962	0,107	453	2,60/21,72
	0,07	0,0728	0,962	0,097	457	2,68/25,00	0,0732	0,956	0,126	450	2,60/18,11
	0,08	0,0836	0,957	0,107	457	3,01/25,00	0,0843	0,949	0,145	447	2,60/15,39
	0,09	0,0946	0,951	0,118	457	3,35/25,00	0,0955	0,942	0,164	445	2,60/13,28
	0,10	0,1058	0,946	0,131	455	3,50/23,29	0,1069	0,935	0,183	444	2,60/11,59
	0,11	0,1170	0,940	0,145	452	3,50/20,71	0,1185	0,928	0,203	442	2,60/10,20
	0,12	0,1285	0,934	0,159	450	3,50/18,55	0,1303	0,921	0,223	441	2,60/9,04
	0,13	0,1401	0,928	0,173	448	3,50/16,73	0,1422	0,914	0,244	440	2,60/8,06
	0,14	0,1519	0,922	0,188	447	3,50/15,16	0,1544	0,907	0,265	440	2,60/7,22
	0,15	0,1638	0,916	0,202	446	3,50/13,80	0,1668	0,899	0,286	439	2,60/6,49
	0,16	0,1759	0,910	0,217	445	3,50/12,61	0,1795	0,891	0,308	438	2,60/5,85
	0,17	0,1882	0,903	0,233	444	3,50/11,56	0,1924	0,884	0,330	438	2,60/5,28
Bereich 3	0,18	0,2007	0,897	0,248	443	3,50/10,62	0,2056	0,876	0,352	437	2,60/4,78
	0,19	0,2134	0,890	0,264	442	3,50/9,78	0,2190	0,867	0,375	437	2,60/4,32
	0,20	0,2263	0,884	0,280	441	3,50/9,02	0,2328	0,859	0,399	436	2,60/3,92
	0,21	0,2395	0,877	0,296	441	3,50/8,33	0,2469	0,851	0,423	436	2,60/3,54
	0,22	0,2529	0,870	0,312	440	3,50/7,71	0,2613	0,842	0,448	435	2,60/3,20
	0,23	0,2665	0,863	0,329	440	3,50/7,13	0,2761	0,833	0,473	435	2,60/2,89
	0,24	0,2804	0,856	0,346	439	3,50/6,61	0,2914	0,824	0,499	435	2,60/2,61
	0,25	0,2946	0,849	0,364	439	3,50/6,12	0,3070	0,814	0,526	435	2,60/2,34
	0,26	0,3091	0,841	0,382	438	3,50/5,67	0,3232	0,804	0,554	419	2,60/2,09

		C12/15 bis C50/60					C100/115				
	μ_{Eds}	ω	ζ	ξ	σ_{sd} N/mm²	$-\varepsilon_{c2}/\varepsilon_{s1}$ ‰	ω	ζ	ξ	σ_{sd} N/mm²	$-\varepsilon_{c2}/\varepsilon_{s1}$ ‰
	0,27	0,3239	0,834	0,400	438	3,50/5,25	0,3399	0,794	0,583	372	2,60/1,86
	0,28	0,3391	0,826	0,419	437	3,50/4,86	0,3572	0,784	0,612	329	2,60/1,65
	0,29	0,3546	0,818	0,438	437	3,50/4,49	0,3752	0,773	0,643	289	2,60/1,44
	0,30	0,3706	0,810	0,458	437	3,50/4,15	0,3939	0,762	0,675	250	2,60/1,25
	0,31	0,3869	0,801	0,478	436	3,50/3,82	0,4134	0,750	0,709	214	2,60/1,07
	0,32	0,4038	0,793	0,499	436	3,50/3,52	0,4339	0,737	0,744	179	2,60/0,90
	0,33	0,4211	0,784	0,520	436	3,50/3,23	0,4556	0,724	0,781	146	2,60/0,73
	0,34	0,4391	0,774	0,542	436	3,50/2,95	0,4786	0,710	0,820	114	2,60/0,57
	0,35	0,4576	0,765	0,565	435	3,50/2,69	0,5032	0,696	0,863	83	2,60/0,41
	0,36	0,4768	0,755	0,589	435	3,50/2,44					
	0,37	0,4968	0,745	0,614	435	3,50/2,20					
Ber. 4	0,38	0,5177	0,734	0,640	394	3,50/1,97					
(unwirt-	0,39	0,5396	0,723	0,667	350	3,50/1,75					
schaftlich)	0,40	0,5627	0,711	0,695	307	3,50/1,54					

Es kann in den Bereichen 2 und 3 auch ohne den Verfestigungsbereich der Bewehrung mit $\sigma_{sd} = f_{yd} = 435\ \text{N/mm}^2$ gerechnet werden.

Tafel 7.1 *Bemessungstabelle mit dimensionslosen Beiwerten (für B500 und Betonfestigkeitsklassen ≤ C50/60 sowie C100/115 mit Ausnutzen des Verfestigungsbereichs)*

Mit dem Ergebnis nach Gl. (7.60) bzw. (7.61) werden aus **Tafel 4.1** der Durchmesser und die Stabanzahl gewählt, sodass Gl. (7.62) erfüllt ist.

$$A_{s,vorh} \geq A_{s,erf} \tag{7.62}$$

Beispiel 7.2: Biegebemessung eines Rechteckquerschnitts mit einem dimensionslosen Verfahren (ω-Verfahren) (Biegung und Längszugkraft) (Fortsetzung von Beispiel 7.1)

Gegeben:
- Außenbauteil
- Rechteckquerschnitt *b*/*h* = 25/75 cm
- Schnittgrößen M_{Ed} = 565 kNm; N_{Ed} = 200 kN (Zugkraft)
- Baustoffe C30/37 (Ortbeton); B500

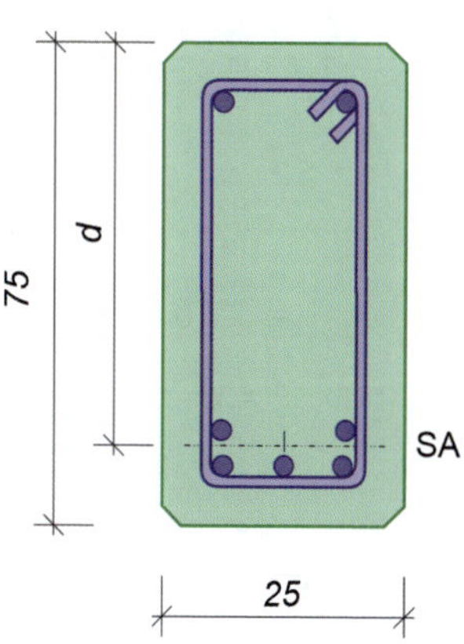

Gesucht:
- Erforderliche Biegezugbewehrung
- Verhältnis der Randverzerrungen
- Höhe der Betondruckzone
- Hebelarm der inneren Kräfte

Lösung:

Die statische Nutzhöhe wurde mit $d_{est} = 66{,}5$ cm bereits im Beispiel 7.1 ermittelt.

$z_s = 66{,}5 - \frac{75}{2} = 29\,\text{cm}$ | (7.7): $z_s = d - \frac{h}{2}$

$M_{Eds} = 565 - 200 \cdot 0{,}29 = 507\,\text{kNm}$ | (7.5): $M_{Eds} = |M_{Ed}| - N_{Ed} \cdot z_s$

$\gamma_C = 1{,}50$ | (2.18): Grundkombination und Ortbeton

$f_{cd} = \frac{0{,}85 \cdot 30}{1{,}50} = 17\,\text{N/mm}^2$ | (2.17): $f_{cd} = \frac{\alpha_{cc} \cdot f_{ck}}{\gamma_C}$

$\mu_{Eds} = \frac{0{,}507}{0{,}25 \cdot 0{,}665^2 \cdot 17} \approx 0{,}270$ | (7.21): $\mu_{Eds} = \frac{M_{Eds}}{b \cdot d^2 \cdot f_{cd}}$

- Randverzerrungen $\varepsilon_{c2}/\varepsilon_s = -3{,}50/5{,}25$ ‰ | **Tafel 7.1**

$\omega = 0{,}3239$; $\zeta = 0{,}834$; $\xi = 0{,}400$;
$\sigma_{sd} = 438\,\text{N/mm}^2$

- Druckzonenhöhe $x = 0{,}400 \cdot 66{,}5 = \underline{\underline{26{,}6\,\text{cm}}}$ | (7.24): $x = \xi \cdot d$

- Hebelarm der inneren Kräfte | (7.45): $z = \zeta \cdot d$

$z = 0{,}841 \cdot 67{,}5 = \underline{\underline{56{,}8\,\text{cm}}}$

- Biegezugbewehrung | (7.60): $A_s = \frac{\omega \cdot b \cdot d \cdot f_{cd} + N_{Ed}}{\sigma_{sd}}$

$A_s = \frac{0{,}3239 \cdot 0{,}25 \cdot 0{,}665 \cdot 17 + 0{,}200}{438} \cdot 10^4 = \underline{\underline{25{,}5\,\text{cm}^2}}$

gew: 2 ∅28 + 3 ∅25 mit

1. Lage 2 ∅28 + 1 ∅25; 2. Lage 2 ∅25

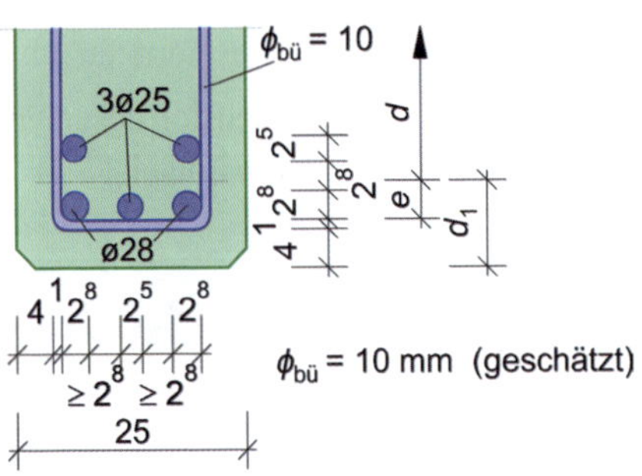

Bewehrungswahl unter Berücksichtigung des Mindestmaßes der lichten Stababstände nach Gl. (4.1), des Bügeldurchmessers $\varnothing_{bü}$ und der Betondeckung

Werte entnommen aus **Tafel 4.1**

$A_{s,vorh} = 27{,}0\,\text{cm}^2 > 25{,}5\,\text{cm}^2 = A_{s,erf}$ | (7.62): $A_{s,vorh} \geq A_{s,erf}$

max ∅ = ∅ 28 ⇒ $n = 3$ | **Tafel 4.1**: Größte Anzahl von Stäben in einer Lage für max ∅

Wie in Beispiel 7.1 gezeigt, wurde die statische Nutzhöhe mit $d_{geschätzt} = 66{,}5$ cm im Vergleich zur tatsächlichen Nutzhöhe $d = 66{,}6$ cm leicht auf der sicheren Seite angenommen, sodass die gewählte Bewehrung auch für die tatsächliche statische Nutzhöhe ausreichend ist.

Beispiel 7.3: Biegebemessung eines Rechteckquerschnitts mit einem dimensionslosen Verfahren (ω-Verfahren) (Biegung und Längsdruckkraft)

Gegeben:
- Außenbauteil
- Rechteckquerschnitt b/h = 25/75 cm
- Schnittgrößen M_{Ed} = 400 kNm; N_{Ed} = –200 kN (Druckkraft)
- Baustoffe C30/37 (Ortbeton); B500

Gesucht:
- Erforderliche Biegezugbewehrung
- Verhältnis der Randverzerrungen
- Höhe der Betondruckzone
- Hebelarm der inneren Kräfte

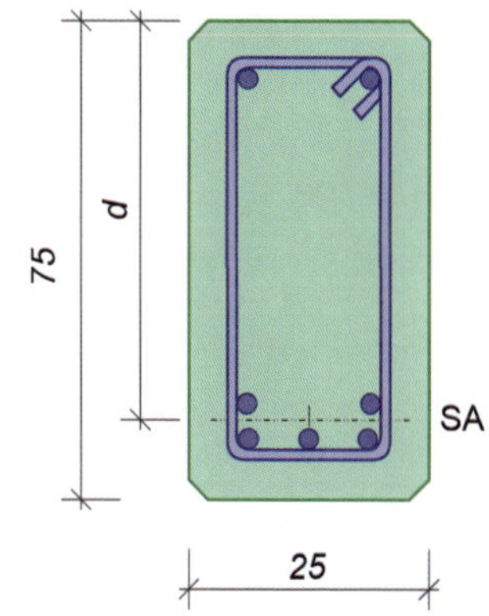

Lösung:

$d_{est} = 68{,}5\,\text{cm}$ — Geschätzt analog zu Beispiel 7.1

$z_s = 68{,}5 - \frac{75}{2} = 31{,}0\,\text{cm}$ — (7.7): $z_s = d - \frac{h}{2}$

Die Längskraft ist vorzeichenbehaftet einzusetzen:

$M_{Eds} = 400 - \left(-200 \cdot 0{,}31\right) = 462\,\text{kNm}$ — (7.5): $M_{Eds} = |M_{Ed}| - N_{Ed} \cdot z_s$

$\mu_{Eds} = \frac{0{,}462}{0{,}25 \cdot 0{,}685^2 \cdot 17} = 0{,}232$ — (7.21): $\mu_{Eds} = \frac{M_{Eds}}{b \cdot d^2 \cdot f_{cd}}$

$\varepsilon_{c2}/\varepsilon_s = -3{,}50/6{,}61$ ‰; $\zeta = 0{,}856$; $\xi = 0{,}346$;
$\omega = 0{,}2804$; $\sigma_{sd} = 439\ \text{N/mm}^2$ — Aus **Tafel 7.1** abgelesen für μ_{Eds} = 0,24

Die Werte könnten auch wie z.B. für ω gezeigt interpoliert werden:

$$\omega = 0{,}2665 + \left(0{,}2804 - 0{,}2665\right) \cdot \frac{0{,}232 - 0{,}23}{0{,}24 - 0{,}23} = 0{,}269$$

Alternativ vereinfacht sich unter Berücksichtigung, dass die Differenz im Nenner bei allen Interpolationen aus **Tafel 7.1** den Wert 0,01 beträgt, die Berechnung wie folgt:

$$\omega = 0{,}2665 + (0{,}2804 - 0{,}2665) \cdot 0{,}2 = 0{,}269$$

Der Wert 0,2 ergibt sich, wenn die ersten beiden Nachkommastellen von μ_{Eds}=0,232 rausgestrichen werden.

$x = 0{,}346 \cdot 68{,}5 = \underline{\underline{23{,}7\,\text{cm}}}$ — (7.24): $x = \xi \cdot d$

$z = 0{,}856 \cdot 68{,}5 = \underline{\underline{58{,}6\,\text{cm}}}$ — (7.45): $z = \zeta \cdot d$

$A_s = \frac{0{,}2804 \cdot 0{,}25 \cdot 0{,}685 \cdot 17 + (-0{,}200)}{439} \cdot 10^4 = \underline{\underline{14{,}0\ \text{cm}^2}}$ — (7.60): $A_s = \frac{\omega \cdot b \cdot d \cdot f_{cd} + N_{Ed}}{\sigma_{sd}}$

Mit dem interpolierten Wert von ω ergibt sich

$A_s = \frac{0{,}269 \cdot 0{,}25 \cdot 0{,}685 \cdot 17 - 0{,}200}{439} \cdot 10^4 = \underline{\underline{13{,}3\ \text{cm}^2}}$

gew: 3 ∅25

$A_{s,vorh} = 14{,}7\ \text{cm}^2 > 14{,}0\ \text{cm}^2 = A_{s,erf}$

max ∅= ∅25 ⇒ n = 3

Einlagige Bewehrung zulässig

$e = \frac{2{,}5}{2} = 1{,}25\,\text{cm}$

$d = 75 - 4{,}0 - 1{,}0 - 1{,}25 = 68{,}75\,\text{cm} \approx 68{,}5\,\text{cm} = d_{est}$

Tafel 4.1:

(7.62): $A_{s,vorh} \geq A_{s,erf}$

Tafel 4.1: Größte Anzahl von Stäben in einer Lage für max ∅

(7.11): $e = \frac{\varnothing}{2}$

(7.9): $d = h - c_v - \varnothing_{bü} - e$

Beispiel 7.4: Biegebemessung eines Rechteckquerschnitts mit einem dimensionslosen Verfahren (ω-Verfahren) (negatives Biegemoment)

Gegeben:
- Außenbauteil
- Rechteckquerschnitt b/h = 25/75 cm
- Schnittgrößen M_{Ed} = –565 kNm; N_{Ed} = 200 kN (Zugkraft)
- Baustoffe C30/37 (Ortbeton); B500

Gesucht: Erforderliche Biegezugbewehrung

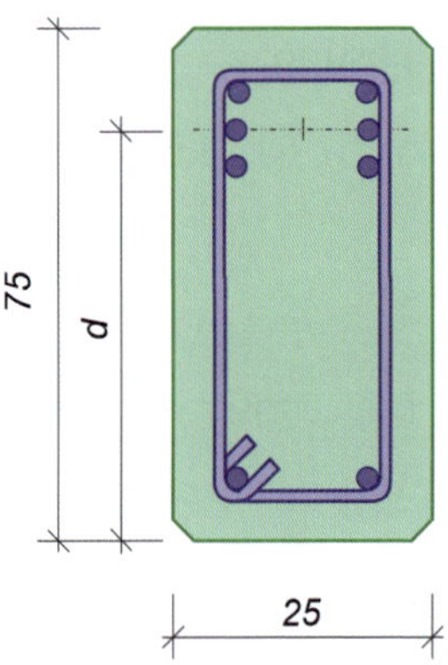

Lösung:

Die Aufgabe ist bis auf die negativen Vorzeichen der Biegemomente identisch mit Beispiel 7.2. Es zeigt an, dass die Zugzone oben liegt. Demzufolge ist die Biegezugbewehrung oben einzulegen. Der Lösungsweg ist derselbe wie in Beispiel 7.2. Um eine Rüttelgasse zu ermöglichen, wird eine alternative Bewehrungsanordnung mit abweichender Anzahl an Bewehrungsstäben und anderen Durchmessern gewählt.

gew: 6∅25 mit 3 Lagen mit je 2 ∅25

$A_{s,vorh} = 29{,}5\ \text{cm}^2 > 25{,}5\ \text{cm}^2 = A_{s,erf}$

Tafel 4.1

(7.62): $A_{s,vorh} \geq A_{s,erf}$

Da die erforderliche Bewehrung von 25,5 cm² mit einer statischen Höhe von 66,5 cm² ermittelt wurde, diese Aufgrund der verwendeten Bewehrungsanordnung aber nicht mehr gegeben ist, erfolgt eine überschlägige Umrechnung auf die neue statische Nutzhöhe.

$e = 2{,}5 \cdot 25 = 62{,}5\ \text{mm}$

$e = 2{,}5 \cdot \varnothing_l$

$d = 75 - 5 - 6{,}25 = 63{,}75\ \text{cm}$	(7.9): $d = h - c_{v,l} - e$
$A_{s,erf} \approx 25{,}5 \cdot \frac{66{,}5}{63{,}75} = 26{,}6\ \text{cm}^2$	$A_{s,erf} \approx A_{s,erf,alt} \cdot \frac{d_{alt}}{d_{neu}}$
$A_{s,vorh} = 29{,}5\ \text{cm}^2 > 26{,}6\ \text{cm}^2 = A_{s,erf}$	(7.62): $A_{s,vorh} \geq A_{s,erf}$

Beispiel 7.5: Biegebemessung eines Wasserbehälters (Fortsetzung von Beispiel 6.2)

Gegeben:
- Außenbauteil (Wand auf Behälterseite mit Abdichtung)
- Baustoffe C30/37 (Ortbeton); B500
- Schnittgrößen (siehe Beispiel 6.2):
  $M_{Ed} = -35{,}1$ kNm; $N_{Ed} = -12{,}5$ kN (Druckkraft)

Gesucht:
- Erforderliche Biegezugbewehrung

Lösung:

Umweltklasse für Bewehrungskorrosion: XC4 Umweltklasse für Betonangriff: XF1	**Tafel 2.1**: Außenbauteil
XC4: C25/30 XF1: C25/30 < C30/37	**Tafel 2.3**: Gewählte Festigkeitsklasse des Betons darf nicht unter der Mindestfestigkeitsklasse liegen.
$c_{min} = 25$ mm	**Tafel 3.1**: Umweltklasse XC4
$\Delta c_{dev} = 15\,\text{mm}$	Vorhaltemaß für Umweltklasse XC4
$c_{nom} = 25 + 15 = 40\,\text{mm}$	(3.1): $c_{nom} = c_{min} + \Delta c_{dev}$
$d_{est} = 20 - 4{,}5 = 15{,}5\,\text{cm}$	Geschätzt nach Gl.(7.8): $d_{est} = h - (4 \text{ bis } 10)$
$z_s = 15{,}5 - \frac{20}{2} = 5{,}5\,\text{cm}$	(7.7): $z_s = d - \frac{h}{2}$
$M_{Eds} = 35{,}1 - (-12{,}5 \cdot 0{,}055) = 35{,}8\,\text{kNm}$	(7.5): $M_{Eds} = \lvert M_{Ed} \rvert - N_{Ed} \cdot z_s$
$\mu_{Eds} = \frac{0{,}0358}{1{,}0 \cdot 0{,}155^2 \cdot 17} = 0{,}0877$	(7.21): $\mu_{Eds} = \frac{M_{Eds}}{b \cdot d^2 \cdot f_{cd}}$
$\omega = 0{,}0836 + (0{,}0946 - 0{,}0836) \cdot 0{,}77 = 0{,}092;$ $\sigma_{sd} = 457\ \text{N/mm}^2$	**Tafel 7.1**: interpoliert
$A_s = \frac{0{,}092 \cdot 1{,}0 \cdot 0{,}155 \cdot 17 + (-0{,}0125)}{457} \cdot 10^4$ $= \underline{\underline{5{,}03\ \text{cm}^2}}$	(7.60): $A_s = \frac{\omega \cdot b \cdot d \cdot f_{cd} + N_{Ed}}{\sigma_{sd}}$

gew: 10 ⌀10 (d. h. ⌀10-10) pro laufendem Meter[2]	**Tafel 4.1**
$A_{s,vorh} = 7{,}85\ cm^2 > 5{,}03\ cm^2 = A_{s,erf}$	(7.62): $A_{s,vorh} \geq A_{s,erf}$
Kontrolle der statischen Nutzhöhe	
$d = 20 - 4{,}0 - 1{,}0/2 = 15{,}5\,cm$	$d = h - c_{v,l} - \varnothing_l/2$
	(Fortsetzung mit Beispiel 7.18)

Die Ermittlung des erforderlichen Querschnitts der Biegezugbewehrung ist bei Neubauten wichtig. Bei bestehenden Tragwerken ergibt sich des Öfteren eine andere Fragestellung. Im Zuge einer geänderten Nutzung und/oder einer Überprüfung der rechnerischen Standsicherheit soll geklärt werden, welche Schnittgrößen bei der vorhandenen Bewehrung und den tatsächlichen Baustoffgüten (oftmals ist die tatsächliche Betonfestigkeitsklasse höher als die seinerzeit beim Bau vorgesehene) aufnehmbar sind. Aufgrund des so ermittelten Bauteilwiderstands kann dann über evtl. erforderliche Verstärkungsmaßnahmen entschieden werden. Zur Lösung dieses Falles können die vorhandenen Gleichungen umgestellt und dann durch eine Iteration gelöst werden. Hierzu ermittelt man zunächst mit Gl. (7.58) den mechanischen Bewehrungsgrad und kann dann aus **Tafel 7.1** das bezogene (aufnehmbare) Biegemoment μ_{Eds} ablesen. Um das Biegemoment ermitteln zu können, werden Gl. (7.21) und (7.5) umgestellt.

$$M_{Eds} = \mu_{Eds} \cdot b \cdot d^2 \cdot f_{cd} \tag{7.63}$$

$$M_{Rd} = M_{Eds} + N_{Ed} \cdot z_s \tag{7.64}$$

Beispiel 7.6: Ermittlung des aufnehmbaren Biegemomentes bei vorgegebener Bewehrung

Gegeben:
- Außenbauteil
- Rechteckquerschnitt b/h = 25/75 cm
- Biegezugbewehrung A_s = 14,7 cm² (3 ⌀25)
- Längskraft N_{Ed} = –200 kN
- Baustoffe C30/37 (Ortbeton); B500

Gesucht: Bauteilwiderstand M_{Rd}

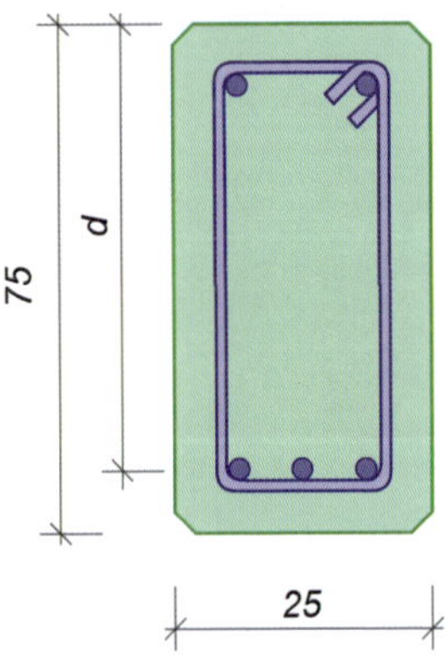

2 Die sehr reichliche Wahl der Bewehrung hat die Ursache in einem späteren Nachweis.

Lösung:

Einlagige Bewehrung:

$e = \frac{2{,}5}{2} = 1{,}3\,\text{cm}$	(7.11): $e = \frac{\varnothing}{2}$
$d = 75 - 5{,}0 - 1{,}3 = 68{,}7\,\text{cm}$	(7.9): $d = h - c_{v,l} - e$
$z_s = 68{,}7 - \frac{75}{2} = 31{,}2\,\text{cm}$	(7.7): $z_s = d - \frac{h}{2}$
$\omega = \frac{14{,}7 \cdot 10^{-4} \cdot 439 + 0{,}200}{0{,}25 \cdot 0{,}687 \cdot 17} = 0{,}2895$	(7.58): $\omega = \frac{A_s \cdot \sigma_{sd} - N_{Ed}}{b \cdot d \cdot f_{cd}}$ [3]
$\mu_{Eds} = 0{,}25 + \left(0{,}24 - 0{,}25\right) \cdot \frac{0{,}2895 - 0{,}2946}{0{,}2804 - 0{,}2946} = 0{,}2464$	**Tafel 7.1**: interpoliert
$\sigma_{sd} = 439\ \text{N/mm}^2$ (Stimmt mit Schätzung überein)[4]	
$M_{Eds} = 0{,}2464 \cdot 0{,}25 \cdot 0{,}687^2 \cdot 17 = 0{,}494\,\text{MNm}$	(7.63): $M_{Eds} = \mu_{Eds} \cdot b \cdot d^2 \cdot f_{cd}$
$M_{Rd} = 494 + \left(-200 \cdot 0{,}312\right) = \underline{\underline{432\,\text{kNm}}}$	(7.64): $M_{Rd} = M_{Eds} + N_{Ed} \cdot z_s$

7.5.3 Biegebemessung mit einem dimensionsgebundenen Verfahren

Ein anderes Hilfsmittel zur numerischen Bestimmung der Biegezugbewehrung sind dimensionsgebundene Tafeln (*k_d*-Tafel siehe **Tafel 7.2**). Die entsprechende Gleichung zur Berechnung des Tafeleingangswertes k_d ist an die dahinter angegebenen Dimensionen gebunden. Dies gilt auch für den Beiwert k_s zur Bestimmung des Stahlquerschnitts.

Wenn in Gl. (7.46) $\left(1 - k_a \cdot \xi\right)$ durch ζ ersetzt wird, ergibt sich:

$$M_{Eds} = \alpha_R \cdot \xi \cdot \zeta \cdot b \cdot d^2 \cdot f_{cd} \tag{7.65}$$

Aufgelöst nach d ergibt sich:

$$d = \sqrt{\frac{M_{Eds}}{b} \cdot \frac{1}{\alpha_R \cdot \xi \cdot \zeta \cdot f_{cd}}} \tag{7.66}$$

Wenn k_d als

$$k_d = \sqrt{\frac{1}{\alpha_R \cdot \xi \cdot \zeta \cdot f_{cd}}} \tag{7.67}$$

definiert wird, ergibt sich Gleichung (7.68). Die erforderliche Bewehrung lässt sich dann mit Hilfe von Gl. (7.69) bestimmen.

3 Die Stahlspannung ist zunächst zu schätzen.

4 Der auf der „sicheren Seite" liegende Wert ohne Interpolation ist in diesem Fall der kleinere μ-Wert, da dieser zum kleineren Biegemoment führt.

(**Tafel 7.2**):

$$d = \sqrt{\frac{|M_{\mathrm{Eds}}|}{b}} \cdot k_{\mathrm{d}} \Leftrightarrow k_{\mathrm{d}} = \frac{d}{\sqrt{\frac{|M_{\mathrm{Eds}}|}{b}}} \quad \left\{ \frac{\mathrm{cm}}{\sqrt{\frac{\mathrm{kNm}}{\mathrm{m}}}} \right\} \tag{7.68}$$

$$A_{\mathrm{s}} = \frac{|M_{\mathrm{Eds}}|}{d} k_{\mathrm{s}} + \frac{N_{\mathrm{Ed}}}{f_{\mathrm{yd}}} \quad \left\{ \mathrm{cm}^2 = \frac{\mathrm{kNm}}{\mathrm{cm}} \cdot 1 + \frac{\mathrm{kN}}{\frac{\mathrm{kN}}{\mathrm{cm}^2}} \right\} \tag{7.69}$$

Aus Gl. (7.67) ist abzulesen, dass der Beiwert k_{d} nur von den Randverzerrungen und der Betonfestigkeitsklasse abhängt. Der Beiwert k_{s} ist unabhängig von der Betonfestigkeit und nur von den Randverzerrungen abhängig.

k_{d} für Betonfestigkeitsklasse C									**k_{s}**	**ζ**	**ξ**	**$\varepsilon_{c2}/\varepsilon_{s1}$**
12/15	**16/20**	**20/25**	**25/30**	**30/37**	**35/45**	**40/50**	**45/55**	**50/60**				**in ‰**
14,4	12,4	11,1	9,95	9,99	8,41	7,87	7,42	7,04	2,32	0,99	0,025	0,64/25,00
7,90	6,84	6,12	5,47	5,00	4,63	4,33	4,08	3,87	2,34	0,98	0,048	1,26/25,00
5,87	5,08	4,55	4,07	3,71	3,44	3,22	3,03	2,88	2,36	0,98	0,069	1,84/25,00
4,94	4,27	3,82	3,42	3,12	2,89	2,70	2,55	2,42	2,38	0,97	0,087	2,38/25,00
4,38	3,80	3,40	3,04	2,77	2,57	2,40	2,26	2,15	2,40	0,96	0,104	2,89/25,00
4,00	3,47	3,10	2,78	2,53	2,35	2,20	2,07	1,96	2,42	0,95	0,120	3,40/25,00
3,63	3,14	2,81	2,51	2,29	2,12	1,99	1,87	1,78	2,45	0,94	0,147	3,50/20,29
3,35	2,90	2,60	2,32	2,12	1,96	1,84	1,73	1,64	2,48	0,93	0,174	3,50/16,56
3,14	2,72	2,43	2,18	1,99	1,84	1,72	1,62	1,64	2,51	0,92	0,201	3,50/13,90
2,97	2,57	2,30	2,06	1,88	1,74	1,63	1,53	1,46	2,54	0,91	0,227	3,50/11,91
2,85	2,47	2,21	1,97	1,80	1,67	1,56	1,47	1,40	2,57	0,90	0,250	3,50/10,52
2,72	2,36	2,11	1,89	1,72	1,59	1,49	1,41	1,33	2,60	0,89	0,277	3,50/ 9,12
2,62	2,27	2,03	1,82	1,66	1,54	1,44	1,36	1,29	2,63	0,88	0,302	3,50/ 8,10
2,54	2,20	1,97	1,76	1,61	1,49	1,39	1,31	1,24	2,66	0,87	0,325	3,50/ 7,26
2,47	2,14	1,91	1,71	1,56	1,44	1,35	1,27	1,21	2,69	0,85	0,350	3,50/ 6,50
2,41	2,08	1,86	1,67	1,52	1,41	1,32	1,24	1,18	2,72	0,85	0,371	3,50/ 5,93
2,35	2,03	1,82	1,63	1,49	1,38	1,29	1,21	1,15	2,75	0,84	0,393	3,50/ 5,40
2,28	1,98	1,77	1,58	1,44	1,34	1,25	1,18	1,12	2,79	0,82	0,422	3,50/ 4,79
2,23	1,93	1,73	1,54	1,41	1,30	1,22	1,15	1,09	2,83	0,81	0,450	3,50/ 4,27
2,18	1,89	1,69	1,51	1,38	1,28	1,19	1,13	1,07	2,87	0,80	0,477	3,50/ 3,83
2,14	1,85	1,65	1,48	1,35	1,25	1,17	1,10	1,05	2,91	0,79	0,504	3,50/ 3,44
2,10	1,82	1,62	1,45	1,33	1,23	1,15	1,08	1,02	2,95	0,78	0,530	3,50/ 3,11
2,06	1,79	1,60	1,43	1,30	1,21	1,13	1,07	1,01	2,99	0,77	0,555	3,50/ 2,81
2,03	1,75	1,57	1,40	1,28	1,19	1,11	1,05	0,99	3,04	0,76	0,585	3,50/ 2,48
1,99	1,72	1,54	1,38	1,26	1,17	1,09	1,03	0,98	3,09	0,74	0,617	3,50/ 2,17

Tafel 7.2 *Bemessungstabelle mit dimensionsbehafteten Beiwerten für Betonstahl B500 ohne Ausnutzung des Verfestigungsbereichs*

Beispiel 7.7: Biegebemessung eines Rechteckquerschnitts mit einem dimensionsgebundenen Verfahren (vgl. mit Beispiel 7.2)

Gegeben:
- Außenbauteil
- Rechteckquerschnitt b/h = 25/75 cm
- Schnittgrößen M_{Ed} = 565 kNm; N_{Ed} = 200 kN (Zugkraft)
- Baustoffe C30/37 (Ortbeton); B500

Gesucht:
- Erforderliche Biegezugbewehrung
- Verhältnis der Randverzerrungen
- Höhe der Betondruckzone
- Hebelarm der inneren Kräfte

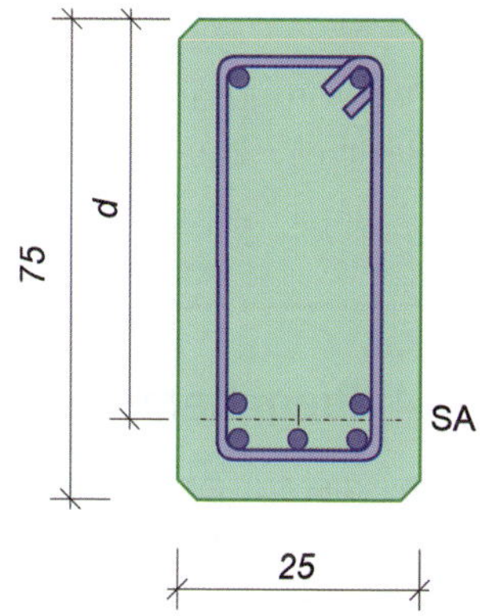

Lösung:

$z_s = 66{,}5 - \frac{75}{2} = 29\,\text{cm}$ — (7.7): $z_s = d - \frac{h}{2}$ (→ Beispiel 7.2)

$M_{Eds} = 565 - 200 \cdot 0{,}29 = 507\,\text{kNm}$ — (7.5): $M_{Eds} = |M_{Ed}| - N_{Ed} \cdot z_s$

$f_{yd} = \frac{500}{1{,}15} = 435\ \text{N/mm}^2$ — (2.41): $f_{yd} = \frac{f_{yk}}{\gamma_s}$

$k_d = \frac{66{,}5}{\sqrt{\frac{507}{0{,}25}}} = 1{,}48$ — (7.68): $k_d = \frac{d}{\sqrt{\frac{|M_{Eds}|}{b}}} \quad \left\{\frac{\text{cm}}{\sqrt{\frac{\text{kNm}}{\text{m}}}}\right\}$

$k_d = 1{,}44$: $k_s = 2{,}79$; $\zeta = 0{,}82$; $\xi = 0{,}422$;
$\varepsilon_{c2}/\varepsilon_s = \underline{\underline{-3{,}5/4{,}79}}$

Tafel 7.3: Der nächstkleinere vertafelte Wert von k_d ist zu verwenden; C30/37.

$x = 0{,}422 \cdot 66{,}5 = \underline{\underline{28{,}1\,\text{cm}}}$ — (7.24): $x = \xi \cdot d$

$z = 0{,}82 \cdot 66{,}5 = \underline{\underline{54{,}5\,\text{cm}}}$ — (7.45): $z = \zeta \cdot d$

$A_s = \frac{507}{66{,}5} \cdot 2{,}79 + \frac{200}{43{,}5} = \underline{\underline{25{,}9\ \text{cm}^2}}$ — (7.69): $A_s = \frac{|M_{Eds}|}{d} k_s + \frac{N_{Ed}}{f_{yd}}$

$$\left\{ \text{cm}^2 = \frac{\text{kNm}}{\text{cm}} \cdot 1 + \frac{\text{kN}}{\frac{\text{kN}}{\text{cm}^2}} \right\}$$

gew: 2 Ø28 + 3 Ø25 mit — **Tafel 4.1**

1. Lage 2 Ø28 + 1 Ø25; 2. Lage 2 Ø25

$A_{s,vorh} = 27{,}0\ \text{cm}^2 > 25{,}9\ \text{cm}^2 = A_{s,erf}$ — (7.62): $A_{s,vorh} \geq A_{s,erf}$

max Ø = Ø28 ⇒ n = 3 — **Tafel 4.1:** unterschiedliche Ø ⇒ max Ø

$$e = \frac{2 \cdot 6{,}16 \cdot \frac{2{,}8}{2} + 4{,}91 \cdot \frac{2{,}5}{2} + 2 \cdot 4{,}91 \cdot \left(2 \cdot 2{,}8 + \frac{2{,}5}{2}\right)}{2 \cdot 6{,}16 + 3 \cdot 4{,}91} = 3{,}4\,\text{cm}$$

(7.10): $e = \dfrac{\sum_i A_{si} \cdot e_i}{\sum_i A_{si}}$

Bewehrungsanordnung siehe Skizze in Beispiel 7.2

$$d = 75 - 5{,}0 - 3{,}4 = 66{,}6\,\text{cm} \approx 66{,}5\,\text{cm} = d_{est}$$

(7.9): $d = h - c_{v,l} - e$

7.5.4 Biegebemessung mit einem grafischen Verfahren

Als Beispiel für ein grafisches Bemessungsverfahren ist in **Abb. 7.15** das allgemeine Bemessungsdiagramm dargestellt. Als Eingangswert in das Diagramm dient (im Regelfall der Bemessung) das bezogene Moment μ_{Eds} nach Gl. (7.21). Aus dem Diagramm kann der bezogene Hebelarm der inneren Kräfte ζ abgelesen und unter Verwendung von Gl. (7.45) der innere Hebelarm z berechnet werden. Die gesuchte Bewehrung wird nach Gl. (7.54) ermittelt. Das allgemeine Bemessungsdiagramm liefert neben der bezogenen Druckzonenhöhe ξ auch den Beiwert k_a für den Angriffspunkt der inneren Druckkraft F_{cd}.

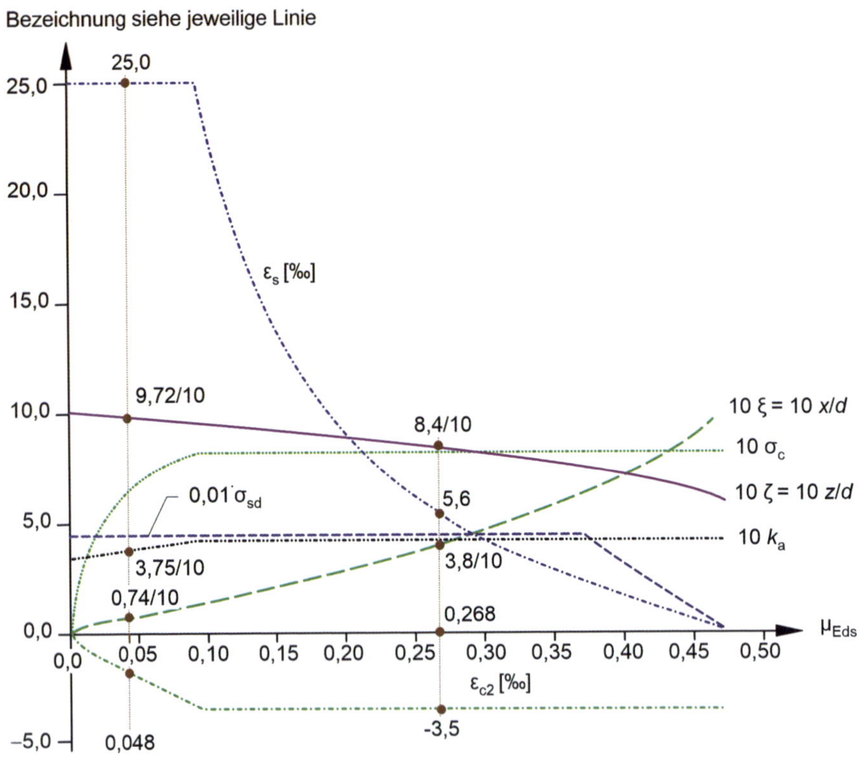

Abb. 7.15 *Allgemeines Bemessungsdiagramm für Betonstahl B500 und ≤ C50/60 (mit Eintragung der Ergebnisse von Beispiel 7.8 und Beispiel 7.9)*

Beispiel 7.8: Biegebemessung eines Rechteckquerschnitts mit einem grafischen Verfahren[5]

Gegeben:
- Außenbauteil
- Rechteckquerschnitt b/h = 25/75 cm
- Schnittgrößen M_{Ed} = 565 kNm; N_{Ed} = 200 kN (Zugkraft)
- Baustoffe C30/37 (Ortbeton); B500

Gesucht:
- Erforderliche Biegezugbewehrung
- Verhältnis der Randverzerrungen
- Höhe der Betondruckzone
- Hebelarm der inneren Kräfte

Lösung:

$d = 66{,}6\,\text{cm}$	Ermitteln der Betondeckung und der statischen Nutzhöhe wie in Beispiel 7.1
$z_s = 66{,}6 - \frac{75}{2} = 29{,}1\,\text{cm}$	(7.7): $z_s = d - \frac{h}{2}$
$M_{Eds} = 565 - 200 \cdot 0{,}291 = 507\,\text{kNm}$	(7.5): $M_{Eds} = \lvert M_{Ed}\rvert - N_{Ed} \cdot z_s$
$\gamma_C = 1{,}50$	(2.18): Grundkombination und Ortbeton
$f_{cd} = \frac{0{,}85 \cdot 30}{1{,}50} = 17\ \text{N/mm}^2$	(2.17): $f_{cd} = \frac{\alpha_{cc} \cdot f_{ck}}{\gamma_C}$
$\mu_{Eds} = \frac{0{,}507}{0{,}25 \cdot 0{,}666^2 \cdot 17} = 0{,}268$	(7.21): $\mu_{Eds} = \frac{M_{Eds}}{b \cdot d^2 \cdot f_{cd}}$
$\varepsilon_{c2}/\varepsilon_s = \underline{\underline{-3{,}5/5{,}6}}$; $\xi = 0{,}38$; $\zeta = 0{,}84$; $\sigma_{sd} = 435\ \text{N/mm}^2$	Abgelesen aus **Abb. 7.15**
$x = 0{,}38 \cdot 66{,}6 = \underline{\underline{25{,}3\,\text{cm}}}$	(7.24): $x = \xi \cdot d$
$z = 0{,}84 \cdot 66{,}6 = \underline{\underline{55{,}9\,\text{cm}}}$	(7.45): $z = \zeta \cdot d$
$\gamma_S = 1{,}15$	(2.38): Grundkombination
$\varepsilon_s = 5{,}6 > 2{,}17 \Rightarrow \sigma_{sd} = f_{yd} = \frac{500}{1{,}15} = 435\ \text{N/mm}^2$	(2.41): $f_{yd} = \frac{f_{yk}}{\gamma_S}$
$A_s = \frac{1}{435} \cdot \left(\frac{507}{0{,}559} + 200\right) \cdot 10 = \underline{\underline{25{,}4\ \text{cm}^2}}$	(7.54): $A_s = \frac{1}{\sigma_{sd}} \cdot \left(\frac{M_{Eds}}{z} + N_{Ed}\right)$
gew: 2 Ø28 + 3 Ø25 mit	**Tafel 4.1**
1. Lage 2 Ø28 + 1 Ø25; 2. Lage 2 Ø25	
$A_{s,vorh} = 27{,}0\ \text{cm}^2 > 25{,}4\ \text{cm}^2 = A_{s,erf}$	(7.62): $A_{s,vorh} \geq A_{s,erf}$

5 Die Aufgabenstellung ist identisch mit Beispiel 7.2.

7.5.5 Biegebemessung anhand des Verzerrungszustandes

Beispiel 7.9: Biegebemessung eines Rechteckquerschnitts (für ein positives Moment) anhand eines vorgegebenen Verzerrungszustandes

Gegeben:
- Verhältnis der Randverzerrungen $\varepsilon_{c2}/\varepsilon_{s1} = -2{,}0/25$ ‰
- Werkstoffgesetz für Beton: Parabel-Rechteck-Diagramm
- Werkstoffgesetz für Betonstahl: bilinear ohne Ausnutzung des Verfestigungsbereichs
- Rechteckquerschnitt *b*/*h*/*d* = 25/75/66,6 cm
- Baustoffe C30/37 (Ortbeton); B500
- $N_{Ed} = 0$

Gesucht:
- Höhe der Betondruckzone
- Hebelarm der inneren Kräfte
- Bezogenes Moment M_{Eds}
- Erforderliche Biegezugbewehrung

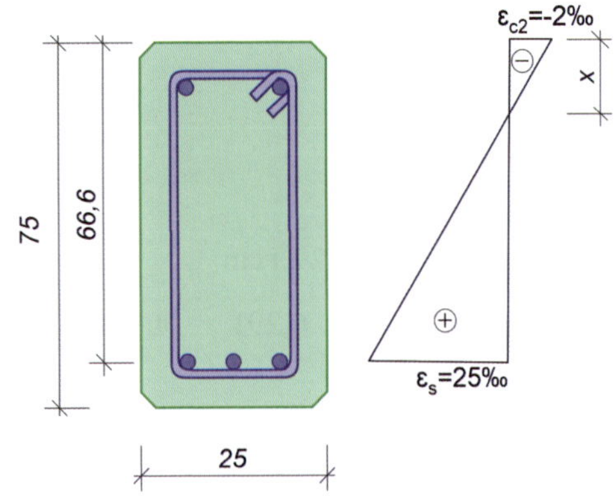

Lösung:

$\gamma_S = 1{,}15$

(2.38): Grundkombination

Für $\varepsilon_{s1} = 25$ ‰ hat die Stahlspannung die Fließgrenze erreicht.

$$f_{yd} = \frac{500}{1{,}15} = 435 \text{ N/mm}^2$$

(2.41): $f_{yd} = \frac{f_{yk}}{\gamma_S}$

$\gamma_C = 1{,}50$

(2.18): Grundkombination und Ortbeton

$$f_{cd} = \frac{0{,}85 \cdot 30}{1{,}50} = 17 \text{ N/mm}^2$$

(2.17): $f_{cd} = \frac{\alpha_{cc} \cdot f_{ck}}{\gamma_C}$

$\alpha_R = \frac{1}{2} \cdot \lvert -2{,}0 \rvert - \frac{1}{12} \cdot \lvert -2{,}0 \rvert^2 = \frac{2}{3}$	(7.30): $\alpha_R = \frac{1}{2} \cdot \lvert\varepsilon_{c2}\rvert - \frac{1}{12} \cdot \lvert\varepsilon_{c2}\rvert^2$ für $0 \leq \lvert\varepsilon_{c2}\rvert \leq 2{,}0$ ‰ Für $\varepsilon_{c2} = -2{,}0$ ‰ ist die Parabel gerade voll entwickelt.
$x = \frac{2}{2+25} \cdot 66{,}6 = 4{,}93\,\text{cm}$	(7.25): $x = \frac{\lvert\varepsilon_{c2}\rvert}{\lvert\varepsilon_{c2}\rvert + \varepsilon_s} \cdot d$ (Strahlensatz)
$\xi = \frac{4{,}93}{66{,}6} = \underline{\underline{0{,}074}}$	(7.23): $\xi = \frac{x}{d}$
$k_a = \frac{\lvert -2{,}0 \rvert - 8}{4\lvert -2{,}0 \rvert - 24} = \frac{3}{8}$	(7.41): $k_a = \frac{\lvert\varepsilon_{c2}\rvert - 8}{4\lvert\varepsilon_{c2}\rvert - 24}$ für $0 \leq \lvert\varepsilon_{c2}\rvert \leq 2{,}0$ ‰ Für $\varepsilon_{c2} = -2{,}0$ ‰ ist die Parabel gerade voll entwickelt.
$z = \left(1 - \frac{3}{8} \cdot 0{,}074\right) \cdot 66{,}6 = 64{,}8\,\text{cm}$	(7.45): $z = \left(1 - k_a \cdot \xi\right) \cdot d$
$\zeta = \frac{64{,}8}{66{,}6} = \underline{\underline{0{,}972}}$	(7.22): $\zeta = \frac{z}{d}$
$\mu_{Eds} = \frac{2}{3} \cdot 0{,}074 \cdot 0{,}972 = \underline{\underline{0{,}048}}$	(7.47): $\mu_{Eds} = \alpha_R \cdot \xi \cdot \zeta$
$F_{cd} = \frac{2}{3} \cdot 0{,}25 \cdot 0{,}0493 \cdot 17 = 0{,}140\,\text{MN}$	(7.29): $F_{cd} = \alpha_R \cdot b \cdot x \cdot f_{cd}$
$M_{Eds} = \frac{2}{3} \cdot 0{,}074 \cdot \left(1 - \frac{3}{8} \cdot 0{,}074\right) \cdot 0{,}25 \cdot 0{,}666^2 \cdot 17 = \underline{\underline{0{,}0904\,\text{MNm}}}$	(7.46): $M_{Eds} = \alpha_R \cdot \xi \cdot \left(1 - k_a \cdot \xi\right) \cdot b \cdot d^2 \cdot f_{cd}$
$A_s = \frac{1}{435} \cdot \left(\frac{0{,}0904}{0{,}648} + 0\right) = 3{,}21 \cdot 10^{-4}\,\text{m}^2 = \underline{\underline{3{,}21\,\text{cm}^2}}$	(7.54): $A_s = \frac{1}{\sigma_{sd}} \cdot \left(\frac{M_{Eds}}{z} + N_{Ed}\right)$

Die Richtigkeit der Ergebnisse kann mit dem allgemeinen Bemessungsdiagramm (**Abb. 7.15**) überprüft werden. Als Eingangswerte dienen hier die Dehnung im Stahl und die Stauchung im Beton. Anhand des Diagramms können dann μ_{Eds}, ζ, ξ und k_a abgelesen werden.

Beispiel 7.10: Biegebemessung eines Rechteckquerschnitts (für ein positives Moment) anhand einer iterativen Ermittlung des Verzerrungszustandes

Gegeben:
- Werkstoffgesetz für Beton: Parabel-Rechteck-Diagramm
- Werkstoffgesetz für Betonstahl: bilinear ohne Ausnutzung des Verfestigungsbereichs
- Rechteckquerschnitt *b*/*h*/*d* = 35/65/60,25 cm
- Baustoffe C25/30 (Ortbeton); B500
- $M_{Ed} = 511{,}2$ kNm; $N_{Ed} = 0$

Gesucht:
- Zugehöriger Verzerrungszustand

Lösung:

Iterative Bestimmung des Verzerrungszustandes.

- Erster Iterationsschritt: geschätzte Dehnungsverteilung $\varepsilon_{s1} = 25\text{ ‰}, \ \varepsilon_c = -3{,}5\text{ ‰}$

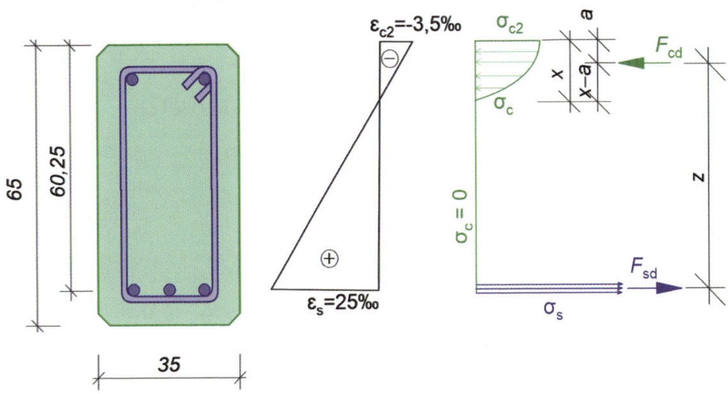

$$x = \frac{|-3{,}5|}{|-3{,}5| + 25} \cdot 60{,}25 = 7{,}4\text{ cm}$$

(7.25): $x = \frac{|\varepsilon_{c2}|}{|\varepsilon_{c2}| + \varepsilon_s} \cdot d$

$$\alpha_R = 1 - \frac{2}{3 \cdot |-3{,}5|} = 0{,}81$$

(7.31):

$\alpha_R = 1 - \frac{2}{3|\varepsilon_{c2}|}$

für $2{,}0\text{ ‰} < |\varepsilon_{c2}| \leq 3{,}5\text{ ‰}$

$$F_{cd} = 0{,}81 \cdot 0{,}35 \cdot 0{,}074 \cdot 0{,}85 \cdot \frac{25}{1{,}5} = 0{,}297\text{ MN}$$

(7.29):

$F_{cd} = \alpha_R \cdot b \cdot x \cdot f_{cd}$

$$a = \frac{3|-3{,}5|^2 - 4|-3{,}5| + 2}{6|-3{,}5|^2 - 4|-3{,}5|} \cdot 0{,}074 = 0{,}031\text{ m}$$

(7.42):$a = \frac{3|\varepsilon_{c2}|^2 - 4|\varepsilon_{c2}| + 2}{6|\varepsilon_{c2}|^2 - 4|\varepsilon_{c2}|} \cdot x$

für $2{,}0\text{ ‰} < |\varepsilon_{c2}| \leq 3{,}5\text{ ‰}$

$$z = 0{,}6025 - 0{,}031 = 0{,}5715\text{ m}$$

$z = d - a$

Zur Überprüfung des gewählten Verzerrungszustandes werden die Gleichgewichtsbedingungen (Summe aller Kräfte und Summe aller Momente) gebildet.

$$\sum F = 0 : F_{sd} = F_{cd} = 0{,}297\text{ MN}$$

Die Summe aller Momente wird um den Punkt auf Höhe der Längsbewehrung gebildet. $\sum M = F_{cd} \cdot z - M_{Eds}$

$$\sum M = 0{,}297 \cdot 0{,}5715 - 0{,}5112 = -0{,}341 \neq 0$$

Der angenommene Verzerrungszustand war nicht korrekt. Es muss ein neuer Verzerrungszustand gewählt werden, bei dem die Dehnung im Stahl geringer ist.

Im Folgenden wird jetzt nur noch der letzte Iterationsschritt mit dem korrekt gewählten Verzerrungszustand gezeigt.

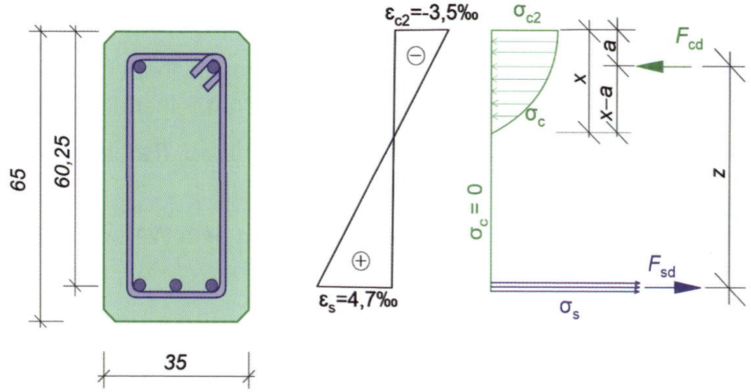

$$x = \frac{|-3{,}5|}{|-3{,}5| + 4{,}7} \cdot 60{,}25 = 25{,}72 \text{ cm}$$ (7.25): $x = \frac{|\varepsilon_{c2}|}{|\varepsilon_{c2}| + \varepsilon_s} \cdot d$

$$\alpha_R = 1 - \frac{2}{3 \cdot |-3{,}5|} = 0{,}81$$ (7.31): $\alpha_R = 1 - \frac{2}{3|\varepsilon_{c2}|}$ für $2{,}0\text{ ‰} < |\varepsilon_{c2}| \leq 3{,}5\text{ ‰}$

$$F_{cd} = 0{,}81 \cdot 0{,}35 \cdot 0{,}2572 \cdot 0{,}85 \cdot \frac{25}{1{,}5} = 1{,}033 \text{ MN}$$ (7.29): $F_{cd} = \alpha_R \cdot b \cdot x \cdot f_{cd}$

$$a = \frac{3|-3{,}5|^2 - 4|-3{,}5| + 2}{6|-3{,}5|^2 - 4|-3{,}5|} \cdot 0{,}2572 = 0{,}107 \text{ m}$$ (7.42): $a = \frac{3|\varepsilon_{c2}|^2 - 4|\varepsilon_{c2}| + 2}{6|\varepsilon_{c2}|^2 - 4|\varepsilon_{c2}|} \cdot x$ für $2{,}0\text{ ‰} < |\varepsilon_{c2}| \leq 3{,}5\text{ ‰}$

$$z = 0{,}6025 - 0{,}107 = 0{,}4955 \text{ m}$$ $z = d - a$

Zur Überprüfung des gewählten Verzerrungszustandes werden die Gleichgewichtsbedingungen (Summe aller Kräfte und Summe aller Momente) gebildet.

$$\sum F = 0 : F_{sd} = F_{cd} = 1{,}033 \text{ MN}$$

Die Summe aller Momente wird um den Punkt auf Höhe der Längsbewehrung gebildet.

$$\sum M = F_{cd} \cdot z - M_{Eds}$$

$$\sum M = 1{,}033 \cdot 0{,}4955 - 0{,}5112 = 0{,}0007 \approx 0$$

Der angenommene Verzerrungszustand ist korrekt, sodass mit der zu diesem Verzerrungszustand ermittelten Zugkraft F_{sd} die Bewehrung ermittelt werden kann.

$$A_s = \frac{1{,}033}{435} \cdot 10^4 = \underline{\underline{23{,}75 \text{ cm}^2}}$$ $A_s = \frac{F_{sd}}{\sigma_{sd}}$

7.5.6 Biegebemessung mit Druckbewehrung

Mit zunehmender Höhe der Druckzone und abnehmender Stahldehnung nimmt der Stahlverbrauch schneller zu als das aufnehmbare Moment. Dies hat folgende Gründe:

- Das Spannungs-Dehnungs-Diagramm des Betons ist nichtlinear (Parabel-Rechteck-Diagramm **Abb. 2.6**).
- Der Hebelarm der inneren Kräfte verringert sich, wie man an dem Wert ζ in **Tafel 7.1** erkennen kann (**Abb. 7.16**).

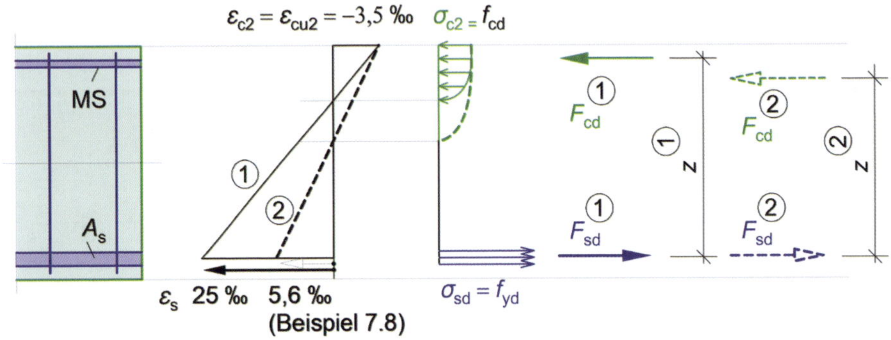

Abb. 7.16 *Abhängigkeit des Hebelarms der inneren Kräfte z vom Verhältnis der Randdehnungen*

- Bei Stahldehnungen ε_{s1} < 25 ‰ wird die Stahlzugfestigkeit des Verfestigungsbereichs nicht mehr ausgenutzt und insbesondere bei ε_{s1} < 2,17 ‰ wird die Fließgrenze im Betonstahl nicht mehr erreicht.

Aus dem letztgenannten Grund wendet man die Dehnungsverhältnisse des Bereichs 4 (**Tafel 7.1**) nicht an und bezeichnet das bei einem Dehnungsverhältnis $\varepsilon_{c2}/\varepsilon_{yd}$ = −3,50/2,17 ‰ aufnehmbare Moment mit Tragmoment. Die zugehörige maximal zulässige bezogene Höhe der Druckzone ξ_{lim} lässt sich einfach bestimmen zu:

$$\xi_{\text{lim}} = \frac{\varepsilon_{\text{cu2}}}{\varepsilon_{\text{cu2}} - \varepsilon_{\text{sy}}} \tag{7.70}$$

Für das Dehnungsverhältnis $\varepsilon_{cu2}/\varepsilon_{sy}$ = −3,50/2,17 ‰ ergibt sich die maximal zulässige bezogene Höhe der Druckzone ξ_{lim} zu:

$$\xi_{\text{lim}} = \frac{3{,}5}{3{,}5 + 2{,}17} = 0{,}617$$

Das zugehörige bezogene Moment $\mu_{\text{Eds,lim}}$ wird nach Gl. (7.47) in Kombination mit Gl. (7.45) wie folgt ermittelt:

$$\mu_{\text{Eds,lim}} = \alpha_{\text{R}}\xi_{\text{lim}}\left(1 - k_{\text{a}}\xi_{\text{lim}}\right) = 0{,}81 \cdot 0{,}617 \cdot \left(1 - 0{,}416 \cdot 0{,}617\right) = 0{,}372$$

Dies gilt für alle Betonfestigkeitsklassen ≤ C50/60, da hier die maximale Randstauchung ε_{cu2} identisch ist. In **Abb. 2.4** wurde gezeigt, dass Beton mit zunehmender Festigkeit spröder wird. Daher ist die maximale bezogene Höhe der Druckzone ξ_{lim} abhängig von der Betonfestigkeit.

Die Höhe der Druckzone wird überdies hinaus begrenzt, um ein Versagen des Stahlbetonquerschnitts ohne Vorankündigung zu vermeiden (Sicherstellen der Duktilität). Da die Rotationsfähigkeit des Betons je nach Art der Schnittgrößenermittlung in unterschiedlicher Weise berücksichtigt wird, fließt auch diese in ξ_{lim} ein. Bei linear-elastischer Schnittgrößenermittlung gelten für statisch unbestimmt gelagerte Bauteile die Grenzwerte gemäß **Tafel 7.3**. Diese Tafel zeigt ebenfalls die Grenzwerte für eine Ermittlung nach Plastizitätstheorie.

Methode der Schnittgrößenermittlung		**ξ_{lim} / ($\mu_{Eds,lim}$) für**	
		≤ C50/60	**≥ C55/67**
Elastizitätstheorie	statisch bestimmt	0,617 / (0,372)	verschiedene Werte
	statisch unbestimmt	0,45 / (0,296)	0,35
Plastizitätstheorie	Platten, 2-achsig	0,25	0,15
	andere Bauteile	0,45	0,35

Tafel 7.3 *Grenzwerte der bezogenen Höhe der Druckzone ξ_{lim} (siehe EC 2-1-1, 5.4 und 5.6.2)*

In allen Fällen gilt:

$$\xi \leq \xi_{lim} \tag{7.71}$$

Sofern nun die vorhandenen Beanspruchungen (Biegemomente) zu einer Überschreitung des Grenzwertes ξ_{lim} führen würden, stehen folgende Möglichkeiten zur Verfügung:

- Änderung der Bauteilabmessungen
- Erhöhung der Betonfestigkeitsklasse
- Einlegen einer „Druckbewehrung", einer rechnerisch mitwirkenden Bewehrung in der Druckzone. Hierzu wird das Verzerrungsverhältnis mit dem Grenzwert ξ_{lim} gewählt. Der Bauteilwiderstand reicht dann jedoch noch nicht aus. Die Differenz ΔM_{Eds} zu den vorhandenen Beanspruchungen wird durch die Druckbewehrung und eine zusätzliche Bewehrung in der Zugzone abgedeckt (**Abb. 7.17**).

Eine Druckbewehrung (compression reinforcement) ist nur dann sinnvoll und wirtschaftlich, wenn bei vielen Trägern gleicher Abmessungen, aber unterschiedlicher Beanspruchung bei *einem* (besonders hoch belasteten) Bauteil ξ_{lim} überschritten wird. Für dieses Tragelement müsste dann bei geänderten Abmessungen die Schalung umgebaut oder örtlich ein anderer Beton eingebaut werden. Daher wird besser in diesem *einen* Bauteil eine Druckbewehrung angeordnet. Sofern schon im Regelfall ξ_{lim} überschritten wird, ist eine Veränderung der Bauteilabmessungen oder der Betonfestigkeitsklasse wirtschaftlicher.

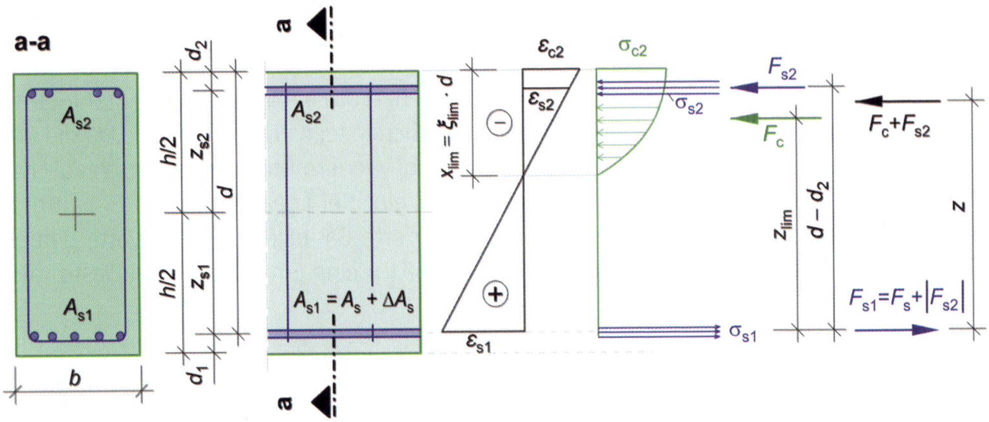

Abb. 7.17 *Dehnungen, Spannungen und innere Kräfte bei Anordnung einer Druckbewehrung*

Durch die Druckbewehrung vergrößert sich die aufnehmbare innere Druckkraft, da der Betonstahl aufgrund seines gegenüber dem Beton größeren Elastizitätsmoduls bei derselben Dehnung erheblich größere Spannungen aufnehmen kann. Außerdem vergrößert sich der Hebelarm der inneren Kräfte durch die Druckbewehrung (**Abb. 7.17**). Eine Druckbewehrung ist so anzuordnen, dass Rüttelgassen zum Einbringen des Betons verbleiben. Außerdem muss die Druckbewehrung gegen Ausknicken durch geschlossene Bügel gesichert werden.

Die Bemessung erfolgt durch Erweiterung der bereits bekannten Gln. (7.5), (7.54).

$$\lim M_{Eds} = \lim M_{Ed} - N_{Ed} \cdot z_{s1} \quad (7.72)$$

$$\Delta M_{Eds} = M_{Eds} - \lim M_{Eds} \quad (7.73)$$

$$A_{s1} = \frac{1}{\sigma_{s1}} \cdot \left(\frac{\lim M_{Eds}}{z} + \frac{\Delta M_{Eds}}{d - d_2} + N_{Ed} \right) \quad (7.74)$$

Das Grenztragmoment lim M_{Eds} kann z.B. mit den in **Tafel 7.1** und **Tafel 7.2** angegebenen Hilfsmitteln durch Umstellen der Gln. (7.21) bzw. (7.68) ermittelt werden.

Dimensionsechtes Verfahren: $$\lim M_{Eds} = \lim \mu_{Eds} \cdot b \cdot d^2 \cdot f_{cd} \quad (7.75)$$

Dimensionsgebundenes Verfahren: $$\lim M_{Eds} = b \cdot \left(\frac{d}{\lim k_d} \right)^2 \left\{ \text{kNm} = \text{m} \left(\frac{\text{cm}}{1} \right)^2 \right\} \quad (7.76)$$

Die Größe der Druckbewehrung beträgt:

$$A_{s2} = \frac{1}{\sigma_{s2}} \cdot \frac{\Delta M_{Eds}}{d - d_2} \quad (7.77)$$

$$d_2 = c_{v,bü} + \varnothing_{bü} + \frac{\varnothing_2}{2} \quad (7.78)$$

Die Lage der Druckbewehrung und damit d_2 ist zunächst zu schätzen. Weiterhin wird bei der Bemessung der Druckbewehrung zunächst angenommen, dass die Stauchung in Höhe der Bewehrung ausreicht, um die Fließgrenze des Betonstahls zu erreichen. Diese Annahme ist am Ende der Bemessung zu überprüfen.

$$\varepsilon_{s2} = \left(|\varepsilon_{c2}| + \varepsilon_{s1}\right) \cdot \frac{d - d_2}{d} - \varepsilon_{s1} \overset{?}{>} \varepsilon_{yd} \tag{7.79}$$

Beispiel 7.11: Biegebemessung mit Druckbewehrung

Gegeben:
- Außenbauteil
- Rechteckquerschnitt *b/h* = 25/75 cm
- Schnittgrößen M_{Ed} = 600 kNm; N_{Ed} = −200 kN (Druckkraft)
- Baustoffe C30/37 (Ortbeton); B500
- Zweifeldträger

Gesucht: Erforderliche Bewehrung

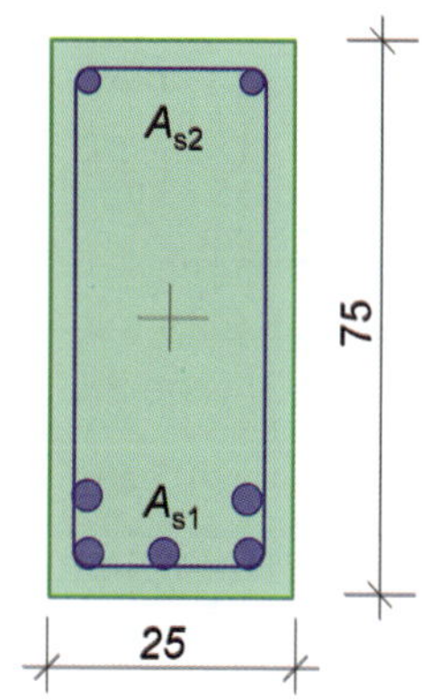

Lösung:

$d_{est} = 67{,}0\,\text{cm}$	Ermitteln der Betondeckung und der statischen Nutzhöhe wie in Beispiel 7.1
$z_s = 67{,}0 - \frac{75}{2} = 29{,}5\,\text{cm}$	(7.7): $z_s = d - \frac{h}{2}$
$M_{Eds} = 600 + 200 \cdot 0{,}295 = 659\ \text{kNm}$	(7.5): $M_{Eds} = \lvert M_{Ed}\rvert - N_{Ed} \cdot z_s$
$\mu_{Eds} = \frac{0{,}659}{0{,}25 \cdot 0{,}67^2 \cdot 17} = 0{,}345$	(7.21): $\mu_{Eds} = \frac{M_{Eds}}{b \cdot d^2 \cdot f_{cd}}$
$\xi = \frac{0{,}542 + 0{,}565}{2} = 0{,}554$	**Tafel 7.1**:
$\xi_{lim} = 0{,}45$	**Tafel 7.3** für ein statisch unbestimmtes System und C30/37
$\xi = 0{,}554 > 0{,}45 = \xi_{lim}$ ⇒ Druckbewehrung erforderlich	(7.66): $\xi \leq \xi_{lim}$
$\lim \mu_{Eds} = 0{,}296$	**Tafel 7.3** für C30/37
$\lim M_{Eds} = 0{,}296 \cdot 0{,}25 \cdot 0{,}67^2 \cdot 17 \cdot 10^3 = 565\,\text{kNm}$	(7.75): $\lim M_{Eds} = \lim \mu_{Eds} \cdot b \cdot d^2 \cdot f_{cd}$

$\Delta M_{\text{Eds}} = 659 - 565 = 94\,\text{kNm}$ — (7.73): $\Delta M_{\text{Eds}} = M_{\text{Eds}} - \lim M_{\text{Eds}}$

$d_2 = 40 + 10 + \frac{16}{2} = 58\,\text{mm}$ — (7.78): $d_2 = c_{\text{v,bü}} + \varnothing_{\text{bü}} + \frac{\varnothing_2}{2}$

$\zeta = 0{,}818 + (0{,}810 - 0{,}818) \cdot \frac{0{,}45 - 0{,}438}{0{,}458 - 0{,}438}$ — **Tafel 7.1**: für

$= 0{,}813;$ — $\xi_{\text{lim}} = 0{,}45$

$\zeta = 4{,}49 + (4{,}15 - 4{,}49) \cdot \frac{0{,}45 - 0{,}438}{0{,}458 - 0{,}438}$
$= 4{,}29\,‰$

$z = 0{,}813 \cdot 0{,}67 = 0{,}545\,\text{m}$ — (7.45): $z = \zeta \cdot d$

$A_{\text{s1}} = \frac{1}{435} \cdot \left(\frac{565}{0{,}545} + \frac{94}{0{,}67 - 0{,}058} - 200\right) \cdot 10$
$= \underline{\underline{22{,}8\,\text{cm}^2}}$ — (7.74): $A_{\text{s1}} = \frac{1}{f_{\text{yd}}}\left(\frac{\lim M_{\text{Eds}}}{z} + \frac{\Delta M_{\text{Eds}}}{d - d_2} + N_{\text{Ed}}\right)$

gew: 5 Ø25 mit 1. Lage 3 Ø25;
2. Lage 2 Ø25 — **Tafel 4.1**

$A_{\text{s,vorh}} = 24{,}5\,\text{cm}^2 > 22{,}8\,\text{cm}^2 = A_{\text{s,erf}}$ — (7.62): $A_{\text{s,vorh}} \geq A_{\text{s,erf}}$

max Ø = Ø25 ⇒ $n = 3$ — **Tafel 4.1**

$$e = \frac{3 \cdot 4{,}91 \cdot \frac{2{,}5}{2} + 2 \cdot 4{,}91 \cdot \left(2 \cdot 2{,}5 + \frac{2{,}5}{2}\right)}{5 \cdot 4{,}91} = 3{,}3\,\text{cm}$$
— (7.10): $e = \frac{\sum_i A_{\text{si}} \cdot e_i}{\sum_i A_{\text{si}}}$

$d = 75 - 4{,}0 - 1{,}0 - 3{,}3 = 66{,}7\,\text{cm}$
$\approx 67{,}0\,\text{cm} = d_{\text{est}}$ — (7.9): $d = h - c_{\text{v}} - \varnothing_{\text{bü}} - e$

$A_{\text{s2}} = \frac{1}{435} \cdot \frac{94}{0{,}667 - 0{,}058} \cdot 10 = \underline{\underline{3{,}5\,\text{cm}^2}}$ — (7.77): $A_{\text{s2}} = \frac{1}{\sigma_{\text{s2}}} \cdot \frac{\Delta M_{\text{Eds}}}{d - d_2}$

gew: 2 Ø 16 mit vorh $A_{\text{s,vorh}} = 4{,}0\,\text{cm}^2$ — **Tafel 4.1**

$A_{\text{s,vorh}} = 4{,}0\,\text{cm}^2 > 3{,}5\,\text{cm}^2 = A_{\text{s,erf}}$ — (7.62): $A_{\text{s,vorh}} \geq A_{\text{s,erf}}$

$\varepsilon_{\text{s2}} = (|-3{,}50| + 4{,}29) \cdot \frac{667 - 58}{667} - 4{,}29$
$= 2{,}85 > 2{,}17 = \varepsilon_{\text{yd}}$ — (7.79): $\varepsilon_{\text{s2}} = \left(|\varepsilon_{\text{c2}}| + \varepsilon_{\text{s1}}\right) \cdot \frac{d - d_2}{d} - \varepsilon_{\text{s1}} \overset{?}{>} \varepsilon_{\text{yd}}$

Die Fließgrenze wird erreicht.

Das vorangehend gezeigte Verfahren ist anschaulich und zeigt deutlich den Anteil der Druckbewehrung an der gesamten Bewehrung. Für praktische Fälle kann der durch die Gln. (7.72) bis (7.77) zusätzliche Rechengang auch direkt in Bemessungshilfsmittel integriert werden. In den **Tafeln 7.4** und **7.5** sind beispielhaft die Tafelwerte für ξ_{lim} = 0,617 und ξ_{lim} = 0,45 aufgeführt.

	$d_2/d = 0{,}05$		$d_2/d = 0{,}10$		$d_2/d = 0{,}15$		$d_2/d = 0{,}20$	
	$\varepsilon_{s1}/\varepsilon_{s2} = 2{,}17/-3{,}22$ ‰		$\varepsilon_{s1}/\varepsilon_{s2} = 2{,}17/-2{,}93$ ‰		$\varepsilon_{s1}/\varepsilon_{s2} = 2{,}17/-2{,}65$ ‰		$\varepsilon_{s1}/\varepsilon_{s2} = 2{,}17/-2{,}37$ ‰	
μ_{Eds}	ω_1	ω_2	ω_1	ω_2	ω_1	ω_2	ω_1	ω_2
0,38	0,509	0,009	0,509	0,010	0,510	0,010	0,510	0,011
0,39	0,519	0,020	0,520	0,021	0,521	0,022	0,523	0,024
0,40	0,530	0,030	0,531	0,032	0,533	0,034	0,535	0,036
0,41	0,540	0,041	0,542	0,043	0,545	0,046	0,548	0,049
0,42	0,551	0,051	0,554	0,054	0,557	0,057	0,560	0,061
0,43	0,561	0,062	0,565	0,065	0,569	0,069	0,573	0,074
0,44	0,572	0,072	0,576	0,076	0,580	0,081	0,585	0,086
0,45	0,582	0,083	0,590	0,088	0,592	0,093	0,598	0,099
0,46	0,593	0,093	0,598	0,099	0,604	0,104	0,610	0,111
0,47	0,603	0,104	0,609	0,110	0,616	0,116	0,623	0,124
0,48	0,614	0,115	0,620	0,121	0,627	0,128	0,635	0,136
0,49	0,624	0,125	0,631	0,132	0,639	0,140	0,648	0,149
0,50	0,635	0,136	0,642	0,143	0,651	0,152	0,660	0,161
0,51	0,645	0,146	0,654	0,154	0,663	0,163	0,673	0,174
0,52	0,656	0,157	0,665	0,165	0,674	0,175	0,685	0,186
0,53	0,667	0,167	0,676	0,176	0,686	0,187	0,698	0,199
0,54	0,677	0,177	0,687	0,188	0,698	0,199	0,710	0,211
0,55	0,688	0,188	0,698	0,199	0,710	0,210	0,723	0,224
0,56	0,698	0,199	0,709	0,210	0,721	0,222	0,735	0,236
0,57	0,709	0,209	0,720	0,221	0,733	0,234	0,748	0,248
0,58	0,719	0,220	0,731	0,232	0,745	0,246	0,760	0,261
0,59	0,730	0,230	0,742	0,243	0,757	0,257	0,773	0,273
0,60	0,740	0,241	0,754	0,254	0,769	0,269	0,785	0,286

Tafel 7.4 *Bemessungstabelle mit dimensionslosen Beiwerten (für B500 und Betonfestigkeitsklassen ≤ C50/60) für ξ_{lim} = 0,617*

	$d_2/d = 0{,}05$		$d_2/d = 0{,}10$		$d_2/d = 0{,}15$		$d_2/d = 0{,}20$	
	$\varepsilon_{s1}/\varepsilon_{s2} = 2{,}17/-3{,}11$ ‰		$\varepsilon_{s1}/\varepsilon_{s2} = 2{,}17/-2{,}72$ ‰		$\varepsilon_{s1}/\varepsilon_{s2} = 2{,}17/-2{,}33$ ‰		$\varepsilon_{s1}/\varepsilon_{s2} = 2{,}17/-1{,}94$ ‰	
μ_{Eds}	ω_1	ω_2	ω_1	ω_2	ω_1	ω_2	ω_1	ω_2
0,30	0,368	0,004	0,369	0,004	0,369	0,005	0,369	0,006
0,31	0,379	0,015	0,380	0,015	0,381	0,016	0,382	0,019
0,32	0,389	0,025	0,391	0,027	0,392	0,028	0,394	0,033
0,33	0,400	0,036	0,402	0,038	0,404	0,040	0,407	0,047
0,34	0,411	0,046	0,413	0,049	0,416	0,052	0,419	0,061
0,35	0,421	0,057	0,424	0,060	0,428	0,063	0,432	0,075
0,36	0,432	0,067	0,435	0,071	0,440	0,075	0,444	0,089
0,37	0,442	0,078	0,446	0,082	0,451	0,087	0,457	0,103
0,38	0,453	0,088	0,458	0,093	0,463	0,099	0,469	0,117
0,39	0,463	0,099	0,469	0,104	0,475	0,111	0,482	0,131
0,40	0,474	0,109	0,480	0,115	0,487	0,122	0,494	0,145
0,41	0,484	0,120	0,491	0,127	0,498	0,134	0,507	0,159
0,42	0,495	0,130	0,502	0,138	0,510	0,146	0,579	0,173
0,43	0,505	0,141	0,513	0,149	0,522	0,158	0,532	0,187
0,44	0,516	0,152	0,524	0,160	0,534	0,169	0,544	0,201
0,45	0,526	0,162	0,535	0,171	0,545	0,181	0,557	0,215
0,46	0,537	0,173	0,546	0,182	0,557	0,193	0,569	0,229
0,47	0,547	0,183	0,558	0,193	0,569	0,205	0,582	0,243
0,48	0,558	0,194	0,569	0,204	0,581	0,216	0,594	0,257
0,49	0,568	0,204	0,580	0,215	0,592	0,228	0,607	0,271
0,50	0,579	0,215	0,591	0,227	0,604	0,240	0,619	0,285
0,51	0,589	0,225	0,602	0,238	0,616	0,252	0,632	0,299
0,52	0,600	0,236	0,613	0,249	0,628	0,263	0,644	0,313
0,53	0,611	0,246	0,624	0,260	0,640	0,275	0,657	0,327
0,54	0,621	0,257	0,635	0,271	0,651	0,287	0,669	0,341
0,55	0,632	0,267	0,646	0,282	0,663	0,299	0,682	0,355

Tafel 7.5 *Bemessungstabelle mit dimensionslosen Beiwerten (für B500 und Betonfestigkeitsklassen ≤ C50/60) für $\xi_{lim} = 0{,}45$*

Die Zug- und die Druckbewehrung lassen sich mit folgenden Gleichungen bestimmen.

$$A_{s1} = \frac{\omega_1 \cdot b \cdot d \cdot f_{cd} + N_{Ed}}{f_{yd}} \tag{7.80}$$

$$A_{s2} = \frac{\omega_2 \cdot b \cdot d \cdot f_{cd}}{f_{yd}} \tag{7.81}$$

Bei der geschilderten Vorgehensweise bleibt unberücksichtigt, dass der durch die Druckbewehrung (Gl. (7.77) und Gl . (7.81)) ersetzte Beton von der Tragwirkung abzuziehen ist. Dieser Fehler ist für normalfeste Betone vernachlässigbar. Für Hochleistungsbetone und sehr hohe Bewehrungsgrade wird in [DAfStb Heft 525 – 03] ein Korrekturverfahren angegeben.

**Beispiel 7.12: Biegebemessung mit Druckbewehrung (ω-Verfahren)
(Biegung und Längsdruckkraft)**

Gegeben:

- Einfeldträger (statisch bestimmt)
- Rechteckquerschnitt *b/h* = 40/50 cm
- Schnittgrößen: M_{Ed} = 500 kNm; N_{Ek} = -200 kN (charakteristischer Wert der Druckkraft; es handelt sich um eine Kraft, die ständig wirkt)
- Baustoffe C30/37 (Ortbeton); B500
- d_1 = 7 cm; d_2 =4,5 cm; $c_{v,l}$ = 3,5 cm

Gesucht:

- Erforderliche Biegezugbewehrung
- Erforderliche Biegedruckbewehrung

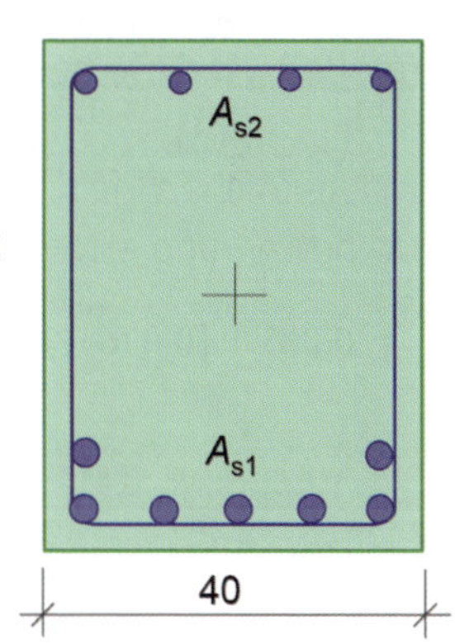

Lösung:

Bemessungsschnittgrößen	
$\gamma_{G,günstig} = 1{,}0;\ \gamma_{G,ungünstig} = 1{,}35$	**Tafel 6.6** für ständige Einwirkung
$N_{Ed,günstig} = -200 \cdot 1{,}0 = -200\ \text{kN}$	
$N_{Ed,ungünstig} = -200 \cdot 1{,}35 = -270\ \text{kN}$	
$z_s = 43 - \frac{50}{2} = 18\,\text{cm}$	(7.7): $z_s = d - \frac{h}{2}$
$M_{Eds,günstig} = 500 + 200 \cdot 0{,}18 = 536\,\text{kNm}$	(7.5): $M_{Eds} = \lvert M_{Ed}\rvert - N_{Ed} \cdot z_s$
$M_{Eds,ungünstig} = 500 + 270 \cdot 0{,}18 = 548{,}6\,\text{kNm}$	
$f_{cd} = \frac{0{,}85 \cdot 30}{1{,}50} = 17\ \text{N/mm}^2$	(2.17): $f_{cd} = \frac{\alpha_{cc} \cdot f_{ck}}{\gamma_C}$

Bemessung der Biegezugbewehrung. Da die Druckkraft die Biegezugbewehrung verringert, ist diese bei der Bemessung günstig anzusetzen.

$\mu_{Eds} = \frac{0{,}536}{0{,}40 \cdot 0{,}43\,2 \cdot 17} = 0{,}426 > 0{,}371$ | (7.21): $\mu_{Eds} = \frac{M_{Eds}}{b \cdot d^2 \cdot f_{cd}}$

Druckbewehrung erforderlich

$\omega_1 = 0{,}554 + (0{,}565 - 0{,}554) \cdot 0{,}6 = 0{,}561$ | **Tafel 7.4:** für $d_2/d \approx 0{,}10$; $\xi_{lim} = 0{,}617$ und $\mu_{Eds} = 0{,}426$

$A_{s,1} = \frac{0{,}561 \cdot 0{,}40 \cdot 0{,}43 \cdot 17 - 0{,}2}{435} \cdot 10^4 = \underline{\underline{33{,}1\ \text{cm}^2}}$ | (7.80): $A_{s1} = \frac{\omega_1 \cdot b \cdot d \cdot f_{cd} + N_{Ed}}{f_{yd}}$

gew: 7 Ø25 mit

1. Lage 5 Ø25; 2. Lage 2 Ø25

$A_{s,vorh} = 34{,}4\ \text{cm}^2 > 33{,}1\ \text{cm}^2 = A_{s,erf}$ | (7.62): $A_{s,vorh} \geq A_{s,erf}$

max Ø = Ø 25 ⇒ $n = 6$ | **Tafel 4.1**: Größte Anzahl von Stäben in einer Lage für max Ø

Bemessung der Biegedruckbewehrung. Da die Druckkraft die Biegedruckbewehrung vergrößert, ist diese bei der Bemessung ungünstig anzusetzen.

$\mu_{Eds} = \frac{0{,}5486}{0{,}40 \cdot 0{,}43\,2 \cdot 17} = 0{,}436 > 0{,}371$ | (7.21): $\mu_{Eds} = \frac{M_{Eds}}{b \cdot d^2 \cdot f_{cd}}$

Druckbewehrung erforderlich

$\omega_2 = 0{,}065 + (0{,}076 - 0{,}065) \cdot 0{,}6 = 0{,}072$ | **Tafel 7.4:** für $d_2/d \approx 0{,}10$; $\xi_{lim} = 0{,}617$ und $\mu_{Eds} = 0{,}436$

$A_{s,2} = \frac{0{,}072 \cdot 0{,}40 \cdot 0{,}43 \cdot 17}{435} \cdot 10^4 = \underline{\underline{4{,}84\ \text{cm}^2}}$ | (7.81): $A_{s2} = \frac{\omega_2 \cdot b \cdot d \cdot f_{cd}}{f_{yd}}$

gew: 4Ø14 1. lagig

$A_{s,vorh} = 6{,}16\ \text{cm}^2 > 4{,}84\ \text{cm}^2 = A_{s,erf}$ | (7.62): $A_{s,vorh} \geq A_{s,erf}$

Beispiel 7.13: Biegebemessung mit Druckbewehrung (ω-Verfahren) (Biegung und Längszugkraft)

Gegeben:
- Einfeldträger (statisch bestimmt)
- Rechteckquerschnitt b/h = 25/55 cm
- Schnittgrößen: M_{Ed} = 550 kNm; N_{Ek} = 220 kN (charakteristischer Wert der Zugkraft; es handelt sich um eine veränderliche Einwirkung)
- Baustoffe C35/45 (Ortbeton); B500
- d_1 = 10 cm; d_2 = 4,5 cm; $c_{v,l}$ = 3,5 cm

Gesucht:
- Erforderliche Biegezugbewehrung
- Erforderliche Biegedruckbewehrung

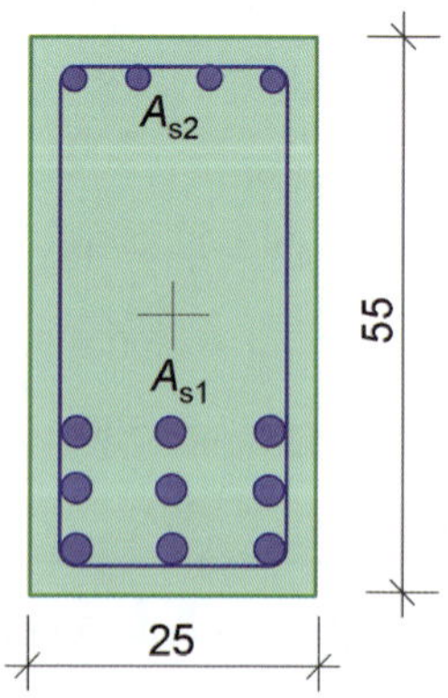

Lösung:

Bemessungsschnittgrößen

$\gamma_{Q,\text{günstig}} = 0;\ \gamma_{Q,\text{ungünstig}} = 1{,}5$	**Tafel 6.6** für veränderliche Einwirkung
$N_{Ed,\text{günstig}} = 220 \cdot 0 = 0\ \text{kN}$	
$N_{Ed,\text{ungünstig}} = 220 \cdot 1{,}5 = 330\ \text{kN}$	
$z_s = 45 - \frac{55}{2} = 17{,}5\,\text{cm}$	(7.7): $z_s = d - \frac{h}{2}$
$M_{Eds,\text{günstig}} = 500 + 0 = 500\,\text{kNm}$	(7.5): $M_{Eds} = \lvert M_{Ed} \rvert - N_{Ed} \cdot z_s$
$M_{Eds,\text{ungünstig}} = 550 - 330 \cdot 0{,}175 = 492{,}3\,\text{kNm}$	
$f_{cd} = \frac{0{,}85 \cdot 35}{1{,}50} = 19{,}8\ \text{N/mm}^2$	(2.17): $f_{cd} = \frac{\alpha_{cc} \cdot f_{ck}}{\gamma_C}$

Bemessung der Biegezugbewehrung. Da die Zugkraft die Biegezugbewehrung vergrößert, ist diese bei der Bemessung ungünstig anzusetzen.

$\mu_{Eds} = \frac{0{,}4923}{0{,}25 \cdot 0{,}45\,2 \cdot 19{,}8} = 0{,}491 > 0{,}371$ Druckbewehrung erforderlich	(7.21): $\mu_{Eds} = \frac{M_{Eds}}{b \cdot d^2 \cdot f_{cd}}$
$\omega_1 = 0{,}631 + (0{,}642 - 0{,}631) \cdot 0{,}1 = 0{,}632$	**Tafel 7.4:** für $d_2/d = 0{,}10$; $\xi_{lim} = 0{,}617$ und $\mu_{Eds} = 0{,}491$
$A_{s,1} = \frac{0{,}632 \cdot 0{,}25 \cdot 0{,}45 \cdot 19{,}8 + 0{,}330}{435} \cdot 10^4 = \underline{\underline{39{,}95\ \text{cm}^2}}$ gew: 9 ∅25 mit 1. Lage 3 ∅25; 2. Lage 3 ∅25; 3. Lage 3 ∅25	(7.80): $A_{s1} = \frac{\omega_1 \cdot b \cdot d \cdot f_{cd} + N_{Ed}}{f_{yd}}$
$A_{s,vorh} = 44{,}2\ \text{cm}^2 > 39{,}95\ \text{cm}^2 = A_{s,erf}$	(7.62): $A_{s,vorh} \geq A_{s,erf}$
max ∅ = ∅ 25 ⇒ $n = 3$	**Tafel 4.1**: Größte Anzahl von Stäben in einer Lage für max ∅

Bemessung der Biegedruckbewehrung. Da die Zugkraft die Biegedruckbewehrung vergrringert, ist diese bei der Bemessung günstig anzusetzen.

$\mu_{Eds} = \frac{0{,}550}{0{,}25 \cdot 0{,}45\,2 \cdot 19{,}8} = 0{,}549 > 0{,}371$ Druckbewehrung erforderlich	(7.21): $\mu_{Eds} = \frac{M_{Eds}}{b \cdot d^2 \cdot f_{cd}}$
$\omega_2 = 0{,}188 + (0{,}199 - 0{,}188) \cdot 0{,}9 = 0{,}198$	**Tafel 7.4:** für $d_2/d = 0{,}10$; $\xi_{lim} = 0{,}617$ und $\mu_{Eds} = 0{,}549$
$A_{s,2} = \frac{0{,}198 \cdot 0{,}25 \cdot 0{,}45 \cdot 19{,}8}{435} \cdot 10^4 = \underline{\underline{10{,}14\ \text{cm}^2}}$ gew: 4 ∅20 1. lagig	(7.81): $A_{s2} = \frac{\omega_2 \cdot b \cdot d \cdot f_{cd}}{f_{yd}}$

$A_{s,vorh} = 12{,}6 \text{ cm}^2 > 10{,}14 \text{ cm}^2 = A_{s,erf}$

max $\varnothing = \varnothing\, 20 \Rightarrow n = 4$

(7.62): $A_{s,vorh} \geq A_{s,erf}$

Tafel 4.1: Größte Anzahl von Stäben in einer Lage für max $\varnothing$

Tafel 7.6 zeigt zusammenfassend, wie eine Normalkraft (Druck oder Zug) bei der Biegebemessung eines Stahlbetonbauteils mit Druckbewehrung angesetzt werden muss.

Art der Normalkraft	Biegezugbewehrung	Biedegdruckbewehrung
Druck	günstig	ungünstig
Zug	ungünstig	günstig

Tafel 7.6 *Berücksichtigung der Normalkraft (Druck, Zug) bei der Biegebemessung mit Druckbewehrung*

7.6 Biegebemessung von Plattenbalken

7.6.1 Begriff

Im Stahlbetonbau werden i. Allg. Unterzüge und Deckenplatten (slab floors) zusammen betoniert. Sie sind monolithisch miteinander verbunden, es entsteht ein T-förmiger Querschnitt. Bei einer Belastung erfahren Platte und Balken am Anschnitt die gleiche Verformung. Bei positivem Biegemoment und oben liegender Platte liegt diese in der Druckzone. Da Platte und Balken monolithisch verbunden sind, beteiligt sich auch die Platte am Lastabtrag. Hierin besteht für den Stahlbetonbau die ideale Trägerform mit einem großen Betonquerschnitt in der Druckzone und einem kleinen (ohnehin auf Biegung nicht mitwirkenden) Querschnitt in der Zugzone. Die Form der Zugzone ist aufgrund des gerissenen Zustandes unerheblich. Sie muss nur ausreichend groß sein, um die Biegezugbewehrung unterzubringen. Einen derartigen Balken nennt man Plattenbalken (T-beam)[6] (**Abb. 7.18**). Im Grenzzustand des Versagens reicht die Betondruckzone daher aus (Druckbewehrung ist nicht erforderlich), und der Betonstahl versagt; der Balken befindet sich im Bereich 2, d.h. $-3{,}50\ ‰ < \varepsilon_{c2} \leq 0$ und $\varepsilon_s = \varepsilon_{s1} = 25\ ‰$.

Weiterhin verringert sich die Druckzonenhöhe gegenüber einem Querschnitt geringerer Breite. Hierdurch wächst der Hebelarm der inneren Kräfte, sodass die erforderliche Biegezugbewehrung geringer als bei einem Querschnitt kleinerer Breite ausfällt.

In **Abb. 7.18** ist der Dehnungsverlauf über einen Plattenbalkenquerschnitt aufgetragen. Es ist ersichtlich, dass die

6 Der Begriff Plattenbalken wird in diesem Buch ausschließlich aufgrund der äußeren Kontur benutzt. Im Hinblick auf die Biegebemessung liegt ein Plattenbalken nur vor, wenn die Nulllinie im Steg liegt. Um beide Sachverhalte zu unterscheiden, wird dieser Fall mit einem „rechnerischen Plattenbalken" bezeichnet. Ein rechnerischer Plattenbalken ist nicht ausschließlich an die Querschnittsform (und die Nulllinie) gebunden, auch ein Kastenquerschnitt oder I-förmiger Querschnitt können rechnerisch Plattenbalken sein.

- Nulllinie in der Platte: $x \leq h_f$ (7.82)
  oder
- Nulllinie im Steg: $x > h_f$ (7.83)

verlaufen kann. Es ist auch zu erkennen, dass im erstgenannten Fall kein Unterschied zum Rechteckquerschnitt vorliegt. Den Zusammenhang zwischen Verzerrungen und Spannungen liefert **Abb. 7.5**. Im Unterschied zum Rechteckquerschnitt wirken die Betondruckspannungen (rechnerisch) jedoch nicht auf die Plattenbreite $b = b_f$, sondern auf die mitwirkende Plattenbreite b_{eff}.

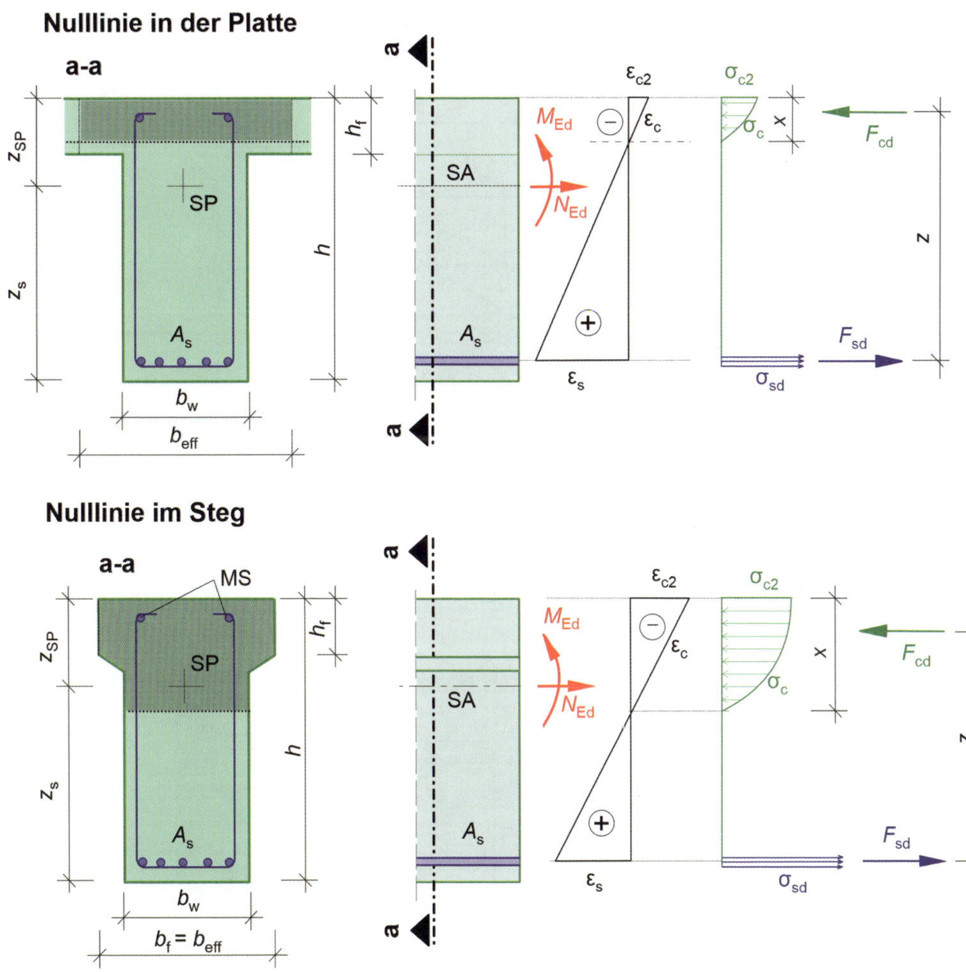

Abb. 7.18 *Verzerrungen und Spannungen im Plattenbalken*

7.6.2 Mitwirkende Plattenbreite

Aufgrund der schubfesten Verbindung zwischen Gurt und Steg wirken die Gurtplatten im stegnahen Bereich in vollem Umfang, mit zunehmender Entfernung vom Steg jedoch immer weniger mit. Rechnerisch kann dieses Tragverhalten mit der Elastizitätstheorie einer Scheibe erfasst werden. Da die Scheibentheorie für die alltägliche Praxis zu aufwändig ist, erfolgt die Berechnung mit einem Näherungsverfahren, das mit der „mitwirkenden (Platten-)Breite“ arbeitet.

Betrachtet man den Druckspannungsverlauf in einem Plattenbalken, so liegt das Maximum im Steg. Mit zunehmender Entfernung vom Steg verringern sich die Spannungen (**Abb. 7.19**). Bei sehr breiten Platten kann die Druckspannung in den vom Steg weit entfernten Plattenbereichen auch Null sein; hier beteiligt sich die Platte dann nicht mehr am Tragverhalten.

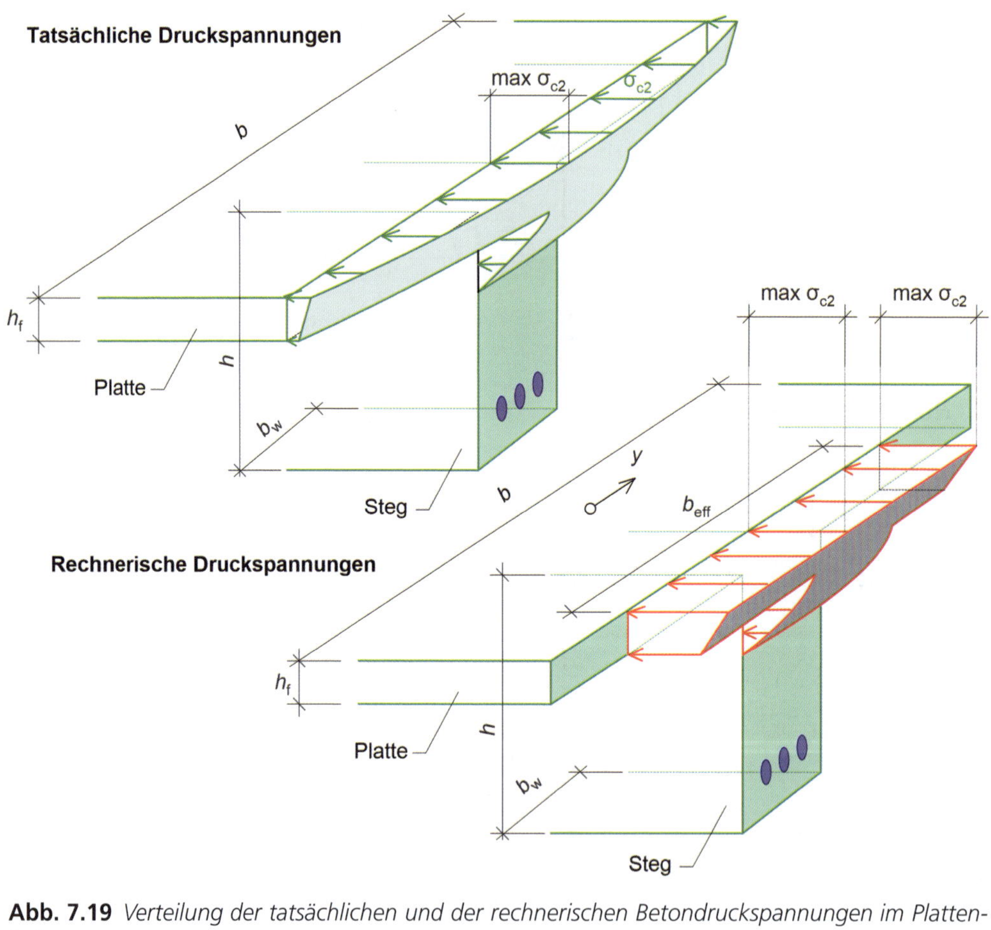

Abb. 7.19 *Verteilung der tatsächlichen und der rechnerischen Betondruckspannungen im Plattenbalken*

Die mitwirkende Plattenbreite b_{eff} ist diejenige Breite, die sich unter der Annahme einer rechteckigen Spannungsverteilung mit derselben maximalen Randspannung max σ_{c2} wie bei der tatsächlichen Spannungsverteilung ergibt, wenn in beiden Fällen die innere Betondruckkraft F_{cd} gleich sein soll. Die Dehnungsverteilung und damit auch die Nulllinienlage bleiben bei der Näherung unverändert. Für die Lage der Nulllinie im Steg (wie in **Abb. 7.19**) lautet die Bestimmungsgleichung bei vorhandener Symmetrie zu y = 0 (Koordinate z beginnt gemäß **Abb. 7.13** auf Höhe der Nulllinienlage):

$$\underbrace{\int_{y=0}^{\frac{b_w}{2}} \int_{z=0}^{x} \sigma_c(y,z)\,dz\,dy + \int_{y=\frac{b_w}{2}}^{\infty} \int_{z=x-h_f}^{x} \sigma_c(y,z)\,dz\,dy}_{\text{Summe der Spannungen in der Druckzone Abb. 7.19 oben}} \overset{!}{=} \underbrace{\frac{b_w}{2} \int_{z=0}^{x} \sigma_c(0,z)\,dz + \frac{b_{eff} b_w}{2} \int_{z=x-h_f}^{x} \sigma_c(0,z)\,dz}_{\text{Summe der Spannungen in der Druckzone Abb. 7.19 unten}}$$

Bei vorgegebener Geometrie h_f/d und Nulllinienlage ζ kann hieraus b_{eff} bestimmt werden. Dieser Sachverhalt ist in **Abb. 7.20** nochmals für eine Platte mit mehreren Stegen (einem mehrstegigen Plattenbalken) dargestellt. Die hierbei zugrunde zu legende Breite b zählt jeweils von Feldmitte in Platte i bis Feldmitte in Platte i+1.

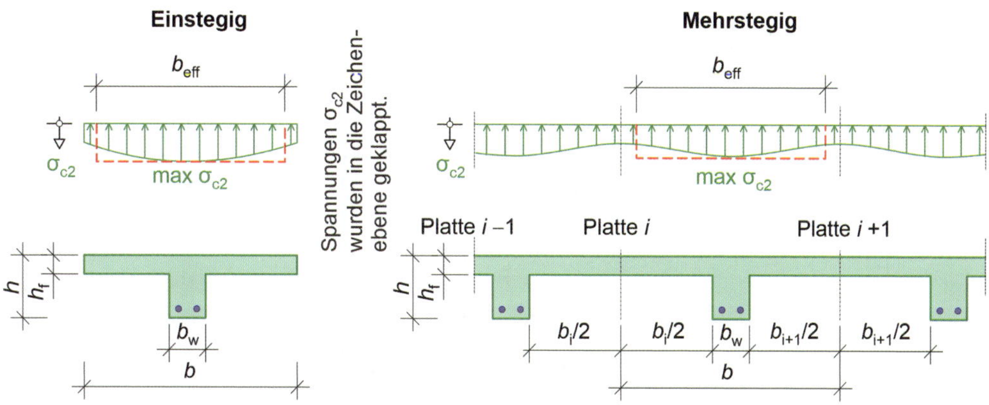

Abb. 7.20 *Die mitwirkende Plattenbreite*

Die mitwirkende Plattenbreite ist abhängig von

- den Höhen von Platte und Steg h_f/h
- der Balkenstützweite l_{eff}
- den Lagerungsbedingungen (gelenkig oder eingespannt), da hiervon der Abstand der Momentennullpunkte innerhalb der Stützweite abhängt
- der Belastungsart (Gleichlast oder Einzellast).

Die rechnerische Ermittlung der mitwirkenden Plattenbreite wurde in Kap. 5.2.3 gezeigt.

Beispiel 7.14: Ermittlung der mitwirkenden Plattenbreite

Gegeben: Deckenplatte mit Unterzug gemäß Skizze

Gesucht: Mitwirkende Plattenbreiten

Lösung:

Feld 1:

$$a_1 = \min(0{,}72/2; 0{,}30/2) = \frac{0{,}30}{2} = 0{,}15\,\text{m}$$ (5.2): $a_i = \min(h/2; t/2)$

$$a_2 = \frac{0{,}30}{2} = 0{,}15\,\text{m}$$ (5.6): $a_i = \frac{t}{2}$

$$l_{\text{eff}} = 6{,}21 + 0{,}15 + 0{,}15 = 6{,}51\,\text{m} = l_1$$ (5.1): $l_{\text{eff}} = l_n + a_1 + a_2$

$$l_0 = 0{,}85 \cdot 6{,}51 = 5{,}53\,\text{m}$$ (5.9): $l_0 = 0{,}85 \cdot l_1$

$$b_{\text{eff},1} = 0{,}2 \cdot \frac{6{,}01}{2} + 0{,}1 \cdot 5{,}53 = 1{,}154\,\text{m} \leq \begin{cases} \underline{1{,}106\,m} = 0{,}2 \cdot 5{,}53 \\ 3{,}00\,m = \frac{6{,}01}{2} \end{cases}$$

(5.8): $b_{\text{eff},i} = 0{,}2\, b_i + 0{,}1\, l_0 \leq \min \begin{cases} 0{,}2\, l_0 \\ b_i \end{cases}$

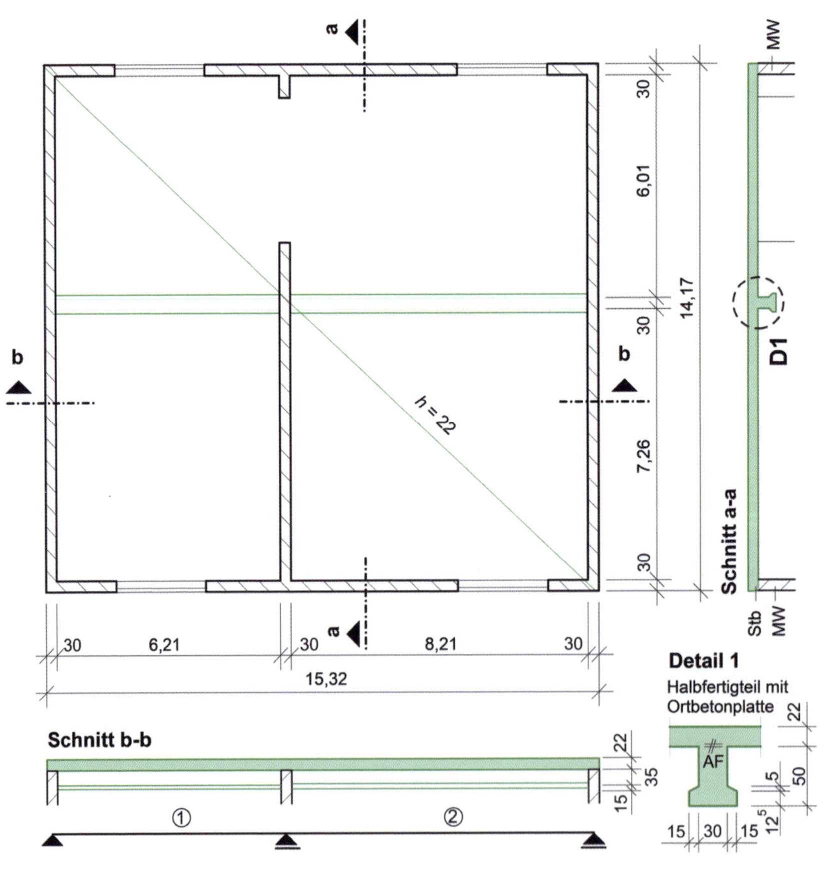

$$b_{\mathrm{eff},2} = 0{,}2 \cdot \frac{7{,}26}{2} + 0{,}1 \cdot 5{,}53$$

$$= 1{,}279\,\mathrm{m} \le \begin{cases} \underline{1{,}106\,m} = 0{,}2 \cdot 5{,}53 \\ 3{,}63\,m = \frac{7{,}26}{2} \end{cases}$$

$$b_{\mathrm{eff}} = 2 \cdot 1{,}106 + 0{,}30 = \underline{\underline{2{,}51\,\mathrm{m}}}$$

(5.7): $b_{\mathrm{eff}} = \sum_i b_{\mathrm{eff,i}} + b_w$

Feld 2:

$$a_1 = \frac{0{,}30}{2} = 0{,}15\,\mathrm{m}$$

(5.6): $a_i = \frac{t}{2}$

$$a_2 = \min(0{,}72/2; 0{,}30/2) = \frac{0{,}30}{2} = 0{,}15\,\mathrm{m}$$

(5.2): $a_i = \min(h/2; t/2)$

$$l_{\mathrm{eff}} = 8{,}21 + 0{,}15 + 0{,}15 = 8{,}51\,\mathrm{m} = l_2$$

(5.1): $l_{\mathrm{eff}} = l_n + a_1 + a_2$

$$l_0 = 0{,}85 \cdot 8{,}51 = 7{,}23\,\mathrm{m}$$

(5.9): $l_0 = 0{,}85 \cdot l_2$

$$b_{\mathrm{eff},1} = 0{,}2 \cdot \frac{6{,}01}{2} + 0{,}1 \cdot 7{,}23$$

$$= \underline{1{,}324\,\mathrm{m}} \le \begin{cases} 1{,}446\,m = 0{,}2 \cdot 7{,}23 \\ 3{,}00\,m = \frac{6{,}01}{2} \end{cases}$$

(5.8): $b_{\mathrm{eff,i}} = 0{,}2\, b_i + 0{,}1\, l_0 \le \min \begin{cases} 0{,}2\, l_0 \\ b_i \end{cases}$

$$b_{\mathrm{eff},2} = 0{,}2 \cdot \frac{7{,}26}{2} + 0{,}1 \cdot 7{,}23$$

$$= 1{,}449\,\mathrm{m} \le \begin{cases} \underline{1{,}446\,m} = 0{,}2 \cdot 7{,}23 \\ 3{,}63\,m = \frac{7{,}26}{2} \end{cases}$$

$$b_{\mathrm{eff}} = 1{,}324 + 1{,}446 + 0{,}30 = \underline{\underline{3{,}07\,\mathrm{m}}}$$

(5.7): $b_{\mathrm{eff}} = \sum_i b_{\mathrm{eff,i}} + b_w$

Stütze:

$$l_0 = 0{,}15 \cdot (6{,}51 + 8{,}51) = 2{,}25\,\mathrm{m}$$

(5.11): $l_0 = 0{,}15 \cdot (l_1 + l_2)$

$$b_{\mathrm{eff},1} = b_{\mathrm{eff},2} = 0{,}2 \cdot 0{,}15 + 0{,}1 \cdot 2{,}25$$

$$= 0{,}255\,\mathrm{m} \le \begin{cases} 0{,}45\,m = 0{,}2 \cdot 2{,}25 \\ \underline{0{,}15\,m} \end{cases}$$

(5.8): $b_{\mathrm{eff,i}} = 0{,}2\, b_i + 0{,}1\, l_0 \le \min \begin{cases} 0{,}2\, l_0 \\ b_i \end{cases}$

$$b_{\mathrm{eff}} = 2 \cdot 0{,}15 + 0{,}30 = \underline{\underline{0{,}60\,\mathrm{m}}}$$

(5.7): $b_{\mathrm{eff}} = \sum_i b_{\mathrm{eff,i}} + b_w$

Beispiel wird mit Beispiel 7.15 fortgesetzt.

7.6.3 Bemessung bei rechteckiger Druckzone

Damit eine Biegebemessung eines Plattenbalkens wie für einen Rechteckquerschnitt erfolgen kann, ist lediglich eine rechteckige Betondruckzone erforderlich. Die Querschnittsform im Zugbereich ist für die Biegebemessung beliebig, da die Zugfestigkeit des Betons rechnerisch Null ist. Sofern die Nulllinie in der Platte liegt, unterscheidet sich die Biegebemessung des Plattenbalkens daher nicht von derjenigen des Rechteckquerschnitts. Es ist nur anstatt der Breite b die mitwirkende Plattenbreite b_{eff} und für z_s Gl. (7.6) zu verwenden.

Vor der Bemessung ist die Lage der Nulllinie noch unbekannt. Deshalb wird zunächst angenommen, die Nulllinie verlaufe in der Platte. Diese Annahme wird nach der Bemessung überprüft. Wird die Annahme bestätigt, ist die Bemessung in Ordnung. Da selbst bei voll ausgenutzter Druckzone (ε_{c2} = –3,50 ‰) bei einer Stahldehnung ε_s = 25 ‰ die Druckzone nur ca. 10 % der Gesamthöhe des Trägers beträgt, ist dieser Fall die Regel. War ausnahmsweise die Annahme falsch, ist die Bemessung für eine Nulllinie im Steg zu wiederholen.

Beispiel 7.15: Biegebemessung eines Plattenbalkens (Nulllinie in der Platte)

Gegeben:
- Hochbaudecke im Inneren eines Wohngebäudes gemäß Skizze von Beispiel 7.14
- Baustoffgüten C20/25; B500

Gesucht:
- Lastannahmen
- Schnittgrößen des Unterzuges mit einem linearen Verfahren
- Biegebemessung im Feld 1 und Feld 2 mit dimensionslosem Verfahren (ω-Verfahren)

Lösung:

Lastannahmen:

Kunststoffbelag 1,1 cm	$0{,}15 \cdot 1{,}1 =$	0,17 kN/m²	EC 1-1-1/NA, Tab. NA.A.18
Anhydritestrich 5,0 cm	$0{,}22 \cdot 5 =$	1,10 kN/m²	EC 1-1-1/NA, Tab. NA.A.18
Konstruktions-beton	$25 \cdot 0{,}22 =$	5,50 kN/m²	EC 1-1-1, Tab. A.1
Gipsdeckenputz 1,5 cm		0,18 kN/m²	EC 1-1-1/NA, Tab. NA.A.17
Eigenlast der Decke		g_k = 6,95 kN/m²	
Veränderliche Last der Decke		q_k = 1,50 kN/m²	EC 1-1-1/NA, Tab. 6.1DE zur Ermittlung der Lasteinflussfläche für den Unterzug → Teil 2, Kap. 6

Eigenlast für den Unterzug:

Decke	$6{,}95 \cdot [0{,}30 + 0{,}6 \cdot (6{,}01 + 7{,}26)]$ $= 57{,}4\,\text{kN/m}$	Um die Durchlaufwirkung zu berücksichtigen, werden für das Mittelauflager 60 % der Lasten aus den angrenzenden Feldern berücksichtigt.
Unterzug	$25 \cdot (0{,}50 \cdot 0{,}30 + 2 \cdot 0{,}15 \cdot 0{,}15)$ $= 4{,}9\,\text{kN/m}$	
	$g_k = 62{,}3$ kN/m	

Einwirkung aus veränderlicher Last für den Unterzug:

$$q_k = 1{,}5 \cdot [0{,}30 + 0{,}6 \cdot (6{,}01 + 7{,}26)] = 12{,}4\,\text{kN/m}$$

Auf eine mögliche Abminderung nach EC 1-1-1/NA, Gl. 6.1a DE wird verzichtet.

Geometrische Werte:

vgl. Beispiel 7.14

Feld 1:	$l_1 = 6{,}51$ m;	$b_{\text{eff},1} = 2{,}51$ m
Feld 2:	$l_2 = 8{,}51$ m;	$b_{\text{eff},2} = 3{,}07$ m
Stütze:	$b_{\text{eff,St}} = 0{,}60$ m	

Beanspruchungen:

$$\frac{l_1}{l_2} = \frac{6{,}51}{8{,}51} = \frac{1}{1{,}31} \approx \frac{1}{1{,}30}$$

Die Schnittgrößen werden mit [Schneider/Albert – 20] S. 4.17 (Abschnitt 4 - Baustatik Kap. 1.4.3) ermittelt.

Beanspruchung		TW	LF *G*	TW	LF *Q*	Superposition zu Extremalschnittgrößen	
max M_1	kNm	0,053	140	0,099	52	1,35 · 140 + 1,50 ·52 = 267	(6.11): $E_d = \sum_1 \gamma_{G,i} \cdot E_{Gk,i} \oplus 1{,}50 \cdot E_{Qk,unf}$ Momente = TW · $q \cdot l_1^2$ Kräfte = TW · $q \cdot l_1$ BSP: $M_1 = 0{,}053 \cdot 62{,}3 \cdot 6{,}51^2 = 140$ BSP: $V_A = 0{,}326 \cdot 62{,}3 \cdot 6{,}51 = 132$ TW: Tafelwert
max M_2	kNm	0,123	351	0,156	82	1,35 · 351 + 1,50 ·82 = 597	
min M_B	kNm	-0,174	–459	-0,174	–91	1,35 · (–459) + 1,50 ·(–91) = –756	
max V_A	kN	0,326	132	0,446	36	1,35 · 132 + 1,50 ·36 = 232	
min V_{Bli}	kN	-0,674	–273	-0,674	–54	1,35 · (–273) + 1,50 ·(–54) = –450	
max V_{Br}	kN	0,784	318	0,784	63	1,35 · 318 + 1,50 ·63 = 524	
min V_C	kN	-0,516	–209	-0,558	–45	1,35 · (–209) + 1,50 ·(–45) = –350	

Nachweis für Biegung

Feld 1:

$M_{Eds} = \lvert 267 \rvert - 0 = 267\,\text{kNm}$	(7.5): $M_{Eds} = \lvert M_{Ed} \rvert - N_{Ed} \cdot z_s$
$d_{est} = 72 - 4{,}5 = 67{,}5\,\text{cm}$	(7.8): $d_{est} = h - (4 \text{ bis } 10)$
$\gamma_C = 1{,}50$	(2.18): Grundkombination und Ortbeton
$f_{cd} = \dfrac{0{,}85 \cdot 20}{1{,}50} = 11{,}3\ \text{N/mm}^2$	(2.17): $f_{cd} = \dfrac{\alpha_{cc} \cdot f_{ck}}{\gamma_C}$
$\mu_{Eds} = \dfrac{0{,}267}{2{,}51 \cdot 0{,}675\,2 \cdot 11{,}3} \approx 0{,}02$	(7.21): $\mu_{Eds} = \dfrac{M_{Eds}}{b \cdot d^2 \cdot f_{cd}}$
$\omega = 0{,}0203;\ \zeta = 0{,}985;\ \xi \approx 0{,}044;$ $\sigma_{sd} = 457\ \text{N/mm}^2$	**Tafel 7.1**
$x = 0{,}044 \cdot 67{,}5 = 3\,\text{cm} < 22\,\text{cm} = h_f$	(7.23): $\xi = \dfrac{x}{d}$
→ rechnerischer Rechteckquerschnitt	
$A_s = \dfrac{0{,}0203 \cdot 2{,}51 \cdot 0{,}675 \cdot 11{,}3 + 0}{435} \cdot 10^4 = 8{,}9\ \text{cm}^2$	(7.60): $A_s = \dfrac{\omega \cdot b \cdot d \cdot f_{cd} + N_{Ed}}{\sigma_{sd}}$
gew: 5 Ø16 mit	**Tafel 4.1**
$A_{s,vorh} = 10{,}1\ \text{cm}^2 > 8{,}9\ \text{cm}^2 = A_{s,erf}$	(7.62): $A_{s,vorh} \geq A_{s,erf}$
max Ø = Ø16 ⇒ n = 13 (für b = 60 cm)	**Tafel 4.1**: größte Anzahl von Stäben in einer Lage für max Ø
$d = 72 - 3{,}5 - 0{,}8 = 67{,}7\,\text{cm} \approx 67{,}5\,\text{cm} = d_{est}$	(7.9): $d = h - c_{v,l} - e$
$z = 0{,}985 \cdot 0{,}675 = 0{,}665\,\text{m}$	(7.45): $z = \zeta \cdot d$
$f_{ctm} = 2{,}2\ \text{N/mm}^2$	**Tafel 2.5**: C20/25
$W \approx 0{,}039\ \text{m}^3$	z. B. [Schneider/Albert – 20], Tafel 2.1.2, S. 4.28
$A_{s,min} = \dfrac{2{,}2 \cdot 0{,}039}{0{,}665 \cdot 500} \cdot 10^4 = 2{,}58\ \text{cm}^2 < 10{,}1\ \text{cm}^2$	(7.90): $A_{s,min} = \dfrac{f_{ctm} \cdot W}{z \cdot f_{yk}}$

Feld 2:

$M_{Eds} = \lvert 597 \rvert - 0 = 597\,\text{kNm}$	(7.5): $M_{Eds} = \lvert M_{Ed} \rvert - N_{Ed} \cdot z_s$
$\mu_{Eds} = \dfrac{0{,}597}{3{,}07 \cdot 0{,}675^2 \cdot 11{,}3} = 0{,}038 \approx 0{,}04$	(7.21): $\mu_{Eds} = \dfrac{M_{Eds}}{b \cdot d^2 \cdot f_{cd}}$
$\omega \approx 0{,}041;\ \xi \approx 0{,}066;\ \zeta \approx 0{,}976;\ \sigma_s = 457\ \text{N/mm}^2$	**Tafel 7.1**:
$x = 0{,}066 \cdot 67{,}5 = 4{,}5\,\text{cm} < 22\,\text{cm} = h_f$	(7.24): $x = \xi \cdot d$

$A_s = \left(\frac{0{,}041 \cdot 3{,}07 \cdot 0{,}675 \cdot 11{,}3}{435} + 0\right) \cdot 10^4 = 22{,}1 \text{ cm}^2$	(7.60): $A_s = \frac{\omega \cdot b \cdot d \cdot f_{cd} + N_{Ed}}{f_{yd}}$
gew: 5 ∅16 + 4 ∅20 mit	**Tafel 4.1**
$A_{s,vorh} = 22{,}7 \text{ cm}^2 > 22{,}1 \text{ cm}^2 = A_{s,erf} > A_{s,min}$	(7.62): $A_{s,vorh} \geq A_{s,erf}$
max ∅ = ∅20 ⇒ n = 12 (für b = 60 cm)	**Tafel 4.1**: größte Anzahl von Stäben in einer Lage für max ∅
Die Bemessung über der Stütze erfolgt in Beispiel 7.17.	Fortsetzung mit Beispiel 7.17

7.6.4 Bemessung bei gegliederter Druckzone

Eine gegliederte Druckzone liegt vor, wenn die Nulllinie im Steg liegt. Dann befinden sich die gesamte Platte und ein Teil des Steges im Druckbereich (**Abb. 7.18** unten). Es liegt auch in diesem Fall rechnerisch ein Plattenbalken vor. Für die Bemessung ist zunächst zu unterscheiden, ob die Plattenbreite sehr viel größer als die Stegbreite ist. Wenn die Plattenbreite sehr viel größer ist, liegt ein stark profilierter Plattenbalken[7], andernfalls ein schwach profilierter (**Abb. 7.21**) vor.

- Stark profilierter Plattenbalken:
  $$\frac{b_{eff}}{b_w} \geq 5{,}0 \tag{7.84}$$
- Schwach profilierter Plattenbalken:
  $$\frac{b_{eff}}{b_w} < 5{,}0 \tag{7.85}$$

Stark profilierter Plattenbalken

Der stark profilierte Plattenbalken mit Nulllinie im Steg tritt im üblichen Hochbau relativ selten auf, da dieser Fall nur bei sehr dünnen Platten wahrscheinlich ist. Bei einem stark profilierten Plattenbalken ist der Plattenanteil der weitaus überwiegende, da

- die Plattenfläche sehr viel größer als die gestauchte Teilfläche des Steges ist
- die Randstauchungen in der Platte und damit die Spannungen größer als diejenigen im Steg sind
- der Hebelarm des inneren Betondruckkraftanteils der Platte größer als derjenige des Steges ist.

„Auf der sicheren Seite" liegend, kann daher der Steganteil vernachlässigt werden. Dann liegt ein Querschnitt vor, bei dem nur noch die gesamte Platte Druckspannungen unterworfen ist (**Abb. 7.21**).

7 Andere gebräuchliche Bezeichnungen: schlanker Plattenbalken (= stark profilierter Plattenbalken) bzw. gedrungener Plattenbalken (= schwach profilierter Plattenbalken).

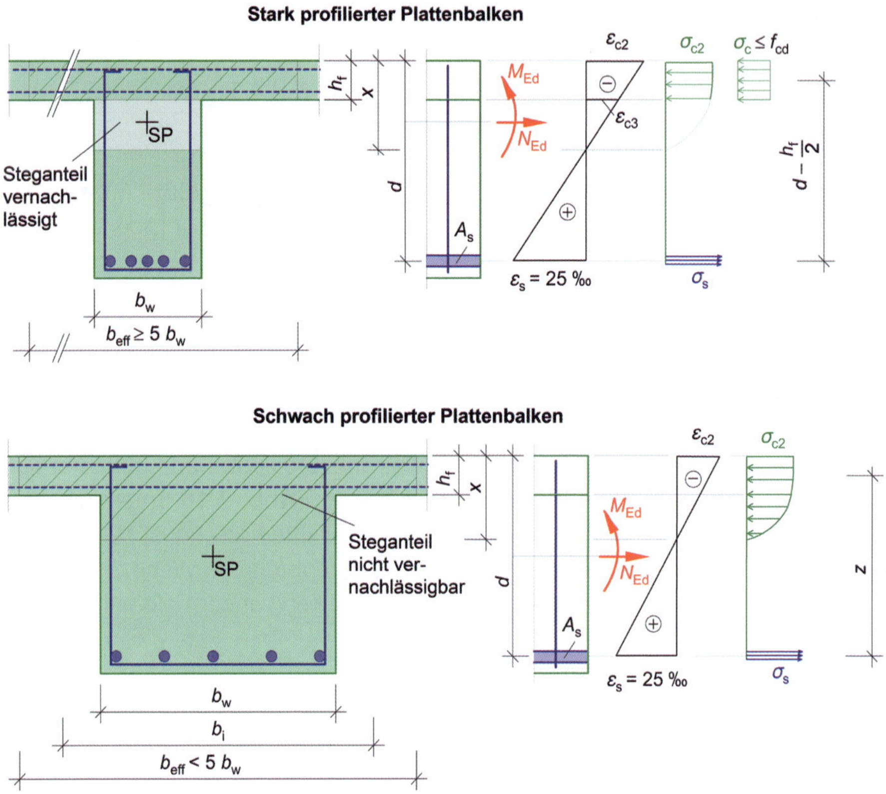

Abb. 7.21 *Idealisierungen beim stark und beim schwach profilierten Plattenbalken*

Näherungsweise kann davon ausgegangen werden, dass die resultierende Biegedruckkraft in Plattenmitte auftritt. Dies gilt immer dann genau, wenn $\varepsilon_{c3} \geq 2{,}00$ ‰ ist. Über den Strahlensatz kann gezeigt werden, dass dies genau dann gilt, wenn $h_f/d \leq 0{,}264$ ist. Falls dieser Grenzwert überschritten wird, sind Bemessungstafeln für Plattenbalken (Tafel 7.7) zu verwenden.

Weiterhin ist bei stark profilierten Plattenbalken die Stahlspannung ausgenutzt, d. h. $f_{yd} \leq \sigma_{sd} \leq f_{tk,cal}/\gamma_S$, näherungsweise $\sigma_{sd} = f_{yd}$. Die erforderliche Biegezugbewehrung erhält man aus Gl. (7.54):

$$A_s = \frac{1}{\sigma_{sd}} \cdot \left(\frac{M_{Eds}}{z} + N_{Ed} \right) = \frac{1}{\sigma_{sd}} \cdot \left(\frac{M_{Eds}}{d - \frac{h_f}{2}} + N_{Ed} \right) \tag{7.86}$$

Die Druckzone wird im Regelfall ausreichend groß sein. Sofern hieran Zweifel bestehen, kann der Nachweis über einen Spannungsnachweis erfolgen.

$$\sigma_c = \frac{M_{Eds}}{A_{cf} \cdot z} = \frac{M_{Eds}}{b_{eff} \cdot h_f \cdot \left(d - \frac{h_f}{2} \right)} \leq f_{cd} \tag{7.87}$$

Eine genauere Biegebemessung an einem derartigen Plattenbalken lässt sich durchführen, indem eine Bemessungstabelle für Plattenbalken (**Tafel 7.7**) verwendet wird.

	Recht-eck	$\frac{h_f}{d} = 0{,}05$			$\frac{h_f}{d} = 0{,}10$			$\frac{h_f}{d} = 0{,}20$		
		$\frac{b_{eff}}{b_w}$			$\frac{b_{eff}}{b_w}$			$\frac{b_{eff}}{b_w}$		
μ_{Eds}	**1**	**2**	**3**	**5**	**2**	**3**	**5**	**2**	**3**	**5**
0,01	0,0101	0,0101	0,0101	0,0101	0,0101	0,0101	0,0101	0,0101	0,0101	0,0101
0,02	0,0203	0,0203	0,0203	0,0203	0,0203	0,0203	0,0203	0,0203	0,0203	0,0203
0,03	0,0306	0,0306	0,0306	0,0306	0,0306	0,0306	0,0306	0,0306	0,0306	0,0306
0,04	0,0410	0,0410	0,0410	0,0409	0,0410	0,0410	0,0410	0,0410	0,0410	0,0410
0,05	0,0514	0,0514	0,0514	0,0514	0,0515	0,0515	0,0515	0,0515	0,0515	0,0515
0,06	0,0621	0,0621	0,0622	0,0624	0,0621	0,0621	0,0621	0,0621	0,0621	0,0621
0,07	0,0728	0,0731	0,0735	0,0742	0,0728	0,0728	0,0728	0,0728	0,0728	0,0728
0,08	0,0836	0,0844	0,0852	0,0871	0,0836	0,0836	0,0836	0,0836	0,0836	0,0836
0,09	0,0946	0,0961	0,0976	0,1014	0,0946	0,0946	0,0946	0,0946	0,0946	0,0946
0,10	0,1057	0,1082	0,1107		0,1058	0,1058	0,1059	0,1057	0,1057	0,1057
0,11	0,1170	0,1206	0,1246		0,1173	0,1175	0,1179	0,1170	0,1170	0,1170
0,12	0,1285	0,1336	0,1396		0,1292	0,1298	0,1311	0,1285	0,1285	0,1285
0,13	0,1401	0,1470			0,1415	0,1427	0,1459	0,1401	0,1401	0,1401
0,14	0,1519	0,1611			0,1542	0,1565		0,1519	0,1519	0,1519
0,15	0,1638	0,1757			0,1674	0,1712		0,1638	0,1638	0,1638
0,16	0,1759	0,1912			0,1812			0,1759	0,1758	0,1758
0,17	0,1881				0,1955			0,1881	0,1881	0,1880
0,18	0,2007				0,2106			0,2007	0,2007	0,2006
0,19	0,2134				0,2266			0,2137	0,2139	0,2141
0,20	0,2263							0,2272	0,2278	0,2290
0,21	0,2395							0,2413	0,2427	
0,22	0,2529							0,2560	0,2589	
0,23	0,2665							0,2715		
0,24	0,2804							0,2879		

Tafel 7.7 *Bemessungstabelle mit dimensionslosen ω-Beiwerten für schwach profilierte Plattenbalken (B500; ≤ C50/50) ohne Ausnutzen des Verfestigungsbereichs (Die grau schraffierten ω-Werte zeigen eine Nulllinie in der Platte = rechnerischen Rechteckquerschnitt an. Unterhalb der gestrichelten Linie ist $\xi > \xi_{lim}$ = 0,45.)*

Beispiel 7.16: Biegebemessung eines stark profilierten Plattenbalkens (Nulllinie im Steg)

Gegeben:
- Platte mit Unterzug lt. Skizze [8]
  Beanspruchungen
  M_{Ed} = 700 kNm;
  N_{Ed} = 100 kN (Zugkraft)
- C30/37 (Ortbeton)
- B500

Gesucht: Erforderliche Bewehrung

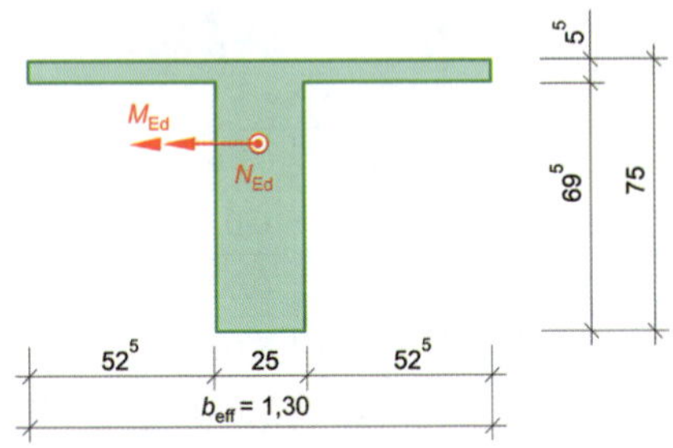

Lösung:

$d_{est} = 66{,}6\,\text{cm}$

Aufgrund ähnlicher Verhältnisse wie in Beispiel 7.2 wird der dort ermittelte Wert übernommen.

$$z_{SP} = \frac{(1{,}30-0{,}25)\cdot 0{,}055^2 + 0{,}25\cdot 0{,}75^2}{2[(1{,}30-0{,}25)\cdot 0{,}055 + 0{,}25\cdot 0{,}75]} = 0{,}293\,\text{m}$$

$$z_{SP} = \frac{(b_{eff}-b_w)\cdot h_f^2 + b_w\cdot h^2}{2\left[(b_{eff}-b_w)\cdot h_f + b_w\cdot h\right]}$$

(z. B. [Schneider/Albert – 20], Tafel 2.1.2, S. 4.28)

$z_s = 0{,}666 - 0{,}293 = 0{,}373\,\text{m}$ — (7.6): $z_s = d - z_{SP}$

$M_{Eds} = 700 - 100\cdot 0{,}373 = 663\,\text{kNm}$ — (7.5): $M_{Eds} = |M_{Ed}| - N_{Ed}\cdot z_s$

$\gamma_C = 1{,}50$ — (2.18): Grundkombination und Ortbeton

$f_{cd} = \frac{0{,}85\cdot 30}{1{,}50} = 17\,\text{N/mm}^2$ — (2.17): $f_{cd} = \frac{\alpha_{cc}\cdot f_{ck}}{\gamma_C}$

$\mu_{Eds} = \frac{0{,}663}{1{,}30\cdot 0{,}666^2\cdot 17} = 0{,}068$ — (7.21): $\mu_{Eds} = \frac{M_{Eds}}{b\cdot d^2\cdot f_{cd}}$

$\xi = 0{,}086 + (0{,}097 - 0{,}086)\cdot 0{,}8 = 0{,}095$ — **Tafel 7.1**

$x = 0{,}095\cdot 66{,}6 = 6{,}3\,\text{cm}$ — (7.24): $x = \xi\cdot d$

$x = 6{,}3\,\text{cm} > 5{,}5\,\text{cm} > h_f \Rightarrow$ Nulllinie im Steg — (7.83): $x > h_f$

$\frac{b_{eff}}{b_w} = \frac{1{,}30}{0{,}25} = 5{,}2 > 5{,}0 \Rightarrow$ stark profilierter Plattenbalken — (7.84): $\frac{b_{eff}}{b_w} \geq 5{,}0$

Wird an der Plattenunterkante eine Dehnung von $\varepsilon_{c3} \geq 2{,}00$ ‰ erreicht?

8 Es handelt sich um ein Halbfertigteil mit später herzustellendem Aufbeton auf der Platte. Die Beanspruchungen sollen aus dem Betonierzustand des Aufbetons herrühren.

$\frac{h_f}{d} = \frac{0{,}055}{0{,}666} = 0{,}083 \leq 0{,}264 \Rightarrow$ Dehnung von $\varepsilon_{c3} \geq 2{,}00$ ‰ wird erreicht

$$A_s = \frac{1}{435} \cdot \left(\frac{663}{0{,}666 - \frac{0{,}055}{2}} + 100 \right) \cdot 10 = \underline{\underline{26{,}2\ \text{cm}^2}}$$

(7.86): $A_s = \frac{1}{\sigma_{sd}} \cdot \left(\frac{M_{Eds}}{d - \frac{h_f}{2}} + N_{Ed} \right)$

gew: 2 ∅28 + 3 ∅25 mit 1. Lage 2 ∅28 + 1∅25; 2. Lage 2 ∅25

Tafel 4.1

$A_{s,vorh} = 27{,}1\ \text{cm}^2 > 26{,}2\ \text{cm}^2 = A_{s,erf}$

(7.62): $A_{s,vorh} \geq A_{s,erf}$

max ∅ = ∅28 ⇒ $n = 3$

Tafel 4.1: Maßgebend ist max ∅

$$e = \frac{12{,}3 \cdot \frac{2{,}8}{2} + 4{,}91 \cdot \frac{2{,}5}{2} + 9{,}82 \cdot \left(2 \cdot 2{,}8 + \frac{2{,}5}{2}\right)}{12{,}3 + 3 \cdot 4{,}91} = 3{,}4\,\text{cm}$$

(7.10): $e = \frac{\sum_i A_{si} \cdot e_i}{\sum_i A_{si}}$

$d = 75 - 5{,}0 - 3{,}4 = 66{,}6\,\text{cm} = d_{est}$

(7.9): $d = h - c_{v,l} - e$

$$\sigma_c = \frac{663 \cdot 10^{-3}}{1{,}30 \cdot 0{,}055 \cdot \left(0{,}666 - \frac{0{,}055}{2}\right)} = 14{,}5\ \text{N/mm}^2 < 17\ \text{N/mm}^2 = f_{cd}$$

(7.87): $\sigma_c = \frac{M_{Eds}}{b_{eff} \cdot h_f \cdot \left(d - \frac{h_f}{2}\right)} \leq f_{cd}$

Schwach profilierter Plattenbalken

Der schwach profilierte Plattenbalken mit Nulllinie im Steg tritt häufig im Fertigteilbau auf, z.B. bei I-Trägern für Hallenbinder.

Bei derartigen Querschnitten ist die Nulllinie im Steg üblich. Die zum Gleichgewicht erforderliche innere Betondruckkraft F_{cd} setzt sich aus einem Platten- und einem Steganteil zusammen (**Abb. 7.21** unten). Bei einem schwach profilierten Plattenbalken ist die mitwirkende Plattenbreite nicht wesentlich größer als die Stegbreite. Der Anteil des Steges an den Druckkräften kann daher nicht vernachlässigt werden, sofern eine wirtschaftliche Bemessung angestrebt wird. Damit ist für Bemessungstafeln der zusätzliche Parameter b_{eff}/b_w erforderlich. Der Wert $b_{eff}/b_w = 1$ kennzeichnet hierbei den Rechteckquerschnitt. Eine entsprechende Tafel ist in **Tafel 7.7** dargestellt, weitere bezogene Plattendicken sind z.B. in [Schneider/Albert – 20] zu finden. Die erforderliche Bewehrung erhält man mit dem abgelesenen ω-Wert:

$$\mu_{Eds} = \frac{M_{Eds}}{b_{eff} \cdot d^2 \cdot f_{cd}} \tag{7.88}$$

$$A_s = \frac{\omega \cdot b_{eff} \cdot d \cdot f_{cd} + N_{Ed}}{f_{yd}} \tag{7.89}$$

Bei Zwischenwerten ist entweder zu interpolieren oder der ungünstigere, d.h. nächstkleinere vertafelte Wert b_{eff}/b_w zu verwenden. Insbesondere bei Fertigteilbindern (T- oder I-Binder) haben die Platten keine konstante Dicke h_f, sondern verjüngen sich zum Rand. In diesen Fällen wird zweckmäßig die Plattendicke gemittelt. Der Fehler infolge dieser Näherung hat keine praxisrelevante Auswirkung auf den erforderlichen Stahlquerschnitt.

Als Zusatzbeschränkung muss beachtet werden, dass die Stauchung in der Plattenmittelfläche auf ε_{c2} zu begrenzen ist (**Abb. 7.11**). Für normalfeste Betone bis C50/60 gilt in diesem Fall ε_{c2} = –2,0 ‰ (→ **Tafel 2.6**). Diese Bedingung gemäß EC 2-1-1, 6.1, (5) ist in **Tafel 7.7** berücksichtigt.

Beispiel 7.17: Biegebemessung eines gedrungenen Plattenbalkens (Nulllinie im Steg) (Fortsetzung von Beispiel 7.15)

Gegeben: Aufgabenstellung und Ergebnisse von Beispiel 7.15

Gesucht: Biegebemessung über der Stütze

Lösung:

Stütze:

$M_{B,cal} = -756\text{ kNm}$ $V_{Bli,cal} = -450\text{ kN}$ $V_{Br,cal} = 524\text{ kN}$	Lineare Schnittgrößenberechnung ohne Momentenumlagerung. (siehe Tabelle im Beispiel 7.15)
	Auflagerung auf Mauerwerk
$\Delta M = (450 + 524) \cdot \frac{0{,}30}{8} = 36{,}5\,\text{kNm}$	(7.16): $\Delta M = F_{Ed,sup} \cdot \frac{t}{8}$
$M_{Ed} = \lvert -756\rvert - \lvert 36{,}5\rvert = 719{,}5\,\text{kNm}$	(7.15): $M_{Ed} = \lvert M_{el}\rvert - \lvert\Delta M\rvert$
$M_{Eds} = \lvert 719{,}5\rvert - 0 = 719{,}5\,\text{kNm}$	(7.5): $M_{Eds} = \lvert M_{Ed}\rvert - N_{Ed} \cdot z_s$
$\frac{b_{eff}}{b_w} = \frac{0{,}60}{0{,}30} = 2{,}0 < 5{,}0$	(7.85): $\frac{b_{eff}}{b_w} < 5{,}0$
schwach profilierter Plattenbalken	
$\mu_{Eds} = \frac{0{,}7195}{0{,}60 \cdot 0{,}675^2 \cdot 11{,}3} = 0{,}233$	(7.88): $\mu_{Eds} = \frac{M_{Eds}}{b_{eff} \cdot d^2 \cdot f_{cd}}$
$h_f \approx \frac{12{,}5 + 17{,}5}{2} = 15\,\text{cm}$	Die Platte ist gevoutet (→ Querschnitt Beispiel 7.14).
$\frac{h_f}{d} = \frac{15}{67{,}5} = 0{,}222 \approx 0{,}20$	
$\omega = 0{,}2715 + (0{,}2879 - 0{,}2715) \cdot 0{,}3 = 0{,}2764$	**Tafel 7.7**: interpoliert
$A_s = \frac{0{,}2764 \cdot 0{,}60 \cdot 0{,}675 \cdot 11{,}3 - 0}{435} \cdot 10^4 = \underline{\underline{29{,}1\text{ cm}^2}}$	(7.89): $A_s = \frac{\omega \cdot b_{eff} \cdot d \cdot f_{cd} + N_{Ed}}{f_{yd}}$
gew: 4 ∅25 + 4 ∅20	**Tafel 4.1**
$A_{s,vorh} = 32{,}2\text{ cm}^2 > 29{,}1\text{ cm}^2 = A_{s,erf}$	(7.62): $A_{s,vorh} \geq A_{s,erf}$

Die Platte bietet ausreichend Platz, um die Stäbe einzulegen. Der Nachweis für die größte Anzahl in einer Lage kann entfallen.

Begrenzung der Druckzonenhöhe:

$\xi_{\text{lim}} = 0{,}45$

Tafel 7.3

In **Tafel 7.7** wurde unterhalb der gestrichelten Linie abgelesen, sodass die Begrenzung der Druckzonenhöhe mit $\xi > 0{,}45$ vorerst nicht eingehalten ist. Allerdings liegt man mit $h_f/d = 0{,}222$ und dem Ablesen in **Tafel 7.7** für $h_f/d = 0{,}20$ leicht auf der sicheren Seite.

Eine genaue Iteration der Dehnungsebene für den vorhanden Querschnitt und $M_{\text{Eds}} = 719{,}5\,\text{kNm}$ liefert:

Anwendung Parabel-Rechteck-Diagramm gemäß **Abb. 2.6**

$\varepsilon_{c2}/\varepsilon_s = -2{,}688\ ‰\ /\ 3{,}507\ ‰$

Die Betonstauchung wurde in Plattenmitte gemäß EC 2-1-1, 6.1, (5) und **Abb. 7.11** auf –2,0 ‰ begrenzt

$\omega_{\text{exakt}} = 0{,}2722 < 0{,}2764 = \omega$

ω gemäß **Tafel 7.7**, s. vorher

$\xi = 0{,}434 \leq \xi_{\text{lim}} = 0{,}45$

Die zulässige Höhe der Druckzone ist mit der exakten Berechnung nicht überschritten.

(Fortsetzung mit Beispiel 8.5)

7.7 Grenzwerte der Biegebewehrung

7.7.1 Mindestbewehrung

Die Biegebemessung erfolgt unter idealisierenden Annahmen. Die hierbei entstehenden Fehler sollen durch die Mindestbewehrung abgedeckt werden. Die Mindestbewehrung hat im Einzelnen folgende Aufgaben ([Graubner/Kempf – 00]):

- Versagensvorankündigung durch Rissbildung; die erforderliche Mindestbewehrung kann unter der Annahme ermittelt werden, dass mindestens das Biegemoment beim Auftreten des ersten Risses aufgenommen werden muss. Durch Gleichsetzen von Gl. (1.27) und (1.28) und Auflösen nach A_s erhält man:

$$A_{s,\text{min}} = \frac{M_{\text{cr}}}{z \cdot f_{\text{yk}}} = \frac{f_{\text{ctm}} \cdot W}{z \cdot f_{\text{yk}}} \tag{7.90}$$

Es bedeuten hierin:

f_{ctm} mittlere Betonzugfestigkeit nach **Tafel 2.5**

W Widerstandsmoment des ungerissenen Querschnitts

z Hebelarm der inneren Kräfte (für Rechteckquerschnitte $z \approx 0{,}9\,d$)

- Aufnahme nicht quantifizierbarer Zwangeinwirkungen aus Temperatur, Schwinden usw.
- Aufnahme unberücksichtigter Zwangbeanspruchungen
- Vermeiden von hohen und breiten Sammelrissen in den Stegen
- Sicherstellen eines robusten Tragverhaltens.

Bei monolithischen Konstruktionen ist auch bei Einfeldträgern mit gelenkig angenommener Stützung eine konstruktive Einspannung zu berücksichtigen. Diese ist für ein Moment zu bemessen, das sich betragsmäßig auf mindestens 25 % des größten Feldmomentes beläuft.

Beispiel 7.18: Mindestbewehrung (Fortsetzung von Beispiel 7.5)

Gegeben:
- Rechteckquerschnitt *b*/*h* = 100/20 cm
- Baustoffe C30/37 (Ortbeton); B500

Gesucht: Mindestbewehrung

Lösung:

$f_{ctm} = 2{,}9\ \text{N/mm}^2$ — **Tafel 2.5**: C30/37

$W = \frac{1{,}00 \cdot 0{,}20^2}{6} = 0{,}00667\ \text{m}^3$ — $W = \frac{b \cdot h^2}{6}$

$z \approx 0{,}9 \cdot 0{,}155 = 0{,}14\,\text{m}$ — (8.11): $z \approx 0{,}9\,d$ oder der aus der Biegebemessung bekannte Wert

$A_{s,min} = \frac{2{,}9 \cdot 0{,}00667}{0{,}14 \cdot 500} \cdot 10^4 = 2{,}8\ \text{cm}^2 < \underline{\underline{5{,}03\ \text{cm}^2}}$ — (7.90): $A_{s,min} = \frac{f_{ctm} \cdot W}{z \cdot f_{yk}}$

Die Mindestbewehrung wird nicht maßgebend, die statisch erforderliche Bewehrung ist größer.

(Fortsetzung mit Beispiel 8.1)

Beispiel 7.19: Mindestbewehrung (Fortsetzung von Beispiel 7.2)

Gegeben:
- Rechteckquerschnitt *b*/*h* = 25/75 cm
- Baustoffe C30/37 (Ortbeton); B500

Gesucht: Mindestbewehrung

Lösung:

$f_{ctm} = 2{,}9\ \text{N/mm}^2$ — **Tafel 2.5**: C30/37

$W = \frac{0{,}25 \cdot 0{,}75^2}{6} = 0{,}0234\ \text{m}^3$ — $W = \frac{b \cdot h^2}{6}$

$z \approx 0{,}568\,\text{m}$ — → Biegebemessung Beispiel 7.2

$A_{s,min} = \frac{2{,}9 \cdot 0{,}0234}{0{,}568 \cdot 500} \cdot 10^4 = 2{,}4\ \text{cm}^2 < \underline{\underline{25{,}5\ \text{cm}^2}}$ — (7.90): $A_{s,min} = \frac{f_{ctm} \cdot W}{z \cdot f_{yk}}$

Die Mindestbewehrung wird nicht maßgebend, die statisch erforderliche Bewehrung ist größer.

Beispiel 7.20: Mindestbewehrung eines Plattenbalkenquerschnitts (Fortsetzung von Beispiel 7.16)

Gegeben:
- Plattenbalkenquerschnitt (siehe Beispiel 7.16)
- Baustoffe C30/37 (Ortbeton); B500
- $z_{SP} = 0{,}293\ \text{m}$

Gesucht: Mindestbewehrung

Lösung:

$f_{ctm} = 2{,}9\ \text{N/mm}^2$ — **Tafel 2.5**: C30/37

$$I_y = \frac{1{,}30 \cdot 0{,}055\ 3}{12} + \frac{0{,}25 \cdot 0{,}695\ 3}{12} + 1{,}30 \cdot 0{,}055 \cdot (0{,}055/2 - 0{,}293)^2 + 0{,}25 \cdot 0{,}695 \cdot \left(0{,}055 + \frac{0{,}695}{2} - 0{,}293\right)^2 = 0{,}0141\ \text{m}^4$$

$$I_y = \frac{b_{eff} \cdot h_f^3}{12} + \frac{b_w \cdot (h - h_f)^3}{12} + b_{eff} \cdot h_f \cdot \left(\frac{h_f}{2} - z_{SP}\right)^2 + b_w \cdot (h - h_f) \cdot \left(h_f + \frac{h - h_f}{2} - z_{SP}\right)^2$$

$W = \frac{0{,}141}{0{,}75 - 0{,}293} = 0{,}0309\ \text{m}^3$ — $W = \frac{I_y}{h - z_{SP}}$

$z = 0{,}666 - \frac{0{,}055}{2} = 0{,}6385\,\text{m}$ — $z = d - \frac{h_f}{2}$

$A_{s,min} = \frac{2{,}9 \cdot 0{,}0309}{0{,}6385 \cdot 500} \cdot 10^4 = 2{,}8\ \text{cm}^2 < \underline{\underline{26{,}2\ \text{cm}^2}}$ — (7.90): $A_{s,min} = \frac{f_{ctm} \cdot W}{z \cdot f_{yk}}$

Die Mindestbewehrung wird nicht maßgebend, die statisch erforderliche Bewehrung ist größer.

7.7.2 Höchstwert der Biegebewehrung

Der Höchstwert der Biegebewehrung eines Querschnitts ist ebenfalls begrenzt. Die Summe $A_{s,max}$ aus Biegezug- und Biegedruckbewehrung ist auch im Bereich von Übergreifungsstößen zu begrenzen.

$$A_{s,max} \leq 0{,}08 \cdot A_c \tag{7.91}$$

7.8 Vorbemessung

7.8.1 Rechteckquerschnitte

Ausgehend von der grundlegenden Beziehung Gl. (7.34) kann analog zur Herleitung in Kap. 7.5.1 mit dem Spannungsblock nach **Abb. 2.6** gearbeitet werden. Die Näherungen für die statische Nutzhöhe und die Höhe der Druckzone sind in **Abb. 7.22** eingetragen. Das maximale charakteristische Moment max M_k wird aus der Tragfähigkeit der Druckzone bestimmt. Ein angenäherter mittlerer Sicherheitsbeiwert von $\gamma_E = 1{,}4$ wird angesetzt.

$$M_{Rd} = F_{cd} \cdot z \approx b \cdot 0{,}8x \cdot f_{cd} \cdot z \approx \gamma_E \cdot \max M_k \tag{7.92}$$

$$b \cdot 0{,}8 \cdot 0{,}36h \cdot \frac{0{,}85 \cdot f_{ck}}{1{,}5} \cdot 0{,}72h \approx 1{,}4 \cdot \max M_k$$

$$\max M_k = 0{,}084 \cdot f_{ck} \cdot b \cdot h^2$$

$$\max M_k \approx 0{,}1 \cdot f_{ck} \cdot b \cdot h^2 \text{ (dimensionslos)} \tag{7.93}$$

Die erforderliche Bewehrung kann direkt aus Gl. (7.69) mit einem mittleren k_s-Wert von beispielsweise 2,6 (**Tafel 7.2**) abgeschätzt werden.

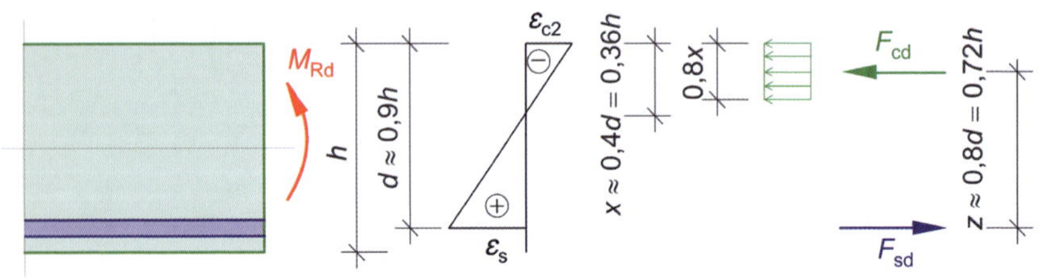

Abb. 7.22 *Näherungen für die Vorbemessung von Rechteckquerschnitten*

$$A_s = \frac{\gamma_E \cdot M_k}{d} \cdot k_s + \frac{\gamma_E \cdot N_k}{f_{yd}} \approx \frac{1{,}4 \cdot M_k}{0{,}9h} \cdot 2{,}6 + \frac{1{,}4 \cdot N_k}{435}$$

$$A_s \approx 4 \cdot \frac{M_k}{h} + \frac{N_k}{30} \text{ (dimensionsgebunden) } [\text{cm}^2] = \frac{[\text{kNm}]}{[\text{cm}]} + \frac{[\text{kN}]}{[1]} \tag{7.94}$$

Beispiel 7.21: Vorbemessung eines Rechteckquerschnitts

Gegeben:
- Rechteckquerschnitt b/h = 25/75 cm
- Schnittgrößen M_{Ed} = 400 kNm; N_{Ed} = 140 kN (Zugkraft)
- Baustoffe C30/37; B500

Gesucht: Abschätzung der Biegezugbewehrung

Lösung:

$A_s \approx 4 \cdot \frac{400}{75} + \frac{140}{30} = 26 \text{ cm}^2$	(7.89): $A_s \approx 4 \cdot \frac{M_k}{h} + \frac{N_k}{30}$ Zum Vergleich: Das Ergebnis in Beispiel 7.2 beträgt $A_s = 25{,}5 \text{ cm}^2$
$\max M_k \approx 0{,}1 \cdot 30 \cdot 0{,}25 \cdot 0{,}75 = 0{,}422$ MNm $> 0{,}400$ MNm	(7.93): $\max M_k \approx 0{,}1 \cdot f_{ck} \cdot b \cdot h^2$

7.8.2 Plattenbalken

Die Druckzone ist ausreichend groß. Eine Vorbemessung ist nur für die erforderliche Bewehrung sinnvoll. Eine Gleichung zur Vorbemessung erhält man aus Gl. (7.69):

$$A_s \approx \frac{1}{f_{yd}} \cdot \frac{\gamma_E \cdot M_k}{d - \frac{h_f}{2}} + \frac{\gamma_E \cdot N_k}{f_{yd}} \approx \frac{1}{435} \cdot \frac{1{,}4 \cdot M_k}{0{,}9h} \cdot 10^2 + \frac{1{,}4 \cdot N_k}{43{,}5}$$

$$A_s \approx 3{,}5 \cdot \frac{M_k}{h} + \frac{N_k}{30} \text{ (dimensionsecht) } [\text{cm}^2] = \frac{[\text{kNm}]}{[\text{cm}]} + \frac{[\text{kN}]}{[1]} \quad (7.95)$$

7.9 Bemessung bei beliebiger Form der Druckzone

Bei einer beliebigen Form der Druckzone können übliche Bemessungshilfsmittel nicht bereitgestellt werden, da der innere Dehnungszustand aufgrund der unbekannten Lage und Richtung der Nulllinie nicht mehr allgemein bestimmbar ist. Die Lage der Nulllinie ändert sich beim Übergang vom Zustand I in den Zustand II. Weiterhin werden auch nicht mehr alle Bewehrungsstränge dieselbe Dehnung aufweisen (**Abb. 7.23**).

$$\varepsilon_{s1} > \varepsilon'_{s1} > \varepsilon''_{s1} \Rightarrow \sigma_{s1} \geq \sigma'_{s1} \geq \sigma''_{s1}$$

Die Lösung kann nur schrittweise gefunden werden. Sinnvoll ist eine (iterative) numerische Bemessung, z.B. mit dem Spannungsblock.

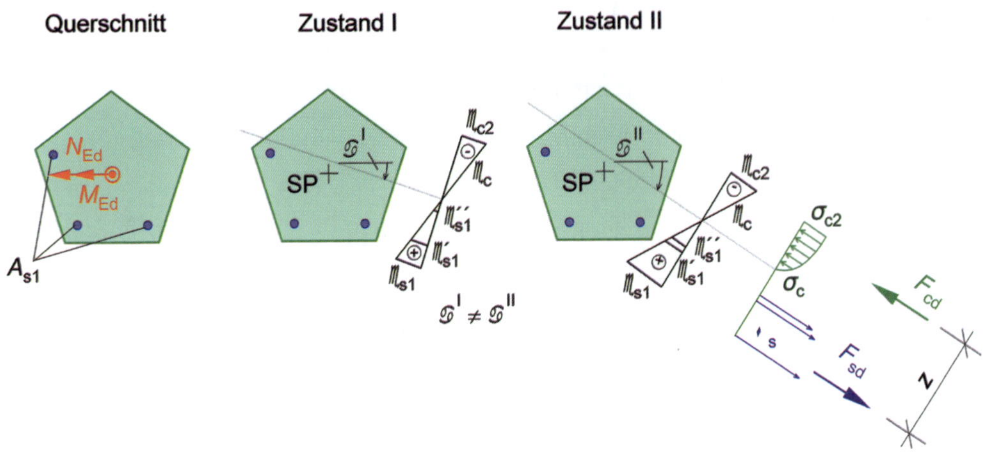

Abb. 7.23 *Querschnitt mit Verzerrungszuständen bei einer beliebigen Form der Druckzone*

Beispiel 7.22: Biegebemessung eines Querschnitts mit beliebiger Form der Druckzone

Gegeben:
- Regelmäßiges Fünfeck $b = 30$ cm
- Schnittgrößen $M_{Edy} = 70$ kNm; $N_{Ed} = 0$ kN
- Baustoffe C30/37; B500

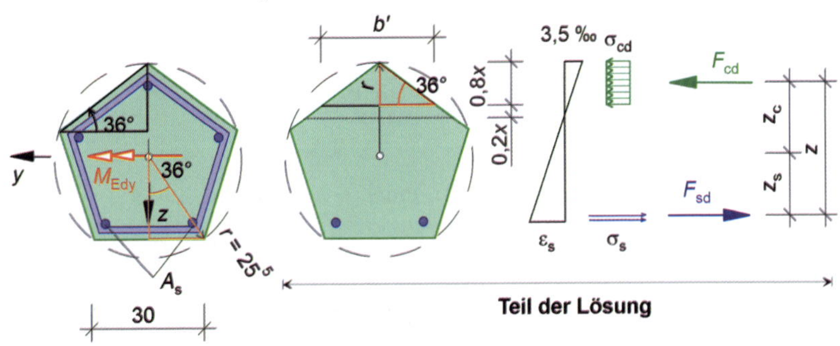

Gesucht: Ermittlung der Biegezugbewehrung, als praktikables Werkstoffgesetz soll der Spannungsblock verwendet werden.

Lösung:

Da der Querschnitt eine Symmetrieachse senkrecht zum Biegemoment M_{Edy} aufweist, muss die Richtung der Nulllinie waagerecht sein. Andernfalls ergäbe sich aus der Druckzone ein Moment M_{Edz}. Weiterhin soll zunächst bezüglich der Nulllinienlage angenommen werden, dass die Druckzone dreieckförmig ist. Diese Annahme ist zum Abschluss zu überprüfen. Die Bewehrungsermittlung kann hier analytisch erfolgen.

$d_1 = 50\,\text{mm}$	Schätzwert nach Kap. 7.2
$z_s + d_1 = \frac{300}{2} \cdot \cot 36 = 206{,}5\,\text{mm}$	(Siehe orangefarbiges Dreieck in der Skizze) $z_s + d_1 = \frac{b}{2} \cdot \cot 36$
$z_s = 206{,}5 - d_1 = 206{,}5 - 50 = 156{,}5\,\text{mm}$	
$M_{\text{Eds}} = 70 - 0 \cdot 0{,}1565 = 70\,\text{kNm}$	(7.5): $M_{\text{Eds}} = \lvert M_{\text{Ed}} \rvert - N_{\text{Ed}} \cdot z_s$
$f_{\text{cd}} = \frac{0{,}85 \cdot 30}{1{,}50} = 17\ \text{N/mm}^2$	(2.17): $f_{\text{cd}} = \frac{\alpha_{\text{cc}} \cdot f_{\text{ck}}}{\gamma_{\text{C}}}$
$f_{\text{ck}} = 30\ \text{N/mm}^2 \leq 50\ \text{N/mm}^2$: $\eta = 1{,}00$	C30/37, η nach EC 2-1-1, 3.1.7 (3)
$\sigma_{\text{cd}} = 1{,}00 \cdot 17{,}0 \cdot 0{,}9 = 15{,}3\ \text{N/mm}^2$	(2.16): $\sigma_{\text{cd}} = \eta \cdot f_{\text{cd}} \cdot 0{,}9$
$b' = \frac{0{,}8x}{\tan 36} \cdot 2 = 2{,}202x$ (Siehe rotfarbiges Dreieck in der Skizze)	Abminderung von $\eta \cdot f_{\text{cd}}$ um 10 %, da die Breite der Druckzone zum gedrückten Querschnittsrand hin abnimmt. Eine dreieckige Druckzone wird zunächst angenommen.
$F_{\text{cd}} = \frac{1}{2} \cdot 0{,}8x \cdot b' \cdot f_{\text{cd}} = \frac{1}{2} \cdot 0{,}8x \cdot 2{,}202x \cdot 15{,}3 = 13{,}5\,x^2$	(7.27): $F_{\text{cd}} = \int_0^x \sigma_{\text{cd}} \cdot b \cdot dz$
$z_c = 255 - 0{,}5\overline{3} \cdot x$	$z_c = r - \frac{2}{3} \cdot 0{,}8x$
$z = 156{,}5 + 255 - 0{,}533 \cdot x = 411{,}5 - 0{,}533 \cdot x$	$z = z_s + z_c$
$70 \cdot 10^6 = 13{,}5\,x^2 \cdot (411{,}5 - 0{,}533 \cdot x)$	(7.36): $M_{\text{Eds}} = F_{\text{cd}} \cdot z$
$7{,}20\,x^3 - 5555\,x^2 + 70 \cdot 10^6 = 0$	

Die Nullstellenbestimmung des Polynoms liefert als zutreffende Lösung: $x \approx 122$ mm

$x = 122\,\text{mm} < 176\,\text{mm} = 300 \cdot \sin 36$ ⇒ die Druckzone ist dreieckförmig	(Siehe schwarzfarbiges Dreieck in der Skizze)
$z = 411{,}5 - 0{,}533 \cdot 122 = 346\,\text{mm}$	$z = z_s + z_c$
$A_s = \frac{1}{435} \cdot \left(\frac{70}{0{,}346} + 0\right) \cdot 10 = \underline{\underline{4{,}65\ \text{cm}^2}}$	(7.54): $A_s = \frac{1}{\sigma_{\text{sd}}} \cdot \left(\frac{M_{\text{Eds}}}{z} + N_{\text{Ed}}\right)$
gew: ∅20 in jeder Ecke	**Tafel 4.1**
$A_{\text{s,vorh}} = 6{,}28\ \text{cm}^2 > 4{,}65\ \text{cm}^2 = A_{\text{s,erf}}$	(7.62): $A_{\text{s,vorh}} \geq A_{\text{s,erf}}$
d_1 wäre in Abhängigkeit von der erforderlichen Betondeckung noch zu überprüfen.	

7.10 Bemessung vollständig gerissener Querschnitte

7.10.1 Grundlagen

Mit den vorangehend erläuterten Verfahren können Querschnitte für Schnittgrößen bemessen werden, die zu Dehnungen der Bereiche 2, 3 (oder 4) führen. Wenn jedoch neben (kleinen) Momenten große Längs*zug*kräfte wirken, tritt auch am oberen Rand eine positive Dehnung auf (**Abb. 7.5**). Dann liegt der Bereich 1 vor. Diese Situation liegt bei Zuggliedern vor, sofern

$$e_0 = \frac{|M_{Ed}|}{N_{Ed}} \tag{7.96}$$

$$e_0 \leq z_{s1} \tag{7.97}$$

Der Beton beteiligt sich im Bereich 1 nicht mehr an der Übertragung der Schnittgrößen; er dient nur noch dem Korrosionsschutz der Bewehrung. Die Schnittgrößen werden vollständig durch den eingelegten Betonstahl aufgenommen. Insofern ist generell überlegenswert, ob für ein so beanspruchtes Bauteil vorgespannter Beton oder ein anderer Werkstoff wie Stahl oder Holz nicht sinnvoller ist. Da sich der Beton nicht an der Lastabtragung beteiligt, ist die Querschnittsform des Bauteils beliebig. Das folgende Bemessungsverfahren gilt aufgrund des vollständig gerissenen Betonquerschnitts (unter Anpassung des Schwerpunktes) für alle Querschnittsformen.

7.10.2 Bemessung

Der Schwerpunktabstand der Bewehrung z_{s1} bezieht sich hierbei auf den stärker gedehnten Bewehrungsstrang, der Schwerpunktabstand z_{s2} bezieht sich auf den weniger stark gedehnten Strang. Für einen Rechteckquerschnitt lassen sich beide Abstände ermitteln mit

$$z_{s1} = \frac{h}{2} - d_1 \tag{7.98}$$

$$z_{s2} = \frac{h}{2} - d_2 \tag{7.99}$$

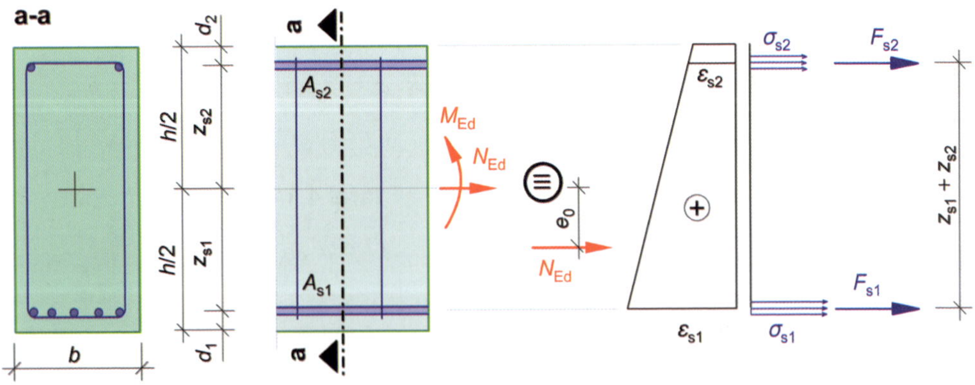

Abb. 7.24 *Spannungen und Dehnungen bei überwiegenden Längszugkräften*

Durch das Momentengleichgewicht um die obere und untere Bewehrungslage erhält man (vgl. **Abb. 7.24**) unter der Annahme, dass die Fließgrenze in beiden Bewehrungssträngen erreicht wird:

$$A_{s2} = \frac{N_{Ed}}{f_{yd}} \cdot \frac{z_{s1} - e_0}{z_{s1} + z_{s2}} \tag{7.100}$$

$$A_{s1} = \frac{N_{Ed}}{f_{yd}} \cdot \frac{z_{s2} + e_0}{z_{s1} + z_{s2}} \tag{7.101}$$

Beispiel 7.23: Bemessung eines vollständig gerissenen Querschnitts

Gegeben:
- Rechteckquerschnitt b/h = 25/75 cm
- Beanspruchungen M_{Ed} = 27,8 kNm; N_{Ed} = 278 kN (Zugkraft)
- Baustoff B500

Gesucht: Erforderliche Biegezugbewehrung

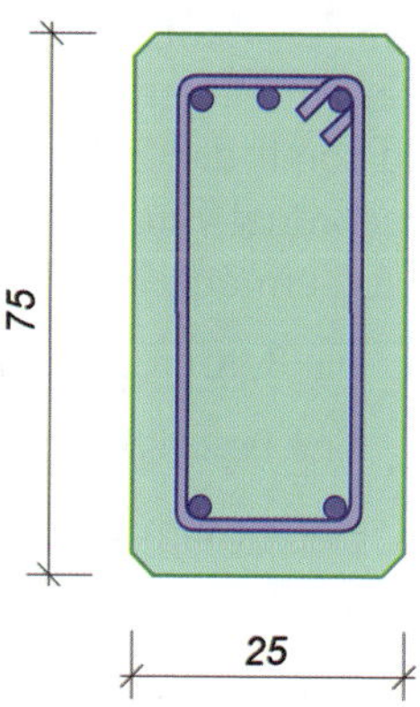

Lösung:

$d_1 = d_2 = 50\,\text{mm}$	zu überprüfender Schätzwert
$z_{s1} = \frac{0,75}{2} - 0,05 = 0,325\,\text{m}$	(7.98): $z_{s1} = \frac{h}{2} - d_1$
$z_{s2} = \frac{0,75}{2} - 0,05 = 0,325\,\text{m}$	(7.99): $z_{s2} = \frac{h}{2} - d_2$
$e_0 = \frac{\lvert 27,8 \rvert}{278} = 0,10\,\text{m}$	(7.96): $e_0 = \frac{\lvert M_{Ed} \rvert}{N_{Ed}}$
$e_0 = 0,10\,\text{m} < 0,325\,\text{m}$	(7.97): $e_0 \leq z_{s1}$
$A_{s2} = \frac{278 \cdot 10^3}{435} \cdot \frac{0,325 - 0,10}{0,325 + 0,325} = 221\,\text{mm}^2 = 2,21\,\text{cm}^2$	(7.100): $A_{s2} = \frac{N_{Ed}}{f_{yd}} \cdot \frac{z_{s1} - e_0}{z_{s1} + z_{s2}}$
gew: 2 Ø14 mit $A_{s,vorh} = 3,08\,\text{cm}^2$	**Tafel 4.1**
$A_{s,vorh} = 3,08\,\text{cm}^2 > 2,21\,\text{cm}^2 = A_{s,erf}$	(7.62): $A_{s,vorh} \geq A_{s,erf}$
$A_{s1} = \frac{278 \cdot 10^3}{435} \cdot \frac{0,325 + 0,10}{0,325 + 0,325} = 418\,\text{mm}^2 = 4,18\,\text{cm}^2$	(7.101): $A_{s1} = \frac{N_{Ed}}{f_{yd}} \cdot \frac{z_{s2} + e_0}{z_{s1} + z_{s2}}$
gew: 3 Ø14 mit $A_{s,vorh} = 4,62\,\text{cm}^2$	**Tafel 4.1**
$A_{s,vorh} = 4,62\,\text{cm}^2 > 4,18\,\text{cm}^2 = A_{s,erf}$	(7.62): $A_{s,vorh} \geq A_{s,erf}$

7.11 Bemessung mit Interaktionsdiagrammen

7.11.1 Grundlagen

Die bisher vorgestellten Verfahren decken nicht den Bereich 5 der erlaubten Verzerrungen ab (**Abb. 7.5**; **Abb. 7.10**). Eine Bemessung dieses Bereichs wird mit den nachfolgend erläuterten „Interaktionsdiagrammen" (*M-N* interaction diagram, column design chart) möglich sein. Sie gelten i.d.R. für eine symmetrische Bewehrung (an zwei gegenüberliegenden oder allen Querschnittsrändern) und erlauben im Prinzip eine Bemessung in *allen* Bereichen (1 bis 5); allerdings führt die planmäßige Anordnung von Druckbewehrung in biegebeanspruchten Bauteilen zu größerem Stahlverbrauch. Insbesondere bei vertikalen Bauteilen (Stützen, Wänden) ist eine symmetrische Bewehrung jedoch sinnvoll, da bei einer einseitigen Bewehrung die Seite abhängig von der Blickrichtung des Betrachters ist und somit die Gefahr besteht, dass auf der Baustelle die Bewehrung am falschen Rand angeordnet wird. Darüber hinaus wird mit der Druckbewehrung ein duktileres Bauteilverhalten ermöglicht. Ein Interaktionsdiagramm (**Abb. 7.25**) gilt für

- alle Betonfestigkeitsklassen (bis C50/60)
- eine Betonstahlgüte
- eine bestimmte Bewehrungsanordnung (**Abb. 7.26**)
- eine Stützenform (rechteckig, rund)
- einen konstanten bezogenen Randabstand der Längsbewehrung (z.B.: $d_1/h = 0{,}10$).

Interaktionsdiagramme wurden für symmetrische Bewehrung aufgestellt. **Abb. 7.26** zeigt für Rechteckquerschnitte die möglichen Bewehrungsanordnungen, für die Interaktionsdiagramme existieren. Des Weiteren gibt es Interaktionsdiagramme für Kreis- und Kreisringquerschnitte. Da die Diagramme (bis C50/60) unabhängig von der Betonfestigkeitsklasse sind, sind die Beanspruchungen normiert. Zudem wird nicht der geometrische Bewehrungsgrad ρ, sondern der mechanische Bewehrungsgrad ω verwendet. Auf der Abszisse ist das bezogene Biegemoment und auf der Ordinate die bezogene Längskraft aufgetragen. Diese unterscheiden sich von den Gln. (7.38) und (7.51) dadurch, dass als Querschnittsabmessung anstatt der statischen Nutzhöhe *d* die Bauteilhöhe *h* verwendet wird.

$$\nu_{\mathrm{Ed}} = \frac{N_{\mathrm{Ed}}}{b \cdot h \cdot f_{\mathrm{cd}}} \tag{7.102}$$

$$\mu_{\mathrm{Ed}} = \frac{|M_{\mathrm{Ed}}|}{b \cdot h^2 \cdot f_{\mathrm{cd}}} \tag{7.103}$$

$$\omega_{\mathrm{tot}} = \frac{A_{\mathrm{s,tot}}}{b \cdot h} \cdot \frac{f_{\mathrm{yd}}}{f_{\mathrm{cd}}} \tag{7.104}$$

$$A_{\mathrm{s,tot}} = \omega_{\mathrm{tot}} \cdot \frac{b \cdot h}{f_{\mathrm{yd}}/f_{\mathrm{cd}}} \tag{7.105}$$

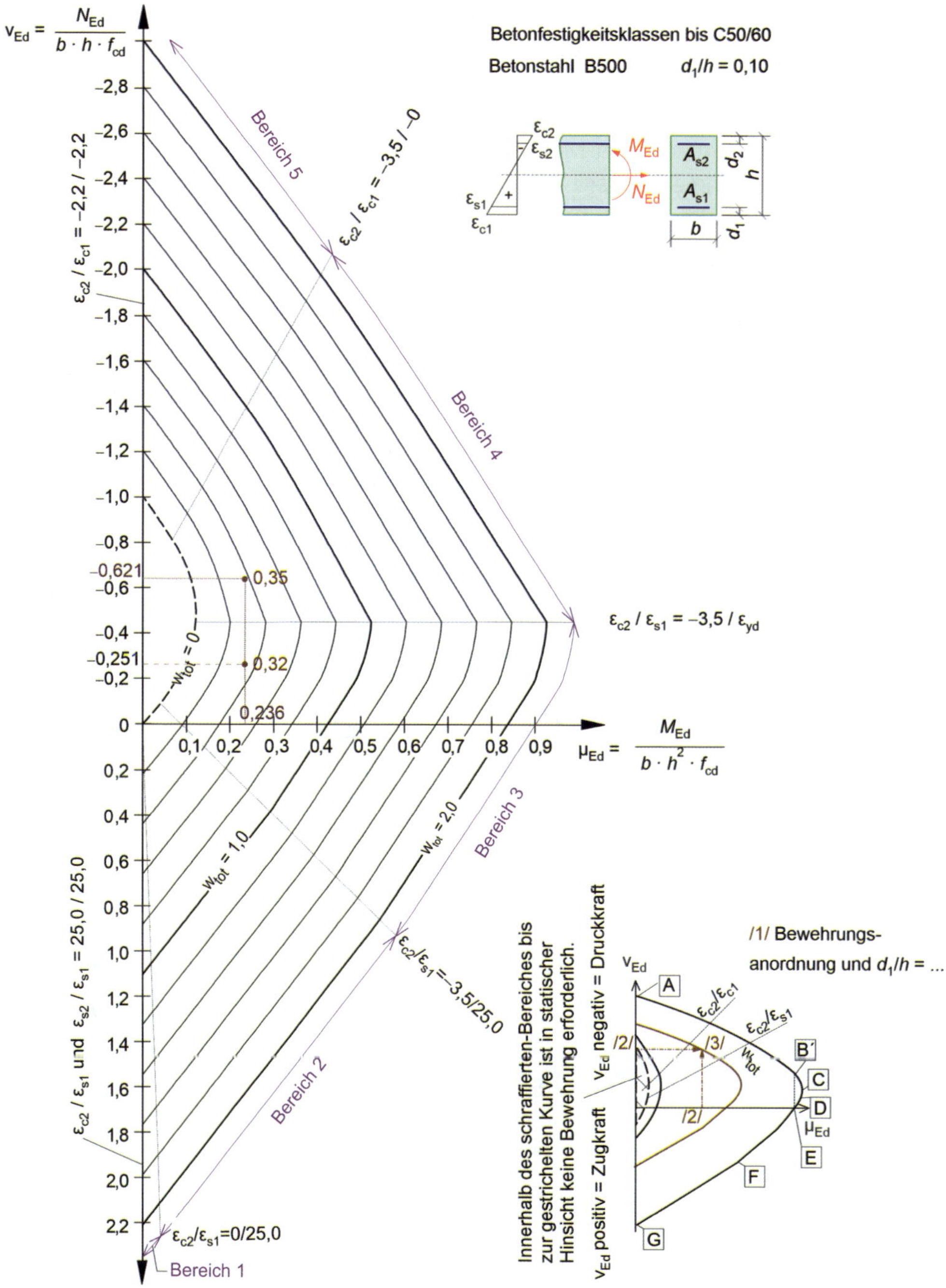

Abb. 7.25 *Aufbau eines Interaktionsdiagramms für einachsige Biegung und Vorgehensweise bei der Bemessung mit Ausnutzen des Verfestigungsbereiches*

Die Punkte A bis G im Interaktionsdiagramm stellen wichtige Sonderfälle bzw. Punkte zum weiteren Verständnis dar (**Abb. 7.25**). Punkt A kennzeichnet den Bauteilwiderstand für zentrischen Druck (bei maximaler Bewehrung), Punkt G denjenigen für zentrischen Zug. Punkt E kennzeichnet den Bauteilwiderstand für reine Biegung. Bemerkenswert ist die Zunahme der aufnehmbaren Momente zwischen den Punkten E und C trotz (bzw. wegen) des Hinzukommens einer Längsdruckkraft. Die Druckkraft überdrückt einen Teil des Querschnitts und aktiviert ihn für die Aufnahme von Biegemomenten. Daher wachsen die aufnehmbaren Biegemomente bei Längskräften zwischen den Punkten E und B an. In diesem Bereich wirken somit Längskräfte günstig[9]. Dieser Effekt wird bei vorgespannten Tragwerken (Spannbeton) bewusst genutzt.

Der Knick im Punkt D wird dadurch begründet, dass die Bewehrung A_{s2} die Fließgrenze erreicht. Im Punkt F erreicht die Bewehrung A_{s1} die Zugfestigkeit. Dieser Punkt tritt nur bei Diagrammen auf, die ein Werkstoffgesetz für den Stahl verwenden, das den Verfestigungsbereich ausnutzt (Gl. (2.35) und **Abb. 2.16**).

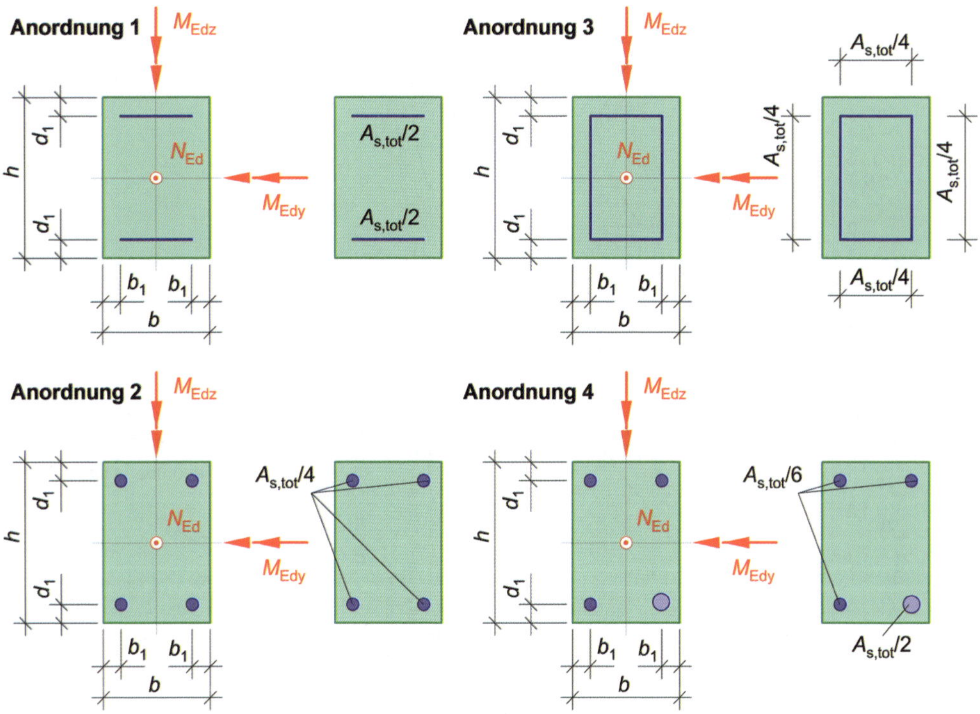

Abb. 7.26 *Bewehrungsanordnungen von Interaktionsdiagrammen*

9 In diesem Fall ist bei der Bestimmung der Bemessungsschnittgrößen der Teilsicherheitsbeiwert für günstige Einwirkung zu wählen. Sofern nicht vor der Bemessung zweifelsfrei erkennbar ist, ob die Längskraft günstig oder ungünstig wirkt, sind beide Fälle zu bemessen.

7.11.2 Anwendung bei einachsiger Biegung

Die Interaktionsdiagramme werden folgendermaßen benutzt (**Abb. 7.25**):

- Gegeben:
  - Beanspruchungen M_{Ed}, N_{Ed}
  - Betonfestigkeitsklasse und Betonstahlgüte (im Rahmen eines Bauvorhabens)
- Gewählt: Abmessungen b, h
- Geschätzt: Randabstand der Bewehrung
- Gesucht:
  - Längsbewehrung $A_{s1} = A_{s2}$
  - Verhältnis der Randverzerrungen $\varepsilon_{c2}/\varepsilon_{c1}$ bzw. $\varepsilon_{c2}/\varepsilon_{s1}$
- Durchführung:

/1/ Wahl des richtigen Diagramms nach dem Parameter „d_1/h = ..." und der Bewehrungsanordnung

$$d_1 = d_2 = c_{v,bü} + \varnothing_{bü} + e \tag{7.106}$$

/2/ Bestimmen der bezogenen Schnittgrößen ν_{Ed} und μ_{Ed} nach Gln (7.102) und (7.103) und Eintragen der Werte in das Nomogramm

/3/ Im Schnittpunkt der durch die bezogenen Schnittgrößen gehenden Geraden können die Tafelwerte für den mechanischen Bewehrungsgrad ω_{tot} und die Randverzerrungen $\varepsilon_{c2}/\varepsilon_{c1}$ bzw. $\varepsilon_{c2}/\varepsilon_{s1}$ abgelesen werden. Sofern der Schnittpunkt in einem Bereich liegt, für den kein mechanischer Bewehrungsgrad ω_{tot} ablesbar ist (schraffierter Bereich in **Abb. 7.25**), ist keine Bewehrung zur Aufnahme der Schnittgrößen erforderlich (nur Mindestbewehrung).

/4/ Ermittlung der Bewehrung nach Gl (7.105) und Verteilung derselben entsprechend der Anordnung im Diagramm.

Beispiel 7.24: Bemessung einer Stütze unter einachsiger Biegung ohne Knickgefahr

Gegeben: Stütze im Freien

Rechteckquerschnitt b/h = 25/75 cm

Beanspruchungen M_{Gk} = 250 kNm; N_{Gk} = –800 kN (Druckkraft)

M_{Q1k} = 150 kNm; N_{Q2k} = –600 kN (Druckkraft)

Baustoffe C30/37 (Ortbeton); B500

$A_{s1} = A_{s2}$

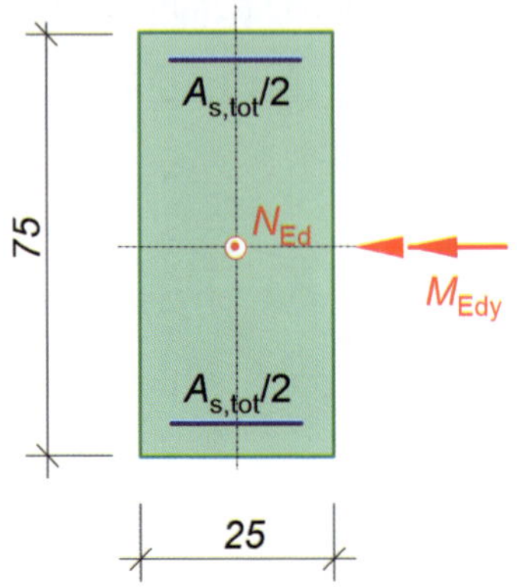

Gesucht: Ermittlung der Längsbewehrung

Lösung:

$$c_{nom} = 40\,\text{mm}$$

vgl. Beispiel 7.2

$$d_1 = d_2 = 40 + 8 + 30 = 78\,\text{mm}$$

(7.106): $d_1 = d_2 = c_{v,bü} + \varnothing_{bü} + e$

$$\frac{d_1}{h} = \frac{0{,}078}{0{,}75} = 0{,}104 \approx 0{,}10$$

Wahl des richtigen Diagramms aufgrund der vorliegenden Parameter; aufgrund der Vorgaben hier: **Abb. 7.25**

Vor der Bemessung steht nicht zweifelsfrei fest, ob die Längskraft hier günstig oder ungünstig wirkt. Daher werden zwei Lastfälle unterschieden.

Lastfall 1:

Längskräfte wirken ungünstig.

$\gamma_G = 1{,}35$; $\gamma_Q = 1{,}50$

Tafel 6.5:

$$N_{Ed} = 1{,}35 \cdot (-800) + 1{,}50 \cdot (-600) = -1980\,\text{kN}$$

$$M_{Ed} = 1{,}35 \cdot 250 + 1{,}50 \cdot 150 = 563\,\text{kNm}$$

(6.11): $E_d = \sum_i \gamma_{G,i} \cdot E_{Gk,i} \oplus 1{,}50 \cdot E_{Qk,unf}$

$$\nu_{Ed} = \frac{-1{,}98}{0{,}25 \cdot 0{,}75 \cdot 17} = -0{,}621$$

(7.102): $\nu_{Ed} = \dfrac{N_{Ed}}{b \cdot h \cdot f_{cd}}$

$$\mu_{Ed} = \frac{|0{,}563|}{0{,}25 \cdot 0{,}75^2 \cdot 17} = 0{,}236$$

(7.103): $\mu_{Ed} = \dfrac{|M_{Ed}|}{b \cdot h^2 \cdot f_{cd}}$

$$\omega_{tot} = 0{,}35$$

Ablesung aus Interaktionsdiagramm (**Abb. 7.25**)

Lastfall 2:

Längskräfte N_{Gk} und N_{Q2k} wirken günstig.

$\gamma_G = 1{,}35$ bzw. $\gamma_G = 1{,}00$; $\gamma_{Q2} = 0$ bzw. $\gamma_{Q1} = 1{,}50$

Tafel 6.5

$$N_{Ed} = 1{,}0 \cdot (-800) = -800\,\text{kN}$$

$$M_{Ed} = 1{,}35 \cdot 250 + 1{,}50 \cdot 150 = 563\,\text{kNm}$$

(6.11): $E_d = \sum_i \gamma_{G,i} \cdot E_{Gk,i} \oplus 1{,}50 \cdot E_{Qk,unf}$

$$\nu_{Ed} = \frac{-0{,}800}{0{,}25 \cdot 0{,}75 \cdot 17} = -0{,}251$$

(7.102): $\nu_{Ed} = \dfrac{N_{Ed}}{b \cdot h \cdot f_{cd}}$

$$\mu_{Ed} = \frac{|0{,}563|}{0{,}25 \cdot 0{,}75^2 \cdot 17} = 0{,}236$$

(7.103): $\mu_{Ed} = \dfrac{|M_{Ed}|}{b \cdot h^2 \cdot f_{cd}}$

$\omega_{tot} = 0{,}32 < 0{,}35$; Lastfall 1 maßgebend

Ablesung aus **Abb. 7.25**

$$A_{s,tot} = 0{,}35 \cdot \frac{25 \cdot 75}{435/17} = \underline{\underline{25{,}6\ \text{cm}^2}}$$

(7.105): $A_{s,tot} = \omega_{tot} \dfrac{b \cdot h}{f_{yd}/f_{cd}}$

$$A_{s1} = A_{s2} = \frac{A_{s,tot}}{2} = \frac{25{,}6}{2} = 12{,}8\ \text{cm}^2$$

Verteilung entsprechend der Vorgabe

gew: 2 ∅25 + 2 ∅20 mit $A_{s,vorh} = 16{,}1\ \text{cm}^2$

Tafel 4.1

1. Lage 2 ∅25 ; 2. Lage 2 ∅20

$$A_{s,vorh} = 16{,}1\ \text{cm}^2 > 12{,}8\ \text{cm}^2 = A_{s,erf}$$

(7.62): $A_{s,vorh} \geq A_{s,erf}$

$$e = \frac{2 \cdot 4{,}91 \cdot \frac{2{,}5}{2} + 2 \cdot 3{,}14 \cdot \left(2 \cdot 2{,}5 + \frac{2{,}0}{2}\right)}{2 \cdot 4{,}91 + 2 \cdot 3{,}14} = 3{,}1\,\text{cm} \approx 3{,}0\,\text{cm}$$

(7.10): $e = \dfrac{\sum_i A_{si} \cdot e_i}{\sum_i A_{si}}$

7.11.3 Anwendung bei zweiachsiger Biegung

Die Tragfähigkeit eines bekannten Stahlbetonquerschnitts kann als Hüllfläche eines räumlichen Körpers dargestellt werden (**Abb. 7.27**). Zur allgemeinen vollständigen Beschreibung der Tragfähigkeit reicht bei einem doppeltsymmetrischen Querschnitt ein Viertel des Körpers. Sofern der Querschnitt zusätzliche Symmetrieachsen durch die Eckpunkte aufweist (insgesamt vier Symmetrieachsen), reicht ein Achtel des vollständigen Körpers zur Beschreibung. Wenn nun für den Querschnitt der Bewehrungsgrad variiert wird, erhält man diverse Hüllflächen. Diese Hüllflächen sind die Isokurven des mechanischen Bewehrungsgrades (ω -Linien). Sie liegen ineinander wie die Schalen einer Zwiebel. Diese anschauliche Darstellungsweise (**Abb. 7.27**) ist jedoch für eine quantitative Auswertung ungeeignet. Deshalb verwendet man Vertikal- bzw. Horizontalschnitte.

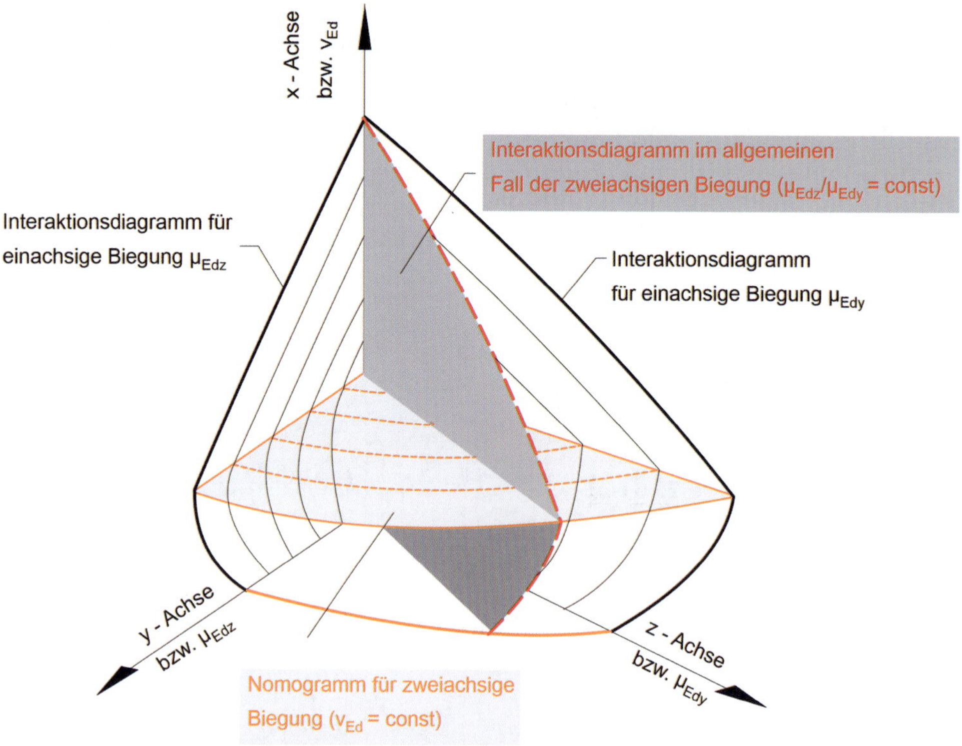

Abb. 7.27 *Tragfähigkeit bei zweiachsiger Biegung*

Wenn in diese Zwiebel Vertikalschnitte durch die Mittelachse gelegt werden, hat jeder Schnitt das Aussehen des Interaktionsdiagramms in **Abb. 7.25** und gilt für ein ganz bestimmtes Momentenverhältnis M_{Edy}/M_{Edz}. Die Schnittflächen der *x-y-* bzw. *x-z-*Ebene stellen gerade die Interaktionsdiagramme für den Sonderfall der einachsigen Biegung dar. Legt man in den Körper dagegen Horizontalschnitte, kommt man zu Bemessungsnomogrammen, wie sie für zweiachsige Biegung verwendet werden (**Abb. 7.28**). Hierbei gilt jeder Oktand für einen Horizontalschnitt in einer bestimmten Höhe der *x*-Achse (ν_{Ed} = const.).

Die grundsätzlichen Schwierigkeiten, die beim Aufstellen der Nomogramme vorliegen, entsprechen denen der schiefen Biegung (→ Kap. 7.9). Hier soll nur die Anwendung gezeigt werden. Die Bemessungsnomogramme gelten für

- alle Betonfestigkeitsklassen bis C50/60
- das auf der Tabelle dargestellte Bewehrungsbild (z.B. **Abb. 7.28**: gleichmäßige Verteilung auf die vier Ränder)
- eine Betonstahlgüte (z.B. B500)
- einen konstanten bezogenen Randabstand der Längsbewehrung, gültig für beide Richtungen (z.B. **Abb. 7.28**: $d_1/h = b_1/b = 0{,}20$).

Die gewählte Bewehrungsanordnung beeinflusst den gesamten erforderlichen Bewehrungsquerschnitt. Als Kriterium kann über die bezogenen Schnittgrößen nach Gl. (7.107) und (7.108) eine sinnvolle Bewehrung bestimmt werden.

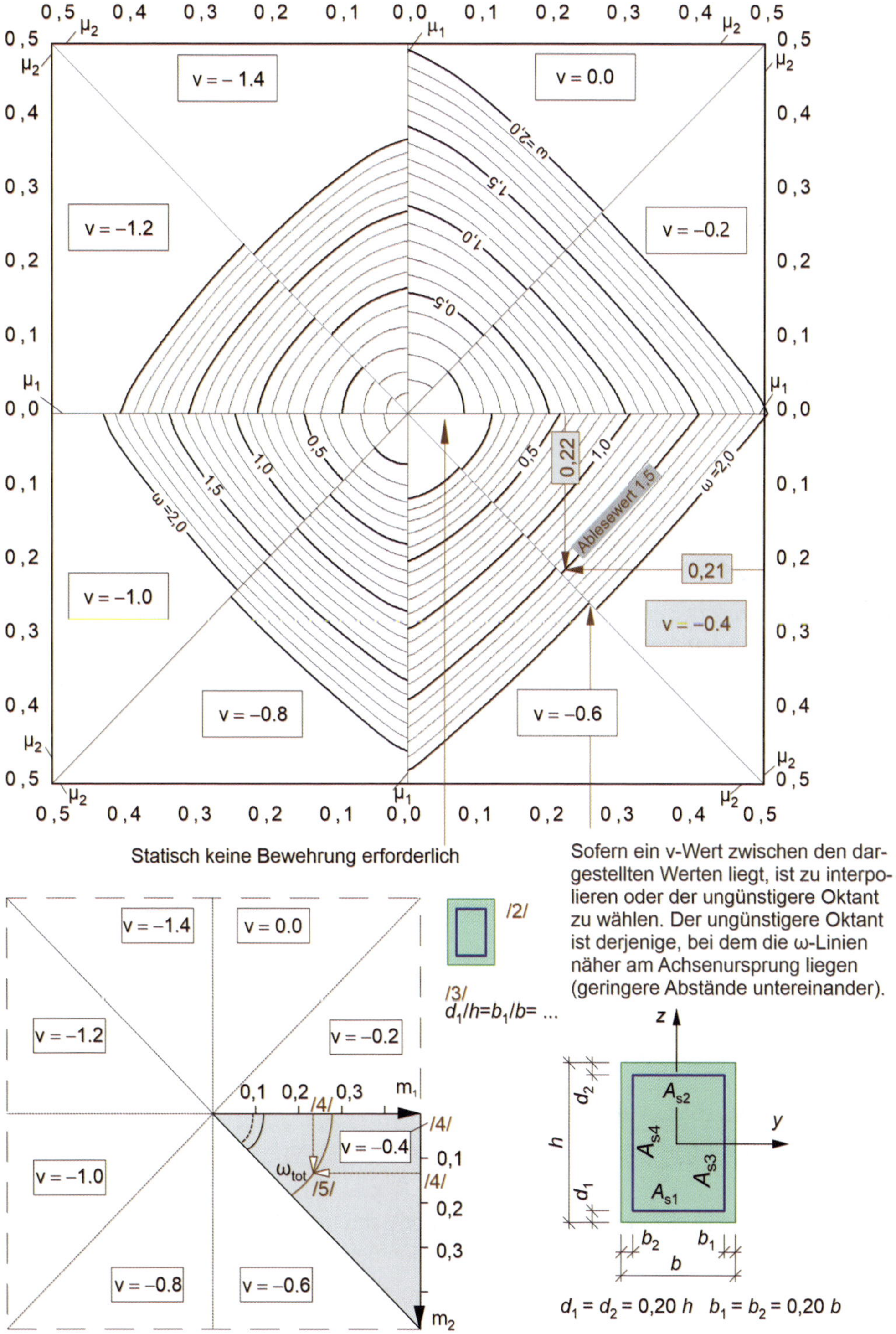

Abb. 7.28 *Aufbau eines Interaktionsdiagramms für zweiachsige Biegung und Vorgehensweise bei der Bemessung*

$$\mu_{\mathrm{Edy}} = \frac{|M_{\mathrm{Edy}}|}{b \cdot h^2 \cdot f_{\mathrm{cd}}} \tag{7.107}$$

$$\mu_{\mathrm{Edz}} = \frac{|M_{\mathrm{Edz}}|}{b^2 \cdot h \cdot f_{\mathrm{cd}}} \tag{7.108}$$

- Bei überwiegender Beanspruchung um eine Achse Verteilung der Bewehrung auf zwei gegenüberliegende Seiten (Anordnung 1 in **Abb. 7.26**).

  Überwiegend einachsige Beanspruchung:

  $$\mu_{\mathrm{Edy}} \gg \mu_{\mathrm{Edz}} \text{ oder } \mu_{\mathrm{Edy}} \ll \mu_{\mathrm{Edz}} \tag{7.109}$$

  Gleichmäßige Beanspruchung um beide Achsen:

  $$\mu_{\mathrm{Edy}} \approx \mu_{\mathrm{Edz}} \tag{7.110}$$

- Bei gleichmäßiger (schwacher) Beanspruchung um beide Achsen und einem überdrückten Querschnitt Konzentration der Bewehrung in den Eckpunkten (Anordnung 2 in **Abb. 7.26**).
- Bei gleichmäßiger (starker) Beanspruchung um beide Achsen Verteilung der Bewehrung auf die vier Querschnittsränder (Anordnung 3 in **Abb. 7.26**).
- Wenn erwartet wird, dass die Nulllinie im Querschnitt liegt (Bereich 4), Anordnung des Großteils der Bewehrung in der am stärksten gedehnten Ecke (Anordnung 4 in **Abb. 7.26**).

Für die Bemessung wird wie folgt vorgegangen:

/1/ Bestimmung der bezogenen Schnittgrößen ν_{Ed} nach Gl. (7.102) und μ_{Ed} nach Gln. (7.107) und (7.108)

/2/ Wahl der zweckmäßigsten Bewehrungsanordnung aufgrund der Schnittgrößen und Abmessungen

/3/ Wahl des richtigen Diagramms nach dem Parameter „d_1/h = ..." und der Bewehrungsanordnung.

/4/ Wahl des Oktanden und Eintragen der Werte in das Nomogramm:

$$\text{wenn } \mu_{\mathrm{Edy}} > \mu_{\mathrm{Edz}} : \mu_1 = \mu_{\mathrm{Edy}} ; \mu_2 = \mu_{\mathrm{Edz}} \tag{7.111}$$

$$\text{wenn } \mu_{\mathrm{Edy}} < \mu_{\mathrm{Edz}} : \mu_1 = \mu_{\mathrm{Edz}} ; \mu_2 = \mu_{\mathrm{Edy}} \tag{7.112}$$

/5/ Im Schnittpunkt der durch die bezogenen Schnittgrößen gehenden Geraden Ablesen der Tafelwerte für den mechanischen Bewehrungsgrad ω_{tot}

/6/ Ermittlung der Bewehrung nach Gl. (7.105)

/7/ Verteilung der Bewehrung entsprechend der Bewehrungswahl.

Beispiel 7.25: Bemessung eines Bauteils unter zweiachsiger Biegung

Gegeben:
- Bauteil im Inneren
- Rechteckquerschnitt b/h = 25/40 cm
- Schnittgrößen M_{Edy} = 200 kNm; M_{Edz} = 100 kNm; N_{Ed} = –900 kN (Druckkraft)
- Baustoffe C40/50; B500
- $c_{v,bü}$ = 35 mm

Gesucht: Ermittlung der Längsbewehrung

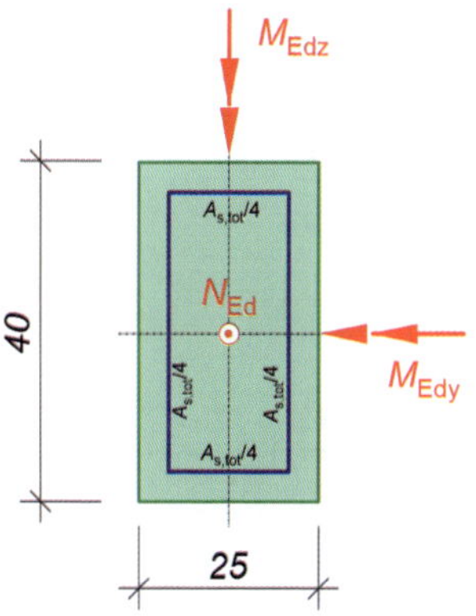

Lösung:

$$d_1 = d_2 = 35 + 10 + \frac{28}{2} = 59\,\text{mm}$$ (7.106): $d_1 = d_2 = c_{v,bü} + \phi_{bü} + e$

$$\frac{d_1}{h} = \frac{0{,}059}{0{,}40} = 0{,}148 \text{ und } \frac{b_1}{b} = \frac{0{,}059}{0{,}25} = 0{,}236$$

d_1/h und b_1/b weichen voneinander ab. Für den Fall einer sicheren Bemessung müsste ein Nomogramm gewählt werden, welches den größeren Wert abdeckt, hier also einen Randabstand $d_1/h = b_1/b = 0{,}25$. Dieser Fall ist jedoch so ungünstig, dass er zu einer unwirtschaftlichen Bewehrungsmenge führt. Daher wird hier ein mittlerer Wert ($d_1/h = b_1/b = 0{,}2$) gewählt und für das Moment M_{Edz} eine Korrektur durchgeführt, indem das Moment näherungsweise entsprechend dem zu geringen Abstand der Bewehrung erhöht wird.

$$\text{cal } M_{Edz} = 100 \cdot \frac{0{,}236}{0{,}20} = 118\,\text{kNm}$$ $\text{cal } M_{Edz} = M_{Edz} \cdot \frac{b_1/b}{(b_1/b)_{Nomogr}}$

$$f_{cd} = \frac{0{,}85 \cdot 40}{1{,}50} = 22{,}7\,\text{N/mm}^2$$ (2.17): $f_{cd} = \frac{\alpha_{cc} \cdot f_{ck}}{\gamma_C}$

$$\nu_{Ed} = \frac{-0{,}900}{0{,}25 \cdot 0{,}40 \cdot 22{,}7} = -0{,}40$$ (7.102): $\nu_{Ed} = \frac{N_{Ed}}{b \cdot h \cdot f_{cd}}$

$$\mu_{Edy} = \frac{|0{,}200|}{0{,}25 \cdot 0{,}40^2 \cdot 22{,}7} = 0{,}22$$ (7.107): $\mu_{Edy} = \frac{|M_{Edy}|}{b \cdot h^2 \cdot f_{cd}}$

$$\mu_{Edz} = \frac{|0{,}118|}{0{,}25^2 \cdot 0{,}40 \cdot 22{,}7} = 0{,}21$$ (7.108): $\mu_{Edz} = \frac{|M_{Edz}|}{b^2 \cdot h \cdot f_{cd}}$

$$\mu_{Edy} = 0{,}22 \approx 0{,}21 = \mu_{Edz}$$ (7.110): $\mu_{Edy} \approx \mu_{Edz}$

Wahl von Anordnung 3 — **Abb. 7.26**

$$\mu_{Edy} = 0{,}22 > 0{,}21 = \mu_{Edz}$$ (7.111): $\mu_{Edy} > \mu_{Edz}$

$$\mu_1 = 0{,}22$$ (7.111): $\mu_1 = \mu_{Edy}$

$\mu_2 = 0{,}21$

(7.111): $\mu_2 = \mu_{Edz}$

Die Eingangswerte ν_{Ed}, μ_1 und μ_2 werden in **Abb. 7.28** eingetragen.

Es liegt eine gleichmäßige Beanspruchung um beide Achsen vor ⇒ Anordnung 3 in **Abb. 7.26**; **Abb. 7.28** ist das passende Nomogramm.

$\omega_{tot} = 1{,}5$

Ablesung aus Nomogramm **Abb. 7.28**

$A_{s,tot} = 1{,}5 \cdot \frac{25 \cdot 40}{435/22{,}7} = \underline{\underline{78{,}3\ \text{cm}^2}}$

(7.105): $A_{s,tot} = \omega_{tot} \frac{b \cdot h}{f_{yd}/f_{cd}}$

$A_{s1} = A_{s2} = A_{s3} = A_{s4} = \frac{A_{s,tot}}{4} = \frac{78{,}3}{4} = 19{,}6\ \text{cm}^2$

Verteilung entsprechend der Vorgabe

gew: 4 · (1 ∅32 + 2 ∅28) mit $A_{s,vorh} = 20{,}4\ \text{cm}^2$ jeweils als Stabbündel in den Ecken

Tafel 4.1

$A_{s,vorh} = 20{,}4\ \text{cm}^2 > 19{,}6\ \text{cm}^2 = A_{s,erf}$

(7.62): $A_{s,vorh} \geq A_{s,erf}$

In Kapitel 15 wird die Bemessung von Stützen und Wänden ausführlich erläutert. Dabei wird beschrieben, dass neben den Schnittgrößen aus Theorie I. Ordnung für die Bemessung auch die Schnittgrößen aus Imperfektion und Theorie II. Ordnung relevant sind. Für die Bemessung von Stützen nach Theorie II. Ordnung können ebenfalls die in diesem Kapitel beschriebenen Interaktionsdiagramme verwendet werden. Weitere Interaktionsdiagramme mit abweichender Anordnung der Bewehrung und unterschiedlichen Verhältnissen von d_1/h finden Sie unter anderem in [Schneider/Albert – 20].

8 Bemessung für Querkräfte

8.1 Allgemeine Grundlagen

Biegebeanspruchte Bauteile werden i. Allg. nicht nur durch Biegemomente und evtl. kleine Längskräfte beansprucht; sofern das Biegemoment veränderlich ist, wirken zusätzlich Querkräfte. Eine Biegebemessung allein reicht daher nicht aus. Zusätzlich muss nachgewiesen werden, dass auch die Querkräfte aufgenommen werden können. Aus der Statik ist zwar der Zusammenhang zwischen Biegemomenten und Querkräften bekannt

$$V(x) = \frac{\mathrm{d}M(x)}{\mathrm{d}x} \tag{8.1}$$

und damit auch klar, dass beide Einwirkungen voneinander nicht unabhängig sind. Für die praktische Bemessung im Stahlbetonbau reicht es jedoch aus, die Nachweise für beide Einwirkungen getrennt zu führen (für die Biegebemessung siehe Kap. 7).

Die Einteilung in die Beanspruchungen (Schnittgrößen) Biegemomente, Querkräfte und Längskräfte bzw. in die daraus resultierenden Längs- und Schubspannungen nach Gl. (7.2) bis (7.4) ist eine willkürliche Annahme, um ein Tragwerk berechenbar zu machen. Diese Annahme führt jedoch nur bei homogenen isotropen Materialien zu zutreffenden Ergebnissen. Im Stahlbetonbau gelten daher diese Beziehungen näherungsweise nur im ungerissenen Zustand I.

Für gerissene biegebeanspruchte Bauteile mit Nulllinie im Querschnitt wird ein anderes Bemessungsmodell benötigt (→ Kap. 7.1). Die Querkraftbemessung soll hierbei zwei Aufgaben erfüllen:

- Es muss durch die Bemessung sichergestellt werden, dass die nicht vom Beton aufnehmbaren Haupt*zug*spannungen σ_{I} durch eine zusätzliche Bewehrung, die Querkraftbewehrung, aufgenommen werden können. Diese Bewehrung besteht aus Bügeln und, sofern gewünscht, zusätzlich aus Schrägaufbiegungen (**Abb. 8.1**).
- Die Haupt*druck*spannungen σ_{II} werden vom Beton übertragen und dürfen die Betondruckfestigkeit nicht überschreiten. Sie sind daher durch einen Vergleich mit zulässigen Spannungen oder nach Integration mit Bauteilwiderständen in ihrer Größe zu begrenzen.

Bei der Bemessung wird unterschieden zwischen Bauteilen

- ohne Querkraftbewehrung (dies sind z.B. Platten) (→ Kap. 8.3) und
- mit Querkraftbewehrung (dies sind z.B. Balken) (→ Kap. 8.4).

Im Rahmen der Querkraftbemessung ist der Nachweis zu erbringen, dass die einwirkende Extremalquerkraft extr. V_{d} bzw. V_{Ed} (= Beanspruchung) nicht größer als der Bemessungswert der aufnehmbaren Querkraft V_{Rd} (= Bauteilwiderstand) ist.

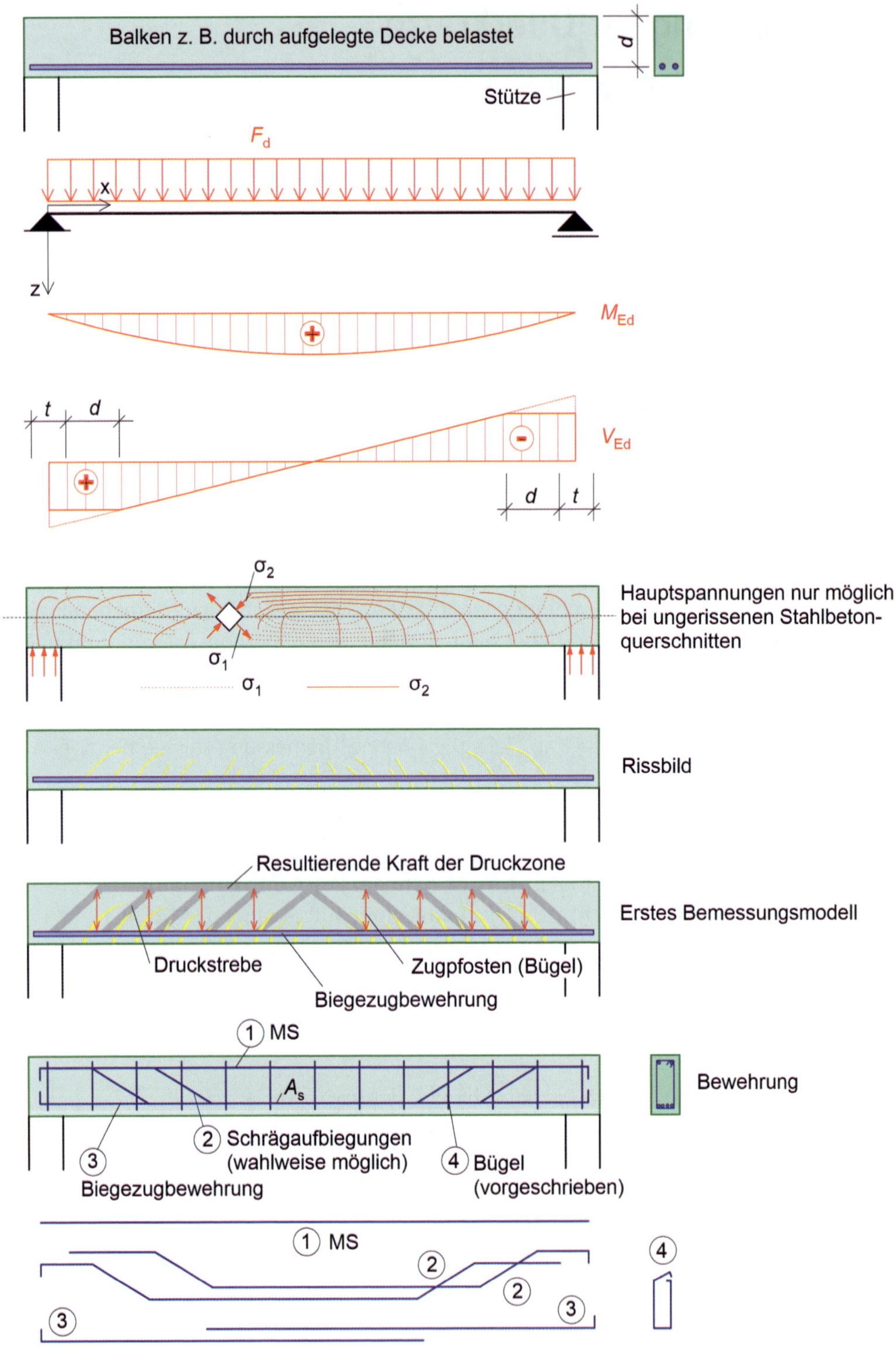

Abb. 8.1 *Vollständige Bewehrung eines Stahlbetonbalkens für Biegemomente und Querkräfte*

Zugstrebe: $V_{Ed} \leq \begin{cases} V_{Rd,c} \\ V_{Rd,sy} \end{cases}$ (8.2)

Druckstrebe: $\text{extr } V_d \leq V_{Rd,max}$ (8.3)

- $V_{Rd,c}$ ist der Bemessungswert der aufnehmbaren Querkraft (Bauteilwiderstand) von Bauteilen ohne Querkraftbewehrung (→ Kap. 8.3).
- $V_{Rd,max}$ ist der Bemessungswert der aufnehmbaren Querkraft (Bauteilwiderstand), der von den Betondruckstreben erreicht wird (→ Kap. 8.4.1).
- $V_{Rd,sy}$ ist der Bemessungswert der aufnehmbaren Querkraft (Bauteilwiderstand der Querkraftbewehrung, die zu ermitteln ist → Kap. 8.4.1).

8.2 Bemessungswert der einwirkenden Querkraft

8.2.1 Bauteile mit konstanter Bauteilhöhe

Für die Querkraftbemessung ist zunächst festzulegen, an welcher Stelle bzw. an welchen Stellen in Bauteillängsrichtung der Nachweis zu führen ist. Ähnlich der Biegebemessung, bei der über der Stütze nicht für das Extremalmoment (→ Kap. 7.3) bemessen wird, darf die Querkraftbemessung auch für einen geringeren Wert als die Extremalquerkraft durchgeführt werden. Daher ist zunächst der Bemessungswert der Querkraft (design shear force) zu bestimmen. Dieser ist von der Geometrie des Tragelementes und der Lagerungsart abhängig.

Unmittelbare Lagerung (direct support):[1]

Ein Tragelement gilt als unmittelbar gelagert, wenn es auf dem (lastab-)tragenden Bauteil aufliegt, sodass die Auflagerkraft über Druckspannungen in das zu berechnende Bauteil eingetragen wird. Das lastabtragende Bauteil kann eine Stütze, eine Wand oder ein hoher Unterzug sein (**Abb. 8.2**). Die Lasteinleitung der Druckstreben über Druckspannungen wirkt sich auf die Querkraftbeanspruchung günstig aus, da sich die Druckstreben fächerförmig vom unteren Bauteilrand ausbilden. Nur die Druckstrebe wird mit der extremalen Querkraft beansprucht und ist mit Gl. (8.3) nachzuweisen. Alle Streckenlastanteile im Bereich der letzten Druckstrebe benötigen keine Zugstrebe (**Abb. 8.1**) und somit keine Querkraftbewehrung, um wieder nach oben gehängt zu werden.

Daher darf bei unmittelbarer Lagerung für den Bemessungswert der Zugstrebe die Querkraft V_{Ed} nach Gl. (8.2) im Abstand d vom Auflagerrand verwendet werden (**Abb. 8.3**), sofern das Bauteil im Wesentlichen durch Streckenlasten beansprucht wird (EC 2-1-1, 6.2.1(8)).

$$V_{Ed} = |\text{extr } V_d| - (g+q)_d \cdot x_V \quad (8.4)$$

mit $x_V = \frac{t}{2} + d$ für (8.5)

1 Hierfür ist auch der Ausdruck „direkte Lagerung" gebräuchlich.

- Endauflager aus Mauerwerk, Beton, Stahl ohne Einspannung (dreiecksförmige Spannungsverteilung der Auflagerpressungen)
- Zwischenauflager, Endauflager mit Einspannung und Endauflager aus Stahlbetonbalken ohne rechnerische Einspannung (konstante Spannungsverteilung der Auflagerpressungen)

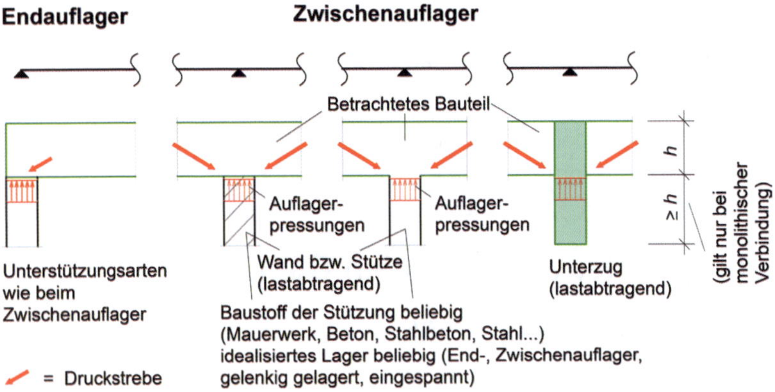

Abb. 8.2 *Beispiele unmittelbarer (direkter) Lagerungen*

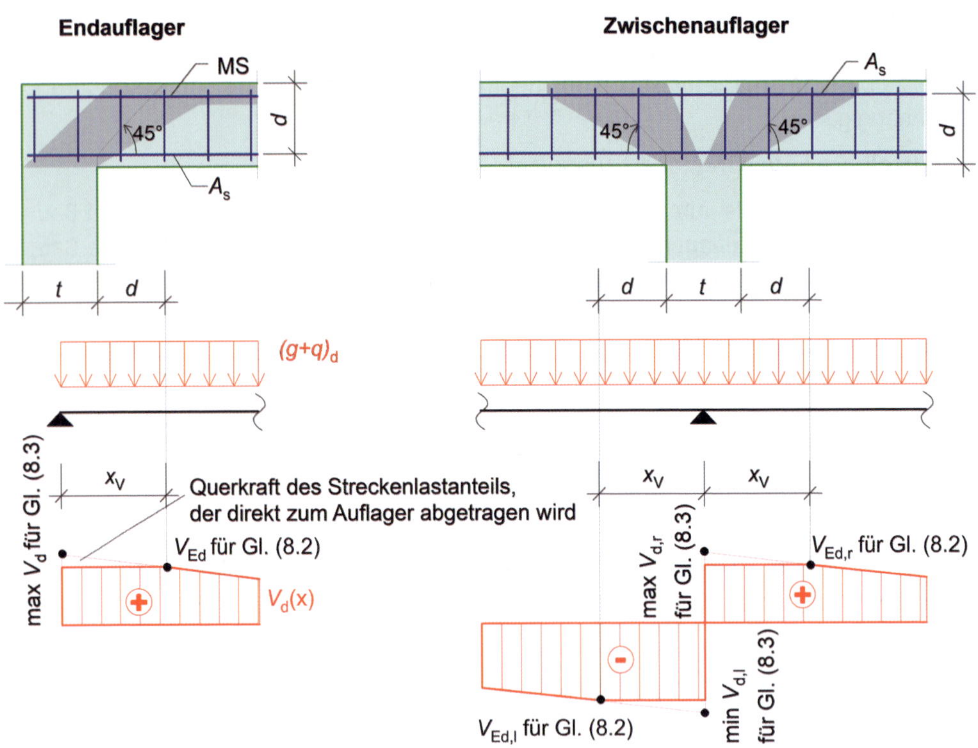

Abb. 8.3 *Bemessungswert der einwirkenden Querkraft bei unmittelbarer Lagerung*

Die unmittelbare Lagerung wirkt auch bei einer auflagernahen Einzellast günstig. Eine auflagernahe Einzellast liegt vor, sofern die Last in einem Abstand $a_v/d \leq 2{,}0$ von der Auflagervorderkante entfernt angreift, wobei a_v (vgl. EC 2-1-1, 6.2.3(8)) der Abstand zwischen dieser Kante und der Einzellast ist (**Abb. 8.4**). Dieser Abstand entspricht dem flachest zulässigen Winkel $\theta_{2,\mathrm{lim}}$ einer Druckstrebe, die noch das Auflager erreicht.

$$\theta_{2,\mathrm{lim}} = \mathrm{arccot}\frac{a_v}{d} = \mathrm{arccot}2{,}0 = 26{,}6° \tag{8.6}$$

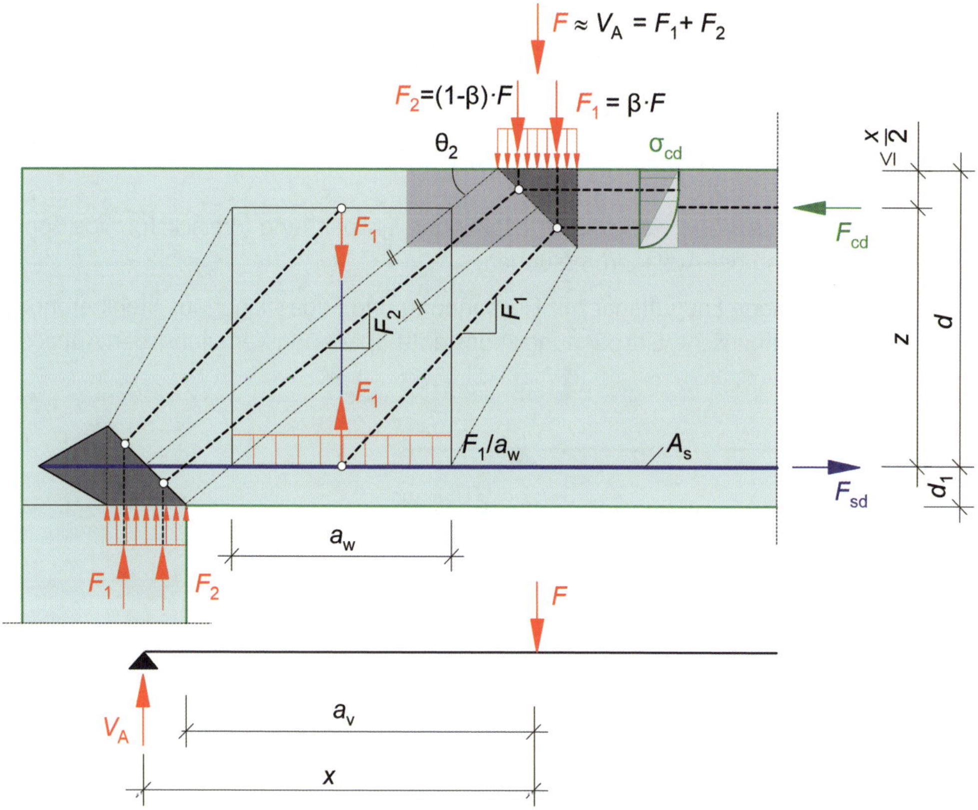

Abb. 8.4 *Auflagernahe Einzellast*

Im Fall einer *unmittelbaren* (direkten) Auflagerung kann sich bei auflagernahen Einzellasten ein Sprengwerk ausbilden. Der Teil F_2 der Einzellast wird über eine Druckstrebe direkt in das Auflager abgetragen (**Abb. 8.4**), sodass keine zusätzliche Querkraftbewehrung für diesen Lastanteil erforderlich wird. Der Nachweis für auflagernahe Einzellasten erfolgt, indem der Querkraftanteil der Einzellast auf der Einwirkungsseite (nur!) für die Ermittlung der Querkraftbewehrung mit einem Beiwert β abgemindert wird (EC 2-1-1, 6.2.3(8)). Die Druckstrebenbeanspruchung ist jedoch voll vorhanden.

$$\beta = \frac{a_v}{2{,}0\,d}\begin{cases} \leq 1{,}0 \\ \geq 0{,}25 \end{cases} \tag{8.7}$$

Strenggenommen wird der Abstand a_v gemäß EC 2-1-1 von der Hinterkante Auflager bis zur Vorderkante der Lasteinleitungsfläche gemessen. Vereinfacht ist es jedoch ausreichend genau, a_v bis zur Wirkungslinie der Einzellast F gemäß **Abb. 8.4** anzutragen.

Im Fall einer *mittelbaren* Auflagerung kann eine analoge Abminderung vorgenommen werden, wenn die einschränkenden Bedingungen nach [DAfStb Heft 600 – 20] beachtet werden.

Mittelbare Lagerung (indirect support):[2]

Ein Bauteil gilt als mittelbar (indirekt) gelagert, wenn es seitlich in das lastabtragende Bauteil einbindet, sodass die günstig wirkenden Druckspannungen nicht vorhanden sind (**Abb. 8.5**). Als maßgebende Querkraft ist deshalb diejenige am Auflagerrand zu verwenden (**Abb. 8.6**):

$$x_V = \frac{t}{2} \text{ für} \tag{8.8}$$

- Endauflager aus Mauerwerk, Beton, Stahl ohne Einspannung (dreiecksförmige Spannungsverteilung der Auflagerpressungen)
- Zwischenauflager, Endauflager mit Einspannung und Endauflager aus Stahlbetonbalken ohne rechnerische Einspannung (konstante Spannungsverteilung der Auflagerpressungen)

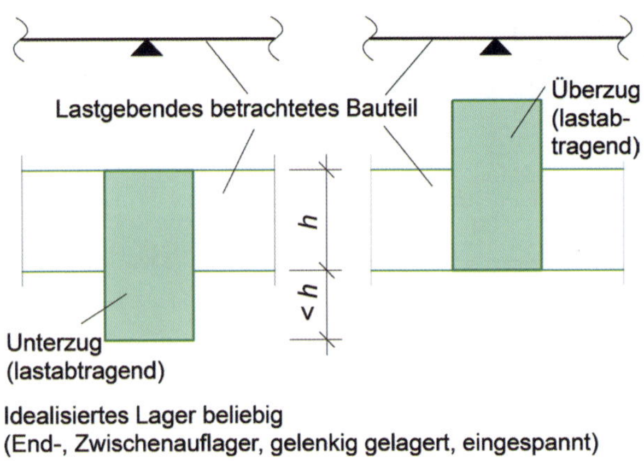

Abb. 8.5 *Beispiele mittelbarer (indirekter) Lagerungen*

Bei mittelbarer Lagerung ist eine zusätzliche Aufhängebewehrung erforderlich (→ Kap 8.10). Wenn in beiden Trägern im unmittelbaren Kreuzungsbereich eine Aufhängebewehrung für die volle Höhe der Auflagerkraft vorgesehen wird, darf auch bei einer indirekten Lagerung die Abminderung der Querkraft infolge Gleichstreckenlast und Einzellast wie bei einer direkten Lagerung erfolgen.

2 Hierfür ist auch der Ausdruck „indirekte Lagerung" gebräuchlich.

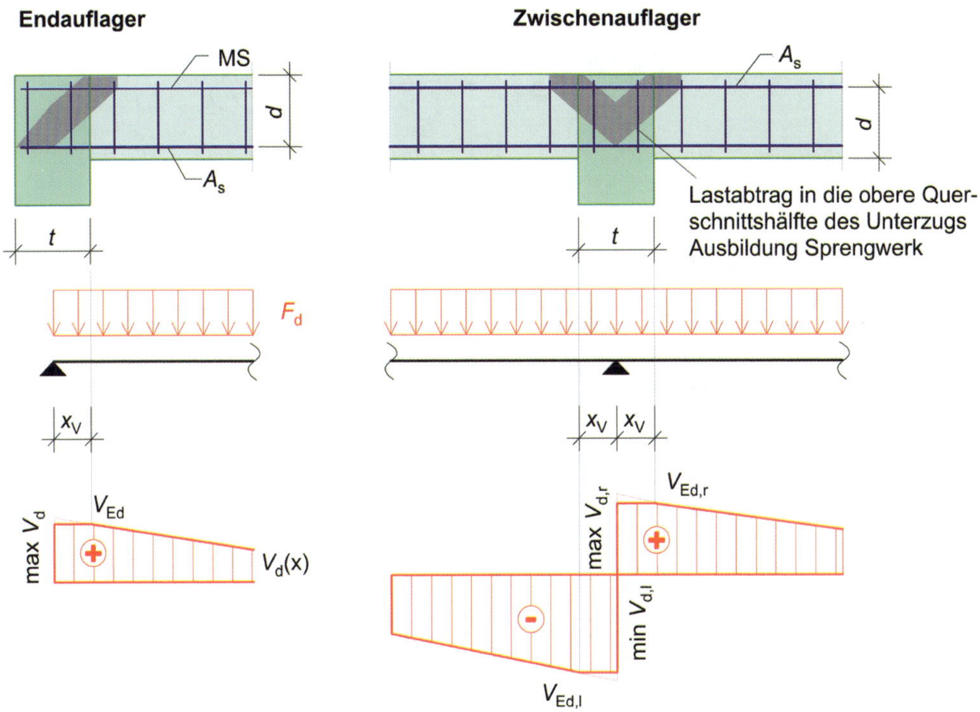

Abb. 8.6 *Bemessungswert der Querkraft bei mittelbarer Lagerung*

8.2.2 Bauteile mit variabler Bauteilhöhe

In diesem Abschnitt werden Bauteile beschrieben, deren Ober- und/oder Unterseite geneigt verlaufen, also Bauteile die keine konstante Bauteilhöhe aufweisen. Wenn die veränderliche Bauteilhöhe nicht über die gesamte Balkenlängsachse verläuft (**Abb. 8.7**), spricht man von einer Voute (haunch).

Aus den Randfasern des Querschnitts können keine Spannungen heraustreten. Die Betondruckspannungen müssen daher parallel zum gedrückten Rand verlaufen. Die Stahlspannungen haben die Richtung des Bewehrungsstabes. Wenn nun der Rand der Betondruckzone und/oder die Bewehrung nicht parallel zur Stabachse verlaufen, entstehen aus der geneigten inneren Druck- oder Zugkraft Zusatzanteile zur rechnerischen Querkraft V_{Ed0} (**Abb. 8.7**). Je nach Geometrie und Belastungsrichtung erhöht oder vermindert sich dadurch die aus der Schnittgrößenermittlung bekannte Querkraft.

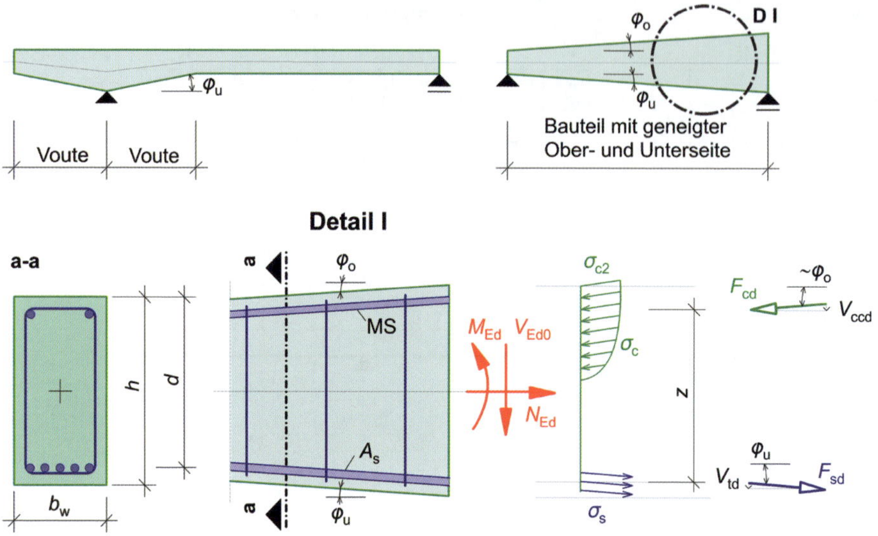

Abb. 8.7 *Bauteile mit veränderlicher Bauteilhöhe*

Die Querkraftanteile aus dem geneigten Druck- und Zuggurt ergeben sich gemäß Gl. (8.9) und (8.10).

$$V_{ccd} = \frac{M_{Eds}}{z} \cdot \tan \varphi_o \tag{8.9}$$

$$V_{td} = \left(\frac{M_{Eds}}{z} + N_{Ed}\right) \cdot \tan \varphi_u \tag{8.10}$$

- V_{ccd} Querkraftkomponente der Betondruckkraft F_{cd} (**Abb. 8.7**)
- V_{td} Querkraftkomponente der Stahlzugkraft F_{sd} (**Abb. 8.7**)
- z Hebelarm der inneren Kräfte für die Querkraftbemessung. Dieser Wert darf im Allgemeinen aus der Biegebemessung entnommen Gl. (7.45) oder angenähert mit $z \approx 0{,}9\,d$ angenommen werden.

Insbesondere bei Bauteilen mit sehr geringer Höhe der Druckzone wie stark profilierten Plattenbalken oder Platten muss sichergestellt werden, dass die oberen Knoten des (später erläuterten) Fachwerkmodells (**Abb. 8.12**) nicht in der Betondeckung liegen, sondern von der (noch zu bestimmenden) Querkraftbewehrung umfasst werden. Daher wird der Hebelarm der inneren Kräfte weiter beschränkt:

$$z \leq \min \begin{cases} 0{,}9\,d \\ \max \begin{cases} d - 2\,c_{v,l} \\ d - c_{v,l} - 30\text{ mm} \end{cases} \end{cases} \tag{8.11}$$

Die Gln. (8.9) und (8.10) sind vorzeichenbehaftet. Bei ungünstiger Wirkung (also betragsmäßiger Erhöhung der Querkraft) *müssen* diese Auswirkungen von Querschnittsänderungen berücksichtigt werden, bei günstiger Wirkung *dürfen* sie berücksichtigt werden. Dies führt für die Bemessung zum Bemessungswert der Querkraft V_{Ed}.

$$V_{Ed} = V_{Ed0} - \left(V_{ccd} + V_{td}\right) \tag{8.12}$$

$$V_{Ed} \approx V_{Ed0} - \left[\frac{|M_{Eds}|}{0{,}9 \cdot d}\left(\tan \varphi_o + \tan \varphi_u\right) + N_{Ed} \cdot \tan \varphi_u\right] \tag{8.13}$$

Der Winkel φ ist positiv, wenn $|M_{Eds}|$ und d mit fortschreitendem x (= fortschreitender Bauteillängsachse) gleichzeitig zunehmen oder abnehmen (**Abb. 8.8**). Bei einem Vorzeichenwechsel im Momentenverlauf ändert sich damit auch das Vorzeichen des Winkels. Aus den unterschiedlichen möglichen Kombinationen der Vorzeichen in Gl. (8.13) ergibt sich, dass die bewehrungserzeugende Querkraft V_{Ed} betragsmäßig kleiner oder größer als die Querkraft aus der Schnittgrößenermittlung sein kann. Man bezeichnet daher eine Voute auch als (**Abb. 8.8**)

- „günstige" Voute bei $|V_{Ed}| < |V_{Ed0}|$ (8.14)
- „ungünstige" Voute bei $|V_{Ed}| > |V_{Ed0}|$. (8.15)

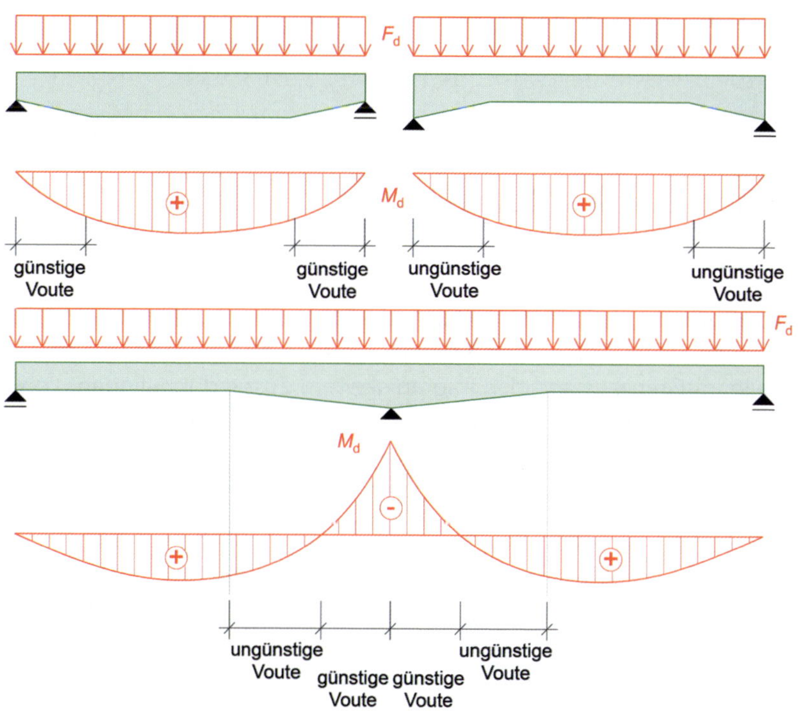

Abb. 8.8 *Abhängigkeit von Schnittgrößenverlauf und Bauteilhöhe für die Beurteilung von Vouten*

Ferner ist aus Gl. (8.13) ersichtlich, dass im Gegensatz zu Bauteilen konstanter Höhe nicht sofort die größte Querkraft des Querkraftverlaufs die maßgebende und zu untersuchende Stelle ergibt, da auch Biegemoment, statische Nutzhöhe und Neigungswinkel den Bemessungswert der einwirkenden Querkraft beeinflussen. In der Regel sind daher mehrere Stellen innerhalb eines Querkraftbereichs gleichen Vorzeichens zu untersuchen, um die ungünstigste zu ermitteln. Die Zunahme der Bauteilhöhe sollte rechnerisch nur bis tan $\varphi = 1/3$ angesetzt werden, weil die Druckspannungstrajektorien dieses Verhältnis nicht wesentlich überschreiten können. Sofern die Voute stärker geneigt ist, soll der in **Abb. 8.9** weiß ausgesparte Bereich sowohl bei der Biegebemessung als auch bei der Neigung von φ unberücksichtigt bleiben.

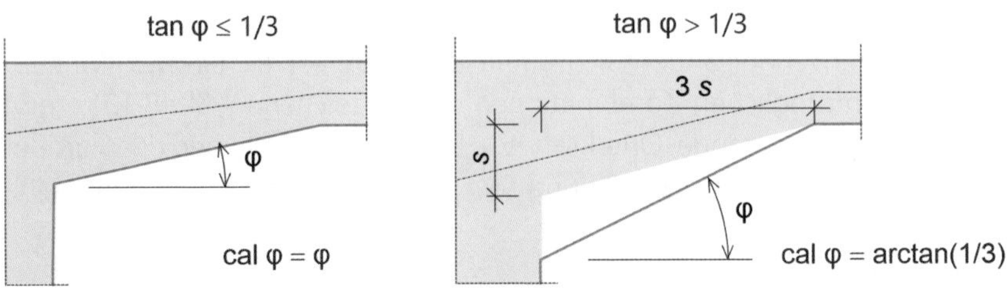

Tatsächliche Bauteilkante = rechnerische Bauteilkante

Rechnerische Bauteilkante wird unter der Neigung 1:3 gebildet, weißer Bereich ist bei der Bemessung rechnerisch nicht vorhanden.

Abb. 8.9 *Berücksichtigung einer Voute bei der Biegebemessung und bei der Neigungsermittlung für die Betondruckspannungen*

Eine beispielhafte Vorgehensweise bei einem gevouteten Träger erfolgt in Beispiel 8.8 (Kap. 8.8).

8.3 Bauteile ohne Querkraftbewehrung

8.3.1 Tragverhalten

Bauteile ohne Querkraftbewehrung tragen im Zustand I über einen Druckbogen und ein Zugband (Bogen-Zugband-Modell, arch-tie rod model) die Lasten in die Auflager ab. Da sich Stahlbetonbauteile im Grenzzustand der Tragfähigkeit im Zustand II befinden, kommen als weitere Traganteile die Rissverzahnung und die Dübelwirkung der Längsbewehrung hinzu (**Abb. 8.10**). Die einzelnen Traganteile Bogentragwirkung, Rissverzahnung und Dübelwirkung sind in den Nachweisverfahren teils direkt, teils implizit enthalten.

Bogentragwirkung

Einwirkungen werden über einen Druckbogen zu den Auflagern übertragen. Die Horizontalkomponente des Bogens steht im Gleichgewicht mit den Stahlzugkräften im Zugband (**Abb. 8.10**). Die Vertikalkomponente ist der Querkraftanteil, der infolge Bogentragwirkung übertragen wird. Alternativ kann die Bogentragwirkung auch als Schubspannung innerhalb der Biegedruckzone interpretiert werden; dies ergibt die Kraft V_{cd} als Integral der dort übertragbaren Schubspannungen.

Sofern wesentliche Lastanteile in der Nähe eines Auflagers wirken, können infolge einer steiler stehenden Druckstrebe größere Querkräfte übertragen werden. Dieser Effekt wird in den späteren Nachweisen berücksichtigt, indem die übertragbaren Spannungen mit einem Beiwert β erhöht werden (→ Kap. 8.2.1). Eine (mäßige) Längsdruckkraft erhöht die Querkrafttragfähigkeit, da hierdurch die Druckzone anwächst (bessere Bogentragwirkung) und die Rissbreiten in der Zugzone (Erhöhung der Rissverzahnung) geringer werden.

Rissverzahnung

Risse in Stahlbetonbauteilen verlaufen infolge herausragender Gesteinskörnung gezackt. Damit ist die Übertragung von Querkraftanteilen V_{df} (Vertikalanteil von F_k in **Abb. 8.10**) über die Rissufer hinweg möglich. Diese Tragwirkung nimmt im Festigkeitsbereich normalfester Betone mit steigender Betonfestigkeitsklasse zu (bessere Einbettung der Gesteinskörnung in der Zementmatrix) und mit wachsender Rissweite w und zunehmender statischer Nutzhöhe d ab. Bei hochfesten Betonen werden bei Rissbildung die Gesteinskörner durchtrennt, sodass die Rissufer eine geringere Rauigkeit aufweisen. Der Traganteil der Rissuferverzahnung nimmt dann überproportional ab. Die Bauteilhöhe und damit die statische Nutzhöhe beeinflussen aufgrund des Gradienten des Längsspannungsverlaufs (Übergang von Zustand I in Zustand II) die Querkrafttragfähigkeit. Bei niedrigen Bauteilen liegt im Zugbereich eine völligere Spannungsverteilung (gegenüber der dreiecksförmigen) vor.

Dübelwirkung

Die Längsbewehrung kann insbesondere bei großen Stabdurchmessern und großer Betondeckung Querkraftanteile V_{d1} über die Rissufer übertragen (**Abb. 8.10**). Die Längsbewehrung ist hierbei quasi beidseitig voll in die Betonzähne eingespannt. Die Dübelwirkung fällt ab, wenn die durch die Einspannwirkung entstehenden Längsrisse in der Betondeckung aufgetreten sind und anwachsen.

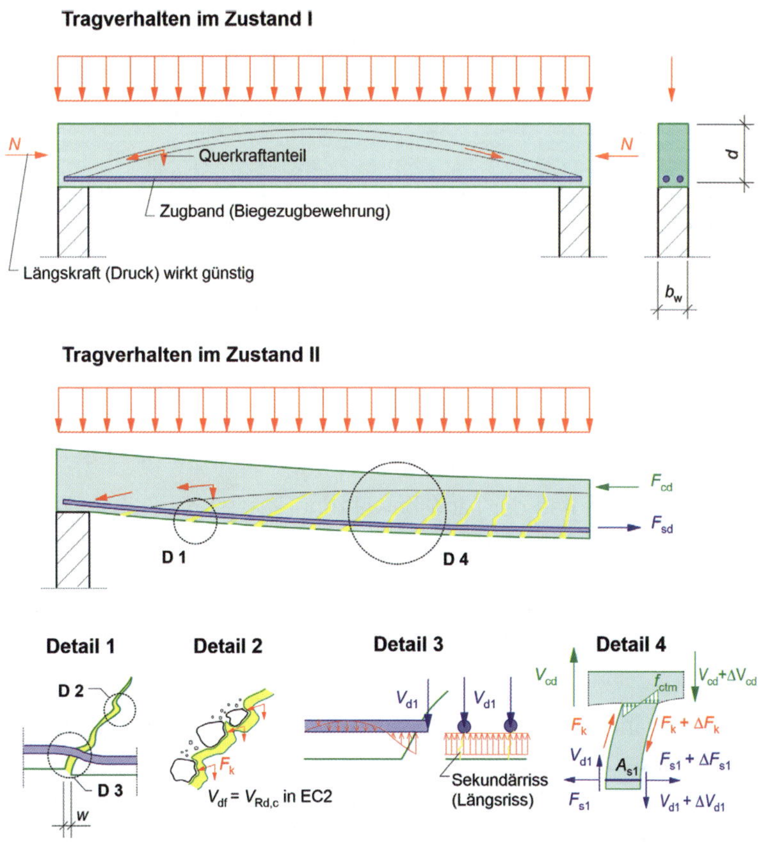

Abb. 8.10 *Tragverhalten von Bauteilen ohne Querkraftbewehrung*

8.3.2 Nachweisverfahren

Die Bemessung erfolgt für den Bauteilwiderstand $V_{Rd,c}$ entsprechend Gl. (8.2).

$$V_{Ed} \leq V_{Rd,c} \tag{8.16}$$

Der Bauteilwiderstand der Druckstrebe $V_{Rd,max}$ ist für nicht vorgespannte Bauteile, bei denen keine Querkraftbewehrung erforderlich ist, i.d.R. eingehalten und muss bei diesen nicht entsprechend Gl. (8.3) nachgewiesen werden.

In Platten darf auf eine Querkraftbewehrung verzichtet werden, sofern die aufzunehmende Querkraft V_{Ed} die aufnehmbare Querkraft $V_{Rd,c}$ unterschreitet. Sofern die aufnehmbare Querkraft überschritten wird, ist auch bei Platten eine Querkraftbewehrung erforderlich. Der Querkraftwiderstand $V_{Rd,c}$ kann für gerissene Bauteile gemäß Gl. (8.17) bestimmt werden. Es handelt sich hierbei um eine auf den in Kap. 8.3.1 beschriebenen Tragwirkungen beruhende empirische Gleichung, bei der der Anpassungsfaktor aus einer statistischen Auswertung zahlreicher Bauteilversuche gewonnen wurde.

$$V_{Rd,c} = \left[C_{Rd,c} \cdot k \cdot \left(100 \rho_l \cdot f_{ck} \right)^{\frac{1}{3}} + k_1 \cdot \sigma_{cp} \right] \cdot b_w \cdot d \tag{8.17}$$

Darin bedeuten (vgl. EC 2-1-1/NA):

$C_{Rd,c}$ statistischer Anpassungsfaktor

$$C_{Rd,c} = \frac{0{,}15}{\gamma_c} \tag{8.18}$$

k Beiwert zur Berücksichtigung der Bauteilhöhe (erfasst den Maßstabseffekt, d.h. die höhere Tragfähigkeit dünnerer Bauteile unter sonst gleichen Bedingungen)

$$k = 1 + \sqrt{\frac{200}{d}} \leq 2{,}0 \text{ } d \text{ in mm} \tag{8.19}$$

k_1 Beiwert zur Berücksichtigung einer Normalkraft / Vorspannung

$$k_1 = 0{,}12 \tag{8.20}$$

ρ_l geometrischer Bewehrungsgrad der Längsbewehrung (erfasst die Dübelwirkung der Bewehrung und die Zunahme der Druckzonenhöhe bei steigender Biegezugbewehrung)

$$\rho_l = \frac{A_{sl}}{b_w \cdot d} \leq 0{,}02 \tag{8.21}$$

Zur Längsbewehrung A_{sl} zählt hierbei jene Biegezugbewehrung, die im betrachteten Schnitt vorhanden ist und mindestens um das Maß *d* über diesen weitergeführt wird. Die Verankerungslänge darf erst jenseits vom Maß *d* beginnen. Der maximal anrechenbare geometrische Bewehrungsgrad wird auf 2 % begrenzt.

σ_{cp} Berücksichtigung des Einflusses der Längsspannungen (erfasst den Zuwachs von VRd,cbei größerer Biegedruckzone)

$$\sigma_{cp} = \frac{N_{Ed}}{A_c} < 0{,}2 \cdot f_{cd} \tag{8.22}$$

Betonzugspannungen sind negativ einzusetzen, Betondruckspannungen positiv

Aus dem Ansatz nach Gl. (8.17) ist ersichtlich, dass die Rissreibungskraft direkt proportional zur Betonfestigkeitsklasse ist, wobei der unterproportionale Anstieg durch den Exponenten $^1/_3$ erfasst wird. Die eckige Klammer in Gl. (8.17) kann auch als eine fiktive rechnerische Schubspannung gedeutet werden.

Bei sehr geringen Längsbewehrungsgraden resultieren aus Gl. (8.17) unrealistisch kleine Querkrafttragfähigkeiten, die beispielsweise bei üblichen Deckenplatten des allgemeinen Wohnungsbaus zu Querkraftbewehrung führen würden.

Aus diesem Grund wird in EC 2-1-1 eine Mindestquerkrafttragfähigkeit für $V_{Rd,c}$ angegeben.

$$V_{Rd,c} \geq \left(v_{min} + k_1 \cdot \sigma_{cp}\right) \cdot b_w \cdot d \tag{8.23}$$

mit (vgl. EC 2-1-1/NA):

$$v_{min} = \begin{cases} \frac{0{,}0525}{\gamma_c} \cdot k^{3/2} \cdot f_{ck}^{\ 1/2} & \text{für d} \leq 600 \\ \frac{0{,}0375}{\gamma_c} \cdot k^{3/2} \cdot f_{ck}^{\ 1/2} & \text{für d} > 800 \end{cases} \quad d \text{ in mm} \tag{8.24}$$

Zwischenwerte für 600 $< d \leq$ 800 dürfen linear interpoliert werden.

Zum Nachweis der Betondruckstrebe bei Bauteilen ohne Querkraftbewehrung darf die einwirkende Querkraft V_{Ed} (der nicht abgeminderte Wert der Querkraft) den Grenzwert $V_{Rd,max}$ gemäß Gl. (8.25) nicht überschreiten. Hierbei ist v ein Abminderungsbeiwert für die Betonfestigkeit infolge Schubrissen. Dieser Nachweis wird bei nicht vorgespannten Tragwerken i.d.R. nicht maßgebend.

$$V_{Rd,max} = 0{,}5 \cdot v \cdot f_{cd} \cdot b_w \cdot d \quad \text{mit } v = 0{,}675\,\text{kN/m} \tag{8.25}$$

Falls in Ausnahmefällen ein *ungerissener Querschnitt* vorliegt, also wenn die Betonzugspannung im Querschnitt im Grenzzustand der Tragfähigkeit stets < $f_{ctk;0,05}/\gamma_c$ ist, kann die Querkrafttragfähigkeit direkt aus den Gln. (7.3) und (7.4) bestimmt werden, wenn für die Hauptzugspannung $\sigma_I = f_{ctk;0,05}/\gamma_c$ gesetzt wird. Die Querkrafttragfähigkeit ergibt sich dann für nicht vorgespannte Bauteile gemäß Gl. (8.26).

$$V_{Rd,c} = \frac{I \cdot b_w}{S} \cdot \sqrt{f_{ctd}^{\ 2} + \alpha_1 \sigma_{cp} \cdot f_{ctd}} \tag{8.26}$$

$f_{ctk;0,05}$ unterer Quantilwert der Zugfestigkeit nach **Tafel 2.5**, bei höheren Betonfestigkeitsklassen jedoch immer $\leq 2{,}7$ N/mm²

α_l $l_x/l_{pt2} \leq 1{,}0$ für Spannglieder im sofortigen Verbund,
= 1,0 für andere Vorspannungsarten

l_{pt2} oberer Grenzwert der Übertragungslänge des Spanngliedes, EC 2-1-1, Gl. 8.18

Beispiel 8.1: Querkraftbemessung einer Stahlbetonplatte (Fortsetzung von Beispiel 7.18)

Gegeben: Tragwerk und Schnittgrößen siehe Beispiel 6.2

Gesucht: Querkraftbemessung an der Einspannstelle

Lösung:

$x_V = 0\,\text{m}$ — Es liegt eine indirekte Lagerung vor.

$V_{Ed} = |42{,}3| - (1{,}35 \cdot 10{,}0) \cdot 0 = 42{,}3\,\text{kN}$ — (8.4): $V_{Ed} = |\text{extr}\, V_d| - (g+q)_d \cdot x_V$

$k = 1 + \sqrt{\frac{200}{155}} = 2{,}14 \leq \underline{2{,}0}$ — (8.19): $k = 1 + \sqrt{\frac{200}{d}} \leq 2{,}0$

$\rho_l = \frac{7{,}85}{100 \cdot 15{,}5} = 0{,}0051 \leq 0{,}02$ — (8.21): $\rho_l = \frac{A_{sl}}{b_w \cdot d} \leq 0{,}02$

$\sigma_{cp} = \frac{12{,}5 \cdot 10^{-3}}{1{,}0 \cdot 0{,}20} = 0{,}0625\,\text{MN/m}^2$ — (8.22): $\sigma_{cp} = \frac{N_{Ed}}{A_c}$

Betondruckspannungen positiv einsetzen

$$V_{Rd,c} = \left[0{,}10 \cdot 2{,}0 \cdot (0{,}51 \cdot 30)^{\frac{1}{3}} + 0{,}12 \cdot 0{,}0625\right] \cdot 1{,}0 \cdot 0{,}155 = 0{,}0781\,\text{MN} = 78{,}1\,\text{kN}$$

(8.17): $V_{Rd,c} = \left[C_{Rd,c} \cdot k \cdot \left(100\rho_l \cdot f_{ck}\right)^{\frac{1}{3}} + k_1 \cdot \sigma_{cp}\right] \cdot b_w \cdot d$

Berechnung Mindestwert:

(8.23): $V_{Rd,c} \geq (v_{min} + k_1 \cdot \sigma_{cp}) \cdot b_w \cdot d$

(8.24): $d = 155\,\text{mm} \leq 600\,\text{mm}$

$v_{min} = \frac{0{,}0525}{1{,}5} \cdot 2^{3/2} \cdot 30^{1/2} = 0{,}542$ — $v_{min} = \frac{0{,}0525}{\gamma_c} \cdot k^{3/2} \cdot f_{ck}^{\ 1/2}$

$V_{Rd,c} \geq (0{,}542 + 0{,}12 \cdot 0{,}0625) \cdot 1{,}0 \cdot 0{,}155$ — (8.20): $k_1 = 0{,}12$

$= 0{,}0852\,\text{MN} = 85{,}2\,\text{kN} > 78{,}1\,\text{kN}$

Mindestwert ist maßgebend.

$V_{Ed} = 42{,}3\,\text{kN} < 85{,}2\,\text{kN} = V_{Rd,c}$ | (8.16): $V_{Ed} \leq V_{Rd,c}$

Der Nachweis der Druckstrebe gemäß Gl. (8.25) wird bei nicht vorgespannten Tragwerken i.d.R. nicht maßgebend. Dennoch wird der Nachweis hier exemplarisch geführt.

$V_{Rd,max} = 0{,}5 \cdot 0{,}675 \cdot 17{,}0 \cdot 1{,}00 \cdot 0{,}155 = 0{,}889\,\text{MN}$
$= 889\,\text{kN} > 42{,}3\,\text{kN} = V_{Ed}$ | (8.25): $V_{Rd,max} = 0{,}5 \cdot \nu \cdot f_{cd} \cdot b_w \cdot d$

Erwartungsgemäß ist keine Querkraftbewehrung erforderlich. (Fortsetzung mit Beispiel 11.1)

Beispiel 8.2: Biege- und Querkraftbemessung einer Stahlbetonplatte

Gegeben: Tragwerk lt. Skizze

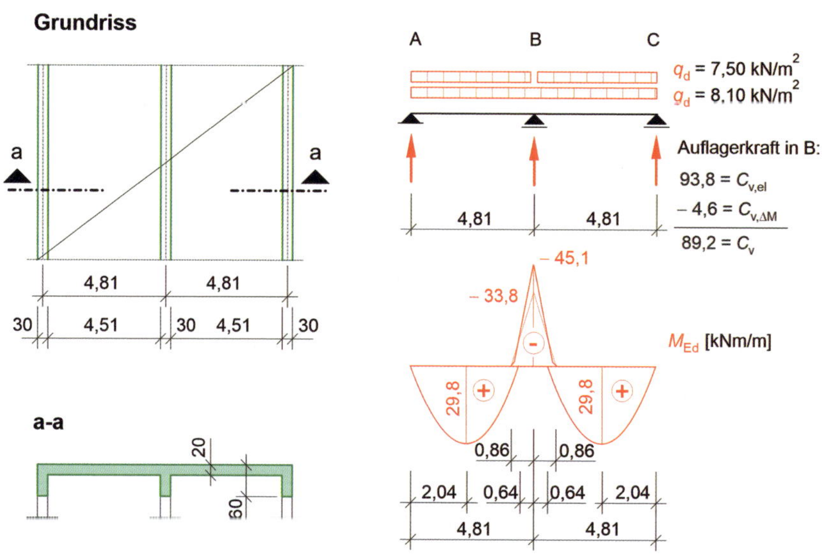

Gegeben:
- Baustoffe: Beton C30/37; Betonstahl B500B
- Trockene Umgebung (Expositionsklasse XC1)
- Statische Nutzhöhe: d = 17,5 cm

Gesucht:
- Das Tragwerk soll stellvertretend an einem 1 m breiten Plattenstreifen berechnet werden.[3]
- Biegebemessung über der Stütze für ein um 25 % umgelagertes Stützmoment
- Querkraftbemessung über der Stütze

3 Dies wird die später übliche Vorgehensweise bei Platten sein (→ Teil 2, Kap. 5).

Lösung:

Biegebemessung:

$\Delta M = 0{,}25 \cdot (-45{,}1) = -11{,}3\,\text{kNm}$

$M_{cal} = -45{,}1 - (-11{,}3) = -33{,}8\,\text{kNm}$ — (5.14): $M_{cal} = M_{el} - \Delta M$

Es liegt Fall 2 in **Abb. 7.4** vor

$\Delta M = \left|\frac{89{,}2}{2}\right| \cdot \frac{0{,}30}{2} = 6{,}7\,\text{kNm}$ — (7.17): $\Delta M = \min\begin{cases}\left|V_{Ed,li}\right| \cdot \frac{t}{2} \\ \left|V_{Ed,re}\right| \cdot \frac{t}{2}\end{cases}$

$M_{Ed} = |-33{,}8| - |6{,}7| = 27{,}1\,\text{kNm}$ — (7.15): $M_{Ed} = |M_{el}| - |\Delta M|$

$\min M_{Ed} = -(8{,}1 + 7{,}5) \cdot \frac{4{,}51^2}{12} = -26{,}4\,\text{kNm}$ — (5.19): $\min M_{Ed} \approx -F_d \cdot \frac{l_n^2}{12}$

$M_{Ed} = |-27{,}1| > |-26{,}4|\,\text{kNm}$

$M_{Eds} = 27{,}1 - 0 \cdot 0{,}075 = 27{,}1\,\text{kNm}$ — (7.5): $M_{Eds} = |M_{Ed}| - N_{Ed} \cdot z_s$

$\gamma_s = 1{,}15$ — (2.38): Grundkombination

$f_{yd} = \frac{500}{1{,}15} = 435\,\text{N/mm}^2$ — (2.41): $f_{yd} = \frac{f_{yk}}{\gamma_s}$

$\gamma_c = 1{,}50$ — (2.18): Grundkombination und Ortbeton

$f_{cd} = \frac{0{,}85 \cdot 30}{1{,}50} = 17\,\text{N/mm}^2$ — (2.17): $f_{cd} = \frac{\alpha_{cc} \cdot f_{ck}}{\gamma_c}$

$\mu_{Eds} = \frac{0{,}0271}{1{,}0 \cdot 0{,}175^2 \cdot 17} = 0{,}052$ — (7.21): $\mu_{Eds} = \frac{M_{Eds}}{b \cdot d^2 \cdot f_{cd}}$

$\omega = 0{,}0536$; $\xi = 0{,}078$; $\zeta = 0{,}97$; $\sigma_{sd} = 457\,\text{N/mm}^2$ — **Tafel 7.1** (Werte interpoliert)

$A_s = \frac{0{,}0536 \cdot 1{,}0 \cdot 0{,}175 \cdot 17}{457} \cdot 10^4 = \underline{\underline{3{,}5\,\text{cm}^2}}$ — (7.60): $A_s = \frac{\omega \cdot b \cdot d \cdot f_{cd} + N_{Ed}}{\sigma_{sd}}$

gew: Ø8-12[5] — **Tafel 4.1**

$A_{s,vorh} = 0{,}503 \cdot \frac{100}{12{,}5} = 4{,}0\,\text{cm}^2 > 3{,}5\,\text{cm}^2 = A_{s,erf}$ — (7.62): $A_{s,vorh} \geq A_{s,erf}$

$f_{ctm} = 2{,}9\,\text{N/mm}^2$ — **Tafel 2.5**: C30/37

$W = \frac{1{,}0 \cdot 0{,}20^2}{6} = 0{,}0067\,\text{m}^3$ — $W = \frac{b \cdot h^2}{6}$

Rechteckquerschnitt:

$z = 0{,}97 \cdot 0{,}175 = 0{,}169\,\text{m}$ — (7.45): $z = \zeta \cdot d$

$A_{s,min} = \frac{2{,}9 \cdot 0{,}0067}{0{,}169 \cdot 500} \cdot 10^4 = 2{,}3\,\text{cm}^2 < 4{,}0\,\text{cm}^2$ — (7.90): $A_{s,min} = \frac{f_{ctm} \cdot W}{z \cdot f_{yk}}$

Die Mindestbewehrung wird nicht maßgebend, die statisch erforderliche Bewehrung ist größer.

Überprüfung der Zulässigkeit des Faktors δ zur Momentenumlagerung:

$$\mu_{Eds} = \frac{0{,}0338}{1{,}0 \cdot 0{,}175^2 \cdot 17} = 0{,}065$$

(7.21): $\mu_{Eds} = \frac{M_{Eds}}{b \cdot d^2 \cdot f_{cd}}$

$\xi = 0{,}092$

Tafel 7.1: interpolierter Wert

$$\delta_{lim} = \max \begin{cases} 0{,}64 + 0{,}8 \cdot 0{,}092 = \underline{0{,}714} \\ 0{,}70 \end{cases}$$

Tafel 5.3: $\delta_{lim} = \max \begin{cases} 0{,}64 + 0{,}8\xi \\ 0{,}7 \end{cases}$

$\delta = 0{,}75 > 0{,}714 = \delta_{lim}$

(5.18): $\delta \geq \delta_{lim}$

Querkraftbemessung:

Es liegt eine direkte Lagerung vor.

$$x_V = \frac{0{,}30}{2} + 0{,}175 = 0{,}325\,\text{m}$$

(8.5): $x_V = \frac{t}{2} + d$

$$V_{Ed} = \left|\frac{89{,}2}{2}\right| - (8{,}1 + 7{,}5) \cdot 0{,}325 = 39{,}5\,\text{kN}$$

(8.4): $V_{Ed} = |\text{extr } V_d| - (g + q)_d \cdot x_V$

$$k = 1 + \sqrt{\frac{200}{175}} = 2{,}07 \leq \underline{2{,}0}$$

(8.19): $k = 1 + \sqrt{\frac{200}{d}} \leq 2{,}0$

$$\rho_l = \frac{4{,}0}{100 \cdot 17{,}5} = 0{,}0023 \leq 0{,}02$$

(8.21): $\rho_l = \frac{A_{sl}}{b_w \cdot d} \leq 0{,}02$

$$\sigma_{cd} = \frac{0}{100 \cdot 20} = 0$$

(8.22): $\sigma_{cd} = \frac{N_{Ed}}{A_c}$

$$V_{Rd,c} = \left[0{,}10 \cdot 2{,}0\,(0{,}23 \cdot 30)^{\frac{1}{3}} + 0{,}12 \cdot 0\right] \cdot 1{,}0 \cdot 0{,}175 = 0{,}0666\,\text{MN} = 66{,}6\,\text{kN}$$

(8.17): $V_{Rd,c} = \left[C_{Rd,c} \cdot k \cdot \left(100\rho_l \cdot f_{ck}\right)^{\frac{1}{3}} + k_1 \cdot \sigma_{cp}\right] \cdot b_w \cdot d$

Berechnung Mindestwert:

(8.23): $V_{Rd,c} \geq (v_{min} + k_1 \cdot \sigma_{cp}) \cdot b_w \cdot d$

(8.24): $d = 175\text{ mm} \leq 600\text{ mm}$

$$v_{min} = \frac{0{,}0525}{1{,}5} \cdot 2^{3/2} \cdot 30^{1/2} = 0{,}542$$

$v_{min} = \frac{0{,}0525}{\gamma_c} \cdot k^{3/2} \cdot f_{ck}^{\ 1/2}$

$$V_{Rd,c} \geq (0{,}542 + 0{,}12 \cdot 0) \cdot 1{,}0 \cdot 0{,}175 = 0{,}0949\text{ MN} = 94{,}9\text{ kN} > 66{,}6\text{ kN}$$

(8.20): $k_1 = 0{,}12$

Mindestwert ist maßgebend.

$$V_{Ed} = 39{,}5\,\text{kN} < 94{,}9\,\text{kN} = V_{Rd,c}$$

(8.16): $V_{Ed} \leq V_{Rd,c}$

Der Nachweis der Druckstrebe gemäß Gl. (8.25) wird nicht maßgebend.

Erwartungsgemäß ist keine Querkraftbewehrung erforderlich.

(Fortsetzung mit Beispiel 8.3)

8.3.3 Bemessungshilfsmittel

Da für Platten meistens keine Querkraftbewehrung erforderlich ist und auch keine Längskräfte auftreten ($\sigma_{cd} = 0$), kann Gl. (8.17) in ein einfach zu handhabendes Bemessungsdiagramm umgesetzt werden (**Abb. 8.11**). Hierzu wird Gl. (8.17) umgeformt:

$$v_{Rd,c} = \frac{V_{Rd,c}}{b_w \cdot d} = \underbrace{0{,}10k \cdot \left(100\rho_l \cdot f_{ck}\right)^{\frac{1}{3}}}_{\text{Ablesewert}} \tag{8.27}$$

Eingangswert auf der Abszisse ist der geometrische Bewehrungsgrad ρ_l der Längsbewehrung, das Ergebnis wird auf dem linken Abszissenteil abgelesen. Die Kurvenschar im rechten Diagrammteil kennzeichnet die runde Klammer in Gl. (8.27) einschließlich Exponent. Die Strahlenschar im linken Diagrammteil ist die Multiplikation mit *k*. Da viele Platten statische Nutzhöhen unter 20 cm aufweisen, ist dieser Beiwert Eins und das Ergebnis kann schon auf der Ordinate abgelesen werden (die Gerade für $d \leq 20$ cm verläuft unter 45°). Ergänzend muss jedoch geprüft werden, ob Gl. (8.23) einen höheren Querkraftwiderstand liefert.

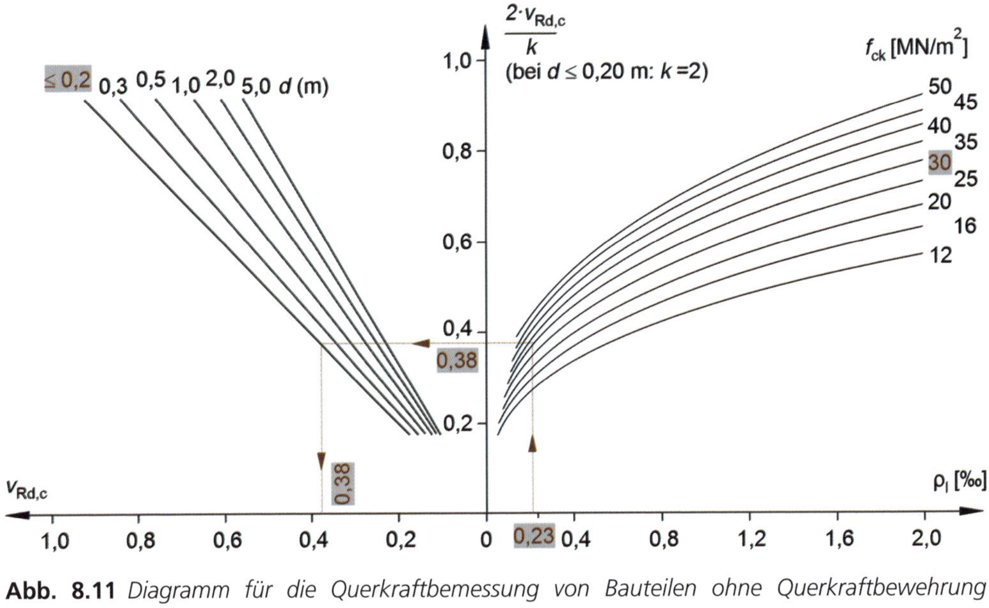

Abb. 8.11 *Diagramm für die Querkraftbemessung von Bauteilen ohne Querkraftbewehrung ($\sigma_{cp} = 0$, $\leq$ C50/60)*

Beispiel 8.3: Querkraftbemessung einer Stahlbetonplatte
(Fortsetzung von Beispiel 8.2)

Gegeben: • Bauteilhöhe, Querkraft und Bewehrungsgrad aus Beispiel 8.2

Gesucht: • Grafische Querkraftbemessung mit **Abb. 8.11**

Lösung:

$\rho_l = 0{,}0023 = 0{,}23\% \Rightarrow v_{Rd,c} = 0{,}38\ \text{MN/m}^2$	**Abb. 8.11**
$V_{Rd,c} = 0{,}38 \cdot 1{,}0 \cdot 0{,}175 = 0{,}0665\,\text{MN} = 66{,}5\,\text{kN}$	(8.27): $V_{Rd,c} = v_{Rd,c} \cdot b_w \cdot d$
	(8.23): $V_{Rd,c} \geq (v_{min} + k_1 \cdot \sigma_{cp}) \cdot b_w \cdot d$
Berechnung Mindestwert:	
$V_{Rd,c} \geq 94{,}9\ \text{kN}$	→ Beispiel 8.2
$V_{Ed} = 39{,}4\,\text{kN} < 94{,}9\,\text{kN} = V_{Rd,c}$	(8.16): $V_{Ed} \leq V_{Rd,c}$

8.4 Bauteile mit Querkraftbewehrung

8.4.1 Fachwerkmodell

Wenn dasselbe Prinzip wie beim Biegetragverhalten auch für die Querkraftübertragung angewandt wird, nämlich anstelle der durch die Rissbildung nicht mehr aufnehmbaren Zugspannungen eine Bewehrung anzuordnen, kann die Tragfähigkeit des Stahlbetonbauteils erheblich gesteigert werden. Diese Bewehrung besteht aus schräg (Winkel α) oder vertikal stehenden Bewehrungselementen (i.d.R. Bügel).

Das Tragverhalten wird für die praktische Bemessung mit einem Fachwerkmodell (truss model) idealisiert (**Abb. 8.12**). Der Obergurt des Fachwerks wird durch den Beton gebildet, der Untergurt durch die Biegezugbewehrung. Die durch Druckspannungen beanspruchten Diagonalen des Fachwerks werden durch den Beton gebildet. Die Zugdiagonalen müssen durch eine anzuordnende Querkraftbewehrung hergestellt werden. Je nach Richtung der Bewehrungsstäbe bildet sich ein:

- Strebenfachwerk bei schräg (45° oder steiler) aufgebogenen Stäben oder schrägstehenden Bügeln
- Pfostenfachwerk bei vertikalen Bügeln (stirrups).

Das Fachwerkmodell besteht neben Obergurt (top chord) und Untergurt (bottom chord) aus Druckstreben (diagonal strut, Neigungswinkel θ) und Zugstreben (tie, Neigungswinkel α), deren Neigungswinkel (inclination angle) innerhalb festgelegter Grenzen veränderlich sind (**Abb. 8.12**). Dieses Fachwerkmodell wurde in der Sonderform mit unter 45° geneigten Druckstreben von MÖRSCH (1902) als Bemessungsverfahren verbreitet. Es wird auch als klassisches Fachwerkmodell bezeichnet. Tatsächlich sind die Druckstrebenneigungen flacher. Dies berücksichtigt das weiterentwickelte Fachwerkmodell des EC 2-1-1.

Der Bemessungswert der aufnehmbaren Querkraft, der von den Betondruckstreben erreicht wird, kann direkt aus **Abb. 8.12** bestimmt werden:

$$V_{Rd,max} = F_{cdw} \cdot \sin\theta \tag{8.28}$$

Die Kraft F_{cdw} ergibt sich aus der Multiplikation der zulässigen Spannung f_{cd} mit dem Wirkungsbereich einer Druckstrebe $b_w \cdot c'$. Unter Berücksichtigung der Beiwerte α_{cw} und v_1 ergibt sich $V_{Rd,max}$ zu:

$$V_{Rd,max} = \alpha_{cw} \cdot v_1 \cdot f_{cd} \cdot b_w \cdot c' \cdot \sin\theta \tag{8.29}$$

Einsetzen von $c' = c \cdot \sin\theta$ liefert:

$$V_{Rd,max} = \alpha_{cw} \cdot v_1 \cdot f_{cd} \cdot b_w \cdot c \cdot \sin^2\theta \tag{8.30}$$

Einsetzen von $c = z \cdot (\cot\theta + \cot\alpha)$ ergibt:

$$V_{Rd,max} = \alpha_{cw} \cdot v_1 \cdot f_{cd} \cdot b_w \cdot z \cdot \left(\cot\theta + \cot\alpha\right) \cdot \sin^2\theta \tag{8.31}$$

Für spätere Zwecke ist es sinnvoll, Gl. (8.31) umzuformen. Es wird hierbei die trigonometrische Beziehung $\sin^2\theta = 1/(1 + \cot^2\theta)$ verwendet und es ergibt sich:

$$V_{Rd,max} = \alpha_{cw} \cdot b_w \cdot z \cdot v_1 \cdot f_{cd} \cdot \frac{(\cot\theta + \cot\alpha)}{1 + \cot^2\theta} \tag{8.32}$$

α_{cw} Beiwert zur Berücksichtigung des Spannungszustandes in der Druckzone gemäß EC 2-1-1/NA, $\alpha_{cw} = 1{,}0$

v_1 Abminderungsbeiwert für die Druckstrebenfestigkeit infolge der schiefwinklig kreuzenden Risse gemäß EC 2-1-1/NA zu 6.2.3(3)

$$v_1 = 0{,}75 \cdot v_2 \quad \text{mit} \quad v_2 = (1{,}1 - f_{ck}/500) \leq 1{,}0 \tag{8.33}$$

z Abstand zwischen Ober- und Untergurt im Fachwerkmodell

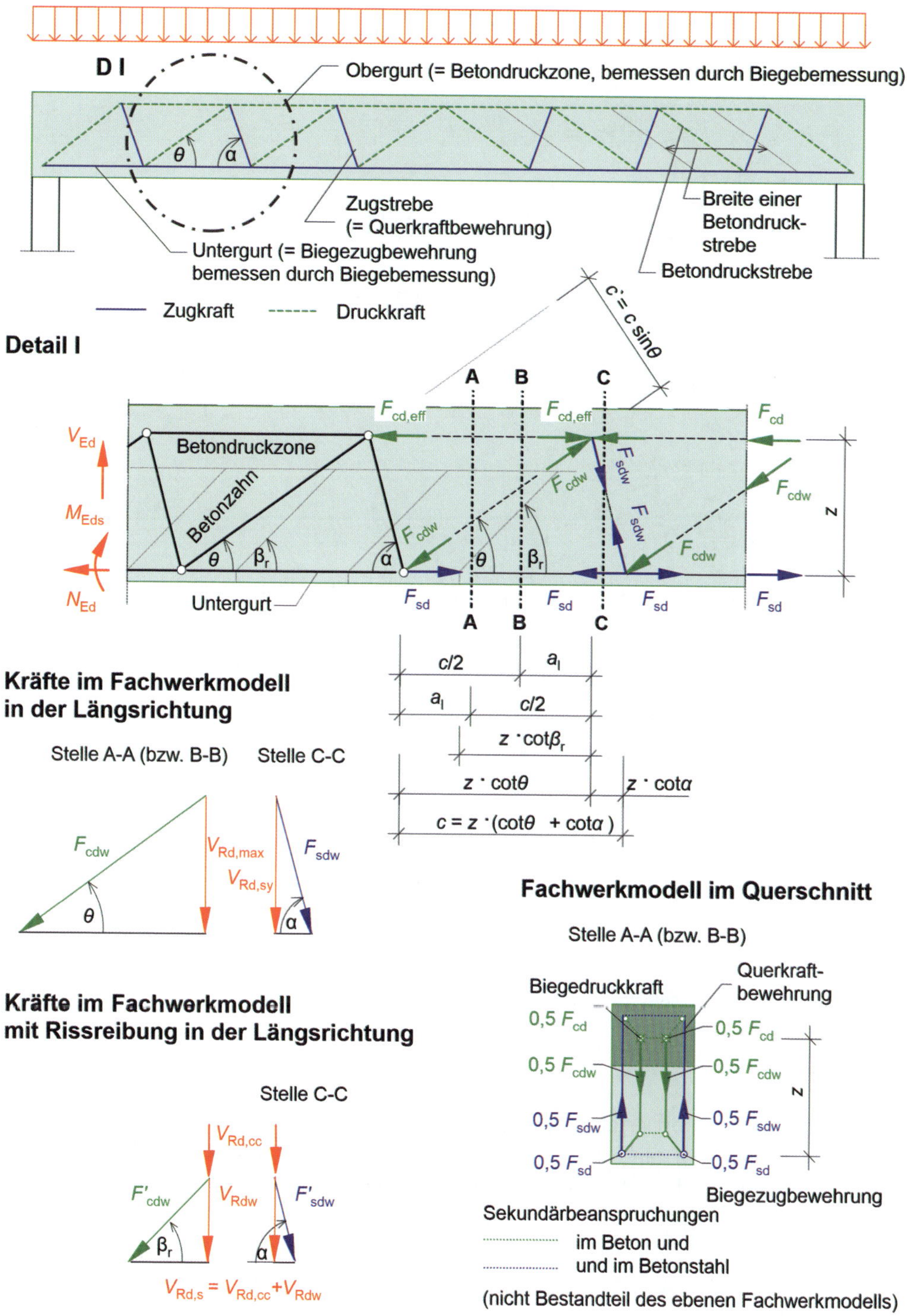

Abb. 8.12 *Kräfte im Fachwerkmodell*

Für eine rechtwinklige Bewehrung ($\alpha = 90°$; $\cot 90° = 0$) ergibt sich der Bemessungswert der Betondruckstrebe zu:

$$V_{\mathrm{Rd,max}} = b_{\mathrm{w}} \cdot z \cdot v_1 \cdot f_{\mathrm{cd}} \cdot \frac{\cot\theta}{1+\cot^2\theta} \Leftrightarrow V_{\mathrm{Rd,max}} = b_{\mathrm{w}} \cdot z \cdot v_1 \cdot f_{\mathrm{cd}} \cdot \frac{\frac{\cos\theta}{\sin\theta}}{1+\frac{\cos^2\theta}{\sin^2\theta}}$$

Durch Erweitern mit $\frac{\sin\theta}{\cos\theta}$ ergibt sich die im EC2 angegebene Geichung für $V_{\mathrm{Rd,max}}$:

$$V_{\mathrm{Rd,max}} = b_{\mathrm{w}} \cdot z \cdot v_1 \cdot f_{\mathrm{cd}} \cdot \frac{1}{\frac{\cos\theta}{\sin\theta}+\frac{\sin\theta}{\cos\theta}} \Leftrightarrow V_{\mathrm{Rd,max}} = \frac{b_{\mathrm{w}} \cdot z \cdot v_1 \cdot f_{\mathrm{cd}}}{\cot\theta + \tan\theta} \tag{8.34}$$

Für die Querkraftbewehrung werden folgende geometrische Beziehungen definiert:

$A_{\mathrm{sw}} = n \cdot A_{\mathrm{s,\varnothing}}$

je Fachwerkfeld: $a_{\mathrm{sw}} = \frac{A_{\mathrm{sw}}}{c}$ (8.35)

allgemein: $a_{\mathrm{sw}} = \frac{A_{\mathrm{sw}}}{s}$ (8.36)

A_{sw}	gesamte Querkraftbewehrung innerhalb eines Fachwerkfeldes oder allgemein in einem Querkraftbereich gleichen Vorzeichens
n	Schnittigkeit des Bewehrungselementes (Anzahl der Schenkel im Querschnitt)
$A_{\mathrm{s,\varnothing}}$	Querschnitt eines Stabes
s	Abstand der Stäbe der Querkraftbewehrung in Bauteillängsrichtung

Der Bauteilwiderstand der zu ermittelnden Querkraftbewehrung (Zugstrebe oder -pfosten) kann ebenfalls aus **Abb. 8.12** abgelesen werden.

$$V_{\mathrm{Rd,s}} = F_{\mathrm{sdw}} \cdot \sin\alpha = A_{\mathrm{sw}} \cdot f_{\mathrm{ywd}} \cdot \sin\alpha$$
$$V_{\mathrm{Rd,s}} = a_{\mathrm{sw}} \cdot c \cdot f_{\mathrm{ywd}} \cdot \sin\alpha \tag{8.37}$$

Einsetzen von $c = z \cdot (\cot\theta + \cot\alpha)$ liefert:

$$V_{\mathrm{Rd,s}} = a_{\mathrm{sw}} \cdot z \cdot f_{\mathrm{ywd}} \cdot \sin\alpha \cdot (\cot\theta + \cot\alpha) \tag{8.38}$$

Aus Gl. (8.38) ist sofort ersichtlich, dass der Winkel der Druckstrebenneigung einen erheblichen Einfluss auf die erforderliche Querkraftbewehrung hat. Die erforderliche Bewehrungsmenge sinkt mit flacheren Druckstrebenneigungen. Die Neigung der Druckstreben ist gemäß EC 2-1-1/NA nicht frei wählbar, sondern an die Neigung β_r der Schubrisse (**Abb. 8.12**) gekoppelt. Weiterhin wird explizit der Querkrafttraganteil des Betons $V_{\mathrm{Rd,c}}$ berücksichtigt. Daher wird dieses Fachwerkmodell auch als „Fachwerkmodell mit Rissreibung" (**Abb. 8.12** unten) bezeichnet.

$$V_{\mathrm{Rd,s}} = V_{\mathrm{Rd,cc}} + V_{\mathrm{Rd,w}} \tag{8.39}$$

Analog zu Gl. (8.38) ergibt sich $V_{\mathrm{Rd,w}}$ zu:

$$V_{\mathrm{Rd,w}} = a_{\mathrm{sw}} \cdot z \cdot f_{\mathrm{ywd}} \cdot \sin\alpha \cdot \left(\cot\beta_{\mathrm{r}} + \cot\alpha\right) \tag{8.40}$$

$V_{\mathrm{Rd,cc}}$ kann gemäß EC 2-1-1/NA zu 6.2.3(2) wie folgt ermittelt werden.

$$V_{\mathrm{Rd,cc}} = c \cdot 0{,}48 \cdot f_{\mathrm{ck}}^{1/3} \cdot \left(1 - 1{,}2 \cdot \frac{\sigma_{\mathrm{cd}}}{f_{\mathrm{cd}}}\right) \cdot b_{\mathrm{w}} \cdot z \tag{8.41}$$

EC 2-1-1/NA: c = 0,50

$$V_{\mathrm{Rd,cc}} = 0{,}24 \cdot f_{\mathrm{ck}}^{1/3} \cdot \left(1 - 1{,}2 \cdot \frac{\sigma_{\mathrm{cd}}}{f_{\mathrm{cd}}}\right) \cdot b_{\mathrm{w}} \cdot z \tag{8.42}$$

Während für die Bestimmung der Querkraftbewehrung der Betontraganteil $V_{\mathrm{Rd,cc}}$ zu null gesetzt wird und sich damit wieder Gl. (8.38) ergibt, wird er bei der Ermittlung der Druckstrebenneigung berücksichtigt. Wenn der Ausdruck $a_{\mathrm{sw}} \cdot z \cdot f_{\mathrm{ywd}}$ aus Gl. (8.40) mit Gl. (8.38) substituiert wird, ergibt sich:

$$V_{\mathrm{Rd,s}} = V_{\mathrm{Rd,cc}} + \frac{V_{\mathrm{Rd,s}}}{\sin\alpha \cdot (\cot\theta + \cot\alpha)} \cdot \sin\alpha \cdot \left(\cot\beta_{\mathrm{r}} + \cot\alpha\right) = V_{\mathrm{Ed}}$$

Für $V_{\mathrm{Rd,s}} = V_{\mathrm{Ed}}$ ergibt sich durch Umstellen nach $V_{\mathrm{Rd,cc}}$:

$$V_{\mathrm{Ed}} \cdot \left(1 - \frac{\cot\beta_{\mathrm{r}} + \cot\alpha}{\cot\theta + \cot\alpha}\right) = V_{\mathrm{Rd,cc}}$$

Auflösen nach $\cot\theta$ ergibt:

$$1 - \frac{V_{\mathrm{Rd,cc}}}{V_{\mathrm{Ed}}} = \frac{\cot\beta_{\mathrm{r}} + \cot\alpha}{\cot\theta + \cot\alpha} \Leftrightarrow \cot\theta + \cot\alpha = \frac{\cot\beta_{\mathrm{r}} + \cot\alpha}{1 - \frac{V_{\mathrm{Rd,cc}}}{V_{\mathrm{Ed}}}}$$

$$\Leftrightarrow \cot\theta = \frac{\cot\beta_{\mathrm{r}} + \cot\alpha}{1 - \frac{V_{\mathrm{Rd,cc}}}{V_{\mathrm{Ed}}}} - \cot\alpha \tag{8.43}$$

Die Druckstrebenneigung ist somit bestimmbar, wenn der Winkel der Schubrisse und der Winkel der Querkraftbewehrung bekannt sind. In EC 2-1-1/NA wird von einer Neigung der Schubrisse von 40° bei reiner Biegung ($\sigma_{\mathrm{cd}} = 0$) und bei Biegung mit Längskraft von

$$\cot\beta_{\mathrm{r}} = 1{,}2 + 1{,}4 \frac{\sigma_{\mathrm{cd}}}{f_{\mathrm{cd}}} \tag{8.44}$$

ausgegangen. (Vorzeichen beachten, Zugkraft negativ einsetzen!)

Gl. (8.44) erhält man ausgehend von Gl. (7.4) für Hauptspannungen (Herleitung in [Reineck – 01]). Bei Längsdruckkräften ermittelt man somit steilere Winkel als 40°, bei Längszugkräften flachere. Mit Gl. (8.44) und mit Gl. (8.43) ergibt sich für lotrechte Querkraftbewehrung ($\alpha = 90°$, $\cot 90° = 0$) die in EC 2-1-1/NA, 6.3.3(2) niedergelegte Gleichung mit einer zusätzlichen unteren ($\cot\theta = 3{,}0 \Rightarrow \theta = 18{,}4°$) und oberen ($\cot\theta = 1{,}0 \Rightarrow \theta = 45°$)

Schranke für den Winkel der Druckstrebenneigung. Hierdurch soll die Verträglichkeit der Dehnungen der Querkraftbewehrung, der Stauchungen der Druckstreben und der Dehnung der Längsbewehrung in den Untergurten gewährleistet werden.

$$1{,}0 \leq \cot\theta \leq \frac{1{,}2 + 1{,}4 \cdot \frac{\sigma_{cd}}{f_{cd}}}{1 - \frac{V_{Rd,cc}}{V_{Ed}}} \leq 3{,}0 \qquad (8.45)$$

Druckspannung mit positivem Vorzeichen

Bei geneigter Querkraftbewehrung darf $\cot\theta$ bis 0,58 (60°) ausgenutzt werden.

Wenn $V_{Ed} \approx V_{Rd,cc}$, ergibt sich der Nenner zu $1 - \frac{V_{Rd,cc}}{V_{Ed}} \approx 0$. An dieser Stelle liegt eine Polstelle mit Vorzeichenwechsel vor, sodass der Wert $\cot\theta$ für kleine Änderungen der Einwirkung von einem sehr hohen positiven zu einem sehr hohen negativen Wert springt, wie im folgenden Beispiel zu sehen ist.

Gegeben:

$V_{Rd,cc} = 100\ \text{kN},\ V_{Ed} = 99{,}9\ \text{kN}$

Zugehöriger Wert für $\cot\theta$:

$$\cot\theta \leq \frac{1{,}2}{1 - \frac{100}{99{,}9}} = -1199$$

Gegeben:

$V_{Rd,cc} = 100\ \text{kN},\ V_{Ed} = 100{,}1\ \text{kN}$

Zugehöriger Wert für $\cot\theta$:

$$\cot\theta \leq \frac{1{,}2}{1 - \frac{100}{100{,}1}} = 1201$$

In beiden Fällen ($\cot\theta \leq 1{,}0$ oder $\cot\theta \geq 3{,}0$) ist $\cot\theta = 3{,}0$ zu wählen.

Die Extremwerte der Druckstrebenkräfte innerhalb des Fachwerkmodells sind hinsichtlich der Bemessung insofern interessant, wenn die folgenden Fragestellungen zu beantworten sind:

- Welche Querkraft kann bei vorgegebenem Querschnitt maximal übertragen werden?
- Wie groß ist die kleinstzulässige Querkraftbewehrung?

Diesen Fragen soll im folgenden Beispiel nachgegangen werden.

Hinweis: Ermittlung der Extremwerte für die Strebenkräfte des Fachwerkmodells

Gesucht: Extremwerte der Strebenkräfte des Fachwerkmodells für $\alpha = 45°$ und $\alpha = 90°$, insbesondere

a) größter Querkrafttragwiderstand und zugehörige Querkraftbewehrung

b) kleinste Querkraftbewehrung und zugehöriger Querkrafttragwiderstand

Lösung:

Um allgemeingültige Aussagen zu erhalten, wird die Gl. (8.32) normiert und der Schubfluss υ_{Rd} eingeführt.

$$\upsilon_{Rd} = \frac{V_{Rd,max}}{\alpha_{cw} \cdot b_w \cdot z \cdot v_1 \cdot f_{cd}} \leq \frac{(\cot\theta + \cot\alpha)}{1 + \cot^2\theta}$$

$$\upsilon_{Rd} = \frac{V_{Rd,max}}{\alpha_{cw} \cdot b_w \cdot z \cdot v_1 \cdot f_{cd}} \leq \sin^2\theta \cdot (\cot\theta + \cot\alpha) \tag{8.46}$$

Für die spätere Extremwertbetrachtung wird Gl. (8.46) differenziert:

$$\frac{d\upsilon_{Rd}}{d\theta} = \cos^2\theta - \sin^2\theta + 2\,\sin\theta\cos\theta\cot\alpha \overset{!}{=} 0 \tag{8.47}$$

Wenn zusätzlich die zugehörige Querkraftbewehrung gesucht ist, können Gl. (8.32) und Gl. (8.38) gleichgesetzt werden.

$$V_{Rd,max} = \alpha_{cw} \cdot b_w \cdot z \cdot v_1 \cdot f_{cd} \cdot \frac{(\cot\theta + \cot\alpha)}{1 + \cot^2\theta} \leq a_{sw} \cdot z \cdot f_{ywd} \cdot \sin\alpha \cdot (\cot\theta + \cot\alpha)$$

$$= V_{Rd,s} \quad \frac{a_{sw} \cdot f_{ywd}}{\alpha_{cw} \cdot b_w \cdot v_1 \cdot f_{cd}} \geq \frac{1}{(1 + \cot^2\theta) \cdot \sin\alpha}$$

Dieser Ausdruck ist der mechanische Bewehrungsgrad der Querkraftbewehrung ω_w:

$$\omega_w = \frac{a_{sw} \cdot f_{ywd}}{\alpha_{cw} \cdot b_w \cdot v_1 \cdot f_{cd}} \geq \frac{\sin^2\theta}{\sin\alpha} \tag{8.48}$$

Für die spätere Extremwertbetrachtung wird Gl. (8.48) differenziert:

$$\frac{d\omega_w}{d\theta} = \frac{2\cos\theta\sin\theta}{\sin\alpha} \tag{8.49}$$

Lösung a:

$\alpha = 90°$: $\cos^2\theta - \sin^2\theta + 2\,\sin\theta\cos\theta\cot 90 = 0$

$\cos^2\theta - \sin^2\theta = 0$

$\theta = 45°$

$\upsilon_{Rd} = \sin^2 45 \cdot (\cot 45 + \cot 90) = \underline{\underline{0{,}5}}$

$\omega_w = \frac{\sin^2 45}{\sin 90} = \underline{\underline{0{,}5}}$

$\alpha = 45°$: $\cos^2\theta - \sin^2\theta + 2\,\sin\theta\cos\theta\cot 45 = 0$

$\cos^2\theta - \sin^2\theta + 2\,\sin\theta\cos\theta = 0$

$\theta = 67{,}5°$

(8.47): $\cos^2\theta - \sin^2\theta + 2\,\sin\theta\cos\theta\cot\alpha = 0$

(8.46): $\upsilon_{Rd} = \sin^2\theta \cdot (\cot\theta + \cot\alpha)$

(8.48): $\omega_w = \frac{\sin^2\theta}{\sin\alpha}$

(8.47): $\cos^2\theta - \sin^2\theta + 2\,\sin\theta\cos\theta\cot\alpha = 0$

$$\upsilon_{Rd} = \sin^2 67{,}5 \cdot (\cot 67{,}5 + \cot 45) = \underline{\underline{1{,}21}}$$ (8.46): $\upsilon_{Rd} = \sin^2\theta \cdot (\cot\theta + \cot\alpha)$

$$\omega_w = \frac{\sin^2 67{,}5}{\sin 45} = \underline{\underline{1{,}21}}$$ (8.48): $\omega_w = \frac{\sin^2\theta}{\sin\alpha}$

Allgemeine Schlussfolgerungen (vgl. auch **Abb. 8.13**):

- *Die Querkrafttragfähigkeit ist abhängig von der Neigung der Querkraftbewehrung. Die größte Querkrafttragfähigkeit ergibt sich bei* α *= 45° geneigter Bewehrung.*
- *Bei geneigter Querkraftbewehrung* α *< 90° steigt die Querkrafttragfähigkeit stark an. Geneigte Bügel können daher bei sehr hoher Beanspruchung sinnvoll sein. Im Regelfall sind lotrechte Bügel wegen des leichteren Einbaus vorzuziehen.*
- *Bei Wahl des optimalen Druckstrebenneigungswinkels* θ_{opt} *besteht Proportionalität zwischen Querkraft und Querkraftbewehrung.*

Lösung b:

α = 90°: $$\frac{d\omega_w}{d\theta} = \frac{2\cos\theta\sin\theta}{\sin 90} \overset{!}{=} 0$$ (8.49): $\frac{d\omega_w}{d\theta} = \frac{2\cos\theta\sin\theta}{\sin\alpha}$

$\theta = 0°$ und $\theta = 90°$ erfüllen diese Gleichung, sind aber unzulässige Lösungen für ein Fachwerk. Die geringste Bewehrung ergibt sich somit für den kleinstmöglichen Winkel der Druckstrebe. Bei geringer Beanspruchung wird in Gl. (8.45) der absolute Grenzwert maßgebend:

$$\cot\theta = 3{,}0\text{: } \theta = 18{,}4°$$ (8.45): $1{,}0 \leq \cot\theta \leq 3{,}0$

$$\upsilon_{Rd} = \sin^2 18{,}4 \cdot (\cot 18{,}4 + \cot 90) = \underline{\underline{0{,}30}}$$ (8.46): $\upsilon_{Rd} = \sin^2\theta \cdot (\cot\theta + \cot\alpha)$

$$\omega_w = \frac{\sin^2 18{,}4}{\sin 90} = \underline{\underline{0{,}10}}$$ (8.48): $\omega_w = \frac{\sin^2\theta}{\sin\alpha}$

α = 45°: $$\upsilon_{Rd} = \sin^2 18{,}4 \cdot (\cot 18{,}4 + \cot 45) = \underline{\underline{0{,}40}}$$ (8.46): $\upsilon_{Rd} = \sin^2\theta \cdot (\cot\theta + \cot\alpha)$

$$\omega_w = \frac{\sin^2 18{,}4}{\sin 45} = \underline{\underline{0{,}14}}$$ (8.48): $\omega_w = \frac{\sin^2\theta}{\sin\alpha}$

Die minimale Querkraftbewehrung (vgl. auch **Abb. 8.13**) ergibt sich bei Wahl des kleinstmöglichen Druckstrebenwinkels nach Gl. (8.45). Bei Wahl dieses Winkels kann jedoch die Mindestquerkraftbewehrung (→ Kap. 8.4.3) maßgebend werden.

Die normierte Darstellung nach **Abb. 8.13** ist der Ausgangspunkt für grafische Bemessungshilfsmittel (**Abb. 8.16**).

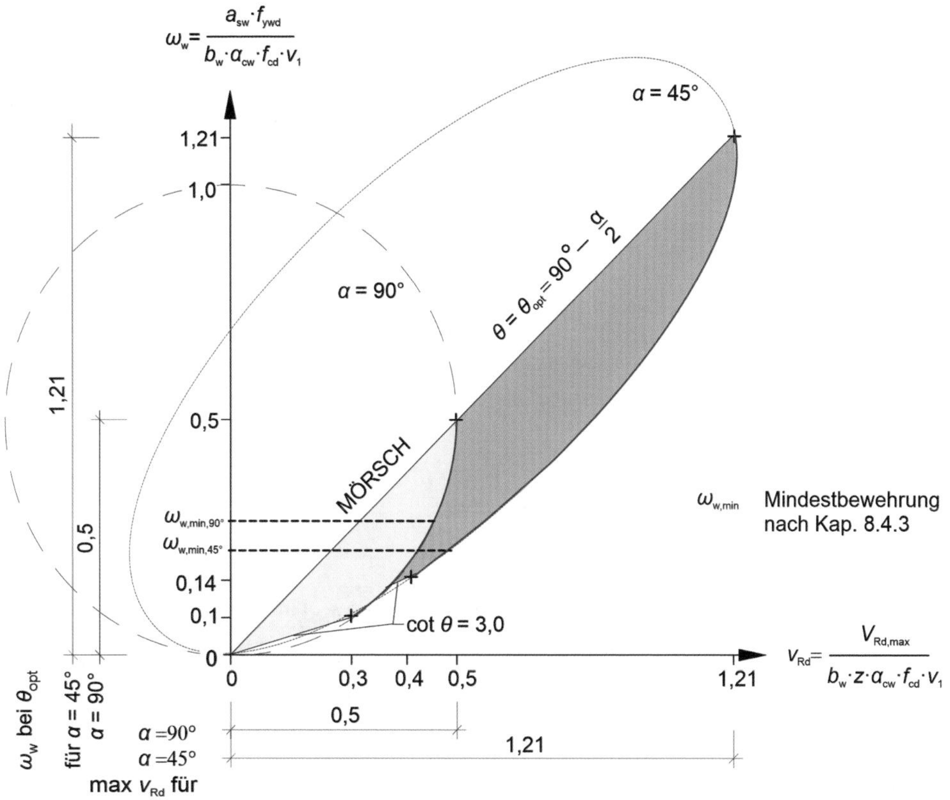

Abb. 8.13 *Normierte Querkraft-/Bewehrungsdarstellung*

8.4.2 Höchstabstände der Querkraftbewehrung

Aus dem Fachwerkmodell lässt sich folgende konstruktive Regel für die Querkraftbewehrung formulieren: Bei zu großem Abstand der Bügel (oder Schrägaufbiegungen) kann sich ein Querkraftriss über die gesamte Trägerhöhe ausbreiten, ohne dass er von einem Zugpfosten bzw. einer Zugstrebe (Stab der Querkraftbewehrung) gekreuzt wird (**Abb. 8.14**). Dies würde zur sofortigen Zerstörung des Bauteils durch vorzeitigen Schubbruch führen. Daher muss jeder unter 45° geneigte Schnitt durch mindestens einen, besser zwei Stäbe der Querkraftbewehrung gekreuzt werden. EC 2-1-1 fordert deshalb, dass maximale Bügelabstände und Abstände der Schrägaufbiegungen nicht überschritten werden (**Tafel 8.1**). Die Bügel und die aufgebogenen Stäbe sollen außerdem mit den schrägen Druckdiagonalen ein Widerlager bilden. Da bei zu großem Abstand in Querrichtung das Widerlager zu weich wird, ist der Bügelabstand nicht nur in Längsrichtung, sondern auch in Querrichtung begrenzt.

$$s_l \leq s_{l,max}; \quad s_t \leq s_{t,max} \tag{8.50}$$

$s_{l,max}$ = maximaler Bügelabstand in Bauteillängsrichtung
$s_{t,max}$ = maximaler Bügelabstand in Bauteilquerrichtung

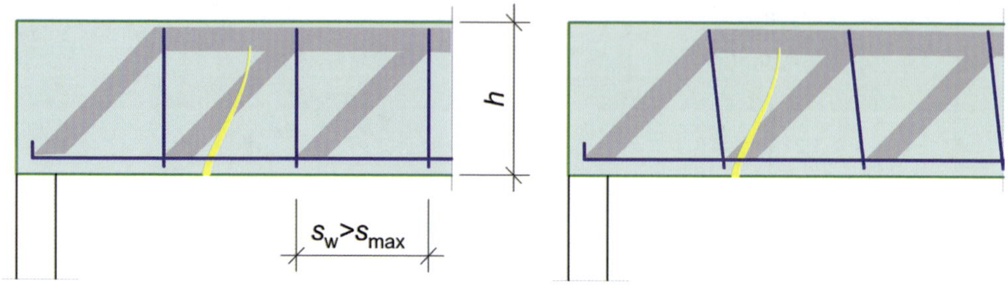

Abb. 8.14 *Versagen des Fachwerks infolge von Rissen bis in den Obergurt bei zu großem Abstand der Querkraftbewehrung*

Der Höchstabstand von Schrägstäben sollte folgenden Wert nicht überschreiten:

Bügel nach **Tafel 8.1**

Schrägaufbiegungen $s_{max} = 0{,}5 \cdot h \cdot (1 + \cot\alpha)$ (8.51)

	Höchstmaße s_{max} in mm					
	Längsabstand, $s_{l,max}$			**Querabstand, $s_{t,max}$**		
Querkraftausnutzung[a)]	**bauteil-bezogen**	**absolut**		**bauteil-bezogen**	**absolut**	
		≤ C50/60	**> C50/60**		**≤ C50/60**	**> C50/60**
$V_{Ed}/V_{Rd,max} \leq 0{,}30$	0,7 *h*	≤ 300			≤ 800	≤ 600
$0{,}30 < V_{Ed}/V_{Rd,max} \leq 0{,}60$	0,5 *h*	≤ 300	≤ 200	*h*	≤ 600	≤ 400
$V_{Ed}/V_{Rd,max} > 0{,}60$	0,25 *h*	≤ 200			≤ 600	≤ 400

a) V_{Ed} und $V_{Rd,max}$ nach Kap. 8.2 und Kap. 8.4. Näherungsweise darf $V_{Rd,max}$ mit $\theta = 40°$ ermittelt werden. Für V_{Ed} darf bei direkter Lagerung der Wert im Abstand d von der Auflagervorderkante verwendet werden.

Tafel 8.1 *Obere Grenzwerte der zulässigen Abstände in Längs- und Querrichtung für Bügelschenkel und Querkraftzulagen (nach EC 2-1-1/NA, Tabellen NA.9.1 und NA.9.2)*

8.4.3 Mindestquerkraftbewehrung

Bei Auftreten eines Querkraftrisses müssen die nicht mehr aufnehmbaren Spannungen umgelagert werden, um einen Kollaps des Tragwerks zu verhindern. In Flächentragwerken (Platten) ist durch die große Abmessung senkrecht zur Längsachse die Umlagerungsfähigkeit gegeben, da die Querkraftrisse nicht die gesamte Platte durchsetzen. In Platten darf daher auf eine Mindestquerkraftbewehrung verzichtet werden, sofern das Bauteil ohne Querkraftbewehrung ausgeführt werden darf (→ Kap. 8.3). In Balken ist diese Umlagerungsmöglichkeit nicht vorhanden und daher immer eine Mindestquerkraftbewehrung erforderlich. Sie wird über den Bewehrungsgrad der Querkraftbewehrung festgelegt.

$$\rho_w = \frac{a_{sw}}{b_w \cdot \sin\alpha} \geq \rho_{w,min} \tag{8.52}$$

$$a_{\text{sw,min}} \geq \rho_{\text{w,min}} \cdot b_{\text{w}} \cdot \sin\alpha \tag{8.53}$$

Beton	C12	C16	C20	C25	C30	C35	C40	C45	C50	C55	C60	C70	C80	C90	C100
$\rho_{\text{w,min}}$	0,51	0,61	0,70	0,83	0,93	1,02	1,12	1,21	1,31	1,34	1,41	1,47	1,54	1,60	1,66

Tafel 8.2 *Mindestquerkraftbewehrungsgrad (in ‰ für B 500 nach EC 2-1-1/NA, Gl. 9.5aDE)*

Der Mindestquerkraftbewehrungsgrad $\rho_{\text{w,min}}$ ist wie folgt definiert:

$$\rho = 0{,}16 \cdot \frac{f_{\text{ctm}}}{f_{\text{yk}}} \text{ bzw. nach } \textbf{Tafel 8.2} \tag{8.54}$$

$$\rho_{\text{w,min}} = \begin{cases} 1{,}0\rho & \text{im Allgemeinen} \\ 1{,}6\rho & \text{bei gegliederten Querschnitten mit vorgespannten Gurten} \end{cases} \tag{8.55}$$

In Balken dürfen Schrägstäbe und Querkraftzulagen als Querkraftbewehrung nur gleichzeitig mit Bügeln verwendet werden, damit die horizontalen Umlenkkräfte zwischen verteilter Spannung in der Druckzone und konzentrierter Biegezugkraft aufgenommen werden können (**Abb. 8.15**). Bei einer Kombination der Querkraftbewehrung aus Bügeln und Schrägaufbiegungen sollen bei Balken mindestens 50 % der erforderlichen Querkraftbewehrung aus Bügeln bestehen.

$$\min a_{\text{s,bü}} = \beta_3 \cdot a_{\text{sw}} \tag{8.56}$$

β_3 gemäß EC 2-1-1/NA, 9.2.2(4):
$\beta_3 = 0{,}5$

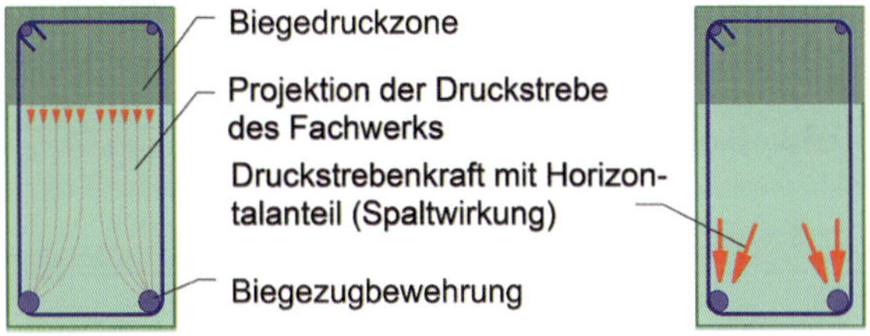

Abb. 8.15 *Sekundärtragwirkung des horizontalen Bügelschenkels in der Zugzone zur Aufnahme der Spaltwirkung aus den Druckstreben des Fachwerks (vgl.* **Abb. 8.12***)*

8.4.4 Bemessung von Stegen

Entsprechend Gl. (8.2) und Gl. (8.3) muss der Nachweis für die Druck- und die Zugstrebe erfolgen. Die Druckstrebe wurde bereits mit Gl. (8.32) beschrieben, die Zugstrebe mit Gl. (8.38). Für die praktische Querkraftbemessung ist es jedoch besser, die letztgenannte Gl. nach a_{sw} aufzulösen. Dann erhält man durch Gleichsetzen mit Gl. (8.57):

$$V_{\text{Ed}} \leq V_{\text{Rd,s}} \tag{8.57}$$

$$a_{\text{sw}} = \frac{V_{\text{Ed}}}{z \cdot f_{\text{ywd}} \cdot \sin\alpha \cdot (\cot\theta + \cot\alpha)} \tag{8.58}$$

Der vorhandene Bewehrungsquerschnitt der Querkraftbewehrung kann nach folgender Gleichung bestimmt werden:

$$a_{sw,vorh} = n \cdot A_{s,ø} \cdot \frac{l_B}{s_{w,l}} \tag{8.59}$$

l_B Bezugslänge, auf die die Querkraftbewehrung verteilt wird (z.B. 1,0 m)

Beispiel 8.4: Querkraftbemessung eines Balkens (Fortsetzung von Beispiel 7.17)

Gegeben: Plattenbalken als Durchlaufträger gemäß Skizze des Beispiels 7.14

Gesucht: Querkraftbemessung mit Bügeln im Feld 1 unter alleiniger Verwendung von Bügeln

Lösung:

Feld 1 Auflager A: — Direkte Lagerung

$\text{extr } V_d = \max V_A = 232\,\text{kN}$

$x_V = \frac{0{,}30}{2} + 0{,}675 = 0{,}825\,\text{m}$ — (8.5): $x_V = \frac{t}{2} + d$

$V_{Ed} = 232 - (1{,}35 \cdot 62{,}3 + 1{,}50 \cdot 12{,}4) \cdot 0{,}825 = 147\,\text{kN}$ — (8.4): $V_{Ed} = |\text{extr } V_d| - F_d \cdot x_V$

$\sigma_{cd} = \frac{0}{A_c} = 0$ — (8.22): $\sigma_{cd} = \frac{N_{Ed}}{A_c}$

Rechteckquerschnitt:

$z \approx 0{,}9 \cdot 0{,}675 = 0{,}608\,\text{m}$ — $z \approx 0{,}9d$

$V_{Rd,cc} = 0{,}24 \cdot 20^{1/3} \cdot \left(1 - 1{,}2\frac{0}{11{,}3}\right) \cdot 0{,}30 \cdot 0{,}608 = 0{,}119\,\text{MN}$ — (8.42): $V_{Rd,cc} = 0{,}24 \cdot f_{ck}^{1/3} \cdot \left(1 - 1{,}2 \cdot \frac{\sigma_{cd}}{f_{cd}}\right) \cdot b_w \cdot z$

$\cot\theta = \frac{1{,}2 - 0}{1 - \frac{0{,}119}{0{,}147}} = 6{,}3 \leq \underline{3{,}0}$ — (8.45): $1{,}0 \leq \cot\theta \leq \frac{1{,}2 + 1{,}4 \cdot \frac{\sigma_{cd}}{f_{cd}}}{1 - \frac{V_{Rd,cc}}{V_{Ed}}} \leq 3{,}0$

gew.:

$\theta = 18{,}4°$

$(\cot\theta = 3{,}0)$

$v_1 = 0{,}75 \cdot v_2$

$v_2 = 1{,}1 - \frac{20}{500} \leq \underline{1{,}0}$ — (8.33): $v_1 = 0{,}75 \cdot v_2$ mit $v_2 = (1{,}1 - f_{ck}/500) \leq 1{,}0$

$V_{Rd,max} = \frac{0{,}3 \cdot 0{,}608 \cdot 0{,}75 \cdot 11{,}3}{3{,}0 + 1/3{,}0} = 0{,}464\,\text{MN}$ — (8.34): $V_{Rd,max} = \frac{b_w \cdot z \cdot v_1 \cdot f_{cd}}{\cot\theta + \tan\theta}$

$\text{extr}\,V_d = 232\,\text{kN} < 464\,\text{kN} = V_{Rd,max}$	(8.3): $\text{extr}\,V_d \leq V_{Rd,max}$
$a_{sw} = \frac{147}{0{,}608 \cdot 435 \cdot \sin 90 \cdot 3{,}0} \cdot 10 = 1{,}85\ \text{cm}^2/\text{m}$	(8.58): $a_{sw} = \frac{V_{Ed}}{z \cdot f_{ywd} \cdot \sin\alpha \cdot (\cot\theta + \cot\alpha)}$
gew.: Bü ∅10-30 2-schnittig	
$a_{sw,vorh} = 2 \cdot 0{,}79 \cdot \frac{100}{30} = 5{,}27\ \text{cm}^2/\text{m}$	(8.59): $a_{sw,vorh} = n \cdot A_{s,ø} \cdot \frac{l_B}{s_w}$
$a_{s,vorh} = 5{,}27\ \text{cm}^2/\text{m} > 1{,}85\ \text{cm}^2/\text{m} = a_{s,erf}$	(7.62): $A_{s,vorh} \geq A_{s,erf}$
$0{,}30 < \frac{V_{Ed}}{V_{Rd,max}} = \frac{147}{464} = 0{,}32 < 0{,}60$	$0{,}3 < \frac{V_{Ed}}{V_{Rd,max}} \leq 0{,}60$
$s_{l,max} = 0{,}5 \cdot 720 = 360\,\text{mm} \leq \underline{300\,\text{mm}}$	**Tafel 8.1**: $s_{l,max} = 0{,}5 \cdot h \leq 300\,\text{mm}$
$s_l = 30\,\text{cm} = s_{l,max}$	(8.50): $s_l \leq s_{l,max}$
$\rho = 0{,}0007$	**Tafel 8.2**: C20
$\rho_{w,min} = 1{,}0 \cdot 0{,}0007 = 0{,}0007$	(8.55): $\rho_{w,min} = 1{,}0\rho$
$a_{sw,min} = 0{,}0007 \cdot 30 \cdot 10^2 = 2{,}1\ \text{cm}^2/\text{m}$	(8.53): $a_{sw,min} \geq \rho_{w,min} \cdot b_w \cdot \sin\alpha$
$a_{s,bü} = 1{,}0 \cdot a_{sw} > \min a_{s,bü}$	(8.56): $\min a_{s,bü} = 0{,}5 \cdot a_{sw}$
Feld 1 Auflager B:	Direkte Lagerung
$\text{extr}\,V_d = V_{Bli,cal} = -450\,\text{kN}$	vgl. Beispiel 7.17
$x_V = \frac{0{,}30}{2} + 0{,}675 = 0{,}825\,\text{m}$	(8.5): $x_V = \frac{t}{2} + d$
$V_{Ed} = 450 - (1{,}35 \cdot 62{,}3 + 1{,}50 \cdot 12{,}4) \cdot 0{,}825 = 365\,\text{kN}$	(8.4): $V_{Ed} = \lvert\text{extr}\,V_d\rvert - F_d \cdot x_V$
$1{,}0 < \cot\theta = \frac{1{,}2 + 0}{1 - \frac{0{,}119}{0{,}365}} = 1{,}78 < 3{,}0$	(8.45): $1{,}0 \leq \cot\theta \leq \frac{1{,}2 + 1{,}4 \cdot \frac{\sigma_{cd}}{f_{cd}}}{1 - \frac{V_{Rd,cc}}{V_{Ed}}} \leq 3{,}0$
gew.: $\theta = 29{,}3°$ ($\cot\theta = 1{,}78$)	
$V_{Rd,max} = \frac{0{,}30 \cdot 0{,}608 \cdot 0{,}75 \cdot 11{,}3}{1{,}78 + 1/1{,}78} = 0{,}659\,\text{MN}$	(8.34): $V_{Rd,max} = \frac{b_w \cdot z \cdot v_1 \cdot f_{cd}}{\cot\theta + \tan\theta}$
$\text{extr}\,V_d = 450\,\text{kN} < 659\,\text{kN} = V_{Rd,max}$	(8.3): $\text{extr}\,V_d \leq V_{Rd,max}$
$a_{sw} = \frac{365}{0{,}608 \cdot 435 \cdot \sin 90 \cdot 1{,}79} \cdot 10 = 7{,}8\ \text{cm}^2/\text{m}$	(8.58): $a_{sw} = \frac{V_{Ed}}{z \cdot f_{ywd} \cdot \sin\alpha \cdot (\cot\theta + \cot\alpha)}$
gew.: Bü ∅10-17[5] 2-schnittig	
$a_{sw,vorh} = 2 \cdot 0{,}79 \cdot \frac{100}{17{,}5} = 9{,}0\ \text{cm}^2/\text{m}$	(8.59): $a_{sw,vorh} = n \cdot A_{s,ø} \cdot \frac{l_B}{s_w}$
$a_{s,vorh} = 9{,}0\ \text{cm}^2/\text{m} > 7{,}8\ \text{cm}^2/\text{m} = a_{s,erf} > a_{sw,min} = 2{,}1\ \text{cm}^2/\text{m}$	(7.62): $A_{s,vorh} \geq A_{s,erf}$

$$0{,}3 < \frac{V_{Ed}}{V_{Rd,max}} = \frac{365}{659} = 0{,}55 < 0{,}60$$

$$s_l = 17{,}5\,\text{cm} < 30\,\text{cm} = s_{l,max}$$

$$0{,}3 < \frac{V_{Ed}}{V_{Rd,max}} \leq 0{,}60$$

(8.50): $s_l \leq s_{l,max}$

(Fortsetzung mit Beispiel 8.6)

Beispiel 8.5: Querkraftbemessung eines Balkens mit auflagernaher Einzellast

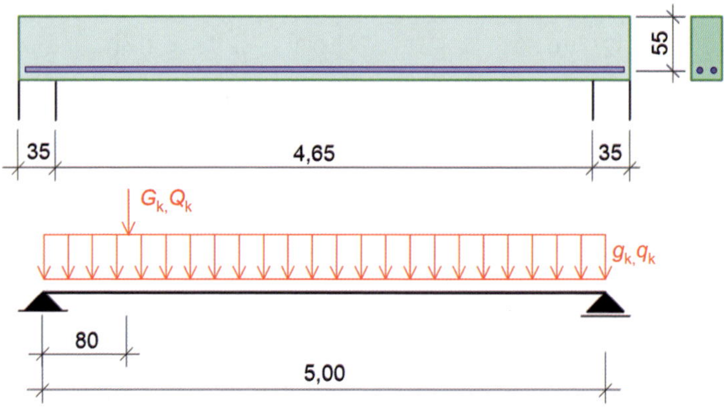

Gegeben:
- Baustoffe: Beton C30/37; Betonstahl B500
- Rechteckquerschnitt $b/h/d = 35/60/55$ cm
- Belastung: $G_k = 70$ kN; $Q_k = 50$ kN; $g_k = 12$ kN/m; $q_k = 10$ kN/m
- Kombinationsbeiwert für beide veränderlichen Lasten: $\psi_0 = 0{,}7$
- Von der Längsbewehrung werden 3 ⌀ 20 über das Auflager geführt.
- Verlegemaß der Längsbewehrung: $c_{v,l} = 4{,}0$ cm

Gesucht:
- Ermittlung der maßgebenden Querkraft für den Nachweis der Druckstrebe und für die Ermittlung der Querkraftbewehrung (Bügel) am Auflager A.
- Überprüfung, ob rechnerisch Querkraftbewehrung erforderlich ist.
- Ermittlung der erforderlichen Querkraftbewehrung.

Lösung:

Ermittlung der Auflagerkräfte am Auflager A für die einzelnen Belastungen

$C_{\text{Ed,g}} = 1{,}35 \cdot 12 \cdot 5/2 = 40{,}5\ \text{kN}$

$C_{\text{Ed,q}} = 1{,}5 \cdot 10 \cdot 5/2 = 37{,}5\ \text{kN}$

$C_{\text{Ed,G}} = 1{,}35 \cdot 70 \cdot 4{,}2/5 = 79{,}38\ \text{kN}$

$C_{\text{Ed,Q}} = 1{,}5 \cdot 50 \cdot 4{,}2/5 = 63\ \text{kN}$

Maßgebende Querkraft für den Nachweis der Druckstrebe

$\text{extr}\ V_{\text{d}} = \max V_{\text{A}} = 40{,}5 + 79{,}38 + 63 + 0{,}7 \cdot 37{,}5 = 209{,}13\,\text{kN}$

Da $\psi_0 = 0{,}7$ für beide Einwirkungen gilt, ist die Einzellast Q Leitwert.

Abminderung der Gleichstreckenlast

$x_{\text{V}} = \frac{0{,}35}{2} + 0{,}55 = 0{,}725\,\text{m}$

(8.5): $x_{\text{V}} = \frac{t}{2} + d$

$V_{\text{Ed,g}} = 40{,}5 - 0{,}725 \cdot 1{,}35 \cdot 12 = 28{,}75\ \text{kN}$

$V_{\text{Ed,g}} = 37{,}5 - 0{,}725 \cdot 1{,}5 \cdot 10 = 26{,}62\ \text{kN}$

(8.4): $V_{\text{Ed}} = |\text{extr}\ V_{\text{d}}| - p_{\text{d}} \cdot x_{\text{V}}$

Abminderung der auflagernahen Einzellast

$\beta = \frac{0{,}8\text{-}0{,}35/2}{2{,}0 \cdot 0{,}55} = 0{,}568 \begin{cases} \leq 1{,}0 \\ \geq 0{,}25 \end{cases}$

(8.5): $\beta = \frac{a_{\text{v}}}{2{,}0d} \begin{cases} \leq 1{,}0 \\ \geq 0{,}25 \end{cases}$

Mit a_{v} Abstand der Auflagervorderkante bis zur Wirkungslinie der Einzellast

$V_{\text{Ed,G}} = 0{,}568 \cdot 79{,}38 = 45{,}09\ \text{kN}$

$V_{\text{Ed,Q}} = 0{,}568 \cdot 63 = 35{,}78\ \text{kN}$

Maßgebende Querkraft für die Ermittlung der Querkraftbewehrung

$V_{\text{Ed}} = 28{,}75 + 45{,}09 + 35{,}78 + 0{,}7 \cdot 26{,}62 = 128{,}25\,\text{kN}$

Da $\psi_0 = 0{,}7$ für beide Einwirkungen gilt, ist die Einzellast Q Leitwert.

Ermittlung des Querkraftwiderstandes ohne Querkraftbewehrung $V_{\text{Rd,c}}$

$k = 1 + \sqrt{\frac{200}{550}} = 1{,}60 \leq 2{,}0$

(8.19): $k = 1 + \sqrt{\frac{200}{d}} \leq 2{,}0$

$\rho_{\text{l}} = \frac{9{,}42}{35 \cdot 55} = 0{,}0049 \leq 0{,}02$

(8.21): $\rho_{\text{l}} = \frac{A_{\text{sl}}}{b_{\text{w}} \cdot d} \leq 0{,}02$

$V_{\text{Rd,c}} = 0{,}1 \cdot 1{,}60 \cdot (0{,}49 \cdot 30)^{\frac{1}{3}} \cdot 0{,}35 \cdot 0{,}55 = 0{,}075\ \text{MN}$

(8.17):

$V_{\text{Rd,c}} = \left[C_{\text{Rd,c}} \cdot k \cdot \left(100\rho_{\text{l}} \cdot f_{\text{ck}}\right)^{\frac{1}{3}} + k_1 \cdot \sigma_{\text{cp}}\right] \cdot b_{\text{w}} \cdot d$

$$v_{\min} = \frac{0{,}0525}{1{,}5} \cdot 1{,}60^{3/2} \cdot 30^{1/2} = 0{,}388$$

(8.24): $v_{\min} = \frac{0{,}0525}{\gamma_c} \cdot k^{3/2} \cdot f_{ck}{}^{1/2}$

für $d = 550 < 600$ mm

$$V_{Rd,c} = 0{,}075 \text{ MN} \geq 0{,}388 \cdot 0{,}35 \cdot 0{,}55 = 0{,}075 \text{ MN}$$

(8.23): $V_{Rd,c} \geq (v_{\min} + k_1 \cdot \sigma_{cp}) \cdot b_w \cdot d$

$$V_{Ed} = 128{,}25\,\text{kN} > 75{,}0\,\text{kN} = V_{Rd,c}$$

(8.16): $V_{Ed} \leq V_{Rd,c}$

Es ist rechnerisch eine Querkraftbewehrung erforderlich.

Ermittlung der erforderlichen Querkraftbewehrung und Nachweis der Druckstrebe

$$z \leq \min \begin{cases} 0{,}9 \cdot 0{,}55 = 0.495 \text{ m} \\ \max \begin{cases} 0{,}55 - 2 \cdot 0{,}04 = 0{,}47 \text{ m} \\ 0{,}55 - 0{,}04 - 0{,}03 = \underline{0{,}48 \text{ m}} \end{cases} \end{cases}$$

(8.11): $z \leq \min \begin{cases} 0{,}9\,d \\ \max \begin{cases} d - 2\,c_{v,l} \\ d - c_{v,l} - 30 \text{ mm} \end{cases} \end{cases}$

$$V_{Rd,cc} = 0{,}24 \cdot 30^{1/3} \cdot 0{,}35 \cdot 0{,}48 = 0{,}125\,\text{MN}$$

(8.42): $V_{Rd,cc} = 0{,}24 \cdot f_{ck}^{1/3} \cdot \left(1 - 1{,}2 \cdot \frac{\sigma_{cd}}{f_{cd}}\right) \cdot b_w \cdot z$

$$\cot\theta = \frac{1{,}2}{1 - \frac{0{,}125}{0{,}12825}} = 47{,}35 \leq \underline{3{,}0}$$

(8.45): $1{,}0 \leq \cot\theta \leq \frac{1{,}2 + 1{,}4 \cdot \frac{\sigma_{cd}}{f_{cd}}}{1 - \frac{V_{Rd,cc}}{V_{Ed}}} \leq 3{,}0$

gew.:

$\theta = 18{,}4°$

$(\cot\theta = 3{,}0)$

$v_1 = 0{,}75 \cdot v_2$

$v_2 = 1{,}1 - \frac{30}{500} \leq \underline{1{,}0}$

(8.33): $v_1 = 0{,}75 \cdot v_2$ mit $v_2 = (1{,}1 - f_{ck}/500) \leq 1{,}0$

$$V_{Rd,\max} = \frac{0{,}35 \cdot 0{,}48 \cdot 0{,}75 \cdot 17}{3{,}0 + 1/3{,}0} = 0{,}643\,\text{MN}$$

(8.34): $V_{Rd,\max} = \frac{b_w \cdot z \cdot v_1 \cdot f_{cd}}{\cot\theta + \tan\theta}$

$$\text{extr } V_d = 209\,\text{kN} < 643\,\text{kN} = V_{Rd,\max}$$

(8.3): $\text{extr } V_d \leq V_{Rd,\max}$

$$a_{sw} = \frac{128{,}25}{0{,}48 \cdot 435 \cdot 3{,}0} \cdot 10 = 2{,}05 \text{ cm}^2/\text{m}$$

(8.58): $a_{sw} = \frac{V_{Ed}}{z \cdot f_{ywd} \cdot \sin\alpha \cdot (\cot\theta + \cot\alpha)}$

gew.: Bü ∅8-25 2-schnittig

$$a_{sw,vorh} = 2 \cdot 0{,}50 \cdot \frac{100}{25} = 4{,}0 \text{ cm}^2/\text{m}$$

(8.59): $a_{sw,vorh} = n \cdot A_{s,ø} \cdot \frac{l_B}{s_w}$

$$a_{s,vorh} = 4{,}0 \text{ cm}^2/\text{m} > 2{,}05 \text{ cm}^2/\text{m} = a_{s,erf}$$

(7.62): $A_{s,vorh} \geq A_{s,erf}$

$$\frac{V_{Ed}}{V_{Rd,\max}} = \frac{128{,}25}{643} = 0{,}20 < 0{,}30$$

$\frac{V_{Ed}}{V_{Rd,\max}} \leq 0{,}30$

$$s_{l,\max} = 0{,}7 \cdot 600 = 420\,\text{mm} \leq \underline{300\,\text{mm}}$$

Tafel 8.1: $s_{l,\max} = 0{,}7 \cdot h \leq 300\,\text{mm}$

$$s_l = 25\,\text{cm} < s_{l,\max} = 30 \text{ cm}$$

(8.50): $s_l \leq s_{l,\max}$

$\rho = 0{,}00093$

$\rho_{\text{w,min}} = 1{,}0 \cdot 0{,}00093 = 0{,}0093$

$a_{\text{sw,min}} = 0{,}00095 \cdot 35 \cdot 10^2$
$= 3{,}33\ \text{cm}^2/\text{m} \leq a_{\text{sw,vorh}} = 4{,}0\ \text{cm}^2/\text{m}$

Tafel 8.2: C30

(8.55): $\rho_{\text{w,min}} = 1{,}0\rho$

(8.53): $a_{\text{sw,min}} \geq \rho_{\text{w,min}} \cdot b_{\text{w}} \cdot \sin\alpha$

8.4.5 Bemessungshilfsmittel

Verwendet man anstatt der in den vorangegangen Abschnitten dargelegten Gleichungen eine normierte Schreibweise, können Bemessungshilfsmittel in tabellarischer oder grafischer Form ([Mainz – 03]) aufgestellt werden. Ausgehend von **Abb. 8.13** ist in **Abb. 8.16** ein Querkraft-Bemessungsdiagramm in allgemeiner Form dargestellt. Der mechanische Bewehrungsgrad der Querkraftbewehrung ω_{w} wird über der dimensionslosen Querkraft (= Schubfluss υ_{Rd}) abgelesen. Der Bauteilwiderstand wird durch die Mindestbewehrung (Linie A), die Tragfähigkeit der Querkraftbewehrung (Linie B) oder der Druckstrebe (Linie C) bestimmt. Der Bauteilwiderstand der Zugstrebe nach Gl. (8.39) lautet in normierter Schreibweise:

$$\upsilon_{\text{Rd,s}} = \upsilon_{\text{Rd,cc}} + \upsilon_{\text{Rd,w}} = \frac{V_{\text{Rd,cc}}}{\alpha_{\text{cw}} \cdot v_1 \cdot f_{\text{cd}} \cdot z \cdot b_{\text{w}}} + \frac{V_{\text{Rd,sy}}}{\alpha_{\text{cw}} \cdot v_1 \cdot f_{\text{cd}} \cdot z \cdot b_{\text{w}}} \quad (8.60)$$

$$\upsilon_{\text{Rd,s}} = \upsilon_{\text{Rd,cc}} + \omega_{\text{w}} \cdot \cot\beta_{\text{r}} \quad (8.61)$$

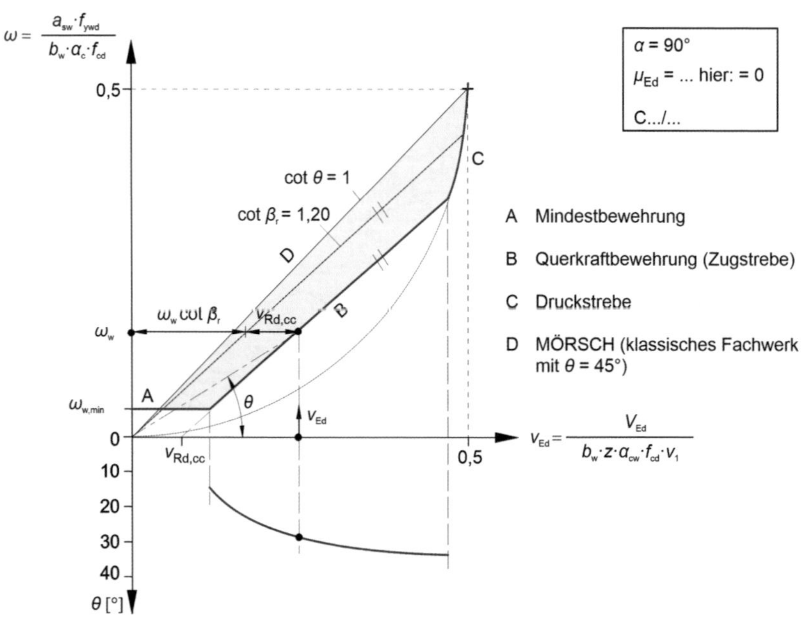

Abb. 8.16 *Prinzipielles Querkraft-Bemessungsdiagramm nach EC 2-1-1*

Man erkennt in **Abb. 8.16** den Anteil aus Rissreibung $\upsilon_{Rd,cc}$ als konstanten Wert sowie den Bewehrungsanteil $\upsilon_{Rd,w}$ als Geradengleichung durch den Ursprung, der bei fehlenden Längskräften die Steigung 40° (cot β_r = 1,2) aufweist. Die Neigung der Druckstreben θ steigt mit zunehmender Beanspruchung. Die Tragfähigkeit der Druckstrebe wird mit Gl. (8.32) in normierter Schreibweise gewonnen. Alle Linien (A, B, C) sind von der Betonfestigkeitsklasse abhängig.

8.5 Anschluss von Druck- und Zuggurt bei Plattenbalken

8.5.1 Fachwerkmodell im Gurt

Bei der Biegebemessung eines Plattenbalkens wurde, wie in Kap. 7.6 beschrieben, die Mitwirkung der Platte berücksichtigt. Dies bedeutet, dass bei veränderlichen Biegemomenten Anteile der Biegedruckkraft F_{cd} (**Abb. 7.19**) in die Platte ausgelagert werden. Da auch diese Teile der Biegedruckkraft mit Teilen der Biegezugkraft in der Zugzone im Gleichgewicht stehen müssen, wird klar, dass der Anschnitt des Gurtes zum Steg durch Schubspannungen beansprucht wird (**Abb. 8.17** unten links). Auch für gezogene Plattenteile mit einer teilweise ausgelagerten Biegezugbewehrung führt eine analoge Betrachtung zu Schubspannungen im Gurtanschnitt. Bei Plattenbalken muss somit hinsichtlich der Querkraftbemessung für den Gurtanschnitt ein zusätzlicher Nachweis erbracht werden.

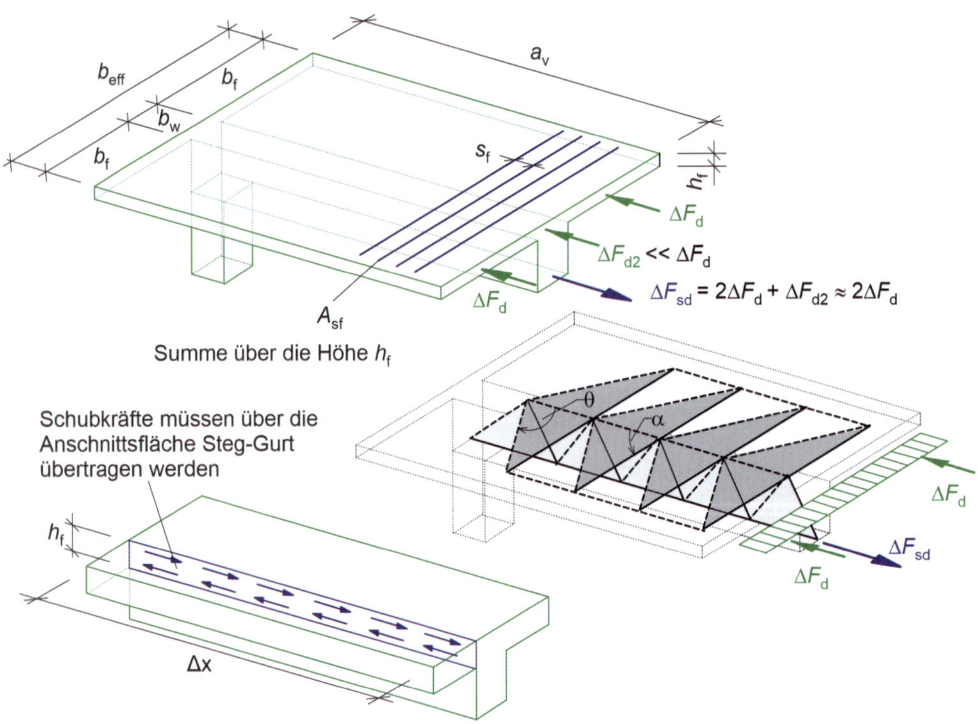

Abb. 8.17 *Fachwerkanalogie in der Platte eines Plattenbalkens und Anschnittsfläche der Schubübertragung zwischen Steg und Gurt*

Als Modell für die Erfassung dieser Beanspruchungen kann wieder das Fachwerkmodell dienen, das nun horizontal in der Plattenmittelfläche liegt (**Abb. 8.17**). Das Zusammenwirken zwischen Steg- und Plattenfachwerk wird in **Abb. 8.17** deutlich: Es entsteht ein räumliches Fachwerk, das für die Bemessung in zwei Ebenen geteilt wird, eine senkrechte für die Stege (→ Kap. 8.4.4) und eine horizontale für die Platte (→ Kap. 8.5.2). Der Nachweis der Verbindung beider Fachwerke wird im Anschnitt der Platte zum Steg geführt. Er erfolgt analog zur Bemessung im Steg durch Vergleich der einwirkenden Querkraft mit der Druckstrebentragfähigkeit und der Tragfähigkeit der Querkraftbewehrung. Zunächst soll die einwirkende Kraft bestimmt werden:

Druckgurte

Beachtet man, dass in Plattenbalken eine Druckbewehrung nicht sinnvoll ist und nimmt an, dass die Betonspannungen näherungsweise konstant sind, kann der Anteil der Biegedruckkraft im Gurt ΔF_d aus der folgenden Beziehung ermittelt werden (**Abb. 8.18** links).

$$\Delta F_{d,tot} = \frac{|\Delta M_{Ed}|}{z} \tag{8.62}$$

$$\Delta F_d \approx \frac{A_{cf}}{A_{cc}} \cdot \Delta F_{d,tot} \tag{8.63}$$

- $\Delta F_{d,tot}$ Veränderung der Biegedruckkraft (bei Zuggurten der Biegezugkraft) zwischen zwei Punkten in Längsrichtung, deren Abstand a_v beträgt
- ΔM_{Ed} Momentendifferenz zwischen zwei Punkten im Abstand a_v
- A_{cf} Fläche eines Gurtteils (Fläche zwischen Anschnitt und Ende der mitwirkenden Breite) (2. Index: flange)
- A_{cc} Gesamte Fläche der Biegedruckzone (2. Index: compression zone)

Zuggurte

Beanspruchungen im Zuggurt treten nur auf, sofern ein Teil der Biegezugbewehrung, bezeichnet mit A_{sf}, aus dem Stegbereich ausgelagert wird (**Abb. 8.18**). Der Anteil der Biegezugkraft im Gurt ΔF_d ergibt sich aus dem Anteil der ausgelagerten Biegezugbewehrung zur gesamten Biegezugbewehrung.

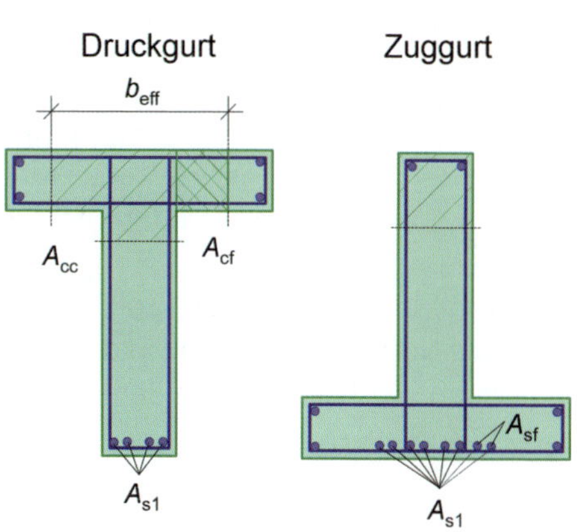

Abb. 8.18 *Bestimmung der anteiligen Gurtkräfte für Druck- bzw. Zuggurt*

$$\Delta F_{d} \approx \frac{A_{sf}}{A_{s1}} \cdot \Delta F_{d,tot} \tag{8.64}$$

A_{sf} Fläche der in einen Gurt ausgelagerten Biegezugbewehrung

A_{s1} Gesamte Biegezugbewehrung

8.5.2 Bemessung von Gurten

Die einwirkende Längsschubkraft V_{Ed} wird ermittelt aus

$$V_{Ed} = \Delta F_{d} \tag{8.65}$$

Die abschnittsweise Betrachtung der Schubkraft über die Länge a_{v} unterstellt eine konstante Schubkraft in diesem Abschnitt. Das trifft exakt nur für eine konstante Querkraft bzw. für einen linear veränderlichen Momentenverlauf zu. Um keine zu großen Abweichungen bei üblicherweise vorhandenen parabelförmigen Momenten zu erhalten, wurde die Abschnittslänge Δx auf den halben Wert zwischen Nullpunkt und Maximum der Parabel festgelegt (EC 2-1-1, 6.2.4(3)). Es werden hierbei die auf die Länge Δx ermittelten Momentenunterschiede verglichen und die größere Momentendifferenz für die weitere Bemessung verwendet. Bei einem Einfeldträger mit Gleichstreckenlast ergäbe sich der Momentenunterschied somit zu $\Delta M_{Ed} = 0{,}75 \cdot M_{max}$ (**Abb. 8.19**). Bei nennenswerten Einzellasten sollten die jeweiligen Abschnittslängen nicht über Querkraftsprünge hinausgehen.

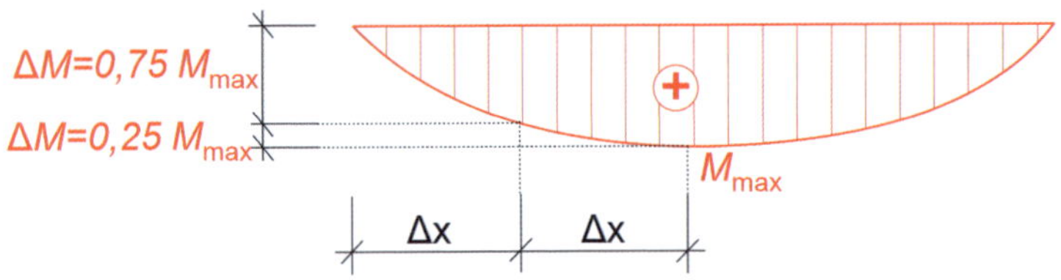

Abb. 8.19 *Ermittlung der Momentendifferenz am Beispiel eines Einfeldträgers*

Der Nachweis der Querkrafttragfähigkeit darf wie in Kap. 8.4.4 geführt werden. Dabei ist anstatt $b_{w} = h_{f}$ und $z = \Delta x$ zu setzen. Der Winkel der Druckstrebenneigung darf mit den vorgenannten Änderungen nach Gl. (8.45) bestimmt werden. Vereinfachend dürfen jedoch folgende Winkel der Druckstrebe im Gurtfachwerk benutzt werden:

Druckgurt: $\cot\theta = 1{,}2 \quad \theta \approx 40°$ (8.66)

Zuggurt: $\cot\theta = 1{,}0 \quad \theta \approx 45°$ (8.67)

Falls der Druckstrebenwinkel rechnerisch mittels Gl. (8.45) bestimmt werden soll, ist bei der Ermittlung der Spannung σ_{cd} zu beachten, dass sich die Normalspannungen in der Platte erst über die Länge Δx bis zur vollen Höhe σ_{max} aufbauen. Deshalb wird die Bemessung für $0{,}5 \cdot \sigma_{max}$ durchgeführt.

Druckstrebe: $\sigma_{cd} = 0{,}5 \cdot \sigma_{max} = 0{,}5 \cdot \frac{\Delta F_{d}}{b_{eff,i} \cdot h_{f}}$ (8.68)

Die Tragfähigkeit der Druckstrebe ergibt sich nach Gl. (8.32), die der Zugstrebe nach Gl. (8.58).

Druckstrebe: $V_{\text{Rd,max}} = \alpha_{\text{cw}} \cdot h_{\text{f}} \cdot \Delta x \cdot v_1 \cdot f_{\text{cd}} \cdot \dfrac{(\cot\theta + \cot\alpha)}{1 + \cot^2\theta}$ (8.69)

Zugstrebe: $a_{\text{sf}} = \dfrac{V_{\text{Ed}}}{\Delta x \cdot f_{\text{ywd}} \cdot \sin\alpha \cdot (\cot\theta + \cot\alpha)}$ (8.70)

Da im Gegensatz zum Querkraftnachweis beim Anschluss der Gurte gemäß EC 2 nicht die einwirkende Kraft mit der zulässigen Kraft, sondern die einwirkende Spannung mit der zulässigen Spannung verglichen wird, muss eine Umrechnung der Gleichungen (8.65), (8.69) und (8.70) in spannungsbasierte Gleichungen erfolgen. Es ergeben sich für die Nachweise somit die Gleichungen (8.71) bis (8.73).

$$v_{\text{Ed}} = \frac{\Delta F_{\text{d}}}{h_{\text{f}} \cdot \Delta x} \quad (8.71)$$

Druckstrebe: $v_{\text{Rd,max}} = \alpha_{\text{cw}} \cdot v_1 \cdot f_{\text{cd}} \cdot \dfrac{(\cot\theta + \cot\alpha)}{1 + \cot^2\theta}$ (8.72)

Zugstrebe: $a_{\text{sf}} = \dfrac{v_{\text{Ed}} \cdot h_{\text{f}}}{f_{\text{ywd}} \cdot \sin\alpha \cdot (\cot\theta + \cot\alpha)}$ (8.73)

Für den praxisüblichen Fall einer rechtwinkligen Bewehrung ($\alpha = 90°;\ \cot 90° = 0$) ergeben sich unter Berücksichtigung der trigonometrischen Beziehung $\sin^2\theta = 1/(1 + \cot^2\theta)$ der Bemessungswert der Betondruckstrebe und die erforderliche Bewehrung gemäß Gleichungen (8.74) und (8.75).

Druckstrebe: $v_{\text{Rd,max}} = v_1 \cdot f_{\text{cd}} \cdot \dfrac{\cot\theta}{1 + \cot^2\theta} \Leftrightarrow v_{\text{Rd,max}} = v_1 \cdot f_{\text{cd}} \cdot \cot\theta \cdot \sin^2\theta$

mit $\cot\theta \cdot \sin^2\theta = \cos\theta \cdot \sin\theta$ gilt

$$v_{\text{Rd,max}} = v_1 \cdot f_{\text{cd}} \cdot \cos\theta \cdot \sin\theta \quad (8.74)$$

Zugstrebe: $a_{\text{sf}} = \dfrac{v_{\text{Ed}} \cdot h_{\text{f}}}{f_{\text{ywd}} \cdot \cot\theta}$ (8.75)

Die Anschlussbewehrung a_{sf} wird üblicherweise senkrecht zum Steg ($\alpha = 90°$) und zweischnittig hälftig auf den oberen und unteren Plattenrand verteilt verlegt. Bei kombinierter Beanspruchung durch Längsschubkräfte am Gurtanschnitt und durch Querbiegung der Platte ist nur der größere Stahlquerschnitt aus beiden Beanspruchungen anzuordnen (keine Superposition der Schub- und der Biegezugbewehrung).

Für monolithisch hergestellte Bauteile, bei denen die Mindestbewehrung der Gurtplatte eingehalten ist, wird keine zusätzliche Bewehrung zur Biegebewehrung erforderlich, falls die Bedingung in Gl. (8.76) eingehalten ist.

$$v_{\text{Ed}} \leq 0{,}4 \cdot f_{\text{ctd}} \quad (8.76)$$

$$f_{\text{ctd}} = 0{,}85 \cdot f_{\text{ctk0,05}}/1{,}5 \quad (8.77)$$

$f_{\text{ctk0,05}}$ gemäß Tafel 2.5

Beispiel 8.6: Anschluss des Druck- und Zuggurtes in der Platte eines Plattenbalkens (Fortsetzung von Beispiel 8.4)

Gegeben:
- Plattenbalken als Durchlaufträger gemäß Skizze in Beispiel 7.14
- Ergebnisse des Beispiels 8.4
- Die Lage der Momentennullpunkte wird näherungsweise abgeschätzt für Feldmomente $l_0 = 0{,}85 \cdot l_{eff}$, für Stützmomente $l_0 = 0{,}15 \cdot \left(l_{eff,1} + l_{eff,2}\right)$
- Biegebemessung (lt. Beispiel 7.15) im Feld 2: 5 Ø16+4 Ø20 ($A_{s,vorh}$ = 22,7 cm²)
- Statische Nutzhöhe d = 0,675 m

Gesucht: Nachweis der Gurte im Feld 2[4]

Lösung:

Feld 2 (positives Moment):

Abstand zwischen Momentenmaximum und Momentennullpunkt

hier: $x_{Mmax} = \dfrac{350}{1{,}35 \cdot 62{,}3 + 1{,}50 \cdot 12{,}4} = 3{,}41\,\text{m}$

$x_{Mmax} = \dfrac{F_{sup}}{q} = \dfrac{V_C}{g_d + q_d}$

$\Delta x \approx \dfrac{3{,}41}{2} = 1{,}70\,\text{m}$

$\Delta x \approx \dfrac{x_{Mmax}}{2}$

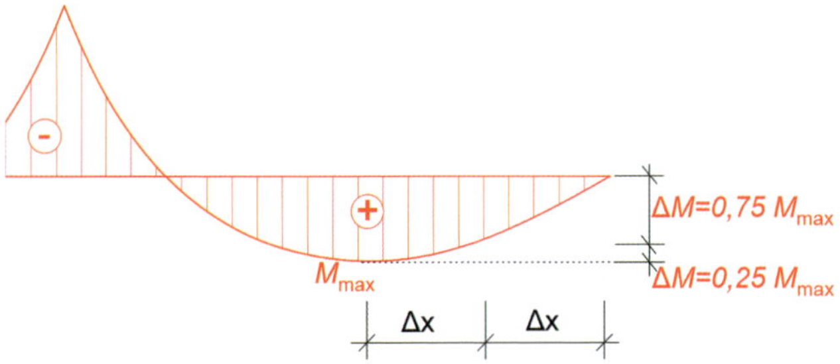

$\Delta M = 0{,}75 \cdot 597 = 447\,\text{kNm}$

$\Delta M = 0{,}75 \cdot M_{max}$

Mit $M_{max} = M_2 = 597\,\text{kNm}$ (Beispiel 7.15)

$\zeta = 0{,}976;\ \xi = 0{,}066$

→ Beispiel 7.15

$z = 0{,}976 \cdot 0{,}675 = 0{,}659\,\text{m}$

(7.45): $z = \zeta \cdot d$

$x = 0{,}066 \cdot 67{,}5 = 4{,}5\,\text{cm}$

(7.24): $x = \xi \cdot d$

4 Der Nachweis müsste bei einer vollständigen Bemessung ebenfalls im Feld 1 und über der Innenstütze geführt werden.

Anschluss Druckgurt (oben):

$\Delta F_{d,tot} = \frac{447}{0{,}659} = 678\,\text{kN}$ — (8.62): $\Delta F_{d,tot} = \frac{|\Delta M_{Ed}|}{z}$

$b_{eff,2} = 1{,}446\,\text{m} > b_{eff,1}$ — Nachweis für ungünstigere Seite (→ Beispiel 7.14)

$b_{eff} = 3{,}07\,\text{m}$

$A_{cf} = 1{,}446 \cdot 0{,}045 = 0{,}0651\,\text{m}^2$ — hier: $A_{cf} = b_{eff,i} \cdot x$

$A_{cc} = 3{,}07 \cdot 0{,}045 = 0{,}138\,\text{m}^2$ — hier: $A_{cc} = b_{eff} \cdot x$

$\Delta F_d = \frac{0{,}0651}{0{,}138} \cdot 678 = 320\,\text{kN}$ — (8.63): $\Delta F_d \approx \frac{A_{cf}}{A_{cc}} \cdot \Delta F_{d,tot}$

$v_{Ed} = \frac{320}{0{,}22 \cdot 1{,}70} = 855{,}6\,\text{kN/m}^2$ — (8.71): $v_{Ed} = \frac{\Delta F_d}{h_f \cdot \Delta x}$

$f_{ctd} = 0{,}85 \cdot 1{,}5/1{,}5 = 0{,}85$ — (8.77): $f_{ctd} = 0{,}85 \cdot f_{ctk0,05}/1{,}5$

$v_{Ed} = 855{,}6\,\text{kN/m}^2 \leq 0{,}4 \cdot 0{,}85 \cdot 10^3 = 340\,\text{kN/m}^2$ — (8.76): $v_{Ed} \leq 0{,}4 \cdot f_{ctd}$

Anschlussbewehrung erforderlich.

$\cot\theta = 1{,}2$ — (8.66): $\cot\theta = 1{,}2$

$v_{Rd,max} = 0{,}75 \cdot 11{,}3 \cdot \cos 40° \cdot \sin 40° = 4{,}173\,\text{MN/m}^2$ — (8.74): $v_{Rd,max} = v_1 \cdot f_{cd} \cdot \cos\theta \cdot \sin\theta$

$v_{Ed} = 855{,}6\,\text{kN/m}^2 < 4173\,\text{kN/m}^2 = v_{Rd,max}$ — (8.57): $v_{Ed} \leq v_{Rd,max}$

$a_{sf} = \frac{855{,}6 \cdot 0{,}22}{435 \cdot 1{,}2} \cdot 10 = 3{,}6\,\text{cm}^2/\text{m}$ — (8.75): $a_{sf} = \frac{v_{Ed} \cdot h_f}{f_{ywd} \cdot \cot\theta}$

Es ist zu überprüfen, ob die über den Unterzug durchlaufende Deckenbewehrung größer als die zuvor berechnete ist, ansonsten ist sie entsprechend zu vergrößern. Hier soll eine Bewehrung Ø6-15 jeweils oben und unten vorliegen (sinnvoll mit Betonstahlmatten R377A → Teil 2, Kap. 1).

$a_{sw,vorh} = 2 \cdot 0{,}283 \cdot \frac{100}{15} = 3{,}77\,\text{cm}^2/\text{m}$ — (8.59): $a_{sw,vorh} = n \cdot A_{s,ø} \cdot \frac{l_B}{s_w}$

$a_{s,vorh} = 3{,}77\,\text{cm}^2/\text{m} > 3{,}6\,\text{cm}^2/\text{m} = a_{s,erf}$ — (7.62): $A_{s,vorh} \geq A_{s,erf}$

$\frac{855{,}6}{4173} = 0{,}205 < 0{,}30$ — $v_{Ed}/v_{Rd,max} \leq 0{,}30$

$s_{max} = 0{,}7 \cdot 720 = 504\,\text{mm} > \underline{300\,\text{mm}}$ — **Tafel 8.1**: $s_{max} = 0{,}7 \cdot h \leq 300\,\text{mm}$

$s_l = 15\,\text{cm} < 30\,\text{cm} = s_{l,max}$ — (8.50): $s_l \leq s_{l,max}$

$\rho = 0{,}0007$ — **Tafel 8.2**: C20

$\rho_{w,min} = 1{,}0 \cdot 0{,}0007 = 0{,}0007$ — (8.55): $\rho_{w,min} = 1{,}0\rho$

$a_{sw,min} = 0{,}0007 \cdot 22 \cdot 10^2 = 1{,}54\,\text{cm}^2/\text{m} <$
$a_{sw} = 3{,}77\,\text{cm}^2/\text{m}$ — (8.53): $a_{sw,min} \geq \rho_{w,min} \cdot b_w \cdot \sin\alpha$

Zuggurt (unten):

Von der Biegezugbewehrung 5 ∅16 + 4 ∅20 (→ Beispiel 7.15) liegen 5 Stäbe im Steg und 2·2 Stäbe ∅16 in den Flanschen.

$\Delta F_{\mathrm{d}} \approx \frac{2 \cdot 2{,}0}{22{,}7} \cdot 678 = 119\,\mathrm{kN}$ — (8.64): $\Delta F_{\mathrm{d}} \approx \frac{A_{\mathrm{sf}}}{A_{\mathrm{sl}}} \cdot \Delta F_{\mathrm{d,tot}}$

$v_{\mathrm{Ed}} = \frac{119}{0{,}15 \cdot 1{,}70} = 466{,}7\,\mathrm{kN/m^2}$ — (8.71): $v_{\mathrm{Ed}} = \frac{\Delta F_{\mathrm{d}}}{h_{\mathrm{f}} \cdot \Delta x}$

$v_{\mathrm{Ed}} = 466{,}7\,\mathrm{kN/m^2} \leq 0{,}4 \cdot 0{,}85 \cdot 10^3 = 340\,\mathrm{kN/m^2}$ — $v_{\mathrm{Ed}} \leq 0{,}4 \cdot f_{\mathrm{ctd}}$

Anschlussbewehrung erforderlich.

$\cot\theta = 1{,}0$ — (8.67): $\cot\theta = 1{,}0$

$v_{\mathrm{Rd,max}} = 0{,}75 \cdot 11{,}3 \cdot \cos 45° \cdot \sin 45° = 4{,}238\,\mathrm{MN/m^2}$ — (8.74): $v_{\mathrm{Rd,max}} = v_1 \cdot f_{\mathrm{cd}} \cdot \cos\theta \cdot \sin\theta$

$v_{\mathrm{Ed}} = 466{,}7\,\mathrm{kN/m^2} < 4238\,\mathrm{kN/m^2} = v_{\mathrm{Rd,max}}$ — (8.57): $v_{\mathrm{Ed}} \leq v_{\mathrm{Rd,max}}$

$a_{\mathrm{sf}} = \frac{466{,}7 \cdot 0{,}15}{435 \cdot 1{,}0} \cdot 10 = 1{,}61\,\mathrm{cm^2/m}$ — (8.75): $a_{\mathrm{sf}} = \frac{v_{\mathrm{Ed}} \cdot h_{\mathrm{f}}}{f_{\mathrm{ywd}} \cdot \cot\theta}$

gew: Bü ∅6-25 2-schnittig

$a_{\mathrm{sw,vorh}} = 2 \cdot 0{,}283 \cdot \frac{100}{25} = 2{,}26\,\mathrm{cm^2/m}$ — (8.59): $a_{\mathrm{sw,vorh}} = n \cdot A_{\mathrm{s,ø}} \cdot \frac{l_{\mathrm{B}}}{s_{\mathrm{w}}}$

$a_{\mathrm{s,vorh}} = 2{,}26\,\mathrm{cm^2/m} > 1{,}61\,\mathrm{cm^2/m} = a_{\mathrm{s,erf}}$ — (7.62): $A_{\mathrm{s,vorh}} \geq A_{\mathrm{s,erf}}$

$\frac{466{,}7}{4238} = 0{,}11 < 0{,}30$ — $v_{\mathrm{Ed}} / v_{\mathrm{Rd,max}} \leq 0{,}30$

$s_{\mathrm{max}} = 0{,}7 \cdot 720 = 504\,\mathrm{mm} > \underline{300\,\mathrm{mm}}$ — **Tafel 8.1**: $s_{\mathrm{max}} = 0{,}7 \cdot h \leq 300\,\mathrm{mm}$

$s_1 = 25\,\mathrm{cm} < 30\,\mathrm{cm} = s_{\mathrm{l,max}}$ — (8.50): $s_1 \leq s_{\mathrm{l,max}}$

$a_{\mathrm{sw,min}} = 0{,}0007 \cdot 15 \cdot 10^2 = 1{,}05\,\mathrm{cm^2/m} < a_{\mathrm{sw}} = 2{,}26\,\mathrm{cm^2/m}$ — (8.53): $a_{\mathrm{sw,min}} \geq \rho_{\mathrm{w,min}} \cdot b_{\mathrm{w}} \cdot \sin\alpha$

(Fortsetzung mit Beispiel 8.9)

8.6 Öffnungen in Balken

8.6.1 Kleine Öffnungen

Öffnungen in Balkenstegen werden im Hochbau bei kreuzenden Installationen benötigt. Bei Rohren werden sie rund ausgebildet (gleichzeitig die statisch günstigere Form), bei (Leitungs- und Lüftungs-) Kanälen rechteckig. Hinsichtlich der Bemessung sind kleine von großen Öffnungen zu unterscheiden. Eine kleine Öffnung liegt dann vor, wenn die direkte Ausbildung der Druckstreben des Fachwerkmodells noch möglich ist (**Abb. 8.20**).

Da ein Fachwerkmodell weiterhin möglich ist, verändert sich die Bemessung nicht grundsätzlich gegenüber derjenigen in Kap. 8.4.1. Gegenüber **Abb. 8.12** vermindert sich jedoch die Fläche der Druckstrebe durch die Öffnungsgeometrie und damit der Bauteilwiderstand. Sofern möglich, sollten die Öffnungen daher nicht an Stellen der extremalen Querkraft angeordnet werden.

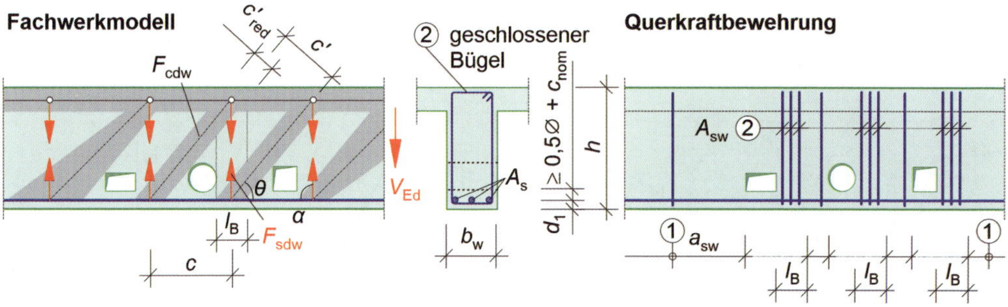

Abb. 8.20 *Adaptiertes Fachwerkmodell für kleine Öffnungen mit Bewehrungsführung*

Sofern nur eine kleine Öffnung vorhanden ist und die Öffnung nicht im Auflagerbereich liegt, kann auf die nachfolgend gezeigte Bemessung des Störbereichs verzichtet werden. Die vor und hinter der Öffnung zur Verfügung stehenden Stegbereiche können die Druckstrebentragfähigkeit weiterhin gewährleisten. Die im Bereich der Öffnung nicht möglichen (ein bis zwei) Bügel werden neben die Öffnung (in Gegenrichtung zum Momentennullpunkt) verschoben und dort konzentriert angeordnet.

Bei mehreren Öffnungen hintereinander kann eine Zusatzbemessung für die Druck- und Zugstreben erfolgen. Die Druckstrebentragfähigkeit wird folgendermaßen gegenüber Gl. (8.28) reduziert:

$$V_{\text{Rd,max,red}} = F_{\text{cdw}} \cdot \sin\theta = \alpha_{\text{cw}} \cdot v_1 \cdot f_{\text{cd}} \cdot b_{\text{w}} \cdot c'_{\text{red}} \cdot \sin\theta \qquad (8.78)$$

$$V_{\text{Rd,max,red}} \approx V_{\text{Rd,max}} \cdot \frac{c'_{\text{red}}}{c'} \qquad (8.79)$$

Bei einer praktischen Bemessung ist die erforderliche Länge l_B für die konzentriert einzubauenden Zusatzbügel Pos. 2 (**Abb. 8.20**) zunächst zu schätzen, hierfür ergibt sich die Druckstrebenhöhe c'_{red} rein geometrisch.

Die Grundbewehrung der Querkraftbemessung (Pos. 1 in **Abb. 8.20**) wird außerhalb der Öffnungen und zwischen den Öffnungen außerhalb der eigentlichen Druckstrebe angeordnet. Für die Zusatzbewehrung sollte auf die Abminderung des Fachwerkmodells mit Rissreibung verzichtet werden. Die erforderliche Bewehrung ist dann für die volle Querkraft zu bemessen.

$$A_{\text{s}} = \frac{V_{\text{Ed}}}{f_{\text{ywd}} \cdot \sin\alpha} \qquad (8.80)$$

8.6.2 Große Öffnungen

Bei großen Öffnungen kann sich nicht mehr ein Fachwerkmodell mit direkten Druckstreben zwischen Ober- und Untergurt ausbilden. Die maximal mögliche Öffnungsgröße kann direkt aus dem Fachwerkmodell ermittelt werden (**Abb. 8.21**).

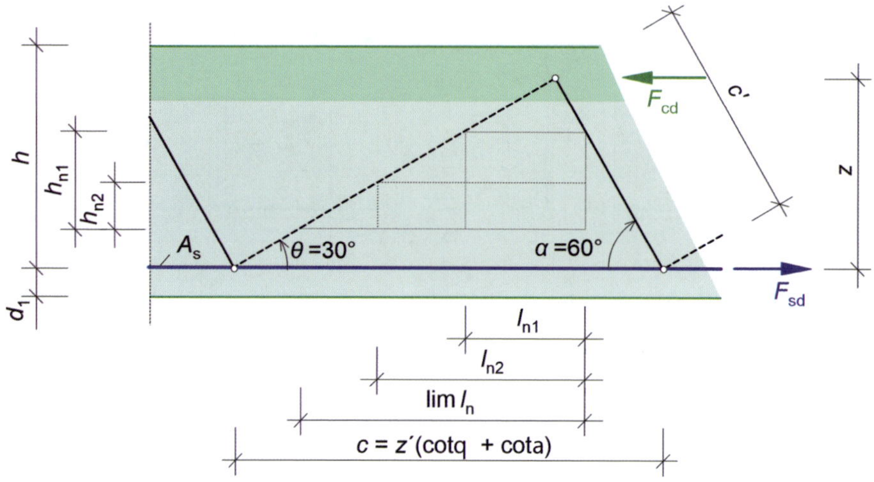

Abb. 8.21 *Grenzabmessung zwischen kleinen und großen Öffnungen*

$$\lim l_{\text{n}} = \frac{z - h_{\text{n}} - d_1}{z} \cdot c = \left(z - h_{\text{n}} - d_1\right) \cdot (\cot\theta + \cot\alpha)$$

$$\lim l_{\text{n}} \approx \left(0{,}9^2 \cdot h - h_{\text{n}} - 0{,}1\,h\right) \cdot (\cot 30 + \cot 60) \approx 1{,}5\,h - 2{,}3\,h_{\text{n}} \tag{8.81}$$

Bei großen Öffnungen bildet sich in beiden Riegeln jeweils ein Fachwerk, das die Kräfte überträgt. Die Modellierung dieser Kräfte ist mit einem „Stabwerkmodell" (→ Teil 2, Kap. 14) möglich. Das Stabwerkmodell für große Aussparungen wird von [Schlaich/Schäfer – 01] und [Schnellenbach-Held/Ehmann – 02] beschrieben.

8.7 Schubkräfte in Arbeitsfugen

8.7.1 Anwendungsbereiche

Bauteile können aus arbeitstechnischen Gründen (z.B. Betonierfugen) geteilt werden. Die hierdurch entstehende Arbeitsfuge (construction joint) kann senkrecht (allgemein: geneigt) oder parallel zur Systemachse geführt werden.

Für den Fall, dass Fugen senkrecht zur Systemachse vorliegen, ist der Nachweis entsprechend Kap. 8.3 bzw. 8.4 durchzuführen, wobei ergänzende Regelungen des [DAfStb Heft 600 – 20] zu beachten sind. Bei querkraftbewehrten Bauteilen wird die Tragfähigkeit der Zugstrebe vermindert, da ein Riss innerhalb der Arbeitsfuge wahrscheinlich ist.

Die weiteren Erläuterungen in diesem Abschnitt gelten für Fugen parallel zur Systemachse. Dies ist insbesondere bei Verwendung von Fertigteilen oder Halbfertigteilen (z. B. Elementplatten) erforderlich (**Abb. 8.22**), die durch Ortbeton verbunden oder ergänzt werden. Als Folge entsteht eine Kontaktfuge, über die Schubspannungen bzw. als Integral Schubkräfte zu übertragen sind. Für derartige Arbeitsfugen sind hinsichtlich der Querkraftbemessung zusätzliche Nachweise zu den in Kap 8.3 bis Kap. 8.5 erläuterten Nachweisen erforderlich. Der Nachweis erfolgt über:

$$v_{Ed} \leq v_{Rdj} \tag{8.82}$$

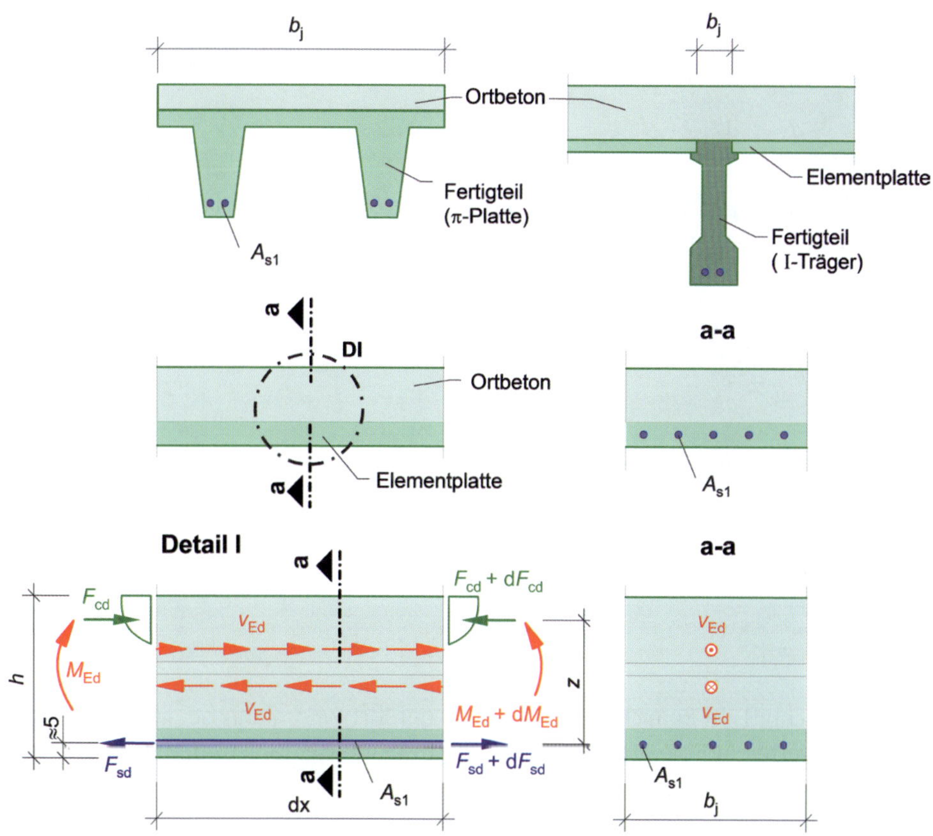

Abb. 8.22 *Kontaktfugen (joint) bei Ortbetonergänzungen und Kraftanteile*

8.7.2 Einwirkende Schubkraft

In der Arbeitsfuge wirkt die Schubkraft v_{Ed}:

$$v_{Ed} = \tau_{Ed} \cdot b_j \tag{8.83}$$

τ_{Ed} Bemessungsspannung in der Arbeitsfuge

b_j Bauteilbreite in der Arbeitsfuge (construction joint)

Sie kann durch Gleichgewicht am Element (**Abb. 8.22**, Detail I) ermittelt werden, wobei zunächst angenommen wird, dass die freigeschnittenen Schubkräfte v_{Ed} in der Zugzone liegen.

$$\sum H = 0: \quad F_{cd} + v_{Ed} \cdot dx - \left(F_{cd} + \mathrm{d}F_{cd}\right) = 0$$

$$v_{Ed} \cdot dx = \mathrm{d}F_{cd} \tag{8.84}$$

Die Identitätsbedingung zwischen inneren und äußeren Schnittgrößen liefert für den rechten und den linken Rand sowie für die Differenz zwischen linkem und rechtem Rand:

$$\begin{aligned} M_{Ed} &= F_{cd} \cdot z \\ M_{Ed} + \mathrm{d}M_{Ed} &= \left(F_{cd} + \mathrm{d}F_{cd}\right) \cdot z \\ \hline \mathrm{d}M_{Ed} &= \mathrm{d}F_{cd} \cdot z \end{aligned}$$

Sofern hier Gl. (8.84) eingesetzt wird und weiterhin beachtet wird, dass die 1. Ableitung des Momentes die Querkraft ist, ergibt sich:

$$\frac{\mathrm{d}M_{Ed}}{dx} = V_{Ed} = v_{Ed} \cdot z$$

$$v_{Ed} = \frac{V_{Ed}}{z} \tag{8.85}$$

Wenn der Rundschnitt im Bereich der Druckzone geführt wird, kann bei linearer Betondruckspannungsverteilung die anteilige Schubkraft aus dem Strahlensatz bestimmt werden.

$$\frac{v_{Edj}}{F_{cdj}} = \frac{v_{Ed}}{F_{cd}}$$

$$v_{Edj} = \frac{F_{cdj}}{F_{cd}} \cdot v_{Ed} = \frac{F_{cdj}}{F_{cd}} \cdot \frac{V_{Ed}}{z} \tag{8.86}$$

F_{cdj} anteilige Biegedruckkraft in der Kontaktfuge

Der Bauteilwiderstand besteht aus einem Betontraganteil und einem Bewehrungsanteil (**Abb. 8.23**). Der Betontraganteil setzt sich aus einem Kornverzahnungsanteil (Index adh) und einem Reibanteil infolge einer Normalkraft in der Rissfläche (Index fr) zusammen.

Nach der Modellvorstellung besteht der Schubwiderstand bei Anordnung einer die Fuge kreuzenden Bewehrung zusätzlich aus dem Bewehrungsanteil (Index s)

$$\tau(w) = \tau_{adh}(w) + \tau_{fr}(w) + \tau_s(w) \tag{8.87}$$

w Verschiebung der Rissufer

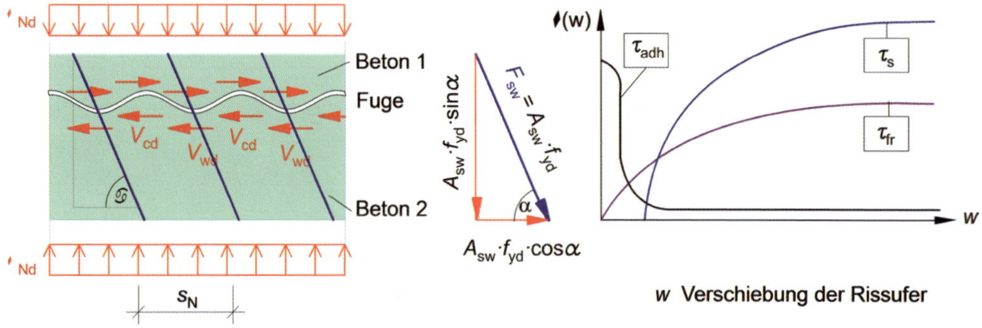

Abb. 8.23 *Kontaktfugen bei Ortbetonergänzungen und Kraftanteile*

Nebenbetrachtung:

Gl. (8.83) und Gl. (8.85) gelten nicht nur in Arbeitsfugen, sondern allgemein in der Zugzone von Stahlbetonbalken. Wenn diese Gleichungen gleichgesetzt werden und anstatt b_j die kleinste Breite der Zugzone b_w eingesetzt wird, ergibt sich:

$$\tau_{Ed} = \frac{V_{Ed}}{b_w \cdot z} \tag{8.88}$$

Diese Gleichung gibt den Bemessungswert der Schubspannung infolge Querkraft an und diente in früheren Normen (z. B: [DIN 1045 – 88]) als Nachweisgleichung der Querkraftbemessung.

8.7.3 Bauteilwiderstand in Kontaktfugen

In EC 2-1-1 wird bei den Formeln zur Ermittlung der Fugentragfähigkeit keine Unterscheidung zwischen unbewehrten und bewehrten Fugen vorgenommen.

Die Bemessungsgleichung zur Ermittlung der Fugentragfähigkeit lautet:

$$v_{\text{Edi}} \leq v_{\text{Rdi}} \tag{8.89}$$

$$v_{\text{Edi}} = \beta \cdot V_{\text{Ed}} / (z \cdot b_{\text{i}}) \tag{8.90}$$

β Verhältniswert Normalkraft in der Betonergänzung / Gesamtnormalkraft in der Druckzone

b_i Breite der Fugenkontaktfläche

$$v_{\text{Rdi}} = v_{\text{Rdi,c}} + v_{\text{Rdi,s}} \leq v_{\text{Rdi,max}} \tag{8.91}$$

$$v_{\text{Rdi}} = (c \cdot f_{\text{ctd}} + \mu \cdot \sigma_{\text{n}}) + \rho \cdot f_{\text{yd}} \cdot (1{,}2 \cdot \mu \cdot \sin\alpha + \cos\alpha) \leq 0{,}5 \cdot v \cdot f_{\text{cd}} \tag{8.92}$$

μ Reibbeiwert nach **Tafel 8.3**

c Rauigkeitsbeiwert nach **Tafel 8.3**

σ_n Spannung infolge einer äußeren Kraft senkrecht zur Fugenfläche (Druckspannung positiv einsetzen); Ist σ_n eine Zugspannung, ist in der Regel $c \cdot f_{\text{ctd}}$ mit 0 anzusetzen

$$|\sigma_{\text{n}}| \leq 0{,}6 f_{\text{cd}}$$

ρ $\rho = A_s/A_i$

A_s Querschnittsfläche der die Fuge kreuzenden Bewehrung mit ausreichender Verankerung auf beiden Seiten der Fuge

A_i Fläche der Fuge, über die Schub übertragen wird

f_{ctd} Bemessungswert der Betonzugfestigkeit in den Betonierabschnitten, der kleinere Wert ist maßgebend.

$$f_{\text{ctd}} = \alpha_{\text{ct}} \cdot \frac{f_{\text{ctk;0,05}}}{\gamma_{\text{c}}}$$

α Neigungswinkel der Verbundbewehrung

v Festigkeitsabminderungswert nach **Tafel 8.3**

Oberflächenbeschaffenheit		c	μ	ν
Verzahnt:	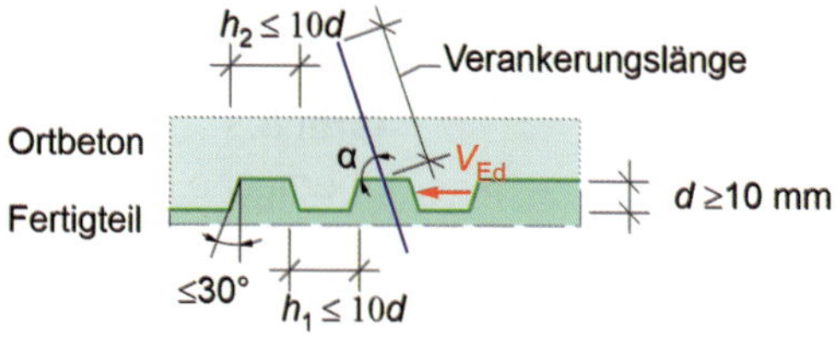 EC 2-1-1/NA: $0{,}8 < h_1/h_2 \leq 1{,}25$ Alternative zur oben gezeigten Fugen-ausbildung: $d_g \geq 16$mm und Gesteinskörnung mittels Hochdruckwasserstrahlen mindestens 6 mm freilegen	0,50	0,9	0,70
Rau:	muss ein noch festzustellendes Rauigkeits-kriterium erfüllen; z.B. nach Verdichten mit Rechen aufgeraut	0,40 a)	0,7	0,50
Glatt:	nach dem Verdichten ohne weitere Behand-lung oder abgezogen oder im Extruderver-fahren hergestellt	0,20 a)	0,6	0,20
Sehr glatt:	gegen eine Stahl- oder Holzschalung beto-niert	0	0,5	0 b)

Tafel 8.3 *Beiwerte zur Oberflächenbeschaffenheit (EC 2-1-1, 6.2.5)*

Beispiel 8.7: Querkraftbemessung einer Elementplatte (Fortsetzung von Beispiel 8.2)

Gegeben:
- Tragwerk lt. Skizze Beispiel 8.2
- Platte besteht in den unteren 5 cm aus einem Halbfertigteil (C40/50).
- Es handelt sich um eine rau ausgeführte Fuge.

Gesucht: Nachweis der Arbeitsfuge zwischen Fertigteil und Ortbeton (C30/37).

Lösung:

Innenstütze:

$x = 0{,}078 \cdot 17{,}5 = 1{,}4\,\text{cm} < 5\,\text{cm}$

Nulllinie liegt noch im Halbfertigteil.
$\rightarrow \beta = 1{,}0$

Maximal beanspruchter Bereich

(7.24): $x = \xi \cdot d$

Negatives Biegemoment!

$\beta = \dfrac{F_{cdi}}{F_{cd}}$

$b_i = 1{,}00$ m

(flächiges Bauteil)

$z \approx 0{,}9 \cdot 0{,}175 = 0{,}158\,\text{m}$

$v_{\text{Edi}} = 1{,}0 \cdot \dfrac{0{,}0395}{0{,}158 \cdot 1{,}0} = 0{,}250\,\text{MN/m}^2$

(8.90): $v_{\text{Edi}} = \beta \cdot \dfrac{V_{\text{Ed}}}{z \cdot b_{\text{i}}}$

$c = 0{,}4;\ \mu = 0{,}7\ ;v = 0{,}5$

Tafel 8.3:
Oberfläche der Elementplatten: rau

Maßgebend ist die geringere Betonfestigkeitsklasse, also die des Ortbetons (C30/37):

$f_{\text{ctd}} = \alpha_{\text{ct}} \cdot \dfrac{f_{\text{ctk;0,05}}}{\gamma_{\text{c}}}$

$f_{\text{ctk;0,05}}$ Aus Tafel 2.5

$f_{\text{ctd}} = 0{,}85 \cdot \dfrac{2{,}0}{1{,}5} = 1{,}13\ \text{MN/m}^2$

$v_{\text{Rdi}} = 0{,}40 \cdot 1{,}13 + 0{,}70 \cdot 0 + 0 = \underline{0{,}452}\,\text{MN/m}^2$
$\leq 0{,}5 \cdot 0{,}5 \cdot 17{,}0 = 4{,}25\ \text{MN/m}^2$

(8.92):
$v_{\text{Rdi}} = (c \cdot f_{\text{ctd}} + \mu \cdot \sigma_{\text{n}}) +$
$\rho \cdot f_{\text{yd}} \cdot (1{,}2 \cdot \mu \cdot \sin\alpha + \cos\alpha)$
$\leq 0{,}5 \cdot v \cdot f_{\text{cd}}$

$v_{\text{Ed}} = 0{,}250\ \text{MN/m}^2 < 0{,}452\text{MN/m}^2 = v_{\text{Rdi,}}$

(8.89): $v_{\text{Ed}} \leq v_{\text{Rdi}}$

Eine Verbundbewehrung ist aus statischer Sicht nicht erforderlich.

8.8 Querkraftdeckung

8.8.1 Allgemeines

Querkraftverläufe haben ihr für die Bemessung maßgebendes Maximum in der Nähe der Auflager. Wenn die Querkraftbewehrung für diese extremale Querkraft bemessen und in gleichbleibender Größe in das gesamte Bauteil eingelegt wird, so ist in den weniger beanspruchten Bereichen zu viel Bewehrung vorhanden. Mit der Zielvorgabe einer möglichst einfachen Ausführbarkeit ist dies die übliche Methode.

Sofern die Bemessung für Querkräfte nicht nur an der Stelle der maßgebenden Querkraft (eines Querkraftbereichs gleichen Vorzeichens) durchgeführt wird, sondern zusätzlich in weiteren gewählten Schnitten entlang der Bauteillängsrichtung, erhält man einen Verlauf für die erforderliche Bewehrung. Sie kann somit in Bauteillängsrichtung gestaffelt werden. Diesen Vorgang, der zu einem geringeren Stahlbedarf führt, nennt man „Querkraftdeckung".

8.8.2 Querkraftbewehrung aus senkrecht stehender Bewehrung

Die Querkraftdeckung erfolgt in zwei Schritten:

1. Zunächst wird an der Stelle der maßgebenden Querkraft die maximal erforderliche Querkraftbewehrung bestimmt (Querkraftbemessung → Kap. 8.4.4).
2. Dann wird eine (beliebige) kleinere Querkraftbewehrung gewählt (die Bügel werden z.B. in größerem Abstand angeordnet). Die durch diese Querkraftbewehrung aufnehmbare Querkraft wird mit Gl. (8.38) ermittelt. Diese Bewehrung wird an allen Stellen

   $V_{Ed} \leq V_{Rd,sy}$ angeordnet (**Abb. 8.24**).

Statisch unbestimmte Tragwerke haben die Möglichkeit, Schnittgrößen umzulagern. Dies gilt auch für Fachwerke. Die Druckstrebenneigungen passen sich so an, dass die vorhandene Querkraftbewehrung genutzt wird. Daher darf in kleinen Bereichen die erforderliche Bewehrung unterschritten werden, wenn dafür an anderer Stelle zu viel Bewehrung vorhanden ist. Dieser Vorgang wird mit „Einschneiden" bezeichnet (**Abb. 8.24**); er führt zu einer besonders wirtschaftlichen Bewehrung. Das Einschneiden ist möglich, sofern zwei Bedingungen erfüllt werden:

- Ein Querkraftgleichgewicht muss möglich sein, d. h., die zum Kraftausgleich zur Verfügung stehende Auftragsfläche A_A muss innerhalb der zulässigen Einschnittslänge mindestens so groß sein wie die Einschnittsfläche A_E.

  $$A_A \geq A_E \tag{8.93}$$

- Die Einschnittslänge l_E und die Auftragslänge l_A sind begrenzt, damit sich ein Fachwerk nach der Fachwerkanalogie ausbilden kann.

  $$\left.\begin{matrix} l_E \\ l_A \end{matrix}\right\} \leq 0{,}5 \cdot d \tag{8.94}$$

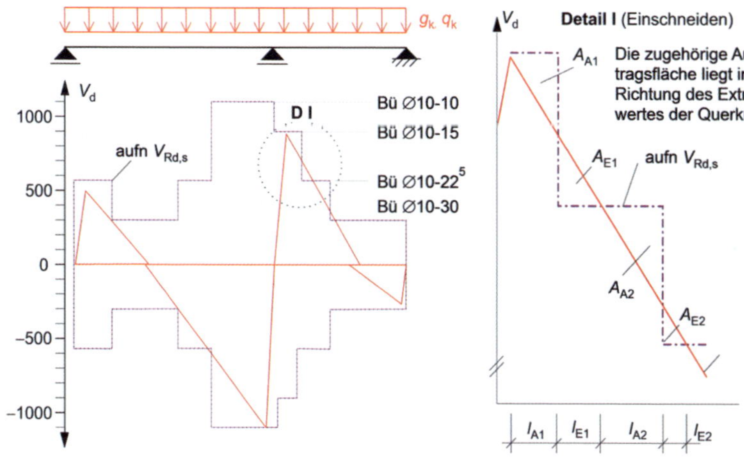

Abb. 8.24 *Querkraftdeckung und Einschneiden in die Querkraftlinie*

Beispiel 8.8: Querkraftdeckung unter Benutzung des Einschneidens

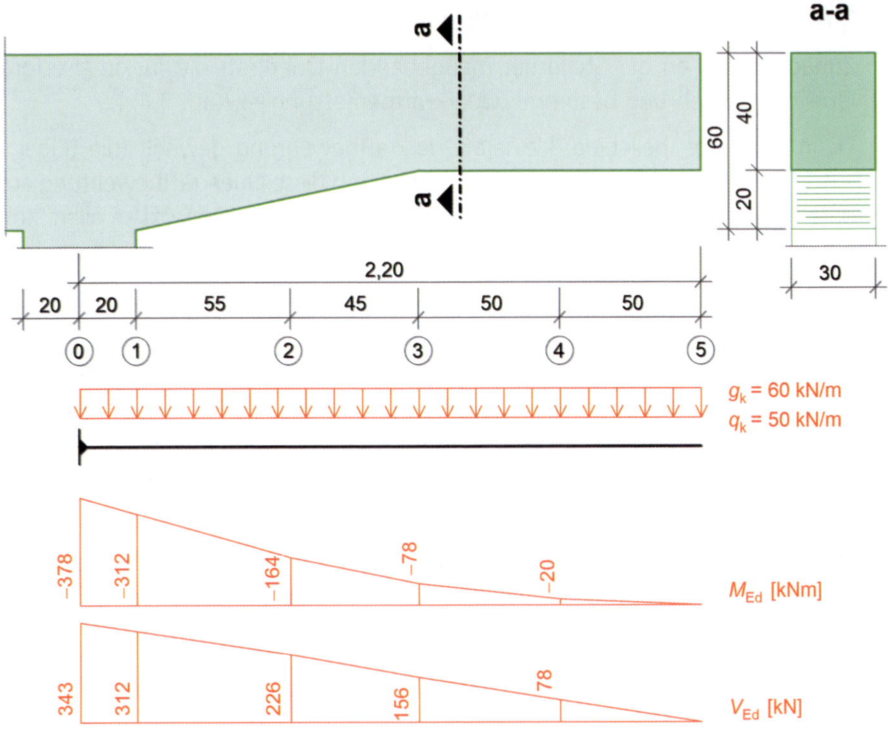

Zeichnungsteil der Lösung

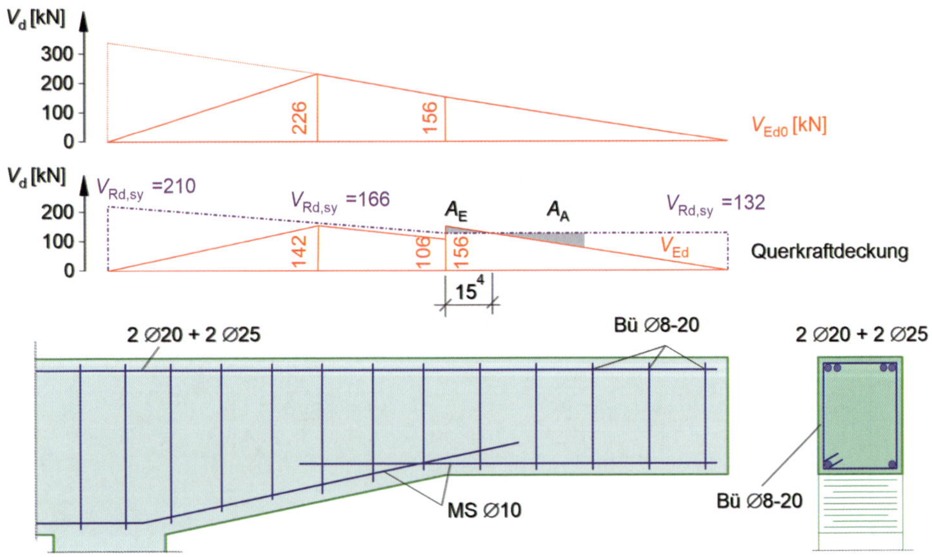

Gegeben:
- Tragwerk im Hochbau lt. Skizze
- C20/25; B500B
- Grenzwert der Druckzonenhöhe $\xi = 0{,}45$

Gesucht:
- Erforderliche Biegezugbewehrung
- Querkraftbemessung mit Bügeln und Querkraftdeckung

Lösung:

Biegebemessung:

$|\Delta M| = |343| \cdot \frac{0{,}4}{2} = 69\,\text{kNm}$

(7.17): $\Delta M = \min\begin{cases} \left|V_{\text{Ed,li}}\right| \cdot \frac{t}{2} \\ \left|V_{\text{Ed,re}}\right| \cdot \frac{t}{2} \end{cases}$

$\left|M_{\text{Ed}}\right| = |378| - |69| = 309\,\text{kNm}\{\approx 312\,\text{kNm}\}$

(7.15): $M_{\text{Ed}} = \left|M_{\text{el}}\right| - |\Delta M|$

Das Moment $M_{\text{Ed}} = 309\,\text{kNm}$ weicht von dem tatsächlichen Moment von $M_{\text{Ed}} = 312\,\text{kNm}$ ab, da man bei der Berechnung von ΔM_{Ed} von einer konstanten Querkraft von $343\,\text{kN}$ ausgegangen ist.

$M_{\text{Eds}} = |309| - 0 = 309\,\text{kNm}$

(7.5): $M_{\text{Eds}} = \left|M_{\text{Ed}}\right| - N_{\text{Ed}} \cdot z_{\text{s}}$

$d_{\text{est}} = 60 - 3{,}5 - 1{,}0 - \frac{2{,}5}{2} = 54{,}2\,\text{cm} \approx 54\,\text{cm}$

(7.8): $d_{\text{est}} = h - (4 \text{ bis } 10)$

$f_{\text{cd}} = \frac{0{,}85 \cdot 20}{1{,}5} = 11{,}3\,\text{N/mm}^2$

(2.17): $f_{\text{cd}} = \frac{\alpha_{\text{cc}} \cdot f_{\text{ck}}}{\gamma_{\text{c}}}$

$\mu_{\text{Eds}} = \frac{0{,}309}{0{,}30 \cdot 0{,}54^2 \cdot 11{,}3} = 0{,}312 > 0{,}296$

(7.21): $\mu_{\text{Eds}} = \frac{M_{\text{Eds}}}{b \cdot d^2 \cdot f_{\text{cd}}}$

$\Rightarrow$ Druckbewehrung erforderlich.

$\frac{d_2}{d} = \frac{5}{54} = 0{,}093 \approx 0{,}10$

$\omega_1 = 0{,}382;\ \omega_2 = 0{,}0177$

Tafel 7.5 interpoliert

$A_{\text{s1}} = \frac{0{,}382 \cdot 0{,}30 \cdot 0{,}54 \cdot 11{,}3 + 0}{435} \cdot 10^4 = 16{,}1\,\text{cm}^2$

(7.80): $A_{\text{s1}} = \frac{\omega_1 \cdot b \cdot d \cdot f_{\text{cd}} + N_{\text{Ed}}}{f_{\text{yd}}}$

gew: 2 ∅ 25 + 2 ∅20 mit

Tafel 4.1

$A_{\text{s,vorh}} = 16{,}1\,\text{cm}^2$

$A_{\text{s1,vorh}} = 16{,}1\,\text{cm}^2 > 16{,}1\,\text{cm}^2 = A_{\text{s1,erf}}$

(7.62): $A_{\text{s,vorh}} \geq A_{\text{s,erf}}$

$d = 60 - 4{,}5 - \frac{(2{,}5 + 2{,}0)/2}{2} = 54{,}4\,\text{cm} \approx 54\,\text{cm}$

(7.9): $d = h - c_{\text{v,l}} - e$

Die Mindestbewehrung wird bei der hier erforderlichen Druckbewehrung in jedem Fall überschritten. Ein Nachweis erübrigt sich daher.

(7.90): $A_{s,min} = \frac{f_{ctm} \cdot W}{z \cdot f_{yk}}$

$$A_{s2} = \frac{0{,}0177 \cdot 0{,}30 \cdot 0{,}54 \cdot 11{,}3 + 0}{435} \cdot 10^4 = 0{,}74 \text{ cm}^2$$

(7.81): $A_{s2} = \frac{\omega_2 \cdot b \cdot d \cdot f_{cd}}{f_{yd}}$

gew: 2 Ø10 mit $A_{s,vorh} = 1{,}57 \text{ cm}^2$

Tafel 4.1

$A_{s2,vorh} = 1{,}57 \text{ cm}^2 > 0{,}74 \text{ cm}^2 = A_{s2,erf}$

(7.62): $A_{s,vorh} \geq A_{s,erf}$

Querkraftbemessung und -deckung:

$$\tan \varphi_u = \frac{0{,}2}{1{,}0} = 0{,}2$$

$$x_V = \frac{0{,}40}{2} + 0{,}544 = 0{,}744 \text{ m} \approx 0{,}75 \text{ m}$$

(8.5): $x_V = \frac{t}{2} + d$

Diese Stelle entspricht Stelle 2. Eine alleinige Untersuchung der Stelle mit der maßgebenden Querkraft reicht aufgrund der Voute nicht aus. Zusätzlich wird der Beginn der Voute untersucht.

	Stelle	**2**	**3 links**	**3 rechts**	
x	[m]	0,75	1,2	1,2	
h/d	[mm]	490 / 435	400 / 345	400 / 345	$d \approx h - 55$ in mm
z	[mm]	390	310	310	$z \approx 0{,}9d$
$V_{Ed} = V_{Ed0}$	[kN]	226	156	156	
M_{Eds}	[kNm]	164	78	78	(7.5): $M_{Eds} = \lvert M_{Ed} \rvert - N_{Ed} \cdot z_s$
$\lvert M_{Eds} \rvert / (0{,}9d)$	[kN]	421	251		(8.13): mit $N_{Ed} = 0$ und $\varphi_o = 0$
V_{Ed}	[kN]	142	106		$V_{Ed} \approx V_{Ed0} - \left(\frac{\lvert M_{Eds} \rvert}{0{,}9 \cdot d} \tan \varphi_u \right)$
				156	$V_{Ed} = V_{Ed0}$
$V_{Rd,cc}$	[kN]	76,1	60,5	60,5	(8.42): $V_{Rd,cc} = 0{,}24 \cdot f_{ck}^{1/3} \cdot \left(1 - 1{,}2 \cdot \frac{\sigma_{cd}}{f_{cd}}\right) \cdot b_w \cdot z$
cotθ	[-]	2,59	2,80	1,96	(8.45): $1{,}0 \leq \cot\theta \leq \frac{1{,}2 + 1{,}4 \cdot \frac{\sigma_{cd}}{f_{cd}}}{1 - \frac{V_{Rd,cc}}{V_{Ed}}}$
θ	[°]	21,1	19,7	<u>27,0</u>	$\leq 3{,}0$

	Stelle	2	3 links	3 rechts	
Es wird für alle Nachweisstellen mit $\theta = 27°$ gerechnet.					
$V_{Rd,max}$	[kN]	401	319	319	(8.34): $V_{Rd,max} = \frac{b_w \cdot z \cdot v_1 \cdot f_{cd}}{\cot\theta + \tan\theta}$
gew: Bü Ø8 - 20 2-schnittig $a_{sw,vorh} = 2 \cdot 0{,}5 \cdot \frac{100}{20} = 5{,}0\ \text{cm}^2/\text{m}$					(8.59): $a_{sw,vorh} = n \cdot A_{s,ø} \cdot \frac{l_B}{s_w}$
$V_{Rd,s}$	[kN]	166	132	132	(8.38): $V_{Rd,s} = a_{sw} \cdot z \cdot f_{ywd} \cdot \sin\alpha \cdot (\cot\theta + \cot\alpha)$
$V_{Ed} \leq V_{Rd,s}$	[kN]	142< 166	106 < 132	156 > 132	(8.57): $V_{Ed} \leq V_{Rd,s}$
extr $V_d \leq V_{Rd,max}$	[kN]	343 < 401			(8.3): extr $V_d \leq V_{Rd,max}$

Im Bereich von Stelle 3 rechts soll eingeschnitten werden.

(8.94): $\left.\begin{matrix} l_E \\ l_A \end{matrix}\right\} \leq 0{,}5 \cdot d$

$$\frac{l_E}{156-132} = \frac{2 \cdot 0{,}5}{156} \Leftrightarrow l_E = \frac{156-132}{156} = 0{,}154\,\text{m}$$

$$< 0{,}173\,\text{m} = 0{,}5 \cdot 0{,}345 = 0{,}5 \cdot d$$

Dies ist anschaulich aus der Querkraftdeckungslinie erkennbar.

(8.93): $A_A \geq A_E$

Mindestbewehrung:

maßgebend ist Stelle 3 rechts (s. o.)

$0{,}3 < \frac{156}{319} = 0{,}49 < 0{,}6$ — **Tafel 8.1**: $0{,}30 < \frac{V_{Ed}}{V_{Rd,max}} < 0{,}60$

$\max s_l = 0{,}5 \cdot 400 = \underline{200\,\text{mm}} < 300\,\text{mm}$ — **Tafel 8.1**: $0{,}5 \cdot h \leq 300\,\text{mm}$

$s_l = 200\,\text{mm} = s_{l,max}$ — (8.50): $s_l < s_{l,max}$

$\rho = 0{,}0007$ — **Tafel 8.2**

$a_{sw,min} = 0{,}0007 \cdot 30 \cdot 10^2 = 2{,}1\ \text{cm}^2/\text{m} \leq a_{sw,vorh} = 5{,}0\ \text{cm}^2/\text{m}$ — (8.53): $a_{sw,min} \geq \rho_{w,min} \cdot b_w \cdot \sin\alpha$

(Fortsetzung mit Beispiel 10.2)

8.8.3 Querkraftbewehrung aus senkrecht und schräg stehender Bewehrung

Die senkrechte Bewehrung besteht i.d.R. aus Bügeln. Die schräg stehende Bewehrung kann aus Bügeln oder Schrägaufbiegungen bestehen. Unter Schrägaufbiegungen versteht man Bewehrungsstäbe, die man ungefähr in Richtung der Hauptzugspannungen aufbiegt, nachdem sie als Biegezugbewehrung nicht mehr benötigt werden. Schrägaufbiegungen sind nur sinnvoll, wenn gleichzeitig eine Zugkraftdeckung durchgeführt wird (→ Kap. 10). Aufgrund des hohen Arbeitsaufwandes sowohl bei der Tragwerksplanung als auch beim Biegen und Verlegen der Bewehrung (viele Positionsnummern) sind Schrägaufbiegungen bei üblichen Ortbetonbauteilen nicht wirtschaftlich. Nur bei der automatisierten Fertigung von gleichartigen Bauteilen in hoher Stückzahl ist der Einsatz von Schrägaufbiegungen sinnvoll.

Die schräg stehende Bewehrung wird i. Allg. in einem Winkel von 45° zur Balkenlängsachse angeordnet, bei hohen Bauteilen unter 60°. Die Querkraftdeckung kann auch durch Bügel mit Schrägaufbiegungen sichergestellt (**Abb. 8.25**) werden. Der auf die Längeneinheit bezogene Stahlquerschnitt a_{sw} setzt sich somit aus einem Anteil $a_{sw,st}$ der Bügel (<u>st</u>irrup) und einem Anteil $a_{sw,s}$ der Schrägstäbe (<u>s</u>lant) zusammen. Hierbei wird ein Sockelbetrag der Querkraft durch Bügel abgedeckt (bestimmt nach Gl. (8.38)). Den Basiswert für die Bügel wählt man z. B. aus den zulässigen Höchstabständen für dieselben. Die diesen Sockelbetrag übersteigenden Bereiche werden danach mit Schrägaufbiegungen abgedeckt. Die entsprechenden Bemessungsformeln ergeben sich, indem die Querkraft über die Länge l integriert wird. Die erforderliche Schrägbewehrung lässt sich hieraus mit Gl. (8.36) und (8.56) gewinnen.

$$V_{Ed,s} = \frac{1}{l}\int_{(l)}\left(V_{Ed} - V_{Rd,s,st}\right)dx$$

$$A_{sw,s} = \frac{\int_{(l)}\frac{V_{Ed} - V_{Rd,s,st}}{z}dx}{f_{ywd}\cdot\sin\alpha\cdot(\cot\theta + \cot\alpha)} \qquad (8.95)$$

Die Schrägaufbiegungen sind dem Verlauf der nicht abgedeckten Querkräfte entsprechend zu verteilen. Ein aufgebogener Stab liegt dann richtig, wenn er im Schwerpunkt der von ihm zu übertragenden Querkraft liegt. Die ungefähre Beachtung dieser Angabe reicht in vielen Fällen zur Lagebestimmung aus. Eine genaue, maßstäbliche zeichnerische Konstruktionsmethode unter Berücksichtigung der genauen Schwerpunktlage zeigt **Abb. 8.25**.

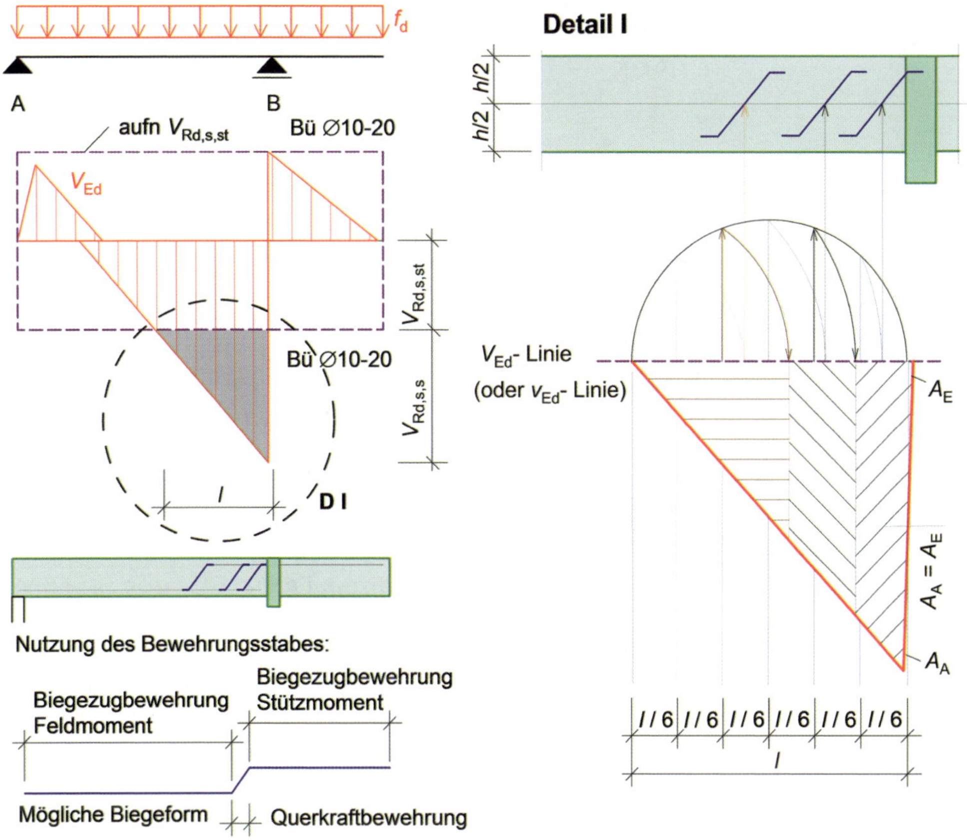

Abb. 8.25 *Querkraftdeckung mit Bügeln und Schrägaufbiegungen*

Beispiel 8.9: Querkraftdeckung mit Bügeln und Schrägaufbiegungen
(Fortsetzung von Beispiel 8.6)

Gegeben: Plattenbalken als Durchlaufträger gemäß Skizze des Beispiels 7.14

Gesucht: Querkraftbemessung im Feld 2 mit Bügeln und Schrägaufbiegungen

Lösung:

Feld 2 Auflager B: — direkte Lagerung

$\text{extr } V_d = V_{Bre,cal} = 524\,\text{kN}$ — vgl. Beispiel 7.15

$x_V = \frac{0{,}30}{2} + 0{,}675 = 0{,}825\,\text{m}$ — (8.5): $x_V = \frac{t}{2} + d$

$V_{Ed} = 524 - (1{,}35 \cdot 62{,}3 + 1{,}50 \cdot 12{,}4) \cdot 0{,}825$
$= 439\,\text{kN}$ — (8.4): $V_{Ed} = |\text{extr } V_d| - F_d \cdot x_V$

$z \approx 0{,}9 \cdot 0{,}675 = 0{,}607\,\text{m}$ — $z \approx 0{,}9d$

$$V_{\mathrm{Rd,cc}} = 0{,}24 \cdot 1{,}0 \cdot 20^{1/3} \cdot \left(1 + 1{,}2\frac{0}{11{,}3}\right) \cdot 0{,}30 \cdot 0{,}607 = 0{,}119\,\mathrm{MN}$$

(8.42): $V_{\mathrm{Rd,cc}} = 0{,}24 \cdot f_{\mathrm{ck}}^{1/3} \cdot \left(1 - 1{,}2 \cdot \frac{\sigma_{\mathrm{cd}}}{f_{\mathrm{cd}}}\right) \cdot b_{\mathrm{w}} \cdot z$

$$\cot\theta = \frac{1{,}2 + 0}{1 - \frac{0{,}119}{0{,}439}} = 1{,}65 < 3{,}0$$

(8.45): $1{,}0 \leq \cot\theta \leq \frac{1{,}2 + 1{,}4 \cdot \frac{\sigma_{\mathrm{cd}}}{f_{\mathrm{cd}}}}{1 - \frac{V_{\mathrm{Rd,cc}}}{V_{\mathrm{Ed}}}} \leq 3{,}0$

gew: $\theta = 31{,}2°\ (\cot\theta = 1{,}65)$

$$V_{\mathrm{Rd,max}} = \frac{0{,}30 \cdot 0{,}607 \cdot 0{,}75 \cdot 11{,}3}{1{,}65 + 1/1{,}65} = 0{,}684\,\mathrm{MN}$$

(8.34): $V_{\mathrm{Rd,max}} = \frac{b_{\mathrm{w}} \cdot z \cdot \nu_1 \cdot f_{\mathrm{cd}}}{\cot\theta + \tan\theta}$

extr $V_{\mathrm{d}} = 524\,\mathrm{kN} < 684\,\mathrm{kN} = V_{\mathrm{Rd,max}}$

(8.3): extr $V_{\mathrm{d}} \leq V_{\mathrm{Rd,max}}$

Grundbewehrung: Bü ∅10-20 2-schnittig

wie in Feld 1 rechter Teil

$$\frac{V_{\mathrm{Ed}}}{V_{\mathrm{Rd,max}}} = \frac{439}{684} = 0{,}64 > 0{,}60$$

$\frac{V_{\mathrm{Ed}}}{V_{\mathrm{Rd,max}}} > 0{,}60$

$$s_{\mathrm{l,max}} = 0{,}25 \cdot 720 = 180\,\mathrm{mm} < 200\,\mathrm{mm}$$

Tafel 8.1: $s_{\mathrm{l,max}} = 0{,}25 \cdot h \leq 200\,\mathrm{mm}$

$$s_{\mathrm{l}} = 20\,\mathrm{cm} \approx 18\,\mathrm{cm} = s_{\mathrm{l,max}}$$

(8.50): $s_{\mathrm{l}} \leq s_{\mathrm{l,max}}$

$$a_{\mathrm{sw,vorh}} = 2 \cdot 0{,}79 \cdot \frac{100}{20} = 7{,}9\,\mathrm{cm^2/m}$$

(8.59): $a_{\mathrm{sw,vorh}} = n \cdot A_{\mathrm{s,ø}} \cdot \frac{l_{\mathrm{B}}}{s_{\mathrm{w}}}$

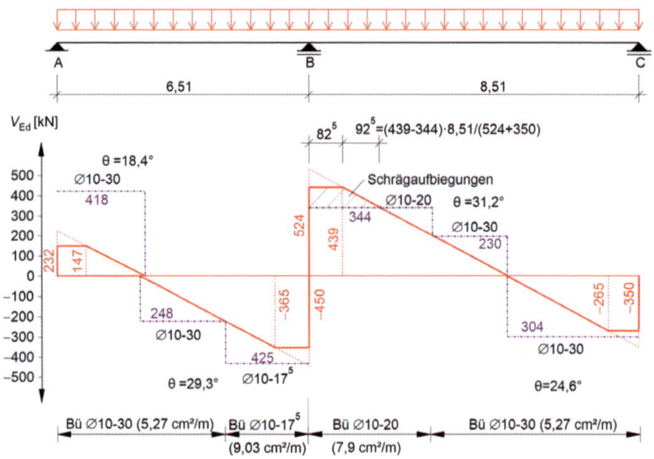

$$V_{\mathrm{Rd,s,st}} = 7{,}9 \cdot 0{,}607 \cdot 435 \cdot \sin 90° \cdot (\cot 31{,}2° + \cot 90°) \cdot 10^{-1} = 344\,\mathrm{kN}$$

(8.38): $V_{\mathrm{Rd,s}} = a_{\mathrm{sw}} \cdot z \cdot f_{\mathrm{ywd}} \cdot \sin\alpha \cdot (\cot\theta + \cot\alpha)$

(8.95): Aufbiegung mit 60°

$$A_{\mathrm{sw,s}} = \frac{(439 - 344) \cdot 0{,}825 + 0{,}5 \cdot (439 - 344) \cdot 0{,}925}{0{,}607 \cdot 435 \cdot \sin 60° \cdot (\cot 31{,}2° + \cot 60°)} \cdot 10 = 2{,}4\,\mathrm{cm^2}$$

$A_{\mathrm{sw,s}} = \frac{\int_{(l)} \frac{V_{\mathrm{Ed}} - V_{\mathrm{Rd,s,st}}}{z}\,dx}{f_{\mathrm{yd}} \cdot \sin\alpha \cdot (\cot\theta + \cot\alpha)}$

gew.: 2 ∅20

$A_{s,vorh} = 6{,}28\ cm^2 > 2{,}4\ cm^2 = A_{s,erf}$ | (7.62): $A_{s,vorh} \geq A_{s,erf}$

$s_{l,max} = 0{,}5 \cdot 0{,}72 \cdot (1 + \cot 60°) = 0{,}568\,m$ | (8.51): $s_{l,max} = 0{,}5 \cdot h \cdot (1 + \cot\alpha)$

Annahme: Anordnung der Schwerpunkte der Aufbiegungen in der Mitte der Rechteckfläche der Breite 82,5 cm und im Drittelspunkt der Dreiecksfläche der Breite 92,5 cm.

$$s_{vorh} \approx \frac{0{,}825}{2} + \frac{0{,}925}{3} = 0{,}721\,m > 0{,}568\,m$$

Da der Abstand zu groß ist, ist aus konstruktiven Gründen eine dritte Schrägaufbiegung erforderlich.

Die Einhaltung dieser Bedingung ist anschaulich aus der Querkraftdeckungslinie ersichtlich, da $V_{Rd,sy,st} > 0{,}5 \cdot V_{Ed}$ ist.

(8.56): $\min a_{s,st} = 0{,}5 \cdot a_{sw}$

Feld 2 Auflager C:

→ Beispiel 7.15; Umgelagertes Stützmoment in B beeinflusst nicht min V_C.

$\text{extr}\ V_d = min\ V_C = -350\,kN$

$x_V = \frac{0{,}30}{2} + 0{,}675 = 0{,}825\,m$ | (8.5): $x_V = \frac{t}{2} + d$

$V_{Ed} = 350 - (1{,}35 \cdot 62{,}3 + 1{,}50 \cdot 12{,}4) \cdot 0{,}825 = 265\,kN$ | (8.4): $V_{Ed} = |\text{extr}\ V_d| - F_d \cdot x_V$

$\cot\theta = \frac{1{,}2 - 0}{1 - \frac{0{,}119}{0{,}265}} = 2{,}18 < 3{,}0$ | (8.45): $0{,}58 \leq \cot\theta = \frac{1{,}2 - 1{,}4 \cdot \frac{\sigma_{cd}}{f_{cd}}}{1 - \frac{V_{Rd,c}}{V_{Ed}}} \leq 3{,}0$

gew: $\theta = 24{,}6° \ (\cot\theta = 2{,}18)$

$V_{Rd,max} = \frac{0{,}30 \cdot 0{,}607 \cdot 0{,}75 \cdot 11{,}3}{2{,}18 + 1/2{,}18} = 0{,}585\,MN$ | (8.34): $V_{Rd,max} = \frac{b_w \cdot z \cdot v_1 \cdot f_{cd}}{\cot\theta + \tan\theta}$

$\text{extr}\ V_d = 350\,kN < 585\,kN = V_{Rd,max}$ | (8.3): $\text{extr}\ V_d \leq V_{Rd,max}$

Grundbewehrung: Bü ⌀10-30 2-schnittig | wie in Feld 1 linker Teil

$0{,}3 < \frac{V_{Ed}}{V_{Rd,max}} = \frac{265}{585} = 0{,}453 < 0{,}60$ | $0{,}3 < \frac{V_{Ed}}{V_{Rd,max}} \leq 0{,}60$

$s_{l,max} = 0{,}5 \cdot 750 = 375\,mm > \underline{300\,mm}$ | **Tafel 8.1**: $s_{l,max} = 0{,}5 \cdot h \leq 300\,mm$

$s_l = 30\,cm = s_{l,max}$ | (8.50): $s_l \leq s_{l,max}$

$a_{sw,vorh} = 2 \cdot 0{,}79 \cdot \frac{100}{30} = 5{,}27\ cm^2/m$ | (8.59): $a_{sw,vorh} = n \cdot A_{s,ø} \cdot \frac{l_B}{s_w}$

$V_{Rd,s,st} = 5{,}27 \cdot 0{,}607 \cdot 435 \cdot \sin 90° \cdot (\cot 24{,}6° + \cot 90°) \cdot 10^{-1} = 304\,kN$ | (8.38): $V_{Rd,s} = a_{sw} \cdot z \cdot f_{ywd} \cdot \sin\alpha \cdot (\cot\theta + \cot\alpha)$

$V_{Ed} = 265\,kN < 304\,kN = V_{Rd,s}$ | (8.57): $V_{Ed} \leq V_{Rd,s}$

(Fortsetzung mit Beispiel 13.2)

8.9 Bewehrungsformen

Bügel können in verschiedenen Biegeformen und mit unterschiedlichen Verankerungselementen ausgeführt werden. Einige zweckmäßige Bügelformen für übliche Querschnitte sind in **Abb. 8.26** dargestellt. In den meisten Fällen reichen zweischnittige Bügel aus. Bei breiten Balken (Überschreitung des zulässigen Abstandes in Querrichtung) oder bei sehr hoher Querkraftbeanspruchung werden drei- und vierschnittige Bügel angeordnet.

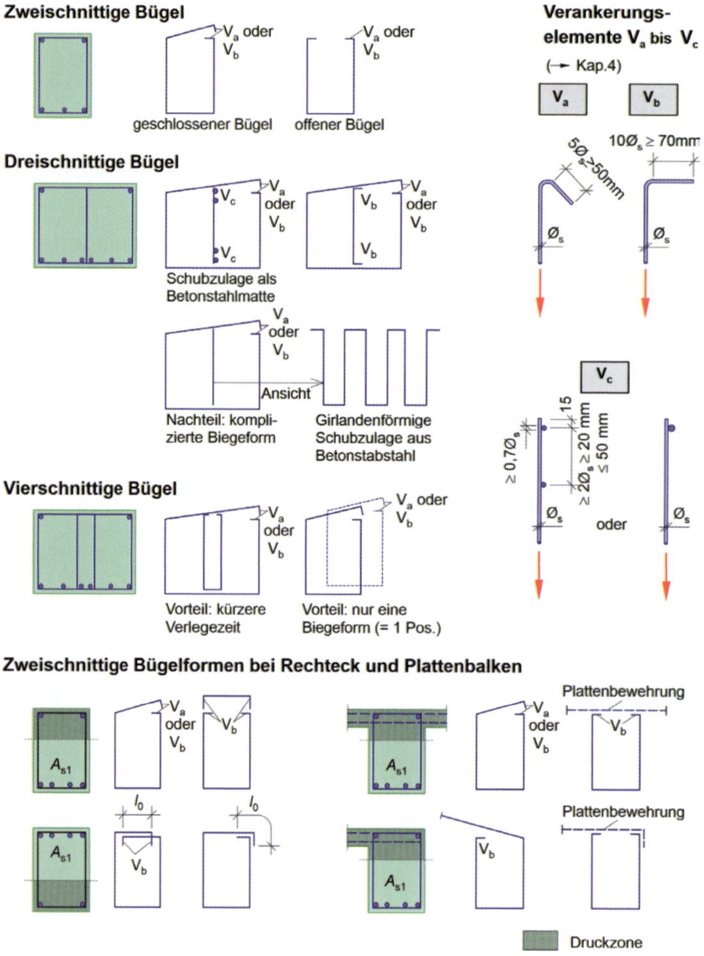

Abb. 8.26 *Übliche Bügelformen und Verankerungselemente*

8.10 Auf- und Einhängebewehrung

8.10.1 Einhängebewehrung

Bei Trägerrosten wird die Auflagerkraft der Nebenträger meistens über eine mittelbare Stützung in den Hauptträger eingeleitet und stellt für diesen somit eine Last dar. In diesem Fall muss die Auflagerkraft des Nebenträgers durch eine Einhängebewehrung (suspension reinforcement) gesichert werden (**Abb. 8.27**). Die Einhängebewehrung muss in der Regel aus Bügeln bestehen, die die Hauptbewehrung des Nebenträgers umfassen. Einige dieser Bügel dürfen außerhalb des unmittelbaren Durchdringungsbereichs im Kreuzungsbereich beider Bauteile angeordnet werden (**Abb. 8.27**). Die maximale Größe der Bereiche und der Einhängebewehrung lässt sich mit folgenden Gleichungen bestimmen:

Bügel: $$A_{\mathrm{s,st}} = \frac{C_{\mathrm{NT}}}{f_{\mathrm{ywd}}} \tag{8.96}$$

$$a_{\mathrm{HT}} = \min \begin{cases} \dfrac{h_{\mathrm{HT}}}{3} \\ \dfrac{h_{\mathrm{HT}} - b_{\mathrm{NT}}}{2} \end{cases} \tag{8.97}$$

$$a_{\mathrm{NT}} = \min \begin{cases} \dfrac{h_{\mathrm{NT}}}{3} \\ \dfrac{h_{\mathrm{NT}} - b_{\mathrm{HT}}}{2} \end{cases} \tag{8.98}$$

Wenn die Einhängebewehrung nach **Abb. 8.27** in den Kreuzungsbereich ausgelagert wird, dann sollte eine über die Höhe verteilte Horizontalbewehrung im Auslagerungsbereich angeordnet werden, deren Gesamtquerschnittsfläche dem Gesamtquerschnitt dieser Bügel entspricht.

Bei sehr breiten Hauptträgern oder stützenden Platten ist als rechnerische Breite $b_{\mathrm{HT}} = h_{\mathrm{NT}}$ anzusetzen (**Abb. 8.27**).

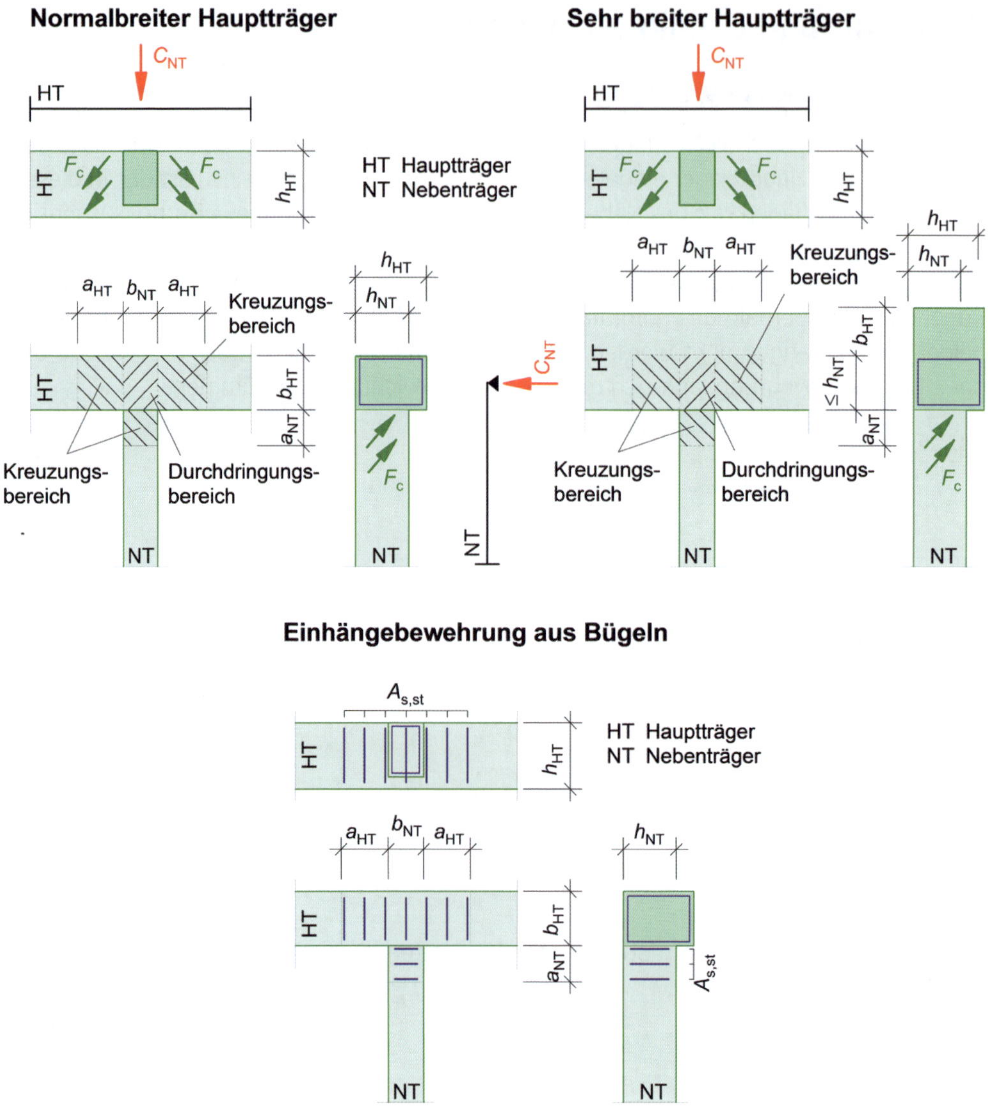

Abb. 8.27 *Anordnung der Einhängebewehrung im Kreuzungsbereich von Haupt- und Nebenträgern*

8.10.2 Aufhängebewehrung

Sofern an einem Bauteil Lasten unten angreifen (z.B. bei einem Überzug oder bei einer unter einer Decke befindlichen Kranbahn), sind diese mittels einer Aufhängebewehrung (hanger reinforcement) hochzuhängen. Die Aufhängebewehrung ist für die volle hochzuhängende Last zu bemessen.

$$a_{s,st} = \frac{F_d}{f_{ywd}} \tag{8.99}$$

Beispiel 8.10: Einhängebewehrung eines Nebenträgers

Gegeben: Schnittgrößen von Beispiel 5.3

$h_{hT} = 90$ cm

Gesucht: Einhängebewehrung für Auflager B

Lösung:

Auflager B links: $C_{V2} = 590\ \text{kN}$ — → Beispiel 5.3

Auflager B rechts: $C_{V2} = 494\ \text{kN}$ — → Beispiel 5.3

$$A_{s,st} = \frac{590 + 494}{435} \cdot 10 = 24{,}9\ \text{cm}^2 \qquad (8.96)\text{: } A_{s,st} = \frac{C_{NT}}{f_{yd}}$$

gew.: 11 Bü ∅12 2-schnittig

$$A_{sw} = 2 \cdot 11 \cdot 1{,}13 = 24{,}9\ \text{cm}^2 \qquad A_{sw} = n \cdot A_{s,ø}$$

$$A_{s,vorh} = 24{,}9\ \text{cm}^2 \geq 24{,}9\ \text{cm}^2 = A_{s,erf} \qquad (7.62)\text{: } A_{s,vorh} \geq A_{s,erf}$$

$$a_{HT} = \min\begin{cases} \frac{0{,}90}{3} = 0{,}30\,\text{m} \\ \frac{0{,}90 - 0{,}30}{2} = 0{,}30\,\text{m} \end{cases} \qquad (8.97)\text{: } a_{HT} = \min\begin{cases} \frac{h_{HT}}{3} \\ \frac{h_{HT} - b_{NT}}{2} \end{cases}$$

$$a_{NT} = \min\begin{cases} \frac{0{,}75}{3} = 0{,}25\,\text{m} \\ \frac{0{,}75 - 0{,}25}{2} = 0{,}25\,\text{m} \end{cases} \qquad (8.98)\text{: } a_{NT} = \min\begin{cases} \frac{h_{NT}}{3} \\ \frac{h_{NT} - b_{HT}}{2} \end{cases}$$

Wenn die Einhängebewehrung in die Bereiche a_{HT} und a_{NT} ausgelagert wird, sollte eine über die Höhe verteilte Horizontalbewehrung im Auslagerungsbereich angeordnet werden, deren Gesamtquerschnittsfläche dem Gesamtquerschnitt dieser Bügel entspricht. — **Abb. 8.27**

9 Bemessung für Torsionsmomente

9.1 Allgemeine Grundlagen

Ein Bauteilquerschnitt erleidet unter Torsionsmomenten Schubverformungen und evtl. auch Längsverformungen. Wenn nur Schubverformungen entstehen, handelt es sich um St. Venantsche Torsion, bei Schub- und Längsverformungen um Wölbkrafttorsion. Letztere tritt insbesondere bei dünnwandigen Querschnitten auf. Im Unterschied zu I-Profilen des Stahlbaus sind Stahlbetonquerschnitte des üblichen Hochbaus (Rechteckquerschnitt und Plattenbalken) weniger durch Wölbkrafttorsion (warping torsion) beansprucht. Infolge der Rissbildung in Stahlbetonquerschnitten wird die Wölbkrafttorsion zudem so stark abgebaut, dass sie (im Hochbau) i.d.R. vernachlässigt werden kann. Im Folgenden werden im Falle einer Torisonsbeanspruchung daher nur die Auswirkungen der St. Venantschen Torsion betrachtet.

Bei Stahlbetontragwerken muss nur dann die Aufnahme von Torsionsmomenten nachgewiesen werden, wenn ohne Wirkung der Torsionsmomente kein Gleichgewicht möglich ist (Gleichgewichtstorsion). Wenn Torsionsmomente lediglich aus Verträglichkeitsbedingungen (Verträglichkeitstorsion) entstehen, werden sie im Hochbau konstruktiv ohne Nachweis durch eine geeignete Bewehrungsführung abgedeckt (**Abb. 9.1**). Dies ist möglich, da die Torsionssteifigkeit infolge der Rissbildung in Stahlbetonbauteilen noch wesentlich stärker als die Biegesteifigkeit abnimmt.

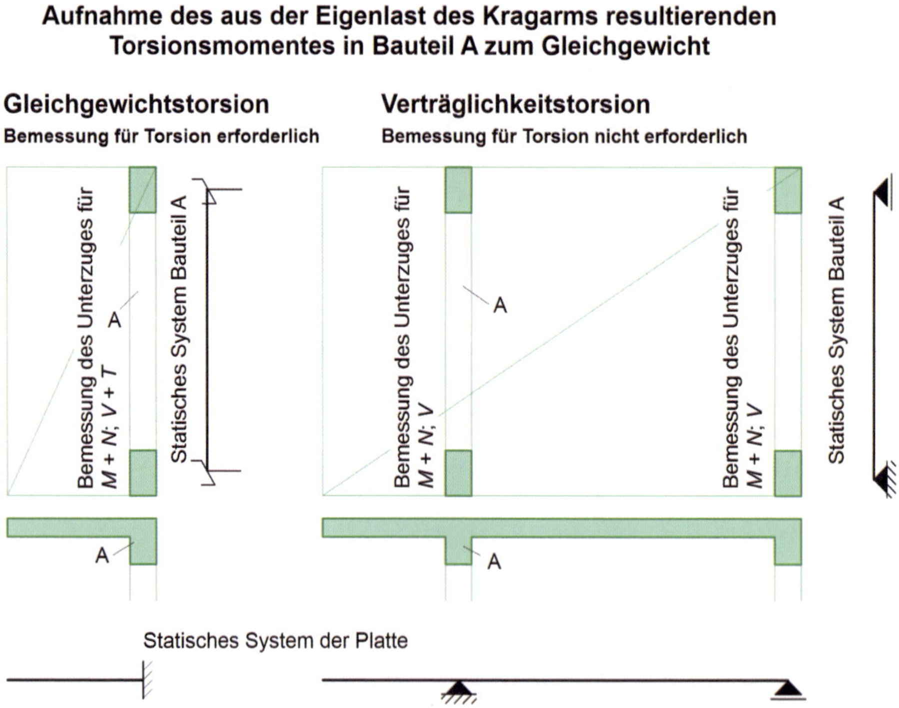

Abb. 9.1 *Erfordernis der Aufnahme von Torsionsmomenten im Stahlbetonbau am Beispiel von Bauteil A*

Sofern eine Bemessung für die Torsionsmomente erforderlich ist, wird diese im Stahlbetonbau getrennt von der Biegebemessung geführt. Bei gleichzeitigem Auftreten von Querkräften und Torsionsmomenten wird eine kombinierte Bemessung für diese beiden Beanspruchungen erforderlich.

Eine unbeabsichtigte Einspannung von Decken im Hochbau in die Unterzüge wird i. Allg. rechnerisch nicht berücksichtigt. Die Unterzüge werden als starre Linienkipplager angesetzt. Durch diese Annahme treten in den Unterzügen (rechnerisch) keine Torsionsmomente auf. Diese Vereinfachung ist berechtigt, da die Torsionssteifigkeit durch Rissbildung (Zustand II) sehr viel stärker abnimmt als die Biegesteifigkeit. Konstruktiv sind in diesem Fall die Regelungen von EC 2-1-1, 7.3 und 9.2.3 einzuhalten.

Die Bemessung für Torsionsmomente muss wie die Bemessung für Querkräfte folgende Aufgaben erfüllen:

- Es muss durch die Bemessung sichergestellt werden, dass die Hauptzugspannungen σ_{I} durch eine zusätzliche Bewehrung aufgenommen werden können. Diese Bewehrung besteht aus Bügeln und Längsstäben.
- Die Hauptdruckspannungen σ_{II} werden vom Beton übertragen und dürfen die Betondruckfestigkeit nicht überschreiten. Sie sind daher durch einen Vergleich mit zulässigen Spannungen oder nach Integration mit Bauteilwiderständen in ihrer Größe zu begrenzen.

Entsprechend dem allgemeinen Bemessungsformat werden die einwirkenden Torsionsmomente T_{Ed} den aufnehmbaren Torsionsmomenten $T_{Rd,max}$ und $T_{Rd,s}$ gegenübergestellt.

Zugstrebe: $T_{Ed} \leq T_{Rd,s}$ (9.1)

Druckstrebe: $T_{Ed} \leq T_{Rd,max}$ (9.2)

- T_{Ed} ist der Bemessungswert des Torsionsmomentes.
- $T_{Rd,s}$ ist der Bemessungswert des durch die Bewehrung aufnehmbaren Torsionsmomentes; diese Bewehrung ist zu ermitteln.
- $T_{Rd,max}$ ist der Bemessungswert des aufnehmbaren Torsionsmomentes, das von den Betondruckstreben erreicht wird.

9.2 Querschnittswerte für Torsion

9.2.1 Schubmittelpunkt

Das Torsionsmoment T ergibt sich aus dem Kräftepaar der resultierenden äußeren Last und der Querkraft. Ein Querschnitt bleibt somit nur dann torsionsfrei, wenn die Wirkungslinie der äußeren Last durch den Schubmittelpunkt geht. Bei vielen der im Stahlbetonbau gebräuchlichen Querschnitte fallen Schubmittelpunkt und Schwerpunkt zusammen (**Abb. 9.2**).

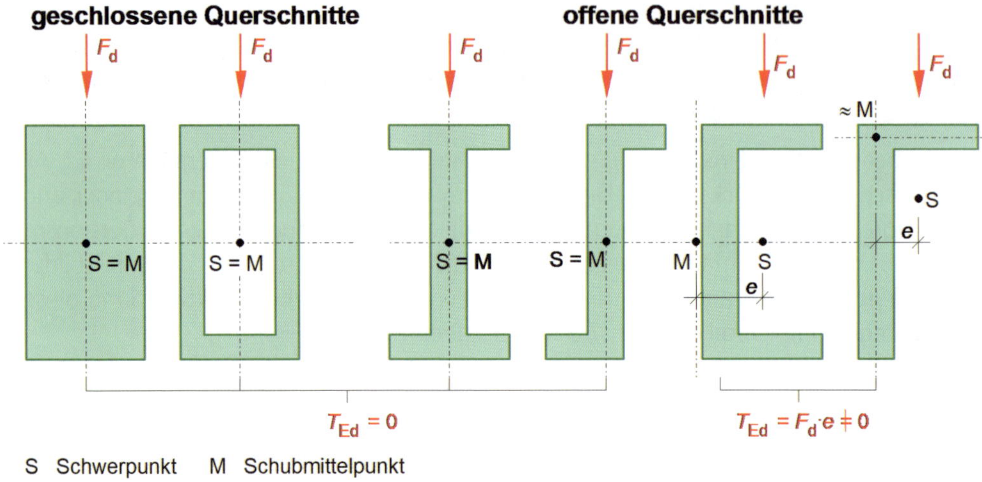

Abb. 9.2 *Lage des Schubmittelpunktes bei unterschiedlichen Querschnittsformen*

Wenn ein Stab aus homogenem isotropen Material durch ein Torsionsmoment beansprucht wird, entstehen die Hauptspannungen nur aus den Schubspannungen infolge Torsion τ_T. Die Hauptspannungen verlaufen in einem Winkel von ± 45° zur Stabachse und sind betragsmäßig gleich groß. Der Maximalwert der Schubspannungen tritt an den Querschnittsrändern der schmaleren Hauptachse auf (**Abb. 9.3**). Der Schubmittelpunkt M ist spannungsfrei.

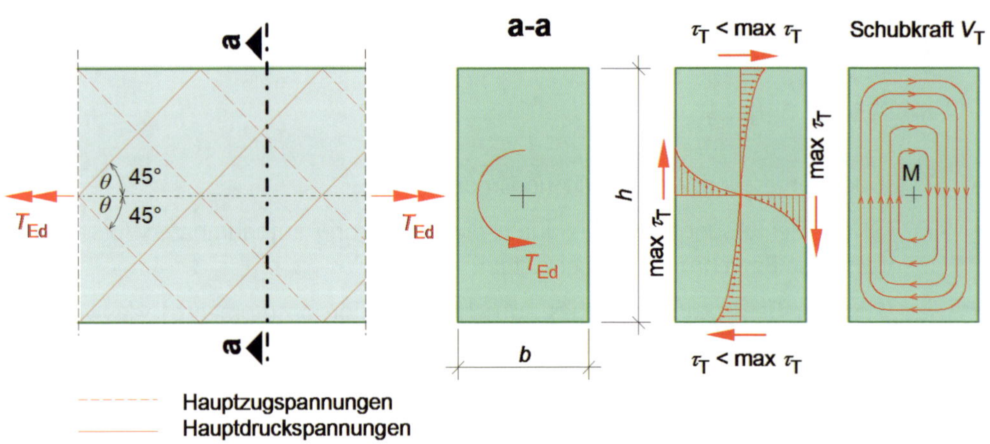

Abb. 9.3 *Hauptspannungen und St. VENANTsche Schubspannungen infolge Torsion*

9.2.2 Geschlossene Querschnitte

Geschlossene Profile sind für die Übertragung von Torsionsmomenten besser geeignet als offene, da die Schubkraft einen größeren Hebelarm *z* hat (**Abb. 9.4**). Bei einem gleich großen Torsionsmoment treten deshalb bei einem offenen Querschnitt wesentlich höhere Beanspruchungen aus Torsion auf.

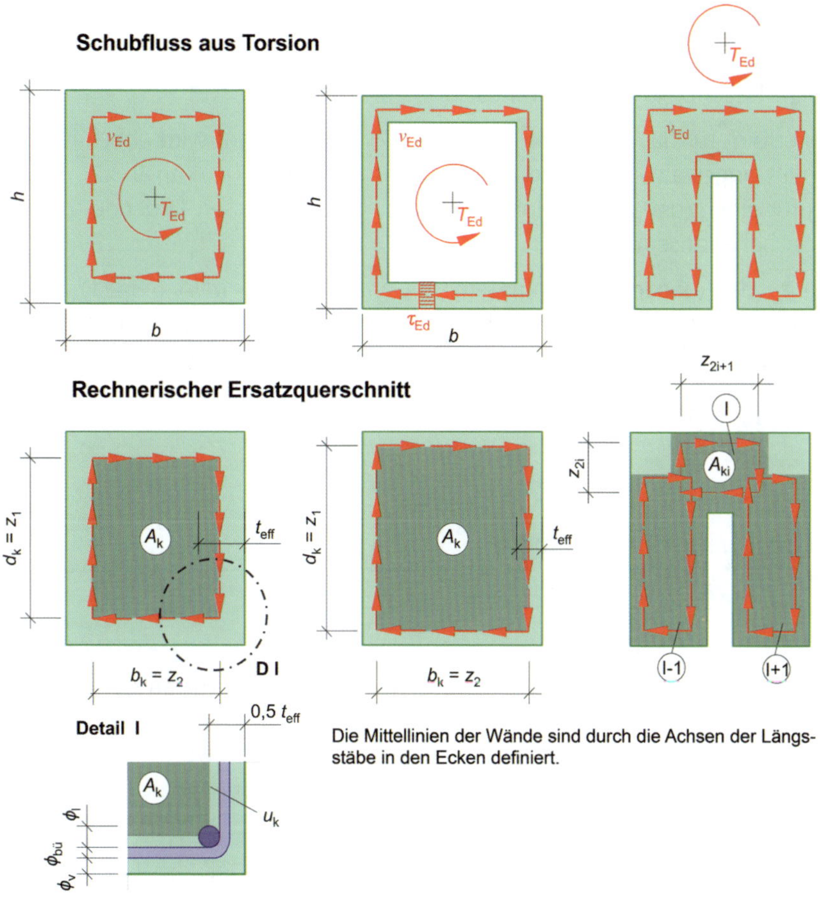

Abb. 9.4 *Schubkräfte bei geschlossenen und offenen Querschnitten*

Bei einem Vollquerschnitt wirkt der Schubfluss in einem Stahlbetonbauteil wie in einem gedachten Hohlquerschnitt (→ Kap. 9.3.2). Aus der 1. BREDTschen Formel ermittelt man die über den Umfang des gedachten Hohlkastens konstante Schubkraft $V_{Ed,i}$.

$$T_{Ed} = 2 \cdot \underbrace{\tau_{Ed} \cdot t_{eff} \cdot d_k \cdot \frac{b_k}{2}}_{\substack{\text{Schubkraft je Seitenwand} \\ \text{links und rechts}}} + 2 \cdot \underbrace{\tau_{Ed} \cdot t_{eff} \cdot b_k \cdot \frac{d_k}{2}}_{\substack{\text{Schubkraft je Seitenwand} \\ \text{oben und unten}}}$$

$$\Leftrightarrow\ T_{Ed} = 2 \cdot \tau_{Ed} \cdot t_{eff} \cdot A_k$$

mit $v_{Ed} = \tau_{Ed} \cdot t_{eff}$ ergibt sich: (9.3)

$$T_{Ed} = 2\,A_k \cdot v_{Ed} \ \Leftrightarrow\ v_{Ed} = \frac{T_{Ed}}{2\,A_k} \text{ (1. BREDTsche Formel)} \tag{9.4}$$

τ_{Ed} Bemessungswert der Schubspannung aus Torsion

v_{Ed} Bemessungswert des Schubflusses aus Torsion

A_k Ersatzfläche, die von der Mittellinie eines dünnwandigen Hohlquerschnitts umschlossen wird (Kernquerschnitt) (**Abb. 9.4**)

$$V_{\text{Ed,T}} = v_{\text{Ed}} \cdot z_{\text{i}} \tag{9.5}$$

$V_{\text{Ed,T}}$ Schubkraft aus Torsion in der Wandseite i

Die Bemessung erfolgt für das größte Moment. Das Torsionsmoment wird dabei auf den Gesamtquerschnitt angesetzt. Aufgrund des Bemessungsmodells (→ Kap 9.3.2) erfolgt die Bemessung für einen (gedachten) Hohlquerschnitt. Hierbei müssen folgende geometrische Parameter bekannt sein:

- Wanddicke t_{eff} des (gedachten) Hohlkastens. Gemäß EC 2-1-1/NA 6.3.2(1) ist die Wanddicke der doppelte Abstand zwischen den Achsen der Längsstäbe in den Ecken und der Bauteiloberfläche, bei Hohlquerschnitten jedoch nicht mehr als die tatsächliche Wanddicke:

$$t_{\text{eff}} = 2\left(c_{\text{v,bü}} + \varnothing_{\text{bü}} + \frac{\varnothing_{\text{l}}}{2}\right) \tag{9.6}$$

Ausnahme: Bei Hohlquerschnitten, für die gilt

$$t_{\text{eff}} \leq \frac{b}{6} \text{ und } t_{\text{eff}} \leq \frac{h}{6}$$

und bei denen beidseitige Wandbewehrung vorgesehen wird, darf t_{eff} voll ausgenutzt werden.

- die Kernquerschnittsfläche A_{k}; für Rechteckquerschnitte gilt:

$$A_{\text{k}} = b_{\text{k}} \cdot d_{\text{k}} \tag{9.7}$$

$$b_{\text{k}} = b - t_{\text{eff}} \tag{9.8}$$

$$d_{\text{k}} = h - t_{\text{eff}} \tag{9.9}$$

$$u_{\text{k}} = 2 \cdot \left(b_{\text{k}} + d_{\text{k}}\right) \tag{9.10}$$

9.2.3 Offene Querschnitte

Zur Bemessung wird der Querschnitt in mehrere Teilquerschnitte zerlegt, die (bei üblichen Querschnitten) ihrerseits Rechtecke sind. Es wird angenommen, dass sich in jedem Teilrechteck eine eigene Schubkraft ausbildet (**Abb. 9.4** rechts). Dabei verteilt sich das Gesamttorsionsmoment T_{Ed} auf die einzelnen Rechtecke im Verhältnis ihrer Steifigkeiten des ungerissenen Querschnitts und daher wegen des identischen Schubmoduls (wegen identischer Betonfestigkeitsklasse) im Verhältnis ihrer Torsionsflächenmomente $I_{\text{T,i}}$. Für jeden Teilquerschnitt wird das anteilige Torsionsmoment bestimmt.

$$I_{\text{T,i}} = \alpha \cdot b_{\text{i}}^3 \cdot h_{\text{i}} \quad \alpha \text{ Beiwert nach } \textbf{Tafel 9.1} \tag{9.11}$$

$$W_{\text{T}} = \beta \cdot h \cdot b^2 \quad \beta \text{ Beiwert nach } \textbf{Tafel 9.1} \tag{9.12}$$

$$T_{\text{Ed,i}} = T_{\text{Ed}} \cdot \frac{I_{\text{T,i}}}{\sum_{\text{i}} I_{\text{T,i}}} \tag{9.13}$$

h_i/b_i	1,00	1,25	1,50	2,00	3,00	4,00	6,00	10,0	∞
α	0,140	0,171	0,196	0,229	0,263	0,281	0,299	0,313	0,333
β	0,208	0,221	0,231	0,246	0,267	0,282	0,299	0,313	0,333

Tafel 9.1 *Beiwerte für das Torsionsflächenmoment 2. Grades*

9.3 Bemessung bei alleiniger Wirkung von Torsionsmomenten

9.3.1 Isotropes Material

Die Differentialgleichung für den auf Torsion beanspruchten Stab liefert die auf die Längeneinheit bezogene Verdrillung des Stabes ϑ und die Schubspannung aus Torsion τ_T. Das Torsionsflächenmoment 2. Grades I_T und das Torsionsflächenmoment 1. Grades W_T können üblichen Tafelwerken (z. B. [Schneider/Albert – 20]) entnommen werden.

$$\vartheta = \frac{T_{Ed}}{G_{cm} \cdot I_T} \quad (9.14)$$

$$\tau_T = \frac{T_{Ed}}{W_T} \quad (9.15)$$

Stahlbetontragwerke tragen jedoch (rechnerisch) erst im gerissenen Zustand. Das Bauteil ist dann nicht mehr isotrop. Vorgenannte Berechnungsansätze werden daher in der weiteren Betrachtung nicht mehr berücksichtigt.

9.3.2 Räumliches Fachwerkmodell

Es wurde bereits erläutert, dass im Stahlbetonbau Vollquerschnitte wie Hohlquerschnitte behandelt werden. Dies ist darin begründet, dass der innere Bereich keine wesentlichen Anteile zur Torsionstragfähigkeit liefert. Dies stimmt auch nach Rissbildung im äußeren Bereich des Stahlbetonbauteils. Ein Vernachlässigen des inneren Bereichs im Bemessungsmodell verändert die Bemessungsergebnisse gegenüber dem tatsächlichen Tragverhalten kaum.

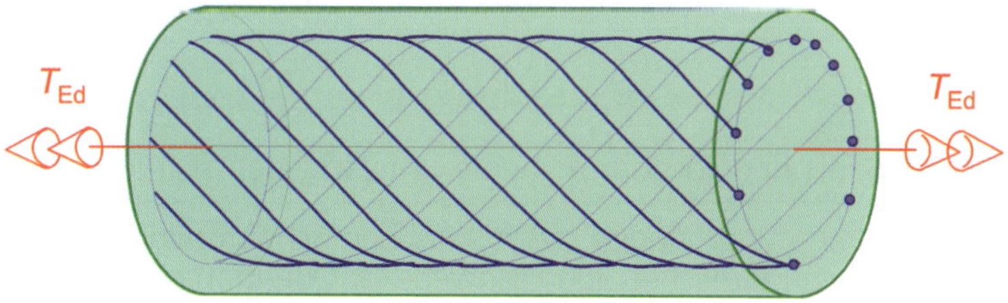

Abb. 9.5 *Den Hauptzugspannungen angepasste wendelförmige Bewehrung*

Im Zustand II lässt sich das Tragverhalten analog zur Querkraftbemessung durch ein Fachwerkmodell beschreiben. Bei Torsionsbeanspruchung handelt es sich um ein räumliches Fachwerk. Die Betondruckstreben laufen entlang *aller* Bauteilseiten. Für die Zugstreben bietet sich (theoretisch) eine hierzu senkrecht verlaufende Wendelbewehrung (**Abb. 9.5**) an. Sie ist jedoch aus folgenden Gründen wenig praktikabel:

- Die Wendelbewehrung ist bei Rechteckquerschnitten sehr schwer herstellbar.
- Der Drehsinn der Wendel muss mit dem Drehsinn des Momentes (d.h. der Hauptzugspannungen) übereinstimmen. Auf der Baustelle besteht jedoch die Gefahr eines verkehrten Einbaus. Dann wäre die Bewehrung wirkungslos.

Daher zerlegt man die Kraft in Richtung der Hauptzugspannungen nochmals und verwendet ein orthogonales Netz aus Bügeln und Längsstäben (**Abb. 9.6**). Zur Bemessung von Torsionsmomenten steht so ein ähnliches Fachwerkmodell zur Verfügung wie bei der Bemessung von Querkräften. Das Vorzeichen der Torsionsmomente ist damit ohne Auswirkung.

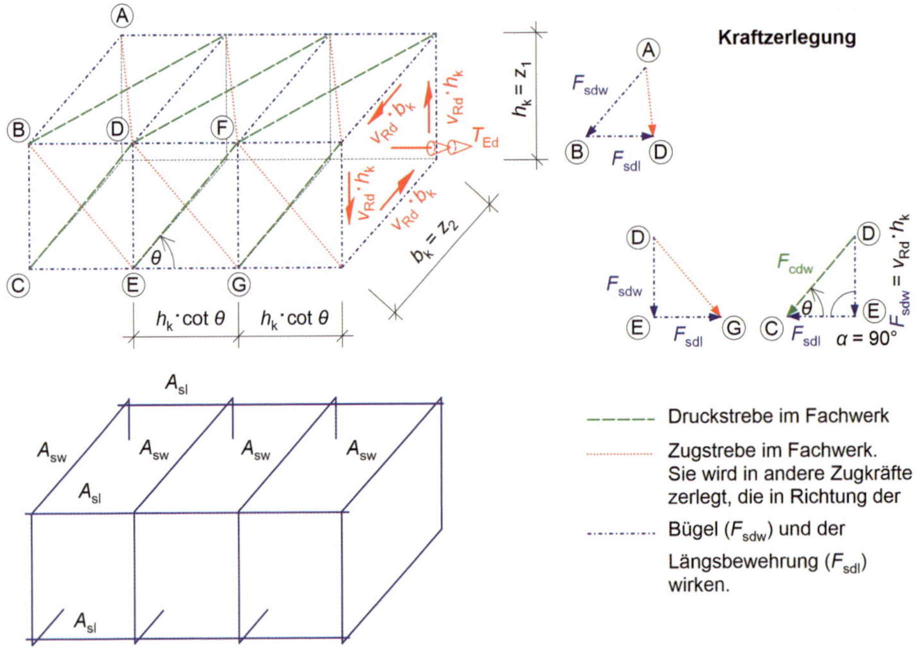

Abb. 9.6 *Räumliches Fachwerkmodell für Torsion und die Aufteilung der Zugkräfte auf die Bewehrung*

$$T_{Ed} = \max |T_d| \tag{9.16}$$

Die Fachwerkmodelle für Querkraft und Torsionsmomente unterscheiden sich jedoch in folgenden Punkten:

- Das Fachwerk für Torsion ist ein räumliches, das Fachwerk für Querkräfte ein ebenes Fachwerk. Bei Torsionsbeanspruchung werden somit auch die horizontalen Bügelschenkel benötigt. Aus diesem Grund müssen die Bügel bei Torsionsbeanspruchung geschlossen ausgeführt werden.
- Beim Fachwerk für Querkraft sind die Zugkräfte parallel zur Querkraft auf beiden Seiten des Bauteils gleichgerichtet (beide Schenkel des 2-schnittigen Bügels ansetzbar), beim Fachwerk für Torsion sind die Zugkräfte auf beiden Seiten entgegengerichtet (nur ein Schenkel des 2-schnittigen Bügels ansetzbar, → **Abb. 9.4**).

- Bei geschlossenenen Vollquerschnitten trägt im Wesentlichen die äußere Schale (**Abb. 9.3**). Die Bemessung erfolgt daher wie für Hohlquerschnitte.
- Die Neigung der Druckstreben bei Querkraftbeanspruchung hängt von der Größe derselben ab. Die Neigung der Druckstreben bei Torsion ist nahezu belastungsunabhängig $\theta = 45°$.

Aus **Abb. 9.6** kann direkt der Widerstand gegen Torsionsmomente abgelesen werden:

$$T_{\mathrm{Rd}} = \left(v_{\mathrm{Rd}} \cdot h_{\mathrm{k}}\right) \cdot b_{\mathrm{k}} + \left(v_{\mathrm{Rd}} \cdot b_{\mathrm{k}}\right) \cdot h_{\mathrm{k}} = v_{\mathrm{Rd}} \cdot 2 \cdot b_{\mathrm{k}} \cdot h_{\mathrm{k}} = v_{\mathrm{Rd}} \cdot 2 \cdot A_{\mathrm{k}} \tag{9.17}$$

Diese Gl. entspricht der BREDTschen Formel oder der für die Beanspruchungen mit Gl. (9.4) aufgeschriebenen Form. Die Bemessungsgleichungen werden aus dem Fachwerkmodell in analoger Weise zu denen der Querkraftbemessung bestimmt (→ Kap 8.4.1 und **Abb. 8.12**).

Druckstrebe

$$F_{\mathrm{sdw}} = F_{\mathrm{cdw}} \cdot \sin\theta$$

$$v_{\mathrm{Rd}} \cdot h_{\mathrm{k}} = \alpha_{\mathrm{cw}} \cdot v \cdot f_{\mathrm{cd}} \cdot t_{\mathrm{eff}} \cdot c' \cdot \sin\theta = \alpha_{\mathrm{cw}} \cdot v \cdot f_{\mathrm{cd}} \cdot t_{\mathrm{eff}} \cdot h_{\mathrm{k}} \cdot (\cot\theta + \cot\alpha) \cdot \sin^2\theta$$

Für vertikale Bügel gilt damit:

$$v_{\mathrm{Rd}} = \alpha_{\mathrm{cw}} \cdot v \cdot f_{\mathrm{cd}} \cdot t_{\mathrm{eff}} \cdot (\cot\theta + \cot 90) \cdot \sin^2\theta$$

$$v_{\mathrm{Rd}} = \alpha_{\mathrm{cw}} \cdot v \cdot f_{\mathrm{cd}} \cdot t_{\mathrm{eff}} \cdot \sin\theta \cos\theta \tag{9.18}$$

Durch den Abminderungsbeiwert *v* wird die reduzierte Betonfestigkeit infolge von Schubrissen parallel bzw. geneigt zur Druckstrebenrichtung berücksichtigt. Bei Torsionsbeanspruchung ist der Abminderungsbeiwert *v* gegenüber dem Abminderungsbeiwert v_1 in Gl. (8.33) für Querkraftbeanspruchung reduziert, da die Bügel in dem (gedachten) Hohlkasten nicht in der Mitte der Wandung liegen, sondern näher an der Außenseite (vgl. **Abb. 9.6**). Hierdurch greift die Resultierende der Druckstrebe nicht im Wandschwerpunkt an, und die Spannungsverteilung über die Wanddicke ist nicht konstant. Die Tragfähigkeit wird gegenüber einer in Gl. (9.18) angesetzten konstanten Spannungsverteilung reduziert. Nach EC 2-1-1/NA, 6.2.2(6) und 6.3.2(4) gilt für *v* folgender Zusammenhang:

$$v = \begin{cases} 0{,}525 & \text{Allgemein für Torsionsbeanspruchungen} \\ 0{,}7 & \text{Torsion bei Hohlkasten mit beidseitiger Bewehrung an jeder Hohlkastenseite} \end{cases} \tag{9.19}$$

Wenn Gl. (9.18) in (9.17) eingesetzt wird, erhält man eine Aussage über das durch die Tragfähigkeit der Druckstrebe aufnehmbare Torsionsmoment $T_{\mathrm{Rd,max}}$.

$$T_{\mathrm{Rd,max}} = \alpha_{\mathrm{cw}} \cdot v \cdot f_{\mathrm{cd}} \cdot 2 \cdot A_{\mathrm{k}} \cdot t_{\mathrm{eff}} \cdot \sin\theta \cdot \cos\theta \tag{9.20}$$

Für $\theta = 45°$ und $a_{\mathrm{cw}} = 1{,}0$ ergibt sich:

$$T_{\mathrm{Rd,max}} = v \cdot f_{\mathrm{cd}} \cdot A_{\mathrm{k}} \cdot t_{\mathrm{eff}} \tag{9.21}$$

Pfostenzugkraft

$$F_{sdw} = v_{Rd} \cdot h_k = a_{sw} \cdot c \cdot f_{ywd} = a_{sw} \cdot h_k \cdot \cot\theta \cdot f_{ywd}$$

$v_{Rd} = a_{sw} \cdot f_{ywd} \cdot \cot\theta$ mit Gl. (9.17)

$$T_{Rd,sy} = a_{sw} \cdot f_{ywd} \cdot 2 \cdot A_k \cdot \cot\theta \qquad (9.22)$$

Gurtzugkraft

$$F_{sdl} = \frac{F_{sdw}}{\tan\theta} = \frac{v_{Rd} \cdot h_k}{\tan\theta} = A'_{sl} \cdot f_{yd}$$

$$v_{Rd} = \frac{A'_{sl}}{h_k} \cdot f_{yd} \cdot \tan\theta \qquad (9.23)$$

A'_{sl}/h_k ist hierbei die auf die Höhe der Seitenwandung bezogene Gurtlängsbewehrung. Sofern die Gesamtbewehrung mit dem Gesamtumfang des Kernquerschnitts u_k verglichen wird, ergibt sich:

$a_{sl} = \frac{A'_{sl}}{h_k} = \frac{A_{sl}}{u_k}$ und damit

$v_{Rd} = a_{sl} \cdot f_{yd} \cdot \tan\theta$ mit Gl. (9.17)

$$T_{Rd,sy} = a_{sl} \cdot f_{yd} \cdot 2 \cdot A_k \cdot \tan\theta \qquad (9.24)$$

9.3.3 Bemessung

Der Nachweis erfolgt nach Gl. (9.1) und Gl. (9.2), wobei die Tragfähigkeit der Druckstrebe durch Gl. (9.20) gegeben ist. Die Gln. (9.22) und (9.24) für die Pfosten und die Gurtzugkraft werden zweckmäßigerweise nach der gesuchten Bewehrung aufgelöst. Man erhält dann mit Berücksichtigung von Gl. (9.1):

Torsionsbügelbewehrung: $a_{sw} = \frac{T_{Ed}}{2 \cdot A_k \cdot f_{ywd}} \cdot \tan\theta$ (9.25)

Torsionslängsbewehrung: $a_{sl} = \frac{T_{Ed}}{2 \cdot A_k \cdot f_{yd}} \cdot \cot\theta$ (9.26)

Für $\theta = 45°$ ergibt sich:

$$a_{sw} = \frac{T_{Ed}}{2 \cdot A_k \cdot f_{ywd}} \qquad (9.27)$$

$$a_{sl} = \frac{T_{Ed}}{2 \cdot A_k \cdot f_{yd}} \qquad (9.28)$$

$$A_{sl} = \frac{T_{Ed}}{2 \cdot A_k \cdot f_{yd}} \cdot u_k \qquad (9.29)$$

Die Zugkräfte der Torsionslängsbewehrung überlagern sich jeweils mit den Biegedruck- bzw. Biegezugkräften im Querschnitt (bei gleichzeitiger Wirkung eines Biege- und eines Torsionsmomentes). Die Torsionslängsbewehrung muss zur Biegezugbewehrung addiert werden. Im Druckgurt darf sie entsprechend den vorhandenen Druckkräften abgemindert werden. Hierbei ist zu beachten, dass die Biegedruckkraft an der Stelle des (betragsmäßig) minimalen Biegemomentes zu ermitteln ist.

9.3.4 Bewehrungsführung

Bei größeren Bauteilabmessungen (b_k bzw. h_k > 35 cm) werden die Längsstäbe nicht nur in den Ecken konzentriert, sondern gleichmäßig über den Querschnitt verteilt (**Abb. 9.7**).

$$s_l \leq 0{,}35\,\mathrm{m} \quad (\text{EC 2-1-1, 9.2.3(4)}) \tag{9.30}$$

Die Bügel sind bei Torsion geschlossen auszubilden (lediglich bei 4-schnittigen Bügeln darf der innere Bügel offen sein). Die Bügelschenkel sind kraftschlüssig zu schließen. Die Bügelabstände dürfen zusätzlich zu den Bestimmungen bei Querkraft folgenden Wert nicht überschreiten:

$$s_w \leq \frac{u_k}{8} \quad (\text{EC 2-1-1, 9.2.3(3)}) \tag{9.31}$$

Die für Balken vorgeschriebene Mindestschubbewehrung (**Tafel 8.2**) ist sowohl für die Torsionslängs- als auch für die -bügelbewehrung einzuhalten.

$$a_{sw,min} \geq \rho_{w,min} \cdot t_{eff} \tag{9.32}$$

$$a_{sl,min} \geq \rho_{w,min} \cdot t_{eff} \tag{9.33}$$

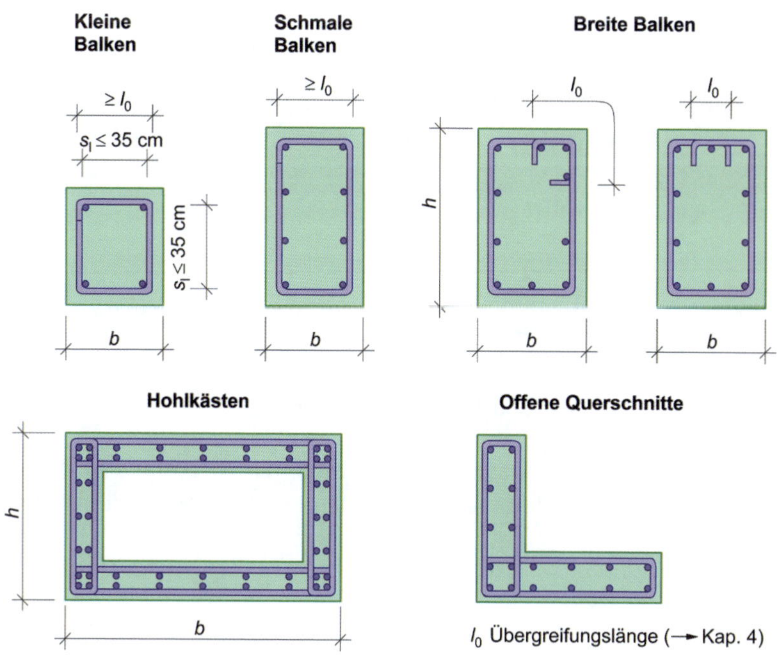

Abb. 9.7 *Ausbildung der Torsionsbewehrung*

9.4 Bemessung bei kombinierter Wirkung von Querkräften und Torsionsmomenten

9.4.1 Geringe Beanspruchung ohne Nachweis

Sofern ein näherungsweise rechteckiger Vollquerschnitt und nur geringe Einwirkungen aus Querkräften und Torsionsmomenten vorliegen, ist keine Querkraft- und Torsionsbewehrung erforderlich. Wenn angenommen wird, dass die Schubspannung aus Torsion (Gl. (9.15)) kleiner als diejenige aus Querkraft (Gl. (8.88)) ist, erhält man:

$$\tau_V = \frac{V_{Ed}}{b_w \cdot z} \geq \tau_T = \frac{T_{Ed}}{W_T} \tag{9.34}$$

Für Rechteckquerschnitte kann mit **Tafel 9.1** für den ungünstigsten Fall $h_i/b_i = 1$ formuliert werden:

$$\frac{V_{Ed}}{b_w \cdot z} \approx \frac{V_{Ed}}{b_w \cdot 0{,}94 \cdot h} \geq \frac{T_{Ed}}{0{,}208 \cdot b_w^2 \cdot h} \approx \frac{T_{Ed}}{W_T}$$

$$T_{Ed} \leq \frac{b_w}{4{,}5} \cdot V_{Ed} \qquad b_w \text{ in m} \tag{9.35}$$

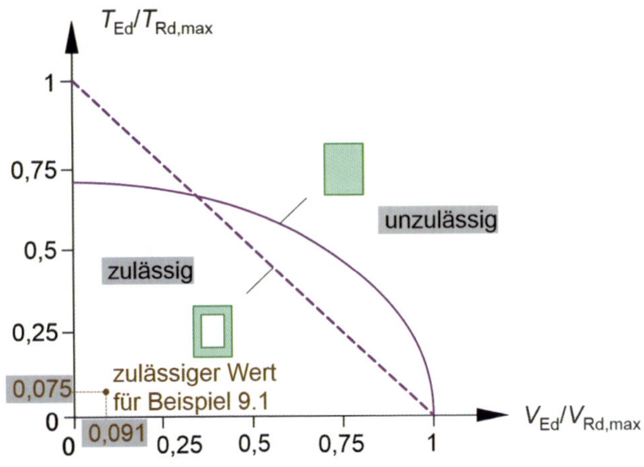

Abb. 9.8 *Interaktion für zulässige Querkraft- und Torsionsbeanspruchung*

Dies entspricht EC 2-1-1/NA zu 6.3.2(5). Das Bauteil soll weiterhin im Zustand I bleiben, damit die Zugstreben aus Torsion vom Beton aufgenommen werden können. Dies führt mit Gl. (9.35) direkt zu:

$$V_{Ed} \cdot \left(1 + \frac{4{,}5 \cdot T_{Ed}}{b_w \cdot V_{Ed}}\right) \leq V_{Rd,c} \tag{9.36}$$

Sofern Gl. (9.35) und Gl. (9.36) eingehalten werden, ist nur die Mindestbügelbewehrung gemäß **Tafel 8.2** in den Bauteilquerschnitt einzulegen.

9.4.2 Nachweisverfahren bei höherer Beanspruchung

Die Bemessung bei einer kombinierten Beanspruchung erfolgt durch Überlagerung des Fachwerkmodells nach **Abb. 8.12** und **Abb. 9.6**.

- Bemessung der Druck- und Zugstreben für alleinige Querkraftbeanspruchung; bei der Tragfähigkeit für die Druckstrebe ist der Abminderungsbeiwert ν entsprechend Gl. (9.19) zu bestimmen.
- Bemessung der Druck- und Zugstreben für alleinige Torsionsbeanspruchung, wobei hinsichtlich des Winkels der Druckstrebenneigung für den Torsionsnachweis ergänzende Regelungen zu beachten sind.
- Zusätzliche Interaktion für Querkraft- und Torsionsbeanspruchung. Für den Nachweis der Druckstrebe muss je nach Querschnitt eine der folgenden Interaktionsgleichungen (**Abb. 9.8**) erfüllt werden.

Kompaktquerschnitte und offene Querschnitte

$$\left(\frac{T_{\mathrm{Ed}}}{T_{\mathrm{Rd,max}}}\right)^2 + \left(\frac{V_{\mathrm{Ed}}}{V_{\mathrm{Rd,max}}}\right)^2 \leq 1 \tag{9.37}$$

Hohlkastenquerschnitte

$$\frac{T_{\mathrm{Ed}}}{T_{\mathrm{Rd,max}}} + \frac{V_{\mathrm{Ed}}}{V_{\mathrm{Rd,max}}} \leq 1 \text{ mit } \nu = 0{,}75 \tag{9.38}$$

Für Vollquerschnitte und offene Querschnitte darf die günstigere quadratische Interpolation verwendet werden, da die Torsionsmomente nur die äußere Schale beanspruchen, während für die Querkräfte die gesamte Bauteilbreite zur Verfügung steht. Sofern der Bauteilwiderstand im äußeren Bereich infolge der Torsionsbeanspruchung ausgenutzt wird, kann das Bauteilinnere die Querkraft abtragen. Für Hohlkastenquerschnitte ist diese günstige Lastverteilung nicht möglich, da sich beide Beanspruchungen auf die dünnen Wandungsquerschnitte konzentrieren und eine Umlagerung nicht möglich ist. Hier ist daher die ungünstigere lineare Interaktionsgleichung zu verwenden.

- Die erforderliche Bewehrung ergibt sich aus der Addition der für die getrennte Beanspruchung ermittelten Bewehrungsanteile.

$$A_{\mathrm{sl}} = A_{\mathrm{sl,M}} + A_{\mathrm{sl,T}} \tag{9.39}$$

$$a_{\mathrm{sw}} = a_{\mathrm{sw,V}} + a_{\mathrm{sw,T}} \tag{9.40}$$

$A_{\mathrm{sl,M}}$ Biegezugbewehrung nach Kap. 7
$A_{\mathrm{sl,T}}$ bzw. $a_{\mathrm{sw,T}}$ Längs- bzw. Bügelbewehrung nach Kap. 9.3.3
$a_{\mathrm{sw,V}}$ Bügelbewehrung nach Kap. 8.4

Vereinfachtes Verfahren

Für die Bestimmung des Druckstrebenwinkels θ stehen zwei Möglichkeiten zur Verfügung. Beim vereinfachten Verfahren werden für den Querkraft- und den Torsionsnachweis zwei verschiedene Winkel angesetzt, für Querkräfte entsprechend Gl. (8.45), für Torsionsmomente $\theta = 45°$.

Kombinierte Bemessung

Bei einer kombinierten Bemessung (genaueres Verfahren) wird ein einheitlicher Winkel der Druckstreben für den Querkraft- und für den Torsionsmomentennachweis ermittelt. Hierzu wird die Schubkraft in einer Wand des Nachweisquerschnitts mit der Ersatzwanddicke t_{eff} bestimmt (vgl. Gln. (9.4) und (9.5)).

$$V_{\mathrm{Ed,T+V}} = V_{\mathrm{Ed,T}} + V_{\mathrm{Ed,V}} = \frac{T_{\mathrm{Ed}} \cdot z}{2A_{\mathrm{k}}} + V_{\mathrm{Ed}} \cdot \frac{t_{\mathrm{eff}}}{b_{\mathrm{w}}} \tag{9.41}$$

Mit dieser Schubkraft wird der Winkel θ nach Gl. (8.45) berechnet und sowohl für den Querkraft- als auch den Torsionsmomentennachweis verwendet. Der hierzu erforderliche Querkrafttraganteil des Betons wird nach Gl. (8.42) ermittelt, wobei anstatt der Bauteilbreite b_w die Ersatzwanddicke t_{eff} zu verwenden ist.

Beispiel 9.1: Bemessung für Querkräfte und Torsionsmomente mit dem vereinfachten Verfahren

Gegeben:
- Kragarm mit Abmessungen und Einwirkungen lt. Skizze
- Bauteil befindet sich im Inneren eines Gebäudes.
- Baustoffe C35/45; B500

Gesucht: Bemessung des Bauteiles auf Biegung, Querkraft und Torsion mit dem vereinfachten Verfahren

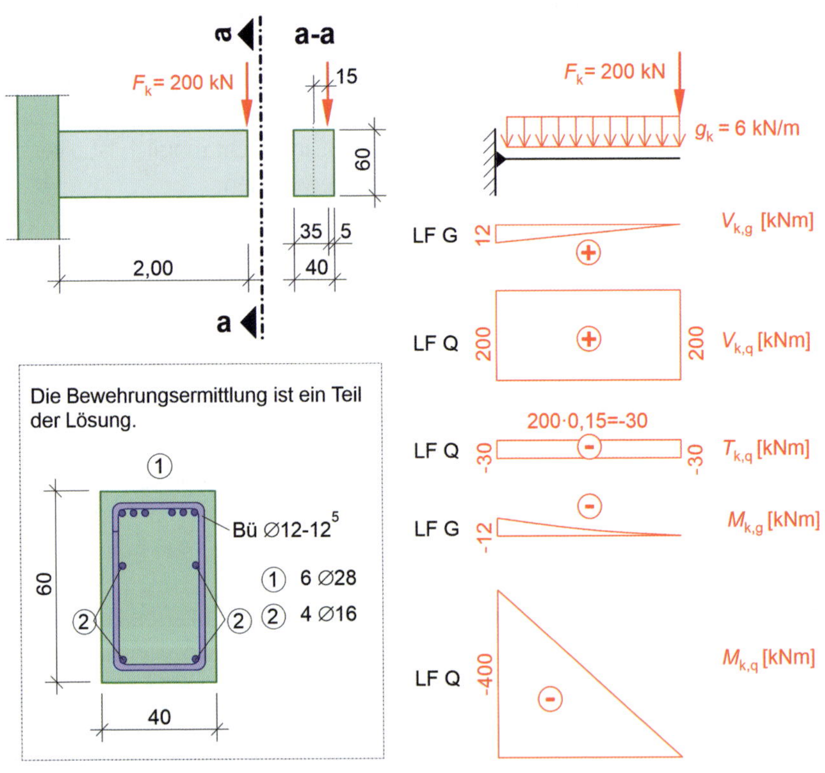

Lösung:

Biegebemessung:

$\min M_{\text{Ed}} = 1{,}35 \cdot (-12) + 1{,}50 \cdot (-400) = -616\,\text{kNm}$

(6.11): $E_{\text{d}} = \sum_{\text{i}} \gamma_{\text{G,i}} \cdot E_{\text{Gk,i}} \oplus 1{,}50 \cdot E_{\text{Qk,unf}}$

$M_{\text{Eds}} = |-616| - 0 = 616\,\text{kNm}$

(7.5): $M_{\text{Eds}} = |M_{\text{Ed}}| - N_{\text{Ed}} \cdot z_{\text{s}}$

Umweltklasse für Bewehrungskorrosion: XC1

Tafel 2.1: für Innenbauteil

XC1: C16/20 < C30/37

Tafel 2.3: Gewählte Festigkeitsklasse des Betons darf nicht unter der Mindestfestigkeitsklasse liegen.

$c_{\text{min,dur}} = 10\,\text{mm}$

Tafel 3.1: Umweltklasse XC1

Es wird erwartet, dass Längsstäbe maßgebend werden.

Schätzwert: $c_{\text{min,b}} = 28\,\text{mm}$

(3.3): $c_{\text{min,b}} \geq \varnothing_{\text{l}}$

$c_{\text{min}} = \max \begin{cases} 10 \\ 28 \end{cases}$

(3.2): $c_{\text{min}} = \max \begin{cases} c_{\text{min, XC1}} \\ c_{\text{min,b}} \end{cases}$

$\Delta c_{\text{dev}} = 10\,\text{mm}$

Vorhaltemaß für Umweltklasse XC1 (Vorhaltemaß, falls Verbundbedingung maßgebend)

$c_{\text{nom}} = (28 - 12) + 10 = 26\,\text{mm}$

(3.1): $c_{\text{nom}} = c_{\text{min}} + \Delta c_{\text{dev}}$

$c_{\text{v,bü}} = 30\,\text{mm}$

$d_{\text{est}} = 60 - 3{,}0 - 1{,}2 - \frac{2{,}8}{2} = 54{,}4\,\text{cm} \approx 54{,}5\,\text{cm}$

(7.9): $d = h - c_{\text{v,bü}} - \varnothing_{\text{bü}} - e$

$f_{\text{cd}} = \frac{0{,}85 \cdot 35}{1{,}50} = 19{,}8\,\text{N/mm}^2$

(2.17): $f_{\text{cd}} = \frac{\alpha_{\text{cc}} \cdot f_{\text{ck}}}{\gamma_{\text{c}}}$

$\mu_{\text{Eds}} = \frac{0{,}616}{0{,}40 \cdot 0{,}545^2 \cdot 19{,}8} = 0{,}262 \approx 0{,}27$

(7.21): $\mu_{\text{Eds}} = \frac{M_{\text{Eds}}}{b \cdot d^2 \cdot f_{\text{cd}}}$

$\omega = 0{,}3239$; $\zeta = 0{,}834$; $\xi = 0{,}400$; $\sigma_{\text{s}} = 438\,\text{N/mm}^2$

Tafel 7.1

$A_{\text{s}} = \frac{0{,}3239 \cdot 0{,}40 \cdot 0{,}545 \cdot 19{,}8}{438} \cdot 10^4 = \underline{\underline{31{,}9\,\text{cm}^2}}$

(7.60): $A_{\text{s}} = \frac{\omega \cdot b \cdot d \cdot f_{\text{cd}} + N_{\text{Ed}}}{\sigma_{\text{sd}}}$

Es wird noch keine Bewehrung gewählt, da die Torsionslängsbewehrung zu addieren ist. Ohne Nachweis ist sofort erkennbar, dass die nach Kap. 7.7.1 erforderliche Mindestbewehrung deutlich überschritten wird.

Querkraftbemessung:

$T_d = 1{,}50 \cdot (-30) = -45\,\text{kNm}$

$V_d = 1{,}35 \cdot (12) + 1{,}50 \cdot (200) = 316\,\text{kN}$

(6.11): $E_d = \sum_i \gamma_{G,i} \cdot E_{Gk,i} \oplus 1{,}50 \cdot E_{Qk,unf}$

$x_V = \frac{0}{2} + 0{,}545 = 0{,}545\,\text{m}$

(8.5): $x_V = \frac{t}{2} + d$

$V_{Ed} = 316 - 1{,}35 \cdot 6 \cdot 0{,}545 = 312\,\text{kN}$

(8.4): $V_{Ed} = |\text{extr}\,V_d| - F_d \cdot x_V$

$z \approx 0{,}9 \cdot 0{,}545 = 0{,}49\,\text{m}$

$z \approx 0{,}9d$

$\sigma_{cd} = \frac{0}{A_c} = 0$

(8.22): $\sigma_{cd} = \frac{N_{Ed}}{A_c}$

$V_{Rd,cc} = 0{,}24 \cdot 35^{1/3} \cdot 0{,}40 \cdot 0{,}49 = 0{,}154\,\text{MN}$

(8.42): $V_{Rd,cc} = 0{,}24 \cdot f_{ck}^{1/3} \cdot \left(1 - 1{,}2 \cdot \frac{\sigma_{cd}}{f_{cd}}\right) \cdot b_w \cdot z$

$\cot\theta = \frac{1{,}2}{1 - \frac{0{,}154}{0{,}312}} = 2{,}36 < 3{,}0$

(8.45): $1{,}0 \leq \cot\theta \leq \frac{1{,}2 + 1{,}4 \cdot \frac{\sigma_{cd}}{f_{cd}}}{1 - \frac{V_{Rd,cc}}{V_{Ed}}} \leq 3{,}0$

gew: $\theta = 23° \; (\cot\theta = 2{,}36)$

$V_{Rd,max} = 0{,}40 \cdot 0{,}49 \cdot 0{,}75 \cdot 19{,}8 \cdot \frac{1}{2{,}36 + 1/2{,}36} = 1{,}046\,\text{MN}$

(8.34): $V_{Rd,max} = \frac{b_w \cdot z \cdot \nu_1 \cdot f_{cd}}{\cot\theta + \tan\theta}$

$V_{Ed} = 316\,\text{kN} < 1046\,\text{kN} = V_{Rd,max}$

(8.3): $\text{extr}\,V_d \leq V_{Rd,max}$

$a_{sw} = \frac{312 \cdot 10}{0{,}49 \cdot 435 \cdot 2{,}36} = 6{,}2\,\text{cm}^2/\text{m}$

(8.58): $a_{sw} = \frac{V_{Ed}}{z \cdot f_{ywd} \cdot \sin\alpha \cdot (\cot\theta + \cot\alpha)}$

$\rho = 0{,}00102$

Tafel 8.2: C35

$\rho_{w,min} = 1{,}0 \cdot 0{,}00102 = 0{,}00102$

(8.55): $\rho_{w,min} = 1{,}0\rho$

$a_{sw,min} \geq 0{,}00102 \cdot 40 \cdot 10^2 = 4{,}08\,\text{cm}^2/\text{m}$
nicht maßgebend

(8.53): $a_{sw,min} \geq \rho_{w,min} \cdot t_{eff}$

Torsionsbemessung:

$T_{Ed} = \max|-45| = 45\,\text{kNm}$

(9.16): $T_{Ed} = \max|T_d|$

$T_{Ed} = 45\,\text{kNm} > 27{,}7\,\text{kNm} = \frac{0{,}4}{4{,}5} \cdot 312$

(9.35): $T_{Ed} \leq \frac{b_w}{4{,}5} \cdot V_{Ed}$

Der Nachweis der Torsionsmomente ist zu führen.

$t_{eff} = 2 \cdot \left(30 + 12 + \frac{28}{2}\right) = 112\,\text{mm}$

(9.6): $t_{eff} = 2 \cdot \left(c_{v,bü} + \varnothing_{bü} + \frac{\varnothing_l}{2}\right)$

$b_k = 0{,}40 - 0{,}112 = 0{,}288\,\text{m}$

(9.8): $b_k = b - t_{eff}$

$d_k = 0{,}60 - 0{,}112 = 0{,}488\,\text{m}$

(9.9): $d_k = h - t_{eff}$

$A_k = 0{,}288 \cdot 0{,}488 = 0{,}141\,\text{m}^2$

(9.7): $A_k = b_k \cdot h_k$

$T_{\mathrm{Rd,max}} = 0{,}525 \cdot 19{,}8 \cdot 0{,}141 \cdot 0{,}112 = 0{,}164\,\mathrm{MNm} = 164\,\mathrm{kNm}$

(9.21): $T_{\mathrm{Rd,max}} = \nu \cdot f_{\mathrm{cd}} \cdot A_{\mathrm{k}} \cdot t_{\mathrm{eff}}$

$T_{\mathrm{Ed}} = 45\,\mathrm{kNm} < 164\,\mathrm{kNm} = T_{\mathrm{Rd,max}}$

(9.2): $T_{\mathrm{Ed}} \leq T_{\mathrm{Rd,max}}$

$a_{\mathrm{sw}} = \frac{45 \cdot 10}{2 \cdot 0{,}141 \cdot 435} = 3{,}67\ \mathrm{cm^2/m}$

(9.27): $a_{\mathrm{sw}} = \frac{T_{\mathrm{Ed}}}{2 \cdot A_{\mathrm{k}} \cdot f_{\mathrm{ywd}}}$

$a_{\mathrm{sl}} = \frac{45 \cdot 10}{2 \cdot 0{,}141 \cdot 435} = 3{,}67\ \mathrm{cm^2/m}$

(9.28): $a_{\mathrm{sl}} = \frac{T_{\mathrm{Ed}}}{2 \cdot A_{\mathrm{k}} \cdot f_{\mathrm{yd}}}$

Querkraft- und Torsionsbemessung:

$\left(\frac{45}{164}\right)^2 + \left(\frac{312}{1046}\right)^2 = 0{,}075 + 0{,}091 = 0{,}17 < 1{,}0$

(9.37): $\left(\frac{T_{\mathrm{Ed}}}{T_{\mathrm{Rd,max}}}\right)^2 + \left(\frac{V_{\mathrm{Ed}}}{V_{\mathrm{Rd,max}}}\right)^2 \leq 1$

alternativ grafisch

Abb. 9.8

Bewehrungsanordnung Bügel:

$a_{\mathrm{sw}} = \frac{6{,}2}{2} + 3{,}67 = 6{,}77\ \mathrm{cm^2/m}$

(9.40): $a_{\mathrm{sw}} = a_{\mathrm{sw,V}} + a_{\mathrm{sw,T}}$

gew : Bü ∅12-12[5] 2-schnittig

Die infolge Querkräfte erforderliche Querkraftbewehrung wurde pro Seite umgerechnet.

$a_{\mathrm{sw,vorh}} = 1 \cdot 1{,}13 \cdot \frac{100}{12{,}5} = 9{,}04\ \mathrm{cm^2/m}$

(8.59): $a_{\mathrm{sw,vorh}} = n \cdot A_{\mathrm{s,ø}} \cdot \frac{l_{\mathrm{B}}}{s_{\mathrm{w}}}$

$a_{\mathrm{s,vorh}} = 9{,}04\ \mathrm{cm^2/m} > 6{,}77\ \mathrm{cm^2/m} = a_{\mathrm{s,erf}}$

(7.62): $A_{\mathrm{s,vorh}} \geq A_{\mathrm{s,erf}}$

$0{,}30 < \frac{V_{\mathrm{Ed}}}{V_{\mathrm{Rd,max}}} = \frac{312}{732} = 0{,}43 < 0{,}60$

$0{,}3 < \frac{V_{\mathrm{Ed}}}{V_{\mathrm{Rd,max}}} \leq 0{,}60$

$V_{\mathrm{Rd,max}}$ berechnet mit $\nu = 0{,}525$ gemäß Gl. (9.19)

$s_{\mathrm{max}} = 0{,}5 \cdot 600 = 300\,\mathrm{mm}$

Tafel 8.1: $s_{\mathrm{max}} = 0{,}5 \cdot h \leq 300\,\mathrm{mm}$

$s_{\mathrm{w,l}} = 30\,\mathrm{cm} = s_{\mathrm{l,max}}$

(8.50): $s_{\mathrm{w,l}} \leq s_{\mathrm{l,max}}$

$u_{\mathrm{k}} = 2 \cdot (0{,}288 + 0{,}488) = 1{,}55\,\mathrm{m}$

(9.10): $u_{\mathrm{k}} = 2 \cdot (b_{\mathrm{k}} + d_{\mathrm{k}})$

$s_{\mathrm{w}} = 0{,}15\,\mathrm{m} < 0{,}194\,\mathrm{m} = \frac{1{,}55}{8}$

(9.31): $s_{\mathrm{w}} \leq \frac{u_{\mathrm{k}}}{8}$

Bewehrungsanordnung Längsbewehrung:

unten: $A_{\mathrm{sl}} = 3{,}67 \cdot 0{,}288 = 1{,}06\ \mathrm{cm^2}$

$A_{\mathrm{sl}} = a_{\mathrm{sl}} \cdot b_{\mathrm{k}}$

gew : 2 · ½ ∅16 mit $A_{\mathrm{s,vorh}} = 2{,}0\ \mathrm{cm^2}$

Tafel 4.1: Der Eckstab wird jeweils zur Hälfte einer der beiden Seiten zugeordnet.

	Anordnung je 1 Stab in den Ecken	
	$A_{sl,vorh} = 2{,}0\ \text{cm}^2 > 1{,}06\ \text{cm}^2 = A_{sl}$	(7.62): $A_{s,vorh} \geq A_{s,erf}$
seitlich:	$A_{sl} = 3{,}67 \cdot 0{,}488 = 1{,}79\ \text{cm}^2$	$A_{sl} = a_{sl} \cdot d_k$
	gew :(1 + 2 · ½) ∅16 mit $A_{s,vorh} = 4{,}0\ \text{cm}^2$	**Tafel 4.1**: Der Eckstab wird jeweils zur Hälfte einer der beiden Seiten zugeordnet. Der obere (halbe) Eckstab wird in die Biegezugbewehrung integriert.
	$A_{sl,vorh} = 4{,}0\ \text{cm}^2 > 1{,}79\ \text{cm}^2 = A_{sl}$	(7.62): $A_{s,vorh} \geq A_{s,erf}$
	$s_l = \frac{1}{2} \cdot \left(60 - 2 \cdot 3{,}0 - 2 \cdot 1{,}2 - \frac{1{,}6 + 2{,}8}{2}\right) = 24{,}7\,\text{cm}$	
	$s_l = 0{,}247\,\text{m} < 0{,}35\,\text{m}$	(9.30): $s_l \leq 0{,}35\,\text{m}$
oben:	$A_{sl,M} = 31{,}9\ \text{cm}^2$	Biegemoment:
	$A_{sl,T} = 3{,}67 \cdot 0{,}288 = 1{,}06\ \text{cm}^2$	Torsionslängsbewehrung Oberseite
	$A_{sl,T} = 2 \cdot \frac{1{,}06}{4} = 0{,}53\ \text{cm}^2$	Anteilige seitliche Torsionslängsbewehrung für die Eckstäbe
	$A_{sl} = 31{,}9 + 1{,}06 + 0{,}53 = 33{,}5\ \text{cm}^2$	(9.39): $A_{sl} = A_{sl,M} + A_{sl,T}$
	gew : 6 ∅28 mit $A_{s,vorh} = 37{,}0\ \text{cm}^2$	**Tafel 4.1**: Auf eine Rüttelgasse oben muss nicht geachtet werden, da das Fertigteil wie eine Stütze mit 4-seitiger Schalung betoniert wird.
	$A_{sl,vorh} = 37{,}0\ \text{cm}^2 > 33{,}5\ \text{cm}^2 = A_{sl}$	(7.62): $A_{s,vorh} \geq A_{s,erf}$

Beispiel 9.2: Bemessung bei kombinierter Wirkung von Querkräften und Torsionsmomenten

Gegeben:
- Kragarm mit Abmessungen und Einwirkungen lt. Skizze Beispiel 9.1
- Bauteil befindet sich im Inneren eines Gebäudes
- Biegezugbewehrung $A_{s,l} = 37{,}0\ \mathrm{cm}^2$
- Baustoffe C35/45; B 500

Gesucht: Bemessung des Bauteiles auf Querkraft und Torsion für kombinierte Bemessung

Lösung:

Biegebemessung: — siehe Beispiel 9.1

$$A_s = \frac{0{,}3239 \cdot 0{,}40 \cdot 0{,}545 \cdot 19{,}8}{438} \cdot 10^4 = \underline{\underline{31{,}9\ \mathrm{cm}^2}}$$

(7.60): $A_s = \dfrac{\omega \cdot b \cdot d \cdot f_{cd} + N_{Ed}}{\sigma_{sd}}$

Querkraftbemessung:

$V_{Ed} = 316 - 1{,}35 \cdot 6 \cdot 0{,}545 = 312\,\mathrm{kN}$ — siehe Beispiel 9.1

$T_{Ed} = \max|-45| = 45\,\mathrm{kNm}$ — siehe Beispiel 9.1

$T_{Ed} = 45\,\mathrm{kNm} > 27{,}7\,\mathrm{kNm} = \dfrac{0{,}4}{4{,}5} \cdot 312$ — (9.35): $T_{Ed} \le \dfrac{b_w}{4{,}5} \cdot V_{Ed}$

Der Nachweis der Torsionsmomente ist zu führen.

$z \approx 0{,}9 \cdot 0{,}545 = 0{,}49\,\mathrm{m}$ — $z \approx 0{,}9d$

$t_{eff} = 2 \cdot \left(30 + 12 + \frac{28}{2}\right) = 112\,\mathrm{mm}$ — (9.6): $t_{eff} = 2 \cdot \left(c_{v,bü} + \varnothing_{bü} + \frac{\varnothing_l}{2}\right)$

$b_k = 0{,}40 - 0{,}112 = 0{,}288\,\mathrm{m}$ — (9.8): $b_k = b - t_{eff}$

$d_k = 0{,}60 - 0{,}112 = 0{,}488\,\mathrm{m}$ — (9.9): $d_k = h - t_{eff}$

$A_k = 0{,}288 \cdot 0{,}488 = 0{,}141\ \mathrm{m}^2$ — (9.7): $A_k = b_k \cdot h_k$

$V_{Ed,T+V} = \dfrac{45 \cdot 0{,}49}{2 \cdot 0{,}141} + 312 \cdot \dfrac{0{,}112}{0{,}40} = 166\,\mathrm{kN}$ — (9.41): $V_{Ed,T+V} = \dfrac{T_{Ed} \cdot z}{2A_k} + V_{Ed} \cdot \dfrac{t_{eff}}{b_w}$

$\sigma_{cd} = \dfrac{0}{A_c} = 0$ — (8.22): $\sigma_{cd} = \dfrac{N_{Ed}}{A_c}$

(8.42): Bei Querkraft und Torsion ist b_w durch t_{eff} zu ersetzen.

$V_{Rd,cc} = 0{,}24 \cdot f_{ck}^{1/3} \cdot \left(1 - 1{,}2 \cdot \dfrac{\sigma_{cd}}{f_{cd}}\right) \cdot b_w \cdot z$

$V_{Rd,cc} = 0{,}24 \cdot 35^{1/3} \cdot 0{,}112 \cdot 0{,}49 = 0{,}0431\,\mathrm{MN}$

(8.45): Bei Querkraft plus Torsion ist V_{Ed} durch $V_{Ed,T+V}$ zu ersetzen.

$$\cot\theta = \frac{1{,}2 - 0}{1 - \frac{0{,}0431}{0{,}166}} = 1{,}62 < 3{,}0$$

$$1{,}0 \leq \cot\theta \leq \frac{1{,}2 + 1{,}4 \cdot \frac{\sigma_{cd}}{f_{cd}}}{1 - \frac{V_{Rd,cc}}{V_{Ed}}} \leq 3{,}0$$

gew: $\theta = 31{,}7°\ (\cot\theta = 1{,}62)$

$$V_{Rd,max} = 0{,}40 \cdot 0{,}49 \cdot 0{,}75 \cdot 19{,}8 \cdot \frac{1}{1{,}62 + 1/1{,}62} = 1{,}301\,\text{MN}$$

(8.34): $V_{Rd,max} = \frac{b_w \cdot z \cdot \nu_1 \cdot f_{cd}}{\cot\theta + \tan\theta}$

$V_{Ed} = 316\,\text{kN} < 1301\,\text{kN} = V_{Rd,max}$

(8.3): $\text{extr } V_d \leq V_{Rd,max}$

(8.58): $a_{sw} = \frac{V_{Ed}}{z \cdot f_{ywd} \cdot \sin\alpha \cdot (\cot\theta + \cot\alpha)}$

$$a_{sw} = \frac{312 \cdot 10}{0{,}49 \cdot 435 \cdot 1{,}62} = 9{,}0\ \text{cm}^2/\text{m}$$

$\rho = 0{,}00102$

Tafel 8.2: C35

$a_{sw,min} \geq 0{,}00102 \cdot 40 \cdot 10^2 = 4{,}08\ \text{cm}^2/\text{m}$

(8.55): $a_{sw,min} \geq \rho_{w,min} \cdot t_{eff}$

$$\rho_w = \frac{9{,}0 \cdot 10^{-2}}{40 \cdot \sin 90} = 0{,}0023 > 0{,}00102 = \rho_{w,min}$$

(8.53): $\rho_w = \frac{a_{sw}}{b_w \cdot \sin\alpha} \geq \rho_{w,min}$

Torsionsbemessung:

$$T_{Rd,max} = 1{,}0 \cdot 0{,}525 \cdot 19{,}8 \cdot 2 \cdot 0{,}141 \cdot 0{,}112 \cdot \sin 31{,}7° \cos 31{,}7° = 0{,}147\,\text{MN} = 147\,\text{kN}$$

(9.21): $T_{Rd,max} = \alpha_{cw} \cdot \nu \cdot f_{cd} \cdot 2 \cdot A_k \cdot t_{eff} \cdot \sin\theta \cdot \cos\theta$

$T_{Ed} = 45\,\text{kNm} < 147\,\text{kNm} = T_{Rd,max}$

(9.2): $T_{Ed} \leq T_{Rd,max}$

$$a_{sw} = \frac{45 \cdot 10}{2 \cdot 0{,}141 \cdot 435} \cdot \tan 31{,}7° = 2{,}27\ \text{cm}^2/\text{m}$$

(9.25): $a_{sw} = \frac{T_{Ed}}{2 \cdot A_k \cdot f_{ywd}} \cdot \tan\theta$

$$a_{sl} = \frac{45 \cdot 10}{2 \cdot 0{,}141 \cdot 435} \cdot \cot 31{,}7° = 5{,}94\ \text{cm}^2/\text{m}$$

(9.26): $a_{sl} = \frac{T_{Ed}}{2 \cdot A_k \cdot f_{yd}} \cdot \cot\theta$

Querkraft- und Torsionsbemessung:

$$\left(\frac{45}{147}\right)^2 + \left(\frac{316}{1301}\right)^2 = 0{,}15 < 1{,}0$$

(9.37): $\left(\frac{T_{Ed}}{T_{Rd,max}}\right)^2 + \left(\frac{V_{Ed}}{V_{Rd,max}}\right)^2 \leq 1$

Bewehrungsanordnung Bügel:

$$a_{sw} = \frac{9{,}0}{2} + 2{,}27 = 6{,}77\ \text{cm}^2/\text{m}$$

(9.40): $a_{sw} = a_{sw,V} + a_{sw,T}$

gew : Bü ∅12-12[5] 2-schnittig

Umrechnung pro Seite

$$a_{sw,vorh} = 1 \cdot 1{,}13 \cdot \frac{100}{12{,}5} = 9{,}04\ \text{cm}^2/\text{m}$$

(8.59): $a_{sw,vorh} = n \cdot A_{s,ø} \cdot \frac{l_B}{s_w}$

$a_{s,vorh} = 9{,}04\ \text{cm}^2/\text{m} > 6{,}77\ \text{cm}^2/\text{m} = a_{s,erf}$

(7.62): $A_{s,vorh} \geq A_{s,erf}$

$0{,}30 < \frac{V_{Ed}}{V_{Rd,max}} = \frac{316}{911} = 0{,}35 < 0{,}60$	$0{,}3 < \frac{V_{Ed}}{V_{Rd,max}} \leq 0{,}60$
	$V_{Rd,max}$ berechnet mit $v = 0{,}525$ gemäß Gl. (9.19)
$s_{max} = 0{,}5 \cdot 600 = 300\,mm$	**Tafel 8.1**: $s_{max} = 0{,}5 \cdot h \leq 300\,mm$
$s_{w,l} = 30\,cm = s_{l,max}$	(8.50): $s_{w,l} \leq s_{l,max}$
$u_k = 2 \cdot (0{,}288 + 0{,}488) = 1{,}55\,m$	(9.10): $u_k = 2 \cdot (b_k + d_k)$
$s_{w,l} = 0{,}15\,m < 0{,}194\,m = \frac{1{,}55}{8}$	(9.31): $s_{w,l} \leq \frac{u_k}{8}$
Bewehrungsanordnung Längsbewehrung:	
unten: $A_{sl} = 5{,}94 \cdot 0{,}288 = 1{,}71\ cm^2$	$A_{sl} = a_{sl} \cdot b_k$
gew : 2 · ½ ∅16 mit $A_{s,vorh} = 2{,}0\ cm^2$	**Tafel 4.1**: Der Eckstab wird jeweils zur Hälfte einer der beiden Seiten zugeordnet.
Anordnung je 1 Stab in den Ecken	Abstand der Längsstäbe → Skizze Beispiel 9.1
$A_{sl,vorh} = 2{,}0\ cm^2 > 1{,}71\ cm^2 = A_{sl}$	(7.62): $A_{s,vorh} \geq A_{s,erf}$
seitlich: $A_{sl} = 5{,}94 \cdot 0{,}488 = 2{,}90\ cm^2$	$A_{sl} = a_{sl} \cdot d_k$
gew : 1 + 2 · ½ ∅16 mit $A_{s,vorh} = 4{,}0\ cm^2$	**Tafel 4.1**: Der Eckstab wird jeweils zur Hälfte einer der beiden Seiten zugeordnet. Der obere (halbe) Eckstab wird in die Biegezugbewehrung integriert.
$A_{sl,vorh} = 4{,}0\ cm^2 > 2{,}90\ cm^2 = A_{sl}$	(7.62): $A_{s,vorh} \geq A_{s,erf}$
$s_l = \frac{1}{2} \cdot \left(60 - 2 \cdot 3{,}0 - 2 \cdot 1{,}2 - \frac{1{,}6 + 2{,}8}{2}\right) = 24{,}7\,cm$	
$s_l = 0{,}247\,m < 0{,}35\,m$	(9.30): $s_l \leq 0{,}35\,m$
oben: $A_{sl,M} = 31{,}9\ cm^2$	Biegemoment
$A_{sl,T} = 5{,}94 \cdot 0{,}288 = 1{,}71\ cm^2$	Torsionslängsbewehrung Oberseite
$A_{sl,T} = 2 \cdot \frac{2{,}90}{4} = 1{,}45\ cm^2$	Anteilige seitliche Torsionslängsbewehrung für die Eckstäbe
$A_{sl} = 31{,}9 + 1{,}71 + 1{,}45 = 35{,}1\ cm^2$	(9.39): $A_{sl} = A_{sl,M} + A_{sl,T}$

gew : 6 ∅28 mit

$A_{s,vorh} = 37{,}0 \text{ cm}^2$

Tafel 4.1: Auf eine Rüttelgasse oben muss nicht geachtet werden, da das Fertigteil wie eine Stütze mit 4-seitiger Schalung betoniert wird.

$A_{sl,vorh} = 37{,}0 \text{ cm}^2 > 35{,}1 \text{ cm}^2 = A_{sl}$

(7.62): $A_{s,vorh} \geq A_{s,erf}$

10 Zugkraftdeckung

10.1 Grundlagen

Die Bemessung eines Stahlbetonbauteils für Biegemomente und Längskräfte erfolgt immer an der Stelle der maximalen Beanspruchung. Hierfür wird die Biegebewehrung ermittelt. Diese Maximalbeanspruchung tritt jedoch nur an einer Stelle auf (z.B. beim Einfeldträger unter Gleichlast in Feldmitte). An anderen Stellen reicht daher eine geringere Biegezugbewehrung aus. Die Biegezugbewehrung kann somit in Balkenlängsrichtung gestaffelt werden, sodass die Stahlmenge reduziert werden kann. Die Bestimmung dieser verringerten Bewehrung bzw. die Staffelung der Biegezugbewehrung in Balkenlängsrichtung ist die Zugkraftdeckung (curtailment of bars).

Um diesen Nachweis ordnungsgemäß führen zu können, ist zunächst die Frage zu klären, ob durch die im Stahlbetonbau durchgeführte Trennung der Nachweise für Biegung (→ Kap. 7) und für Querkraft (→ Kap. 8) Widersprüche entstehen.

Hierzu wird ein Einfeldträger mit einer Einzellast in Feldmitte betrachtet (**Abb. 10.1**). Es soll die Biegezugkraft in der unteren Bewehrung in einem beliebigen Fachwerkfeld ermittelt werden. Das Biegemoment ergibt sich für das gewählte System mit Einzellast

$$M_{\text{Ed}}(x) = V_{\text{Ed}} \cdot x \tag{10.1}$$

Mit Gl. (7.52) erhält man die Biegezugkraft für den hier vorliegenden Sonderfall der reinen Biegung:

$$F_{\text{sd}}(x) = \frac{M_{\text{Ed}}(x)}{z} = \frac{V_{\text{Ed}} \cdot x}{z} \tag{10.2}$$

Damit ergibt sich im Untergurt in der Mitte des *i*-ten Fachwerkfeldes unter Beachtung von **Abb. 8.12**:

$$F_{\text{sd}}^{\text{Biegung}}(x) = \frac{M_{\text{Ed}}(x)}{z} = \frac{V_{\text{Ed}} \cdot \left(i - \frac{1}{2}\right) \cdot c}{z}$$

$$F_{\text{sd}}^{\text{Biegung}}(x) = \frac{V_{\text{Ed}} \cdot \left(i - \frac{1}{2}\right) \cdot z \cdot (\cot\theta + \cot\alpha)}{z} = V_{\text{Ed}} \cdot \left(i - \frac{1}{2}\right) \cdot (\cot\theta + \cot\alpha) \tag{10.3}$$

Bei Betrachtung des Fachwerkmodells erhält man als Kraft im Untergurt für das gesamte Fachwerkfeld durch Gleichgewicht um den oberen Knoten im *i*-ten Fachwerkfeld:

$$F_{\text{sd}}^{\text{Fachwerk}}(x) = \frac{V_{\text{Ed}} \cdot [(i-1) \cdot c + \cot\theta \cdot z]}{z} = V_{\text{Ed}} \cdot [i \cdot \cot\theta + (i-1) \cdot \cot\alpha] \tag{10.4}$$

Durch Vergleich von Gl. (10.3) und (10.4) ist ersichtlich, dass die beiden Modelle einen Widerspruch liefern, der zu einer Differenzkraft ΔF_{sd} führt.

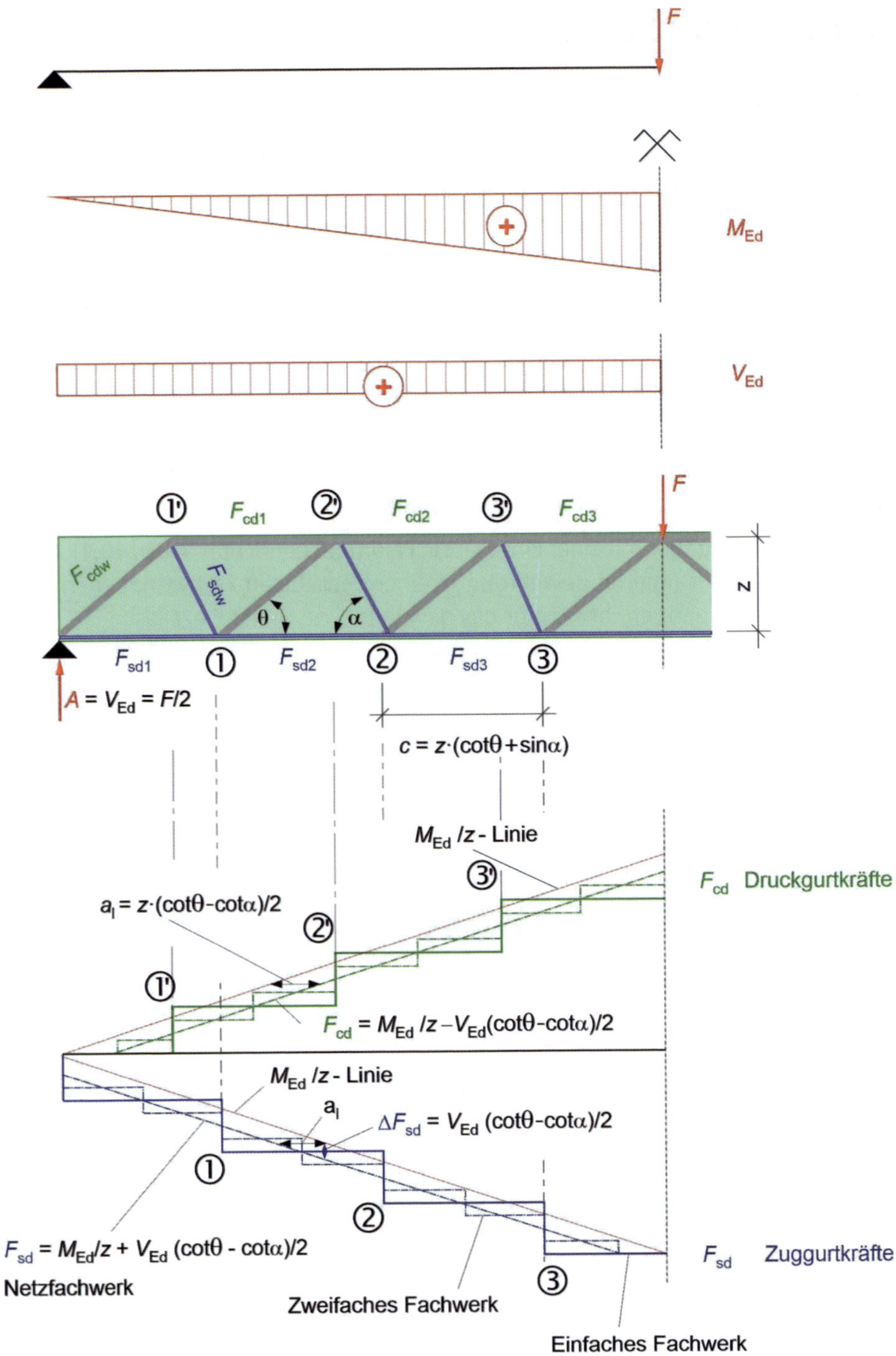

Abb. 10.1 *Versatzmaß*[1]

1 Für den Begriff Versatzmaß existiert kein allgemein gebräuchlicher englischsprachiger Begriff. Es werden verwendet: horizontal displacement of the tensile force envelope line, extension, tension differential, offset.

$$\Delta F_{sd} = F_{sd}^{\text{Biegung}}(x) - F_{sd}^{\text{Fachwerk}}(x)$$

$$= V_{Ed} \cdot [i \cdot \cot\theta + (i-1) \cdot \cot\alpha] - V_{Ed} \cdot \left(i - \tfrac{1}{2}\right) \cdot (\cot\theta + \cot\alpha)$$

$$\Delta F_{sd} = \frac{V_{Ed}}{2} \cdot (\cot\theta - \cot\alpha) \qquad (10.5)$$

Somit handelt es sich bei den beiden Funktionen für F_{si} um zwei parallele Geraden, die um das Maß ΔF_{sd} verschoben sind. Der Anstieg beider Geraden beträgt $\frac{V_{Ed}}{z}$. Der horizontale Abstand der beiden Geraden ist aus der Beziehung $\tan\alpha = \frac{V_{Ed}}{z} = \frac{\Delta F_{sd}}{s}$ ermittelbar. Hieraus erhält man:

$$s = \frac{\Delta F_{sd}}{V_{Ed}} \cdot z = \frac{\frac{V_{Ed}}{2} \cdot (\cot\theta - \cot\alpha)}{V_{Ed}} \cdot z = \frac{1}{2} \cdot (\cot\theta - \cot\alpha) \cdot z$$

$$a_1 = s = \frac{1}{2} \cdot (\cot\theta - \cot\alpha) \cdot z \qquad (10.6)$$

Aus **Abb. 10.1** ist auch ersichtlich, dass das Versatzmaß erhalten bleibt, wenn die Länge des Fachwerkfeldes halbiert wird und weiter gegen Null strebt (Netzfachwerk). Das Versatzmaß vergrößert die Biegezugkraft und verringert die Biegedruckkraft (Herleitung in analoger Weise). Diese Vergrößerung der Biegezugkraft ist bei der Zugkraftdeckung zu beachten.

10.2 Durchführung der Zugkraftdeckung

Der Nachweis der Zugkraftdeckung ist *kein obligatorischer Nachweis*. Sofern die Bewehrung ungestaffelt von Auflager zu Auflager geführt wird, kann der Nachweis entfallen. Eine Staffelung der Bewehrung bedeutet

- erhöhten Aufwand bei der Tragwerksplanung (bei der Rechnung und bei der Erstellung des Bewehrungsplans infolge vieler unterschiedlicher Bewehrungsstränge = unterschiedliche Positionsnummern)
- längere Verlegezeiten auf der Baustelle infolge der größeren Positionsanzahl
- geringeren Stahlverbrauch.

Aufgrund des hohen Lohnniveaus in Mitteleuropa ist lohn- und nicht materialsparendes Bauen wirtschaftlich, eine Zugkraftdeckung ist daher nur in Ausnahmefällen sinnvoll, z.B.:

- Fertigteilbau mit sehr großer Stückzahl des Bauteils (z.B. in Kombination mit einer Querkraftdeckung)
- Balken mit großer Stützweite (wobei diese häufig als vorgespannte Konstruktionen ausgebildet werden).

Die Zugkraftlinie (envelope of the acting tensile force) wird aus Gl. (7.52) bestimmt. Der Hebelarm der inneren Kräfte z darf näherungsweise aus der Querkraftbemessung übernommen werden.

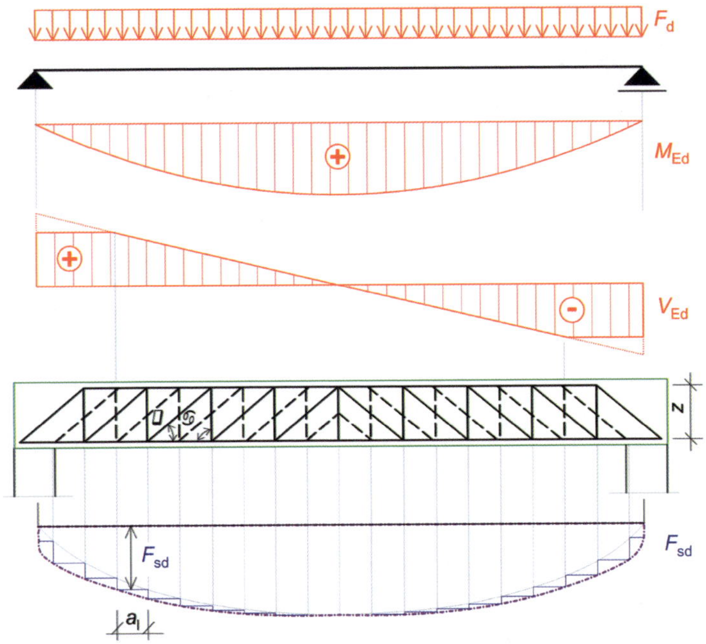

Abb. 10.2 *Zugkraftlinie des Fachwerkmodells*

Das Versatzmaß nach Gl. (10.6) wird immer zu den Momentennullpunkten hin an die Zugkraftlinie angefügt. Die Fläche der zu deckenden Zugkraftlinie ist somit immer größer als diejenige der unverschobenen Zugkraftlinie. Sofern die Bewehrung bei Plattenbalken im Gurt außerhalb des Steges liegt, so ist a_l um den Abstand x des Stabes vom Steg zu erhöhen.

Zeichnet man um die zu deckende Zugkraftlinie die von der Bewehrung aufnehmbaren Zugkräfte, so entsteht die Zugkraftdeckungslinie (tie rod covering line). Sie darf an keiner Stelle in die zu deckende Zugkraftlinie einschneiden. Ein Bewehrungsstab darf also erst dann (rechnerisch) enden, wenn die Zugkraftdeckungslinie mindestens um das Maß der aufnehmbaren Stahlzugkraft dieses Stabes ΔF_{sd} über der zu deckenden Zugkraftlinie liegt.

$$\Delta F_{\text{sd}} = A_{\text{s},\varnothing} \cdot f_{\text{yd}} \tag{10.7}$$

$$F_{\text{sd,aufn}} = A_{\text{s,vorh}} \cdot f_{\text{yd}}{}^{2} \tag{10.8}$$

Der Sprung in der Zugkraftdeckungslinie kennzeichnet das rechnerische Ende E des Bewehrungsstranges. Das tatsächliche Ende erhält man, indem die Stablänge um die Verankerungslänge l_{bd} (→ Kap. 4.3) verlängert wird.

2 Sofern bei der Biegebemessung der Verfestigungsbereich ausgenutzt wurde (z.B. durch Verwendung von **Tafel 7.1**), ist an der Stelle des Maximalmomentes strenggenommen σ_{sd} zu verwenden. Andernfalls kann die Zugkraftdeckungslinie an der Stelle des Maximalmomentes geringfügig in die Zugkraftlinie einschneiden.

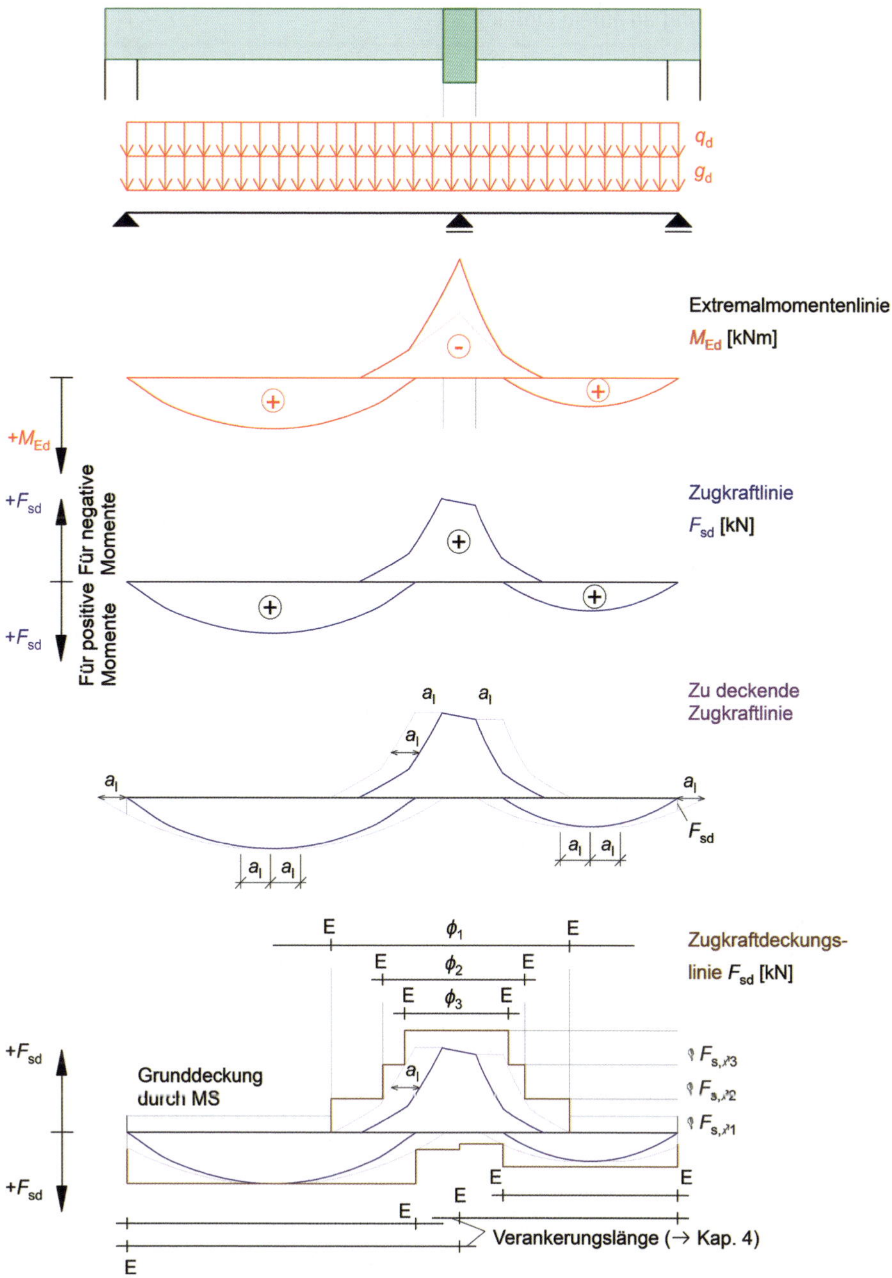

Abb. 10.3 *Konstruktion der Zugkraftdeckungslinie aus der Zugkraftlinie*

Die zu deckende Zugkraftlinie braucht nur bis zum theoretischen Bauteilende geführt zu werden. Die Biegezugbewehrung wird mit der dort noch vorhandenen wirksamen Zugkraft F_{sd} entsprechend Gl. (4.15) verankert (**Abb. 10.3**). Näherungsweise gilt mit $z \approx d$:

$$F_{sd} \approx \frac{V_{Ed} \cdot a_l}{d} + N_{Ed} \geq \frac{V_{Ed}}{2} \qquad (10.9)$$

Beispiel 10.1: Zugkraftdeckung an einem Einfeldträger

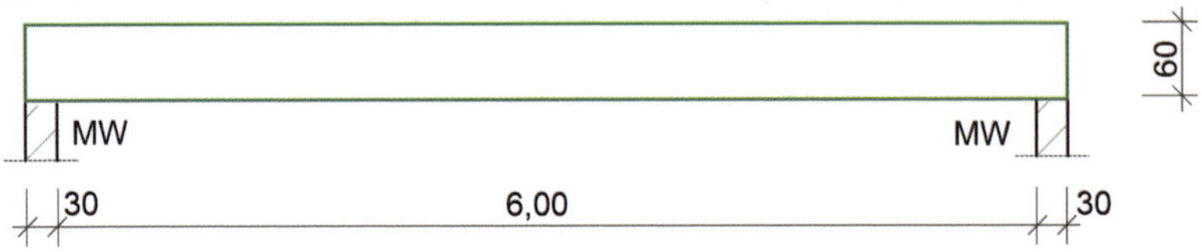

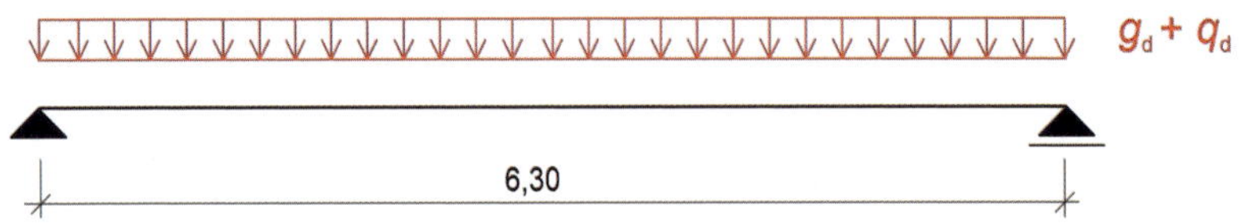

Gegeben:
- Balken im Hochbau laut Skizze
- Brandschutzanforderungen bestehen nicht
- Rechteckquerschnitt *b*/*h*/*d* =35/60/55 cm
- Baustoffgüten: C30/37, B500
- Auflagerung direkt auf Mauerwerk
- Belastung: $g_d + q_d = 43{,}5$ kN/m

Gesucht: Zugkraftdeckungslinie mit einer Abstufung der Bewehrung

Lösung:

$$l_{eff} = 5{,}3 + \frac{0{,}30}{2} + \frac{0{,}30}{2} = 5{,}6\,\text{m}$$

(5.1): $l_{eff} = l_n + a_1 + a_2$

Das größte Biegemoment befindet sich in Feldmitte.

Schnittgrößen:

$$M_{Ed} = 55 \cdot \frac{5{,}6^2}{8} = 215{,}6\ \text{kNm}$$

$M_{Ed} = (g_d + q_d) \cdot \frac{l_{eff}^2}{8}$ (z. B. [Schneider/Albert – 20], S. 4.2)

$$f_{cd} = \frac{0{,}85 \cdot 30}{1{,}50} = 17\ \text{N/mm}^2$$

(2.17): $f_{cd} = \frac{\alpha_{cc} \cdot f_{ck}}{\gamma_C}$

$$\mu_{Eds} = \frac{0{,}2156}{0{,}35 \cdot 0{,}55\ 2 \cdot 17} = 0{,}12$$

(7.21): $\mu_{Eds} = \frac{M_{Eds}}{b \cdot d^2 \cdot f_{cd}}$

$$\omega = 0{,}129;\ \zeta = 0{,}93$$

- Hebelarm der inneren Kräfte

$$z = 0{,}93 \cdot 0{,}55 = 0{,}51\ \text{m}$$

(7.45): $z = \zeta \cdot d$

- Biegezugbewehrung $A_s = \frac{0{,}129 \cdot 0{,}35 \cdot 0{,}55 \cdot 17}{435} \cdot 10^4 = \underline{\underline{9{,}7\ \text{cm}^2}}$	(7.60): $A_s = \frac{\omega \cdot b \cdot d \cdot f_{cd} + N_{Ed}}{\sigma_{sd}}$
gew: 2 ∅20 + 2 ∅16	Tafel 4.1
mit	
1. Lage 2 ∅20; 2. Lage 2 ∅16	
$A_{s,vorh} = 6{,}28 + 4{,}02 = 10{,}3\ \text{cm}^2$	
$A_{s,vorh} = 10{,}3\ \text{cm}^2 > 9{,}7\ \text{cm}^2 = A_{s,erf}$	(7.62): $A_{s,vorh} \geq A_{s,erf}$
Zugkraftdeckung mit einer Abstufung	
Die beiden Längsstäbe 2∅20 werden von Auflager zu Auflager geführt. Die beiden Stäbe 2∅16 sollen an der Stelle enden, an der sie nicht mehr erforderlich sind.	
Ermittlung der aufnehmbaren Zugkräfte:	
2 ∅20: $\Delta F_{sd} = 6{,}28 \cdot 435 \cdot 10^{-1} = 273\,\text{kN}$	(10.7): $\Delta F_{sd} = A_{s,\varnothing} \cdot f_{yd}$
2 ∅16: $\Delta F_{sd} = 4{,}02 \cdot 435 \cdot 10^{-1} = 175\,\text{kN}$	
2 ∅20 + 2 ∅16: $F_{sd,aufn} = \left(6{,}28 + 4{,}02\right) \cdot 435 \cdot 10^{-1} = 273 + 175 = 448\ \text{kN}$	(10.8): $F_{sd,aufn} = A_{s,vorh} \cdot f_{yd}$
Erstellung der M_{Ed}/z-Linie	
$M_{Ed}\left(x = \frac{l}{2}\right) = 215{,}6\ \text{kNm}$ $F_{sd}^{\text{Biegung}}\left(x = \frac{l}{2}\right) = \frac{215{,}6}{0{,}51} = 422\ \text{kN}$ $M_{Ed}\left(x = \frac{l}{4}\right) = 0{,}75 \cdot 215{,}6 = 161{,}7\ \text{kNm}$ $F_{sd}^{\text{Biegung}}\left(x = \frac{l}{4}\right) \cong \frac{161{,}7}{0{,}51} = 317\ \text{kN}$	(10.2): $F_{sd}^{\text{Biegung}}(x) = \frac{M_{Ed}(x)}{z} = \frac{V_{Ed} \cdot \left(i - \frac{1}{2}\right) \cdot c}{z}$
Bestimmung des Versatzmaßes a_l	
$cot\theta = 1{,}2$	Vereinfachte Annahme nach (8.66)
$cot\alpha = 0$, da $\alpha = 90°$	Annahme: Lotrechte Bügel mit $\alpha = 90°$
$a_l = \frac{1}{2} \cdot (1{,}2 - 0) \cdot 0{,}51 = 0{,}31\ \text{m}$	(10.6): $a_l = s = \frac{1}{2} \cdot (\cot\theta - \cot\alpha) \cdot z$
Ermittlung der Verankerungslänge:	
$A_{s,vorh} = 6{,}28\ \text{cm}^2$	**Tafel 4.1:** 2∅20

$A_{sR} = 6{,}28\ \text{cm}^2 > 2{,}58\ \text{cm}^2 = \frac{10{,}3}{4} = \frac{A_{s,Feld}}{4}$	(4.13): $A_{sR} \geq \frac{A_{s,Feld}}{4}$
Gute Verbundbedingungen	
$f_{bd} = 2{,}25 \cdot 1{,}0 \cdot 1{,}0 \cdot \frac{2{,}0}{1{,}5} = 3{,}0\ \text{N/mm}^2$	(4.5): $f_{bd} = 2{,}25 \cdot \eta_1 \cdot \eta_2 \cdot f_{ctd}$
$f_{yd} = \frac{500}{1{,}15} = 435\ \text{N/mm}^2$	(2.41): $f_{yd} = \frac{f_{yk}}{\gamma_S}$
$\varnothing 20$:	(4.8): $l_{b,rqd}' = \frac{\varnothing}{4} \cdot \frac{f_{yd}}{f_{bd}}$
$l_{b,rqd}' = \frac{2{,}0}{4} \cdot \frac{435}{3{,}0} = 72{,}5\ \text{cm}$	
$\varnothing 16$:	
$l_{b,rqd}' = \frac{1{,}6}{4} \cdot \frac{435}{3{,}0} = 58{,}0\ \text{cm}$	
Bemessungswert der Verankerung am Auflager:	
$V_{Ed} = 43{,}5 \cdot \frac{6{,}3}{2} = 137\ \text{kN}$	
$a_1 = \frac{z}{2} \cdot \cot\theta$	(10.6): $a_1 = \frac{1}{2}(\cot\theta - \cot\alpha) \cdot z$
$F_{sd} = 137 \cdot \frac{0{,}31}{0{,}51} + 0 = 83\ \text{kN}$	(4.15): $F_{sd} = \lvert V_{Ed} \rvert \cdot \frac{a_1}{z} + N_{Ed} \geq \frac{V_{Ed}}{2}$
$A_{s,erf} = \frac{83}{435} \cdot 10 = 1{,}9\ \text{cm}^2$	$A = \frac{F}{\sigma}$
$\frac{1{,}9}{6{,}28} = 0{,}303$	$\frac{A_{s,erf}}{A_{s,vorh}}$
$l_{b,rqd} = \frac{20}{4} \cdot \frac{435}{3{,}0} \cdot 0{,}303 = 220\ \text{mm}$	(4.8): $l_{b,rqd} = \frac{\varnothing}{4} \cdot \frac{\sigma_{sd}}{f_{bd}} \cdot \frac{A_{s,erf}}{A_{s,vorh}}$
$\alpha_1 = 1{,}0;\ \alpha_4 = 1{,}0;\ \alpha_5 = \frac{2}{3}$	**Tafel 4.6**, (4.11): Gerades Stabende, keine angeschweißten Querstäbe, direktes Auflager
$l_{b,min} = 0{,}3 \cdot 1{,}0 \cdot 1{,}0 \cdot 725 \cdot \frac{2}{3} = \underline{145\ \text{mm}}$ $> 134\ \text{mm} = 6{,}7 \cdot 20 = 6{,}7\varnothing$	(4.12): $l_{b,min} = 0{,}3\ \alpha_1 \cdot \alpha_4 \cdot l_{b,rqd}' \cdot \frac{2}{3} \geq 6{,}7\varnothing$
$l_{bd} = 1{,}0 \cdot 1{,}0 \cdot 1{,}0 \cdot 1{,}0 \cdot \frac{2}{3} \cdot 220 = \underline{146\ \text{mm}}$ $> 145\ \text{mm} = l_{b,min}$	(4.10.): $l_{bd} = \alpha_1 \cdot \alpha_2 \cdot \alpha_3 \cdot \alpha_4 \cdot \alpha_5 \cdot l_{b,rqd} \geq l_{b,min}$
gewählt: $l_{bd} = 20\ \text{cm}$	
Bemessungswert der Verankerung außerhalb des Auflagers:	
$A_{s,erf} = 6{,}28\ \text{cm}^2$	**Tafel 4.1:** $2\varnothing 20$
$A_{s,vorh} = 10{,}3\ \text{cm}^2$	**Tafel 4.1:** $2\varnothing 20 + 2\varnothing 16$
$\frac{6{,}28}{10{,}3} = 0{,}61$	$\frac{A_{s,erf}}{A_{s,vorh}}$
$l_{b,rqd} = \frac{16}{4} \cdot \frac{435}{3{,}0} \cdot 0{,}61 = 354\ \text{mm}$	(4.8): $l_{b,rqd} = \frac{\varnothing}{4} \cdot \frac{\sigma_{sd}}{f_{bd}} \cdot \frac{A_{s,erf}}{A_{s,vorh}}$

$l_{b,min} = 0{,}3 \cdot 1{,}0 \cdot 1{,}0 \cdot 580 = \underline{174\ mm}$
$> 107\ mm = 6{,}7 \cdot 16 = 6{,}7\,\varnothing$

(4.12): $l_{b,min} = 0{,}3\,\alpha_1 \cdot \alpha_4 \cdot l_{b,rqd}' \geq 6{,}7\,\varnothing$

$l_{bd} = 1{,}0 \cdot 1{,}0 \cdot 1{,}0 \cdot 1{,}0 \cdot 354 = \underline{354\ mm}$
$> 174\ mm = l_{b,min}$

(4.10): $l_{bd} = \alpha_1 \cdot \alpha_2 \cdot \alpha_3 \cdot \alpha_4 \cdot \alpha_5 \cdot l_{b,rqd} \geq l_{b,min}$

gewählt: $l_{bd} = 36\ cm$

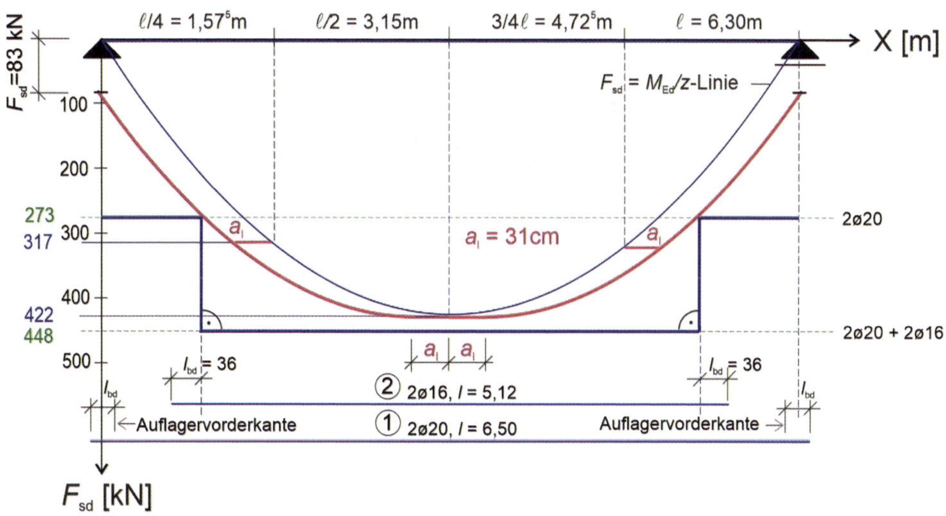

Beispiel 10.2: Zugkraftdeckung an einem gevouteten Träger
(Fortsetzung von Beispiel 8.8)

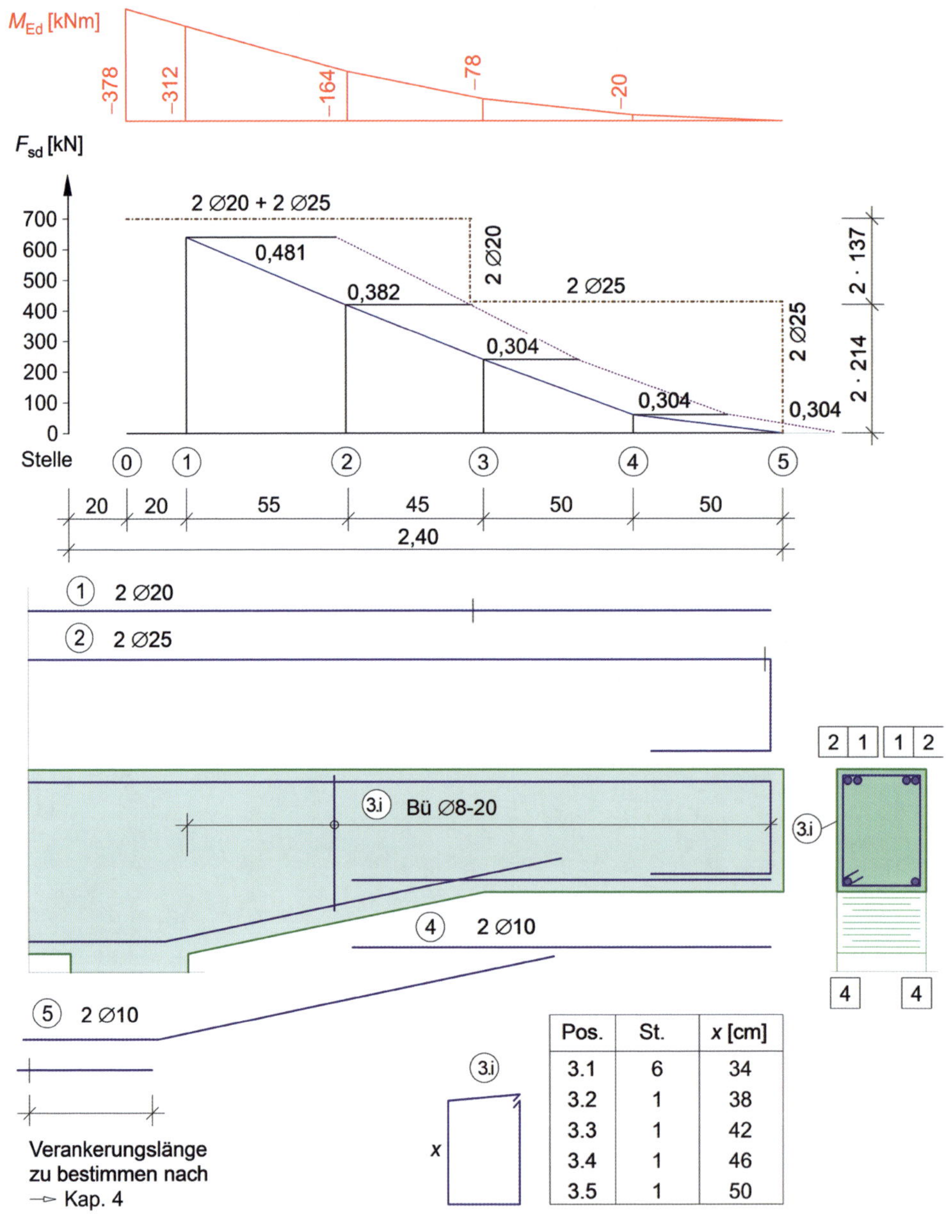

Pos.	St.	x [cm]
3.1	6	34
3.2	1	38
3.3	1	42
3.4	1	46
3.5	1	50

Gegeben:
- Balken im Hochbau lt. Beispiel 8.8
- Brandschutzanforderungen bestehen nicht

Gesucht: Zugkraftdeckungslinie

Lösung:

Stelle		1	2	3	4	
x	m	0,20	0,75	1,2	1,7	
$\lvert M_{Eds}\rvert$	kNm	312	164	78	20	→ Beispiel 8.8
h	m	0,60	0,49	0,40	0,40	
d	m	0,545	0,435	0,345	0,345	$d \approx h - 0{,}055$ m
z	m	0,49	0,39	0,31	0,31	$z \approx 0{,}9$d
F_{sd}	kN	637	421	252	65	(7.52): $F_{sd} = \frac{M_{Eds}}{z} + N_{Ed}$
a_l	m	0,481	0,382	0,304	0,304	(10.6): $a_l = s = \frac{1}{2} \cdot (\cot\theta - \cot\alpha) \cdot z$

am Auflager: 2 ∅20 + 2 ∅25 mit $A_{s,vorh}$ = 16,1 cm²	→ Beispiel 8.8
$F_{sd,aufn} = 16{,}1 \cdot 435 \cdot 10^{-1} = 700\,\text{kN}$	(10.8): $F_{sd,aufn} = A_{s,vorh} \cdot f_{yd}$
∅20: $\Delta F_{sd} = 3{,}14 \cdot 435 \cdot 10^{-1} = 137\,\text{kN}$	(10.7): $\Delta F_{sd} = A_{s,\varnothing} \cdot f_{yd}$
∅25: $\Delta F_{sd} = 4{,}91 \cdot 435 \cdot 10^{-1} = 214\,\text{kN}$	

11 Begrenzung der Spannungen

11.1 Erfordernis

Im Grenzzustand der Tragfähigkeit verhält sich Stahlbeton nichtlinear. Diesem Umstand wurde sowohl bei der Bemessung als auch bei der Ermittlung der Schnittgrößen (→ Kap. 5.4) Rechnung getragen. Unter Gebrauchsbedingungen verhält sich Stahlbeton jedoch weitgehend elastisch. Daher ist zusätzlich zur Biegebemessung (→ Kap. 7) nachzuweisen, dass das Bauteil im Grenzzustand der Gebrauchstauglichkeit keine unzulässigen Schädigungen erleidet (z.B. Risse parallel zu Bewehrungsstäben). Bei zu hohen Spannungen im Beton bzw. im Stahl besteht zudem die Gefahr, dass die Dauerhaftigkeit (durability) nachteilig beeinflusst wird. Daher müssen geeignete Maßnahmen getroffen werden, um zu große Spannungen zu verhindern. Dies ist auf zwei Arten möglich:

- durch zusätzliche Spannungsnachweise (checking of stresses, → Kap. 11.2)
- durch die Einhaltung bestimmter in EC 2-1-1 gegebener Empfehlungen bei der Nachweisführung. Dann kann ein gesonderter Nachweis zur Begrenzung der Spannungen entfallen (→ Kap. 11.3).

Bei nicht vorgespannten Bauteilen des Hochbaus ist die zweitgenannte Methode der Regelfall, da bei dieser keine gesonderte Ermittlung der Schnittgrößen für den Gebrauchszustand erforderlich ist und sich somit der Arbeitsaufwand des Tragwerksplaners vermindert.

11.2 Nachweis der Spannungsbegrenzung

11.2.1 Voraussetzungen

Der Nachweis soll zeigen, dass die Spannungen unter den Einwirkungen des Gebrauchszustandes keine unzulässig hohen Werte annehmen. Als Werkstoffverhalten sowohl für den Beton als auch den Betonstahl wird daher ein *linear-elastisches Materialverhalten für die Schnittgrößenermittlung und die Bemessung* (d.h. diesen Nachweis) angesetzt.

Beton: $\sigma_c = E_{cm} \cdot \varepsilon_c$ *oder* (2.10)

$$\sigma_c = E_{c,eff} \cdot \varepsilon_c \qquad (11.1)$$

$E_{c,eff}$ wirksamer Elastizitätsmodul des Betons unter Beachtung der Auswirkungen aus Kriechen mit der Endkriechzahl φ_c nach EC 2-1-1, 3.1.4 (→ Kap. 2.3.6)

$$E_{c,eff} = \frac{E_{cm}}{1 + \varphi_c} \qquad (11.2)$$

Betonstahl: $\sigma_s = E_s \cdot \varepsilon_s$ (2.35)

Der Querschnitt kann sich im Zustand I oder II befinden, je nachdem, ob der Mittelwert der Betonzugfestigkeit f_{ctm} unter- oder überschritten wird (**Abb. 11.1**).

$$\sigma_{c1} = \frac{N_{Ed,rare}}{A_c} + \frac{M_{Ed,rare}}{W_c} \begin{cases} < f_{ctm} & \Rightarrow \text{Zustand I} \\ \geq f_{ctm} & \Rightarrow \text{Zustand II} \end{cases} \tag{11.3}$$

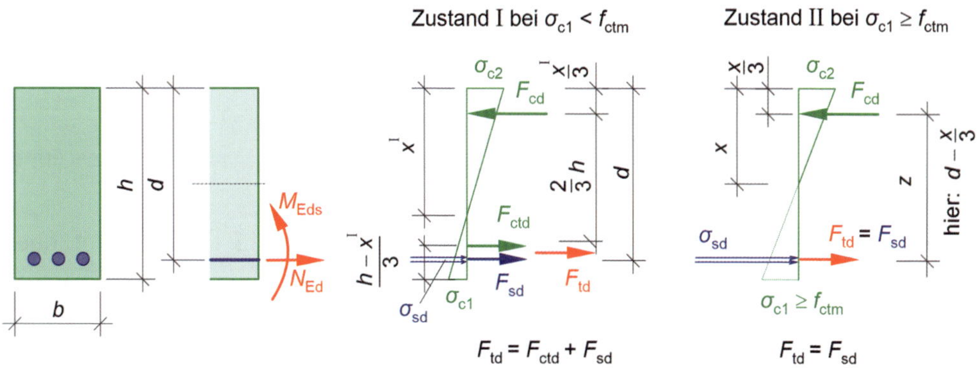

Abb. 11.1 *Spannungsverläufe in Stahlbetonquerschnitten beim Nachweis der Spannungsbegrenzung*

11.2.2 Spannungsbegrenzungen im Beton

Der Nachweis ist ein normaler Spannungsnachweis für die Randspannung der Druckzone σ_{c2} in der Form:

$$\sigma_{c2} \leq \sigma_{c,lim} \tag{11.4}$$

Die vorhandene Betonspannung kann für Querschnitte im Zustand I mit den Gleichungen der Elastizitätstheorie bestimmt werden. Im Zustand II kann die Randspannung bei Rechteckquerschnitten direkt ermittelt werden (**Abb. 11.1**):

$$\text{Rechteck: } z = d - \frac{x}{3} \tag{1.34}$$

$$M_{Eds} = \frac{1}{2}\sigma_{c2} \cdot b \cdot x \cdot z \tag{11.5}$$

$$\sigma_{c2} = \frac{2\,M_{Eds}}{b \cdot x \cdot z} \tag{11.6}$$

In Gl. (11.6) ist die Druckzonenhöhe *x* noch unbekannt. Sie wird nachfolgend für reine Biegung abgeleitet (**Abb. 11.1**).

$$F_{sd} = A_s \cdot \sigma_{sd} = \frac{1}{2}x \cdot b \cdot \sigma_{c2} = F_{cd}$$

$$A_s \cdot \varepsilon_s \cdot E_s = \frac{1}{2} \cdot x \cdot b \cdot \varepsilon_c \cdot E_{cm}$$

$$\text{mit } \frac{\varepsilon_c}{x} = \frac{\varepsilon_s}{d-x} \Leftrightarrow \varepsilon_c = \frac{\varepsilon_s \cdot x}{d-x} \text{ folgt:}$$

$$A_s \cdot \varepsilon_s \cdot E_s = \frac{1}{2} \cdot x \cdot b \cdot \frac{\varepsilon_s \cdot x}{(d-x)} \cdot E_{cm} \Leftrightarrow A_s \cdot \varepsilon_s \cdot E_s = \frac{1}{2} \cdot b \cdot d \frac{\varepsilon_s \cdot x^2}{(d-x) \cdot d} \cdot E_{cm}$$

$$\Leftrightarrow 2 \cdot \frac{A_s}{b \cdot d} \cdot \frac{E_s}{E_{cm}} = \frac{x^2}{(d-x) \cdot d}$$

$$\text{mit } \rho = \frac{A_s}{b \cdot d} \tag{11.7}$$

und $\alpha_e = \frac{E_s}{E_c}$ erhält man:

$$2 \cdot \rho \cdot \alpha_e = \frac{x^2}{(d-x) \cdot d} \Leftrightarrow x^2 = 2 \cdot \rho \cdot \alpha_e \cdot (d-x) \cdot d$$

$$\Leftrightarrow x^2 - 2 \cdot \rho \cdot \alpha_e \cdot (d-x) \cdot d = 0 \Leftrightarrow x^2 + 2 \cdot \rho \cdot \alpha_e \cdot d \cdot x - 2 \cdot \rho \cdot \alpha_e \cdot d^2 = 0$$

Die quadratische Gleichung lässt sich mit Hilfe der pq-Formel lösen:

$$x = -\rho \cdot \alpha_e \cdot d + \sqrt{(\rho \cdot \alpha_e \cdot d)^2 + 2 \cdot \rho \cdot \alpha_e \cdot d^2}$$

$$x = \rho \cdot \alpha_e \cdot d \cdot \left[-1 + \sqrt{1 + \frac{2}{\rho \cdot \alpha_e}}\right] \text{ (Sonderfall reine Biegung)} \qquad (11.8)$$

Sofern eine Druckbewehrung vorhanden ist, ergibt die Herleitung für einen Rechteckquerschnitt:

$$x = -\frac{\alpha_e \cdot (A_{s1} + A_{s2})}{b} + \sqrt{\left[\frac{\alpha_e \cdot (A_{s1} + A_{s2})}{b}\right]^2 + \frac{2 \cdot \alpha_e}{b} \cdot (A_{s1} \cdot d + A_{s2} \cdot d_2)} \qquad (11.9)$$

Die Gln. (11.8) und (11.9) gelten streng genommen nur für reine Biegung, bei kleinen Längskräften gelten sie näherungsweise. Für den allgemeinen Fall Biegung mit Längskraft führt ein analoger Ansatz zu einer kubischen Gleichung. Eine Lösung ist dann iterativ oder mit Diagrammen (**Abb. 11.2**) ([Avak/Glaser – 05]) möglich. Die Spannungen im Beton sind zu begrenzen für die quasi-ständige und die seltene Lastkombination.

Charakteristische Lastkombination (seltene Lastkombination)

Wenn unter kurzzeitig wirkenden Lasten die Druckspannungen den Wert $\sigma_c \sim 0{,}60\ f_{cm}$ überschreiten, können sich im Beton Längsrisse infolge Überschreitens der Querzugfestigkeit bilden. Diese Risse führen zu einer Beeinträchtigung der Dauerhaftigkeit insbesondere bei Chlorideinwirkung. Daher ist in den Umweltklassen XD, XF oder XS (→ Kap. 2.1) die zulässige Spannung zusätzlich auf folgenden Wert zu begrenzen, wenn keine besonderen Maßnahmen (Erhöhung der Betondeckung in der Druckzone oder Umschnüren der Druckzone durch Bügelbewehrung entsprechend den Regeln für Druckglieder) getroffen werden:

$$\sigma_{c,lim} = k_1 \cdot f_{ck} = 0{,}60 \cdot f_{ck} \text{ mit } k_1 = 0{,}60 \text{ (EC 2-1-1/NA, 7.2(2))} \qquad (11.10)$$

Quasi-ständige Lastkombination

Wenn unter dauerhaft wirkenden Lasten die Druckspannungen den Wert $\sigma_c > 0{,}4\ f_{cm}$ überschreiten, bilden sich im Beton Mikrorisse. Diese führen zu einem starken Anstieg der Kriechverformungen. Wenn die mittlere Betondruckfestigkeit f_{cm} auf den charakteristischen Wert umgerechnet wird, erhält man die zulässige Spannung.

$$\sigma_{c,lim} = k_2 \cdot f_{ck} = 0{,}45 \cdot f_{ck} \qquad (11.11)$$

mit $k_2 = 0{,}45$ (EC 2-1-1/NA, 7.2(2))

Für biegebeanspruchte Stahlbetonbauteile sollte dieser Nachweis geführt werden, falls die vorhandene Biegeschlankheit mehr als 85 % der zulässigen Werte überschreitet (→ Kap. 13.3).

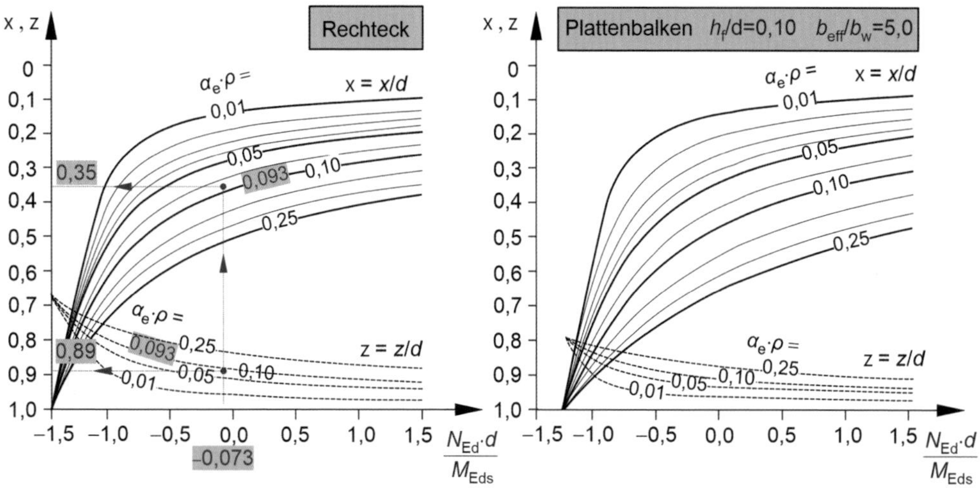

Abb. 11.2 *Nomogramm zur Ermittlung der Höhe der Druckzone x und des Hebelarmes z im Gebrauchszustand für Plattenbalken (alle geometrischen Randbedingungen → [Schneider/Albert – 20])*

11.2.3 Spannungsbegrenzungen im Betonstahl

Der Betonstahl soll ausschließlich elastische Formänderungen erfahren. Der Nachweis ist ein normaler Spannungsnachweis in der Form

$$\sigma_s \leq \sigma_{s,lim} \tag{11.12}$$

$$\sigma_s = \frac{M_{Eds}}{A_s \cdot z} + \frac{N_{Ed}}{A_s} \tag{11.13}$$

Für Stahlbetonbauteile im Zustand I erübrigt sich der Nachweis, da die Stahlspannung immer eingehalten wird. Im Zustand II kann die vorhandene Spannung für Rechteckquerschnitte aus **Abb. 11.1** direkt ermittelt werden, da $z = d - x/3$ ist:

$$M_{Eds} + N_{Ed} \cdot \left(d - \frac{x}{3}\right) = \sigma_s \cdot A_s \cdot \left(d - \frac{x}{3}\right) \tag{11.14}$$

Näherungsweise kann für beliebige Querschnitte unter überwiegender Biegung gesetzt werden:

$$\sigma_s = \frac{M_{Eds}}{A_s \cdot z} \approx \frac{M_{Ed}}{A_s \cdot 0{,}8 \cdot d} \tag{11.15}$$

Für eine genauere Berechnung oder Plattenbalken kann **Abb. 11.2** verwendet werden.

Es ist zu verhindern, dass der Betonstahl im Gebrauchszustand in den Fließbereich gerät. Diese Anforderung wird unter der Voraussetzung erfüllt, dass die Betonstahlspannungen für die *charakteristische Lastkombination* einen der folgenden Grenzwerte einhalten:

Im Allgemeinen $\sigma_{s,lim} = k_3 \cdot f_{yk} = 0{,}8 \cdot f_{yk}$ (11.16)
mit k_3 = 0,8 (EC 2-1-1/NA, 7.2(5))

bei *ausschließlicher* Zwangbeanspruchung

$$\sigma_{s,lim} = k_4 \cdot f_{yk} = 1{,}0 \cdot f_{yk} \qquad (11.17)$$

mit k_4 = 1,0 (EC 2-1-1/NA, 7.2(5))

Da die charakteristische Einwirkungskombination auch für den Grenzzustand der Tragfähigkeit zu verwenden ist, kann die Stahlspannung abgeschätzt werden, wenn diejenige der Grundkombination durch einen mittleren Sicherheitsbeiwert γ_E = 1,4 dividiert wird. Im Bereich der Stützmomente ist eine evtl. vorgenommene Momentenumlagerung (Gl. (5.15)) zu beachten.

Feld: $$\sigma_s \approx \frac{f_{yd}}{\gamma_E} \cdot \frac{A_{s,erf}}{A_{s,vorh}} \approx \frac{f_{yd}}{1{,}4} \qquad (11.18)$$

Stütze: $$\sigma_s \approx \frac{1}{\delta} \cdot \frac{f_{yd}}{\gamma_E} \cdot \frac{A_{s,erf}}{A_{s,vorh}} \approx \frac{f_{yd}}{1{,}4 \cdot \delta} \qquad (11.19)$$

Aus Gl. (11.18) ist ersichtlich, dass Feldmomente in der Regel nicht maßgebend werden. Aus Gl. (11.19) ist ersichtlich, dass Gl. (11.16) erst bei einer größeren Momentenumlagerung als ca. 15 % maßgebend wird.

Beispiel 11.1: Nachweis der Spannungsbegrenzung

Gegeben: Tragwerk lt. Beispiel 6.2

Gesucht: Nachweis der Spannungsbegrenzung

Lösung:

Der Spannungsnachweis im Beton ist für die quasi-ständige Lastkombination zu führen. Hinsichtlich des Kombinationsbeiwertes muss mit ψ_2 = 1,0 gerechnet werden (Flüssigkeitsdruck mit begrenzter Füllhöhe, **Tafel 6.5**, Anmerkung e).

Nachweis der Betonspannungen:

(z. B. [Schneider/Albert – 20], S. 4.12)

$M_{Qk} = -25 \cdot \frac{2{,}5^2}{6} = -26{,}0\,\text{kNm/m}$ — $M_k = -F_k \cdot \frac{l_{eff}^2}{6}$

$N_{Gk} = -25 \cdot 1{,}0 \cdot 0{,}20 \cdot 2{,}5 = -12{,}5\,\text{kN/m}$

$M_{Ed} = 0 + 1{,}0 \cdot (-26{,}0) = -26{,}0\,\text{kNm/m}$ — (6.25): $E_{d,perm} = \sum_i E_{Gk,i} \oplus \sum_j \psi_{2,j} \cdot E_{Qk,j}$

$N_{Ed} = -12{,}5 + 0 = -12{,}5\,\text{kN/m}$

$f_{ct,eff} = f_{ctm} = 2{,}9\,\text{N/mm}^2$ — **Tafel 2.5**: C30/37

$M_{cr} = 2{,}9 \cdot \frac{1{,}0 \cdot 0{,}20^2}{6} \cdot 10^3 = 19{,}3\,\text{kNm/m} < 26{,}0\,\text{kNm/m}$ — (1.24): $M = \sigma_c \cdot W$

$E_s = 200\,000\,\text{N/mm}^2$ — **Abb. 2.16**

$E_{cm} = 33000 \text{ N/mm}^2$ — **Tafel 2.5**: C30/37

$\varphi_c(\infty,15) = 2,0$ — Berechnung in Beispiel 2.2

$E_{c,eff} = \frac{33000}{1+2,0} = 11000 \text{ N/mm}^2$ — (11.2): $E_{c,eff} = \frac{E_{cm}}{1+\varphi}$

$\alpha_e = \frac{200\,000}{11000} = 18,2$ — $\alpha_e = \frac{E_s}{E_c}$

$\rho = 0,0051$ — vgl. Beispiel 8.1

$x = 0,0051 \cdot 18,2 \cdot 155 \cdot \left[-1 + \sqrt{1 + \frac{2}{0,0051 \cdot 18,2}}\right] = 53,9 \text{ mm}$ — (11.8): $x = \rho \cdot \alpha_e \cdot d \cdot \left[-1 + \sqrt{1 + \frac{2}{\rho \cdot \alpha_e}}\right]$

$M_{Eds} = 26,0 - (-12,5) \cdot \left(0,155 - \frac{0,20}{2}\right) = 26,7 \text{ kNm}$ — (7.5): $M_{Eds} = M_{Ed} - N_{Ed} \cdot z_s$

$z = 0,155 - \frac{0,0539}{3} = 0,137 \text{ m}$ — (1.34): $z = d - \frac{x}{3}$

$\sigma_{c2} = \frac{2 \cdot 26,7 \cdot 10^{-3}}{1,0 \cdot 0,0539 \cdot 0,137} = 7,23 \text{ N/mm}^2$ — (11.6): $\sigma_{c2} = \frac{2\,M_{Eds}}{b \cdot x \cdot z}$

$\sigma_{c,lim} = 0,45 \cdot 30 = 13,5 \text{ N/mm}^2$ — (11.11): $\sigma_{c,lim} = 0,45 f_{ck}$

$\sigma_c = 7,23 \text{ N/mm}^2 < 13,5 \text{ N/mm}^2 = \sigma_{c,lim}$ — (11.4): $\sigma_{c2} \leq \sigma_{c,lim}$

Nachweis der Stahlspannungen:

Die Gln. (11.18) und (11.19) können hier nicht verwendet werden, da der Teilsicherheitsbeiwert für die Verkehrslast nicht $\gamma_Q = 1,5$ entspricht. Der Nachweis ist für die seltene Lastkombination zu führen. In diesem Fall ist dies identisch mit der quasi-ständigen Lastkombination.

$A_{s,vorh} = 0,785 \cdot \frac{100}{10} = 7,85 \text{ cm}^2$ — vgl. Beispiel 7.5

$\sigma_s \approx \frac{26,7 \cdot 10^3}{785 \cdot 0,137} + \frac{-12,5 \cdot 10^3}{785} = 232 \text{ N/mm}^2$ — (11.13): $\sigma_s = \frac{M_{Eds}}{A_s \cdot z} + \frac{N_{Ed}}{A_s}$

$\sigma_{s,lim} = 0,8 \cdot 500 = 400 \text{ N/mm}^2$ — (11.16): $\sigma_{s,lim} \leq 0,8 f_{yk}$

$\sigma_s = 232 \text{ N/mm}^2 < 400 \text{ N/mm}^2 = \sigma_{s,lim}$ — (11.12): $\sigma_s \leq \sigma_{s,lim}$

(Fortsetzung mit Beispiel 11.2)

Beispiel 11.2: Nachweis der Spannungsbegrenzung mit Diagrammen

Gegeben: Tragwerk lt. Beispiel 6.2

Gesucht: Nachweis der Spannungsbegrenzung

Lösung:

$M_{Ed} = 0 + 1{,}0 \cdot (-26{,}0) = -26{,}0\,\text{kNm/m}$ → Beispiel 11.1

$N_{Ed} = -12{,}5 + 0 = -12{,}5\,\text{kN/m}$

$M_{Eds} = 26{,}0 - (-12{,}5) \cdot \left(0{,}155 - \frac{0{,}20}{2}\right) = 26{,}7\,\text{kNm}$

Nachweis der Betonspannungen:

$\alpha_e = \frac{200\,000}{11000} = 18{,}2$ — $\alpha_e = \frac{E_s}{E_c}$

$\rho = 0{,}0051$ — vgl. Beispiel 8.1

$\alpha_e \cdot \rho = 18{,}2 \cdot 0{,}0051 = 0{,}093$ — Eingangswert **Abb. 11.2**

$\frac{N_{Ed} \cdot d}{M_{Eds}} = \frac{-0{,}0125 \cdot 0{,}155}{0{,}0267} = -0{,}073$ — Eingangswert **Abb. 11.2**

$\xi = 0{,}35;\ \zeta = 0{,}89$ — Ablesewerte **Abb. 11.2**

$x = 0{,}35 \cdot 0{,}155 = 0{,}054\,\text{m}$ — (7.23): $\xi = \frac{x}{d}$

$z = 0{,}89 \cdot 0{,}155 = 0{,}138\,\text{m}$ — (7.45): $z = \zeta \cdot d$

$\sigma_{c2} = \frac{2 \cdot 26{,}7 \cdot 10^{-3}}{1{,}0 \cdot 0{,}054 \cdot 0{,}138} = 7{,}17\ \text{N/mm}^2$ — (11.6): $\sigma_{c2} = \frac{2\,M_{Eds}}{b \cdot x \cdot z}$

$\sigma_{c,lim} = 0{,}45 \cdot 30 = 13{,}5\ \text{N/mm}^2$ — (11.11): $\sigma_{c,lim} = 0{,}45 f_{ck}$

$\sigma_c = 7{,}17\ \text{N/mm}^2 < 13{,}5\ \text{N/mm}^2 = \sigma_{c,lim}$ — (11.4): $\sigma_{c2} \leq \sigma_{c,lim}$

Nachweis der Stahlspannungen:

$A_{s,vorh} = 0{,}785 \cdot \frac{100}{10} = 7{,}85\ \text{cm}^2$ — vgl. Beispiel 7.5

$\sigma_s \approx \frac{26{,}7 \cdot 10^3}{785 \cdot 0{,}138} + \frac{-12{,}5 \cdot 10^3}{785} = 231\ \text{N/mm}^2$ — (11.13): $\sigma_s = \frac{M_{Eds}}{A_s \cdot z} + \frac{N_{Ed}}{A_s}$

$\sigma_{s,lim} = 0{,}8 \cdot 500 = 400\ \text{N/mm}^2$ — (11.16): $\sigma_{s,lim} \leq 0{,}8 f_{yk}$

$\sigma_s = 231\ \text{N/mm}^2 < 400\ \text{N/mm}^2 = \sigma_{s,lim}$ — (11.12): $\sigma_s \leq \sigma_{s,lim}$

(Fortsetzung mit Beispiel 12.1)

11.3 Entfall des Nachweises

Der Nachweis zur Begrenzung der Spannungen ist erfüllt, wenn für einen üblichen nicht vorgespannten Hochbau die nachfolgenden Bedingungen gemäß EC2-1-1, die in **Tafel 11.1** aufgeführt sind, eingehalten werden.

	EC 2-1-1, Abschnitte
Schnittgrößenumlagerung im Grenzzustand der Tragfähigkeit ≤ 15 %	5.5, 5.6
Bauliche Durchbildung für einzelne Bauteile	9

Tafel 11.1 *Bedingungen für Entfall des Nachweises der Spannungsbegrenzung nach EC 2-1-1/NA, 7.1*

12 Beschränkung der Rissbreite

12.1 Allgemeines

In Kap. 1.4 wurde gezeigt, dass im Stahlbeton in diskreten Abständen Risse auftreten und dazwischen ungerissene Bereiche vorliegen. Risse sind für die Entfaltung der Tragwirkung des Stahlbetons notwendig und daher nicht unbedingt ein Mangel. Die Beschränkung der Rissbreite (crack control) ist jedoch ein wichtiges Kriterium für die Dauerhaftigkeit eines Stahlbetontragwerks. Sie bedeutet also nicht die Verhinderung von Rissen, sondern die Begrenzung der vorhandenen Rissbreiten auf unschädliche Werte.

Ohne Berücksichtigung der aggressiven Umweltbedingungen, allein aus der Bauart heraus, ist die Beschränkung der Rissbreite heute wichtiger als früher, da Betonstähle mit höheren zulässigen Spannungen (B500 gegenüber B420) verwendet werden, somit die Dehnungen zunehmen und auch die Umlagerungsfähigkeit des Betons hinsichtlich elastisch ermittelter Schnittgrößen zunehmend ausgenutzt wird.

Unter der Rissbreite *w* (crack width) versteht man die Breite eines Risses an der Bauteiloberfläche (**Abb. 12.1** links). Mit zunehmender Entfernung von der Oberfläche nimmt die Rissbreite i. Allg. stark ab; sie hängt ihrerseits neben der Beanspruchung auch von der Betondeckung ab (**Abb. 12.1** rechts). Die zulässige Größe der Rissbreite hängt ab von

- den Umweltbedingungen (→ Kap. 2.1)
- der Funktion des Bauteils (z.B. WU-Beton → Kap. 2.3.7)
- der Korrosionsempfindlichkeit der Bewehrung (für rostfreien Bewehrungsstahl gelten andere zulässige Rissbreiten als für Betonstahl gemäß DIN 488-1).

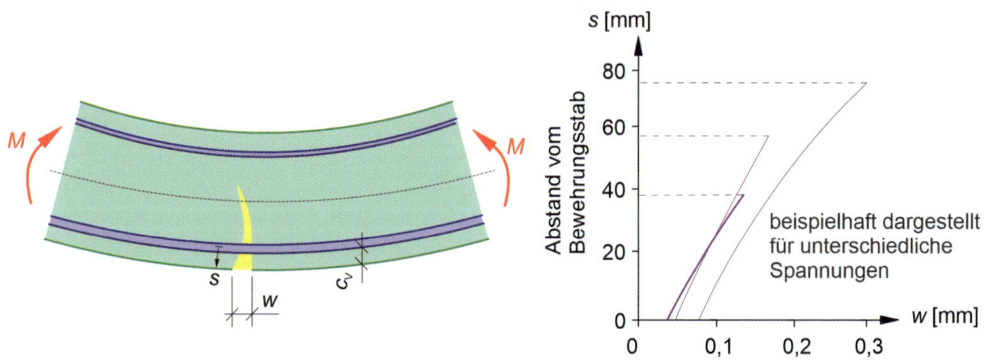

Abb. 12.1 *Abnahme der Rissbreite von der Außenfläche zur Bewehrung hin unter Biegebeanspruchung in Abhängigkeit von Stahlspannung σ_s und Betondeckung c_v (in Anlehnung an [DBV – 16])*

Als grobe Angabe für die Rissbreite bei nicht vorgespannten Stahlbetonkonstruktionen, bis zu der die Bewehrung vor Korrosion geschützt ist, gilt:

Innenbauteile	X0, XC1	$w_k \leq 0{,}40\,\text{mm}$	(12.1)
Außenbauteile	XC2 – XC4	$w_k \leq 0{,}30\,\text{mm}$	
	XD1, XD2, XD3		(12.2)
	XS1, XS2, XS3		
WU-Bauteile	→ Kap. 12.2.3		

Bei Innenbauteilen kann aufgrund der fehlenden Feuchtigkeit keine Korrosion auftreten. Die Rissbreite ist hier aus ästhetischen Gesichtspunkten zu begrenzen. Insgesamt gesehen sind Dicke und Qualität der Betondeckung von weit größerer Bedeutung für die Dauerhaftigkeit als die Rissbreite.

Beim Vorliegen der Expositionsklasse XD3 können zusätzliche besondere Maßnahmen für den Korrosionsschutz erforderlich werden.

12.2 Grundlagen der Rissentwicklung

12.2.1 Rissarten und Rissursachen

In **Tafel 12.1** sind unterschiedliche Rissarten aufgeführt. Während Risse längs der Bewehrung und oberflächige Netzrisse durch die Bauausführung beeinflusst werden, sind Biegerisse, Trennrisse, Schubrisse und Verbundrisse maßgeblich durch die Konstruktion beeinflusst.

Der Nachweis der Beschränkung der Rissbreite wirkt sich auf Biege- und Trennrisse aus. Schubrisse werden durch die Querkraftbemessung begrenzt; Verbundrisse werden durch Wahl ausreichender Verankerungslängen (→ Kap. 4.3.2) und eine ausreichende Betondeckung verhindert (damit ein mehrdimensionaler Spannungszustand wie in **Abb. 4.1** möglich ist). Längsrisse verlaufen längs des Bewehrungsstabes und können zur Korrosion längs des gesamten Stabes führen. Sie wirken sich auf die Dauerhaftigkeit daher nachteiliger als Querrisse aus.

Rissart	Rissrichtung	Merkmale
Oberflächige Netzrisse	Beliebig	Können an der Oberfläche von Platten oder Scheiben auftreten. Die Risstiefe ist gering. Meistens liegt keine bevorzugte Richtung vor.
Längsrisse	Parallel zur oberen Bewehrung	Können an nichtgeschalten Oberflächen über der oben liegenden Bewehrung auftreten; Ursache meistens Setzen des Frischbetons (bei zu hohem *w/z*-Wert); unter der Bewehrung entsteht ein zunächst wassergefüllter Porenraum.

Rissart	Rissrichtung	Merkmale
Verbundrisse	Parallel zur Bewehrung	Treten bei zu großen Verbundspannungen zwischen Beton und Betonstahl auf; Risstiefe bis zum Bewehrungsstab.
Biegerisse	Annähernd senkrecht zur Biegezugbewehrung	Treten bei biegebeanspruchten Bauteilen in der Zugzone auf; Risstiefe bis in den Bereich der neutralen Faser; größte Risstiefe im Bereich der Maximalmomente.
Trennrisse	Senkrecht zur Längsbewehrung	Treten bei Zug mit kleiner Ausmitte oder zentrischem Zug auf; gehen durch den gesamten Querschnitt und sind daher besonders ungünstig.
Schubrisse	Zur Stabachse geneigt (ca. 45°)	Treten bei querkraftbeanspruchten Bauteilen auf (die i. Allg. auch biegebeansprucht sind); breite Druckzone und schmale Stege begünstigen Schubrisse.

Tafel 12.1 *Rissarten und deren Kennzeichen*

Einen Überblick über die Entstehung und Ursachen von Rissen gibt **Tafel 12.2**. Hierbei sind jedoch nur die Hauptursachen für das Entstehen von Rissen aufgeführt, i.d.R. haben Risse jedoch mehrere Ursachen. Neben den in **Tafel 12.2** angegebenen Ursachen können auch weitere Gründe für eine Rissentwicklung vorliegen:

- Falsche *Modellbildung* (unzweckmäßige Wahl des statischen Systems)
- Unvollständige oder falsche *Lastannahmen*
- Falsche Lage der Bewehrung
- Schlechte *Bewehrungsführung* (zu große Stabdurchmesser und/oder Stababstände)
- Zu kurze *Verankerungslängen*
- Zu große *Verformungen* von Schalung und Gerüsten
- Unterschreitung des Mindestmaßes der *Betondeckung*
- Unzureichende *Betontechnologie* (insbesondere im Hinblick auf die Hydratationswärme)
- Unzureichende oder fehlende *Nachbehandlung*
- *Chemische Reaktionen* (Alkalireaktion und Sulfattreiben)

Riss-ursache	Rissbildung		
	Merkmale	Zeitpunkt	Beeinflussung
Setzen des Frisch-betons	Längsrisse über der oberen Bewehrung; Rissbreite bis einige mm; Risstiefe i. Allg. gering, bis zu einigen cm	Innerhalb der ersten Stunden nach dem Betonieren; solange der Beton plastisch verformbar ist.	Betonzusammenset-zung (*w/z*-Wert, Sieb-linie), Verarbeitung des Betons, Nachver-dichtung
Schrump-fen	Oberflächenrisse, vor allem bei flächigen Bauteilen ohne aus-geprägte Richtung; Rissbreiten bis über 1 mm; Risstiefe gering	Wie bei „Setzen des Frischbetons"	Vorkehrungen gegen raschen Feuchtigkeits-verlust
Abfließen der Hydra-tationswär-me	Oberflächenrisse, Trennrisse, Biegerisse; Risstiefe u.U. über 1 mm	Innerhalb der ersten Tage nach dem Beto-nieren	Betonzusammen-setzung, Zementart, -festigkeitsklasse; Nachbehandlung, Be-wehrungsmenge und -anordnung, Betonier-abschnitte (Fugen), evtl. Kühlung des Frischbetons
Schwinden	Wie „Schrumpfen"	Einige Wochen bis Monate nach dem Betonieren	Betonzusammenset-zung, Begrenzung der Betonzugfestigkeit, Fugen, Vakuumbe-handlung
Äußere Tempera-tureinwir-kungen	Biege- und Trennrisse, Rissbreite u.U. über 1 mm, u.U. auch Oberflächenrisse	Jederzeit während der gesamten Nutzungs-dauer des Bauwerks, wenn Temperaturän-derungen auftreten	Bewehrung, Maßnah-men zur Begrenzung der Betonzugfestig-keit, Fugen
Setzungen	Biege- und Trennrisse, Rissbreite u.U. über 1 mm	Jederzeit bei Ände-rung der Auflagerbe-dingungen	Statisches System
Eigenspan-nungszu-stände	Je nach Ursache unterschiedlich	Jederzeit bei Auftre-ten der rissverursa-chenden Dehnungen	Zweckmäßige Wahl und Anordnung der Bewehrung
Äußere Lasten	Biege-, Trenn- oder Schubrisse	Jederzeit während der Nutzungsdauer	Wie „Eigenspannun-gen"

Riss-ursache	Rissbildung		
	Merkmale	**Zeitpunkt**	**Beeinflussung**
Frost	Vorwiegend Längsrisse und/oder Absprengungen im Bereich wassergefüllter Hohlräume	Jederzeit bei Frost	Vermeidung wassergefüllter Hohlräume
Korrosion der Bewehrung	Risse entlang der Bewehrung und an Bauteilecken, Absprengungen	Nach mehreren Jahren	Dicke und Qualität der Betondeckung

Tafel 12.2 *Übersicht über Rissursachen, Merkmale, Zeitpunkte und Beeinflussung der Rissbildung [DBV – 06/1]*

12.2.2 Bauteile mit erhöhter Wahrscheinlichkeit einer Rissbildung

Bestimmte Bauteile können aufgrund ihrer Lage im Bauwerk, aufgrund des gewählten Bauablaufs oder der gewählten Abmessungen rissanfällig sein. Sofern mehrere Rissursachen gleichzeitig (**Tafel 12.2**) zutreffen, ist die Wahrscheinlichkeit besonders groß, dass Risse auftreten.

Einige Beispiele für erhöhte Rissanfälligkeit sind:

- **Arbeitsfugen**

  Man unterscheidet Bewegungsfugen und Arbeitsfugen. Im Unterschied zu Bewegungsfugen sind Arbeitsfugen nur aufgrund des Herstellungsablaufs erforderlich. An Arbeitsfugen können Risse nur schwer vermieden werden, da zwischen dem älteren und dem jüngeren Beton nur eine geringe Zugfestigkeit vorhanden ist. Da Betonierabschnitt II an den bereits erhärteten Betonierabschnitt I betoniert wird, fließt die Hydratationswärme im Randbereich aus dem Betonierabschnitt II ab. Nach Abschluss der Erhärtung sinkt die Hydratationstemperatur auf die Umgebungstemperatur ab. An der Arbeitsfuge wird die Verkürzung des Betons durch den Anschluss an das ältere Bauteil behindert, es entstehen hieraus Zwangbeanspruchungen und es kommt zur Rissbildung (**Abb. 12.2**). Das Abfließen der Hydratationswärme führt bei dicken Bauteilen zu Rissen, besonders wenn es mit rascher Abkühlung infolge kalter Umgebungsluft überlagert wird. Eine wirksame Gegenmaßnahme ist die Wahl eines langsam erhärtenden Zements mit geringer Wärmeentwicklung.

  Sofern Abschnitt II wesentlich später als Betonierabschnitt I hergestellt wird, können Zusatzbeanspruchungen aus Schwinden entstehen.

- **Massige Bauteile**

  Je dicker Bauteile sind, umso größer werden die Beanspruchungen aus Eigenspannungen und Zwang.

- **Bauteile unterschiedlicher Abmessungen**

  Ein dünneres Bauteil schwindet schneller und ändert seine Temperatur schneller als ein dickeres Bauteil. Durch die Verformungsbehinderung zwischen beiden Bauteilen entstehen Zwangsbeanspruchungen, die zu Trennrissen im dünneren Bauteil führen können.

- **Einspringende Ecken**

  An einspringenden Ecken und Querschnittssprüngen (z.B. Aussparungen) weicht der Spannungsverlauf von der klassischen Biegetheorie ab. Dies ist Ursache für Risse, die durch eine sachgemäß konstruierte Bewehrung in ihrer Rissbreite begrenzt werden können.

- **Konzentrierte Kräfte**

  Im Einleitungsbereich konzentrierter großer Kräfte entsteht ein räumlicher Spannungszustand, der zu Rissen führen kann. Die Rissbreite wird durch eine zweckmäßig angeordnete Bewehrung begrenzt.

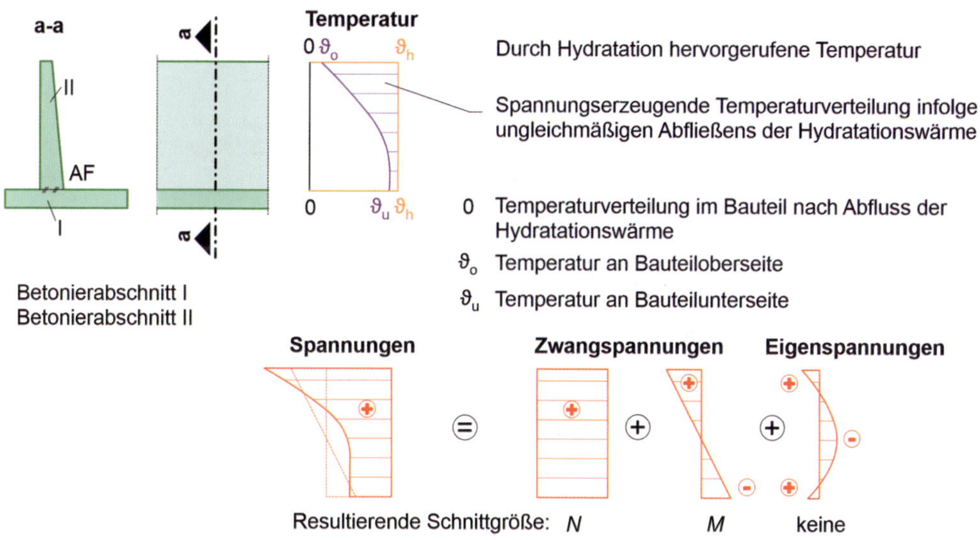

Abb. 12.2 *Spannungen infolge Abfließens der Hydratationswärme (nach [Springenschmid – 84])*

12.2.3 WU-Bauteile

In [WU-Richtlinie – 03] werden Anforderungen an die Gebrauchstauglichkeit von wasserundurchlässigen Bauwerken aus Beton geregelt. Nachfolgend werden wichtige Definitionen dieser Richtlinie zusammengestellt. Es handelt sich hierbei nur um eine kurze Zusammenstellung. Zur Anwendung ist die genaue Durcharbeitung der [WU-Richtlinie – 03] unabdingbar.

- **Nutzungsklasse A**

  Für Bauwerke oder Bauteile der Nutzungsklasse A ist ein Feuchtetransport in flüssiger Form nicht zulässig ([WU-Richtlinie – 03], 5.3).

- **Nutzungsklasse B**

  Für Bauwerke oder Bauteile der Nutzungsklasse B sind Feuchtstellen auf der Bauteiloberfläche zulässig. Feuchtstellen sind gemäß Definition feuchtebedingte Dunkelfärbungen, gegebenenfalls auch die Bildung von Wasserperlen an diesen Stellen, nicht jedoch Wasserdurchtritte, die mit auf der Bauteiloberfläche angesammelten Wassermengen verbunden sind ([WU-Richtlinie – 03], 5.3).

- **Beanspruchungsklasse 1**

  Bauwerke oder Bauteile, die durch drückendes und nichtdrückendes Wasser sowie zeitweise aufstauendes Sickerwasser belastet werden, sind in die Beanspruchungsklasse 1 einzustufen ([WU-Richtlinie – 03], 5.2).

- **Beanspruchungsklasse 2**

  Bauwerke oder Bauteile, die durch Bodenfeuchte oder nicht aufstauendes Sickerwasser belastet werden, sind in die Beanspruchungsklasse 2 einzustufen ([WU-Richtlinie – 03], 5.2).

- **Mindestdicken für Bauteile aus Ortbeton** ([WU-Richtlinie – 03], Tabelle 1)

  Wände, Beanspruchungsklasse 1 $h \geq 240\text{ mm}$ (12.3)

  Wände, Beanspruchungsklasse 2 $h \geq 200\text{ mm}$ (12.4)

  Bodenplatte, Beanspruchungsklasse 1 $h \geq 250\text{ mm}$ (12.5)

  Bodenplatte, Beanspruchungsklasse 2 $h \geq 150\text{ mm}$ (12.6)

- **Rissbreitenbeschränkung**

  Nutzungsklasse A, Beanspruchungsklasse 1:

  Trennrisse im Beton sind mit Ausnahme von abgedichteten Sollrissquerschnitten zu vermeiden. Bei Biegerissen kann nachgewiesen werden, dass eine ausreichende Druckzonenhöhe vorhanden ist ([WU-Richtlinie – 03], 8.5.3).

  Nutzungsklasse A, Beanspruchungsklasse 2 ([WU-Richtlinie – 03], 8.5.3):

  $$w_k \leq 0{,}20\,\text{mm} \quad (12.7)$$

  Nutzungsklasse B, Beanspruchungsklasse 1:

  Bei Einhaltung der Werte nach den Gln. (12.8) bis (12.10) kann davon ausgegangen werden, dass der anfängliche Wasserdurchtritt mit der Zeit durch Selbstheilung der Risse stark reduziert wird. Feuchtstellen an der Bauteiloberfläche können jedoch auch zu einem späteren Zeitpunkt nicht mit absoluter Sicherheit ausgeschlossen werden. Hierbei bezeichnet h_w die Druckhöhe des Wassers und h_b die Bauteildicke ([WU-Richtlinie – 03], 8.5.4).

  $$h_w/h_b \leq 10 \qquad w_k \leq 0{,}20\,\text{mm} \quad (12.8)$$

  $$10 < h_w/h_b \leq 15 \qquad w_k \leq 0{,}15\,\text{mm} \quad (12.9)$$

  $$15 < h_w/h_b \leq 25 \qquad w_k \leq 0{,}10\,\text{mm} \quad (12.10)$$

Nutzungsklasse B, Beanspruchungsklasse 2 ([WU-Richtlinie – 03], 8.5.4):

$$w_k \leq 0{,}20\,\text{mm} \tag{12.11}$$

- **Einwirkungskombination**

  Für die Nachweise zur Begrenzung der Rissbreite ist von der häufigen Einwirkungskombination auszugehen ([WU-Richtlinie – 03], 8.5.1).

12.3 Grundlagen der Rissbreitenberechnung

12.3.1 Eintragungslänge und Rissabstand

Das Tragverhalten von Stahlbetonbauteilen wurde in Kap. 1.4 beschrieben. Aufbauend hierauf können auch die erforderlichen Gleichungen zur Berechnung der Rissbreite formuliert werden. Vereinfachend wird davon ausgegangen, dass die Bauteile nicht vorgespannt werden.[1] Es wird hierbei zwischen der Einzelrissbildung und der abgeschlossenen Rissbildung unterschieden.

Einzelrissbildung

Vor der Erstrissbildung befindet sich der Zugstab im Zustand I. Die Dehnungen vom Beton und der Bewehrung sind in diesem Zustand identisch (**Abb. 1.4**). Dies ändert sich erst bei Entstehung des ersten Risses (Übergang in den Zustand II) (**Abb. 1.6**). Im Riss muss nun die Bewehrung die gesamte Zugkraft aufnehmen. Dies führt zu einem Anstieg der Stahldehnungen und einem Abfall der Betondehnungen auf null (**Abb. 1.6**). Unmittelbar neben dem Riss beteiligt sich der Beton am Lastabtrag. Die Kraft wird über den Umfang der Bewehrungsstäbe über Verbundspannungen τ_{sm} in den Beton eingeleitet. Die für die Krafteinleitung benötigte Länge wird als Einleitungslänge l_t bezeichnet.

Die Einzelrissbildung ist dadurch gekennzeichnet, dass sich die Einleitungslängen l_t voll ausbilden können und zwischen diesen ebene Dehnungszustände mit $\varepsilon_s = \varepsilon_c$ verbleiben (**Abb. 1.7**). Die mittlere Rissbreite erhält man daher direkt aus dem Integral der Dehnungsunterschiede von Beton und Betonstahl über den Störungsbereich.

$$w_m = \int_{-l_t}^{l_t} (\varepsilon_s - \varepsilon_c)\,dx = 2\,l_t \cdot (\varepsilon_{sm} - \varepsilon_{cm}) \tag{12.12}$$

Bei Vernachlässigung der gegenüber der mittleren Stahldehnung ε_{sm} deutlich kleineren Betondehnung ε_{cm} erhält man:

$$w_m \approx 2\,l_t \cdot \varepsilon_{sm}$$

Am Ende der Eintragungslänge liegt eine ungerissene ungestörte Situation vor. Daher gelten dort Gln. (1.13) und (1.15). Längs der Einleitungslänge l_t wird zwischen der Oberfläche des Betonstahls und dem Beton über Verbundspannungen τ_{sm} eine Kraft F_c in den Beton eingeleitet.

1 Das Berechnungsverfahren lässt sich auf Spannbeton erweitern (vgl. [König/Tue – 96], [Avak/Glaser – 05]).

$$F_c = \tau_{sm} \cdot u_s \cdot l_t = \tau_{sm} \cdot \pi \cdot \varnothing \cdot l_t \tag{12.13}$$

u_s Umfang des Betonstahls

Weiterhin gilt:

$$\Delta F_s = \Delta\sigma_s \cdot A_s = \Delta\sigma_s \cdot \pi \cdot \frac{\varnothing^2}{4}$$

$$F_c = \Delta F_s$$

$$\tau_{sm} \cdot \pi \cdot \varnothing \cdot l_t = \Delta\sigma_s \cdot \pi \cdot \frac{\varnothing^2}{4} \tag{12.14}$$

$$l_t = \frac{\Delta\sigma_s}{\tau_{sm}} \cdot \frac{\varnothing}{4} \text{ analog zu Gl. (4.7)}$$

Wenn für den Spannungssprung $\Delta\sigma_s$ Gl. (1.19) verwendet wird, ergibt sich:

$$l_t = \frac{f_{ct}}{\rho \cdot \tau_{sm}} \cdot \frac{\varnothing}{4} \tag{12.15}$$

Abgeschlossene Rissbildung

Im Zustand der abgeschlossenen Rissbildung liegt an keiner Stelle mehr ein ebener Dehnungszustand vor (**Abb. 1.8**). Die mittlere Rissbreite erhält man wiederum direkt aus dem Integral der Dehnungsunterschiede von Beton und Betonstahl über den Störungsbereich

$$w_m = \int_{-s_r/2}^{s_r/2} (\varepsilon_s - \varepsilon_c)\,dx = s_r \cdot (\varepsilon_{sm} - \varepsilon_{cm})$$

$$w_m \approx s_r \cdot \varepsilon_{sm} \tag{12.16}$$

Der Rissabstand s_r kann durch eine Extremwertbetrachtung eingegrenzt werden. Bei abgeschlossener Rissbildung entstehen keine weiteren Risse. Der Rissabstand kann daher höchstens gleich der doppelten Eintragungslänge sein, andernfalls würde die Zugfestigkeit des Betons erreicht und ein Riss entstünde. Der kleinste Rissabstand ergibt sich aus der Überlegung, dass bei Erstrissbildung erst am Ende der Eintragungslänge l_t ein weiterer Riss entstehen kann. In diesem Fall ist der Rissabstand gleich der Eintragungslänge.

$$s_{r,max} = 2\,l_t \tag{12.17}$$

$$s_{r,min} = l_t \tag{12.18}$$

$$s_{rm} \approx \frac{s_{r,max} + s_{r,min}}{2} = 1{,}5\,l_t \tag{12.19}$$

Die größte mittlere Rissbreite tritt beim Rissabstand $s_{r,max}$ ein und führt durch Einsetzen von Gl. (12.17) in Gl. (12.16) erneut auf Gl. (12.12). Bei der Berechnung der größten mittleren Rissbreite muss somit nicht zwischen Einzelrissbildung und abgeschlossener Rissbildung unterschieden werden.

12.3.2 Zugversteifung

Die für die Gln. (12.12) bzw. (12.16) benötigte mittlere Stahldehnung wurde schon mit Gl. (1.20) formuliert. Der Abzugsterm kennzeichnet hierbei die Mitwirkung des Betons zwischen den Rissen (Zugversteifung). Die Gl. wird noch umgeformt in

$$\varepsilon_{sm} = \varepsilon_{s,max} - k_t \cdot \frac{\Delta\sigma_s}{E_s} = \frac{\sigma_s}{E_s} - k_t \cdot \frac{\Delta\sigma_s}{E_s} = \left(1 - k_t \cdot \frac{\Delta\sigma_s}{\sigma_s}\right) \cdot \frac{\sigma_s}{E_s} \qquad (12.20)$$

Die Betondehnung weist denselben Kurvenverlauf, somit auch denselben Völligkeitsbeiwert k_t auf.

$$\varepsilon_{cm} = k_t \cdot \frac{\sigma_c}{E_c} \qquad (12.21)$$

12.3.3 Grundgleichung der Rissbreite

In Gl. (12.12) werden die mittleren Rissbreiten beschrieben. Für die Nachweise zur Rissbreitenbeschränkung ist von einer charakteristischen Rissbreite w_k (Rechenwert der Rissbreite) auszugehen. Beide werden über den Streubeiwert β gekoppelt.

$$w_k = \beta \cdot w_m$$

$$w_k = \beta \cdot s_{rm} \cdot \left(\varepsilon_{sm} - \varepsilon_{cm}\right) \qquad (12.22)$$

Dies ist die Grundgleichung der Rissbreite. Mit Gl. (12.20) ergibt sich:

$$w_k = \beta \cdot s_{rm} \cdot \left[\left(1 - k_t \cdot \frac{\Delta\sigma_s}{\sigma_s}\right) \cdot \frac{\sigma_s}{E_s} - k_t \cdot \frac{\sigma_c}{E_c}\right] \qquad (12.23)$$

Ausgehend von dieser Gl. werden mit weiteren Randbedingungen in EC 2-1-1 (→ Kap. 12.4.1) die Rissbreiten berechnet.

12.3.4 Wirksame Zugzone

Bei der Einzelrissbildung entstehen zunächst Einzelrisse (Primärrisse), wenn die Beanspruchung die Zugfestigkeit des Betons erreicht.

$$\sigma_{c,cr} = \frac{N_{cr}}{A} + \frac{M_{cr}}{W} = f_{ct} \qquad (12.24)$$

Da längs der Einleitungslänge die Zugspannungen auch im Beton im Bereich der Bewehrung konzentriert (und nicht über den Querschnitt verteilt) sind (**Abb. 12.3**), reicht eine geringere Biegezugkraft aus, um den nächsten Riss (Sekundärriss) zu erzeugen.

Im abgeschlossenen Rissbild muss somit berücksichtigt werden, dass nicht der gesamte Querschnitt, sondern nur eine Wirkungszone in der Nähe der Bewehrung reißt. Es werden deshalb modellhaft Ersatzstäbe der Fläche $A_{c,eff}$, die im Bereich der Bewehrung angeordnet sind, betrachtet.

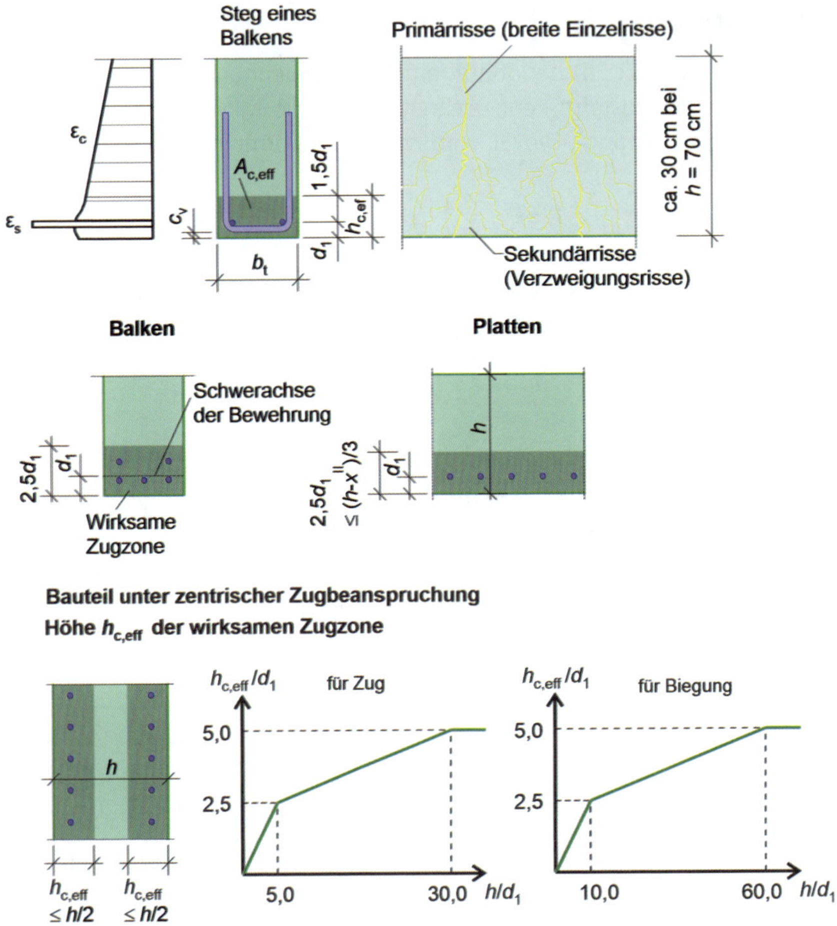

Abb. 12.3 *Wirkungsbereich der Bewehrung für Nachweise der Rissbreiten*

Die Sekundärrisse münden in die Primärrisse (**Abb. 12.3**). Aufgrund der Völligkeit der Betonzugspannungen um die Biegezugbewehrung ist es (insbesondere bei großen Bauteilabmessungen) gerechtfertigt, anstatt der Betonzugzone A_{ct} die wirksame Zugzone $A_{c,eff}$ (effective tensile area) zu verwenden, in der die Bewehrung wirksam ist.

$$A_{c,eff} = b_t \cdot h_{c,eff} \tag{12.25}$$

$$\rho_{eff} = \frac{A_s}{A_{c,eff}} \tag{12.26}$$

Diese Fläche ist eine Ersatzfläche für einen zentrisch gezogenen Stab.[2] Als untere Grenze der effektiven Höhe wurde von Schießl in [Bertram/Bunke – 89] der Wert $2{,}5 \cdot d_1$ vorgeschlagen. Für geringe Bauteilhöhen (z.B. bei Platten) wird zusätzlich eine Schranke hinsichtlich der Druckzonenhöhe eingeführt.

2 Bei der Ableitung der Grundgleichung der Rissbreiten (Gl. (12.22)) wurde ebenfalls vom zentrisch gezogenen Stab ausgegangen (vgl. **Abb. 1.7**).

In EC 2-1-1/NA werden nachfolgende Kriterien zur Ermittlung der effektiven Höhe $h_{c,eff}$ genannt. Dies ist ebenfalls in **Abb. 12.3** verdeutlicht.

$$h_{c,eff} = \min\begin{cases} 2{,}5 \cdot (h-d) = 2{,}5 \cdot d_1 \\ \frac{h-x}{3} \text{ (für Biegung)} \\ \frac{h}{2} \text{ (für Zug)} \end{cases} \qquad (12.27)$$

Wenn die Bewehrung nicht innerhalb des Grenzbereichs (h – *x*)/3 liegt, sollte gemäß DAfStb Heft 630 dieser auf (h – *x*)/2 mit *x* Druckzonenhöhe im Zustand I vergrößert werden.

Die untere Grenze von $2{,}5 \cdot d_1$ für die wirksame Zugzone $h_{c,eff}$ gilt nur für eine konzentrierte Bewehrungsanordnung und dünne Bauteile mit $h/d_1 \leq 5$ bei zentrischer Zugbeanspruchung und $h/d_1 \leq 10$ bei Biegung.

Bei dickeren Bauteilen kann die wirksame Zugzone $h_{c,eff}$ bis $5{,}0 \cdot d_1$ anwachsen (**Abb. 12.3**) und wird wie folgt berechnet:

Für Zug gilt:

$$\begin{aligned} &0 \leq h/d_1 < 5{,}0: && h_{c,eff} = 0{,}5 \cdot h \\ &5{,}0 \leq h/d_1 < 30{,}0: && h_{c,eff} = 0{,}1 \cdot h + 2{,}0 \cdot d_1 \\ &h/d_1 \geq 30{,}0: && h_{c,eff} = 5{,}0 \cdot d_1 \end{aligned} \qquad (12.28)$$

Für Biegung gilt:

$$\begin{aligned} &0 \leq h/d_1 < 10{,}0: && h_{c,eff} = 0{,}25 \cdot h \\ &10{,}0 \leq h/d_1 < 60{,}0: && h_{c,eff} = 0{,}05 \cdot h + 2{,}0 \cdot d_1 \\ &h/d_1 > 60: && h_{c,eff} = 5{,}0 \cdot d_1 \end{aligned} \qquad (12.29)$$

12.3.5 Schnittgrößen aus Zwang und Lasten

Für den Nachweis der Rissbreitenbeschränkung ist wesentlich, ob die Beanspruchungen aus Lasten oder aus Zwang herrühren. Wenn die Ursache Zwängungen sind, werden die Beanspruchungen durch die Rissbildung vermindert. Hierfür wird im allgemeinen Fall eine Mindestbewehrung ausreichend sein. Wenn dagegen Lasten die Ursache sind, ist die Größe der Lasten für die Schnittgrößen und damit die Rissbreiten wesentlich. Für (nicht vorgespannte) Stahlbetonbauteile ist dem Nachweis die quasi-ständige Lastkombination zugrunde zu legen, sofern der Bauherr nicht ein höheres Lastniveau fordert.

12.3.6 Mindestbewehrung

Auf eine Mindestbewehrung darf gemäß EC 2-1-1/NA, NDP zu 7.3.2 (4) nur dann verzichtet werden, wenn in Bauteilen mit Vorspannung mit Verbund unter der seltenen Einwirkungskombination und unter den maßgebenden charakteristischen Werten der Vorspannung Betondruckspannungen am Querschnittsrand auftreten, die dem Betrag nach größer als 1,0 N/mm² sind.

Für Stahlbetonbauteile ohne Vorspannung muss in der Regel in oberflächennahen Bereichen der Zugzone eine Mindestbewehrung vorgesehen werden, da eine Rissbildung infolge nicht berücksichtigter Zwangeinwirkung oder Eigenspannungen nicht auszuschließen ist. Die Mindestbewehrung ist gemäß EC 2-1-1, 7.3.2 (2) mit einem angemessenen Anteil, aber auch derart über die Zugzone zu verteilen, dass die Bildung breiter Sammelrisse vermieden wird. Sofern diese Zwangsbeanspruchungen durch konstruktive Maßnahmen verhindert werden, kann auf die Mindestbewehrung verzichtet werden.

Wenn auf die Mindestbewehrung nicht verzichtet werden kann, muss sie so groß sein, dass die unmittelbar vor der Rissbildung entstehenden Rissschnittgrößen N_{cr} und M_{cr} im Zustand II aufgenommen werden können. Die Rissschnittgrößen sind diejenigen Beanspruchungen, bei denen die Betonrandspannung im Bauteil gleich der wirksamen Betonzugfestigkeit $f_{ct,eff}$ ist. Zur Bestimmung des Spannungsgradienten bei einer Kombination aus Normalspannung und Biegespannung wird die seltene Einwirkungskombination herangezogen.

Gemäß EC 2-1-1, NCI zu 7.3.2 (2), darf die Zwangschnittgröße vermindert werden, wenn diese die Rissschnittgröße nicht erreicht. In diesen Fällen darf die Mindestbewehrung durch eine Bemessung des Querschnitts für die nachgewiesene Zwangschnittgröße unter Berücksichtigung der Anforderungen an die Rissbreitenbegrenzung ermittelt werden. Hierbei ist zu beachten, dass die Betonzugfestigkeit und damit die Zwangbeanspruchung sehr stark streuende Größen sind. Außerdem kann sich die zutreffende Ermittlung der Zwangeinwirkungen sehr schwierig gestalten. Eventuell sollte versucht werden, die Zwangbeanspruchung durch betontechnologische Maßnahmen zu reduzieren.

Für die Betonzugfestigkeit $f_{ct,eff}$ gilt:

$$f_{ct,eff} = k_{zt} \cdot f_{ctm} \tag{12.30}$$

Wenn der Abschluss der Rissbildung mit Sicherheit innerhalb der ersten 28 Tage festgelegt werden kann, darf für k_{zt} ein Wert aus **Tafel 12.3** angesetzt werden. In diesem Fall ist dies durch Hinweise in der Baubeschreibung und auf den Ausführungsplänen dem Bauausführenden rechtzeitig mitzuteilen, damit bei der Festlegung des Betons eine entsprechende Anforderung aufgenommen werden kann.

Festigkeitsentwicklung des Betons	Bauteildicke h			
	$\leq 0{,}30$ m	$\leq 0{,}80$ m	$\leq 2{,}0$ m	$> 2{,}0$ m
langsam ($r < 0{,}30$)[1)2)]	-[3)]	0,60	0,70	0,80[4)]
mittel ($r < 0{,}50$)[1)]	0,65	0,75	0,85	0,95
schnell ($r \geq 0{,}50$)[1)]	0,80	0,90	1,0	1,0

[1)] Die Festigkeitsentwicklung des Betons wird durch das Verhältnis $r = f_{cm}(2d)/f_{cm}(28d)$ beschrieben.

[2)] Bei Festigkeitsklassen $\geq C30/37$ wird i.d.R. der Zeitpunkt des Nachweises der Festigkeitsklasse auf einen späteren Zeitpunkt verschoben.

[3)] Bei dünnen Bauteilen sollte mindestens eine mittlere Festigkeitsentwicklung angenommen werden.

[4)] Bei dicken Bauteilen und langsam erhärtenden Betonen ist der Anhaltswert erst nach 91 Tagen zu erwarten.

Tafel 12.3 *Beiwert k_{zt} in Abhängigkeit von der Bauteildicke und der Zementfestigkeitsentwicklung*

Die tatsächliche Betonfestigkeit kann gegenüber der geplanten Festigkeitsklasse größer ausfallen. Dies ist zu berücksichtigen, wenn der Zeitpunkt der Rissbildung nicht mit Sicherheit innerhalb von 28 Tagen nach dem Betonieren liegt. Mit dieser „Überfestigkeit" der Druckfestigkeit ist zwangsläufig auch eine größere Zugfestigkeit verbunden. Um die hieraus möglichen Streuungen der Zugfestigkeit abzudecken, sollte min $f_{ct,eff} = 3{,}0$ N/mm² (für Normalbeton) als Mindestwert in Gl. (12.31) eingesetzt werden.

Die Mindestbewehrung muss so bemessen sein, dass sie die im Zustand I im Beton vorhandenen Zugkräfte beim Übergang in den Zustand II aufnehmen kann. Für den Fall der zentrischen Zugkraft gilt beim Übergang in den Zustand II:

$$F = F_{cr} = f_{ct,eff} \cdot A_{ct}$$

mit $A_{ct} = b \cdot h$ (gesamte Querschnittsfläche unter Zug)

Die erforderliche Bewehrungsmenge ergibt sich somit zu:

$$A_{s,min} = \frac{F_{cr}}{\sigma_s} = \frac{f_{ct,eff}}{\sigma_s} \cdot A_{ct} \tag{12.31}$$

Für den Fall reiner Biegung gilt beim Übergang in den Zustand II:

$$M_{cr} = f_{ct,eff} \cdot W_c$$

Mit Gl. (7.90) ergibt sich:

$$A_{s,min} = \frac{M_{cr}}{z^{II} \cdot \sigma_s} = \frac{f_{ct,eff} \cdot W_c}{z^{II} \cdot \sigma_s}$$

Für Rechteckquerschnitte gilt näherungsweise $z^{II} \approx 0{,}85h$. Mit $W_c = \frac{bh^2}{6} = A_c \cdot \frac{h}{6}$ und unter Berücksichtigung, dass nur der halbe Querschnitt unter Zug steht ($A_{ct} = \frac{A_c}{2}$), ergibt sich:

$$A_{s,min} = \frac{f_{ct,eff} \cdot A_{ct} \cdot \frac{h}{6}}{0{,}85 \cdot h \cdot \sigma_s} = 0{,}4 \cdot \frac{f_{ct,eff}}{\sigma_s} \cdot A_{ct} \tag{12.32}$$

Um die zuvor aufgeführten Fälle zu berücksichtigen, wird der Faktor k_c eingeführt. Wenn zusätzlich der Beiwert k, der Eigenspannungen im Querschnitt berücksichtigt, eingeführt wird, kann die erforderliche Mindestbewehrung zur Begrenzung der Rissbreite nach Gl. (12.33) ermittelt werden.

$$A_{s,min} = k_c \cdot k \cdot \frac{f_{ct,eff}}{\sigma_s} \cdot A_{ct} \tag{12.33}$$

Der Beiwert k_c ist wie zuvor gezeigt ein Beiwert zur Berücksichtigung des Einflusses der Spannungsverteilung innerhalb der Zugzone A_{ct} vor der Erstrissbildung sowie der Änderung des inneren Hebelarmes beim Übergang in den Zustand II. Er darf für Rechteckquerschnitte, Stege von Plattenbalken und Hohlkästen für zentrischen Zwang zu $k_c = 1{,}0$ und für reinen Biegezwang zu $k_c = 0{,}4$ angenommen werden. Für alle anderen Fälle kann er gemäß Gl. (12.34) berechnet werden. σ_c ist hierbei die Betonspannung in Höhe der Schwerachse (Druckspannungen positiv).

$$k_c = 0{,}4 \cdot \left(1 - \frac{\sigma_c}{k_1 \cdot h/h^* \cdot f_{ct,eff}}\right) \leq 1{,}0 \tag{12.34}$$

Für Gurte von Hohlkästen- oder T-Querschnitten gilt Gl. (12.35)

$$k_c = 0{,}9 \cdot \frac{F_{cr}}{A_{ct} \cdot f_{ct,eff}} \geq 0{,}5 \tag{12.35}$$

$$\text{mit: } k_1 = \begin{cases} 1{,}5 & \text{für Längsdruckkraft} \\ 2/3 \cdot h^*/h & \text{für Längszugkraft} \end{cases} \tag{12.36}$$

$$h^* = \begin{cases} h & \text{für } h < 1{,}0\,\text{m} \\ 1\,\text{m} & \text{für } h \geq 1{,}0\,\text{m} \end{cases} \tag{12.37}$$

σ_c Betonspannungen in Höhe der Schwerlinie des Teilquerschnitts im ungerissenen Zustand.

Der Beiwert k in Gl. (12.33) berücksichtigt nichtlinear über den Querschnitt verteilte Eigenspannungen, die nicht an anderer Stelle im Nachweis erfasst werden:

Es gilt (EC 2-1-1/NA zu 7.3.2(2)):

- allgemein bei Zugspannungen aus Zwang im Bauteil $k = 1{,}0 \cdot 0{,}8 = 0{,}8$ (12.38)
- bei Rechteckquerschnitten mit $h \leq 30$ cm $k = 1{,}0 \cdot 0{,}8 = 0{,}8$ (12.39)
- bei Rechteckquerschnitten mit $h \geq 80$ cm $k = 0{,}65 \cdot 0{,}8 = 0{,}52$ (12.40)

Hierbei ist h die kleinere Bauteilabmessung; Zwischenwerte sind zu interpolieren; bei profilierten Querschnitten sind die einzelnen Teile getrennt als Rechtecke zu betrachten.

- bei Zwang, der durch andere Bauteile hervorgerufen wird (indirketer Zwang)

$$k = 1{,}0 \tag{12.41}$$

In Gl. (12.33) bezeichnen A_{ct} die Fläche der Zugzone im Zustand I unmittelbar vor der Rissbildung und σ_s die Spannung des Betonstahls im Zustand II in Abhängigkeit vom verwendeten Durchmesser. Die Betonstahlspannung σ_s darf in Abhängigkeit von Grenzdurchmesser $\varnothing_s^*$ und Rissbreite w_k **Tafel 12.4** entnommen werden. Eine Erläuterung, wie sich die Tafelwerte ergeben, folgt in Kap. 12.4.2.

Alternativ zu **Tafel 12.4** kann σ_s in Abhängigkeit von Rissbreite und Grenzdurchmesser auch direkt berechnet werden (Herleitung in Kap. 12.4.2):

$$\sigma_s = \sqrt{w_k \cdot \frac{3{,}48 \cdot 10^6}{\varnothing_s^*}} \quad [\text{N/mm}^2] \tag{12.42}$$

Für die Herleitung des Grenzdurchmessers wurde die Zugfestigkeit des Betons mit $f_{ct,0} = 2{,}9$ N/mm² angesetzt. Der Nachweis der Rissbreite erfolgt durch die Begrenzung des Stabdurchmessers:

$$\varnothing_s = \varnothing_s^* \cdot k_c \cdot k \cdot \frac{h_{cr}}{4 \cdot (h-d)} \cdot \frac{f_{ct,eff}}{f_{ct,0}} \geq \varnothing_s^* \cdot \frac{f_{ct,eff}}{f_{ct,0}} \tag{12.43}$$

h_{cr} Höhe der Zugzone im Querschnitt unmittelbar vor Erstrissbildung. Bei zentrischem Zwang gilt $h_{cr} = 0{,}5h$

Bei dickeren Bauteilen unter zentrischer Zwangbeanspruchung darf die Mindestbewehrung je Querschnittseite unter Berücksichtigung einer wirksamen Zugzone $h_{c,eff}$ berechnet werden (**Abb. 12.3** und Gl. (12.28)). Allerdings muss sichergestellt sein, dass die Bewehrung, unter Ansatz der Spannungsverteilung vor der Erstrissbildung, innerhalb der Zugzone A_{ct} nicht zu fließen beginnt. Hieraus ergibt sich nachfolgende Bewehrung je Querschnittseite:

$$A_{s,min} = f_{ct,eff} \cdot \frac{A_{c,eff}}{\sigma_s} \geq k \cdot f_{ct,eff} \cdot \frac{A_{ct}}{f_{yk}} \tag{12.44}$$

Mit der Anwendung von Gl. (12.44) lässt sich bei dickeren Bauteilen (z.B. Widerlagerwände von Brückenwiderlagern) eventuell die Mindestbewehrung reduzieren. Grundsätzlich muss nicht mehr Mindestbewehrung eingelegt werden, als sich aus Gl. (12.33) in Verbindung mit Gl. (12.44) ergibt.

Stahlspannung σ_s in N/mm²	**Grenzdurchmesser** ϕ_s^* in mm in Abhängigkeit von w_k		
	$w_k = 0,4$	$w_k = 0,3$	$w_k = 0,2$
160	54	41	27
200	35	26	17
240	24	18	12
280	18	13	9
320	14	10	7
360	11	8	5
400	9	7	4
450	7	5	3

Tafel 12.4 *Grenzdurchmesser* $\varnothing_s^*$ *der Betonstahlbewehrung (EC 2-1-1/NA, Tabelle 7.2DE)*

Werden langsam erhärtende Betone verwendet (i.d.R. bei dickeren Bauteilen), darf die Mindestbewehrung mit einem Faktor 0,85 verringert werden (EC 2-1-1/NA, NCI zu 7.3.2, NA.6). Die Rahmenbedingungen der Anwendungsvoraussetzungen für die Bewehrungsverringerung sind dann in den Ausführungsunterlagen festzulegen. Langsam erhärtende Betone verlängern die Nachbehandlungs- und Ausschalfristen. Bei den Nachweisen von Bauzuständen muss ggf. dann eine entsprechende geringere Festigkeitsklasse angesetzt werden.

Bei der Ermittlung der Mindestbewehrung wird eine langfristige Lasteinwirkung durch Abminderung der Verbundsteifigkeit auf ca. 70 % und somit der Völligkeitsbeiwert $k_t = 0,4$ in den Gln. (12.20) und (12.21) berücksichtigt (Dauerstandseffekt).

Bei kurzzeitiger Lasteinwirkung könnte gemäß EC 2-1-1 mit $k_t = 0,6$ gerechnet werden, was eine Verminderung der Stahldehnung ε_{sm} nach Gl. (12.20) und eine geringere Mindestbewehrung zur Folge hätte.

Der Zwang aus abfließender Hydratationswärme sollte nicht als kurzzeitige Lasteinwirkung behandelt werden, da der Zwangabbau infolge Kriechens deutlich langsamer als der Abfall der Verbundsteifigkeit infolge des Verbundkriechens erfolgt. Die Einstufung einer Einwirkung in die Kategorie kurzzeitig sollte nur in begründeten Ausnahmefällen erfolgen und könnte z.B. bei Anpralllasten toleriert werden.

Beispiel 12.1: Beschränkung der Rissbreite bei Zwangschnittgrößen

Gegeben:
- Behälterwand mit Innenabdichtung von Beispiel 6.2
- Baustoffgüten C30/37; B500

Gesucht: Mindestbewehrung der Wand in horizontaler Richtung

Lösung:

Die Wand weist in horizontaler Richtung keine Lasten auf, sie wird nur aus Zwang infolge Abfließens der Hydratationswärme beansprucht. Es ist davon auszugehen, dass die Bodenplatte schon vor der Wand erstellt wurde und beim Betonieren der Wand bereits erhärtet ist. Es wird die Mindestbewehrung bestimmt, um die Zwangschnittgrößen aus abfließender Hydratationswärme aufnehmen zu können.

Zwang aus abfließender Hydratationswärme:	
$k_{zt} = 0{,}65$	Beton mit mittlerer Festigkeitsentwicklung und $h \leq 30$ cm. **Tafel 12.3**
$f_{ctm} = 2{,}9 \text{ N/mm}^2$	**Tafel 2.5:** C30/37
$f_{ct,eff} = 0{,}65 \cdot 2{,}9 = 1{,}885 \text{ N/mm}^2$	(12.30): $f_{ct,eff} = k_{zt} \cdot f_{ctm}$
Umgebungsklasse XC4; XF3	**Tafel 2.1:** Außenbauteil mit direkter Beregnung, offener Wasserbehälter
	Tafel 3.1: Umgebungsklasse XC4; XF3

Die Verbundbedingung wird nicht maßgebend, da die horizontale Bewehrung in der 2. Lage liegt.

$\Delta c_{dev} = 15$ mm	Vorhaltemaß für XC4
$c_{nom} = 25 + 15 = 40$ mm	(3.1): $c_{nom} = c_{min} + \Delta c_{dev}$
Horizontale Bewehrung:	horizontal $\varnothing_t = 10$ mm und vertikal $\varnothing_l = 10$ mm
$d_1 = 40 + 10 + \frac{10}{2} = 55\,\text{mm}$	$d_1 = h - d = c_v + \varnothing_l + \frac{\varnothing_t}{2}$
$h/d_1 = 20/5{,}5 = 3{,}63 < 5$ dünnes Bauteil	(12.28)
$h_{c,ef} = 2{,}5 \cdot 55 = 137{,}5\,\text{mm} \leq \underline{100\,\text{mm}} = \frac{200}{2}$	(12.27): $h_{c,ef} = 2{,}5\, d_1 \leq \frac{h}{2}$

$A_{ct} = 1{,}0 \cdot 0{,}2/2 = 0{,}10 \text{ m}^2$

Es wird die erforderliche Bewehrung für die Hälfte der Zugzone berechnet (Wandhälfte).

Erläuterung zu (12.33): A_{ct} ist die Fläche der Zugzone im Zustand I, vor der Erstrissbildung (hier: zentrische Zugbeanspruchung).

$\sigma_c = f_{ct,eff}$

Bei Rissbildung

$h^* = h \text{ für } h < 1{,}0$

(12.37): $h^* = \begin{cases} h & \text{für } h < 1{,}0\,\text{m} \\ 1\,\text{m} & \text{für } h \geq 1{,}0\,\text{m} \end{cases}$

$k_1 = \frac{2}{3}$

(12.36): zentrischer Zwang

$k_1 = \begin{cases} 1{,}5 \text{ für Längsdruckkraft} \\ 2/3 \cdot h^*/h \quad \text{für Längszugkraft} \end{cases}$

$k_c = 0{,}4 \cdot \left(1 + \frac{3}{2}\right) = 1$

(Zugspannungen negativ)

(12.34): $k_c = 0{,}4 \cdot \left(1 - \frac{\sigma_c}{k_1 \cdot h/h^* \cdot f_{ct,eff}}\right) \leq 1{,}0$

$k = 0{,}8$

(12.39), da $h = 20\,\text{cm} < 30\,\text{cm}$

(12.43): $\varnothing_s = \varnothing_s^* \cdot k_c \cdot k \cdot \frac{h_{cr}}{4 \cdot (h-d)} \cdot \frac{f_{ct,eff}}{f_{ct,0}} \geq \varnothing_s^* \cdot \frac{f_{ct,eff}}{f_{ct,0}}$

Der verwendete ∅10 ($\varnothing_s$ = 10 mm) ist auf den Grenzdurchmesser $\varnothing_s^*$ umzurechnen:

Zentrischer Zwang: $h_{cr} = 0{,}5h$

$h_{cr} = 0{,}5 \cdot 0{,}2 = 0{,}10 \text{ m} = 100 \text{ mm}$

$$\varnothing^* \leq 10 \cdot \frac{1}{1 \cdot 0{,}8} \cdot \frac{4 \cdot 55}{100} \cdot \frac{2{,}9}{1{,}885} = 42{,}3\,\text{mm}$$

$$\leq 10 \cdot \frac{2{,}9}{1{,}885} = \underline{15{,}4\,\text{mm}}$$

$w_k \leq 0{,}30\,\text{mm}$

(12.2): XC4 (Außenbauteil, aufgrund Innenabdichtung keine WU-Anforderungen)

$$\sigma_s = \sqrt{0{,}30 \cdot \frac{3{,}48 \cdot 10^6}{15{,}4}} = 260{,}4 \text{ N/mm}^2$$

(12.42): $\sigma_s = \sqrt{w_k \cdot \frac{3{,}48 \cdot 10^6}{\varnothing_s^*}}$

$$A_{s,min} = 1{,}0 \cdot 0{,}8 \cdot \frac{1{,}885}{260{,}4} \cdot 0{,}10 \cdot 10^4 = 5{,}8 \text{ cm}^2$$

(je Wandseite/m)

(12.33): $A_{s,min} = k_c \cdot k \cdot \frac{f_{ct,eff}}{\sigma_s} \cdot A_{ct}$

gew: ∅10-13 beidseitig

Tafel 4.1

$$A_{s,vorh} = 0{,}785 \cdot \frac{100}{13} = 6{,}1 \text{ cm}^2 > 5{,}8 \text{ cm}^2 = A_{s,min}$$

(7.62): $A_{s,vorh} \geq A_{s,erf}$

Aus Wasserdruck wird in Vertikalrichtung eine Biegezugbewehrung erforderlich. Aufgrund der Querdehnzahl des Betons sind damit in horizontaler Richtung 20 % der Bewehrung in Vertikalrichtung (→ Teil 2, Kap. 5) erforderlich.

Querbewehrung:

$A_{s,quer} \approx 0{,}20 \cdot 5{,}8 = 1{,}16\ \text{cm}^2 \leq A_{s,vorh} = 5{,}2\ \text{cm}^2$ — Beispiel 7.5

(Fortsetzung mit Beispiel 12.2)

Beispiel 12.2: Mindestbewehrung zur Rissbreitenbeschränkung

Gegeben:
- Behälterwand mit Innenabdichtung von Beispiel 6.2
- Biegebemessung (Grenzzustand der Tragfähigkeit) ergab ∅10-10 (Beispiel 7.5)

Gesucht: Mindestbewehrung der Wand in vertikaler Richtung

Lösung:

Für Stahlbetonbauteile muss in oberflächennahen Bereichen eine Mindestbewehrung vorgesehen werden, da eine Rissbildung infolge nicht berücksichtigter Zwangeinwirkung oder Eigenspannungen nicht auszuschließen ist. Die Mindestbewehrung muss so groß sein, dass die unmittelbar vor der Rissbildung entstehenden Rissschnittgrößen N_{cr} und M_{cr} im Zustand II aufgenommen werden können. Die Rissschnittgrößen sind diejenigen Beanspruchungen, bei denen die Betonrandspannung im Bauteil gleich der wirksamen Betonzugfestigkeit $f_{ct,eff}$ ist. Die seltene Kombination gibt Aufschluss über die Rissbildung und den vor der Rissbildung anzusetzenden Spannungsverlauf im Querschnitt.

Umgebungsklasse XC4; XF3 — **Tafel 2.1:** Außenbauteil mit direkter Beregnung, offener Wasserbehälter

$c_{min} = 25\ \text{mm}$ — **Tafel 3.1:** Umgebungsklasse XC4; XF3

$\Delta c_{dev} = 15\ \text{mm}$ — Vorhaltemaß für XC4

$c_{nom} = 25 + 15 = 40\ \text{mm}$ — (3.1): $c_{nom} = c_{min} + \Delta c_{dev}$

$d_1 = 40 + \frac{10}{2} = 45\,\text{mm}$ — $d_1 = c_V + \frac{\varnothing}{2}$

$N_{cr} = 0 \Rightarrow \sigma_c = 0$ reiner Biegezwang

$k_c = 0{,}4 \cdot (1 + 0) = 0{,}4$ — (12.34): $k_c = 0{,}4 \cdot \left(1 - \frac{\sigma_c}{k_1 \cdot h/h^* \cdot f_{ct,eff}}\right) \leq 1{,}0$

$k = 0{,}8$ — (12.39), da $h = 20\,\text{cm} < 30\,\text{cm}$

Umrechnung des verwendeten Ø10 auf den Grenzdurchmesser: — (12.43):

$$\varnothing = \varnothing^* \cdot k_c \cdot k \cdot \frac{h_{cr}}{4 \cdot (h-d)} \cdot \frac{f_{ct,eff}}{f_{ct,0}} \geq \varnothing^* \cdot \frac{f_{ct,eff}}{f_{ct,0}}$$

$h_{cr} = 0{,}5 \cdot 0{,}2 = 0{,}10\,\text{m} = 100\,\text{mm}$ (Biegezwang)

$$\varnothing^* = \min\begin{cases} 10 \cdot \frac{1}{0{,}4 \cdot 0{,}8} \cdot \frac{4 \cdot 45}{100} \cdot \frac{2{,}9}{3{,}0} = 54{,}4\,\text{mm} \\ 10 \cdot \frac{2{,}9}{3{,}0} = \underline{9{,}7\,\text{mm}} \end{cases}$$

$w_k \leq 0{,}30\,\text{mm}$ — (12.2): XC4 (Außenbauteil, aufgrund Innenabdichtung keine WU-Anforderungen)

$\sigma_s = \sqrt{0{,}30 \cdot \frac{3{,}48 \cdot 10^6}{9{,}7}} = 328\,\text{N/mm}^2$ — (12.42): $\sigma_s = \sqrt{w_k \cdot \frac{3{,}48 \cdot 10^6}{\varnothing_s^*}}$

$A_{ct} = 1{,}0 \cdot \frac{0{,}20}{2} = 0{,}10\,\text{m}^2$ — $A_{ct} = b \cdot \frac{h}{2}$

$A_{s,min} = 0{,}4 \cdot 0{,}8 \cdot \frac{3{,}0}{328} \cdot 0{,}10 \cdot 10^4 = 2{,}9\,\text{cm}^2$ — (12.33): $A_{s,min} = k_c \cdot k \cdot \frac{f_{ct,eff}}{\sigma_s} \cdot A_{ct}$

gew: Ø10-10 beidseitig — Tafel 4.1

$A_{s,vorh} = 0{,}785 \cdot \frac{100}{10} = 7{,}85\,\text{cm}^2 > 2{,}9\,\text{cm}^2 = A_{s,min}$ — (7.62): $A_{s,vorh} \geq A_{s,erf}$

(Fortsetzung mit Beispiel 12.3)

12.4 Nachweismöglichkeiten

12.4.1 Berechnung der Rissbreite

Die Rissbreite kann aufbauend auf den Überlegungen in Kap. 12.3 „berechnet" (besser: abgeschätzt) werden. Hierzu sind für Gl. (12.12) bzw. (12.16) der Rissabstand und die mittleren Dehnungen bei nicht vorgespannten Stahlbetonbauteilen für die quasi-ständige Lastkombination zu bestimmen.

Eine obere Abschätzung des Rissabstandes wurde mit Gl. (12.17) $s_{r,max} = 2 \cdot l_t$ gegeben. Wenn hierin die Bedingung für die Einzelrissbildung (Gl. (12.14)) eingefügt wird, ergibt sich:

$$s_{r,max} = 2 \cdot l_t = 2 \cdot \frac{\sigma_s \cdot \varnothing}{4 \cdot \tau_{sm}} \quad \text{Einzelrisszustand} \tag{12.45}$$

Für das abgeschlossene Rissbild wird berücksichtigt, dass nur in den Ersatzstäben Risse entstehen. Somit gilt:

$$\sigma_s \cdot A_s = f_{ct,eff} \cdot A_{c,eff} \Leftrightarrow \sigma_s = \frac{f_{ct,eff} \cdot A_{c,eff}}{A_s} = \frac{f_{ct,eff} \cdot A_{c,eff}}{\rho_{p,eff}} \tag{12.46}$$

Wenn Gl. (12.46) in Gl. (12.45) eingesetzt wird, ergibt sich für das abgeschlossene Rissbild:

$$s_{r,max} = 2 \cdot l_t = 2 \cdot \frac{f_{ct,eff} \cdot \varnothing}{\rho_{p,eff} \cdot 4 \cdot \tau_{sm}} \quad \text{abgeschlossenes Rissbild} \tag{12.47}$$

Als mittlere Verbundspannung wird in EC 2-1-1/NA zu 7.3.4(3) unabhängig vom Zustand der Rissbildung ein konstanter Wert $\tau_{sm} = 1{,}8\ f_{ct,eff}$ angesetzt. Dies wird in die Gln. (12.45) und (12.47) eingesetzt und damit die Bestimmungsgleichung für den Rissabstand gefunden.

$$s_{r,max} = \underbrace{2 \cdot \frac{f_{ct,eff} \cdot \varnothing}{\rho_{p,eff} \cdot 4 \cdot 1{,}8 \cdot f_{ct,eff}}}_{\text{abgeschlossenes Rissbild}} \leq \underbrace{2 \cdot \frac{\sigma_s \cdot \varnothing}{4 \cdot 1{,}8 \cdot f_{ct,eff}}}_{\text{Einzelrisszustand}}$$

$$s_{r,max} = \underbrace{\frac{\varnothing}{3{,}6 \cdot \rho_{p,eff}}}_{\text{abgeschlossenes Rissbild}} \leq \underbrace{\frac{\sigma_s \cdot \varnothing}{3{,}6 \cdot f_{ct,eff}}}_{\text{Einzelrissbildung}} \tag{12.48}$$

Gl. (12.48) entspricht EC 2-1-1/NA zu 7.3.4(3).

Der effektive Bewehrungsgrad in der effektiven Zugzone aus Betonstahl und Spannstahl wird mit $\rho_{p,eff}$ bezeichnet. Da der Spannstahl eine niedrigere Verbundfestigkeit als der Betonstahl besitzt, muss der Spannstahlanteil abgemindert werden (EC 2-1-1, Tabelle 6.2 und EC 2-1-1, 7.3.2 (3)).

Des Weiteren sind die Dehnungen zu betrachten. Die mittlere Dehnungsdifferenz kann direkt aus Gl. (12.20) und Gl. (12.21) entnommen werden, wenn wiederum angenommen wird, dass maximal die Risskraft (bzw. Risszugspannung) erreicht werden kann (also $\sigma_c = f_{ct,eff}$ gilt).

$$\varepsilon_{sm} - \varepsilon_{cm} = \left(1 - k_t \cdot \frac{\Delta\sigma_s}{\sigma_s}\right) \cdot \frac{\sigma_s}{E_s} - k_t \cdot \frac{f_{ct,eff}}{E_c}$$

Zur Beschreibung der Spannungsänderung im Betonstahl wird Gl. (1.19) verwendet.

$$\varepsilon_{sm} - \varepsilon_{cm} = \left(1 - k_t \cdot \frac{f_{ct,eff}}{\rho_{p,eff} \cdot \sigma_s}\right) \cdot \frac{\sigma_s}{E_s} - k_t \cdot \frac{f_{ct,eff}}{E_c}$$

$$= \left(\sigma_s - k_t \cdot \frac{f_{ct,eff}}{\rho_{p,eff}}\right) \cdot \frac{1}{E_s} - k_t \cdot \frac{f_{ct,eff}}{E_s/\alpha_e} \quad mit\ \alpha_e = \frac{E_s}{E_c}$$

$$\varepsilon_{sm} - \varepsilon_{cm} = \frac{\sigma_s - k_t \cdot \frac{f_{ct,eff}}{\rho_{p,eff}} - k_t \cdot \alpha_e \cdot f_{ct,eff}}{E_s} = \frac{\sigma_s - k_t \cdot \frac{f_{ct,eff}}{\rho_{p,eff}} \cdot \left(1 + \alpha_e \cdot \rho_{p,eff}\right)}{E_s} \tag{12.49}$$

Wenn in Gl. (12.49) für den Zustand der Einzelrissbildung die einschränkende Bedingung $F \leq F_{cr}$ gesetzt wird, erhält man mit Gl. (1.18):

$$\varepsilon_{sm} - \varepsilon_{cm} \geq \frac{\sigma_{s,cr} - k_t \cdot \sigma_{s,cr}}{E_s} = \left(1 - k_t\right) \cdot \frac{\sigma_{s,cr}}{E_s} \tag{12.50}$$

Für den Völligkeitsbeiwert gilt gemäß EC 2-1-1/NA, 7.3.4, (2) für eine langfristige Lasteinwirkung k_t = 0,4. Damit ergibt sich aus Gl. (12.49) die in EC 2-1-1 angegebene Gl. (7.9) für die abgeschlossene Rissbildung und aus Gl. (12.50) für die Erstrissbildung:

$$\varepsilon_{sm} - \varepsilon_{cm} = \underbrace{\frac{\sigma_s - 0{,}4 \cdot \frac{f_{ct,eff}}{\rho_{p,eff}} \cdot \left(1 + \alpha_e \cdot \rho_{p,eff}\right)}{E_s}}_{\text{abgeschlossene Rissbildung}} \geq \underbrace{0{,}6 \cdot \frac{\sigma_s}{E_s}}_{\text{Einzelrissbildung}} \tag{12.51}$$

$$w_k = s_{r,max} \cdot \left(\varepsilon_{sm} - \varepsilon_{cm}\right) \tag{12.52}$$

Mit Gl. (12.48), (12.51) und (12.52) ist somit die Rissbreite bestimmbar. Hierbei ist $f_{ct,eff}$ gemäß Gl. (12.30) bei Lastbeanspruchung ohne den Mindestwert von 3,0 N/mm² anzusetzen.

Auch die Mindestbewehrung für Zwangbeanspruchung nach Kap. 12.3.6 lässt sich mit den zuvor genannten Gleichungen berechnen. Hierzu sind die Rissschnittgrößen aus Zwangbeanspruchung auf der Einwirkungsseite in Analogie zu den Lastschnittgrößen zu berücksichtigen.

Eine Kombination aus Last- und Zwangbeanspruchung ist nach EC 2-1-1, 7.3.4 nur dann zu berücksichtigen, wenn die Zwangdehnung im Zustand II mehr als 0,8 ‰ beträgt. Für gewöhnliche Zwangbeanspruchungen infolge Schwinden und Temperaturunterschieden aus abfließender Hydratationswärme oder Witterungseinflüssen ist keine Überlagerung von Zwang- und Lastschnittgrößen erforderlich. Die Rissbreite ist dann für den größeren Wert der Spannung aus Zwang- oder Lastbeanspruchung zu ermitteln.

Die zulässige Rissbreite ergibt sich aus den Gleichungen (12.1) und (12.2) und ist ebenfalls in EC 2-1-1, Tabelle 7.1DE dargestellt.

Beispiel 12.3:Berechnung der Rissbreite bei Lastschnittgrößen

Gegeben:
- Behälterwand ohne Innenabdichtung von Beispiel 6.2
- Biegebemessung (Grenzzustand der Tragfähigkeit) ergab ∅10-10.

Gesucht: Nachweis der Rissbreite für ein WU-Bauteil gemäß [WU-Richtlinie – 03]

Lösung:

Der Nachweis ist für die häufige Lastkombination (→ Kap. 12.2.3) zu führen. In diesem Fall ist dies der bis oben gefüllte Behälter. Hinsichtlich des Kombinationsbeiwertes muss mit ψ_1 = 1,0 gerechnet werden (Flüssigkeitsdruck mit begrenzter Füllhöhe, **Tafel 6.5**, Anmerkung e)).

Um dem Leser den Vergleich zu Beispiel 12.1 und Beispiel 12.2 zu ermöglichen, wird hier trotz unzureichender Mindestdicke weiterhin mit einem 200 mm dicken Bauteil gerechnet.

(12.3): Mindestbauteildicke WU-Bauteil:

Wände, Beanspruchungsklasse 1

$h \geq 240$ mm

$M_{Qk} = -25 \cdot \frac{2{,}5^2}{6} = -26{,}0\,\text{kNm/m}$

$M_k = -F_k \cdot \frac{l_{eff}^2}{6}$ (z.B. [Schneider/Albert – 20], S. 4.12)

$N_{Gk} \approx 0$

Eigengewichtsanteil der Wand auf der sichereren Seite liegend vernachlässigt

$M_{Ed} = 0 + 1{,}0 \cdot (-26{,}0) = -26{,}0\,\text{kNm/m}$

(6.21): $E_{d,frequ} = \sum_i E_{Gk,i} \oplus \psi_{1,1} \cdot E_{Qk,1}$

$N_{Ed} \approx 0$

$f_{ctm} = 2{,}9\ \text{N/mm}^2$

Tafel 2.5: C30/37

Zwangsschnittgröße bei einem Betonalter $t \geq 28$ d: $k_{zt} = 1{,}0$

(12.32)

$f_{ct,eff} = 1{,}0 \cdot 2{,}9 = 2{,}9\ \text{N/mm}^2$

(12.30): $f_{ct,eff} = k_{zt} \cdot f_{ctm}$ (ohne Mindestwert von 3,0 N/mm²)

$f_{ct,eff} = f_{ctm} = 2{,}9\ \text{N/mm}^2$

Tafel 2.5: C30/37

$M_{cr} = 2{,}9 \cdot \frac{1{,}0 \cdot 0{,}20^2}{6} \cdot 10^3 = 19{,}3\,\text{kNm/m} < 26{,}0\,\text{kNm/m} \rightarrow$ Zustand II

(1.27): $M_{cr} = f_{ct,eff} \cdot W$

$E_s = 200\,000\ \text{N/mm}^2$

Abb. 2.15

$E_{cm} = 33000\ \text{N/mm}^2$

Tafel 2.5: C30/37

$\alpha_e = \frac{200\,000}{33000} = 6{,}06$

$\alpha_e = \frac{E_s}{E_c}$

$\rho = \frac{7{,}85}{100 \cdot 15{,}5} = 0{,}0051$

(11.7): $\rho = \frac{A_s}{b \cdot d}$

$x = 0{,}0051 \cdot 6{,}06 \cdot 155\left[-1 + \sqrt{1 + \frac{2}{0{,}0051 \cdot 6{,}06}}\right] = 34{,}0\,\text{mm}$

(11.8): $x = \rho \cdot \alpha_e \cdot d \cdot \left[-1 + \sqrt{1 + \frac{2}{\rho \cdot \alpha_e}}\right]$

$\frac{h}{d_1} = \frac{20}{4{,}5} = 4{,}4 < 5$ dünnes Bauteil

(12.28)

$$h_{c,eff} = \min\begin{cases} 2{,}5 \cdot 45 = 113\,\text{mm} \\ \frac{200 - 100}{3} = \underline{33{,}33\,\text{mm}} \\ \frac{200}{2} = 100\,\text{mm} \end{cases}$$

(12.27): $h_{c,eff} = \min\begin{cases} 2{,}5 \cdot (h - d) \\ \frac{h - x}{3} \\ \frac{h}{2} \end{cases}$

x : im Zustand I

$M_{Eds} = 26{,}0\ \text{kNm}$

(7.5): $M_{Eds} = M_{Ed} - N_{Ed} \cdot z_s$

$\sigma_s = \frac{26{,}0 \cdot 10^6}{785 \cdot \left(155 - \frac{55}{3}\right)} + 0 = 242\ \text{N/mm}^2$

(11.13), (11.14): $\sigma_s = \frac{M_{Eds}}{A_s \cdot \left(d - \frac{x}{3}\right)} + \frac{N_{Ed}}{A_s}$

$A_{c,eff} = 1{,}0 \cdot 0{,}0333 = 0{,}0333\ \text{m}^2$

(12.25): $A_{c,eff} = b_t \cdot h_{c,eff}$

$\rho_{p,eff} = \frac{7{,}85}{0{,}0333 \cdot 10^4} = 0{,}0236$

$s_{r,max} = \frac{10}{3{,}6 \cdot 0{,}0236} = \underline{118\,\text{mm}}$

$< 232\,\text{mm} = \frac{242 \cdot 10}{3{,}6 \cdot 2{,}9}$

(12.26): $\rho_{p,eff} = \frac{A_s}{A_{c,eff}}$

(12.48): $s_{r,max} = \frac{\varnothing}{3{,}6 \cdot \rho_{p,eff}} \leq \frac{\sigma_s \cdot \varnothing}{3{,}6 \cdot f_{ct,eff}}$

$\varepsilon_{sm} - \varepsilon_{cm} = \frac{242 - 0{,}4 \cdot \frac{2{,}9}{0{,}0236} \cdot (1 + 6{,}06 \cdot 0{,}0236)}{200000}$

$= \underline{0{,}929 \cdot 10^{-3}} \geq 0{,}726 \cdot 10^{-3} = 0{,}6 \cdot \frac{242}{200\,000}$

(12.51): $\varepsilon_{sm} - \varepsilon_{cm} = \frac{\sigma_s - 0{,}4 \cdot \frac{f_{ct,eff}}{\rho_{p,eff}} \cdot \left(1 + \alpha_e \cdot \rho_{p,eff}\right)}{E_s} \geq 0{,}6 \cdot \frac{\sigma_s}{E_s}$

$w_k = 118 \cdot 0{,}929 \cdot 10^{-3} = 0{,}110\,\text{mm}$

(12.52): $w_k = s_{r,max} \cdot \left(\varepsilon_{sm} - \varepsilon_{cm}\right)$

Nutzungsklasse B, Beanspruchungsklasse 1

Kap. 12.2.3

(12.9): $10 < h_w/h_b \leq 15$

$10 < 2{,}50/0{,}20 = 12{,}5 \leq 15 \rightarrow w_k \leq 0{,}15\,\text{mm}$

$\rightarrow w_k \leq 0{,}15\,\text{mm}$

$w_k = 0{,}110\,\text{mm} \leq 0{,}15\,\text{mm}$

12.4.2 Beschränkung der Rissbildung ohne direkte Berechnung

Die Berechnung der Rissbreite nach Gl. (12.52) ist für praktische Fälle sehr aufwändig. Daher wird diese Gleichung umgeformt und allgemein ausgewertet. Dies führt auf die Nachweise „Begrenzen des Stahldurchmessers" und „Begrenzen des zulässigen Stababstandes".

Gemäß EC 2-1-1/NA, NCI zu 7.3.3 (1) sind bei biegebeanspruchten Stahlbeton- oder Spannbetondecken im üblichen Hochbau ohne wesentliche Zugnormalkraft in der Expositionsklasse XC1 und bei einer Gesamthöhe von nicht mehr als 200 mm und bei Einhaltung der Konstruktionsregeln für Vollplatten gemäß EC 2-1-1, 9.3 (→ Teil 2) keine speziellen Maßnahmen zur Begrenzung der Rissbreiten erforderlich.

Begrenzen des Stahldurchmessers

Wenn die Gln. (12.48) und (12.51) in Gl. (12.52) eingesetzt werden, wobei die Bedingung für die abgeschlossene Rissbildung zunächst vernachlässigt wird, ergibt sich:

$$w_k = \frac{\varnothing \cdot \sigma_s}{3{,}6 \cdot f_{ct,eff}} \cdot 0{,}6 \cdot \frac{\sigma_s}{E_s} \Leftrightarrow w_k = \frac{\varnothing \cdot \sigma_s^2}{6 \cdot f_{ct,eff} \cdot E_s} \tag{12.53}$$

Für eine Zugfestigkeit von $f_{ct,eff} = 2{,}9\ \text{N/mm}^2$ und einen E-Modul von $E_s = 200.000\ \text{N/mm}^2$ ergibt sich:

$$w_k = \frac{\varnothing \cdot \sigma_s^2}{3{,}48 \cdot 10^6} \tag{12.54}$$

Die in Kap. 12.3.6 angegebene Gl. (12.42) ergibt sich durch Auflösen der Gl. (12.54) nach σ_s.

Für die Begrenzung der Erstrissbildung muss verhindert werden, dass die Stahlspannung die Fließgrenze erreicht. Hierfür kann Gl. (1.18) verwendet werden.

Wenn diese Gleichung ausgewertet wird, erhält man die Grenzdurchmesser aus **Tafel 12.4**. Diese gelten ohne Korrektur als ungünstigster Grenzfall nur für die Erstrissbildung. Die Stahlspannung σ_s ist nach Gl. (12.33) unmittelbar nach der Erstrissbildung zu bestimmen.

Mit Korrektur für die abgeschlossene Rissbildung kann die Begrenzung des Stabdurchmessers für Zwangbeanspruchung gemäß Gl. (12.43) erfolgen (→Kap. 12.3.6).

Für Lastbeanspruchung kann der Stabdurchmesser nach Gl. (12.55) begrenzt werden.

$$\varnothing_s = \varnothing_s^* \cdot \frac{\sigma_s \cdot A_s}{4 \cdot (h-d) \cdot b \cdot f_{ct,0}} \geq \varnothing_s^* \cdot \frac{f_{ct,eff}}{f_{ct,0}} \qquad (12.55)$$

Begrenzen des zulässigen Stababstandes

Bei einlagiger Bewehrung in Flächentragwerken darf der Nachweis bei überwiegender Lastbeanspruchung alternativ zur Begrenzung des Stabdurchmessers über eine Begrenzung des Stababstandes nach **Tafel 12.5** erfolgen.

Stahlspannung σ_s in N/mm²	**Höchstwerte der Stababstände *s*** in mm in Abhängigkeit von w_k		
	$w_k = 0{,}4$	$w_k = 0{,}3$	$w_k = 0{,}2$
160	300	300	200
200	300	250	150
240	250	200	100
280	200	150	50
320	150	100	-
360	100	50	-

Tafel 12.5 *Höchstwert des Stababstandes s von der Betonstahlbewehrung (nach EC 2-1-1, Tab. 7.3N für Lastbeanspruchung bei einlagiger Bewehrung in Flächentragwerken)*

13 Begrenzung der Verformungen

13.1 Allgemeines

Verformungen können ihre Ursache in Biegemomenten (Regelfall), Querkraftbeanspruchung (Schubverformung), Verdrehungen, Langzeiteinwirkungen (Kriechen und Schwinden) oder dynamischen Einwirkungen haben. Im Rahmen dieses Abschnitts wird insbesondere die erstgenannte Ursache betrachtet. Es ist zu unterscheiden zwischen (**Abb. 13.1**)

- dem *Durchhang* f_d (sag): vertikale Verformung bezogen auf die geradlinige Verbindung der Unterstützungspunkte
- der *Durchbiegung* f (deflection): vertikale Verformung gemessen vom Ursprungszustand der (überhöhten) Systemlinie.

$$f = f_d + ü \tag{13.1}$$

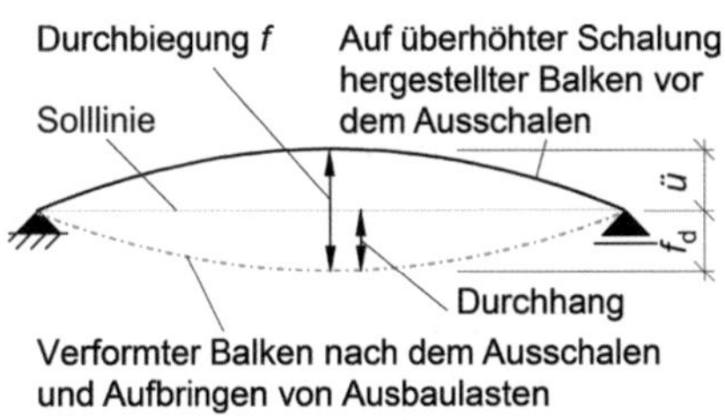

Abb. 13.1 *Unterscheidung zwischen Durchhang und Durchbiegung*

Die Verformungen können sowohl auf die Systemlinie als auch auf das tatsächliche Bauteil bezogen sein. Im Fall der statischen Berechnung wird von der Systemlinie ausgegangen und keine Unterscheidung zwischen Durchhang und Durchbiegung vorgenommen.

Die Verformungen eines Bauteils müssen beschränkt werden, um seine Gebrauchstauglichkeit und Dauerhaftigkeit sicherzustellen. Infolge zu großer Verformungen eines Bauteils kann es in seiner Funktionsfähigkeit eingeschränkt sein (**Abb. 13.2**). Sofern die Verformung nicht beschränkt wird, könnte in extremen Fällen sogar die Standsicherheit gefährdet sein (z.B., weil ein gelenkig angenommenes Auflager infolge zu großer Verdrehung versagt). Besonders bei Platten ist der Nachweis zur Beschränkung des Durchhangs und der Durchbiegung häufig maßgebend für die Bestimmung der Bauteilhöhe.

$$f_d \leq f_{d,zul} \tag{13.2}$$

$$f \leq f_{zul} \tag{13.3}$$

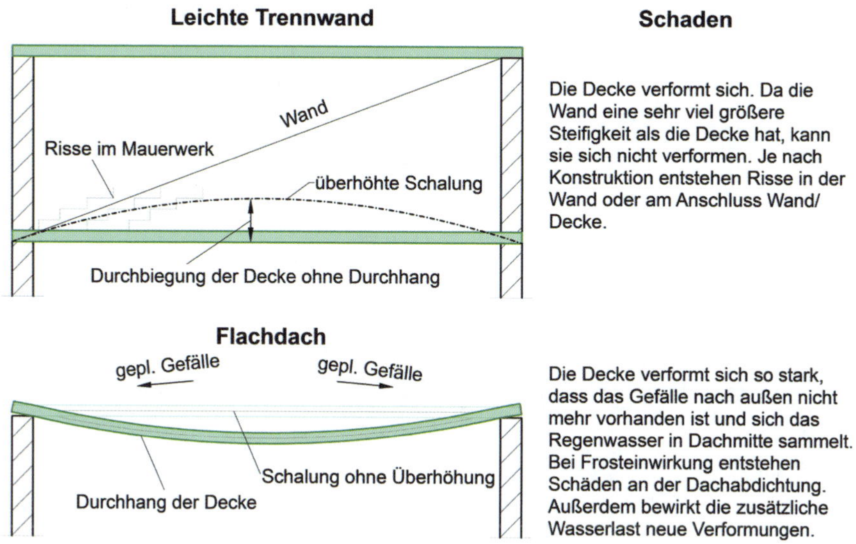

Abb. 13.2 *Beispiele für Schäden, die infolge einer zu großen Durchbiegung entstehen können*

Für den üblichen Hochbau ist eine ausreichende Gebrauchstauglichkeit vorhanden, wenn der Durchhang f_d und die Durchbiegung f unter der quasi-ständigen Einwirkungskombination die folgenden Grenzwerte nicht übersteigt.

- Allgemeiner Fall

$$f_{d,zul} = \frac{l_{eff}}{250} \tag{13.4}$$

- Bauteile, bei denen übermäßige Verformungen zu Folgeschäden führen können (z.B. leichte Trennwände stehen auf dem Bauteil, Verformungsbedingung gilt für den Zeitraum nach dem Einbau)

$$f_{zul} = \frac{l_{eff}}{500} \tag{13.5}$$

Die Ermittlung des zulässigen Durchhangs bei anderen Systemen als dem Einfeldträger ist in **Abb. 13.3** dargestellt. Überhöhungen dürfen in der Regel $ü = l_{eff}/250$ nicht überschreiten.

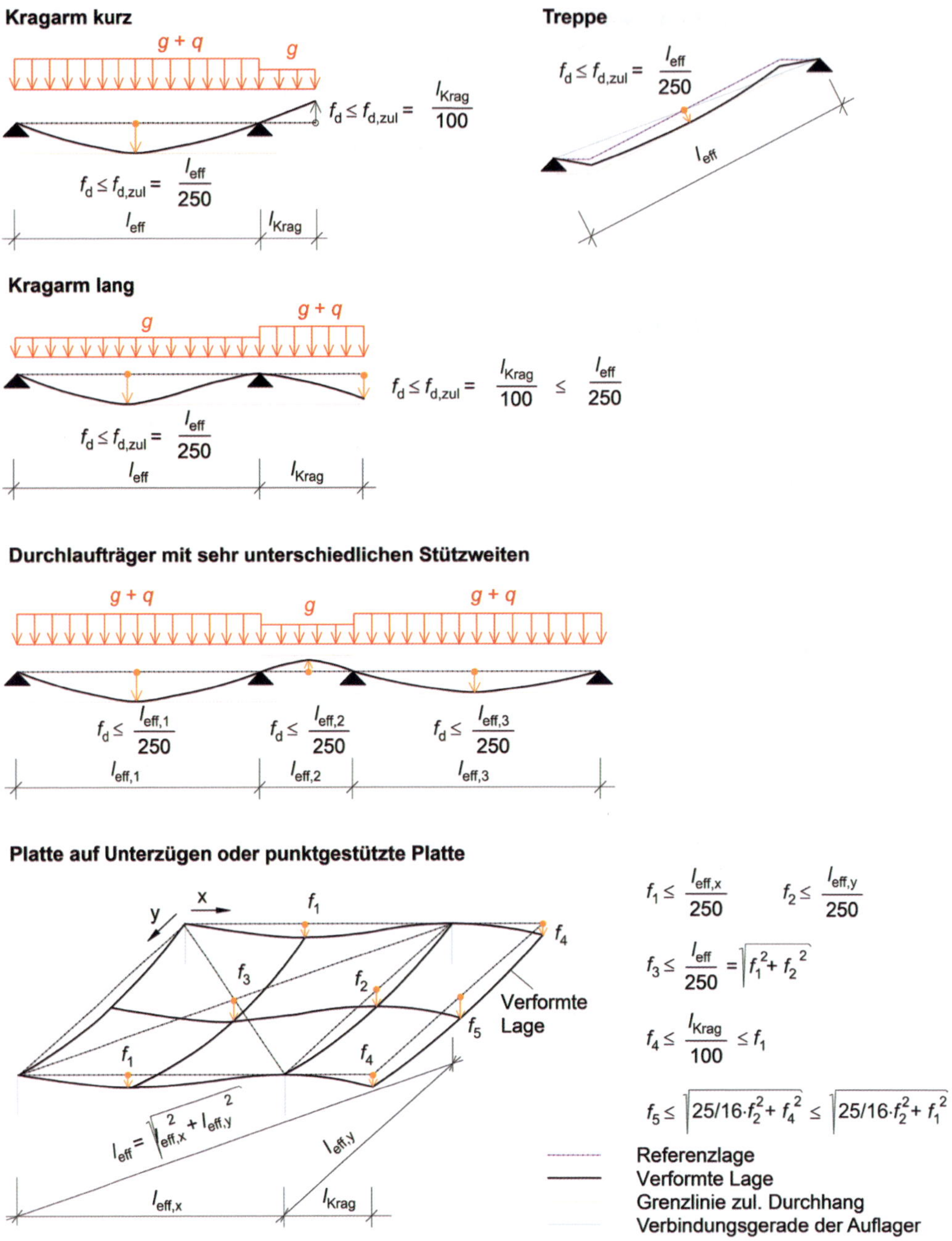

Abb. 13.3 *Zulässiger Durchhang unterschiedlicher statischer Systeme*

13.2 Verformungen von Stahlbetonbauteilen

Die Berechnung der Verformungen (calculation of deformations) ist im Vergleich zu einem homogenen isotropen Material (wie Stahl) wesentlich schwieriger, da neben geometrischen Parametern (Bauteilabmessungen, Lagerungsbedingungen) weitere Größen die Durchbiegung beeinflussen:

- Die nichtlineare Spannungs-Dehnungs-Linie des Betons
- Die geringe Zugfestigkeit des Betons und daraus resultierend Bereiche innerhalb des Bauteils, die sich im Zustand II befinden, während andere noch im Zustand I verblieben sind (**Abb. 13.4**). Da die Betonzugfestigkeit in der Baupraxis sehr stark streut (Einflüsse aus Zuschlagstoffen, *w/z*-Wert, Nachbehandlung usw.), lassen sich die Bereiche, die gerissen bzw. ungerissen sind, nicht genau abschätzen.
- Zeitabhängige Verformungen des Betons aus Langzeitbelastungen (Kriechen)
- Zeitabhängige Verformungen des Betons aus Umwelteinflüssen (Schwinden)
- Die bei der Tragwerksplanung noch nicht bekannte, sich tatsächlich einstellende Betondruckfestigkeit

Die Verformungen werden daher im Stahlbetonbau nur in seltenen Fällen berechnet (→ Kap. 13.4). Meistens wird die Bauteilhöhe so gewählt, dass unzulässig große Verformungen nicht zu erwarten sind. Diese Form des Nachweises bezeichnet man mit „Begrenzung der Biegeschlankheit" (→ Kap. 13.3). Besonders bei Platten ist der Nachweis der Begrenzung der Biegeschlankheit (limit of span-effective depth ratio) häufig maßgebend für die Bestimmung der Bauteilhöhe.

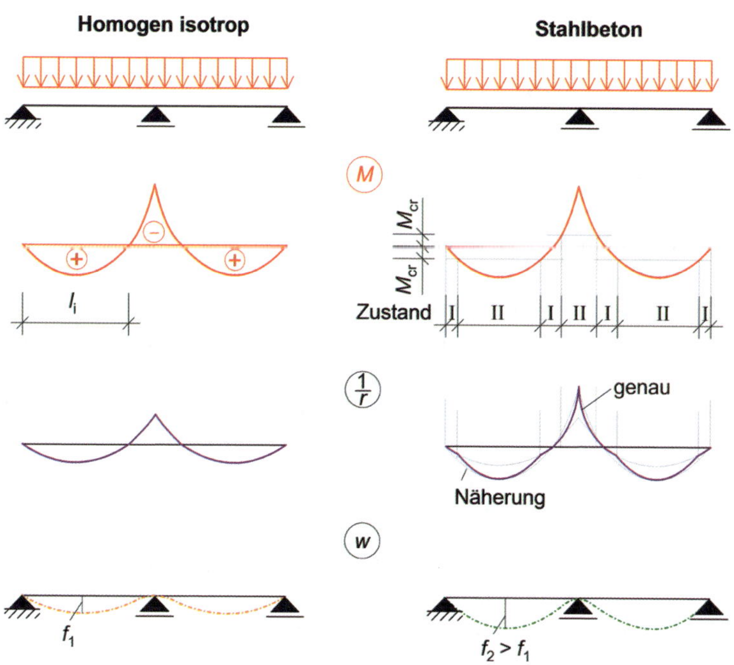

Abb. 13.4 *Durchbiegungen bei homogenem isotropen Material (links) und Stahlbeton (rechts)*

13.3 Begrenzung der Biegeschlankheit

13.3.1 Vereinfachter Nachweis der Biegeschlankheit

Sofern keine genaue Berechnung der Durchbiegung bei Platten und Balken erfolgt, darf die Beschränkung der Durchbiegung über einen vereinfachten Nachweis auf Basis der Biegeschlankheit nach EC 2-1-1, 7.4.2 erfolgen. Bei diesem Nachweis wird die Biegeschlankheit *l/d* des Bauteils gemäß Gl. (13.6) oder Gl. (13.7) begrenzt.

$$\frac{l}{d} \leq K\left[11 + 1{,}5\sqrt{f_{ck}} \cdot \frac{\rho_0}{\rho} + 3{,}2\sqrt{f_{ck}} \cdot \left(\frac{\rho_0}{\rho} - 1\right)^{3/2}\right] \leq \left(\frac{l}{d}\right)_{max} \text{ wenn } \rho \leq \rho_0 \qquad (13.6)$$

$$\frac{l}{d} \leq K\left[11 + 1{,}5\sqrt{f_{ck}} \cdot \frac{\rho_0}{\rho - \rho'} + \frac{1}{12}\sqrt{f_{ck}} \cdot \left(\frac{\rho'}{\rho_0}\right)^{1/2}\right] \leq \left(\frac{l}{d}\right)_{max} \text{ wenn } \rho > \rho_0 \qquad (13.7)$$

$$\left(\frac{l}{d}\right)_{max} \leq \begin{cases} K \cdot 35 & \text{allgemein} \\ K^2 \cdot 150/l & \text{verformungsempfindliche Ausbauelemente} \end{cases}$$

l/d	Grenzwert der Biegeschlankheit (Verhältnis von Stützweite zu Nutzhöhe)
K	Beiwert zur Berücksichtigung des statischen Systems gemäß **Tafel 13.1**
f_{ck}	Charakteristische Druckfestigkeit in N/mm²
ρ_0	Referenzbewehrungsgrad, $10^{-3} \cdot \sqrt{f_{ck}}$
ρ	Erforderlicher Zugbewehrungsgrad in Feldmitte (bei Kragträgern am Einspannquerschnitt), $\rho = A_{s1}/(b \cdot d)$
ρ'	Erforderlicher Druckbewehrungsgrad in Feldmitte (bei Kragträgern am Einspannquerschnitt), $\rho' = A_{s2}/(b \cdot d)$

Die nach Gl. (13.6) oder Gl. (13.7) ermittelte Biegeschlankheit ist unter den nachfolgend aufgeführten Bedingungen zu korrigieren:

- Gl. (13.6) und Gl. (13.7) gelten für Stahlspannungen im Grenzzustand der Gebrauchstauglichkeit (quasi-ständige Einwirkungskombination) von 310 N/mm². Werden andere Spannungsniveaus verwendet, sind in der Regel die nach Gleichung (13.6) oder Gl. (13.7) ermittelten Werte mit $310/\sigma_s$ zu multiplizieren. Im Allgemeinen gilt für $f_{yk} = 500$ N/mm², $A_{s,prof}$ der Querschnittsfläche der vorhandenen Zugbewehrung und $A_{s,req}$ der Querschnittsfläche der erforderlichen Zugbewehrung auf der sicheren Seite liegend:

$$310/\sigma_s = A_{s,prof}/A_{s,req} \qquad (13.8)$$

- Bei gegliederten Querschnitten (z.B. Plattenbalken), bei denen das Verhältnis von Gurtbreite zu Stegbreite den Wert 3 übersteigt ($b_{eff}/b_w > 3$), sind in der Regel die Werte von l/d nach Gl. (13.6) oder Gl. (13.7) mit 0,8 zu multiplizieren.
- Bei Balken und Platten (außer Flachdecken) mit Stützweiten über 7 m, die leichte Trennwände tragen, die durch übermäßige Durchbiegung beschädigt werden könnten, sind in der Regel die Werte l/d nach Gleichung Gl. (13.6) oder Gl. (13.7) mit dem Faktor $7/l_{eff}$ (l_{eff} in [m]) zu multiplizieren.

- Bei Flachdecken mit Stützweiten über 8,5 m, die leichte Trennwände tragen, die durch übermäßige Durchbiegung beschädigt werden könnten, sind in der Regel die Werte l/d nach Gleichung Gl. (13.6) oder Gl. (13.7) mit dem Faktor $8{,}5/l_{eff}$ (l_{eff} in [m]) zu multiplizieren.

Die Beiwerte K gelten für durchlaufende mit annähernd gleichen Steifigkeiten benachbarte Felder, d.h. sofern die Stützweiten der einzelnen Felder nicht zu stark voneinander abweichen:

$$0{,}8 \leq \frac{l_{eff,1}}{l_{eff,2}} \leq 1{,}25 \tag{13.9}$$

Ist diese Bedingung nicht mehr eingehalten, darf mit $K = l_{eff}/l_0$ gerechnet werden, wobei l_0 dem Abstand der Momentennullpunkte in der quasi-ständigen Einwirkungskombination entspricht.

Zeile	Statisches System				K
	Einfeldträger	Durchlaufträger	Randgestützte Platte	Punktgest. Platte	
1	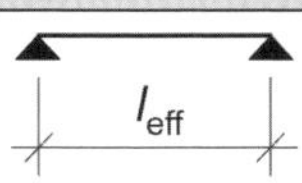		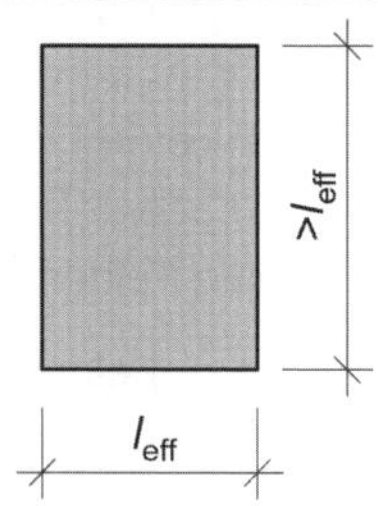		1,00
2	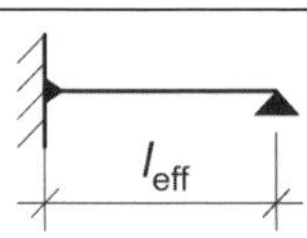	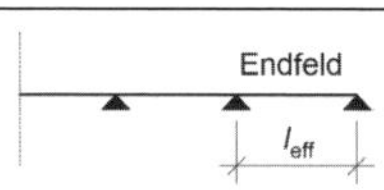	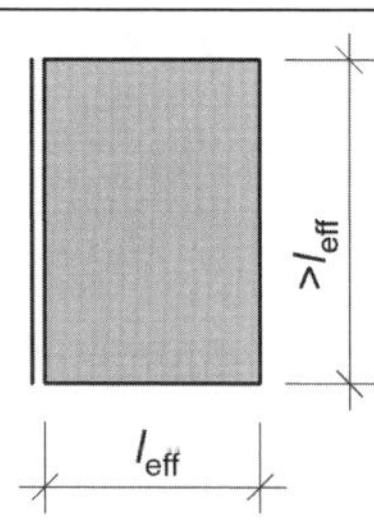		1,30
3	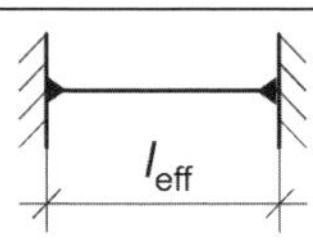	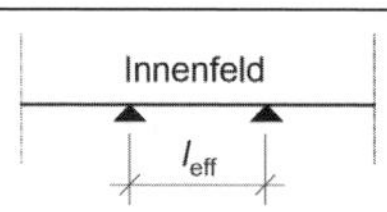	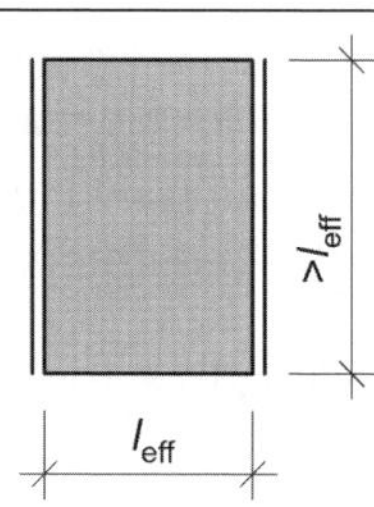		1,50
4	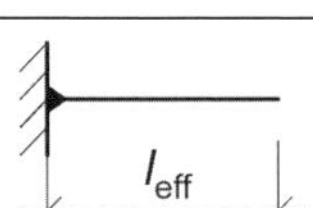		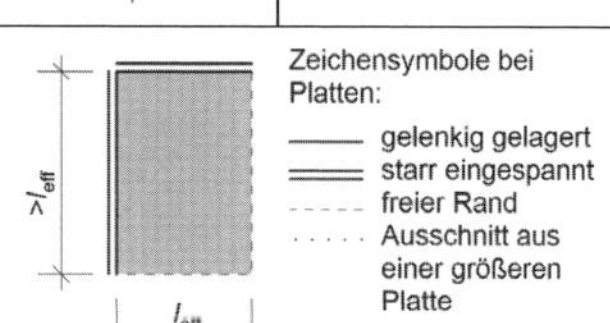		0,4

Zeile	Statisches System				K
	Einfeldträger	Durchlaufträger	Randgestützte Platte	Punktgest. Platte	
5				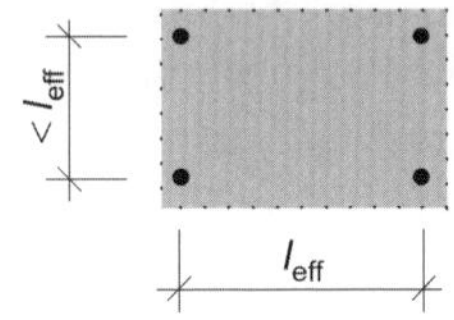	1,2

Tafel 13.1 *Beiwerte K zur Berücksichtigung des statischen Systems*

Beispiel 13.1: Begrenzung der Biegeschlankheit nach EC 2-1-1

Gegeben:
- Durchlaufträger in der Betongüte C30/37 laut Skizze
- Auf dem Durchlaufträger stehen leichte verformungsempfindliche Trennwände.
- Erforderliche Zugbewehrung (B500) in Feldmitte der Felder 1 bis 3 laut Skizze
- In Feldmitte ist keine Druckbewehrung erforderlich.

Balken: $b/h/d$ = 25/50/45 cm in allen Feldern

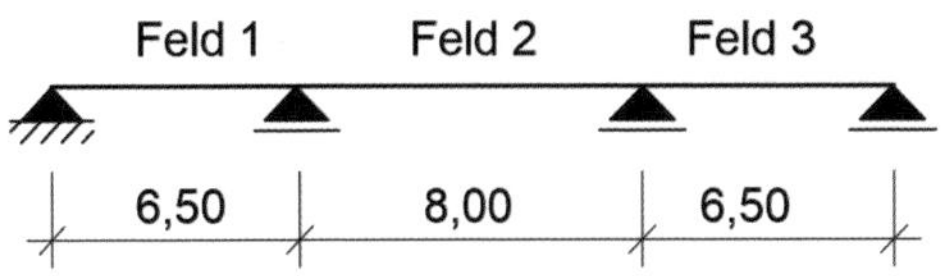

Erforderliche Zugbewehrung Feldmitte:

$A_{s1,erf} = 10{,}4\ cm^2$ $A_{s2,erf} = 10{,}0\ cm^2$ $A_{s3,erf} = 10{,}4\ cm^2$

Gesucht: Nachweis zur Begrenzung der Biegeschlankheit

Lösung:

Feld 1 und Feld 3 sind gleich. Feld 1 ist zwar kürzer als Feld 2, aber ein Endfeld; daher kann nicht ohne Berechnung vorhergesagt werden, ob Feld 1 oder Feld 2 maßgebend wird. Weiterhin liegen unterschiedliche Zugbewehrungsgrade vor.

$0{,}8 < \frac{8{,}0}{6{,}5} = 1{,}23 < 1{,}25 \rightarrow$ **Tafel 13.1** ist anwendbar

(13.9): $0{,}8 \leq \frac{l_{eff,1}}{l_{eff,2}} \leq 1{,}25$

Feld 1:

$K = 1{,}3$

Tafel 13.1 Z. 2, da Endfeld

$\rho = 10{,}4/(25 \cdot 45) \cdot 100 = 0{,}924\,\%$ — (13.6), (13.7): $\rho = A_{s1}/(b \cdot d)$

$\rho_0 = 10^{-3} \cdot \sqrt{30} \cdot 100 = 0{,}548\,\%$ — $\rho_0 = 10^{-3} \cdot \sqrt{f_{ck}}$

$0{,}924\,\% > 0{,}548\,\% \rightarrow$ (13.7) — $\rho > \rho_0 \rightarrow$ (13.7)

$\rho' = 0$ — Keine erforderliche Druckbewehrung in Feldmitte $\rightarrow \rho' = 0$

$\frac{l}{d} \leq 1{,}3\left[11 + 1{,}5\sqrt{30} \cdot \frac{0{,}548}{0{,}924}\right] = 20{,}6$ — $\frac{l}{d} \leq K\left[11 + 1{,}5\sqrt{f_{ck}} \cdot \frac{\rho_0}{\rho}\right]$

$\frac{l}{d} = \frac{6{,}50}{0{,}45} = 14{,}4 \leq 20{,}6$ — vorhandene Biegeschlankheit

$\frac{l}{d} = 14{,}4 \leq 1{,}3^2 \cdot 150/6{,}50 = 39$ — leichte Trennwände (verformungsempfindliche Ausbauelemente): $\frac{l}{d} \leq \left(\frac{l}{d}\right)_{max} = K^2 \cdot 150/l$

Nachweis Feld 1 ist erbracht.

Feld 2:

$K = 1{,}5$ — **Tafel 13.1** Z. 3, da Innenfeld

$\rho = 10{,}0/(25 \cdot 45) \cdot 100 = 0{,}889\,\%$ — (13.6), (13.7): $\rho = A_{s1}/(b \cdot d)$

$\rho_0 = 10^{-3} \cdot \sqrt{30} \cdot 100 = 0{,}548\,\%$ — $\rho_0 = 10^{-3} \cdot \sqrt{f_{ck}}$

$0{,}889\,\% > 0{,}548\,\% \rightarrow$ (13.7) — $\rho > \rho_0 \rightarrow$ (13.7)

$\rho' = 0$ — Keine erforderliche Druckbewehrung in Feldmitte $\rightarrow \rho' = 0$

$\frac{l}{d} \leq 1{,}5\left[11 + 1{,}5\sqrt{30} \cdot \frac{0{,}548}{0{,}889}\right] = 24{,}1$ — $\frac{l}{d} \leq K\left[11 + 1{,}5\sqrt{f_{ck}} \cdot \frac{\rho_0}{\rho}\right]$

$\frac{l}{d} \leq 24{,}1 \cdot \frac{7}{8{,}00} = 21{,}1$ — $l_{eff} = 8{,}00 \text{ m} > 7{,}00 \text{ m} \rightarrow$ Abminderung l/d mit $7/l_{eff}$

$\frac{l}{d} = \frac{8{,}00}{0{,}45} = 17{,}8 \leq 21{,}1$ — vorhandene Biegeschlankheit

$\frac{l}{d} = 17{,}8 \leq 1{,}5^2 \cdot 150/8{,}00 = 42{,}2$ — leichte Trennwände (verformungsempfindliche Ausbauelemente): $\frac{l}{d} \leq \left(\frac{l}{d}\right)_{max} = K^2 \cdot 150/l$ (nicht maßgebend)

Nachweis Feld 2 ist erbracht.

Beispiel 13.2: Begrenzung der Biegeschlankheit nach EC 2-1-1

Gegeben:
- Beispiel laut Skizze von Beispiel 7.14
- Erforderliche Biegezugbewehrung nach Beispiel 7.15
- Keine verformungsempfindlichen Ausbauelemente

Gesucht: Nachweis zur Begrenzung der Biegeschlankheit

Lösung:

$\frac{6{,}51}{8{,}51} = 0{,}77 \approx 0{,}8 \rightarrow$ **Tafel 13.1** anwendbar

(13.9): $0{,}8 \leq \frac{l_{\text{eff,1}}}{l_{\text{eff,2}}} \leq 1{,}25$

Feld 1:

$b_{\text{eff}} = 2{,}51\,\text{m},\ d = 67{,}5\,\text{cm},\ A_{\text{s1,erf}} = 8{,}9\ \text{cm}^2$

Beispiel 7.14 und 7.15:

$\rho = 8{,}9/(251 \cdot 67{,}5) \cdot 100 = 0{,}053\ \%$

(13.6), (13.7): $\rho = A_{\text{s1}}/(b_{\text{eff}} \cdot d)$

Beispiel 7.15: $x < h_{\text{f}}$

Feld 2:

$b_{\text{eff}} = 3{,}07\,\text{m},\ d = 67{,}5\,\text{cm},\ A_{\text{s1,erf}} = 22{,}1\ \text{cm}^2$

Beispiel 7.14 und 7.15:

$\rho = 22{,}1/(307 \cdot 67{,}5) \cdot 100 = 0{,}107\ \%$

(13.6), (13.7): $\rho = A_{\text{s1}}/(b_{\text{eff}} \cdot d)$

Beispiel 7.15: $x < h_{\text{f}}$

Bei dem vorliegenden Zweifeldträger ist sofort ersichtlich, dass Feld 2 aufgrund der höheren Stützweite und des höheren erforderlichen Zugbewehrungsgrades maßgebend wird.

$K = 1{,}3$

Tafel 13.1 Z. 2, da Endfeld

$\rho_0 = 10^{-3} \cdot \sqrt{20} \cdot 100 = 0{,}447\ \%$

$\rho_0 = 10^{-3} \cdot \sqrt{f_{\text{ck}}}$

$0{,}107\ \% \leq 0{,}447\ \% \rightarrow$ (13.6)

$\rho \leq \rho_0 \rightarrow$ (13.6)

$$\frac{l}{d} \leq 1{,}3 \left[11 + 1{,}5\sqrt{20} \cdot \frac{0{,}447}{0{,}107} + 3{,}2\sqrt{20} \cdot \left(\frac{0{,}447}{0{,}107} - 1 \right)^{3/2} \right] = 156$$

$$\frac{l}{d} \leq K \left[11 + 1{,}5\sqrt{f_{\text{ck}}} \cdot \frac{\rho_0}{\rho} + 3{,}2\sqrt{f_{\text{ck}}} \cdot \left(\frac{\rho_0}{\rho} - 1 \right)^{3/2} \right]$$

$\frac{l}{d} \leq 156 \cdot 0{,}8 = 125$

$b_{\text{eff}}/b_{\text{w}} = 3{,}07/0{,}30 = 10{,}2 > 3$
$\rightarrow$ Abminderung mit 0,8

$\frac{l}{d} = \frac{8{,}51}{0{,}675} = 12{,}6 \leq 125$

vorhandene Biegeschlankheit
$\rightarrow$ Beispiel 7.15

$\frac{l}{d} = 12{,}6 \leq 1{,}3 \cdot 35 = 45{,}5$

Nachweis ist erbracht.

allgemein: $\frac{l}{d} \leq \left(\frac{l}{d}\right)_{\max} = K \cdot 35$
(wird maßgebend)

(Fortsetzung mit Beispiel 14.1)

13.3.2 Vordimensionierung von Bauteildicken

Zur Vordimensionierung von Bauteildicken eignet sich das Verfahren nach [Krüger/Mertzsch – 03], bei dem der Bewehrungsgrad im Vorfeld nicht bekannt sein muss. Der Nachweis der Biegeschlankheit erfolgt nach Gl. (13.10). Die ideelle Stützweite wird hierbei für Plattentragwerke und Balken unterschiedlich ermittelt.

$$\lambda_b = \frac{l_i}{d} \cdot k_c \leq \lambda_{b,zul} \qquad (13.10)$$

l_i Ideelle Stützweite nach **Tafel 13.2** für Balken und [Krüger/Mertzsch – 01] für Platten[1]

$$l_i = \alpha_i \cdot l_{eff} \qquad (13.11)$$

k_c Beiwert zur Berücksichtigung der Betonfestigkeitsklasse auf die Referenzfestigkeit C20/25

$$k_c = \left(\frac{20}{f_{ck}}\right)^{\frac{1}{6}} \qquad (13.12)$$

$\lambda_{b,zul}$ Zulässige Biegeschlankheit nach **Tafel 13.3**

Statisches System	α_i
Frei drehbar gelagerter Einfeldträger	1,00
Endfeld eines Durchlaufträgers	0,80
Mittelfeld eines Balkens	0,70
Kragträger	2,50

Tafel 13.2 *Beiwerte α_i zur Berechnung der ideellen Stützweite nach [Krüger/Mertzsch – 03]*

1 Auch in [Schneider/Albert– 20], Abschnitt 5 - Stahlbetonbau Kap. 4.2.3 zu finden.

l_i [a)]	$f_{d,zul} = \frac{l_{eff}}{250}$		$f_{d,zul} = \frac{l_{eff}}{500}$	
	$\lambda_{b,zul}$ **für Balken**	$\lambda_{b,zul}$ **für Platten**	$\lambda_{b,zul}$ **für Balken**	$\lambda_{b,zul}$ **für Platten**
≤ 4,0 m	28	29	16	23
6,0 m	26	26	15	19
8,0 m	23	23	14	16
10,0 m	21	21	13	14
12,0 m	19	19	13	13

a) Zwischenwerte dürfen linear interpoliert werden.

Tafel 13.3 *Zulässige Biegeschlankheiten nach [Krüger/Mertzsch – 03]*

Beispiel 13.3: Begrenzung der Biegeschlankheit nach KRÜGER/MERTZSCH

Gegeben:
- Durchlaufträger laut Skizze in Beispiel 13.1
- C30/37

Gesucht: Nachweis zur Begrenzung der Biegeschlankheit nach KRÜGER/MERTZSCH

Lösung:

Feld 2: — maßgebend → **Beispiel 13.1**

$k_c = \left(\frac{20}{30}\right)^{\frac{1}{6}} = 0{,}935$ — (13.12): $k_c = \left(\frac{20}{f_{ck}}\right)^{\frac{1}{6}}$

$\alpha_i = 0{,}7$ — **Tafel 13.2**

$l_i = 0{,}7 \cdot 8{,}00 = 5{,}60\,\text{m}$ — (13.11): $l_i = \alpha_i \cdot l_{eff}$

$\lambda_{b,zul} = 15$ — **Tafel 13.3**: Balken, $l_i < 6{,}00\,\text{m}, f_{d,zul} = \frac{l_{eff}}{500}$

$\frac{l_i}{d} = \frac{5{,}60}{0{,}45} \cdot 0{,}935 = 11{,}6 < 15$ — (13.10): $\lambda_b = \frac{l_i}{d} \cdot k_c \leq \lambda_{b,zul}$

Nachweis ist erbracht.

13.4 Direkte Berechnung der Verformungen

13.4.1 Grundlagen der Berechnung

Die Durchbiegung muss nur dann berechnet werden, wenn

- sich der Nachweis zur Begrenzung der Biegeschlankheit nicht führen lässt;
- die Durchbiegungen wirklichkeitsnäher ermittelt werden sollen (um z.B. die Schalung zu überhöhen) oder Zweifel bestehen, dass die Begrenzung der Biegeschlankheit ausreicht.

Das gewählte Berechnungsverfahren muss das tatsächliche Bauwerksverhalten mit einer Genauigkeit wiedergeben, die dem Berechnungszweck entspricht. Eine rechnerisch ermittelte Durchbiegung kann immer nur ein Hinweis auf die zu erwartende Größenordnung sein; es ist keinesfalls zu erwarten, dass sich genau der Rechenwert einstellt (→ Kap. 13.4.3).

Aus der Differentialgleichung der Biegelinie kann durch zweimalige Integration die Durchbiegung ermittelt werden:

$$-w''(x) = \frac{1}{r} = \frac{M(x)}{E \cdot I(x)} \tag{13.13}$$

$$w(x) = \iint\limits_{l_{\text{Bauteil}}} \frac{M(x)}{E \cdot I(x)} dx \tag{13.14}$$

Eine geschlossene Integration ist bei linear-elastischen Baustoffen möglich. Bei einem Stahlbetonbauteil ändert sich die Steifigkeit jedoch abschnittsweise infolge Rissbildung (**Abb. 13.4**). Das Momenten-Krümmungs-Diagramm ist daher nichtlinear (**Abb. 1.10**), wobei große Unterschiede in der Krümmung und damit auch in der Durchbiegung für Zustand I bzw. Zustand II bestehen.

Die Durchbiegung wird daher zweckmäßig mit dem Prinzip der virtuellen Arbeiten für die Stelle der maximalen Verformung bestimmt. Für die Krümmung wird eine Näherungslinie (vgl. **Abb. 13.4**) verwendet. Ihre Eigenschaft ist es, die Extremalwerte der Krümmung mit einer zum Momentenverlauf affinen Linie zu verbinden. Durch diese Annahme werden Handrechnungen mit noch vertretbarem Aufwand möglich. Sofern höchste Genauigkeiten angestrebt werden, muss numerisch über die gerissenen und ungerissenen Bereiche integriert werden. In diesem Fall ist möglichst ein FEM-Programm zu nutzen.

$$f = \int\limits_{l_{\text{eff}}} \frac{M(x) \cdot M^{\text{v}}(x)}{E \cdot I(x)} dx = \int\limits_{l_{\text{eff}}} M^{\text{v}}(x) \cdot \frac{1}{r}(x) dx \tag{13.15}$$

Hierbei wird für eine Handrechnung angenommen, dass der Verlauf der Krümmung affin zu dem des Momentes ist. Für Handrechnungen ist es weiterhin nicht erforderlich, das Integral in Gl. (13.15) zu lösen, da in [Grasser - 79] für viele Fälle Koeffizienten *k* zur Beschreibung der Momentenverteilung angegeben werden (**Tafel 13.4**). Gl. (13.15) ergibt dann:

$$f = k \cdot l_{\text{eff}}^2 \cdot \frac{1}{r_{\text{tot}}} \tag{13.16}$$

System, Einwirkung, Momentenverlauf	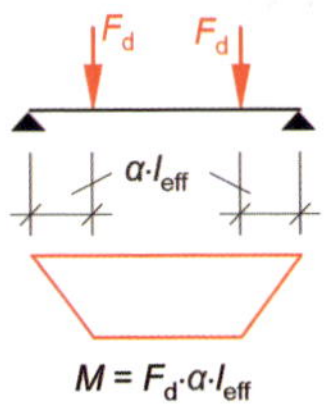	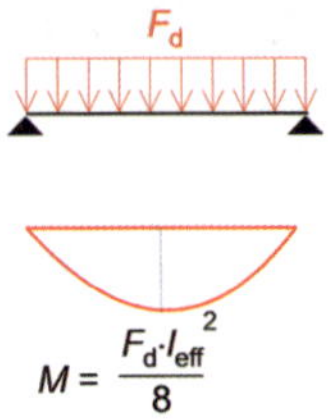	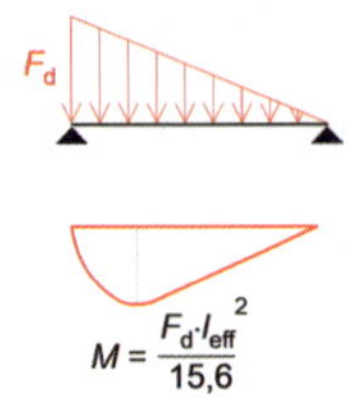	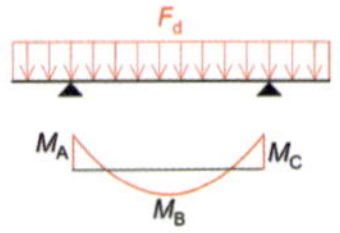
k	$0{,}125 - \frac{\alpha^2}{6}$	$\frac{5}{48} = 0{,}104$ (**Abb. 13.5**)	0,102	$0{,}104\left(1 - \frac{\beta}{10}\right)$ $\beta = \frac{M_A + M_B}{M_C}$

Tafel 13.4 *Beiwerte k für die Durchbiegungsberechnung (weitere Momentenverteilungsbeiwerte → [Kordina – 92], Tabelle 11.1)*

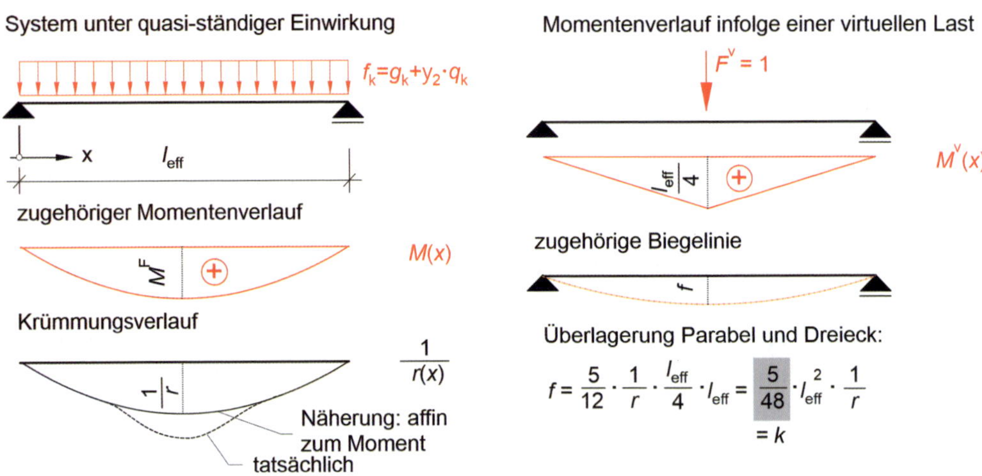

Abb. 13.5 *Ermittlung des Beiwerts k für einen Einfeldträger mit Gleichstreckenlast*

Unterer Rechenwert der Durchbiegung

Die geringste Durchbiegung erhält man, wenn die Berechnung für einen vollständig ungerissenen Querschnitt durchgeführt wird (Zustand I). Diese Durchbiegung wird als unterer Rechenwert der Durchbiegung f_I bezeichnet.

Oberer Rechenwert der Durchbiegung

Die größte Durchbiegung erhält man, wenn die Berechnung für einen vollständig gerissenen Querschnitt durchgeführt wird (reiner Zustand II). Diese Durchbiegung wird als oberer Rechenwert der Durchbiegung f_{II} bezeichnet.

Wahrscheinlicher Wert der Durchbiegung

Nimmt man an, dass Teilbereiche des Querschnitts ungerissen, andere, höher beanspruchte gerissen sind, wobei die Momenten-Krümmungs-Beziehung bis zum 1. Riss nach Zustand I und dann teilweise gerissen verläuft, erhält man den wahrscheinlichen Wert der

Durchbiegung *f*. Er liegt zwischen dem unteren und dem oberen Rechenwert und kann aus folgender Beziehung gewonnen werden:

$$\alpha = \zeta \cdot \alpha_{II} + (1 - \zeta) \cdot \alpha_{I} \tag{13.17}$$

Die Werte α_I bzw. α_{II} kennzeichnen allgemeine Verformungsbeiwerte (z.B. f_I oder f_{II}). Dies kann eine Dehnung, Krümmung, Durchbiegung oder Verdrehung sein. ζ ist der Verteilungsbeiwert zwischen Zustand I und Zustand II und liegt zwischen $0 \leq \zeta < 1$. Bei ungerissenen Querschnitten (Moment aus seltener Lastkombination kleiner als das Rissmoment) ist $\zeta = 0$. Um eine wahrscheinliche Durchbiegung zu ermitteln, wird als Einwirkung die quasi-ständige Einwirkungskombination der Schnittgrößenermittlung zugrunde gelegt.

13.4.2 Durchführung der Berechnung

In Kap. 1.4.3 wurde bereits gezeigt, wie es möglich ist, die Biegesteifigkeiten $E \cdot I(x)$ im Zustand I und Zustand II zu bestimmen. Wenn es gelingt, den Verteilungsbeiwert ζ nach Gl. (13.17) zu ermitteln, kann eine mittlere Biegesteifigkeit (oder die Krümmung) bestimmt werden. Dann ist es möglich, mit Gl. (13.15) die Durchbiegung für ein beliebiges statisches System zu berechnen.

Die Gesamtkrümmung infolge der Einwirkungen und plastischen Verformungen des Betons an der Stelle des Maximalmomentes erhält man aus:

$$\frac{1}{r_{tot}} = \frac{1}{r_m} + \frac{1}{r_{cs,m}} \tag{13.18}$$

$1/r_m$ Krümmung infolge Lasten unter Berücksichtigung des Kriechens an der Stelle des Maximalmomentes

$1/r_{cs,m}$ Krümmung infolge Schwindens

Krümmung infolge Lasten

Die Krümmung infolge Lasten kann aus der Gl. (13.17) gewonnen werden.

$$\frac{1}{r_m} = \zeta \cdot \frac{1}{r_{II}} + (1 - \zeta) \cdot \frac{1}{r_I} \tag{13.19}$$

$$\zeta = 1 - \beta \cdot \left(\frac{\sigma_{s,cr}}{\sigma_s}\right)^2 \tag{13.20}$$

$$\zeta = 1 - \beta \cdot \left(\frac{M_{cr}}{M_{Ed,rare}}\right)^2 \quad \text{(bei reiner Biegung)} \tag{13.21}$$

$\sigma_{s,cr}$ Stahlspannung bei Auftreten des 1. Risses

M_{cr} Rissmoment

β Beiwert zur Berücksichtigung der Belastungsdauer auf die mittlere Dehnung

$$\beta = \begin{cases} 1{,}0 & \text{einzelne kurzzeitige Belastung} \\ 0{,}5 & \text{andauernde Last oder häufige Lastwechsel} \end{cases} \tag{13.22}$$

Da das Rissmoment über Gl. (1.28) bestimmt und die Stahlspannung nach Gl. (1.35) für das maßgebende Moment berechnet werden kann, ist ζ bestimmbar. In Gl. (1.35) geht die Höhe der Druckzone x ein. Sie ist mit Gl. (11.8) zu bestimmen.

In EC 2-1-1 ist nicht explizit ausgesagt, für welche Lastkombination das maßgebende Moment zu bestimmen ist, um die gerissenen Bereiche des Bauteils festlegen zu können. Gemäß EC 2-1-1, 7.1 (2) ist bei der Ermittlung von Spannungen und Verformungen in der Regel von ungerissenen Querschnitten auszugehen, wenn die Biegezugspannung die zentrische Betonzugfestigkeit f_{ctm} nicht überschreitet. In [DIN FB 102 – 09] wurde bei den Nachweisen der Gebrauchstauglichkeit angeführt, dass der gerissene Zustand angenommen werden kann, wenn die im ungerissenen Zustand berechneten Zugspannungen unter der seltenen Lastkombination den Wert f_{ctm} überschreiten. Eine identische Aussage findet man in [DAfStb Heft 600 – 20] als Erläuterung zu EC 2-1-1, 7.4.3 (2).

Demnach sind die gerissenen Bereiche für die seltene Einwirkungskombination zu bestimmen, die Bestimmung der Durchbiegung und des Durchhangs aber mit der quasi-ständigen Einwirkungskombination zu führen.

Das Kriechen des Betons unter Lasteinwirkung wird erfasst, indem der Elastizitätsmodul des Betons auf den wirksamen Elastizitätsmodul $E_{c,eff}$ entsprechend Gl. (11.2) vermindert wird.

Die Krümmung für Last und Kriechen lässt sich für den Zustand I gemäß Gl. (13.13) und für den Zustand II gemäß Gl. (1.31) ermitteln und ist in Gl. (13.23) für den gerissenen und ungerissenen Zustand zusammengefasst.

$$\frac{1}{r} = \begin{cases} \dfrac{M}{E_{c,eff} \cdot I} & \text{(Zustand I)} \\ \dfrac{\varepsilon_s}{d - x} & \text{(Zustand II)} \end{cases} \tag{13.23}$$

Krümmung infolge Schwinden:

Infolge Schwinden entsteht durch die Verkürzung des Betons eine Kraft in der Bewehrung.

$$F_s = \varepsilon_{cs} \cdot E_s \cdot A_s$$

Das resultierende Moment beträgt für $F_s = \frac{M}{z_s}$:

$$M = \varepsilon_{cs} \cdot E_s \cdot A_s \cdot z_s$$

Wenn dies in Gl. (13.13) eingesetzt wird, ergibt sich:

$$\frac{1}{r_{cs}} = \frac{\varepsilon_{cs,\infty} \cdot E_s \cdot A_s \cdot z_s}{E_{c,eff} \cdot I}$$

Mit $\alpha_e = \frac{E_s}{E_{c,eff}}$ und dem statischen Moment S ergibt sich:

$$\frac{1}{r_{cs}} = \varepsilon_{cs,\infty} \cdot \alpha_e \cdot \frac{S}{I} \tag{13.24}$$

$\varepsilon_{cs,\infty}$ Schwinddehnung nach Gl. (2.23)

S statisches Moment im Zustand I bzw. II

$$S_I = A_s \cdot z_s \tag{13.25}$$

$$S_{II} = A_s \cdot (d - x) \tag{13.26}$$

I Flächenmoment 2. Grades für Zustand I bzw. II (→ Kap. 1.3.3)

$$I_{II} = k_{II} \cdot I \tag{13.27}$$

$1/k_{II}$ Steifigkeitsbeiwert für Zustand II (**Abb. 13.6**)

Damit kann die Durchbiegung mit Hilfe von Gl. (13.16) bestimmt werden. Nach Abzug der Überhöhung (Gl. (13.1)) wird der Durchhang nachgewiesen.

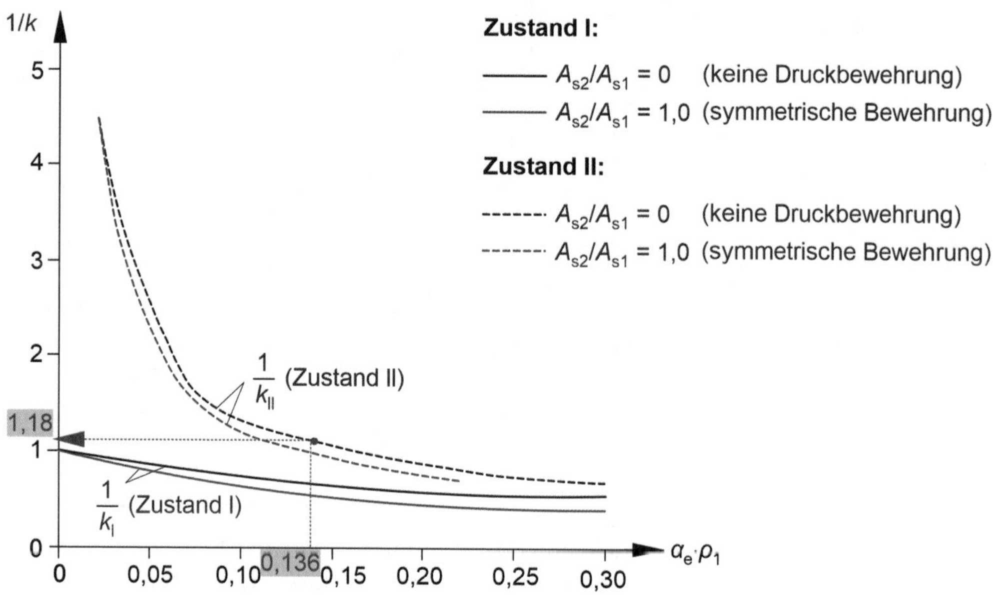

Abb. 13.6 *Steifigkeitsbeiwerte ([Kordina - 92], Bild 11.3)*

$\alpha_e \cdot \rho_1$	ξ	k_{II}	$\alpha_e \cdot \rho_1$	ξ	k_{II}	$\alpha_e \cdot \rho_1$	ξ	k_{II}
0,001	0,044	0,011	0,032	0,223	0,276	0,110	0,372	0,727
0,002	0,061	0,022	0,034	0,229	0,291	0,120	0,384	0,773
0,003	0,075	0,032	0,036	0,235	0,305	0,130	0,396	0,818
0,004	0,086	0,043	0,038	0,240	0,319	0,140	0,407	0,860
0,005	0,095	0,053	0,040	0,246	0,332	0,150	0,418	0,902
0,006	0,104	0,062	0,042	0,251	0,346	0,160	0,428	0,942
0,007	0,112	0,072	0,044	0,256	0,359	0,170	0,437	0,980
0,008	0,119	0,081	0,046	0,261	0,373	0,180	0,446	1,02
0,009	0,125	0,090	0,048	0,266	0,386	0,190	0,455	1,05
0,010	0,132	0,100	0,050	0,270	0,398	0,200	0,463	1,09
0,012	0,143	0,177	0,055	0,281	0,430	0,210	0,471	1,12
0,014	0,154	0,135	0,060	0,292	0,460	0,220	0,479	1,16
0,016	0,164	0,152	0,065	0,301	0,490	0,230	0,486	1,19
0,018	0,173	0,168	0,070	0,311	0,519	0,240	0,493	1,22
0,020	0,181	0,185	0,075	0,319	0,547	0,250	0,500	1,25
0,022	0,189	0,201	0,080	0,328	0,575	0,260	0,507	1,28
0,024	0,196	0,216	0,085	0,336	0,601	0,270	0,513	1,31
0,026	0,204	0,232	0,090	0,344	0,628	0,280	0,519	1,34
0,028	0,210	0,247	0,095	0,351	0,653	0,290	0,525	1,36
0,030	0,217	0,262	0,100	0,358	0,678	0,300	0,531	1,39

Tafel 13.5 *Steifigkeitsbeiwert k_{II} und bezogene Druckzonenhöhe ξ für Rechteckquerschnitte*

Beispiel 13.4:Ermittlung der Durchbiegung

Gegeben:

- Decke unter einem Verkaufsraum (Warenhaus) lt. Skizze. Die Decke wird aus Fertigteilen mit einer Breite $b/h/d$ = 1,00/0,20/0,17 m hergestellt.
- Biegebemessung ergibt A_s = 8,4 cm², gew: 10 Ø12 mit $A_{s,vorh}$ = 11,3 cm²
- Baustoffgüten C30/37; B500
- Belastungsbeginn t_0 = 28 d, Zement CEM der Klasse N, relative Luftfeuchte 50%
- Auf der Decke befinden sich keine verformungsempfindlichen Ausbauelemente.

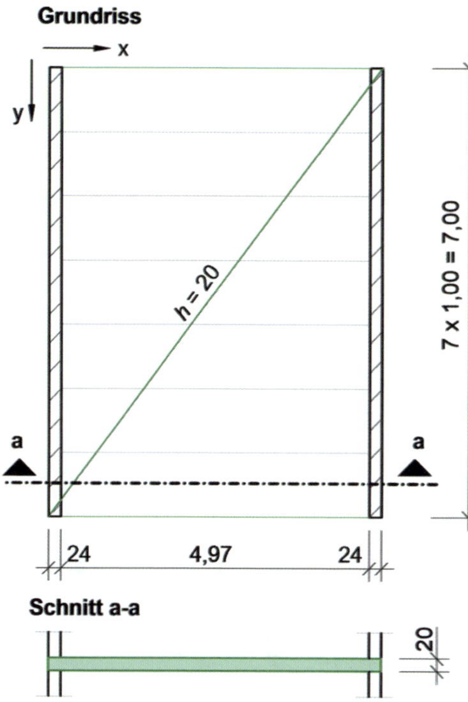

Gesucht: Nachweis der Biegeschlankheit bzw. Berechnung der Durchbiegung

Lösung:

Begrenzung der Biegeschlankheit:

$$a_1 = a_2 = \frac{0{,}20}{2} = 0{,}10\,\text{m}$$

$$l_{\text{eff}} = 4{,}97 + 0{,}10 + 0{,}10 = 5{,}17\,\text{m}$$

$$K = 1{,}0$$

$$\rho = 8{,}4/(100 \cdot 17) \cdot 100 = 0{,}494\,\%$$

$$\rho_0 = 10^{-3} \cdot \sqrt{30} \cdot 100 = 0{,}548\,\%$$

$0{,}494\,\% \leq 0{,}548\,\% \rightarrow$ (13.6)

$$\frac{l}{d} \leq 1{,}0 \left[11 + 1{,}5\sqrt{30} \cdot \frac{0{,}548}{0{,}494} + 3{,}2\sqrt{30} \cdot \left(\frac{0{,}548}{0{,}494} - 1\right)^{3/2} \right] = 20{,}7$$

$$\frac{l}{d} \leq 20{,}7 \cdot \frac{11{,}3}{8{,}4} = 27{,}8$$

(5.2): $a_i = \min(h/2; t/2)$

(5.1): $l_{\text{eff}} = l_n + a_1 + a_2$

Tafel 13.1 Z. 1

(13.6), (13.7): $\rho = A_{s1}/(b \cdot d)$

$\rho_0 = 10^{-3} \cdot \sqrt{f_{ck}}$

$\rho \leq \rho_0 \rightarrow$ (13.6)

$$\frac{l}{d} \leq K \left[11 + 1{,}5\sqrt{f_{ck}} \cdot \frac{\rho_0}{\rho} + 3{,}2\sqrt{f_{ck}} \cdot \left(\frac{\rho_0}{\rho} - 1\right)^{3/2} \right]$$

(13.8):

$310/\sigma_s = A_{s,\text{prof}}/A_{s,\text{req}} \rightarrow$ Erhöhung l/d mit $A_{s,\text{prof}}/A_{s,\text{req}}$

$\frac{l}{d} = \frac{5{,}17}{0{,}17} = 30{,}4 > 27{,}8$	vorhandene Biegeschlankheit
→ Nachweis nicht erbracht.	
Einwirkungen und Schnittgrößen:	
Eigenlast der Decke inkl. Ausbaulast $g_k = 6{,}50\,\text{kN/m}$	EC 1-1-1, Anhang A und EC 1-1-1/NA, Anhang NA.A
Verkehrslast der Decke $q_k = 5{,}00\,\text{kN/m}$	EC 1-1-1/NA, Tab. 6.1DE, Kategorie D2
Kategorie D: $\psi_2 = 0{,}6$	**Tafel 6. 5**
$g_d = 1{,}0 \cdot 1{,}0 \cdot 6{,}5 = 6{,}5\,\text{kN/m}$	(6.4): $E_d = \gamma_F \cdot \psi_i \cdot F_k$
$q_d = 1{,}0 \cdot 0{,}6 \cdot 5{,}0 = 3{,}0\,\text{kN/m}$	
$M_{Ed,perm} = \frac{(6{,}5 + 3{,}0) \cdot 5{,}17^2}{8} = 31{,}7\,\text{kNm}$	$M = \frac{q \cdot l_{eff}^2}{8}$
$M_{Ed,rare} = \frac{(6{,}5 + 5{,}0) \cdot 5{,}17^2}{8} = 38{,}4\,\text{kNm}$	
$f_{ctm} = 2{,}9\ \text{N/mm}^2$	**Tafel 2.5:** C30/37
$W^I = \frac{1{,}0 \cdot 0{,}2^2}{6} = 0{,}00667\ \text{m}^3$	$W = \frac{b \cdot h^2}{6}$
$M_{cr} = 2{,}9 \cdot 0{,}00667 \cdot 10^3 = 19{,}3\,\text{kNm}$	(1.27): $M_{cr} = f_{ct} \cdot W$
$M_{Ed,rare} = 38{,}4\ \text{kNm} >> 19{,}3\ \text{kNm} = M_{cr} \rightarrow$ Querschnitt reißt	$M_{Ed,rare} >> M_{cr}$
Ermittlung des Rissverteilungsbeiwertes	
$\beta = 0{,}5$	(13.22): Dauerlast
$\zeta = 1 - 0{,}5 \cdot \left(\frac{19{,}3}{38{,}4}\right)^2 = 0{,}87$	(13.21): $\zeta = 1 - \beta \cdot \left(\frac{M_{cr}}{M_{Ed,rare}}\right)^2$
87 % des Querschnitts befinden sich im Zustand II	
Krümmung infolge Last und Kriechen	
$A_c = 100 \cdot 20 = 2000\ \text{cm}^2$	$A_c = b \cdot h$
Bestimmung der Kriechzahl	Kriechzahl nach Kapitel 2.3.6 für C30/37, Belastungsbeginn t_0 = 28 d, Zement CEM der Klasse N, relative Luftfeuchte 50%
$h_0 = 2 \cdot \frac{2000}{2 \cdot 100} = 20\,\text{cm}$	(2.28): $h_0 = \frac{2 \cdot A_c}{u}$

$\varphi(\infty, t_0) = 2{,}4$	Abb. 2.10[2]
$E_{cm} = 33000\ \text{N/mm}^2$	**Tafel 2.5:** C30/37
$E_{c,eff} = \frac{33000}{1+2{,}4} = 9710\ \text{N/mm}^2$	(11.2): $E_{c,eff} = \frac{E_{cm}}{1+\varphi}$
$\alpha_e = \frac{200\,000}{9710} = 20{,}6$	$\alpha_e = \frac{E_s}{E_c}$
$\rho = \frac{11{,}3}{100 \cdot 17} = 0{,}0066 = 0{,}66\,\%$	(11.7): $\rho = \frac{A_s}{b \cdot d}$
$\alpha_e \cdot \rho = 20{,}6 \cdot 0{,}066 = 0{,}136$	
$\xi = 0{,}396 + (0{,}407 - 0{,}396)\frac{0{,}136 - 0{,}130}{0{,}14 - 0{,}13} = 0{,}40$	Druckzonenhöhe aus **Tafel 13.5** (Wert interpoliert)
$x = 0{,}40 \cdot 17 = 6{,}8\ \text{cm}$	
$\sigma_s = \frac{31{,}7 \cdot 10^{-3}}{11{,}3 \cdot 10^{-4} \cdot \left(0{,}17 - \frac{0{,}068}{3}\right)} = 190\ \text{N/mm}^2$	(1.35): $\sigma_s = \frac{M_{Ed,perm}}{A_s \cdot \left(d - \frac{x}{3}\right)}$
$\varepsilon_s = \frac{190}{200\,000} = 0{,}95 \cdot 10^{-3}$	(2.33): $\sigma_s = E_s \cdot \varepsilon_s \Leftrightarrow \varepsilon_s = \frac{\sigma_s}{E_s}$
$I^I = \frac{1{,}0 \cdot 0{,}20^3}{12} = 0{,}667 \cdot 10^{-3}\ \text{m}^4$	$I = \frac{b \cdot h^3}{12}$
$\frac{1}{r_I} = \frac{31{,}7 \cdot 10^6}{9710 \cdot 0{,}667 \cdot 10^9} = 4{,}89 \cdot 10^{-6}\ \ 1/\text{mm}$	(13.23): $\frac{1}{r} = \frac{M(x)}{E \cdot I(x)}$
$\frac{1}{r_{II}} = \frac{0{,}95 \cdot 10^{-3}}{170 - 68} = 9{,}31 \cdot 10^{-6}\ \ 1/\text{mm}$	(13.23): $\frac{1}{r} = \frac{\varepsilon_s}{d - x}$
$\frac{1}{r_m} = 0{,}87 \cdot 9{,}31 \cdot 10^{-6} + (1 - 0{,}87) \cdot 4{,}89 \cdot 10^{-6}$ $= 8{,}74 \cdot 10^{-6}\ \ 1/\text{mm}$	(13.19): $\frac{1}{r_m} = \zeta \cdot \frac{1}{r_{II}} + (1 - \zeta) \cdot \frac{1}{r_I}$
Krümmung infolge Schwinden	
$S_I = 1130 \cdot \left(170 - \frac{200}{2}\right) = 79{,}1 \cdot 10^3\ \text{mm}^3$	(13.25): $S_I = A_s \cdot z_s$
$S_{II} = 1130 \cdot (170 - 68) = 115 \cdot 10^3\ \text{mm}^3$	(13.26): $S_{II} = A_s \cdot (d - x)$
$k_{II} = 0{,}818 + (0{,}86 - 0{,}818)\frac{0{,}136 - 0{,}13}{0{,}14 - 0{,}13} = 0{,}843$	**Tafel 13.5** für $\alpha_e \cdot \rho = 0{,}136$ oder mit Abb. 13.6 $\frac{1}{k_{II}} = 1{,}18 \Leftrightarrow k_{II} = 0{,}85$
$I = \frac{1{,}0 \cdot 0{,}17^3}{12} = 0{,}409 \cdot 10^{-3}\ \text{m}^4$	$I = \frac{b \cdot d^3}{12}$
$I_{II} = 0{,}843 \cdot 0{,}409 \cdot 10^{-3} = 0{,}345 \cdot 10^{-3}\ \text{m}^4$	(13.27): $I_{II} = k_{II} \cdot I$
$\varepsilon_{ca,\infty} = 2{,}5 \cdot (30 - 10) \cdot 10^{-6} = 0{,}05\ ‰$	(2.25): $\varepsilon_{ca,\infty} = 2{,}5 \cdot (f_{ck} - 10) \cdot 10^{-6}$

2 Berechnungsformeln und Diagramme zur Ermittlung der Kriechzahl sind u.a. in [Schneider/Albert – 20] (Abschnitt 5 - Stahlbetonbau Kap. 3.7) enthalten.

$\varepsilon_{cd,0} = 0{,}48\ ‰$	**Tafel 2.10** für C30/37, Zement CEM der Klasse N, relative Luftfeuchte 50%[3]
$k_h = 0{,}85$	**Tafel 2.8** mit $h_0 = 200$ mm
$\varepsilon_{cd,\infty} = 0{,}85 \cdot 0{,}48\ ‰ = 0{,}41\ ‰$	(2.27): $\varepsilon_{cd,\infty} = k_h \cdot \varepsilon_{cd,0}$
$\varepsilon_{cs,\infty} = 0{,}05\ ‰ + 0{,}41\ ‰ = 0{,}46\ ‰$	(2.23): $\varepsilon_{cs,\infty} = \varepsilon_{ca,\infty} + \varepsilon_{cd,\infty}$
$\frac{1}{r_{cs,I}} = 460 \cdot 10^{-6} \cdot 20{,}6 \cdot \frac{79{,}1 \cdot 10^3}{0{,}667 \cdot 10^9} = 1{,}12 \cdot 10^{-6}\ 1/\text{mm}$	(13.24): $\frac{1}{r_{cs}} = \varepsilon_{cs,\infty} \cdot \alpha_e \cdot \frac{S_I}{I_I}$
$\frac{1}{r_{cs,II}} = 460 \cdot 10^{-6} \cdot 20{,}6 \cdot \frac{115 \cdot 10^3}{0{,}345 \cdot 10^9} = 3{,}16 \cdot 10^{-6}\ 1/\text{mm}$	(13.24): $\frac{1}{r_{cs}} = \varepsilon_{cs,\infty} \cdot \alpha_e \cdot \frac{S_{II}}{I_{II}}$
$\frac{1}{r_{cs,m}} = 0{,}87 \cdot 3{,}16 \cdot 10^{-6} + (1 - 0{,}87) \cdot 1{,}12 \cdot 10^{-6} = 2{,}89 \cdot 10^{-6}\ 1/\text{mm}$	(13.19): $\frac{1}{r_m} = \zeta \cdot \frac{1}{r_{II}} + (1 - \zeta) \cdot \frac{1}{r_I}$
$\frac{1}{r_{tot}} = 8{,}74 \cdot 10^{-6} + 2{,}89 \cdot 10^{-6} = 1{,}16 \cdot 10^{-5}\ 1/\text{mm}$	(13.18): $\frac{1}{r_{tot}} = \frac{1}{r_m} + \frac{1}{r_{cs,m}}$
$k = 0{,}104$	**Tafel 13.4**: Einfeldträger mit Gleichlast
$f = 0{,}104 \cdot 5{,}17^2 \cdot 10^6 \cdot 1{,}16 \cdot 10^{-5} = 32{,}2\,\text{mm}$	(13.16): $f = k \cdot l_{eff}^2 \cdot \frac{1}{r_{tot}}$
$f_{d,zul} = \frac{5170}{250} = 20{,}7\,\text{mm}$	(13.4): $f_{d,zul} = \frac{l_{eff}}{250}$
$\ddot{u} = 15\,\text{mm} \leq \frac{l_{eff}}{250} = \frac{5170}{250} = 20{,}7\,\text{mm}$	Schalung wird um $\ddot{u}$ = 15 mm überhöht ($\ddot{u} \leq l_{eff}/250$)
$f_d = 32{,}2 - 15 = 17{,}2\,\text{mm}$	(13.1): $f = f_d + \ddot{u}$
$f_d = 17{,}2\,\text{mm} < 20{,}7\,\text{mm} = f_{d,zul}$	(13.2): $f_d \leq f_{d,zul}$

13.4.3 Genauigkeit der Berechnung

Beispiel 13.4 zeigt, dass bereits für den besonders einfachen Fall des Einfeldträgers unter Gleichlast ein erheblicher Rechenaufwand anfällt. Gleichzeitig wird das Ergebnis immer noch nicht die sich tatsächlich ergebende Durchbiegung vorhersagen. Folgende Einflussfaktoren können zum Zeitpunkt der Planung nicht vorhergesagt werden:

- Der Belastungszeitpunkt für das Bauteil (sowohl weitere Eigenlasten als auch Verkehrslasten) ist unbekannt. Da die Kriechzahl hiervon stark abhängt (**Abb. 2.9** und **Abb. 2.10**), ist die Durchbiegung zu einem späteren Betrachtungszeitpunkt nur noch abschätzbar.

3 Berechnungsformeln und Diagramme zur Ermittlung der Gesamtschwinddehnung sind u.a. in [Schneider/Albert – 20] (Abschnitt 5 - Stahlbetonbau Kap. 3.7) enthalten.

- Aufgrund der unbekannten zukünftigen Witterungsbedingungen beeinflusst die Verformung aus dem Schwindmaß die Durchbiegung ebenfalls stark.
- Die Betonzugfestigkeit schwankt, somit auch die Bereiche eines Balkens, die im Zustand I verbleiben und die in den Zustand II übergehen. Kennzahl hierfür ist ζ in Gl. (13.19). Da sich die Krümmungen im Zustand I und II stark unterscheiden (vgl. Beispiel 13.4), schwankt auch die Durchbiegung sehr stark in Abhängigkeit von ζ.

14 Nachweis gegen Ermüdung

14.1 Grundlagen

14.1.1 Wöhlerlinie

Sofern Lasteinwirkungen in vielfacher Wiederholung[1] zwischen (teilweiser) Ent- und Wiederbelastung auftreten, wird das Baustoffgefüge geschädigt und die Festigkeit sinkt ab. Diese Eigenschaft wird mit (Material-)„Ermüdung" umschrieben. Die Zahl der Ent- und Wiederbelastungen ist die Lastspielzahl. Die erste grundlegende Beziehung zwischen Lastspielzahl und Festigkeit wurde von WÖHLER mit der heute nach ihm benannten „Wöhlerlinie" formuliert (**Abb. 14.1**). Sie wird experimentell ermittelt, indem das Bauteil mit einer vorgegebenen konstanten (= ein-stufigen) Spannungsamplitude σ_a und Mittelspannung σ_m so vielen Lastspielen unterworfen wird, bis der Bruch eintritt. Die erreichte Lastspielzahl und die zweifache Spannungsamplitude werden grafisch aufgetragen (**Abb. 14.1**). Kennzeichen der Kurve ist die von Wöhler unterstellte untere Asymptote, die bei $N^* \geq 10^6$ Lastspielen erreicht wird und die Dauerfestigkeit kennzeichnet. Spätere Untersuchungen haben ergeben, dass bei den Baustoffen Beton und Stahl keine untere Asymptote auftritt. Auch sehr kleine Spannungsamplituden schädigen das Baustoffgefüge.

Die Wöhlerlinie kann einfach oder doppelt logarithmisch aufgetragen werden. Für metallische Werkstoffe hat BASQUIN den Exponentialansatz nach Gl. (14.1) formuliert. In der doppelt logarithmischen Darstellung lässt sich die Funktion sehr gut als polygonale Linie annähern (Gl. (14.2) und **Abb. 14.1**).

$$\varDelta \sigma^{m} \cdot N = \text{const} \tag{14.1}$$

$$\log \Delta\sigma_{Rsk} = \log \Delta\sigma_{Rsk}(N^*) + \frac{1}{m} \cdot \log \frac{N^*}{N} \tag{14.2}$$

Dabei sind:

$\Delta\sigma_{Rsk}(N^*)$	Spannungsamplitude für N^* Lastzyklen nach **Abb. 14.1** mit den Parametern nach **Tafel 14.1**
m	Steigung der Wöhlerlinie mit den Parametern N^*, k_1 bzw. k_2 nach **Tafel 14.1**

Bauwerke, die oftmaligen Lastwechseln mit großer Verkehrslastordinate unterworfen werden, müssen gegen Ermüdung nachgewiesen werden. Sie werden als Bauwerke *unter nicht vorwiegend ruhenden Lasten* bezeichnet. Im Bereich des Hochbaus können dies z.B. Türme, Kranbahnen oder Industriegebäude mit Maschinen sein, die Schwingungen in die Baukonstruktion einleiten. Bei anderen nicht vorgespannten Bauwerken des Hochbaus darf der Nachweis entfallen (→ Kap. 14.2).

1 Im Rahmen dieses Abschnitts werden ausschließlich vielfache Lastwechsel betrachtet, die zu relativ geringen Spannungsamplituden führen. Kurzzeitige Lastwechsel mit hoher Spannungsamplitude, wie z.B. bei Erdbeben, sind nicht Gegenstand der Ausführungen.

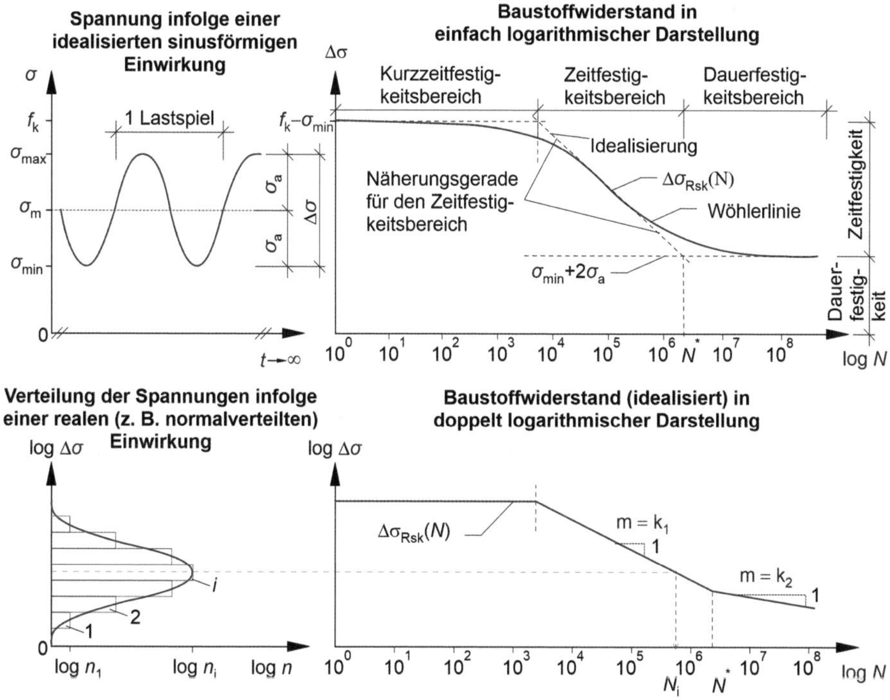

Abb. 14.1 *Schematischer Verlauf der Wöhlerlinie für Betonstahl*

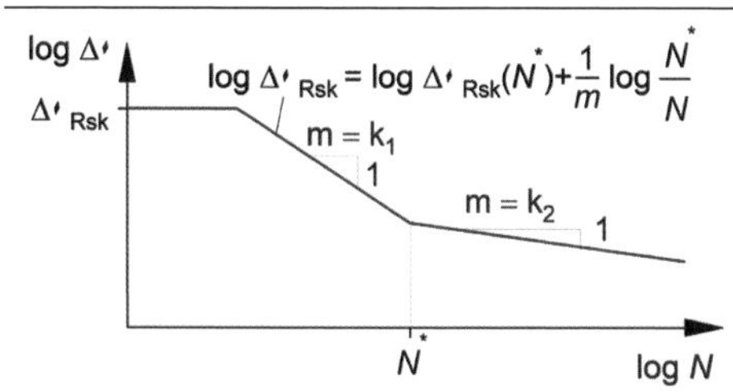	N^*	Spannungsexponent m		$\Delta\sigma_{Rsk}$ [N/mm²] bei N^* Zyklen
		k_1	k_2	
Gerade und gebogene Stäbe[a]	10^6	5	9[c]	175
Geschweißte Stäbe einschließlich Heft- und Stumpfstoßverbindugen, Betonstahlmatten[b]	10^6	4	5	85

[a] Für $D < 25\,Ø$ ist $\Delta\sigma_{Rsk}$ mit dem Reduktionsfaktor $\xi_1 = 0{,}35 + 0{,}026\ D/Ø$ zu multiplizieren. Für Stäbe $Ø > 28$ mm ist $\Delta\sigma_{Rsk} = 145$ N/mm² (gilt nur für hochduktile Stähle). Dabei ist D der Biegerollendurchmesser, Ø der Stabdurchmesser.

[b] Sofern nicht andere Wöhlerlinien durch allgemeine bauaufsichtliche Zulassung oder Zustimmung im Einzelfall festgelegt werden.

[c] In korrosiven Umgebungsbedingungen (XC2, XC3, XC4, XS, XD) sind weitere Überlegungen zur Wöhlerlinie anzustellen. Wenn keine genaueren Erkenntnisse vorliegen, ist für k_2 ein reduzierter Wert $5 \le k_2 < 9$ zu setzen.

Tafel 14.1 *Wöhlerlinie für Betonstahl (mit Parametern nach EC 2-1-1/NA, Tabelle NA.6.3)*

Da die Standsicherheit von der Ermüdung beeinträchtigt wird, handelt es sich um einen Nachweis im Grenzzustand der Tragfähigkeit. Allerdings liegt die Ursache der Ermüdung in den Gebrauchslasten. Im Unterschied zu den anderen Nachweisen im Grenzzustand der Tragfähigkeit (z.B. Biegebemessung) sind daher nicht mit Teilsicherheitsbeiwerten erhöhte maximale Einwirkungen, sondern die tatsächlichen (rechnerisch die häufigen) Einwirkungen des Gebrauchszustandes anzusetzen.

Für das Bauwerk stellt die häufige Einwirkungskombination mit konstanter Spannungsamplitude eine grobe Idealisierung dar. In Wirklichkeit sind die Spannungsamplituden nicht konstant, sondern stetig verteilt.[2] Sofern unterschiedliche Lasteinwirkungen berücksichtigt werden, führt dies zum Betriebsfestigkeitsnachweis (→ Kap. 14.1.3).

14.1.2 Baustoff Stahlbeton

Es müssen beide Werkstoffe getrennt hinsichtlich ihres Ermüdungsverhaltens betrachtet werden. Zusätzlich hat der Verbund zwischen Beton und Bewehrung einen Einfluss.

Beton

Beton wird unter Druckspannungen $\sigma_c > 0{,}45\ f_{cd}$ im Gefüge geschädigt. Dies führt zu Mikrorissen und später zu Spannungsumlagerungen innerhalb des Gefüges. Fortschreitende Spannungsumlagerungen bewirken Formänderungen in der Druckzone. Der Ermüdungsbruch geht daher mit großen Rotationen in der Druckzone einher, würde sich somit ankündigen. Die Wöhlerlinie für Beton (**Abb. 14.2**) zeigt zwar eine Annäherung an die horizontale Asymptote unter Schwellbeanspruchung; eine lastspielzahlunabhängige Dauerfestigkeit wurde jedoch auch bei sehr hohen Lastspielzahlen $N = 10^9$ nicht erreicht.

Bei Tragwerken der Praxis ist die maximale Spannung im Beton (infolge der anderen zu führenden Nachweise) allerdings so weit von der Bemessungsfestigkeit entfernt, dass der Nachweis für den Beton meistens nicht maßgebend wird.

Der Teilsicherheitsbeiwert für Beton im Rahmen des Ermüdungsnachweises beträgt:

$$\gamma_{C,fat} = 1{,}50 \tag{14.3}$$

Betonstahl

Der Betonstahl ist maßgebend für die Ermüdungsfestigkeit eines Stahlbetonbauteils. Der Ermüdungsbruch von Stahl ist ein Sprödbruch ohne Vorankündigung. Er ist weitaus gefährlicher als der Ermüdungsbruch des Betons. An Stellen lokaler Spannungskonzentration im Betonstahl können zunächst Mikrorisse entstehen, die mit zunehmender Lastspielzahl wachsen und dann plötzlich in ein instabiles Risswachstum übergehen (Sprödbruch). Für Betonstahl (und Spannstahl) ist entsprechend EC 2-1-1/NA, Tabelle NA.6.3 von einer stetig sinkenden Dauerfestigkeit auszugehen ($m = k_2 > 0$ in **Tafel 14.1**).

2 Bei einer Brücke werden sie z.B. aus der Superposition von unterschiedlich schweren Fahrzeugen und weiteren Lastfällen resultieren, wie unterschiedliche Bauwerkstemperaturen über den Tag an dem unterstellten statisch unbestimmten System. Die tatsächlichen Einwirkungen führen zu einer stetigen Kurve der Spannungsamplituden.

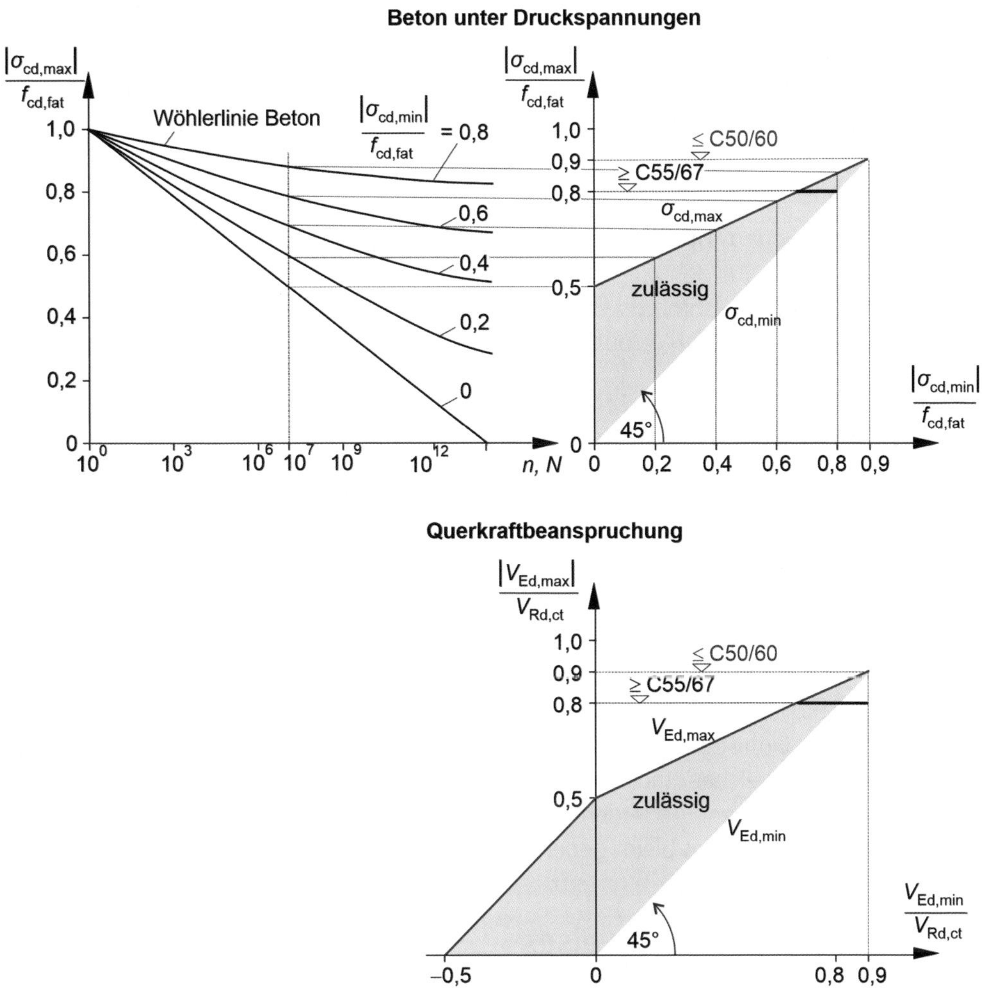

Abb. 14.2 *Wöhlerlinie des druckbeanspruchten Betons und Spannungsgrenzen beim vereinfachten Nachweis*

Bei Stahlbetontragwerken kann die Biegezug- oder die Querkraftbewehrung versagen. Der Teilsicherheitsbeiwert für Betonstahl im Rahmen des Ermüdungsnachweises beträgt:

$$\gamma_{S,fat} = 1{,}15 \tag{14.4}$$

Zur Bemessung der Querkraftbewehrung ist die Druckstrebenneigung gemäß Gl. (14.5) zu ermitteln.

$$\tan\theta_{fat} = \sqrt{\tan\theta} \leq 1 \tag{14.5}$$

θ Neigung der Betondruckstrebe im Grenzzustand der Tragfähigkeit

Der Verbund zwischen Bewehrungselement und umgebendem Beton wird mit zunehmender Lastspielzahl schlechter. Die Einleitungslängen an den Rissufern (**Abb. 1.7**) werden daher bei der Erstrissbildung länger (bzw. bei abgeschlossener Rissbildung (**Abb. 1.8**) sinkt die Zugversteifung). Die Verformungen im Tragwerk nehmen zu. Die Größe des Verformungszuwachses führt jedoch (auch bei Druckgliedern) nicht zu einem Zustand, der versagenskritisch werden könnte.

Die Verbundermüdung tritt auch im Bereich der Verankerungslänge auf. Da die Verankerungslängen jedoch für den Grenzzustand der Tragfähigkeit mit sehr kleinen zulässigen Verbundspannungen bestimmt wurden, tritt kein vollständiger Verbundverlust bei häufigen Lastwechseln ein. Der Verbund muss daher beim Nachweis gegen Ermüdung nicht weiter betrachtet werden.

14.1.3 Betriebsfestigkeitsnachweis

Während die Schnittgrößen für andere Nachweise mit einer bestimmten Einwirkungsgröße ermittelt werden, liegt dem Betriebsfestigkeitsnachweis ein *Lastkollektiv* zugrunde. Dieses Lastkollektiv soll vereinfachend die tatsächlichen Einwirkungen abbilden. Es ist das „Ermüdungslastmodell" und kann für einige Bauwerke entsprechenden Normen entnommen werden, z.B. für Brücken in EC 2-2. Die Einwirkungen aus Kranbahnen und Maschinen sind in DIN EN 1991-3 geregelt.

Bei einem Lastkollektiv ist die Ermüdungsfestigkeit streng genommen von der zeitlichen Reihenfolge des Eintretens der einzelnen Lasten abhängig.[3] Um einen erträglichen Rechenaufwand zu erreichen, muss unterstellt werden, dass sich die einzelnen Lasten nicht gegenseitig beeinflussen. Außerdem beeinflusst eine steigende Lastordinate die Ermüdung nichtlinear. Auch dies bleibt gegenwärtig rechnerisch unberücksichtigt.

14.2 Entfall des Nachweises

Der Nachweis gegen Ermüdung braucht für viele Stahlbetontragwerke, insbesondere im Bereich des Hochbaus, nicht geführt zu werden (EC 2-1-1/NA, 6.8.1). Im Brückenbau sind Hinweise für den Entfall des Ermüdungsnachweises in EC 2-2/NA, NDP zu 6.8.1 (102) gegeben:

- Tragwerke des üblichen Hochbaus (Ausnahmen sind Gebäude mit dynamisch erregten Maschinen auf den Decken)
- Geh- und Radwegbrücken
- Überschüttete Bogen- und Rahmentragwerke (mit einer Erdüberdeckung von mindestens 1,0 m bei Straßen- und 1,5 m bei Eisenbahnbrücken)
- Gründungen

3 Große Einwirkungen kleiner Anzahl *vor* kleinen Einwirkungen großer Anzahl lassen ein Bauteil stärker ermüden als große Einwirkungen kleiner Anzahl *nach* kleinen Einwirkungen großer Anzahl (man denke an den Steifigkeitsabfall infolge unterschiedlicher Rissbildungen).

- Pfeiler und Stützen, die mit dem Überbau von Brücken nicht biegesteif verbunden sind
- Widerlager, die mit dem Überbau nicht biegesteif verbunden sind (außer den Platten und Wänden von Hohlwiderlagern mit einer Überschüttung von weniger als 1,0 m)
- Stützwände, die nicht im Einwirkungsbereich von Eisenbahnverkehrslasten liegen
- Beton unter Druckbeanspruchung bei Straßenbrücken, sofern die Betondruckspannungen unter der seltenen Einwirkungskombination und dem Mittelwert der Vorspannung auf 0,6 f_{ck} beschränkt sind
- Beton- und Spannstahl ohne Schweißverbindungen oder Kopplungen bei Überbauten, für die unter der häufigen Kombination Dekompression nachgewiesen wird.

14.3 Vereinfachter Nachweis

14.3.1 Möglichkeiten der Nachweisführung

Der EC 2 bietet je nach Erfordernis mehrere Möglichkeiten, den Nachweis gegen Ermüdung (fatigue verification) zu führen. Der Aufwand steigt hierbei von Stufe 1 zur Stufe 3 stark an. Die Stufe 3 wird im Hochbau trotz ihres Aufwandes immer dann sinnvoll sein, wenn die Bauteilabmessungen bereits unveränderbar festliegen (z.B. beim Bauen im Bestand).

- Stufe 1: Vereinfachter Nachweis durch *Begrenzung der Spannungen* bzw. Spannungsschwingbreiten
- Stufe 2: Genauerer Nachweis als vereinfachter Betriebsfestigkeitsnachweis über schädigungsäquivalente Schwingbreiten (→ Kap. 14.5)
- Stufe 3: Genauer Nachweis als *expliziter Betriebsfestigkeitsnachweis* (→ Kap. 14.4)

Der vereinfachte Nachweis ist ein Spannungsnachweis und basiert zum einen auf linearem Werkstoffverhalten, zum anderen auf der Voraussetzung, dass die Spannungsamplituden (**Abb. 14.1**) konstant sind. Da dies in der Praxis nicht der Fall ist, muss mit der ungünstigsten (größten) Spannungsamplitude gerechnet werden. Dies kann zu Ergebnissen führen, die insgesamt für die Bemessung maßgebend werden und damit unwirtschaftlich sind. In diesem Fall empfiehlt sich ein genauerer Nachweis.

14.3.2 Nachweis für Beton

Der vereinfachte Nachweis ist mit der häufigen Lastkombination zu erbringen. Der Spannungsnachweis kann bei Kenntnis des Ermüdungsbeiwertes μ geführt werden.

$$\sigma_{c,freq} \leq \sigma_{c,lim} \tag{14.6}$$

$$\sigma_{c,lim} = \sigma_{stat} + \mu \cdot \sigma_{dyn} \leq \text{zul}\, \sigma_{stat} \tag{14.7}$$

$$\mu = \frac{f_k - \sigma_m}{\sigma_a} \tag{14.8}$$

In EC 2-1-1 wird Gl. (14.7) in normierter Form geschrieben. Für Beton unter Druckspannungen ist für jede Querschnittsfaser nachfolgende Gl. einzuhalten (**Abb. 14.2**, rechtes oberes Diagramm):

$$\frac{|\sigma_{cd,max}|}{f_{cd,fat}} \leq 0{,}5 + 0{,}45 \cdot \frac{|\sigma_{cd,min}|}{f_{cd,fat}} \leq \begin{cases} 0{,}9 & \text{bis C50/60} \\ 0{,}8 & \text{ab C55/67} \end{cases} \tag{14.9}$$

$|\sigma_{cd,max}|$ maximale Betondruckspannung unter häufiger Einwirkungskombination

$|\sigma_{cd,min}|$ minimale Betondruckspannung (bei Zugspannungen: $|\sigma_{cd,min}| = 0$)

Für den Bemessungswert der Betondruckfestigkeit bei Ermüdungsbeanspruchung werden die Nacherhärtung von Beton über die 28-Tage-Festigkeit hinaus und der Zeitpunkt der Erstbelastung t_0 berücksichtigt.

$$f_{cd,fat} = \beta_{cc}(t_0) \cdot \left[1 - \frac{f_{ck}}{250}\right] \cdot f_{cd} \tag{14.10}$$

$$\beta_{cc}(t_0) = e^{s\left(1-\sqrt{\frac{28}{t_0}}\right)} \tag{14.11}$$

$\beta_{cc}(t_0)$ Erhärtungsfunktion des Betons

s ein vom verwendeten Zementtyp abhängiger Beiwert

= 0,20 für Zement CEM 42,5 R, CEM 52,5 N, CEM 52,5 R (Klasse R)

= 0,25 für Zement CEM 32,5 R, CEM 42,5 N (Klasse N)

= 0,38 für Zement CEM 32,5 N (Klasse S)

= 0,20 für alle Zemente bei Betonen ≥ C55/67

Gl. (14.9) gilt auch für die Druckstreben von querkraftbeanspruchten Bauteilen mit Querkraftbewehrung. In diesem Fall ist die Betondruckfestigkeit nach Gl. (14.10) mit ν_1 nach Gl. (8.33) abzumindern.

Bei Bauteilen unter Querkraftbeanspruchung, die rechnerisch keine Querkraftbewehrung benötigen, sind folgende Bedingungen einzuhalten (**Abb. 14.2**, unteres Diagramm):

- für $\frac{V_{Ed,min}}{V_{Ed,max}} \geq 0$:

$$\left|\frac{V_{Ed,max}}{V_{Rd,c}}\right| \leq 0{,}5 + 0{,}45 \cdot \left|\frac{V_{Ed,min}}{V_{Rd,c}}\right| \leq \begin{cases} 0{,}9 & \text{bis C50/60} \\ 0{,}8 & \text{ab C55/67} \end{cases} \tag{14.12}$$

$V_{Ed,max}$ ($V_{Ed,min}$) Bemessungswert der maximalen (minimalen) Querkraft unter der häufigen Einwirkungskombination jeweils im selben Querschnitt

$V_{Rd,c}$ Bemessungswert der ohne Querkraftbewehrung aufnehmbaren Querkraft nach Gl. (8.19)

- für $\frac{V_{\text{Ed,min}}}{V_{\text{Ed,max}}} < 0$:

$$\left|\frac{V_{\text{Ed,max}}}{V_{\text{Rd,c}}}\right| \leq 0{,}5 - \left|\frac{V_{\text{Ed,min}}}{V_{\text{Rd,c}}}\right| \quad (14.13)$$

14.3.3 Nachweis für Betonstahl

Der vereinfachte Nachweis ist für die häufige Lastkombination zu führen.

$$\Delta\sigma_{\text{s,freq}} \leq \Delta\sigma_{\text{s,lim}} \quad (14.14)$$

Nachfolgende Bedingungen gelten für jegliche Art von Bewehrung. Für ungeschweißte Bewehrungsstähle unter Zugbeanspruchung darf ein ausreichender Ermüdungswiderstand angenommen werden, wenn unter der häufigen Einwirkungskombination die Spannungsschwingbreite

$$\Delta\sigma_{\text{s,lim}} \leq 70\ \text{N/mm}^2 \quad (14.15)$$

nicht überschreitet. Für geschweißte Betonstähle muss zusätzlich der Querschnitt im Bereich der Schweißstellen unter der häufigen Einwirkungskombination vollständig überdrückt sein.

$$\sigma_{\text{c}} \leq 0\ \text{N/mm}^2 \quad (14.16)$$

Beispiel 14.1: Vereinfachter Nachweis der Ermüdung

Gegeben:
- Beispiel laut Skizze von Beispiel 7.14
- Belastung mit Verkehrslasten 1 Jahr nach Erstellung

Gesucht: Nachweis der Ermüdung im Feld 1[4]

Lösung:

Der Nachweis ist für die häufige Kombination zu führen.	(6.24): $E_{\text{d,frequ}} = \sum_{\text{i}} E_{\text{Gk,i}} \oplus \psi_{1,\text{Q}} \cdot E_{\text{Q,unf}}$
$\psi_1 = 0{,}5$	**Tafel 6.5**: Wohn- und Aufenthaltsräume
Berechnung des maximalen Feldmomentes für die Ermittlung von $\lvert\sigma_{\text{cd,max}}\rvert$	
$M_{1,\max} = 140 + 0{,}5 \cdot 52 = 166\,\text{kNm}$	vgl. Beispiel 7.15

4 Für ein Wohngebäude ist gemäß Kap. 14.2 kein Ermüdungsnachweis zu führen, er soll hier übungshalber demonstriert werden.

Berechnung des minimalen Feldmomentes für die Ermittlung von $|\sigma_{cd,min}|$

$$M_B = 0{,}5 \cdot (-0{,}119 \cdot 12{,}4 \cdot 6{,}51^2) = -31\,\text{kNm}$$

[Schneider/Albert – 20], S. 4.17 häufiger Verkehr in Feld 2

$$\frac{x}{0{,}45\ l_{eff}} = \frac{-31}{l_{eff}} \Leftrightarrow x = -31 \cdot 0{,}45$$

$$M_{1,min} \approx 140 + 0{,}45 \cdot (-31) = 126\,\text{kNm}$$

Maßgebende Stelle liegt bei $x/l_{eff} \approx 0{,}45$.

$$\alpha_e = \frac{E_s}{E_c} = \frac{200000}{30000} = 6{,}7 \approx 10$$

$\alpha_e = \frac{E_s}{E_c}$

Um Langzeiteinflüsse zu erfassen (Kriechen des Betons), darf in der Regel für alle Betongüten mit $\alpha_e = 10$ gerechnet werden.

$$A_{s,vorh} = 10{,}1\ \text{cm}^2$$

vgl. Beispiel 7.15

$$A_c \approx 251 \cdot 67{,}5 = 1{,}69 \cdot 10^4\ \text{cm}^2$$

Gl. (11.8) gilt für einen Rechteckquerschnitt. Da hier die Nulllinie in der oberen Platte liegt, wird ein Ersatzrechteck verwendet.

$A_c \approx b_{eff} \cdot d$

$$\rho = \frac{10{,}1}{16900} = 0{,}0006$$

(11.7): $\rho = \frac{A_s}{b \cdot d}$

$$x \approx 0{,}0006 \cdot 10 \cdot 675 \cdot \left[-1 + \sqrt{1 + \frac{2}{0{,}0006 \cdot 10}}\right]$$

$$= 70{,}0\,\text{mm} < 220\,\text{mm} = h_f$$

(11.8): $x = \rho \cdot \alpha_e \cdot d \cdot \left[-1 + \sqrt{1 + \frac{2}{\rho \cdot \alpha_e}}\right]$

$$|\sigma_{cd,max}| = \frac{2 \cdot 166 \cdot 10^{-3}}{2{,}51 \cdot 0{,}070 \cdot \left(0{,}675 - \frac{0{,}070}{3}\right)} = 2{,}9\ \text{N/mm}^2$$

(11.6): $\sigma_{c2} = \frac{2\,M_{Eds}}{b \cdot x \cdot \left(d - \frac{x}{3}\right)}$

$$|\sigma_{cd,min}| = \frac{2 \cdot 126 \cdot 10^{-3}}{2{,}51 \cdot 0{,}070 \cdot \left(0{,}675 - \frac{0{,}070}{3}\right)} = 2{,}2\ \text{N/mm}^2$$

$$\beta_{cc}(t_0) = e^{0{,}2\left(1-\sqrt{\frac{28}{365}}\right)} = 1{,}16$$

(14.11): $\beta_{cc}(t_0) = e^{s\left(1-\sqrt{\frac{28}{t_0}}\right)}$

Zement CEM 42,5 R (Klasse R) $\rightarrow s = 0{,}2$

Erstbelastung 1 Jahr nach Erstellung $t_0 = 365$ Tage

$$f_{cd,fat} = 1{,}16 \cdot \left[1 - \frac{20}{250}\right] \cdot 11{,}3 = 12{,}1\ \text{N/mm}^2$$

(14.10): $f_{cd,fat} = \beta_{cc}(t_0) \cdot \left[1 - \frac{f_{ck}}{250}\right] \cdot f_{cd}$

$\frac{2{,}9}{12{,}1} = \underline{0{,}24} < 0{,}5 + 0{,}45 \cdot \frac{2{,}2}{12{,}1} = \underline{0{,}58} < 0{,}9$	(14.9): $\frac{\lvert\sigma_{cd,max}\rvert}{f_{cd,fat}} \leq 0{,}5 + 0{,}45 \cdot \frac{\lvert\sigma_{cd,min}\rvert}{f_{cd,fat}} \leq 0{,}9$
$\frac{\sigma_{c,freq}}{f_{cd,fat}} = 0{,}24 < 0{,}58 = \frac{\sigma_{c,lim}}{f_{cd,fat}}$	(14.6): $\sigma_{c,freq} \leq \sigma_{c,lim}$
$z = 0{,}675 - \frac{0{,}070}{3} = 0{,}652\,\text{m}$	(1.34): $z \approx d - \frac{x}{3}$
$\Delta\sigma_s = \frac{(166 - 126) \cdot 10^{-3}}{10{,}1 \cdot 10^{-4} \cdot 0{,}652} = 60{,}8\ \text{N/mm}^2$	(1.35): $\sigma_s = \frac{M}{A_s \cdot z}$
$\Delta\sigma_{s,lim} \leq 70\ \text{N/mm}^2$	(14.15): $\Delta\sigma_{s,lim} \leq 70\ \text{N/mm}^2$
$\Delta\sigma_s = 60{,}8\ \text{N/mm}^2 < 70\ \text{N/mm}^2$	(14.14): $\Delta\sigma_{s,freq} \leq \Delta\sigma_{s,lim}$

14.4 Genauer Betriebsfestigkeitsnachweis

14.4.1 Lineare Schadensakkumulation

Hierbei werden die Lastzyklen mit unterschiedlichen Spannungsamplituden in einzelne Beanspruchungskollektive gesplittet. Die Spannungsamplituden werden mit realitätsnahen Lastmodellen ermittelt. Für jede Belastungsstufe, d.h. für jedes Beanspruchungskollektiv, wird das Ermüdungsverhalten aus den Wöhlerkurven berechnet und der zugehörige Schädigungsfaktor D_i für diese Belastungsstufe bestimmt (**Abb. 14.3**).

$$D_i = \frac{n(\Delta\sigma_i)}{N(\Delta\sigma_i)} = \frac{n_i}{N_i} \tag{14.17}$$

i	Lastkollektiv
n_i	Anzahl der einwirkenden Lastzyklen innerhalb eines Kollektivs i
N_i	Anzahl der ertragbaren Lastzyklen innerhalb eines Kollektivs i

Die Spannungsamplituden sind hierbei in der häufigen Einwirkungskombination mit Überlagerung der maßgebenden zyklischen Ermüdungsbelastung Q_{fat} nach Gl. (14.18) zu ermitteln.

$$E_{d,fat} = E\left\{ \sum_i G_{k,i} + P_k \oplus \psi_{1,1} \cdot Q_{k,1} \oplus \sum_{j\geq 2} \psi_{2,j} \cdot Q_{k,j} \oplus Q_{fat} \right\} \tag{14.18}$$

Anschließend werden die einzelnen Schädigungsfaktoren akkumuliert. Das Ergebnis ist eine Schädigungssumme. PALMGREN und MINER haben die Hypothese aufgestellt, dass das Bauteil standsicher ist, solange die Grenzschädigung $D_{Ed} = 1$ nicht erreicht wird. Sie führen dabei eine *lineare* Akkumulation (Addition) durch. So erhält man die PALMGREN-MINER-Regel:

$$D_{Ed} = \sum_i D_i = \sum_i \frac{n_i}{N_i} \leq 1{,}0 \tag{14.19}$$

Da entsprechend dieser Regel *jede* (auch eine sehr kleine) Spannungsänderung zu einer Bauteilschädigung führt, widerspricht diese Gesetzmäßigkeit der von WÖHLER formulierten Dauerfestigkeit. Auch wenn die tatsächliche Schädigungssumme eine *nichtlineare* Akkumulation von Schädigungsfaktoren ist, liefert die PALMGREN-MINER-Regel zutreffendere Ergebnisse als sie sich bei einem Spannungsnachweis (→ Kap. 14.3) ergeben. Sie wird nachfolgend für Betonstahl gezeigt. Für Beton erübrigt sich im Allgemeinen ein genauer Nachweis, da er nicht bemessungsbestimmend ist.

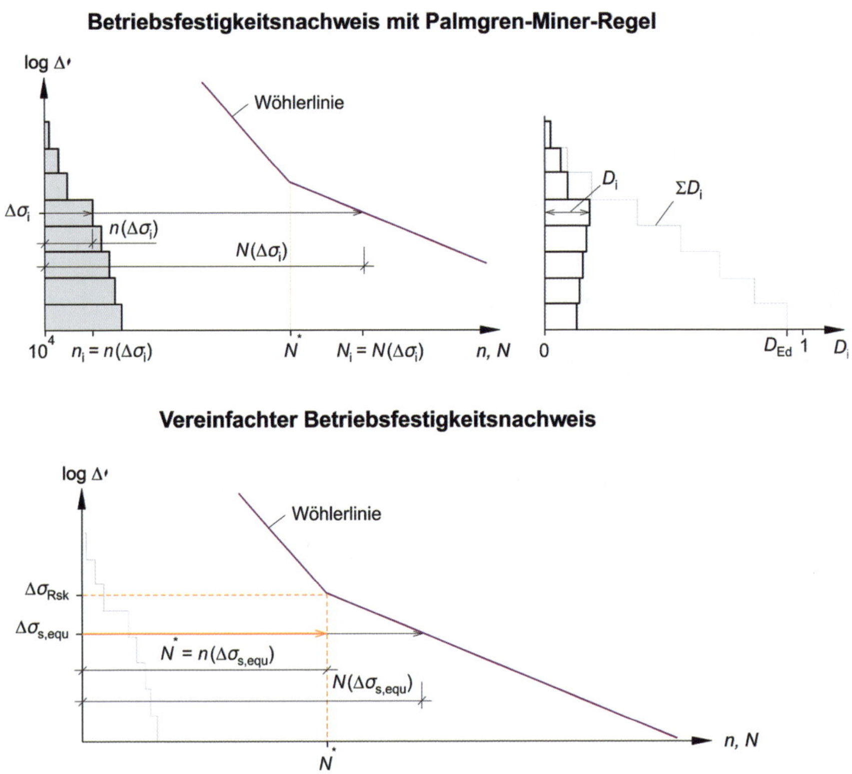

Abb. 14.3 *Betriebsfestigkeitsnachweis nach EC 2-1-1*

14.4.2 Nachweis für Betonstahl

Die Anzahl der ertragbaren Lastzyklen kann durch Umstellen der Gl. (14.2) nach N bzw. N_j unter Beachtung der Rechenregeln für Logarithmen wie folgt ermittelt werden:

$$N_j = \frac{N^*}{\left(\frac{\Delta\sigma(n_j)}{\Delta\sigma_{Rsk}(N^*)}\right)^m} \tag{14.20}$$

Im Rahmen des Nachweises nach EC 2-1-1 sind folgende Teilsicherheitsbeiwerte zu verwenden:

$\gamma_{F,fat}$ Teilsicherheitsbeiwert für die Einwirkungen beim Ermüdungsnachweis

$$\gamma_{F,fat} = 1{,}0 \tag{14.21}$$

Zur Bestimmung des Exponenten *m* muss geprüft werden, ob die Spannungsschwankung in den Zeitfestigkeits- oder Dauerfestigkeitsast der Wöhlerlinie in **Tafel 14.1** führt:

$$\gamma_{F,fat} \cdot \Delta\sigma_s \overset{?}{\leq} \frac{\Delta\sigma_{Rsk}(N^*)}{\gamma_{S,fat}} \Rightarrow \begin{array}{l} \text{ja}: m = k_2 \\ \text{nein}: m = k_1 \end{array} \tag{14.22}$$

Damit kann dann Gl. (14.17) ausgewertet werden.

Beispiel 14.2:Betriebsfestigkeitsnachweis (für Betonstahl)

Ein Kranbahnträger in einem Stahlwerk ist gegen Ermüdung zu bemessen. Laut Angabe des Bauherrn fährt der Kran alle 60 Sekunden mit „voller" Nutzlast über den Träger, dazwischen leer zurück. Das Stahlwerk wird für eine Nutzungsdauer von 20 Jahren ausgelegt.

Gegeben:
- Abmessungen laut Skizze
- M_{gk} = 37 kNm (Betonfertigteil); M_{qk1} = 144 kNm (Kran mit Nutzlast)[5]
- M_{qk2} = 15 kNm (Kran ohne Nutzlast)
- Baustoffe C40/50, B500
- Bauteilalter bei Betriebsbeginn 1 Jahr

Gesucht: Nachweis der Ermüdung (nur für Biegung) für den Betonstahl

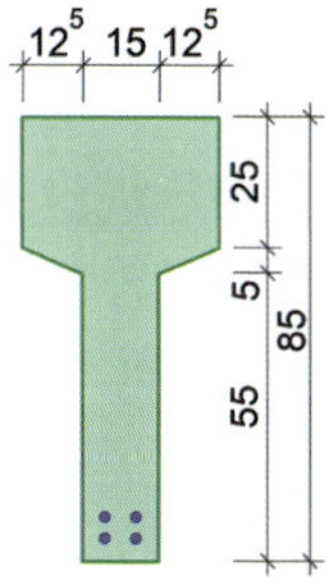

5 Die Schnittgrößen der zyklischen Beanspruchung Q_{fat} sind mit Lasten entsprechend DIN EN 1991-3 zu bestimmen. Um den Aufwand für die Ermittlung der Schnittgrößen in Grenzen zu halten, wird dies im Rahmen des Beispiels vernachlässigt.

Lösung:

Biegebemessung:

$M_{max} = 1{,}35 \cdot 37 + 1{,}50 \cdot 144 = 266\,kNm$
$M_{min} = 1{,}35 \cdot 37 + 1{,}50 \cdot 15 = 72{,}5\,kNm$

(6.12): $\max E_d = 1{,}35 \cdot E_{Gk} \oplus 1{,}50 \cdot E_{Qk,unf}$

$f_{cd} = \frac{0{,}85 \cdot 40}{1{,}50} = 22{,}7\ N/mm^2$

(2.17): $f_{cd} = \frac{\alpha_{cc} \cdot f_{ck}}{\gamma_C}$

$\mu_{Eds} = \frac{0{,}266}{0{,}40 \cdot 0{,}78^2 \cdot 22{,}7} = 0{,}0482$

(7.21): $\mu_{Eds} = \frac{M_{Eds}}{b \cdot d^2 \cdot f_{cd}}$
mit d = 0,78 m (Annahme)

$\omega = 0{,}0496;\ \zeta \approx 0{,}971\ ;\ \xi \approx 0{,}075\ ;\ \sigma_{sd} = 457\ N/mm^2$

Tafel 7.1: (interpoliert)

$x = 0{,}075 \cdot 78{,}0 = 5{,}9\,cm < 25\,cm = h_f$

(7.24): $x = \xi \cdot d$

$A_s = \frac{0{,}0496 \cdot 0{,}40 \cdot 0{,}78 \cdot 22{,}7}{457} \cdot 10^4 = \underline{\underline{7{,}7\ cm^2}}$

(7.60): $A_s = \frac{\omega \cdot b \cdot d \cdot f_{cd} + N_{Ed}}{\sigma_{sd}}$

gew: 2 ∅28 + 2 ∅20

Tafel 4.1

$A_{s,vorh} = 18{,}6\ cm^2 > 7{,}7\ cm^2 = A_{s,erf}$ [6]

(7.62): $A_{s,vorh} \geq A_{s,erf}$

Nachweis gegen Ermüdung (Betonstahl):

$\alpha_e = \frac{E_s}{E_c} = \frac{200000}{35000} = 5{,}7 \approx 10$

Um Langzeiteinflüsse zu erfassen, darf in der Regel für alle Betongüten mit $\alpha_e = 10$ gerechnet werden.

$\rho = \frac{18{,}6}{15 \cdot 78 + 2 \cdot 12{,}5 \cdot 27{,}5} = 0{,}0100$

(1.7): $\rho = \frac{A_s}{A_c}$

$x = 0{,}0100 \cdot 10 \cdot 780 \cdot \left[-1 + \sqrt{1 + \frac{2}{0{,}0100 \cdot 10}}\right] = 279\,mm$

(11.8): $x = \rho \cdot \alpha_e \cdot d \cdot \left[-1 + \sqrt{1 + \frac{2}{\rho \cdot \alpha_e}}\right]$

Hier: $\psi_{1,Q} = 1{,}0$

$M_{max} = 37 + 144 = 181\,kNm$

(6.24): $E_{d,frequ} = \sum_i E_{Gk,i} \oplus \psi_{1,Q} \cdot E_{Q,unf}$

$\Delta M = 181 - 37 = 144\,kNm$

$\Delta M = M_{max} - M_g$

$z = 780 - \frac{279}{3} = 687\,mm = 0{,}69\,m$

(1.34): $z = d - \frac{x}{3}$

$\Delta\sigma_s = \frac{144}{18{,}6 \cdot 0{,}69} \cdot 10 = 112\ N/mm^2$

(1.35): $\sigma_s = \frac{M}{A_s \cdot z}$

$\Delta\sigma_{s,lim} \leq 70\ N/mm^2$

(14.15): $\Delta\sigma_{s,lim} \leq 70\ N/mm^2$

6 Die Bewehrung wird sehr reichlich gewählt, da eine hohe Ermüdungsbeanspruchung vorliegt. Sie erfordert eine große Biegezugbewehrung, damit der Nachweis erfolgreich geführt werden kann.

$\Delta\sigma_s = 112\ \text{N/mm}^2 > 70\ \text{N/mm}^2$

(14.14): $\Delta\sigma_{s,freq} \leq \Delta\sigma_{s,lim}$

Nachweis nach Stufe 1 ist nicht erbracht.

→ Nachweis nach Stufe 2 erforderlich.

→ Kap. 14.5.1

Für den Kranbahnträger liegen keine Betriebslastfaktoren λ_s zur Bestimmung der schädigungsäquivalenten Schwingbreite $\Delta\sigma_{s,equ}$ vor. Berechnung mit $\lambda_s = 1$ ist im Industriebau nicht ohne weiteres zulässig.

Kap. 14.5.1, Erläuterung zu Gl. (14.30)

→ Nachweis nach Stufe 3 erforderlich.

$n = 20\,\text{a} \cdot 365\,\text{d} \cdot 24\,\text{h} \cdot 60\,\text{LW/h} = 1{,}05 \cdot 10^7\ \text{LW}$

Wie viele Lastwechsel soll das Bauteil ertragen (jeweils voller und leerer Kran, $n_1 = n_2$)?

Lastfall voller Kran:

(14.18): $E_{d,fat} = \sum_i E_{Gk,i} \oplus E_{Q,fat}$

(1.35): $\sigma_s = \dfrac{M}{A_s \cdot z}$

$$\sigma_{s,max} = \frac{M_{max}}{A_s \cdot z} = \frac{181}{18{,}6 \cdot 0{,}69} \cdot 10 = 141\ \text{N/mm}^2$$

$$\sigma_{s,min} = \frac{M_{min}}{A_s \cdot z} = \frac{37}{18{,}6 \cdot 0{,}69} \cdot 10 = 29\ \text{N/mm}^2$$

$\Delta\sigma_s = 141 - 29 = 112\ \text{N/mm}^2$

$\Delta\sigma_s = \sigma_{s,max} - \sigma_{s,min}$

$\gamma_{F,fat} = 1{,}0$

(14.21)

$\gamma_{S,fat} = 1{,}15$

(14.4)

$\Delta\sigma_s(N) = 1{,}0 \cdot 1{,}15 \cdot 112 = 128{,}8\ \text{N/mm}^2$

(14.22): $\gamma_{F,fat} \cdot \Delta\sigma_s \overset{?}{\leq} \dfrac{\Delta\sigma_{Rsk}(N^*)}{\gamma_{S,fat}}$

$\Delta\sigma_{Rsk}(N^*) = 175\ \text{N/mm}^2$

Tafel 14.1

$\Delta\sigma_{Rsk}(N) = 128{,}8\ \text{N/mm}^2 < 175\ \text{N/mm}^2$

$m = k_2 = 9$ und $N^* = 10^6$

Tafel 14.1

$N_1 = \dfrac{10^6}{\left(\frac{128{,}8}{175}\right)^9} = 1{,}58 \cdot 10^7$ (Ertragbare Lastzyklen für den Lastfall voller Kran)

(14.20): $N_j = \dfrac{N^*}{\left(\dfrac{\Delta\sigma(n_j)}{\Delta\sigma_{Rsk}(N^*)}\right)^m}$

Lastfall leerer Kran:

(14.18): $E_{d,fat} = \sum_i E_{Gk,i} \oplus E_{Q,fat}$

$M_{max} = 37 + 15 = 52\,\text{kNm}$

$$\sigma_{s,max} = \frac{M_{max}}{A_s \cdot z} = \frac{52}{18{,}6 \cdot 0{,}69} \cdot 10 = 41\ \text{N/mm}^2$$

(1.35): $\sigma_s = \dfrac{M}{A_s \cdot z}$

$\Delta\sigma_s = 41 - 29 = 12\ \text{N/mm}^2$

$\Delta\sigma_s = \sigma_{s,max} - \sigma_{s,min}$

$\Delta\sigma_s(N) = 1{,}0 \cdot 1{,}15 \cdot 12 = 13{,}8\ \text{N/mm}^2 < 175\ \text{N/mm}^2$

(14.22): $\gamma_{F,fat} \cdot \Delta\sigma_s \overset{?}{\leq} \frac{\Delta\sigma_{Rsk}(N^*)}{\gamma_{S,fat}}$

$N_2 = \frac{10^6}{\left(\frac{13{,}8}{175}\right)^9} = 8{,}48 \cdot 10^{15}$

(14.20): $N_j = \frac{N^*}{\left(\frac{\Delta\sigma(n_j)}{\Delta\sigma_{Rsk}(N^*)}\right)^m}$

(Ertragbare Lastzyklen für den Lastfall leerer Kran)

$D_{Ed} = \frac{1{,}05 \cdot 10^7}{1{,}58 \cdot 10^7} + \frac{1{,}05 \cdot 10^7}{8{,}48 \cdot 10^{15}} = 0{,}665 + \sim 0$
$= \underline{0{,}665} \leq 1{,}0$

(14.19): $D_{Ed} = \sum_i \frac{n_i}{N_i} \leq 1{,}0$

Betriebsfestigkeitsnachweis ist erfüllt!

Zusatzbetrachtung:

→ Kap. 14.5.1

Berechnung Betriebslastfaktor λ_s

(14.28): $\Delta\sigma_{s,equ} = \frac{\Delta\sigma_{Rsk}(N^*)}{\gamma_{F,fat} \cdot \gamma_{S,fat}} \cdot \sqrt[k_2]{D_{Ed}}$

$\Delta\sigma_{s,equ} = \frac{175}{1{,}0 \cdot 1{,}15} \cdot \sqrt[9]{0{,}665} = 145{,}4\ \text{N/mm}^2$

$\lambda_s = \frac{145{,}4}{112} = 1{,}30$

(14.30): $\lambda_s = \frac{\Delta\sigma_{s,equ}}{\Delta\sigma_s}$

(Fortsetzung mit Beispiel 14.3)

14.5 Vereinfachter Betriebsfestigkeitsnachweis

14.5.1 Nachweis für Betonstahl

Sofern die Ermüdungssicherheit mit dem vereinfachten Nachweis nicht nachgewiesen werden konnte, kann ein „genauerer Nachweis" in Form eines vereinfachten Betriebsfestigkeitsnachweises geführt werden. Hierbei wird das komplizierte Belastungskollektiv des genaueren Betriebsfestigkeitsnachweises in ein schädigungsgleiches Einstufen-Ersatzkollektiv überführt. Dieses bezeichnet man als schädigungsäquivalente Schwingbreite $\Delta\sigma_{s,equ}$.

Als schädigungsäquivalente Schwingbreite wird somit diejenige Spannungsschwankung definiert, die bei konstanten Spannungsschwankungen mit N^* Lastzyklen zu der gleichen Versagensart führt wie eine wirklichkeitsnahe Belastung während der gesamten Nutzungsdauer (**Abb. 14.3**). Aus dieser Bedingung kann mit Gl. (14.19) formuliert werden:

$$\frac{n(\Delta\sigma_{s,equ})}{N(\Delta\sigma_{s,equ})} \overset{!}{=} D_{Ed} = \sum_i \frac{n_i}{N_i} \leq 1{,}0 \tag{14.23}$$

Substituiert man $n\left(\Delta\sigma_{\mathrm{s,equ}}\right) = N^*$ (vgl. **Abb. 14.3**), erhält man:

$$\frac{N^*}{N\left(\Delta\sigma_{\mathrm{s,equ}}\right)} \leq 1{,}0 \tag{14.24}$$

Der Ausdruck $N(\Delta\sigma_{s,equ})$ kann mit Gl. (14.20) substituiert werden.

$$N\left(\Delta\sigma_{\mathrm{s,equ}}\right) = \frac{N^*}{\left(\dfrac{\Delta\sigma_{\mathrm{s,equ}}}{\Delta\sigma_{\mathrm{Rsk}}(N^*)}\right)^{\mathrm{m}}} = \frac{N^* \cdot \Delta\sigma^{\mathrm{m}}_{\mathrm{Rsk}}(N^*)}{\Delta\sigma^{\mathrm{m}}_{\mathrm{s,equ}}} \tag{14.25}$$

Dies eingesetzt in Gl. (14.24) ergibt:

$$\frac{N^* \cdot \Delta\sigma^{\mathrm{m}}_{\mathrm{s,equ}}}{N^* \cdot \Delta\sigma^{\mathrm{m}}_{\mathrm{Rsk}}(N^*)} = D_{\mathrm{Ed}} \leq 1{,}0 \tag{14.26}$$

Umgeformt und die *m*-te Wurzel gezogen ergibt sich:

$$\Delta\sigma_{\mathrm{s,equ}} \leq \Delta\sigma_{\mathrm{Rsk}}(N^*) \tag{14.27}$$

Falls wie in Beispiel 14.2 das D_{Ed} bekannt ist, kann $\Delta\sigma_{\mathrm{s,equ}}$ nach Auflösen der Gl. (14.26) und Ergänzung der Sicherheitsbeiwerte wie folgt ermittelt werden:

$$\Delta\sigma_{\mathrm{s,equ}} = \frac{\Delta\sigma_{\mathrm{Rsk}}(N^*)}{\gamma_{\mathrm{f,Fat}} \cdot \gamma_{\mathrm{s,Fat}}} \cdot \sqrt[k_2]{D_{\mathrm{Ed}}} \tag{14.28}$$

Ein Vergleich von Gl. (14.23) mit Gl. (14.27) zeigt deutlich, dass der Betriebsfestigkeitsnachweis formal in einen einfachen Spannungsnachweis überführt wurde. In Gl. (14.27) sind nun noch die Teilsicherheitsbeiwerte einzuführen. Für Beton- und Spannstahl gilt der Nachweis als erbracht, wenn die folgende Bedingung erfüllt ist:

$$\gamma_{\mathrm{F,fat}} \cdot \Delta\sigma_{\mathrm{s,equ}} \leq \frac{\Delta\sigma_{\mathrm{Rsk}}(N^*)}{\gamma_{\mathrm{S,fat}}} \tag{14.29}$$

Die schädigungsäquivalente Schwingbreite $\Delta\sigma_{s,equ}$ kann aus der bekannten Spannungsschwankung $\Delta\sigma_s$ bestimmt werden, wenn die Betriebslastfaktoren λ_s durch Vorgabe einer allgemeinen Vorschrift bekannt sind. Die Spannungsschwankung $\Delta\sigma_s$ ist analog zum genauen Betriebsfestigkeitsnachweis (→ Kap. 14.4.1) in der häufigen Einwirkungskombination mit Überlagerung der maßgebenden zyklischen Ermüdungsbelastung Q_{fat} nach Gl. (14.18) zu ermitteln.

$$\Delta\sigma_{\mathrm{s,equ}} = \lambda_{\mathrm{s}} \cdot \Delta\sigma_{\mathrm{s}} \tag{14.30}$$

Für Hochbauten gibt EC 2-1-1 [7]

$$\lambda_{\mathrm{s}} = 1$$

7 Siehe EC 2-1-1, 6.8.5, Erklärung zu Gl. (6.71).

vor, damit darf näherungsweise $\Delta\sigma_{s,equ} = \Delta\sigma_{s,max}$ angenommen werden. Diese Vereinfachung hat zur Folge, dass die Ermüdungssicherheit nur dann gegeben ist, wenn $\Delta\sigma_{s,max}$ höchstens in der Anzahl N^* während der Lebensdauer auftritt und zusätzlich keine anderen Spannungszyklen auf das Bauteil einwirken.

Für Straßen- und Eisenbahnbrücken können die Betriebslastfaktoren nach EC 2-2/NA, Anhang NA.NN ermittelt werden.

Beispiel 14.3: Vereinfachter Betriebsfestigkeitsnachweis (für Betonstahl)
(Fortsetzung von Beispiel 14.2)

Gegeben:
- Abmessungen und Ergebnisse von Beispiel 14.2
- $\lambda_s = 1{,}30$

Gesucht: Nachweis gegen Ermüdung für den Betonstahl (nur für Biegung)

Lösung:

Betriebslastfaktoren λ_s

Zur Durchführung des vereinfachten Betriebsfestigkeitsnachweises müssen die Betriebslastfaktoren λ_s bekannt sein. Normengestützte Berechnungsmethoden liegen derzeit für den Anwendungsbereich des EC 2 nicht vor. Die für Hochbauten geltende Vereinfachung $\lambda_s = 1$ ist im vorliegenden Fall nicht zulässig.

$\lambda_s = 1{,}30$

→ Beispiel 14.2, Berechnung von λ_s

Lastfall voller Kran:

$E_{d,fat} = \sum_i E_{Gk,i} \oplus E_{Q,fat}$

$$\sigma_{s,max} = \frac{M_{max}}{A_s \cdot z} = \frac{181}{18{,}6 \cdot 0{,}69} \cdot 10 = 141\ \text{N/mm}^2$$

(1.35): $\sigma_s = \dfrac{M}{A_s \cdot z}$

$$\sigma_{s,min} = \frac{M_{min}}{A_s \cdot z} = \frac{37}{18{,}6 \cdot 0{,}69} \cdot 10 = 29\ \text{N/mm}^2$$

$\Delta\sigma_s = 141 - 29 = 112\ \text{N/mm}^2$

$\Delta\sigma_s = \sigma_{s,max} - \sigma_{s,min}$

$\Delta\sigma_{s,equ} = 1{,}3 \cdot 112 = 145{,}6\ \text{N/mm}^2$

(14.30): $\Delta\sigma_{s,equ} = \lambda_s \cdot \Delta\sigma_s$

$1{,}0 \cdot 145{,}6 \leq \dfrac{175}{1{,}15}$

(14.29): $\gamma_{F,fat} \cdot \Delta\sigma_{s,equ} \leq \dfrac{\Delta\sigma_{Rsk}(N^*)}{\gamma_{S,fat}}$

$\underline{145{,}6}\ \text{N/mm}^2 \leq \underline{152{,}2}\ \text{N/mm}^2$

Betriebsfestigkeitsnachweis ist erfüllt!

(Fortsetzung mit Beispiel 14.4)

14.5.2 Nachweis für Beton

Die in **Abb. 14.2** angegebenen Wöhlerlinien für Beton lassen sich durch

$$\log N = 14 \cdot \frac{1 - E_{\text{cd,max}}}{\sqrt{1 - R}} \tag{14.31}$$

beschreiben. Diese Gl. kann für die schädigungsäquivalente Schwingbreite mit $N^* = 10^6$ (**Tafel 14.1**) in Gl. (14.32) umgeformt werden. Für Beton unter *Druckbeanspruchung* gilt der Nachweis als erbracht, wenn die folgende Bedingung erfüllt ist:

$$E_{\text{cd,max,equ}} + 0{,}43 \cdot \sqrt{1 - R_{\text{equ}}} \leq 1{,}0 \tag{14.32}$$

$$E_{\text{cd,max,equ}} = \frac{\sigma_{\text{cd,max,equ}}}{f_{\text{cd,fat}}} \tag{14.33}$$

$$R_{\text{equ}} = \frac{\sigma_{\text{cd,min,equ}}}{\sigma_{\text{cd,max,equ}}} \tag{14.34}$$

Dabei sind:

$\sigma_{\text{cd,max,equ}}$ obere Spannung der schädigungsäquivalenten Schwingbreite mit einer Anzahl von $N^* = 10^6$ Zyklen.

$$\sigma_{\text{cd,max,equ}} = \lambda_{\text{c}} \cdot \sigma_{\text{cd,max}} \tag{14.35}$$

$\sigma_{\text{cd,min,equ}}$ untere Spannung der schädigungsäquivalenten Schwingbreite mit einer Anzahl von $N^* = 10^6$ Zyklen.

$$\sigma_{\text{cd,min,equ}} = \lambda_{\text{c}} \cdot \sigma_{\text{cd,min}} \tag{14.36}$$

Die schädigungsäquivalenten Schwingbreiten sind unter der maßgebenden ermüdungswirksamen Einwirkungskombination nach Gl. (14.18) zu bestimmen. In den allgemeinen Vorschriften findet man lediglich für Eisenbahnbrücken in EC 2-2/NA, Anhang NA.NN.3.2 Angaben zur Bestimmung der Betriebslastfaktoren λ_c. Für den Anwendungsbereich des EC 2 fehlen normengestützte Angaben zu den Betriebslastfaktoren, sodass unter Berücksichtigung der Wöhlerlinie für Beton nach Gl. (14.31) formal ein genauer Betriebsfestigkeitsnachweis durch Akkumulation der Schädigungsfaktoren zu führen ist (→ Kap. 14.4.1). Der genaue Ermüdungsnachweis für Beton ist jedoch im Allgemeinen nicht bemessungsrelevant.

Beispiel 14.4: Vereinfachter Betriebsfestigkeitsnachweis (für Beton)
(Fortsetzung von Beispiel 14.3)

Gegeben:
- Abmessungen und Ergebnisse von Beispiel 14.3
- $\lambda_c = 1{,}29$

Gesucht: Nachweis gegen Ermüdung für den Beton (nur für Biegung)

Lösung:

Nachweis gegen Ermüdung (Beton):

$$\left|\sigma_{\mathrm{cd,max}}\right| = \frac{2 \cdot 0{,}181}{0{,}4 \cdot 0{,}279 \cdot \left(0{,}78 - \frac{0{,}279}{3}\right)} = 4{,}72\ \mathrm{N/mm^2}$$

(11.6): $\sigma_{c2} = \frac{2\,M_{\mathrm{Eds}}}{b \cdot x \cdot \left(d - \frac{x}{3}\right)}$

$$\left|\sigma_{\mathrm{cd,min}}\right| = \frac{2 \cdot 0{,}037}{0{,}4 \cdot 0{,}279 \cdot \left(0{,}78 - \frac{0{,}279}{3}\right)} = 0{,}97\ \mathrm{N/mm^2}$$

$$\beta_{\mathrm{cc}}\left(t_0\right) = \mathrm{e}^{0{,}2\left(1-\sqrt{\frac{28}{365}}\right)} = 1{,}156$$

(14.11): $\beta_{\mathrm{cc}}\left(t_0\right) = \mathrm{e}^{s\left(1-\sqrt{\frac{28}{t_0}}\right)}$

Zement CEM 42,5 R (Klasse R) → $s = 0{,}2$ (Erstbelastung 1 Jahr nach Erstellung)

$$f_{\mathrm{cd,fat}} = 1{,}156 \cdot \left[1 - \frac{40}{250}\right] \cdot 22{,}7 = 22{,}0\ \mathrm{N/mm^2}$$

(14.10): $f_{\mathrm{cd,fat}} = \beta_{\mathrm{cc}}\left(t_0\right) \cdot \left[1 - \frac{f_{\mathrm{ck}}}{250}\right] \cdot f_{\mathrm{cd}}$

$$\frac{4{,}72}{22{,}0} = \underline{0{,}215} < 0{,}5 + 0{,}45 \cdot \frac{0{,}97}{22{,}0} = \underline{0{,}52} < 0{,}9$$

(14.9): $\frac{\left|\sigma_{\mathrm{cd,max}}\right|}{f_{\mathrm{cd,fat}}} \leq 0{,}5 + 0{,}45\frac{\left|\sigma_{\mathrm{cd,min}}\right|}{f_{\mathrm{cd,fat}}} \leq 0{,}9$

$$\frac{\sigma_{\mathrm{c,freq}}}{f_{\mathrm{cd,fat}}} = 0{,}215 < 0{,}52 = \frac{\sigma_{\mathrm{c,lim}}}{f_{\mathrm{cd,fat}}}$$

(14.6): $\sigma_{\mathrm{c,freq}} \leq \sigma_{\mathrm{c,lim}}$

Nachweis nach Stufe 1 ist erbracht. Der Betriebsfestigkeitsnachweis ist erfüllt!

Zur Verdeutlichung der Nachweisführung wird zusätzlich der vereinfachte Betriebsfestigkeitsnachweis (Stufe 2) geführt.

Betriebslastfaktoren λ_c

Zur Durchführung des vereinfachten Betriebsfestigkeitsnachweises müssen die Betriebslastfaktoren λ_c bekannt sein. Normengestützte Berechnungsmethoden liegen derzeit für den Anwendungsbereich des EC 2 nicht vor.

$\lambda_c = 1{,}29$

Ergebnis eines genauen Betriebsfestigkeitsnachweises durch Akkumulation der Schädigungsfaktoren unter Berücksichtigung der Wöhlerlinie für Beton nach Gl. (14.31). Berechnung analog zur Vorgehensweise in Beispiel 14.2.

$\sigma_{cd,max,equ} = 1{,}29 \cdot 4{,}72 = 6{,}09 \text{ N/mm}^2$

(14.35): $\sigma_{cd,max,equ} = \lambda_c \cdot \sigma_{cd,max}$

$\sigma_{cd,min,equ} = 1{,}29 \cdot 0{,}97 = 1{,}25 \text{ N/mm}^2$

(14.36): $\sigma_{cd,min,equ} = \lambda_c \cdot \sigma_{cd,min}$

$R_{equ} = \frac{1{,}25}{6{,}09} = 0{,}205$

(14.34): $R_{equ} = \frac{\sigma_{cd,min,equ}}{\sigma_{cd,max,equ}}$

$E_{cd,max,equ} = \frac{6{,}09}{22{,}0} = 0{,}277$

(14.33): $E_{cd,max,equ} = \frac{\sigma_{cd,max}}{f_{cd,fat}}$

$0{,}277 + 0{,}43 \cdot \sqrt{1 - 0{,}205} = \underline{0{,}66 < 1{,}0}$

(14.32): $E_{cd,max,equ} + 0{,}43 \cdot \sqrt{1 - R_{equ}} \leq 1{,}0$

Betriebsfestigkeitsnachweis nach Stufe 2 ist erfüllt!

15 Druckglieder und Stabilität

15.1 Einteilung der Druckglieder

Druckglieder sind Bauteile, die vorwiegend durch Längsdruckkräfte beansprucht sind und bei Bauwerken i.d.R. als Stützen oder Wände auftreten. Zusätzlich können Biegemomente (und Querkräfte) hinzutreten. Bei Druckgliedern tritt oftmals auch am Rand 1 (**Abb. 7.5**) eine Stauchung auf. Für die Bemessung des Stahlbetonbauteils liegt somit der Bereich 5 vor. Um abzuschätzen, ob ein biegebeanspruchtes Bauteil oder ein Druckglied vorliegt, kann die bezogene Exzentrizität herangezogen werden.

$$\frac{e_0}{h} < 3{,}5 \rightarrow \text{Druckglied} \tag{15.1}$$

Zu den *verformungsunbeeinflussten* (gedrungenen) Druckgliedern (→ Kap. 15.3.1) zählen Stützen und Wände, bei denen aufgrund ihrer geringen Schlankheit die Tragfähigkeit durch die Verformungen unbeeinflusst ist. Bei *verformungsbeeinflussten* (schlanken) Druckgliedern sind die Bauteilverformungen (structural deformation) dagegen bei der Bemessung zu berücksichtigen. Die maßgebenden Regelungen für Druckglieder sind in EC 2-1-1, 5.8, 9.5 und 9.6 aufgeführt. Man unterscheidet:

- stabförmige Druckglieder (Stützen mit Rechteckquerschnitt $h \geq b$ und Säulen)

$$h \leq 4b \tag{15.2}$$

- Wände

$$h > 4b \tag{15.3}$$

Eine andere Art der Unterscheidung ist die Art der Bügelbewehrung:

- bügelbewehrte Druckglieder
- umschnürte Druckglieder (**Abb. 15.1**).

Bei bügelbewehrten Druckgliedern dienen die Bügel nur dazu, die Längsstäbe gegen Ausknicken zu halten. Bei umschnürten Druckgliedern sollen die Bügel (bzw. Wendeln) die Querdehnung des Betons behindern und so einen dreiaxialen Spannungszustand ermöglichen. Hieraus ergibt sich eine Traglaststeigerung für Längskräfte.

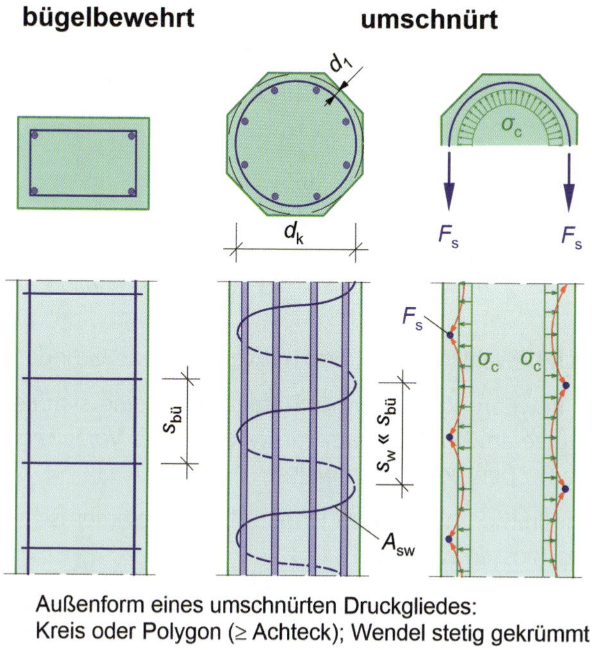

Abb. 15.1 *Unterscheidung von bügelbewehrten und umschnürten Druckgliedern*

15.2 Vorschriften zur konstruktiven Gestaltung

15.2.1 Stabförmige Druckglieder

Mindestabmessungen

Die Mindestdicke stabförmiger Druckglieder soll ordnungsgemäßes Einbringen des Betons und eine einwandfreie Verdichtung ermöglichen. Die Mindestwerte des EC 2 (**Tafel 5.2**) liegen an der untersten Grenze. Im Hinblick auf eine gute Bauausführung (damit das Schüttrohr bei Fallhöhen über 2 m in den Bewehrungskorb eingeführt werden kann) sollten die Mindestabmessungen um 5 cm erhöht werden, sofern es sich um ein Außenbauteil handelt.

Längsbewehrung

Für die Längsbewehrung ist eine Mindest- und eine Maximalbewehrung vorgeschrieben (EC 2-1-1/NA, 9.5.2). Die Mindestbewehrung ist wie folgt zu ermitteln:

$$A_{s,min} = A_{s1} + A_{s2} = 0{,}15 \cdot \frac{|N_{Ed}|}{f_{yd}} \qquad (15.4)$$

Die Mindestbewehrung soll Momente aus ungewollter Einspannung aufnehmen, die in der statischen Berechnung nicht erfasst werden (**Abb. 5.1**). Die Maximalbewehrung soll auch im Bereich von Stößen nicht größer sein als

$$A_{s,vorh} = A_{s1} + A_{s2} \leq 0{,}09\,A_c \qquad (15.5)$$

Die Maximalbewehrung darf auch im Bereich von Stößen nicht überschritten werden. Durch die Bedingung, dass der maximale Bewehrungsquerschnitt auch im Bereich der Stöße eingehalten werden muss, ist die realisierbare Bewehrung (außerhalb der Stöße) begrenzt auf

- $\rho \leq 0{,}045 = 4{,}5\,\%$ bei einem 100 %-Stoß
- $\rho \leq 0{,}060 = 6{,}0\,\%$ bei einem 50 %-Stoß
- $\rho \leq 0{,}090 = 9{,}0\,\%$ bei einem direkten Stoß (→ Kap. 4.5).

Druckglieder sollen i. Allg. symmetrisch bewehrt werden; dies hat verschiedene Gründe:

- Häufig ist eine unsymmetrische Bewehrung nicht wirtschaftlicher als eine symmetrische, da die Momente einer Stütze am Kopf und am Fuß wechselndes Vorzeichen besitzen und meistens die gleiche Größenordnung aufweisen.
- Die Möglichkeit eines um 180° gedrehten, verkehrten Einbaus (bei unsymmetrischer Bewehrung möglich) muss ausgeschlossen werden.

Bei Stützen mit kreisförmigem Querschnitt sind mindestens sechs Längsstäbe gleichmäßig um den Umfang zu verteilen; bei Stützen mit Rechteckquerschnitt reicht ein Längsstab in jeder Ecke. Der Mindestdurchmesser für die Längsbewehrung beträgt $\varnothing_{\mathrm{l,min}} = 12\ \mathrm{mm}$. Als konstruktive Regel ist für die Längsstäbe ein Höchstabstand von 0,30 m einzuhalten. Dies führt bei sehr großen Stützenabmessungen dazu, dass Längsstäbe in den Ecken und zusätzlich im Bereich der freien Seite angeordnet werden müssen (**Abb. 15.2**).

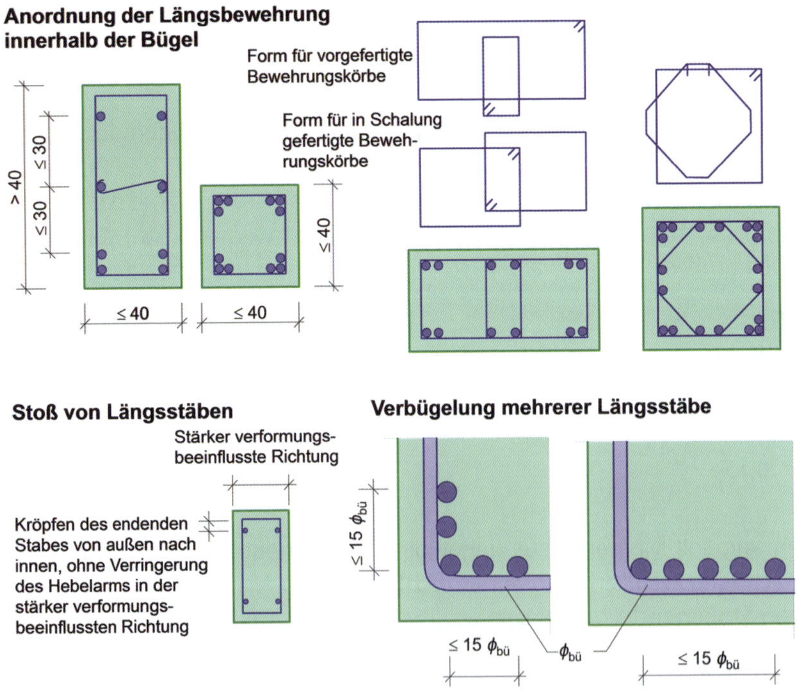

Abb. 15.2 *Anordnung von Längsstäben und Bügeln*

Die Längsstäbe von Stützen werden i.d.R. direkt über der Geschossdecke mit einem 100 %-Übergreifungsstoß (→ Kap. 4.4) gestoßen. Diese Vorgehensweise ist vom Bauablauf her sinnvoll, da nach dem Betonieren der Decke eine neue Arbeitsplattform entstanden ist. Wenn die Längsstäbe über den Geschossdecken gestoßen werden, sind die endenden Stäbe so abzukröpfen, dass in der stärker verformungsbeeinflussten Richtung keine Nutzhöhe verloren geht (**Abb. 15.2**). Zur Aufnahme der Umlenkkräfte ordnet man an den Knickstellen Zusatzbügel an.

Bügelbewehrung

Beton verformt sich unter Lasteinwirkung mit der Zeit. Hierdurch verlagert sich ein Teil der Druckkraft vom Beton auf den Stahl, wodurch die Knickgefahr der Stahleinlagen in Längsrichtung gesteigert wird. Ein Ausknicken der Längsbewehrung bedeutet die Zerstörung (= Versagen) des Druckgliedes. Daher ist der Knicksicherung der Längsbewehrung durch Bügel besondere Aufmerksamkeit zu schenken. Die Längsbewehrung soll hierzu in den Bügelecken konzentriert werden. Diese den Normen zugrunde liegende Aufgabe der Bügelbewehrung wurde jedoch in neueren Untersuchungen [Seelmann – 97] widerlegt. Die Bügelbewehrung hat keinen spürbaren Einfluss auf die Maximallast, wenn keine Umschnürungswirkung vorliegt. Es wird lediglich der Bruchvorgang verlangsamt und die Duktilität erhöht. Stützenbügel gehen im Bereich der Unterzüge und Fundamente durch.

Der Höchstabstand von Bügeln $s_{bü}$ beträgt:

$$\max s_{bü} = \min \begin{cases} 12\,\varnothing_l \\ \min(b,h) \\ 300\,\text{mm} \end{cases} \tag{15.6}$$

$$\text{red}\max s_{bü} = 0{,}6\max s_{bü} \tag{15.7}$$

An Lasteinleitungsstellen (unter Unterzügen und Decken) und an Stößen sind die Bügelabstände zur Aufnahme der Querzugkräfte zu verringern auf red max $s_{bü}$ (**Abb. 4.18**)

- in Bereichen unmittelbar über und unter Balken oder Platten über eine Höhe gleich der größeren Abmessung des Stützenquerschnitts
- bei Übergreifungsstößen von Längsstabdurchmessern $\varnothing_{sl} > 14\,\text{mm}$

Die Bügel sind in der Regel mit Haken zu schließen. Mit Bügeln können in jeder Ecke bis zu 5 Längsstäbe gegen Knicken gesichert werden. Der Mindestbügeldurchmesser beträgt:

$$\min \varnothing_{bü} = \begin{cases} 6\,\text{mm} & \text{bei } \varnothing_l \leq 20\,\text{mm} \\ 0{,}25\,\varnothing_l & \text{bei } \varnothing_l \geq 25\,\text{mm} \\ 5\,\text{mm} & \text{bei Betonstahlmatten} \end{cases} \tag{15.8}$$

Der größte Achsabstand max s_E der äußersten Stäbe vom Eckstab soll 15 $\varnothing_{s,bü}$ nicht überschreiten (**Abb. 15.2**). Längsstäbe in größerem Abstand sowie mehr als 5 Eckstäbe sind durch weitere Bügel (Zwischenbügel) zu sichern.

$$\max s_E = 15\,\varnothing_{bü} \tag{15.9}$$

15.2.2 Wände

Dieser Abschnitt behandelt Stahlbetonwände, bei denen die Bewehrung im Nachweis rechnerisch berücksichtigt wurde (unbewehrte Wände → Teil 2, Kap. 13). Für Wände mit überwiegender Plattenbeanspruchung (z.B. aus Erddruck) gelten die Regeln für Platten (→ Teil 2, Kap. 5).

Mindestabmessungen

Die Mindestdicke ist nach **Tafel 15.1** zu bestimmen.

Betonfestigkeitsklasse	Herstellung	Unbewehrte Wände		Stahlbetonwände	
		Decken über der betrachteten Wand			
		nicht durchlaufend	durchlaufend	nicht durchlaufend	durchlaufend
C12/15	Ortbeton	20	14	-	-
≥ C16/20	Ortbeton	14	12	12	10
	Fertigteil	12	10	10	8

Tafel 15.1 *Mindestwanddicken für tragende Wände in cm (EC 2-1-1/NA, Tabelle NA.9.3 und Tabelle NA.12.2)*

Lotrechte Bewehrung

Hinsichtlich einzuhaltender Abstände gilt **Abb. 15.3**. Für die Längsbewehrung ist eine Mindestbewehrung (**Tafel 15.2**) vorgeschrieben. Die Mindestbewehrung ist oftmals maßgebend, da die Vertikalbeanspruchung auch vom Beton allein aufgenommen werden könnte. Als Maximalbewehrung für die gesamte lotrechte Bewehrung ist vorgeschrieben:

$$a_{s,vorh} = a_{s1} + a_{s2} \leq 0{,}04\, a_c \tag{15.10}$$

Horizontalbewehrung

Sie ist die oberflächennähere Bewehrung, um die lotrechte Bewehrung gegen Knicken zu sichern. Es gelten die in **Abb. 15.3** gezeigten Regelungen. Wenn die Querschnittsfläche der lastabtragenden lotrechten Bewehrung 0,02 a_c übersteigt, muss diese durch eine Bügelbewehrung umschlossen werden. Die Horizontalbewehrung beträgt zwischen 20 % (Querdehnzahl des Betons) und 50 % der Vertikalbewehrung.

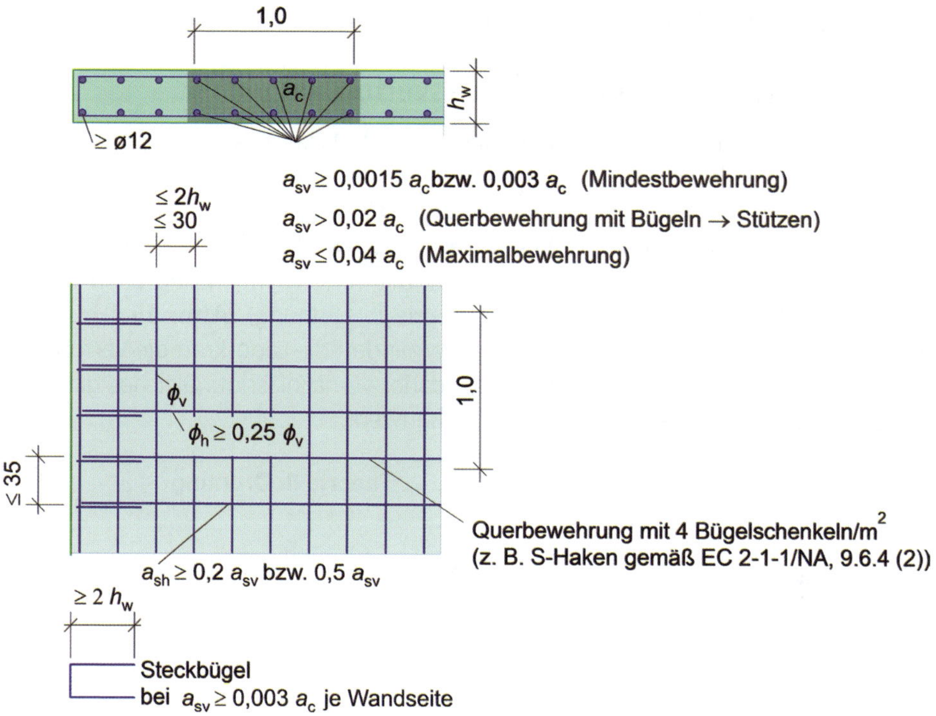

Abb. 15.3 *Bewehrungsregeln für Wände*

<table>
<tr><th rowspan="2">Beanspruchungs-kriterium</th><th rowspan="2">Schlankheit</th><th colspan="2">Bewehrung Gesamtquerschnitt</th></tr>
<tr><th>$A_{s,vmin}$ (lotrecht)</th><th>$A_{s,hmin}$ (horizontal)</th></tr>
<tr><td rowspan="2">$N_{Ed} < 0{,}3 f_{cd} \cdot A_c$</td><td>$\lambda \leq \lambda_{max} = \begin{cases} \frac{16}{\sqrt{\lvert \nu_{Ed} \rvert}} \\ 25 \end{cases}$</td><td>$\geq 0{,}0015 \cdot A_c$
$\geq 0{,}15 \cdot \frac{\lvert N_{Ed} \rvert}{f_{yd}}$</td><td>$\geq 0{,}2\ A_{s,v}$</td></tr>
<tr><td>$\lambda > \lambda_{max} = \begin{cases} \frac{16}{\sqrt{\lvert \nu_{Ed} \rvert}} \\ 25 \end{cases}$</td><td rowspan="2">$\geq 0{,}003 \cdot A_c$</td><td rowspan="2">$\geq 0{,}5\ A_{s,v}$</td></tr>
<tr><td>$N_{Ed} \geq 0{,}3 f_{cd} \cdot A_c$</td><td>Immer</td></tr>
</table>

Verformungsunbeeinflusst *und* $\lvert n_{Ed} \rvert < 0{,}3 f_{cd} \cdot a_c$	Verformungsbeeinflusst *oder* $\lvert n_{Ed} \rvert \geq 0{,}3 f_{cd} \cdot a_c$
$a_{s1,min} + a_{s2,min} = 0{,}15 \cdot \frac{\lvert n_{Ed} \rvert}{f_{yd}} \geq 0{,}0015 \cdot a_c$	$a_{s1,min} + a_{s2,min} = 0{,}003 \cdot a_c$

Tafel 15.2 *Mindestbewehrung pro Längeneinheit (EC 2-1-1/NA, 9.6.2)*

15.3 Einfluss der Verformungen

15.3.1 Berücksichtigung von Tragwerksverformungen

Im Wesentlichen auf Biegung beanspruchte Bauteile (z.B. Balken) werden am unverformten System betrachtet (Theorie I. Ordnung) [Schweda/Krings – 00]. Diese Herangehensweise ist jedoch dann nicht mehr zulässig, wenn die Verformungen einen wesentlichen Einfluss auf die Schnittgrößen haben. Dies ist der Fall, wenn die Schnittgrößen durch die Verformungen um mehr als 10 % erhöht werden. Die Verformungen sind dann bei der Schnittgrößenermittlung zu berücksichtigen (Theorie II. Ordnung) (**Abb. 15.4**). Dies ist i.d.R. bei Druckgliedern der Fall. Bei Zuggliedern vermindert die Längskraft die Verformungen. Auf der sicheren Seite liegend, werden sie daher vernachlässigt. Gleiches gilt nicht nur für das Bauteil, sondern auch für das Gesamtbauwerk.

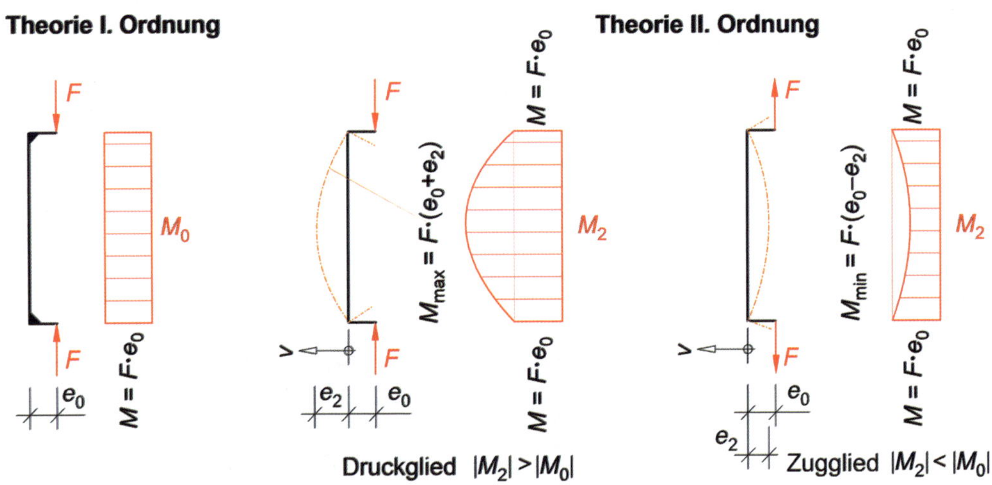

Abb. 15.4 *Ermittlung von Schnittgrößen am verformten oder unverformten System*

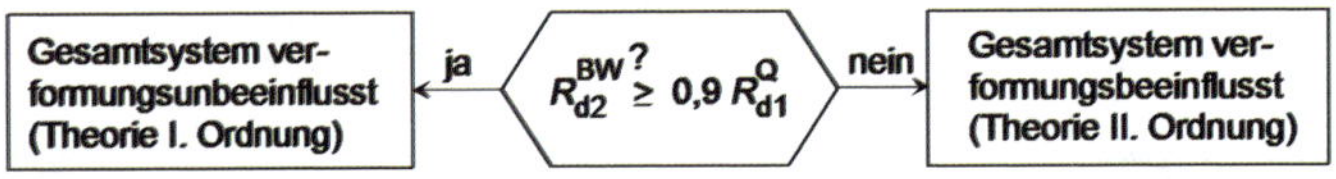

(15.11)

R_{d2}^{BW} Bauwerkswiderstand bei Ansatz der Verformungen

R_{d1}^{Q} Querschnittswiderstand des Bauteils ohne Ansatz der Verformungen

Wenn die Verformungen des Gesamtbauwerks den Bauteilwiderstand um mehr als 10 % verringern, ist jedes Druckglied innerhalb des Bauwerks als horizontal verschieblich (= verformungsbeeinflusst, sway) zu betrachten. Im anderen Fall dürfen Druckglieder als horizontal unverschieblich (= verformungsunbeeinflusst, non-sway) betrachtet werden.

15.3.2 Einflussgrößen auf die Verformung

Einfluss der Momentenverteilung

Stabausmitten können am oberen und am unteren Stabende gleich groß oder unterschiedlich sein (z.B. Stabausmitte an einem Stabende Null oder Stabausmitten an den Enden weisen entgegengesetzte Richtungen auf). Die Stabausmitte hat einen wesentlichen Einfluss auf die kritische Last F_k, wobei eine gleichgerichtete Stabendausmitte den ungünstigsten Fall darstellt, d.h. die kleinste kritische Last ergibt (**Abb. 15.5**). Für die Bemessung wird daher dieser Fall unterstellt.

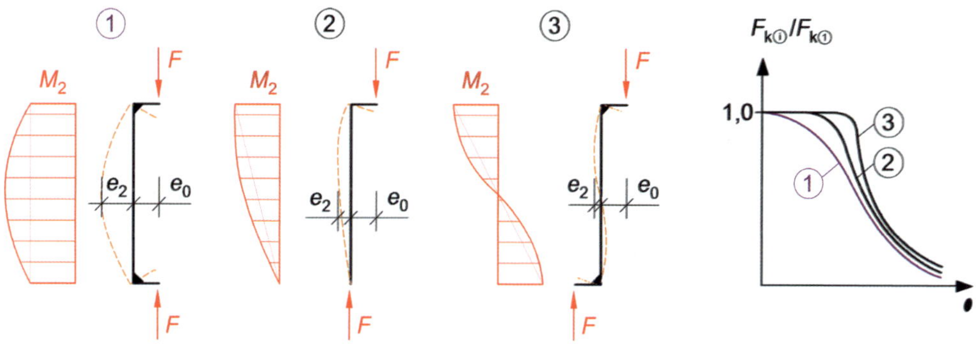

Abb. 15.5 *Einfluss der Stabendausmitte auf die kritische Last*

Einfluss des Verbundbaustoffs Stahlbeton

Bei idealelastischen Werkstoffen liegt in allen Belastungsstufen eine konstante Biegesteifigkeit vor. Beim Stahlbeton vermindert sich dagegen die Biegesteifigkeit mit wachsender Belastung (**Abb. 1.9**). Durch Rissbildung und Fließen der Bewehrung nimmt die Biegesteifigkeit ab. Beim Verbundbaustoff Stahlbeton treten daher gegenüber ideal elastischem Material folgende Besonderheiten auf:

- Nichtlineare Spannungs-Dehnungs-Linien für Beton und Betonstahl (→ **Abb. 2.6** und **Abb. 2.16**)
- Unterschiedliches Verhalten des Betons auf Zug und auf Druck
- Sprunghafte Änderung der Steifigkeit beim Auftreten der ersten Risse (→ **Abb. 1.10**)
- Fließen der Bewehrung beim Überschreiten der Fließgrenze auf der Zug- bzw. Druckseite
- Spannungsumlagerungen durch Kriechen und Schwinden (→ Kap. 15.5.3)

Eine wirklichkeitsnahe Bestimmung der Traglast von verformungsbeeinflussten Stahlbetondruckgliedern erfordert daher einen sehr hohen Rechenaufwand. Umfangreiche experimentelle Untersuchungen und Vergleichsrechnungen wurden durchgeführt, um zu einfachen Bemessungsgleichungen zu gelangen.

Im Folgenden soll noch einmal die Momenten-Krümmungs-Beziehung betrachtet werden, deren charakteristische Punkte bereits in **Abb. 1.10** ermittelt wurden. Für den Fall eines Druckgliedes ergeben sich kurz vor dem Versagen zwei Fließpunkte y_1 und y_2 für die beiden Bewehrungsstränge (**Abb. 15.6**). Je nach Beanspruchungsverhältnis aus Längskraft und Biegemoment kann zuerst die Druck- oder die Zugbewehrung fließen. Die Größe des Biegemomentes M_{cr} wird maßgeblich durch die Längskraft beeinflusst. Damit ist offensichtlich, dass die Form der Momenten-Krümmungs-Beziehung wesentlich von der Längskraft abhängt.

In **Abb. 15.6** wurden bezogene Schnittgrößen μ und eine bezogene Krümmung *h*/*r* aufgetragen. Die Steigung der Momenten-Krümmungs-Beziehung ist somit eine bezogene Biegesteifigkeit *B*.

$$B = \frac{E \cdot I}{A_c \cdot h^2 \cdot f_{cd}} \tag{15.12}$$

Es ist auch ersichtlich, dass man alternativ zu der bilinearen *m*-κ-Beziehung (Zustand I + anschließender Zustand II) auch ausschließlich mit dem Zustand II und einer Anfangskrümmung (Vorverformung) arbeiten könnte. Dieser Gedanke wird hier nicht weiter verfolgt.

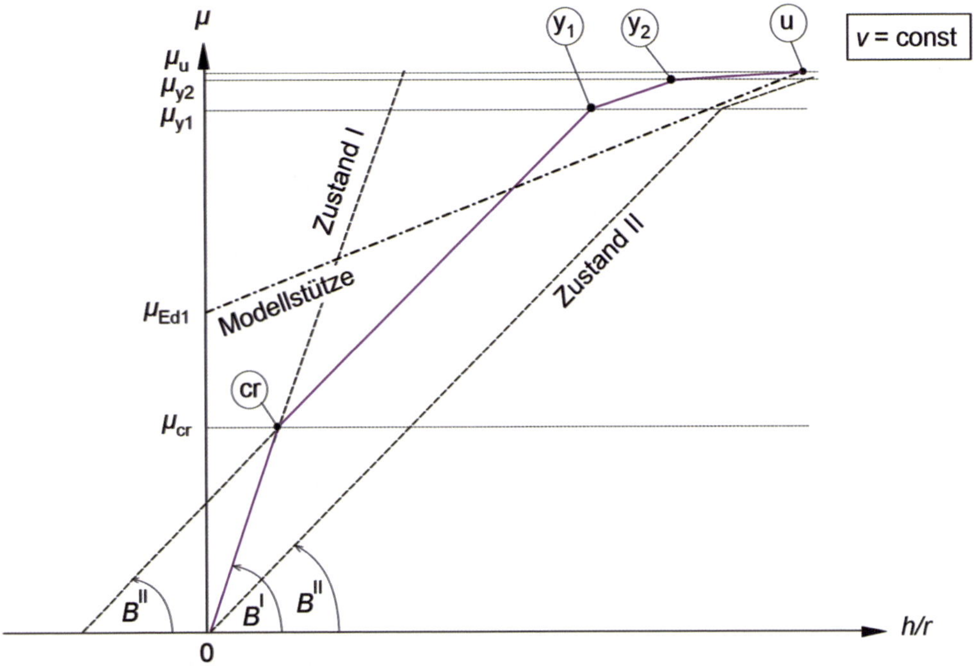

Abb. 15.6 *Linearisierte Momenten-Krümmungs-Beziehung*

Einfluss der Herstellung

Im Stahlbeton ist eine planmäßig genaue Herstellung nicht zu erreichen (Schiefstellung und Verformung der Schalung, Bewehrungskörbe nicht in exakter Lage). Deshalb muss bei allen Druckgliedern zusätzlich zur planmäßigen Ausmitte e_0 eine „ungewollte" Schiefstellung und eine daraus resultierende Zusatzausmitte e_i (imperfection) berücksichtigt werden. Sie beträgt für Einzeldruckglieder:

$$e_i = \theta_i \cdot \frac{l_0}{2} \tag{15.13}$$

θ_i Schiefstellung gegen die Sollachse nach Gl. (5.23), bei der Ermittlung von α_h entspricht l der Stützenlänge. Ist das Einzeldruckglied aussteifendes Bauteil für andere Druckglieder, muss zusätzlich überprüft werden, ob sich bei Ansatz der Schiefstellung des gesamten Tragwerks (l = Bauwerkshöhe) keine größere Ausmitte e_i für das aussteifende Einzeldruckglied ergibt.

Die Verformung infolge der Zusatzausmitte ist affin zur Verformung aus der planmäßigen Ausmitte. Neben Herstellungsungenauigkeiten deckt die Zusatzausmitte folgende Einflüsse ab:

- Rechnerisch nicht erfasste Biegemomente an den Innenstützen von Rahmen (**Abb. 5.1**)
- Kriechen bei gedrungenen Stützen.

15.3.3 Ersatzlänge

Ein zentrisch belasteter Stab bleibt für kleine Lasten gerade. Erteilt man dem Stab unter dieser Last eine kleine Auslenkung, versucht er, in seine alte Gleichgewichtslage zurückzukehren. Er befindet sich also in einer stabilen Gleichgewichtslage. Steigert man die Last F, dann knickt er unter einer bestimmten „kritischen" Last F_k in eine neue Gleichgewichtslage aus, wobei eine Verformung in alle Richtungen möglich ist. Die Last-Verformungs-Kurve verzweigt sich, deshalb spricht man von einem Verzweigungs- oder Stabilitätsproblem. Steigert man nach dem Ausknicken die Last weiter, dann wachsen die Verformungen sehr schnell an, und es kommt zum Versagen des Druckgliedes (**Abb. 15.7**). Wenn der Stab ausmittig belastet wird, ist immer ein Biegemoment vorhanden. Damit ergeben sich bereits vom Belastungsbeginn an Verformungen f. Die Belastung kann so lange gesteigert werden, bis die Randspannung auf der stärker gedrückten Seite an einer Stelle die Materialfestigkeit erreicht. Es liegt also ein Spannungsproblem vor. Besteht das Druckglied aus einem Material mit nichtlinearem Spannungs-Dehnungs-Verhalten, kann auch der Fall eintreten, dass das innere Moment mit zunehmenden Dehnungen immer langsamer zunimmt als das äußere Moment, da die Spannungen am Rand nicht mehr zunehmen (**Abb. 2.6**, **Abb. 2.16**). Der Bauteilwiderstand ist erschöpft, wenn die Linie 3 (**Abb. 15.7**) ihr Maximum erreicht. In diesem Punkt liegt ein indifferentes Gleichgewicht vor. Bei geringfügiger weiterer Vergrößerung der Last nimmt das äußere Moment (Beanspruchung) schneller zu als das innere (Bauteilwiderstand), wodurch kein Gleichgewicht mehr möglich ist. Dies wäre nur noch dann möglich, wenn gleichzeitig die Last F reduziert wird. Die Linie 3 kennzeichnet somit das Stabilitätsproblem ohne Gleichgewichtsverzweigung.

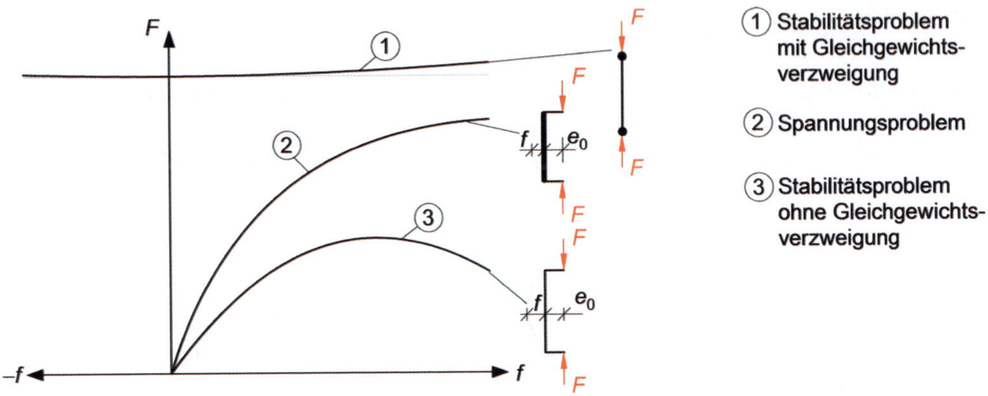

Abb. 15.7 *Last-Verformungs-Kurven*

Das spätere Ziel wird die Reduktion aller vorkommenden statischen Systeme auf eine Kragstütze (Modellstütze) sein. Dies wird durch eine „Ersatzlänge" (effective length) geschehen. Die Ersatzlänge wird als Vielfaches (β-faches) der Stützenlänge l dargestellt. Allgemein gilt als Ersatzlänge l_0 der Abstand der Wendepunkte der Biegelinie im ausgeknickten Zustand (**Abb. 15.8**). Da im Stahlbetonbau die als theoretisch angenommene Einspannung nicht realisierbar ist, ist in **Abb. 15.8** neben dem theoretischen Knicklängenbeiwert auch ein realistischer Knicklängenbeiwert mit angegeben. Vor jeder Bemessung ist zu entscheiden, ob das betrachtete System horizontal verschieblich oder unverschieblich ist (→ Kap. 15.4.1). Die Ersatzlänge ist bei horizontal verschieblichen Systemen wesentlich größer als bei unverschieblichen. Während sie bei horizontal unverschieblichen Systemen maximal gleich der Stablänge sein kann, sind bei horizontal verschieblichen Systemen auch größere Ersatzlängen möglich. Wenn die Ersatzlänge bekannt ist, kann die Schlankheit λ (slenderness ratio) bestimmt werden. Die Schlankheit hat einen entscheidenden Einfluss auf das Verformungsverhalten.

$$l_0 = \beta \cdot l \tag{15.14}$$

$$i = \sqrt{\frac{I}{A}} \tag{15.15}$$

i Trägheitsradius

Rechteckquerschnitt: $i = 0{,}289\,h$ (15.16)

$$\lambda = \frac{l_0}{i} \tag{15.17}$$

Rechteckquerschnitt: $\lambda = 3{,}464\,\frac{l_0}{h}$ (15.18)

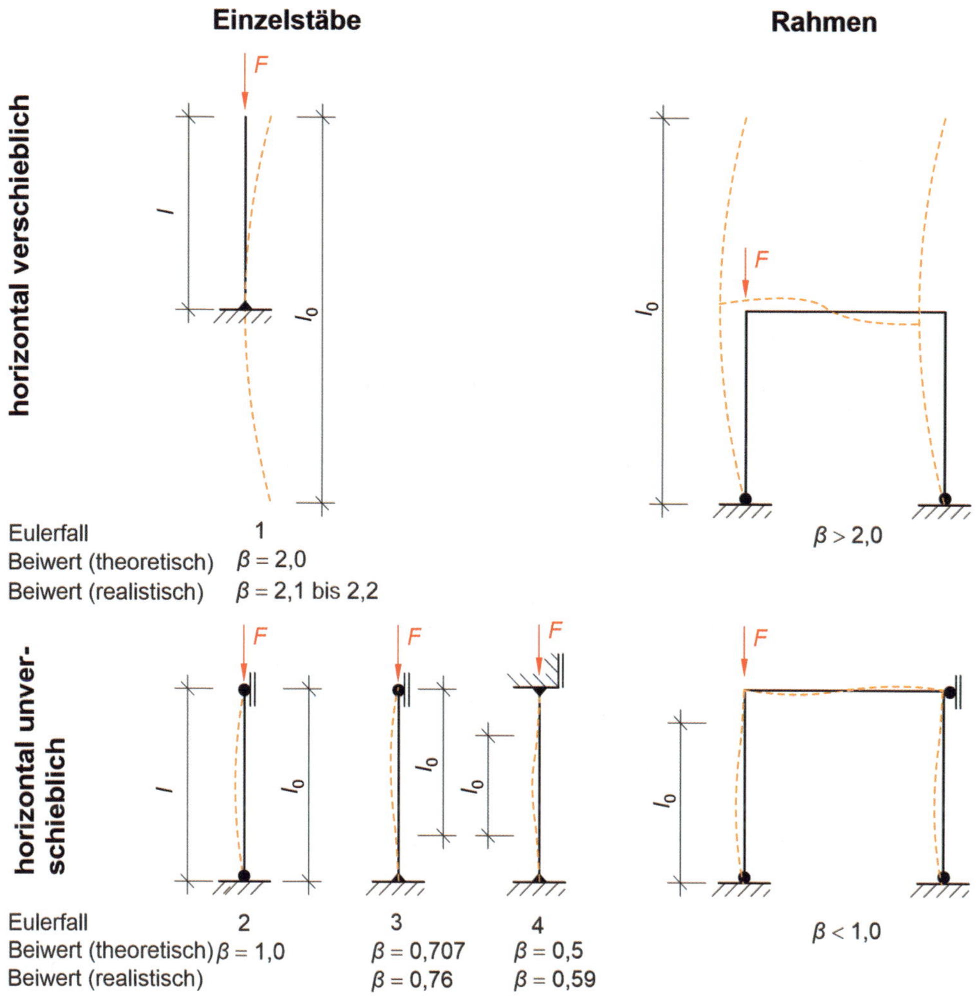

Abb. 15.8 *Ersatzlängen und kritische Lasten*

15.4 Statisches System

15.4.1 Horizontal verschiebliche und unverschiebliche Tragwerke

Bauwerke mit aussteifenden Bauteilen

Aussteifende Bauteile sind Wandscheiben und Treppenhauskerne aus Mauerwerk oder (Stahl-)Beton. Sie sollen annähernd symmetrisch angeordnet sein und mindestens 90 % aller planmäßigen Horizontallasten aufnehmen können (vereinfachend weist man diesen Bauteilen 100 % zu). Ein aussteifendes Bauteil soll ausreichend steif sein und nur sehr kleine Horizontalverschiebungen zulassen. Ausgesteifte Bauwerke (braced structures) können als horizontal unverschieblich eingestuft werden, sofern das nachstehende Kriterium erfüllt ist (EC 2-1-1/NA, 5.8.3.3). Dieses Kriterium entspricht genau Gl. (15.11) für Tragwerke entsprechend **Abb. 5.1**.

- Lotrecht aussteifende Bauteile *annähernd symmetrisch*:

$$\frac{F_{V,Ed} \cdot L^2}{\sum E_{cd} \cdot I_c} \leq K_1 \cdot \frac{n_s}{n_s + 1{,}6} \tag{15.19}$$

Sofern sich die Gl. (15.19) nicht einhalten lässt, ist das Bauwerk horizontal verschieblich. Es bedeuten:

L Gesamthöhe des Tragwerks von der Fundamentebene oder einer nicht verformbaren Bezugsebene (**Abb. 5.8**)

n_s Anzahl der Geschosse

$F_{V,Ed}$ Summe der Bemessungswerte der auftretenden Vertikallasten im Gebäude ($\gamma_F = 1{,}0$)

$\sum E_{cd} \cdot I_c$ Summe der Nennbiegesteifigkeiten aller vertikal aussteifenden Bauteile, die in der betrachteten Richtung wirken.

$$\sum E_{cd} \cdot I_c = \sum_{i=1}^{k} \left(E_{cd,i} \cdot I_{c,i} \right) \tag{15.20}$$

Das Trägheitsmoment $I_{c,i}$ wird unter Ansatz des ungerissenen Betonquerschnitts (Zustand I) jedes einzelnen lotrecht aussteifenden Bauteils *i* ermittelt. Ändert sich die Nennbiegesteifigkeit über die Gesamthöhe des Tragwerks um mehr als ± 10 %, so darf der Nachweis mit einer mittleren Nennbiegesteifigkeit ($E_{cd} \cdot I_{cm}$) geführt werden. Die mittlere Nennbiegesteifigkeit wird aus der Bedingung ermittelt, dass sie die gleiche maximale Horizontalverschiebung ergibt wie der genaue Steifigkeitsverlauf.

$$E_{cd} = \frac{E_{cm}}{\gamma_{CE}} \text{ mit } \gamma_{CE} = 1{,}2 \tag{15.21}$$

k Anzahl der aussteifenden Bauteile

$K_1 = 0{,}31$ Die Aussteifungsbauteile befinden sich unter der maßgebenden Einwirkungskombination im Grenzzustand der Tragfähigkeit im gerissenen Zustand (Betonzugspannung > f_{ctm}).

$K_1 = 0{,}62$ Die Aussteifungsbauteile befinden sich unter der maßgebenden Einwirkungskombination im Grenzzustand der Tragfähigkeit im ungerissenen Zustand (Betonzugspannung ≤ f_{ctm}).

- Lotrecht aussteifende Bauteile *nicht annähernd symmetrisch*:

  Neben Gl. (15.19) ist zusätzlich Gl. (15.22) zu erfüllen.

$$\frac{1}{\left(\frac{1}{L}\cdot\sqrt{\frac{E_{cd}\cdot I_{\omega}}{\sum_{j} F_{V.Ed,j}\cdot r_j^2}}+\frac{1}{2{,}28}\cdot\sqrt{\frac{G_{cd}\cdot I_T}{\sum_{j} F_{V.Ed,j}\cdot r_j^2}}\right)^2} \leq K_1 \cdot \frac{n_s}{n_s + 1{,}6} \tag{15.22}$$

$E_{cd} \cdot I_{\omega}$	Summe der Nennwölbsteifigkeiten aller gegen Verdrehung aussteifenden Bauteile
$G_{cd} \cdot I_T$	Summe der Torsionssteifigkeiten aller gegen Verdrehung aussteifenden Bauteile
$F_{V,Ed,j}$	Bemessungswert der Vertikallasten aller stützenden Bauteile *j* im Gebäude ($\gamma_F = 1{,}0$)
r_j	Abstand der stützenden Bauteile *j* vom Schubmittelpunkt des Gesamtsystems

Bauwerke ohne aussteifende Bauteile

Derartige Bauwerke gelten als unverschieblich, wenn die Schnittgrößen nach Theorie II. Ordnung höchstens 10 % größer als diejenigen nach Theorie I. Ordnung sind. Vereinfachend können alle unausgesteiften Bauteile als horizontal verschieblich angenommen werden.

15.4.2 Nennkrümmungsverfahren

Die genaueste Beurteilung des Verformungsverhaltens eines Stahlbetonrahmens erlaubt die nichtlineare Untersuchung des Verhaltens am Gesamtsystem. Diese Vorgehensweise ist jedoch sehr aufwändig, zumal für die Ermittlung der Steifigkeiten die zunächst unbekannte Bewehrung benötigt wird. Daher berechnet man Schnittgrößen im Stahlbetonbau unter Beachtung der Auswirkungen der Verformungen in vielen Fällen mit einer „Modellstütze". Hierbei handelt es sich um eine Kragstütze. Mit dem Nennkrümmungsverfahren werden die Einflüsse aus Theorie II. Ordnung in eine Querschnittsbemessung überführt. Die Modellstütze wird durch ein Biegemoment am Kopfpunkt M_{Ed0} und eine Längskraft N_{Ed} beansprucht. Zusätzlich weist sie eine ungewollte Schiefstellung und ein daraus resultierendes Moment M_{Edi} auf.

$$e_{tot} = e_1 + e_2 = e_0 + e_i + e_2 \tag{15.23}$$

$$e_0 = \frac{|M_{Ed}|}{|N_{Ed}|} \tag{15.24}$$

$$M_{Ed1} = N_{Ed} \cdot (e_0 + e_i) \tag{15.25}$$

$$M_{Ed2} = M_{Ed1} + N_{Ed} \cdot e_2 = N_{Ed} \cdot e_{tot} \tag{15.26}$$

Die horizontale Verformung des Kopfpunktes *f* kann mit dem Prinzip der virtuellen Kräfte bestimmt werden.

$$f = \int_0^l \frac{M_{Ed2} \cdot M^v}{E \cdot I} dx$$

Unter Berücksichtigung, dass die Krümmung über $\kappa = \frac{1}{r} = \frac{M}{EI}$ ermittelt werden kann und dass für einen Kragarm $l = \frac{l_0}{2}$ gilt, ergibt sich:

$$f = \int_0^{l_0/2} \left(\frac{1}{r}\right) \cdot M^v \, dx \quad (15.27)$$

Aus **Abb. 15.9** ist ersichtlich, dass die Krümmung abhängig von Zustand I und Zustand II nach einer unbekannten Funktion verläuft. Sie liegt jedoch immer zwischen den Grenzkurven G1 (dreiecksförmig) und G2 (rechteckförmig).

Mit $M^v = \frac{l_0}{2}$ (siehe **Abb. 15.9**) ergeben sich nach Integration von Gl. (15.27) die Gln. (15.28) und (15.29). Die Faktoren für die dabei durchgeführte Integration können aus **Tafel 15.3** entnommen werden.

$$\text{G1: } e_2 = \frac{1}{3} \cdot \left(\frac{1}{r}\right) \cdot \frac{l_0}{2} \cdot \frac{l_0}{2} = \left(\frac{1}{r}\right) \cdot \frac{l_0^2}{12} \quad (15.28)$$

$$\text{G2: } e_2 = \frac{1}{2} \cdot \left(\frac{1}{r}\right) \cdot \frac{l_0}{2} \cdot \frac{l_0}{2} = \left(\frac{1}{r}\right) \cdot \frac{l_0^2}{8} \quad (15.29)$$

	Mi	Mi	ht Mi
M	$\frac{1}{2} M_i M$	$\frac{1}{3} M_i M$	$\frac{5}{12} M_i M$

Tafel 15.3 *Auszug aus Integraltafeln*

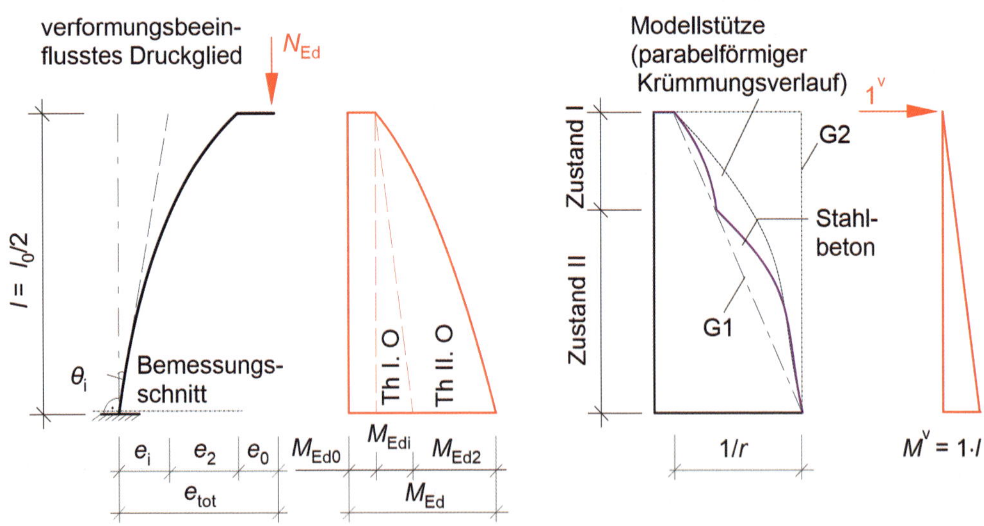

Abb. 15.9 *Die Modellstütze und das Prinzip der Verformungsberechnung*

Für die Modellstütze wird für den Anteil aus Theorie II. Ordnung ein parabelförmiger Krümmungsverlauf angesetzt. Gemäß **Tafel 15.3** ergibt sich für die Integration ein Faktor von 5/12.

$$e_2 = \frac{5}{12} \cdot \left(\frac{1}{r}\right) \cdot \frac{l_0}{2} \cdot \frac{l_0}{2} = \left(\frac{1}{r}\right) \cdot \frac{5 \cdot l_0^2}{48} \approx \left(\frac{1}{r}\right) \cdot \frac{l_0^2}{10} \qquad (15.30)$$

Der Fehler infolge des willkürlich festgelegten Krümmungsverlaufes liegt somit bei ca. ± 20 %. Wenn nun Gl. (15.30) in Gl. (15.26) eingesetzt und diese in normierter Form geschrieben wird, erhält man:

$$\mu_{\text{Ed2}} = \mu_{\text{Ed1}} + 0{,}1 \cdot \left|\nu_{\text{Ed}}\right| \cdot \left(\frac{l_0}{h}\right)^2 \cdot \frac{h}{r} \qquad (15.31)$$

Die Linie, die sich aus Gl. (15.31) ergibt, ist in **Abb. 15.6** als Strichpunktlinie eingetragen. Es handelt sich bei der Linie um eine Gerade aufgrund des parabelförmigen Krümmungsansatzes der Modellstütze. Die Steigung der Geraden kennzeichnet die Auswirkung der Stabverformung (bei einem verformungsunbeeinflussten System ist die Gerade horizontal!) und hängt vom Quadrat der Schlankheit (vgl. mit Gl. (15.17)) ab. Je nach Steigung und Größe von μ_{Ed1} kann die Gerade (Gl. (15.31)) die Momenten-Krümmungs-Beziehung schneiden, tangieren oder an ihr vorbeilaufen. Die Tangente kennzeichnet dabei ein (optimales) System, bei dem der vorhandene Querschnitt gerade ausreicht ($A_s = A_{s,erf}$). Im Falle des Schnittpunktes ist der Querschnitt überbemessen ($A_s > A_{s,erf}$). Wenn keine Berührung vorliegt, ist die Standsicherheit nicht gewährleistet ($A_s < A_{s,erf}$).

15.4.3 Einzeldruckglieder und Rahmentragwerke

Um das Biegemoment der Modellstütze nach Gl. (15.31) bestimmen zu können, ist es erforderlich die Ersatzlänge l_0 zu kennen. Während für Einzeldruckglieder (isolated columns) die von EULER gefundenen Lösungen (**Abb. 15.8**) bekannt sind, müssen für die im (monolithischen) Ortbetonbau üblichen Rahmen Ersatzlängenbeiwerte β bestimmt werden. Unter Ansatz der Elastizitätstheorie werden hierbei die Dreh- und Verschiebungsbehinderungen an den Enden des jeweiligen Rahmenstiels in einen fiktiven Ersatzstab der Länge l_0 überführt, der dieselbe Knicklast wie der Ausgangsstab hat. Dieses Vorgehen führt zu transzendenten Gleichungen. Um die aufwändige Lösung dieser Gleichungen zu vermeiden, werden hierzu grafische Hilfsmittel (Nomogramme) oder vereinfachte Ersatzlängenformeln bereitgestellt.

Unverschiebliche Rahmen

Für einen regelmäßigen unverschieblichen Rahmen reicht es aus, wenn der in **Tafel 15.4** dargestellte Ausschnitt betrachtet wird. Die Beiwerte k_1 und k_2 ergeben sich als Summe der Stabsteifigkeiten $\sum\left(E_{\text{cm}} \cdot I/l\right)$ aller an einem Knoten elastisch eingespannten Druckglieder im Verhältnis zur Summe der Drehwiderstandsmomente $\sum M_{\text{R,i}}$ infolge einer Knotenverdrehung $\varphi = 1$.

$$k_i = \frac{\sum \frac{E_{cm} \cdot I}{l}}{\sum M_{R,i}} \quad i = 1{,}2 \tag{15.32}$$

Die Beiwerte k_1 und k_2 sind demnach bei gelenkiger Lagerung unendlich und bei starrer Einspannung null. Da eine absolut starre Einspannung aufgrund der Rissbildung in den Stahlbetonriegeln nicht realisierbar ist, wird die Anwendung von Werten $k_i < 0{,}1$ nicht empfohlen. Die aufgrund der Risse in den Riegeln reduzierte Steifigkeit kann zusätzlich näherungsweise berücksichtigt werden, indem die Flächenmomente der Riegel I_R (**Tafel 15.4**) um 50 % reduziert werden.

$$I_R = 0{,}5 \cdot I_c \tag{15.33}$$

Die Ersatzlänge kann nun näherungsweise über die nachfolgende Gleichung gemäß EC 2-1-1, 5.8.3.2 oder das Nomogramm für unverschiebliche Rahmen in **Abb. 15.10** bestimmt werden.

$$l_0 = 0{,}5 \cdot l \cdot \sqrt{\left(1 + \frac{k_1}{0{,}45 + k_1}\right) \cdot \left(1 + \frac{k_2}{0{,}45 + k_2}\right)} \tag{15.34}$$

Bei einer Pendelstütze (Euler-Fall 2) entstehen infolge beliebiger Drehwinkel der Knoten keine Momente. Für beide Stabenden ergibt sich dann $k_{1,2} = \infty$ und somit:

$$l_0 = 0{,}5 \cdot l \cdot \sqrt{(1+1) \cdot (1+1)} = l$$

Auch bei den Euler-Fällen 3 und 4 ergibt Gl. (15.34) die richtigen Ersatzlängen.

Unverschieblicher Rahmen		Verschieblicher Rahmen	
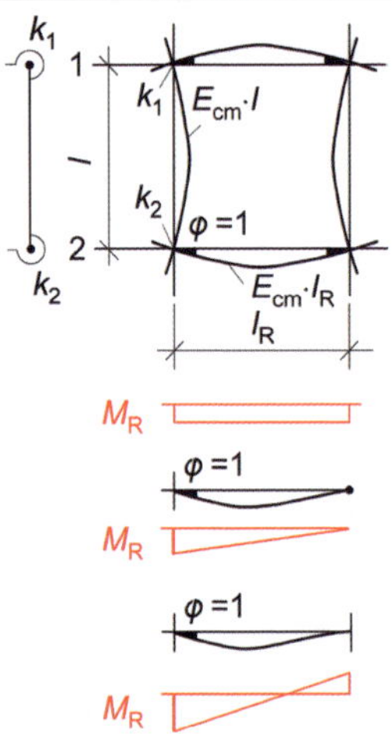	$k_1 = \frac{\sum \frac{E_{cm} \cdot I}{l}}{\sum M_{R,1}}$ $k_2 = \frac{\sum \frac{E_{cm} \cdot I}{l}}{\sum M_{R,2}}$ $M_R = 2 \cdot \frac{E_{cm} \cdot I_R}{l_R}$ $M_R = 3 \cdot \frac{E_{cm} \cdot I_R}{l_R}$ $M_R = 4 \cdot \frac{E_{cm} \cdot I_R}{l_R}$	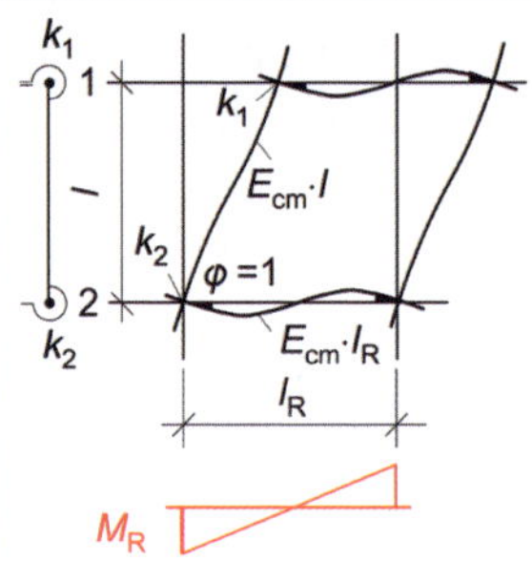	$M_R = 6 \cdot \frac{E_{cm} \cdot I_R}{l_R}$

Tafel 15.4 *Steifigkeiten regelmäßiger Rahmen und äquivalenter Einzelstäbe mit Drehfedern*

Verschiebliche Rahmen

Verschiebliche Rahmen dürfen auf Einzelstäbe reduziert werden, sofern sie regelmäßig sind (Stützen übereinander, annähernd gleiche Steifigkeit in allen Geschossen) und geringe Schlankheiten vorliegen. Die Ersatzlänge kann dann mit folgender Gleichung oder dem Nomogramm für verschiebliche Rahmen (**Abb. 15.10**) bestimmt werden

$$l_0 = l \cdot \max \begin{cases} \sqrt{1 + 10 \cdot \dfrac{k_1 \cdot k_2}{k_1 + k_2}} \\ \left(1 + \dfrac{k_1}{1+k_1}\right) \cdot \left(1 + \dfrac{k_2}{1+k_2}\right) \end{cases} \tag{15.35}$$

Sofern unregelmäßige Systeme mit größeren Schlankheiten vorliegen, ist der Gesamtrahmen zu betrachten.

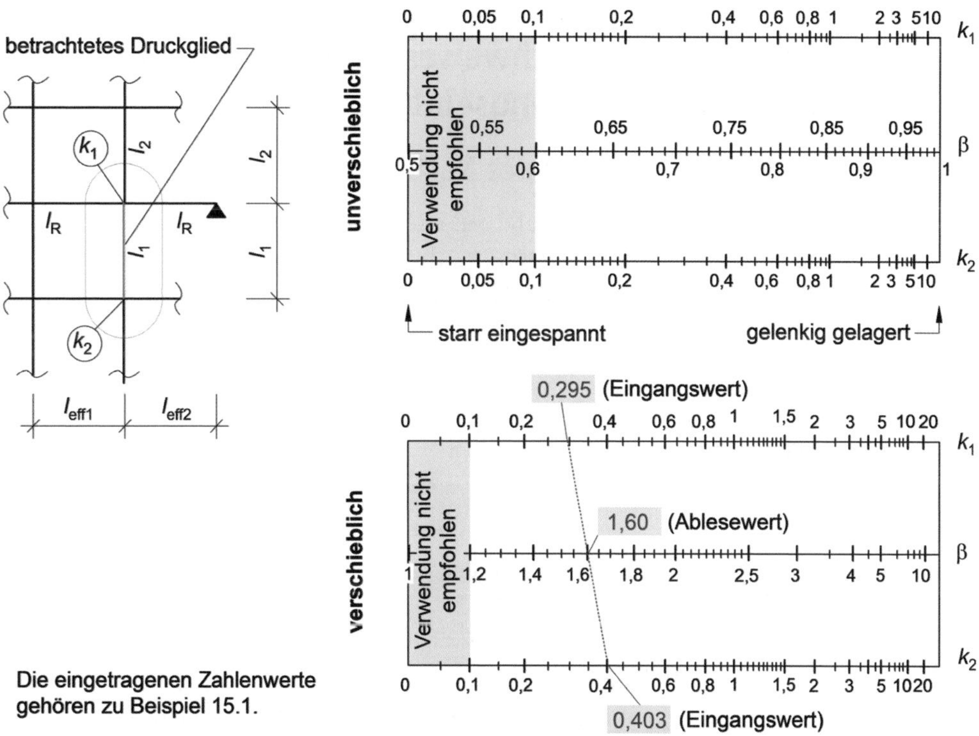

Abb. 15.10 *Nomogramme zur Bestimmung der Ersatzlänge nach [Ehrigsen/Quast – 03]*

Gemischte Rahmen

Im Stahlbetonbau treten häufig auch Rahmen auf, bei denen an aussteifende Stützen oder Rahmenfelder weitere auszusteifende Rahmenfelder gelenkig angeschlossen werden. In diesen Fällen können die Ersatzlängen mit den in [Ehrigsen/Quast – 03] angegebenen Näherungsgleichungen bestimmt werden.

15.4.4 Schlanke und gedrungene Druckglieder

Einzeldruckglieder gelten als schlank, sofern die Gl. (15.36) nicht erfüllt werden kann. Nur für schlanke Druckglieder ist ein Stabilitätsnachweis zu führen, bei gedrungenen Druckgliedern reicht die Regelbemessung (→ Kap. 7.11).

$$\lambda \leq \lambda_{\text{max}} \tag{15.36}$$

$$\lambda_{\text{max}} = \begin{cases} \dfrac{16}{\sqrt{|\nu_{\text{Ed}}|}} & \text{für } |\nu_{\text{Ed}}| < 0{,}41 \\ 25 & \text{für } |\nu_{\text{Ed}}| \geq 0{,}41 \end{cases} \tag{15.37}$$

$$\nu_{\text{Ed}} = \frac{N_{\text{Ed}}}{A_{\text{c}} \cdot f_{\text{cd}}} \tag{15.38}$$

15.5 Durchführung des Nachweises am Einzelstab bei einachsigem Verformungseinfluss

15.5.1 Kriterien für den Entfall des Nachweises

Der Stabilitätsnachweis kann entfallen, sofern es sich um ein gedrungenes Bauteil handelt (→ Kap. 15.4.4). Für den Fall, dass der Stabilitätsnachweis entfallen kann, sind die Stabenden der Druckglieder unter Berücksichtigung einer Mindestausmitte $e_{0,\text{min}}$ für die Schnittgrößen $M_{\text{Ed,min}}$ und N_{Ed} zu bemessen.

$$e_{0,\text{min}} \geq \begin{cases} \dfrac{h}{30} \\ 20 \text{ mm} \end{cases} \tag{15.39}$$

$$M_{\text{Ed,min}} = |N_{\text{Ed}}| \cdot e_{0,\text{min}} \tag{15.40}$$

Beispiel 15.1: Überprüfung der Stabilitätsgefährdung

Gegeben:

- skizzierter Rahmen[1] mit den angegebenen charakteristischen Einwirkungen
- Die Rahmen haben senkrecht zur Zeichenebene einen Abstand von 4,50 m.
- Senkrecht zur Zeichenebene befinden sich Wände zwischen den Rahmenstützen, sodass in dieser Richtung keine Stabilitätsgefährdung vorliegt.
- Baustoffgüten C20/25; B500

1 Derartig unterschiedliche Bauteilabmessungen sind nicht rationell herzustellen; sie wurden im Rahmen des Beispiels wegen der Deutlichkeit in der Zahlenrechnung gewählt.

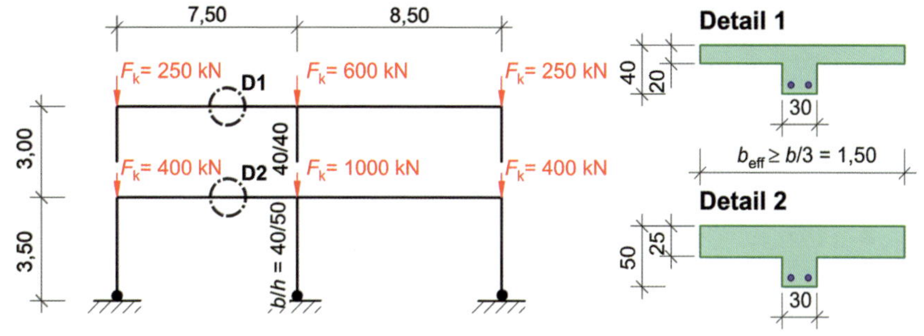

Gesucht:
- Rahmen horizontal verschieblich oder unverschieblich?
- Ersatzlängen der Innenstützen
- Überprüfung, ob der Stabilitätsnachweis für Innenstützen entfallen kann

Lösung:

Das Bauteil ist in der Zeichenebene nicht ausgesteift. Es ist horizontal verschieblich.

Riegel OG: $A_c = 1{,}5 \cdot 0{,}2 + 0{,}3 \cdot (0{,}4 - 0{,}2) = 0{,}36\ \text{m}^2$ | $A = b_{eff} \cdot h_f + b_w \cdot (h - h_f)$

$e = \dfrac{(1{,}5 - 0{,}3) \cdot 0{,}2^2 + 0{,}3 \cdot 0{,}4^2}{2 \cdot 0{,}36} = 0{,}133\,\text{m}$ | $e = \dfrac{(b_{eff} - b_w) \cdot h_f^2 + b_w \cdot h^2}{2A}$

$I_c = \dfrac{(1{,}5 - 0{,}3) \cdot 0{,}2^3 + 0{,}3 \cdot 0{,}4^3}{3} - 0{,}36 \cdot 0{,}133^2 = 3{,}2 \cdot 10^{-3}\ \text{m}^4$ | $I = \dfrac{(b_{eff} - b_w) \cdot h_f^3 + b_w \cdot h^3}{3} - A \cdot e^2$

$I_R = 0{,}50 \cdot 3{,}2 \cdot 10^{-3} = 1{,}6 \cdot 10^{-3}\ \text{m}^4$ | (15.33): $I_R = 0{,}5 \cdot I_c$

Riegel EG: $A_c = 1{,}5 \cdot 0{,}25 + 0{,}3 \cdot (0{,}5 - 0{,}25) = 0{,}45\ \text{m}^2$ | $A = b_{eff} \cdot h_f + b_w \cdot (h - h_f)$

$e = \dfrac{(1{,}5 - 0{,}3) \cdot 0{,}25^2 + 0{,}3 \cdot 0{,}5^2}{2 \cdot 0{,}45} = 0{,}167\,\text{m}$ | $e = \dfrac{(b_{eff} - b_w) \cdot h_f^2 + b_w \cdot h^2}{2A}$

$I_c = \dfrac{(1{,}5 - 0{,}3) \cdot 0{,}25^3 + 0{,}3 \cdot 0{,}5^3}{3} - 0{,}45 \cdot 0{,}167^2 = 6{,}25 \cdot 10^{-3}\ \text{m}^4$ | $I = \dfrac{(b_{eff} - b_w) \cdot h_f^3 + b_w \cdot h^3}{3} - A \cdot e^2$

$I_R = 0{,}50 \cdot 6{,}25 \cdot 10^{-3} = 3{,}13 \cdot 10^{-3}\ \text{m}^4$ | (15.33): $I_R = 0{,}5 \cdot I_c$

Stütze OG: $I = \dfrac{0{,}4 \cdot 0{,}4^3}{12} = 2{,}13 \cdot 10^{-3}\ \text{m}^4$ | $I = \dfrac{b \cdot h^3}{12}$

Stütze EG: $I = \dfrac{0{,}4 \cdot 0{,}5^3}{12} = 4{,}17 \cdot 10^{-3}\ \text{m}^4$ | $I = \dfrac{b \cdot h^3}{12}$

Obergeschoss: | Ersatzlänge mit Nomogramm

links: $M_R = 6 \cdot \dfrac{E_{cm} \cdot 1{,}60 \cdot 10^{-3}}{7{,}5} = 1{,}28 \cdot 10^{-3} \cdot E_{cm}$ | **Tafel 15.4**: $M_R = 6 \cdot \dfrac{E_{cm} \cdot I_R}{l_R}$

rechts: $M_R = 6 \cdot \dfrac{E_{cm} \cdot 1{,}60 \cdot 10^{-3}}{8{,}5} = 1{,}13 \cdot 10^{-3} \cdot E_{cm}$

$$k_1 = \frac{\frac{E_{cm} \cdot 2{,}13 \cdot 10^{-3}}{3{,}0}}{1{,}28 \cdot 10^{-3} \cdot E_{cm} + 1{,}13 \cdot 10^{-3} \cdot E_{cm}} = 0{,}295$$

(15.32): $k_i = \frac{\sum \frac{E_{cm} \cdot I}{l}}{\sum M_{R,i}}$

links: $M_R = 6 \cdot \frac{E_{cm} \cdot 3{,}13 \cdot 10^{-3}}{7{,}5} = 2{,}50 \cdot 10^{-3} \cdot E_{cm}$

Tafel 15.4: $M_R = 6 \cdot \frac{E_{cm} \cdot I_R}{l_R}$

rechts: $M_R = 6 \cdot \frac{E_{cm} \cdot 3{,}13 \cdot 10^{-3}}{8{,}5} = 2{,}21 \cdot 10^{-3} \cdot E_{cm}$

$$k_2 = \frac{\frac{E_{cm} \cdot 2{,}13 \cdot 10^{-3}}{3{,}0} + \frac{E_{cm} \cdot 4{,}17 \cdot 10^{-3}}{3{,}5}}{2{,}50 \cdot 10^{-3} \cdot E_{cm} + 2{,}21 \cdot 10^{-3} \cdot E_{cm}} = 0{,}403$$

(15.32): $k_i = \frac{\sum \frac{E_{cm} \cdot I}{l}}{\sum M_{R,i}}$

$\beta = 1{,}60$

Abb. 15.10: verschieblicher Rahmen

$l_0 = 1{,}60 \cdot 3{,}0 = 4{,}80\,\text{m}$

(15.14): $l_0 = \beta \cdot l$

$i = 0{,}289 \cdot 0{,}40 = 0{,}116\,\text{m}$

(15.16): $i = 0{,}289\,h$

$\lambda = \frac{4{,}80}{0{,}116} = 41{,}4$

(15.17): $\lambda = \frac{l_0}{i}$

Die Lastanteile aus G und Q sind nicht bekannt, daher $\gamma_F = \gamma_Q = 1{,}5$

Tafel 6.6: näherungsweise größter Teilsicherheitsbeiwert

$N_{Ed} = 1{,}5 \cdot 600 = 900\,\text{kN}$

$f_{cd} = \frac{0{,}85 \cdot 20}{1{,}5} = 11{,}3\ \text{N/mm}^2$

(2.17): $f_{cd} = \frac{\alpha_{cc} \cdot f_{ck}}{\gamma_C}$

$v_{Ed} = \frac{0{,}900}{0{,}40^2 \cdot 11{,}3} = 0{,}50$

(15.38): $v_{Ed} = \frac{N_{Ed}}{A_c \cdot f_{cd}}$

$\lambda_{max} = 25$

(15.37): $\lambda_{max} = \begin{cases} \frac{16}{\sqrt{|v_{Ed}|}} & \text{für } |v_{Ed}| < 0{,}41 \\ 25 & \text{für } |v_{Ed}| \geq 0{,}41 \end{cases}$

$\lambda = 41{,}4 > 25 = \lambda_{max}$

(15.36): $\lambda \leq \lambda_{max}$

Der Stabilitätsnachweis ist zu führen.

Erdgeschoss:

Ersatzlänge mit Formel

$k_1 = 0{,}403$

$k_2 = \infty \approx 1000\,(\text{Gelenk})$

(15.32): $k_i = \frac{\sum \frac{E_{cm} \cdot I}{l}}{\sum M_{R,i}}$

$$l_0 = 3{,}50 \cdot \max \begin{cases} 2{,}24 = \sqrt{1 + 10 \cdot \frac{0{,}403 \cdot 1000}{0{,}403 + 1000}} \\ \underline{2{,}57} = \left(1 + \frac{0{,}403}{1 + 0{,}403}\right) \cdot \left(1 + \frac{1000}{1 + 1000}\right) \end{cases}$$
$$= 3{,}50 \cdot 2{,}57 = 9{,}01\,\text{m}$$

(15.35): $l_0 = l \cdot \max \begin{cases} \sqrt{1 + 10 \cdot \frac{k_1 \cdot k_2}{k_1 + k_2}} \\ \left(1 + \frac{k_1}{1 + k_1}\right) \cdot \left(1 + \frac{k_2}{1 + k_2}\right) \end{cases}$

$i = 0{,}289 \cdot 0{,}50 = 0{,}144\,\text{m}$	(15.16): $i = 0{,}289h$
$\lambda = \frac{9{,}01}{0{,}144} = 62{,}6$	(15.17): $\lambda = \frac{l_0}{i}$
$N_{\text{Ed}} = 1{,}5 \cdot (600 + 1000) = 2400\,\text{kN}$	
$v_{\text{Ed}} = \frac{2{,}400}{0{,}40 \cdot 0{,}50 \cdot 11{,}3} = 1{,}06$	(15.38): $v_{\text{Ed}} = \frac{N_{\text{Ed}}}{A_c \cdot f_{\text{cd}}}$
$\lambda_{\max} = 25$	(15.37): $\lambda_{\max} = \begin{cases} \frac{16}{\sqrt{\lvert v_{\text{Ed}}\rvert}} & \text{für } \lvert v_{\text{Ed}}\rvert < 0{,}41 \\ 25 & \text{für } \lvert v_{\text{Ed}}\rvert \geq 0{,}41 \end{cases}$
$\lambda = 62{,}6 > 25 = \lambda_{\max}$	(15.36): $\lambda \leq \lambda_{\max}$
Der Stabilitätsnachweis ist zu führen.	

15.5.2 Stabilitätsnachweis für den Einzelstab

Der Stabilitätsnachweis (ULS induced by structural deformation) ist zu führen, sofern die Grenze für schlanke Druckglieder überschritten wird (Gl. (15.36)). Hierbei kann das Nennkrümmungsverfahren angewendet werden, wenn folgende Bedingungen eingehalten werden:

- Der Querschnitt des Druckgliedes ist rechteckig oder kreisförmig (oder regelmäßig polygonal mit ≥ 6 Kanten begrenzt). Näherungsweise darf das Nennkrümmungsverfahren auch für andere symmetrische Querschnitte mit symmetrischer Bewehrung $A_{s1} = A_{s2}$ verwendet werden.
- Die Bewehrung in der Stütze wird ungestaffelt über die gesamte Stützenlänge eingelegt.
- Für die planmäßwige Lastausmitte (first order eccentricity) nach Theorie I. Ordnung gilt:

  $$e_0 \geq 0{,}1\,h \qquad (15.41)$$

- Diese Grenze resultiert nicht aus sicherheitsrelevanten Überlegungen, sondern aus wirtschaftlichen. Bei Unterschreitung der Grenze liefert das Näherungsverfahren zu große Bewehrungsquerschnitte. Eine „genaue" Berechnung nach Theorie II. Ordnung ist wirtschaftlicher. Bei Einbeziehung der Arbeitszeit des Tragwerkplaners wird das Näherungsverfahren auch bei $e_0 < 0{,}1\,h$ oftmals angewendet.
- Die Verformungsfigur ist einfach (= in der Ebene) gekrümmt, wobei am Stützenfuß das Extremalmoment auftritt.

Das Nennkrümmungsverfahren wurde in Kap. 15.4.2 beschrieben. Für eine Bemessung sind folgende Ergänzungen zu beachten.

Ein Einfluss aus dem Kriechen des Betons (und der damit verbundenen Zunahme der Lastausmitte) braucht bei Druckgliedern des üblichen Hochbaus und gleichzeitig horizontal unverschieblichen Systemen in der Regel nicht berücksichtigt zu werden. Ein ausgeprägter

Einfluss des Kriechens ist zu erwarten, wenn die Biegefigur der Stütze affin zur Knickfigur ist. Dies trifft für verschiebliche Systeme und bei Druckgliedern mit einfach gekrümmter Biegefigur zu (→ Kap. 15.5.3).

Bei an beiden Enden unverschieblichen Druckgliedern ohne Querlasten, die längs der Stabachse eine veränderliche Lastausmitte aufweisen, darf bei einem konstanten Druckgliedquerschnitt eine Ersatzausmitte e_e (equivalent eccentricity) eingeführt werden (**Abb. 15.11**). Für die Zuordnung der Lastausmitten an den Stabenden e_{01} und e_{02} ist zu beachten, dass e_{02} die betragsmäßig größere Ausmitte sein muss. Hiermit wird berücksichtigt, dass die Stabilitätsgefährdung im mittleren Drittel der Ersatzlänge vorliegt. Selbstverständlich ist mindestens für das Moment nach Theorie I. Ordnung zu bemessen. Die Ersatzausmitte e_e wird nach Gl. (15.42) bestimmt.

$$e_e = \max\begin{cases} 0{,}6\, e_{02} + 0{,}4\, e_{01} \\ 0{,}4\, e_{02} \end{cases} \quad \text{mit } |e_{02}| \geq |e_{01}| \tag{15.42}$$

$$e_{tot} = e_e + e_i + e_2 \geq e_0 \tag{15.43}$$

Für die Zusatzausmitte nach Gl. (15.43) wird die ungewollte Schiefstellung benötigt.

$$\theta_i = \frac{1}{100 \cdot \sqrt{l}} \leq \frac{1}{200} \tag{15.44}$$

Frei stehendes Einzeldruckglied: $l \triangleq$ Stützenlänge

Ist das Einzeldruckglied aussteifendes Bauteil in einem Tragwerk, ist zusätzlich zu untersuchen, ob sich bei Ansatz der Schiefstellung des gesamten Tragwerks eine größere Ausmitte e_i ergibt.

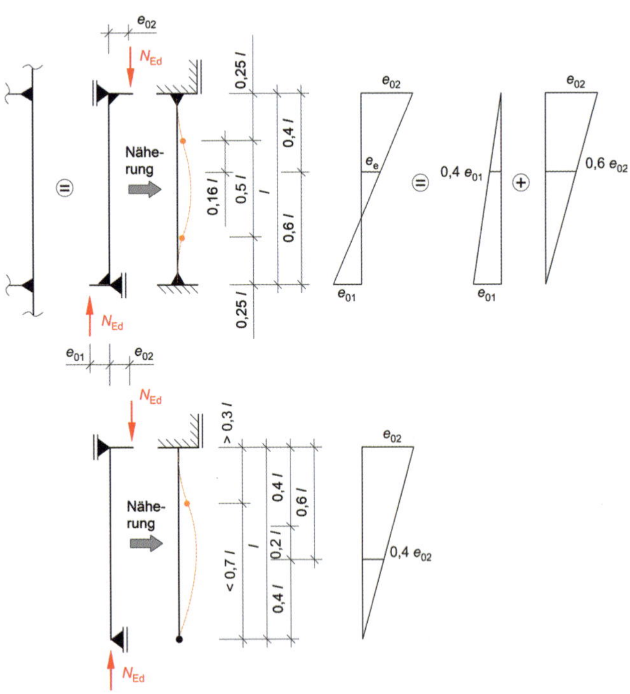

Abb. 15.11 *Erläuterung der Ersatzausmitte* e_e

Die Stabauslenkung e_2 darf nach Gl. (15.30) abgeschätzt werden, wobei ein Beiwert K_1 für den allmählichen Übergang vom verformungsunbeeinflussten zum verformungsbeeinflussten Druckglied eingeführt wird.

$$e_2 = K_1 \cdot \left(\frac{1}{r}\right) \cdot \frac{l_0^2}{10} \tag{15.45}$$

$$K_1 = \begin{cases} \frac{\lambda}{10} - 2{,}5 & \text{für} \quad 25 \leq \lambda \leq 35 \\ 1 & \lambda > 35 \end{cases} \tag{15.46}$$

Zur Berechnung der Krümmung 1/*r* wird angenommen, dass die Längsbewehrung auf beiden Seiten gleichzeitig die Fließgrenze erreicht. Dies ist die maximal mögliche Krümmung, die am „balance point" (Punkt C in **Abb. 7.25**) auftritt (**Abb. 15.12**).

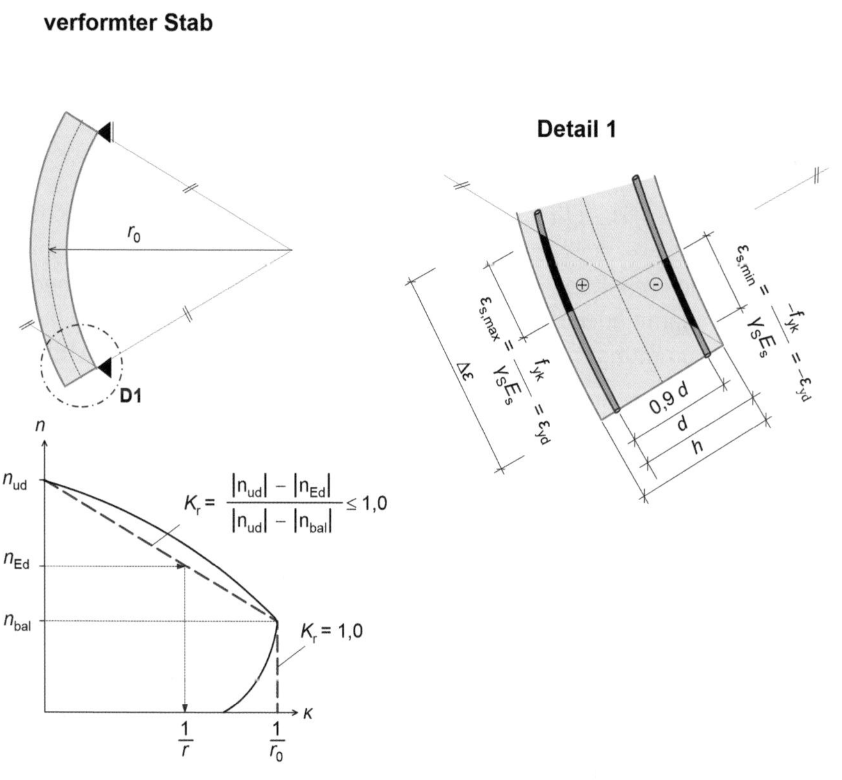

Abb. 15.12 *Krümmungen in einem Stab ohne Einfluss des Kriechens*

$$\frac{1}{r} = K_r \cdot K_\varphi \cdot \frac{1}{r_0} \tag{15.47}$$

$$\frac{1}{r_0} = \frac{\varepsilon_{yd}}{0{,}45 \cdot d} \tag{15.48}$$

$$K_r \approx \frac{|n_{ud}| - |n_{Ed}|}{|n_{ud}| - |n_{bal}|} \leq 1{,}0 \tag{15.49}$$

K_φ: Beiwert zur Berücksichtigung des Kriechens nach 15.5.3

Der Beiwert K_r berücksichtigt die Abnahme der Krümmung $1/r$ vom Maximalwert der Krümmung $1/r_0$ bei steigenden Längsdruckkräften. Die Krümmung hat den Wert Null, sofern der Bauteilwiderstand n_{ud} (bezogener Wert der Dimension 1) erreicht wird. Dies ist Punkt A in **Abb. 7.25**. Der Maximalwert der Krümmung $1/r_0$ tritt beim größten Biegemoment auf. Dies ist Punkt B' in **Abb. 7.25** (der balance point). Durch Linearisierung der Kurve des Bauteilwiderstandes entsteht Gl. (15.49) (**Abb. 15.12**). Nachteilig bei der Auswertung von Gl. (15.49) ist, dass die Bewehrung bereits bekannt sein muss, um den Bauteilwiderstand bei zentrischer Beanspruchung n_{ud} bestimmen zu können. Sofern dieser Beiwert genau ermittelt werden soll, ist daher eine Iteration erforderlich.

Die bezogene Längskraft am balance point kann für Rechteckquerschnitte mit annähernd symmetrischer Bewehrung unter Beachtung von Gl. (7.29) und dem Völligkeitsbeiwert $\alpha_R = 0{,}81$ abgeschätzt werden:

$$|n_{bal}| = \frac{|N_{bal}|}{A_c \cdot f_{cd}} = \frac{b \cdot x \cdot \alpha_R \cdot f_{cd}}{b \cdot h \cdot f_{cd}} = \frac{b \cdot 0{,}5 \cdot h \cdot 0{,}81 \cdot f_{cd}}{b \cdot h \cdot f_{cd}} = 0{,}5 \cdot 0{,}81 \approx 0{,}4 \qquad (15.50)$$

15.5.3 Einfluss des Kriechens

In **Abb. 15.13** ist zu erkennen, dass Stauchungen und Dehnungen und damit die Krümmung bis zum Zeitpunkt $t = \infty$ anwachsen. Kriechen und Schwinden bewirken somit zunehmende Verformungen (→ Kap. 2.3.6). Aufgrund der Auswirkungen aus Theorie II. Ordnung erhöhen sich damit auch die Schnittgrößen. Dies wird näherungsweise durch eine Erhöhung der Stabkrümmung mit dem Beiwert $K_\varphi \geq 1$ in Gl. (15.47) berücksichtigt.

Verbunden mit der Zunahme der Stauchungen ist auch eine Verschiebung der Nulllinie, da durch die infolge Kriechens abnehmenden Betondruckspannungen ein Abfall der resultierenden Kraft F_{cd} ausgeglichen werden muss (**Abb. 15.13**). Da infolge der Zunahme der Höhe der Druckzone der Hebelarm der inneren Kräfte z sinkt, gilt $F_{cd\infty} > F_{cd}$. Dieser Effekt wächst mit Zunahme der Druckzone im Querschnitt, ist bei Bauteilen im Zustand I somit stärker ausgeprägt als bei solchen im Zustand II (mit nur geringer Abnahme des Hebelarmes der inneren Kräfte). Die Spannungen im Betonstahl nehmen durch die zusätzlichen Verformungen (vom Betrag her) zu.

Der Einfluss des Kriechens (und Schwindens) darf bei folgenden Randbedingungen rechnerisch unberücksichtigt bleiben (EC 2-1-1/NA, 5.8.4):

- wenn die Stütze an beiden Enden mit den anderen (lastabtragenden) Bauteilen monolithisch verbunden ist *oder*
- wenn bei verschieblichen Tragwerken die Schlankheit des Druckgliedes $\lambda < 50$ und gleichzeitig die bezogene Lastausmitte $e_0/h > 2$ ist.

Wenn Kriechen berücksichtigt werden muss, kann näherungsweise die Stabkrümmung nach Gl. (15.47) um den Faktor K_φ vergrößert werden. Somit ergibt sich nach Gl. (15.45) eine größere Zusatzausmitte e_2:

$$K_\varphi = 1 + \beta_c \cdot \varphi_{ef} \geq 1 \qquad (15.51)$$

$$\beta_c = 0{,}35 + \frac{f_{ck}}{200} - \frac{\lambda}{150} \geq 0 \tag{15.52}$$

$$\varphi_{ef} = \varphi(\infty, t_0) \cdot \frac{M_{1,perm}}{M_{1,Ed}} \tag{15.53}$$

$\varphi(\infty, t_0)$	Kriechzahl nach EC 2-1-1, 3.1.4
$M_{1,perm}$	Moment in der quasi-ständigen Einwirkungskombination nach Theorie I. Ordnung inkl. Imperfektionen
$M_{1,Ed}$	Moment im Grenzzustand der Tragfähigkeit nach Theorie I. Ordnung inkl. Imperfektionen

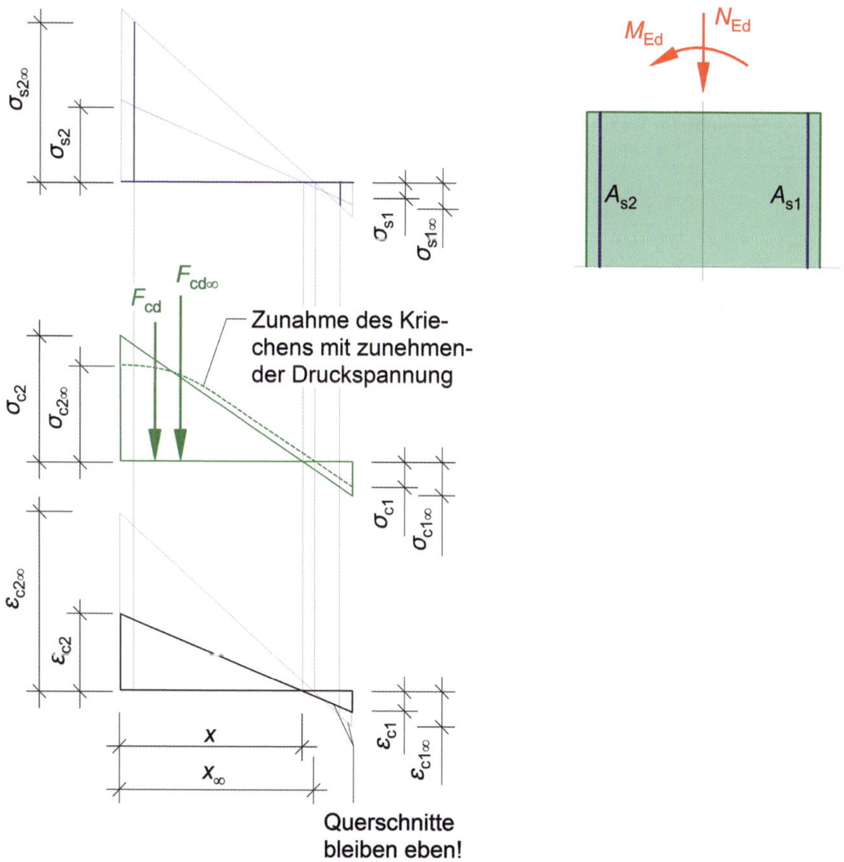

Abb. 15.13 *Auswirkung des Kriechens bei Stützen im Zustand I*

Beispiel 15.2: Bemessung mit dem Nennkrümmungsverfahren

Gegeben:
- Skizzierter Rahmen
- Rahmenstützen sind durch Längswände senkrecht zur Zeichenebene nicht stabilititätsgefährdet.
- Baustoffgüten C20/25; B500

Gesucht: Bemessung der Stützen

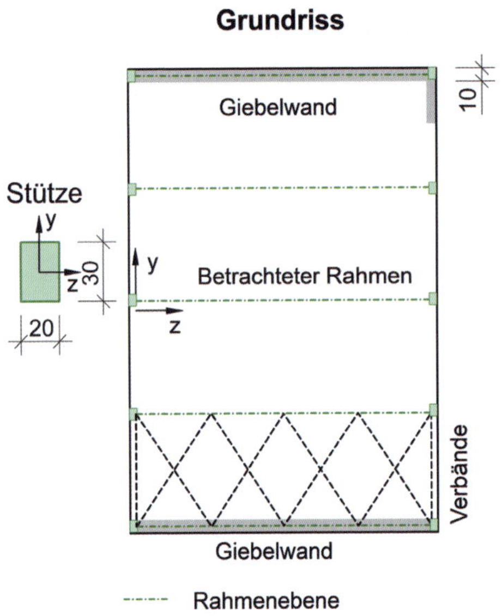

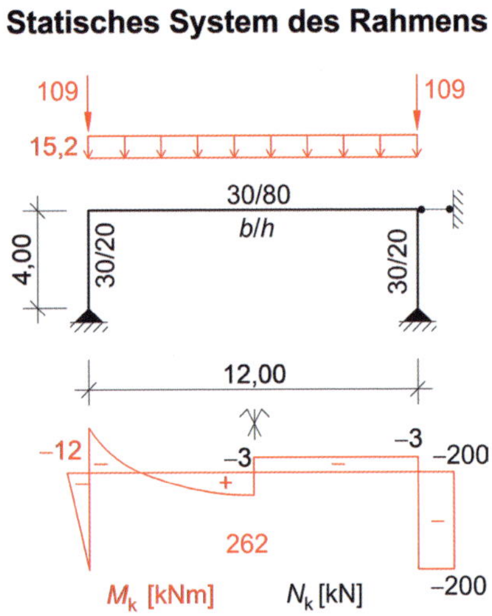

Lösung:

Riegel:

$b/h = 30/80$ cm

$$I = \frac{0{,}3 \cdot 0{,}8^3}{12} = 12{,}8 \cdot 10^{-3}\ \text{m}^4$$

$I = \frac{b \cdot h^3}{12}$

$$I_R = 0{,}50 \cdot 12{,}8 \cdot 10^{-3} = 6{,}4 \cdot 10^{-3}\ \text{m}^4$$

(15.33): $I_R = 0{,}5 \cdot I_c$

$$M_R = 2 \cdot \frac{E_{cm} \cdot 6{,}4 \cdot 10^{-3}}{12{,}0} = 1{,}07 \cdot 10^{-3} \cdot E_{cm}$$

Tafel 15.4: $M_R = 2 \cdot \frac{E_{cm} \cdot I_R}{l_R}$

Stütze: $b/h = 30/20$ cm

$$I = \frac{0{,}3 \cdot 0{,}2^3}{12} = 0{,}2 \cdot 10^{-3}\ \text{m}^4$$

$I = \frac{b \cdot h^3}{12}$

$$k_1 = \frac{\frac{E_{cm} \cdot 0{,}2 \cdot 10^{-3}}{4{,}0}}{1{,}07 \cdot 10^{-3} \cdot E_{cm}} = 0{,}047 < \underline{0{,}1}$$

(15.32): $k_i = \frac{\sum \frac{E_{cm} \cdot I}{l}}{\sum M_{R,i}}$

$k_2 = \infty$

gelenkige Lagerung am Fußpunkt

$l_0 = 0{,}5 \cdot 4{,}0 \cdot \sqrt{\left(1 + \frac{0{,}1}{0{,}45 + 0{,}1}\right) \cdot (1 + 1)} = 3{,}08\,\text{m}$

(15.34): $l_0 = 0{,}5 \cdot l \cdot \sqrt{\left(1 + \frac{k_1}{0{,}45 + k_1}\right) \cdot \left(1 + \frac{k_2}{0{,}45 + k_2}\right)}$

$i = 0{,}289 \cdot 0{,}20 = 0{,}058\,\text{m}$

(15.16): $i = 0{,}289 h$

$\lambda = \frac{3{,}08}{0{,}058} = 53{,}1$

(15.17): $\lambda = \frac{l_0}{i}$

$N_{\text{Ed}} = 1{,}5 \cdot (-200) = -300\,\text{kN}$

$M_{\text{Ed}} = 1{,}5 \cdot (-12) = -18\,\text{kNm}$

Da die Lastanteile aus Eigen- und Verkehrslast unbekannt sind, wird mit γ_F = 1,5 gerechnet (sichere Seite).

$f_{\text{cd}} = \frac{0{,}85 \cdot 20}{1{,}5} = 11{,}3\ \text{N/mm}^2$

(2.17): $f_{\text{cd}} = \frac{\alpha_{\text{cc}} \cdot f_{\text{ck}}}{\gamma_C}$

$\nu_{\text{Ed}} = \frac{-0{,}300}{0{,}30 \cdot 0{,}20 \cdot 11{,}3} = -0{,}443$

(15.38): $\nu_{\text{Ed}} = \frac{N_{\text{Ed}}}{A_c \cdot f_{\text{cd}}}$

$|\nu_{\text{Ed}}| = |-0{,}443| = 0{,}443 > 0{,}41$

$\lambda_{\max} = 25$

(15.37) $\lambda_{\max} = \begin{cases} \frac{16}{\sqrt{|\nu_{\text{Ed}}|}} & \text{für } |\nu_{\text{Ed}}| < 0{,}41 \\ 25 & \text{für } |\nu_{\text{Ed}}| \geq 0{,}41 \end{cases}$

$\lambda = 53{,}1 > 25{,}0 = \lambda_{\max}$

(15.36): $\lambda \leq \lambda_{\max}$?

Querschnitt rechteckig

Stabilitätsnachweis ist zu führen, Nennkrümmungsverfahren ist zulässig.

$e_{01} = \frac{|0|}{|-300|} = 0$

$e_{02} = \frac{|-18|}{|-300|} = 0{,}06\,\text{m}$

(15.24): $e_0 = \frac{|M_{\text{Ed}}|}{|N_{\text{Ed}}|}$

$e_{01} = 0 < 0{,}06\,\text{m} = e_{02}$

(15.42): $|e_{01}| \leq |e_{02}|$

$\theta_i = \frac{1}{100 \cdot \sqrt{4{,}0}} = \frac{1}{200}$

(15.44): $\theta_i = \frac{1}{100 \cdot \sqrt{l}} \leq \frac{1}{200}$

$e_i = \frac{1}{200} \cdot \frac{3{,}08}{2} = 0{,}008\,\text{m}$

(15.13): $e_i = \theta_i \cdot \frac{l_0}{2}$

$e_e = \max \begin{cases} 0{,}6 \cdot 0{,}06 + 0{,}4 \cdot 0 = \underline{0{,}036\,\text{m}} \\ 0{,}4 \cdot 0{,}06 = 0{,}024\,\text{m} \end{cases}$

(15.42): $e_e = \max \begin{cases} 0{,}6\, e_{02} + 0{,}4\, e_{01} \\ 0{,}4\, e_{02} \end{cases}$

$K_r \approx 1{,}0$

(15.49): $K_r \approx \frac{|n_{\text{ud}}| - |n_{\text{Ed}}|}{|n_{\text{ud}}| - |n_{\text{bal}}|} \leq 1{,}0$

$K_\varphi = 1{,}0$

$d = 15\,\text{cm}$

Schätzwert

$\frac{1}{r} = K_r \cdot K_\varphi \cdot \frac{1}{r_0} = K_r \cdot K_\varphi \cdot \frac{\varepsilon_{yd}}{0{,}45 \cdot d}$	(15.48): $\frac{1}{r_0} = \frac{\varepsilon_{yd}}{0{,}45 \cdot d}$
$= 1{,}0 \cdot 1{,}0 \cdot \frac{500/(200000 \cdot 1{,}15)}{0{,}45 \cdot 0{,}15} =$	(15.47): $\frac{1}{r} = K_r \cdot K_\varphi \cdot \frac{1}{r_0}$
$32{,}2 \cdot 10^{-3}\,\mathrm{m}^{-1}$ $\lambda = 53{,}1{:}\ K_1 = 1$	(15.46): $K_1 = \begin{cases} \frac{\lambda}{10} - 2{,}5 & \text{für } 25 \le \lambda \le 35 \\ 1 & \lambda > 35 \end{cases}$
$e_2 = 1 \cdot 32{,}2 \cdot 10^{-3} \cdot \frac{3{,}08^2}{10} = 0{,}031\,\mathrm{m}$	(15.45): $e_2 = K_1 \cdot \left(\frac{1}{r}\right) \cdot \frac{l_0^2}{10}$
$e_{tot} = 0{,}036 + 0{,}008 + 0{,}031 = 0{,}075\,\mathrm{m}$ $> 0{,}06\,\mathrm{m}$	(15.43): $e_{tot} = e_e + e_i + e_2 \ge e_0$
$M_{Ed2} = -300 \cdot 0{,}075 = -22{,}5\,\mathrm{kNm}$	(15.26): $M_{Ed2} = N_{Ed} \cdot e_{tot}$
$\frac{d_1}{h} = \frac{0{,}05}{0{,}2} = 0{,}25$	Wahl des richtigen Interaktionsdiagramms → Kap. 7.11
$\nu_{Ed} = \frac{-0{,}300}{0{,}30 \cdot 0{,}20 \cdot 11{,}3} = -0{,}44$	(7.102): $\nu_{Ed} = \frac{N_{Ed}}{b \cdot h \cdot f_{cd}}$
$\mu_{Ed} = \frac{\lvert 0{,}0225 \rvert}{0{,}30 \cdot 0{,}20^2 \cdot 11{,}3} = 0{,}17$	(7.103): $\mu_{Ed} = \frac{\lvert M_{Ed} \rvert}{b \cdot h^2 \cdot f_{cd}}$

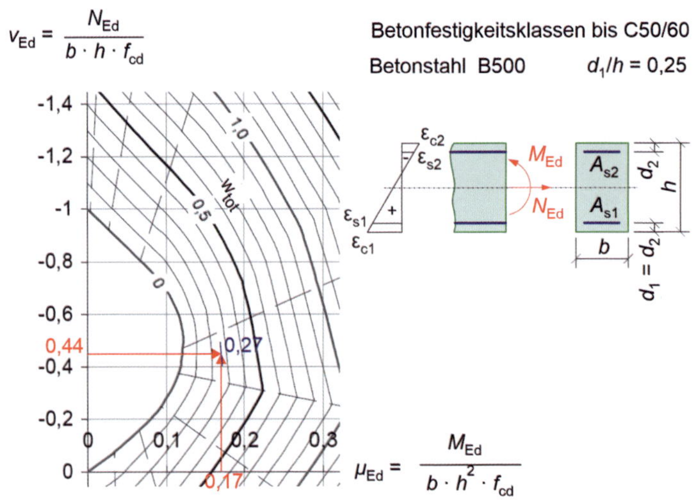

$\omega_{tot} = \underline{\underline{0{,}27}};\ \varepsilon_{c2}/\varepsilon_{s1} = -3{,}5/1{,}5$	
$A_{s,tot} = 0{,}27 \cdot \frac{30 \cdot 20}{38{,}4} = 4{,}2\ \mathrm{cm}^2$	(7.105): $A_{s,tot} = \omega_{tot} \cdot \frac{b \cdot h}{f_{yd}/f_{cd}}$
$A_{s1} = A_{s2} = \frac{A_{s,tot}}{2} = \frac{4{,}2}{2} = 2{,}1\ \mathrm{cm}^2$	Verteilung entsprechend der Vorgabe
gew.: 2 Ø14 mit $A_{s,vorh} = 3{,}1\ \mathrm{cm}^2$	**Tafel 4.1**
$A_{s,vorh} = 6{,}2\ \mathrm{cm}^2 > 4{,}2\ \mathrm{cm}^2 = A_{s,erf}$	(7.62): $A_{s,vorh} \ge A_{s,erf}$

$d_1 = d_2 = 35 + 6 + \frac{14}{2} = 48\,\text{mm} \approx 50\,\text{mm}$	$d_1 = d_2 = c_{\text{v,bü}} + \varnothing_{\text{bü}} + e$
$A_{\text{s,min}} = 0{,}15 \cdot \frac{300}{43{,}5} = 1{,}03\ \text{cm}^2 < 6{,}20\ \text{cm}^2$	(15.4): $A_{\text{s,min}} = A_{\text{s1}} + A_{\text{s2}} = 0{,}15 \cdot \frac{N_{\text{Ed}}}{f_{\text{yd}}}$
$A_{\text{s,vorh}} = 6{,}2\ \text{cm}^2 < 54\ \text{cm}^2 = 0{,}09 \cdot 30 \cdot 20 = 0{,}09\,A_c$	(15.5): $A_{\text{s,vorh}} = A_{\text{s1}} + A_{\text{s2}} \leq 0{,}09\,A_c$
$\min \varnothing_{\text{bü}} = 6\,\text{mm bei } \varnothing_l = 14\,\text{mm}$	(15.8): $\min \varnothing_{\text{bü}} = \min \begin{cases} 6\ \text{mm};\ \varnothing_l \leq 20\ \text{mm} \\ 0{,}25\,\varnothing_l;\ \varnothing_l \geq 25\ \text{mm} \\ 5\,\text{mm; Matten} \end{cases}$
$\max s_{\text{bü}} = \min \begin{cases} 12 \cdot 14 = \underline{168\,\text{mm}} \\ 200\,\text{mm} \\ 300\,\text{mm} \end{cases}$	(15.6): $\max s_{\text{bü}} = \min \begin{cases} 12\,\varnothing_l \\ \min(b, h) \\ 300\,\text{mm} \end{cases}$
gew.: Bü ∅6-16	
	(Fortsetzung mit Beispiel 15.3)

15.5.4 Bemessungshilfsmittel

Es liegen Interaktionsdiagramme für schlanke Druckglieder [Schneider/Albert – 20], Dinamogramme [Kordina/Quast – 01], μ-Nomogramme [Kordina/Quast – 01] und *e/h*-Diagramme [Kordina/Quast – 01] vor. Die Interaktionsdiagramme weisen die Schlankheit λ auf und werden wie diejenigen für die Querschnittsbemessung (→ Kap. 7.11) angewendet.

Bei allen aufgeführten Diagrammen muss die zusätzliche Ausmitte infolge Theorie II. Ordnung nicht gesondert ermittelt werden, sie erfolgt im Zuge der Bemessung mit den Diagrammen.

Beispiel 15.3: Bemessung mit dem Interaktionsdiagramm für schlanke Druckglieder (Fortsetzung von Beispiel 15.2)

Gegeben:
- Skizzierter Rahmen lt. Beispiel 15.2
- Rahmenstützen sind durch Längswände senkrecht zur Zeichenebene nicht stabilititätsgefährdet.
- Baustoffgüten C20/25; B500

Gesucht: Bemessung der Stützen mit dem Interaktionsdiagramm für schlanke Druckglieder

Lösung:

Die Untersuchung, ob ein Stabilitätsnachweis zu führen ist, wird wie in Beispiel 15.2 durchgeführt.

$$\lambda = \frac{3{,}08}{0{,}058} = 53{,}1$$

(15.17): $\lambda = \frac{l_0}{i}$

$$e_e = \max\begin{cases} 0{,}6 \cdot 0{,}06 + 0{,}4 \cdot 0 = \underline{0{,}036\,\text{m}} \\ 0{,}4 \cdot 0{,}06 = 0{,}024\,\text{m} \end{cases}$$

(15.42): $e_e = \max\begin{cases} 0{,}6\, e_{02} + 0{,}4\, e_{01} \\ 0{,}4\, e_{02} \end{cases}$

$$e_i = \frac{1}{200} \cdot \frac{3{,}08}{2} = 0{,}008\,\text{m}$$

(15.13): $e_i = \theta_i \cdot \frac{l_0}{2}$

$$M_{\text{Ed1}} = -300 \cdot (0{,}036 + 0{,}008) = -13{,}2\,\text{kNm}$$

(15.25): $M_{\text{Ed1}} = N_{\text{Ed}} \cdot \left(e_e + e_i\right)$

$$\nu_{\text{Ed}} = \frac{-0{,}300}{0{,}30 \cdot 0{,}20 \cdot 11{,}3} = -0{,}443$$

(7.102): $\nu_{\text{Ed}} = \frac{N_{\text{Ed}}}{b \cdot h \cdot f_{\text{cd}}}$

$$\mu_{\text{Ed}} = \frac{|0{,}0132|}{0{,}30 \cdot 0{,}20^2 \cdot 11{,}3} = 0{,}097$$

(7.103): $\mu_{\text{Ed}} = \frac{|M_{\text{Ed}}|}{b \cdot h^2 \cdot f_{\text{cd}}}$

$$\omega_{\text{tot}} = 0{,}278$$

Ablesung aus Interaktionsdiagramm für $\lambda = 60$

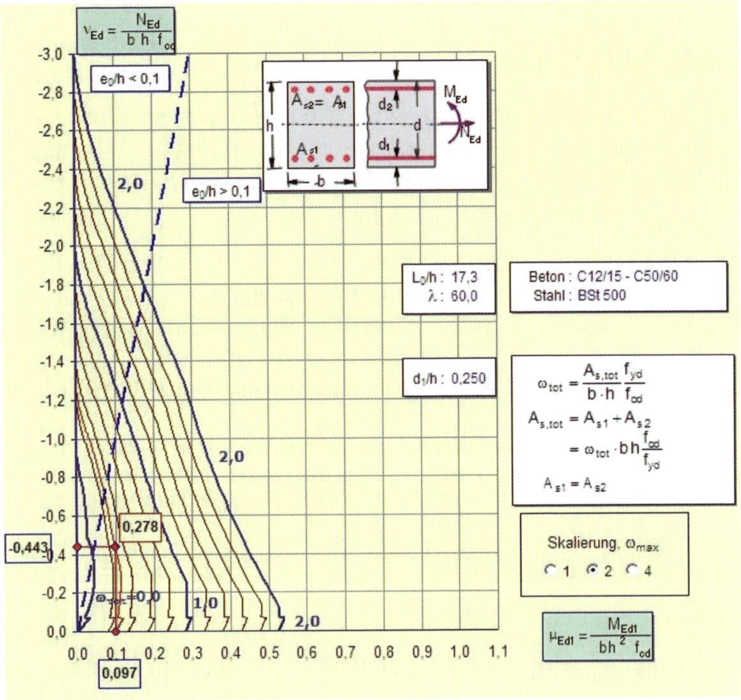

siehe [Schmitz/Goris – 01]

$$A_{\text{s,tot}} = 0{,}278 \cdot \frac{30 \cdot 20}{38{,}4} = 4{,}3\ \text{cm}^2$$

(7.105): $A_{\text{s,tot}} = \omega_{\text{tot}} \cdot \frac{b \cdot h}{f_{\text{yd}}/f_{\text{cd}}}$

$$A_{\text{s1}} = A_{\text{s2}} = \frac{A_{\text{s,tot}}}{2} = \frac{4{,}3}{2} = 2{,}2\ \text{cm}^2$$

Verteilung entsprechend der Vorgabe

Die weitere Berechnung erfolgt wie in Beispiel 15.2.

15.6 Stabilitätsnachweis am Einzelstab bei zweiachsigem Verformungseinfluss

15.6.1 Getrennte Nachweise in beiden Richtungen

Für Druckglieder, die nach beiden Richtungen ausweichen können, ist ein Nachweis für schiefe Biegung mit Längsdruckkraft zu führen. Vereinfachend ist jedoch ein Nachweis in Richtung der beiden Hauptachsen y und z zulässig, wenn das Verhältnis der bezogenen Lastausmitten Gl. (15.54) oder (15.55) erfüllt. Anschaulich gesehen muss die resultierende Längskraft in den schraffierten Bereichen von **Abb. 15.14** liegen. Zusätzlich muss das Verhältnis der Schlankheiten Gl. (15.56) und Gl. (15.57) erfüllen.

$$\left|\frac{e_{0z}/h}{e_{0y}/b}\right| \leq 0{,}2 \text{ oder} \tag{15.54}$$

$$\left|\frac{e_{0y}/b}{e_{0z}/h}\right| \leq 0{,}2 \tag{15.55}$$

e_{0y}; e_{0z} Lastausmitten in y- bzw. z-Richtung nach Theorie I. Ordnung ohne Berücksichtigung der ungewollten Ausmitte e_i

$$\frac{\lambda_y}{\lambda_z} \leq 2 \text{ und} \tag{15.56}$$

$$\frac{\lambda_z}{\lambda_y} \leq 2 \tag{15.57}$$

Getrennte Nachweise nach den oben genannten Bedingungen sind im Falle $e_{0z} > 0{,}2h$ (z-Richtung ist die Richtung mit der größeren Bauteilabmessung) nur dann zulässig, wenn der Nachweis in Richtung über die *schwächere* Achse mit einer reduzierten Höhe h_{red} geführt wird. Der Wert h_{red} darf unter der Annahme einer linearen Spannungsverteilung im Zustand I nach folgender Gl. bestimmt werden (**Abb. 15.14**):

$$\frac{N_{Ed}}{A_c} - \frac{N_{Ed} \cdot (e_{0z} + e_{iz})}{I_{cy}} \cdot \left(h_{red} - \frac{h}{2}\right) = 0 \tag{15.58}$$

Hieraus erhält man für einen Rechteckquerschnitt:

$$h_{red} = \frac{h}{2} + \frac{h^2}{12 \cdot (e_{0z} + e_{iz})} \tag{15.59}$$

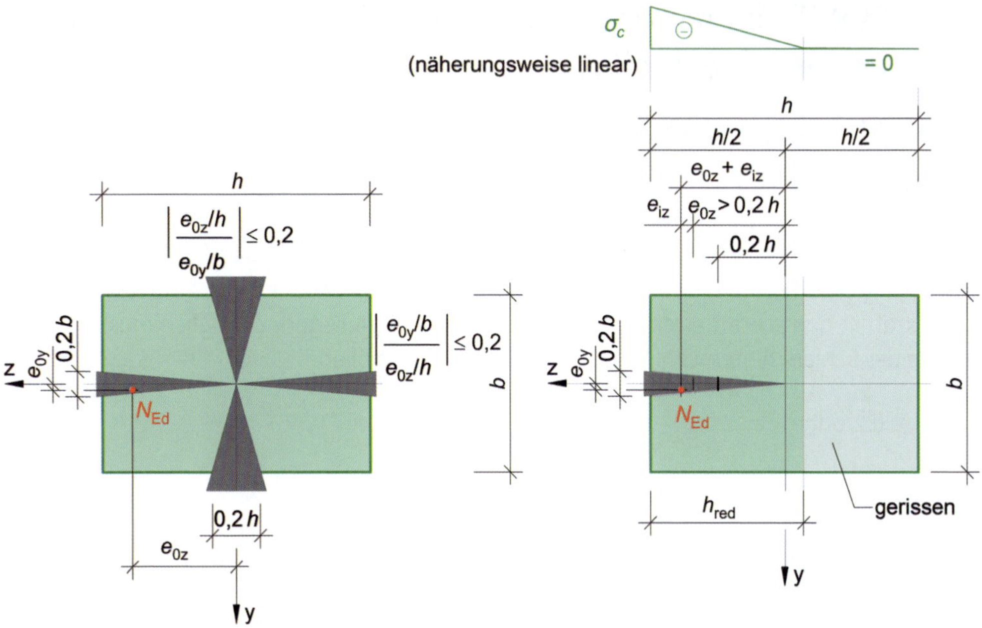

Abb. 15.14 *Lage der Längskraft beim getrennten Nachweis für beide Richtungen*

Beispiel 15.4: Bemessung einer zweiseitig verformungsbeeinflussten Stütze

Gegeben:
- In Beispiel 15.2 skizzierter Rahmen
- Rahmenstützen sind senkrecht zur Zeichenebene am Kopfpunkt durch Pfetten und Verbände horizontal unverschieblich gehalten.
- Baustoffgüten C20/25; B500

Gesucht: Bemessung der Stützen

Lösung:

Knicken ist in beiden Richtungen möglich. Das y-z-Koordinatensystem ist in der Skizze von Beispiel 15.2 angegeben (y-Richtung senkrecht zur Rahmenebene; z-Richtung in Rahmenebene). Gemäß der Definition von **Abb. 15.14** sind somit die Koordinatenrichtungen zu vertauschen, sodass die y-Richtung in Richtung der Rahmenebene zeigt.

$$e_{0y} = \frac{|-18|}{|-300|} = 0{,}06\,\mathrm{m}$$ (15.24): $e_0 = \frac{|M_{Ed}|}{|N_{Ed}|}$

$$\lambda_y = \frac{3{,}08}{0{,}058} = 53{,}1$$ (15.17): $\lambda = \frac{l_0}{i}$, Beispiel 15.2

$$e_{0z} = \frac{|0|}{|-300|} = 0\,\mathrm{m}$$ (15.24): $e_0 = \frac{|M_{Ed}|}{|N_{Ed}|}$

Das System ist senkrecht zur Rahmenebene horizontal unverschieblich; gelenkige Lagerung am Kopf- und am Fußpunkt

$\beta = 1{,}00$

$l_0 = 1{,}00 \cdot 4{,}0 = 4{,}00\,\text{m}$ — (15.14): $l_0 = \beta \cdot l$

$i = 0{,}289 \cdot 0{,}30 = 0{,}087\,\text{m}$ — (15.16): $i = 0{,}289\,h$

$\lambda_z = \frac{4{,}0}{0{,}087} = 46{,}0$ — (15.17): $\lambda = \frac{l_0}{i}$

$\left|\frac{e_y/b}{e_z/h}\right| = \left|\frac{0{,}06/0{,}20}{0/0{,}30}\right| = \infty > 0{,}2$ — (15.55): $\left|\frac{e_y/b}{e_z/h}\right| \le 0{,}2$

$\left|\frac{e_z/h}{e_y/b}\right| = \left|\frac{0/0{,}30}{0{,}06/0{,}20}\right| = 0 < 0{,}2$ — (15.54): $\left|\frac{e_z/h}{e_y/b}\right| \le 0{,}2$

$\frac{\lambda_y}{\lambda_z} = \frac{53{,}1}{46{,}0} = 1{,}15 \le 2$ — (15.56): $\frac{\lambda_y}{\lambda_z} \le 2$

Getrennter Nachweis in beiden Richtungen ist zulässig.

$e_{0z} = 0 < 0{,}06\,\text{m} = 0{,}2 \cdot 0{,}30$ — $e_{0z} > 0{,}2h$?

Beim Nachweis in Richtung der schwächeren Achse muss *nicht* mit einer reduzierten Breite gerechnet werden.

Knicken senkrecht zur Rahmenebene:

in Richtung der z-Achse gemäß **Abb. 15.14**

$\lambda_z = 46{,}0$

$v_{Ed} = \frac{-0{,}300}{0{,}30 \cdot 0{,}20 \cdot 11{,}3} = -0{,}443$ — (15.38): $v_{Ed} = \frac{N_{Ed}}{A_c \cdot f_{cd}}$

$|v_{Ed}| = |-0{,}443| = 0{,}443 > 0{,}41$ — (15.37): Fallunterscheidung

$$\lambda_{max} = \begin{cases} \frac{16}{\sqrt{|v_{Ed}|}} & \text{für } |v_{Ed}| < 0{,}41 \\ 25 & \text{für } |v_{Ed}| \ge 0{,}41 \end{cases}$$

$\lambda_{max} = 25$

$\lambda_z = 46{,}0 > 25{,}0 = \lambda_{max}$ — (15.36): $\lambda \le \lambda_{max}$?

Stabilitätsnachweis ist zu führen

$e_{0z} = 0$

$\theta_i = \frac{1}{100 \cdot \sqrt{4{,}0}} = \frac{1}{200}$ — (15.44): $\theta_i = \frac{1}{100 \cdot \sqrt{l}} \le \frac{1}{200}$

$e_{iz} = \frac{1}{200} \cdot \frac{4{,}00}{2} = 0{,}01\,\text{m}$ — (15.13): $e_i = \theta_i \cdot \frac{l_0}{2}$

$K_r \approx 1{,}0$

(15.49): $K_r \approx \frac{|n_{ud}| - |n_{Ed}|}{|n_{ud}| - |n_{bal}|} \leq 1{,}0$

$K_\varphi = 1{,}0$

Kap. 15.5.3: unverschiebliches System, Stütze an beiden Enden mit den lastabtragenden Bauteilen (Randriegel und Fundament) monolithisch verbunden

→ Kriechen vernachlässigbar

$d = 25\,\text{cm}$

Schätzwert

$\frac{1}{r} = K_r \cdot K_\varphi \cdot \frac{1}{r_0} = K_r \cdot K_\varphi \cdot \frac{\varepsilon_{yd}}{0{,}45 \cdot d}$

(15.48): $\frac{1}{r_0} = \frac{\varepsilon_{yd}}{0{,}45 \cdot d}$

$= 1{,}0 \cdot 1{,}0 \cdot \frac{500/(200000 \cdot 1{,}15)}{0{,}45 \cdot 0{,}25}$

(15.47): $\frac{1}{r} = K_r \cdot K_\varphi \cdot \frac{1}{r_0}$

$= 19{,}3 \cdot 10^{-3}\,\text{m}^{-1}$

(15.46): $K_1 = \begin{cases} \frac{\lambda}{10} - 2{,}5 & \text{für } 25 \leq \lambda \leq 35 \\ 1 & \lambda > 35 \end{cases}$

$\lambda_z = 46{,}0$: $K_1 = 1$

$e_{2z} = 1 \cdot 19{,}3 \cdot 10^{-3} \cdot \frac{4{,}00^2}{10} = 0{,}031\,\text{m}$

(15.45): $e_2 = K_1 \cdot \left(\frac{1}{r}\right) \cdot \frac{l_0^2}{10}$

$e_{tot,z} = 0{,}00 + 0{,}01 + 0{,}031 = 0{,}041\,\text{m}$

(15.43): $e_{tot} = e_0 + e_i + e_2$

$M_{Ed2y} = -300 \cdot 0{,}041 = -12{,}3\,\text{kNm}$

(15.26): $M_{Ed2} = N_{Ed} \cdot e_{tot}$

Knicken in Rahmenebene:

in Richtung der y-Achse gemäß **Abb. 15.14**

Der Nachweis ist identisch mit dem in Beispiel 15.2. Das Moment nach Theorie II. Ordnung wird daher diesem Beispiel direkt entnommen:

$M_{Ed2z} = -300 \cdot 0{,}075 = -22{,}5\,\text{kNm}$

(15.26): $M_{Ed2} = N_{Ed} \cdot e_{tot}$

Bemessung:

Die Möglichkeit einer achsengetrennten Bemessung wird genutzt.

$|M_{Ed2z}| = 22{,}5\text{ kNm}$

$N_{Ed} = -300\text{ kN}$

Bemessungsschnittgrößen in Rahmenebene (Biegemoment um die schwache Achse, z-Achse, gemäß **Abb. 15.14**)

$|M_{Ed2y}| = 12{,}3\text{ kNm}$

$N_{Ed} = -300\text{ kN}$

Bemessungsschnittgrößen senkrecht zur Rahmenebene (Biegemoment um die starke Achse, y-Achse, gemäß **Abb. 15.14**)

Die Bemessung um die schwache Achse kann Beispiel 15.2 entnommen werden. Der Nachweis um die starke Achse wird bei Anordnung einer symmetrischen Eckbewehrung nicht maßgebend.	
$A_{s,tot} = 4{,}2\ \text{cm}^2$	Beispiel 15.2
gew.: 4 ∅14 in den Ecken mit $A_{s,vorh} = 6{,}2\ \text{cm}^2$	
gew.: Bü ∅6-16	

15.6.2 Nachweis für schiefe Biegung

Sofern der Nachweis nicht getrennt für beide Richtungen geführt werden darf, muss ein Nachweis für schiefe Biegung mit Längsdruckkraft geführt werden. Hierbei werden die Zusatzausmitten für jede Achsrichtung analog zu Kap. 15.4.2 ermittelt und anschließend eine Bemessung nach Kap. 7.11.3 vorgenommen.

15.7 Kippen schlanker Balken

Bei schlanken, auf Biegung beanspruchten Bauteilen kann die Gefahr des Biegedrillknickens (seitliches Ausweichen der Druckzone verbunden mit einer Drehung des Bauteils um seine Stabachse, lateral buckling) bestehen (**Abb. 15.15**). Im Ortbetonbau sind die Balken i.d.R. seitlich gehalten, und im Gegensatz zum Fertigteilbau kann auf einen Nachweis verzichtet werden. Wenn die Kippsicherheit des Trägers nicht zweifelsfrei feststeht, muss sie nachgewiesen werden. Der Nachweis wird erbracht bei Erfüllung nachfolgender Gleichungen.

- Ständige Bemessungssituationen (→ EC 0, 3.2):

$$\frac{l_{0t}}{b} \leq 50 \cdot \sqrt[3]{\frac{b}{h}} \quad \text{und} \quad \frac{h}{b} \leq 2{,}5 \tag{15.60}$$

- Vorübergehende Bemessungssituationen (→ EC 0, 3.2):

$$\frac{l_{0t}}{b} \leq 70 \cdot \sqrt[3]{\frac{b}{h}} \quad \text{und} \quad \frac{h}{b} \leq 3{,}5 \tag{15.61}$$

l_{0t} Länge des Druckgurtes zwischen den seitlichen Abstützungen

b Breite des Druckgurtes

h Höhe des Trägers im mittleren Bereich von l_{0t}

In diesem Fall ist die Druckzone so breit, dass die möglichen Abtriebskräfte infolge des Kippens über Querbiegung im Balken zu den Gabellagerungen der Auflager übertragen werden können. Im Obergurt sind (geschlossene) Bügel anzuordnen, deren horizontale Schenkel die Querkraft aus einer möglichen Kippbeanspruchung abtragen. Wenn Gl.

(15.60) bzw. (15.61) erfüllt wird, ist der Balken nicht auf Torsion beansprucht, auch wenn die weitere lastabtragende Konstruktion (Auflager) für ein Moment bemessen wird, das aus einem Torsionsmoment resultiert.

Sofern keine genaueren Angaben vorliegen, ist die Auflagerkonstruktion so zu bemessen, dass sie mindestens folgendes Torsionsmoment T_{Ed} aufnehmen kann:

$$T_{Ed} = V_{Ed} \cdot \frac{l_{eff}}{300} \tag{15.62}$$

Dieses Torsionsmoment stellt für die Gabellagerung und die Stütze ein Biegemoment dar und ist bei der Schnittgrößenermittlung der Stütze zusätzlich zu den planmäßigen Beanspruchungen zu berücksichtigen.

Falls die Näherungsgleichung Gl. (15.60) bzw. (15.61) nicht erfüllt wird, ist ein genauer Nachweis zu führen (z.B. [Hahn/Steinle – 95]).

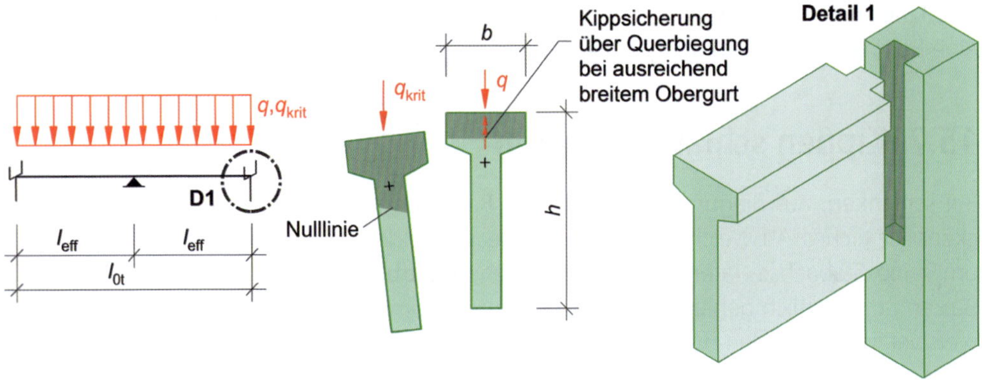

Abb. 15.15 *Kippen schlanker Fertigteil-Träger*

16 Brandschutznachweis

16.1 Tragverhalten von Stahlbetonbauteilen unter Brandbeanspruchung

16.1.1 Allgemeines

Unter Brandschutz werden die drei Aufgaben

- Erhalten der *Tragfähigkeit* des Bauteils/Bauwerks für die unter Brandeinwirkung auftretenden Einwirkungen,
- Sicherstellen des *Raumabschluss*es (bei Wänden und Decken) des brennenden Bauteils, um einen Feuerüberschlag zu verhindern,
- Erfüllen einer *Mindestwärmedämmung*, um eine Selbstentzündung in Nachbarräumen zu verhindern

verstanden. Der folgende Abschnitt bezieht sich vornehmlich auf den erstgenannten Punkt und konzentriert sich auf die Stahlbetonbauweise. Hinsichtlich allgemeiner Grundkenntnisse wird z.B. auf [Mehlhorn – 96] verwiesen.

Die Werkstoffgesetze für Beton (**Abb. 2.7**) und Betonstahl (**Abb. 2.17**) unter Hochtemperatur gelten in Abhängigkeit von den unterschiedlichen Temperaturen im Bauteil. In **Abb. 16.1** sind Isothermen eines doppelt symmetrischen Stützenquerschnitts dargestellt. Mit zunehmender Branddauer erwärmt sich das Bauteil. Es ist zu erkennen, dass bis zu 60 Minuten Branddauer nur in der Betondeckung so hohe Temperaturen herrschen, dass die Betonfestigkeit deutlich abfällt. Die kritische Temperatur von 400 °C wird in der Längsbewehrung noch nicht erreicht, im Betonstahl tritt somit nur ein geringer Festigkeitsabfall auf. Das Bauteil kann die quasi-ständigen Lasten aufnehmen. Bei längerer Brandeinwirkung verlieren sowohl der Beton in den inneren Bereichen als auch der Betonstahl zunehmend die Festigkeit, und der Bauteilwiderstand der Stütze sinkt deutlich. Bei Feuerwiderstandsklassen ≥ R 120 wird der Brandschutznachweis maßgebend für die Bauteilabmessungen und die Bewehrungsmenge.

Die Geschwindigkeit der Erwärmung ist (bei dem vorausgesetzten Normbrand) wesentlich vom Verhältnis der beflammten Oberfläche A_m zum Bauteilvolumen V abhängig. Dieses Verhältnis wird mit Profilfaktor bezeichnet (A_m/V-Wert). Hierin geht auch ein, ob das Bauteil allseitig beflammt (freistehende Stütze) oder einseitig beflammt (Wand, Decke) ist. Der Bauteilwiderstand ist bei Brandeinwirkung eine Funktion der Zeit $R_d(t)$.

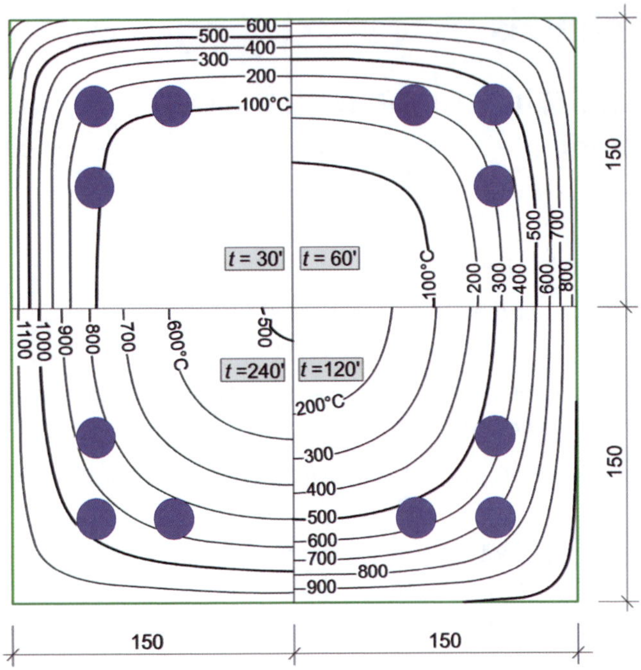

Abb. 16.1 *Berechnete Temperaturverläufe in einer Stütze bei unterschiedlicher Dauer der Brandeinwirkung*

Auch die Brandeinwirkung selbst ist eine Funktion der Zeit $E_{Ad,fi}(t)$. Damit wird auch die Summe der Einwirkungen $E_{d,fi}(t)$ zeitabhängig (**Abb. 16.2**). Da entsprechend Gl. (6.21) bzw. (6.24) die häufige Kombination $E_{d,frequ}$ zugrunde zu legen ist, ist die Beanspruchung bei Brandentstehung geringer als E_d.

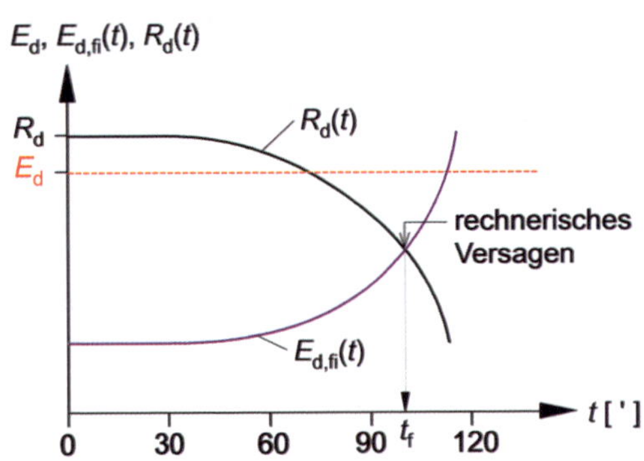

E_d Beanspruchung im GZT unter der seltenen Lastkombination

$E_{d,fi}(t)$ steigt infolge der Brandausbreitung und Temperaturerhöhung

$R_d(t)$ sinkt infolge der temperaturbedingten Entfestigung

Abb. 16.2 *Temperatur- und zeitabhängige Einwirkungen und Widerstände im Brandfall*

16.1.2 Tragverhalten unterschiedlicher Bauteile

Stützen

Freistehende Stützen sind die Bauteile, die sich bei Brandeinwirkung besonders ungünstig verhalten. Zum einen ist der Profilfaktor durch die allseitige Brandeinwirkung klein, zum anderen sinkt die Steifigkeit der Stütze unter Brandeinwirkung, und die Verformung nimmt zu. Hierdurch erhöhen sich die Momentenanteile aus Theorie II. Ordnung. Günstig wirkt sich aus, dass die Stützen im Hochbau üblich als oben und unten gelenkig gelagert angesehen werden (**Abb. 5.1**), tatsächlich jedoch eine Einspannung vorliegt.

Wände

Wände sind einseitig beflammt und haben einen günstigeren Profilfaktor. Im Vergleich zur Eckbewehrung bei Stützen, die durch den zweiseitigen Angriff besonders schnell erwärmt wird (**Abb. 16.1**), ist der Wärmestrom nur eindimensional, und die Bewehrung behält bei sonst gleichen Randbedingungen länger die Festigkeit. Da Wände ebenfalls wie Stützen Druckglieder sind, ist auch hier der Verformungszuwachs bei den Schnittgrößen zu berücksichtigen.

Decken

Die ungünstigere Brandeinwirkung ist Brand von unten, da Decken im Hochbau auf der Oberseite einen (schwimmenden) Estrich aufweisen, der als Wärmedämmung wirkt. Ein Versagen wird dann eintreten, wenn die Festigkeitsabnahme der Biegezugbewehrung entsprechend weit fortgeschritten ist. Während bei einem statisch bestimmten System keine Möglichkeit der Momentenumlagerung besteht, treten bei statisch unbestimmten (durchlaufenden) Systemen Momentenumlagerungen ein. Infolge der Erwärmung von unten biegt sich die Decke durch. Über den Stützen wird dadurch ein negatives Biegemoment erzeugt. Die hier vorhandene Bewehrung liegt auf der dem Brand abgewandten Seite und behält die volle Festigkeit. Sie kann das zusätzliche Stützmoment daher gut aufnehmen. Durch diese Tragwirkung werden die Feldmomente verringert. Durchlaufende biegebeanspruchte Stahlbetonbauteile zeigen daher ein sehr günstiges Verhalten bei Brandeinwirkung.

Plattenbalken

Plattenbalken verhalten sich nicht ganz so günstig wie Decken mit ebener Untersicht, da die Biegezugbewehrung im Unterzug ähnlich der Stützenbewehrung einem zwei- bzw. dreiseitigen Brandangriff ausgesetzt ist. Die Bewehrung erreicht daher eher eine kritische Temperatur.

16.2 Konzept des Brandschutznachweises

Der Brandschutznachweis kann grundsätzlich mit drei verschiedenen Verfahren geführt werden.

- *Nachweis klassifizierter Bauteile mit tabellarischen Daten (Stufe 1)*

  Der Nachweis wird nicht über den tatsächlichen Brandverlauf innerhalb eines Bauwerks geführt, sondern auf Basis des Normbrandes (<u>E</u>inheits-<u>T</u>emperatur-Zeit<u>k</u>urve,

ETK). Für einzelne Bauteile wurden anhand dieses Normbrandes Mindestabmessungen und ein (gegenüber der Grundkombination) reduzierter Ausnutzungsgrad festgelegt (→ Kap. 16.3).

- *Nachweis mit einem vereinfachten Verfahren (Stufe 2)*

  Der Nachweis wird über den tatsächlichen Brandverlauf geführt. Infolge der temperaturbedingten Reduzierung der Baustofffestigkeiten sinkt der Bauteilwiderstand. Dies wird über eine rechnerische Verminderung der Bauteilabmessungen erfasst. Die durch den Brand zerstörten oberflächennahen Bereiche des Bauteilquerschnitts werden nicht berücksichtigt. Mit dem so reduzierten Restquerschnitt werden die Einwirkungen analog zu den Nachweisen bei Normaltemperatur den infolge Hochtemperatur reduzierten Bauteilwiderständen gegenübergestellt.

- *Allgemeines Rechenverfahren (Stufe 3)*

  Der Nachweis wird über den sich infolge des tatsächlichen Brandverlaufs ergebenden Temperaturverlauf geführt. Im Rahmen dieser thermischen Analyse werden die (Verformungen und) Temperaturen im Bauteilquerschnitt und die sich daraus ergebenden Materialkennwerte für Beton und Betonstahl berechnet. Diese bilden die Eingangswerte für die Berechnung des Bauteilwiderstandes (mechanische Analyse).

In Deutschland erfolgt der Brandschutznachweis auf Basis von EC 2-1-2 mit zugehörigem Nationalen Anhang EC 2-1-2. Da Stahlbetonbauteile über einen guten Bauteilwiderstand gegenüber Brandeinwirkung verfügen, reicht die einfachste Möglichkeit des Nachweises (Stufe 1) in vielen Fällen aus. Nur dieses Verfahren wird nachfolgend behandelt.

16.3 Brandschutznachweis für klassifizierte Stahlbetonbauteile

16.3.1 Allgemeines

Klassifizierte Stahlbetonbauteile werden in EC 2-1-2, 5 beschrieben. Grundlage für die Bemessung ist die kritische Temperatur θ_{cr} des Betonstahls (θ_{cr} = 500 °C). Die kritische Temperatur ist die Temperatur, bei der die Bruchspannung des Stahls auf die im Bauteil vorhandene Stahlspannung absinkt. Sie darf bei Stahlbetonbauteilen näherungsweise zu (**Abb. 16.3**)

$$\sigma_{s,fi} = 0{,}6 f_{yk} \tag{16.1}$$

angenommen werden.

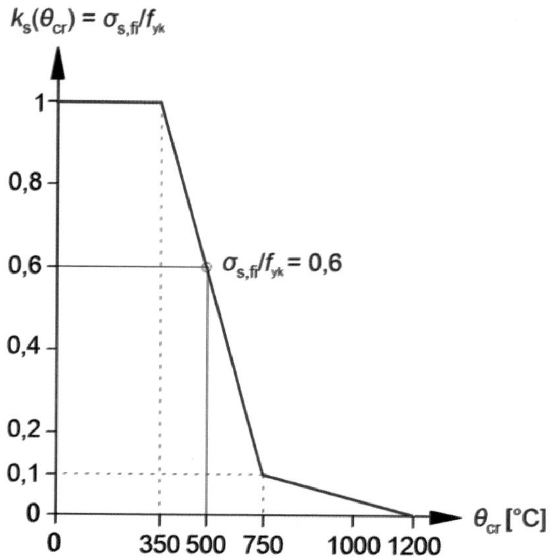

Abb. 16.3 *Ausnutzungsgrad von Betonstählen in Abhängigkeit von der kritischen Temperatur*

Der Nachweis erfolgt in den Teilschritten:

- *Einhalten von Mindestabmessungen bzw. Mindestquerschnitten*

  Hiermit wird ein Wärmespeichervermögen sichergestellt und die Erhöhung der Bauteiltemperatur begrenzt.

- *Einhalten von Mindestabständen der Bewehrung zur beflammten Oberfläche*

  Dies ist der Achsabstand a der Bewehrung, gemessen von der beflammten Oberfläche. Durch einen entsprechenden Achsabstand kann die Temperaturerhöhung in der Bewehrung begrenzt werden. Bei Balken wird zur Berücksichtigung von Temperaturkonzentrationen in der Balkenecke bei einlagiger Bewehrung der seitliche Abstand a_{sd} des Eckstabes definiert. Bei Stabbündeln ist die Schwerachse des Bündels zu verwenden, bei mehrlagiger Bewehrung (oder unterschiedlichen Durchmessern) die Schwerachse aus allen Lagen (Durchmessern).

  $$a_{\text{vorh}} \leq a \tag{16.2}$$

  Sofern sich die Gl. (16.2) nicht erfüllen lässt, ist die Betondeckung entsprechend zu erhöhen.

- *Einhalten eines Ausnutzungsgrades des Betons*

  Eine Begrenzung des Ausnutzungsgrades für die beflammte Druckzone ist in EC 2-1-2, 5 explizit nicht vorgesehen. In EC 2-1-2, 5.6.3, (5) und (6) werden Hinweise zu Mindeststegdicken und Mindestbalkenbreiten bei Durchlaufträgern gegeben.

16.3.2 Biegebeanspruchte Bauteile

Balken sind in der Regel drei- (z. B. Plattenbalken) bis vierseitig (freier Balken) beflammt. Weiterhin wird unterschieden zwischen statisch bestimmten (EC 2-1-2, 5.6.2) und statisch unbestimmten (EC 2-1-2, 5.6.3) Balken. Bei statisch unbestimmten Balken ist die Momentenumlagerung (→ Kap. 5.4.3) auf 15 % zu begrenzen (EC 2-1-2, 5.6.3, (2). Die Mindestbreite b_{min} und der Mindestachsabstand a der Längsbewehrung von statisch bestimmten Stahlbetonbalken aus Normalbeton bei dreiseitiger Brandbeanspruchung sind in **Tafel 16.1** (EC 2-1-1, 5.6.2, Tabelle 5.5) dargestellt. Bei statisch bestimmt gelagerten Biegebauteilen, bei denen die kritische Temperatur θ_{cr} nach **Abb. 16.3** unterhalb 500 °C liegt, dürfen die in **Tafel 16.1** dargestellten Mindestachsabstände der Längsbewehrung um Δa nach EC 2-1-2, 5.2, (7) noch reduziert werden. Dies ist jedoch nur zu empfehlen, wenn eine Erhöhung der Betondeckung, z.B. bei Bauteilen im Bestand, nicht möglich ist.

Feuerwiderstandsklasse	**Mindestmaße [mm]** **Mögliche Kombinationen von a und b_{min}** **a: mittlerer Achsabstand zur Bauteilunterkante** **b_{min}: Mindestbalkenbreite**				**Mindeststegdicke b_w**
1	**2**	**3**	**4**	**5**	**6**
R 30	b_{min} = 80	120	160	200	80
	a = 25	20	15	15	
R 60	b_{min} = 120	160	200	300	100
	a = 40	35	30	25	
R 90	b_{min} = 150	200	300	400	100
	a = 55	45	40	35	
R 120	b_{min} = 200	240	300	500	120
	a = 65	60	55	50	
R 180	b_{min} = 240	300	400	600	140
	a = 80	70	65	60	
R 240	b_{min} = 280	350	500	700	160
	a = 90	80	75	70	

a_{sd}: seitlicher Achsabstand $a_{sd} = a + 10\text{ mm}$[a)]

a) Der seitliche Achsabstand der Eckstäbe ist bei 1-lagiger Bewehrung gegenüber dem maßgebenden Mindestachsabstand a um 10 mm zu vergrößern, allerdings nur für kleinere oder gleiche b_{min}-Werte als die nach Spalte 4.

Tafel 16.1 *Mindestbreite b_{min} und Mindestachsabstand a der Längsbewehrung von statisch bestimmten Stahlbetonbalken aus Normalbeton bei dreiseitiger Brandbeanspruchung*

16.3.3 Stützen

Druckglieder sind - wie bereits erwähnt - stärker gefährdet als biegebeanspruchte Bauteile, da die Auswirkungen der zusätzlich beim Brand entstehenden Verformungen in die Theorie II. Ordnung eingehen. Die Anwendung von **Tafel 16.2** (EC 2-1-1, 5.3.2, Tabelle 5.2a) zur Bestimmung der Mindestbreite und des Mindestachsabstands der Längsbewehrung ist nur möglich, wenn die nachfolgend aufgeführten Randbedingungen erfüllt werden.

- Stützenenden horizontal unverschieblich gehalten (ausgesteiftes Gebäude)
- $\rho < 0{,}04$ Bewehrungsgrad der Stütze
- $\mu_{fi} \leq 0{,}70$ Ausnutzungsgrad der Stütze nach Gl. (16.3)
- $l_{0,fi} \leq 6{,}00$ m Ersatzlänge der Stütze mit Rechteckquerschnitt im Brandfall
- $l_{0,fi} \leq 5{,}00$ m Ersatzlänge der Stütze mit Kreisquerschnitt im Brandfall (Entwurf EC 2-1-2/NA/A1, Änderung zu NCI 5.3.2 (2))

Die Ersatzlänge $l_{0,fi}$ der Stütze im Brandfall kann in allen Fällen mit l_0 bei Normaltemperatur (→ 15.3.3) gleichgesetzt werden. Für Bauwerke mit einer erforderlichen Feuerwiderstandsdauer größer als 30 Minuten darf die Ersatzlänge für Stützen in innen liegenden Geschossen zu 0,5 l und für Stützen im obersten Geschoss zu $0{,}5l \leq l_{0,fi} \leq 0{,}7l$ angenommen werden. Dabei ist l die Stützenlänge zwischen den Einspannstellen. Die Stützenenden müssen rotationsbehindert (z.B. durch monolithische Bauweise) an die anderen kälteren Bauteile angeschlossen sein.

Feuerwiderstandsklasse	**Mindestmaße [mm]** – **Stützenbreite b_{min} / Achsabstand a** – **Mehrseitige Brandbeanspruchung**			**Einseitige Brandbeanspruchung**
	$\mu_{fi} = 0{,}2$	$\mu_{fi} = 0{,}5$	$\mu_{fi} = 0{,}7$	$\mu_{fi} = 0{,}7$
1	**2**	**3**	**4**	**5**
R 30	200/25	200/25	200/32	155/25
			300/27	
R 60	200/25	200/36	250/46	155/25
		300/31	350/40	
R 90	200/31	300/45	350/53	155/25
	300/25	400/38	450/40[a)]	
R 120	250/40	350/45[a)]	350/57[a)]	175/35
	350/35	450/40[a)]	450/51[a)]	

Feuerwiderstandsklasse	Mindestmaße [mm] Stützenbreite b_{min} / Achsabstand a			
	Mehrseitige Brandbeanspruchung			Einseitige Brandbeanspruchung
	$\mu_{fi} = 0{,}2$	$\mu_{fi} = 0{,}5$	$\mu_{fi} = 0{,}7$	$\mu_{fi} = 0{,}7$
1	2	3	4	5
R 180	350/45[a)]	350/63[a)]	450/70[a)]	230/55
R 240	350/61[a)]	450/75[a)]	–	295/70

[a)] Mindestens 8 Stäbe

Tafel 16.2 *Mindestbreite b_{min} und Mindestachsabstand a_{min} der Längsbewehrung von Stahlbetonstützen aus Normalbeton bei mehrseitiger Brandbeanspruchung*

Zur Auswertung von **Tafel 16.2** ist der Ausnutzungsgrad μ_{fi} zu bestimmen:

$$\mu_{fi} = \frac{N_{Ed,fi}}{N_{Rd}} \tag{16.3}$$

$N_{Ed,fi}$ Bemessungswert der vorhandenen Längskraft im Brandfall nach Gl. (6.15) oder (6.16)

N_{Rd} Berechnung mit den Materialsicherheitsbeiwerten für Normaltemperatur sowie unter Berücksichtigung von Verformungseinflüssen infolge Theorie II. Ordnung bei einer über die Stützenlänge konstant anzunehmenden Lastausmitte in der Größe der Ausmitte von $N_{Ed,fi}$. Für die Ersatzlänge l_0 der Stütze ist mindestens die Stützenlänge zwischen den Auflagerpunkten anzusetzen.

Alternativ zur Anwendung von **Tafel 16.2** kann die Feuerwiderstandsdauer R in [min] nach Gl. (16.4) explizit berechnet werden. Hierbei sind folgende Randbedingungen einzuhalten.

- Stützenenden horizontal unverschieblich gehalten (ausgesteiftes Gebäude)
- $\rho < 0{,}04$ Bewehrungsgrad der Stütze
- $\mu_{fi} \leq 0{,}70$ Ausnutzungsgrad der Stütze nach Gl. (16.3)
- $l_{0,fi} \leq 6{,}00$ m Ersatzlänge der Stütze mit Rechteckquerschnitt im Brandfall
- $l \leq 6{,}00$ m Stützenlänge der Stütze mit Rechteckquerschnitt (Entwurf EC 2-1-2/NA/A1, Änderung zu NCI 5.3.2 (4))
- $l_{0,fi} \leq 5{,}00$ m Ersatzlänge der Stütze mit Kreisquerschnitt im Brandfall
- $l \leq 5{,}00$ m Stützenlänge der Stütze mit Kreisquerschnitt (Entwurf EC 2-1-2/NA/A1, Änderung zu NCI 5.3.2 (4))

$$R = 120 \cdot \left(\frac{R_{\eta\text{fi}} + R_\text{a} + R_\text{l} + R_\text{b} + R_\text{n}}{120}\right)^{1,8} \; [\text{min}] \tag{16.4}$$

$$R_{\eta\text{fi}} = 83 \cdot \left(1{,}00 - \mu_\text{fi} \cdot \frac{1 + \omega}{0{,}85/\alpha_\text{cc} + \omega}\right) \tag{16.5}$$

ω mechanischer Bewehrungsgrad unter Normaltemperatur mit $\omega = (A_\text{s} \cdot f_\text{yd})/(A_\text{c} \cdot f_\text{cd})$

$\alpha_\text{cc} = 0{,}85$

$$R_\text{a} = 1{,}6 \cdot (a - 30) \tag{16.6}$$

a Achsabstand der Längsbewehrung in mm mit $25\text{ mm} \le a \le 80\text{mm}$

$$R_\text{l} = 9{,}6 \cdot (5{,}00 - l_{0,\text{fi}}) \tag{16.7}$$

$l_{0,\text{fi}}$ Ersatzlänge der Stütze in m im Brandfall

→ Randbedingungen zu Gl. (16.4)

$$R_\text{b} = 0{,}09 \cdot b' \tag{16.8}$$

$b' = 2A_\text{c}/(b + h)$ für Rechteckquerschnitte in mm

$b' = \varnothing_\text{col}$ für Kreisquerschnitte in mm

$200\text{ mm} \le b' \le 450\text{ mm und } h \le 1{,}5 \cdot b$

$$R_\text{n} = \begin{cases} 0 & \text{für } n = 4 \\ 12 & \text{für } n > 4 \end{cases} \tag{16.9}$$

n Anzahl der Bewehrungsstäbe

16.3.4 Andere Bauteile

Die im Teil 2 behandelten Flächentragwerke (Wände, Decken, Scheiben usw.) können in analoger Weise als klassifizierte Bauteile nach EC 2-1-2, 5 nachgewiesen werden.

Beispiel 16.1: Brandschutznachweis einer Stütze

Gegeben:
- Stütze mit Bemessung in Beispiel 15.2
- $N_\text{Ed} = -300\,\text{kN}$
- $M_\text{Ed} = -18\,\text{kNm}$
- $l = 4{,}0\,\text{m}$
- $b/h = 300/200\,\text{mm}$, C20/25, B500
- Feuerwiderstandsklasse R 60

Gesucht:
- Brandschutznachweis

Lösung:

Berechnung des Ausnutzungsgrades μ_{fi}

$l_0 \geq l = 4{,}00\text{ m}$

Erläuterungen zu (16.3): Für die Ersatzlänge l_0 zur Bestimmung von N_{Rd} ist mindestens die Stützenlänge anzusetzen.

$e_0 = \max(e_{01}, e_{02}) = \text{const.}$

Erläuterungen zu (16.3): Die Ausmitte ist konstant über die Stützenlänge anzunehmen.

Erhöhung der Längsbewehrung von 4 ∅14 auf 4 ∅20 mit $A_{s,vorh} = 12{,}6\text{ cm}^2$

Schätzwert. Die Bewehrung wurde im Vorfeld schon erhöht, da Ersatzlänge und Ausmitte bei der Bemessung in Beispiel 15.2 günstiger angenommen werden durften.

$N_{Ed,fi} = 0{,}7 \cdot (-300) = -210\text{kN}$ — (6.16): $E_{d,fi} = 0{,}70 \cdot E_d$

$M_{Ed,fi} = 0{,}7 \cdot (-18) = -12{,}6\text{kNm}$ — (6.16): $E_{d,fi} = 0{,}70 \cdot E_d$

Bestimmung von N_{Rd}

$i = 0{,}289 \cdot 0{,}20 = 0{,}058\text{m}$ — (15.16): $i = 0{,}289h$

$\lambda = \frac{4{,}00}{0{,}058} = 69{,}0$ — (15.17): $\lambda = \frac{l_0}{i}$

$e_{0,fi} = \frac{|-12{,}6|}{|-210|} = 0{,}06$ — (15.24): $e_0 = \frac{|M_{Ed}|}{|N_{Ed}|}$

$\theta_i = \frac{1}{100 \cdot \sqrt{4{,}0}} = \frac{1}{200}$ — (15.44): $\theta_i = \frac{1}{100 \cdot \sqrt{l}} \leq \frac{1}{200}$

$e_{i,fi} = \frac{1}{200} \cdot \frac{4{,}00}{2} = 0{,}01\text{m}$ — (15.13): $e_i = \theta_i \cdot \frac{l_0}{2}$

$K_r \approx 1{,}0$ — (15.49): $K_r \approx \frac{|n_{ud}| - |n_{Ed}|}{|n_{ud}| - |n_{bal}|} \leq 1{,}0$

$d_1 = d_2 = 35 + 6 + \frac{20}{2} = 51\text{mm} \approx 50\text{mm}$ — $d_1 = d_2 = c_{v,l} + \varnothing_{bü} + e$

$d = 15\text{cm}$ — $d = h - d_1$

$K_\varphi = 1{,}0$ — Kriechen vernachlässigbar → Beispiel 15.2

$$\frac{1}{r} = K_r \cdot K_\varphi \cdot \frac{1}{r_0} = K_r \cdot K_\varphi \cdot \frac{\varepsilon_{yd}}{0{,}45 \cdot d}$$

$$= 1{,}0 \cdot 1{,}0 \cdot \frac{500/(200000 \cdot 1{,}15)}{0{,}45 \cdot 0{,}15} = 32{,}2 \cdot 10^{-3}\text{m}^{-1}$$

(15.48): $\frac{1}{r_0} = \frac{\varepsilon_{yd}}{0{,}45 \cdot d}$

(15.47): $\frac{1}{r} = K_r \cdot K_\varphi \cdot \frac{1}{r_0}$

(15.46):

$$K_1 = \begin{cases} \frac{\lambda}{10} - 2{,}5 & \text{für } 25 \le \lambda \le 35 \\ 1 & \lambda > 35 \end{cases}$$

$\lambda = 69{,}0$: $K_1 = 1$

$$e_{2,\text{fi}} = 1 \cdot 32{,}2 \cdot 10^{-3} \cdot \frac{4{,}00^2}{10} = 0{,}052\,\text{m}$$ (15.45): $e_2 = K_1 \cdot \left(\frac{1}{r}\right) \cdot \frac{l_0^2}{10}$

$$e_{\text{tot,fi}} = 0{,}06 + 0{,}01 + 0{,}052 = 0{,}122\,\text{m}$$ (15.43): $e_{\text{tot}} = e_0 + e_i + e_2$

$$M_{\text{Ed2,fi}} = -210 \cdot 0{,}122 = -25{,}6\,\text{kNm}$$ (15.26): $M_{\text{Ed2}} = N_{\text{Ed}} \cdot e_{\text{tot}}$

$$\nu_{\text{Ed,fi}} = \frac{-0{,}210}{0{,}30 \cdot 0{,}20 \cdot 11{,}3} = -0{,}31$$ (7.102): $\nu_{\text{Ed}} = \frac{N_{\text{Ed}}}{b \cdot h \cdot f_{\text{cd}}}$

$$\mu_{\text{Ed,fi}} = \frac{|-0{,}0256|}{0{,}30 \cdot 0{,}20^2 \cdot 11{,}3} = 0{,}19$$ (7.103): $\mu_{\text{Ed}} = \frac{|M_{\text{Ed}}|}{b \cdot h^2 \cdot f_{\text{cd}}}$

$$\omega_{\text{vorh}} = \frac{12{,}6}{20 \cdot 30} \cdot \frac{435}{11{,}3} = 0{,}808 \approx 0{,}80$$ (7.104): $\omega_{\text{vorh}} = \frac{A_{\text{s,vorh}}}{b \cdot h} \cdot \frac{f_{\text{yd}}}{f_{\text{cd}}}$

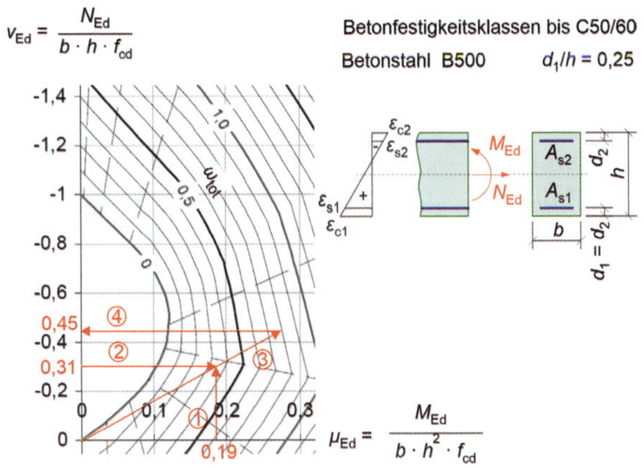

Wahl des richtigen Interaktionsdiagramms → Kap. 7.11

Beim Brandschutznachweis wird der Bauteilwiderstand N_{Rd} benötigt, deshalb wird ω_{vorh} ermittelt und damit ν_{Rd} mit dem Diagramm bestimmt.

$\nu_{\text{Rd}} = -0{,}45$ — siehe Diagramm

$$N_{\text{Rd}} = -0{,}45 \cdot 0{,}2 \cdot 0{,}3 \cdot 11{,}3 = -0{,}305\,\text{MN}$$ (7.102): $\nu_{\text{Ed}} = \frac{N_{\text{Rd}}}{b \cdot h \cdot f_{\text{cd}}} \Leftrightarrow N_{\text{Rd}} = \nu_{\text{Ed}} \cdot b \cdot h \cdot f_{\text{cd}}$

$$\mu_{\text{fi}} = \frac{N_{\text{Ed,fi}}}{N_{\text{Rd}}} = \frac{0{,}210}{0{,}305} = 0{,}69 \le 0{,}70$$ (16.3): $\mu_{\text{fi}} = \frac{N_{\text{Ed,fi}}}{N_{\text{Rd}}}$

Stützenenden horizontal unverschieblich gehalten. — Randbedingungen zu **Tafel 16.2**.

$l_{0,\mathrm{fi}} \leq l_0 = 3{,}08 \text{ m} \approx 3{,}00 \text{ m} \leq 3{,}00 \text{ m}$

Randbedingungen zu **Tafel 16.2**. Die Ersatzlänge $l_{0,\mathrm{fi}}$ der Stütze im Brandfall kann in allen Fällen mit l_0 bei Normaltemperatur (→ Beispiel 15.2) gleichgesetzt werden. Da die Stützenenden rotationsbehindert durch monolithische Bauweise an den Riegel und das Fundament anschließen, wäre auch eine weitere Reduzierung der Ersatzlänge mit $l_{0,\mathrm{fi}} = 0{,}5 \cdot l = 0{,}5 \cdot 4{,}00 = 2{,}00 \text{ m}$möglich.

$\rho = \frac{A_{s,\mathrm{vorh}}}{A_c} = \frac{12{,}6}{20 \cdot 30} = 0{,}021 < 0{,}04$

Randbedingungen zu **Tafel 16.2**, Bewehrungsgrad.

$0{,}5 < \mu_{\mathrm{fi}} = 0{,}69 < 0{,}7:$

$a = d_1 = 50 \text{ mm} \geq a_{\min} = 46 \text{ mm}$

$a \geq a_{\min}$? für μ_{fi} **Tafel 16.2** für R 60

$b = 200 \text{ mm} < b_{\min} = 250 \text{ mm}$

$b \geq b_{\min}$? für μ_{fi} **Tafel 16.2** für R 60

Nachweis für Feuerwiderstandsklasse R 60 nach **Tafel 16.2** aufgrund der Unterschreitung von $b_{\min}$ nicht erbracht.

Alternativ zur Anwendung von **Tafel 16.2** kann die Feuerwiderstandsdauer R nach Gl. (16.4) berechnet werden.

Die Randbedingungen zu Gl. (16.4) entsprechen mit Ausnahme der Begrenzung der Ersatzlänge $l_{0,\mathrm{fi}}$ der Stütze im Brandfall und der Stützenlänge den Randbedingungen zu **Tafel 16.2.**

$l_{0,\mathrm{fi}} \leq l_0 = 3{,}08 \text{ m} \approx 3{,}00 \text{ m} \leq 6{,}00 \text{ m}$

Randbedingungen zu (16.4)

$l = 4{,}00 \text{ m} \leq 6{,}00 \text{ m}$

Randbedingungen zu (16.4)

$R_{\eta\mathrm{fi}} = 83 \cdot \left(1{,}00 - 0{,}69 \cdot \frac{1 + 0{,}80}{0{,}85/0{,}85 + 0{,}80}\right) = 25{,}7$

(16.5): $R_{\eta\mathrm{fi}} = 83 \cdot \left(1{,}00 - \mu_{\mathrm{fi}} \cdot \frac{1+\omega}{0{,}85/\alpha_{cc} + \omega}\right)$

$\mu_{\mathrm{fi}} = 0{,}69 \quad \omega = \omega_{\mathrm{tot}} \approx 0{,}80$

$R_a = 1{,}6 \cdot (50 - 30) = 32{,}0$

(16.6): $R_a = 1{,}6 \cdot (a - 30)$

$R_l = 9{,}6 \cdot (5{,}00 - 3{,}00) = 19{,}2$

(16.7): $R_l = 9{,}6 \cdot (5{,}00 - l_{0,\mathrm{fi}})$

$l_{0,\mathrm{fi}} \leq l_0 = 3{,}08 \text{ m} \approx 3{,}00 \text{ m} \leq 3{,}00 \text{ m}$ (s. o.)

$R_b = 0{,}09 \cdot 240 = 21{,}6$

(16.8): $R_b = 0{,}09 \cdot b'$

$b' = 2 \cdot 200 \cdot 300/(200 + 300) = 240 \text{ mm}$

$b' = 2A_c/(b+h)$

$200\ \text{mm} \leq 240\ \text{mm} \leq 450\ \text{mm}$

$200\ \text{mm} \leq b' \leq 450\ \text{mm}$

$300\ \text{mm} \leq 1{,}5 \cdot 200\ \text{mm} = 300\ \text{mm}$

$h \leq 1{,}5 \cdot b$

$R_n = 0$ für $n = 4$

(16.9): $R_n = \begin{cases} 0 & \text{für } n = 4 \\ 12 & \text{für } n > 4 \end{cases}$

$$R = 120 \cdot \left(\frac{25{,}7 + 32{,}0 + 19{,}2 + 21{,}6 + 0}{120}\right)^{1{,}8} = 84\ \text{min}$$

(16.4):
$$R = 120 \cdot \left(\frac{R_{\eta fi} + R_a + R_l + R_b + R_n}{120}\right)^{1{,}8}$$

Die Stütze kann gemäß Gl. (16.4) in die Feuerwiderstandsklasse R 60 eingestuft werden. Der Nachweis ist erbracht.

17 Literatur

17.1 Vorschriften, Richtlinien, Merkblätter

[DIN EN 1992-1-1 – 11]	DIN EN 1992-1-1 (= EC 2-1-1) Bemessung und Konstruktion von Stahlbeton- und Spannbetontragwerken Teil 1-1: Allgemeine Bemessungsregeln und Regeln für den Hochbau; 2011-01.
[DIN EN 1992-1-1/NA – 13]	DIN EN 1992-1-1/NA (= EC 2-1-1/NA), Nationaler Anhang Bemessung und Konstruktion von Stahlbeton- und Spannbetontragwerken Teil 1-1: Allgemeine Bemessungsregeln und Regeln für den Hochbau; 2013-04.
[DIN EN 1992-1-2 – 10]	DIN EN 1992-1-1 (= EC 2-1-2) Bemessung und Konstruktion von Stahlbeton- und Spannbetontragwerken Teil 1-2: Allgemeine Regeln – Tragwerksbemessung für den Brandfall; 2010-12.
[DIN EN 1992-1-2/NA – 10]	DIN EN 1992-1-2/NA (= EC 2-1-2/NA), Nationaler Anhang Bemessung und Konstruktion von Stahlbeton- und Spannbetontragwerken Teil 1-2: Allgemeine Regeln – Tragwerksbemessung für den Brandfall; 2010-12.
[E DIN EN 1992-1-2/ NA/A1 – 15]	Entwurf DIN EN 1992-1-2/NA/A1 (= Entwurf EC 2-1-2/NA/A1) Bemessung und Konstruktion von Stahlbeton- und Spannbetontragwerken Teil 1-2/NA: Allgemeine Regeln – Tragwerksbemessung für den Brandfall; Änderung A1; 2015-02.
[DIN EN 1992-2 – 10]	DIN EN 1992-2 (= EC 2-2) Bemessung und Konstruktion von Stahlbeton- und Spannbetontragwerken Teil 2: Betonbrücken; 2010-12.

[DIN EN 1992-2/NA – 13]	DIN EN 1992-2/NA (= EC 2-2/NA), Nationaler Anhang Bemessung und Konstruktion von Stahlbeton- und Spannbetontragwerken Teil 2: Betonbrücken; 2013-04.
[DIN EN 206-1 – 01]	DIN EN 206: Beton Teil 1: Festlegung, Eigenschaften, Herstellung und Konformität (Deutsche Fassung EN 206-1: 2000); 2001-07.
[DIN 1045-2 – 08]	DIN 1045: Tragwerke aus Beton, Stahlbeton und Spannbeton Teil 2: Beton; Festlegung, Eigenschaften, Herstellung und Konformität – Anwendungsregeln zu DIN EN 206-1; 2008-08.
[DIN EN 12390-2 – 19]	DIN EN 12390-2: Prüfung von Festbeton Teil 2: Herstellung und Lagerung von Probekörpern für Festigkeitsprüfungen; 2019-10.
[DIN EN 12390-4 – 19]	DIN EN 12390-4: Prüfung von Festbeton Teil 4: Bestimmung der Druckfestigkeit – Anforderungen an Prüfmaschinen; 2020-04.
[DIN EN 13670 – 11]	Ausführung von Tragwerken aus Beton; Deutsche Fassung EN 13670:2009; 2011-03.
[DIN 1045-3 – 12]	DIN 1045: Tragwerke aus Beton, Stahlbeton und Spannbeton Teil 3: Bauausführung – Anwendungsregeln zu DIN EN 13670; 2012-03.
[DIN 488-1 – 09]	DIN 488: Betonstahl Teil 1: Sorten, Eigenschaften, Kennzeichen; 2009-08.
[DIN 488-2 – 09]	DIN 488: Betonstahl Teil 2: Betonstabstahl; 2009-08.
[DIN 488-3 – 09]	DIN 488: Betonstahl Teil 3: Betonstahl in Ringen, Bewehrungsdraht; 2009-08.
[DIN 488-4 – 09]	DIN 488: Betonstahl Teil 4: Betonstahlmatten; 2009-08.
[DIN 1045 – 88]	DIN 1045: Beton und Stahlbeton Bemessung und Ausführung; 1988-07.

[DIN 1045-1 – 08] DIN 1045: Tragwerke aus Beton, Stahlbeton und Spannbeton

Teil 1: Bemessung und Konstruktion; 2008-08.

[DIN EN 1990 – 10] DIN EN 1990 (EC 0)

Grundlagen der Tragwerksplanung; 2010-12.

[DIN EN 1990/NA – 10] DIN EN 1990/NA (= EC 0/NA), Nationaler Anhang

Grundlagen der Tragwerksplanung; 2010-12.

[DIN EN 1991-1-1 – 10] DIN EN 1991-1-1 (= EC 1-1-1)

Einwirkungen auf Tragwerke

Teil 1-1: Allgemeine Einwirkungen auf Tragwerke – Wichten, Eigengewicht und Nutzlasten im Hochbau; 2010-12.

[DIN EN 1991-1-1/NA – 10] DIN EN 1991-1-1/NA (= EC 1-1-1/NA), Nationaler Anhang

Einwirkungen auf Tragwerke

Teil 1-1: Allgemeine Einwirkungen auf Tragwerke – Wichten, Eigengewicht und Nutzlasten im Hochbau; 2010-12.

[DIN 1080-1 – 76] DIN 1080: Begriffe, Formelzeichen und Einheiten im Bauingenieurwesen

Teil 1: Grundlagen; 1976-06.

[DIN 1080-2 – 80] DIN 1080: Begriffe, Formelzeichen und Einheiten im Bauingenieurwesen

Teil 2: Statik; 1980-03.

[DIN 1080-3 – 80] DIN 1080: Begriffe, Formelzeichen und Einheiten im Bauingenieurwesen

Teil 3: Beton- und Stahlbetonbau, Spannbetonbau, Mauerwerksbau; 1980-03.

[DIN 1164-1 – 00] DIN 1164: Zement mit besonderen Eigenschaften

Teil 1: Zusammensetzung, Anforderungen, Übereinstimmungsnachweis; 2000-11.

[DIN 4212 – 86] DIN 4212: Kranbahnen aus Stahlbeton und SpannbetonBerechnung und Ausführung; 1986-01.

[DIN 18202 – 19] DIN 18202: Toleranzen im Hochbau

Bauwerke; 2019-07.

[DIN EN 197-1 – 04] DIN EN 197: Zement

Teil 1: Zusammensetzung, Anforderungen und Konformitätskriterien von Normalzement; 2004-08 (Deutsche Fassung EN 197-1: 2000).

[DIN EN 197-2 – 00] DIN EN 197: Zement

Teil 2: Konformitätsbewertung; 2000-11 (Deutsche Fassung EN 197-2: 2000).

[DIN FB 102 – 09] DIN Deutsches Institut für Normung e. V.

DIN Fachbericht 102 – Betonbrücken, Berlin, Beuth, 2009-03.

[DBV – 16] Deutscher Beton- und Bautechnik Verein e. V.

Merkblatt Begrenzung der Rissbildung im Stahlbeton- und Spannbetonbau; 2016-03.

[DBV – 13] Deutscher Beton- und Bautechnik Verein e. V.

Merkblatt Betonschalungen und Ausschalfristen; 2013-06.

[DBV – 15] Deutscher Beton- und Bautechnik-Verein e. V.

Merkblatt Betondeckung und Bewehrung – Sicherung der Betondeckung beim Entwerfen, Herstellen und Einbauen der Bewehrung sowie des Betons nach Eurocode 2, 2015-12.

[DBV – 19] Deutscher Beton- und Bautechnik-Verein e. V.

Merkblatt Abstandhalter nach Eurocode 2, 2019-11.

[DBV – 11] Deutscher Beton- und Bautechnik-Verein e. V.

Merkblatt Rückbiegen von Betonstahl und Anforderungen an Verwahrkästen nach Eurocode 2; 2011-01.

[WU-Richtlinie – 17] Deutscher Ausschuss für Stahlbeton DAfStb im DIN

DAfStb-Richtlinie Wasserundurchlässige Bauwerke aus Beton (WU-Richtlinie), 2017-12.

[Stahlfaserbeton-RiL – 21] Deutscher Ausschuss für Stahlbeton DAfStb im DIN

DAfStb-Richtlinie Stahlfaserbeton, 2021-06.

17.2 Bücher, Aufsätze, sonstiges Schrifttum

[Avak – 05] Avak, R.:
Stahlbetonbau in Beispielen: DIN 1045 und europäische Normung;
Teil 2: Bemessung von Flächentragwerken – Konstruktionspläne für Stahlbetonbauteile; 3. Auflage, Düsseldorf, Werner, 2005.
Das Buch wird in Querverweisen mit „*Teil 2*" bezeichnet.

[Avak – 93] Avak, R.:
Euro-Stahlbetonbau in Beispielen: Bemessung nach DIN V ENV 1992;
Teil 1: Baustoffe, Grundlagen, Bemessung von Stabtragwerken; Düsseldorf, Werner, 1993.

[Avak/Glaser – 05] Avak, R.; Glaser, R.:
Spannbetonbau – Theorie, Praxis, Berechnungsbeispiele; Berlin, Bauwerk, 2005.

[Beeby – 78] Beeby, A. W.:
Cracking – What are Crack Width Limits for?
Concrete Vol. 12, No. 7/1978, P. 31-33.

[Bertram/Bunke – 89] Bertram, D.; Bunke, N.:
Erläuterungen zu DIN 1045 Beton- und Stahlbeton, Ausgabe 07.88; Berlin, Beuth, 1989 (in: Deutscher Ausschuss für Stahlbeton, Heft 400).

[Cziesielski/Schrepfer – 00] Cziesielski, E.; Schrepfer, Th.:
Bauwerke aus wasserundurchlässigem Beton.
In: Avak/Goris (Hrsg): Stahlbetonbau aktuell: Jahrbuch für die Baupraxis. Düsseldorf, Werner/Beuth, 3(2000) S. A.3-A.35.

[DAfStb Heft 525 – 03] Deutscher Ausschuss für Stahlbeton DAfStb; Fachbereich 07 des NA Bau im DIN Deutsches Institut für Normung e. V.:
Erläuterungen zu DIN 1045-1, Beuth, 2003
(Deutscher Ausschuss für Stahlbeton, Heft 525).

[DAfStb Heft 555 – 06] Deutscher Ausschuss für Stahlbeton DAfStb; Fachbereich 07 des NA Bau im DIN Deutsches Institut für Normung e. V.:
Erläuterungen zur DAfStb-Richtlinie Wasserundurchlässige Bauwerke aus Beton, Beuth, 2006
(Deutscher Ausschuss für Stahlbeton, Heft 555).

[DAfStb Heft 600 - 20]	Deutscher Ausschuss für Stahlbeton DAfStb: Erläuterungen zu DIN EN 1992-1-1 und DIN EN 1992-1-1/NA (Eurocode 2); Beuth, 2020 (Deutscher Ausschuss für Stahlbeton, Heft 600).
[Ebeling – 07]	Ebeling, K.: Konstruktion – Weiße Wannen. In: Avak, R./Goris, A. (Hrsg.): Stahlbetonbau aktuell – Praxishandbuch 2007. Berlin, Bauwerk, (10)2007, S. E.1-E.48.
[Ehrigsen/Quast – 03]	Ehrigsen, O.; Quast, U.: Knicklängen, Ersatzlängen und Modellstützen. Beton- und Stahlbetonbau 98(2003) S. 251-257.
[Fischer – 98]	Fischer, L.: Sicherheitskonzept für neue Normen – ENV und DIN-neu, Berlin, Ernst & Sohn, insgesamt 11 Beiträge in: Die Bautechnik, 1998–2000.
[Fingerloos/Litzner – 06]	Fingerloos, F.; Litzner, H.-U.: Erläuterungen zur praktischen Anwendung der neuen DIN 1045 in: Betonkalender 2006, Teil 2, Berlin, Ernst & Sohn, (100)2006 S. 357-430.
[Fingerloos/Hegger/Zilch – 16]	EUROCODE 2 für Deutschland, DIN EN 1992-1-1 Bemessung und Konstruktion von Stahlbeton- und Spannbetontragwerken – Teil 1-1: Allgemeine Bemessungsregeln und Regeln für den Hochbau mit Nationalem Anhang, Kommentierte Fassung, 2. Auflage 2016; Beuth 2016, Wilhelm Ernst & Sohn 2016.
[Goris et al. – 04]	Goris, A.; Richter, G.; Schmitz, U.: Stahlbeton und Spannbetonbau nach DIN 1045-1 in: Schneider, K.-J. (Hrsg.): Bautabellen für Ingenieure, mit Berechnungshinweisen und Beispielen; 16 Auflage; Düsseldorf, Werner, 2004 S. 5.29 - 5.185.
[Grasser – 79]	Grasser, E.: Bemessung von Beton- und Stahlbetonbauteilen nach DIN 1045 Ausgabe Dezember 1978; 2., überarbeitete Auflage; Berlin, Beuth, 1979 (Deutscher Ausschuss für Stahlbeton, Heft 220).
[Grünberg – 01]	Grünberg, J.: Sicherheitskonzept und Einwirkungen nach DIN 1055(neu). In: Avak, R./Goris, A. (Hrsg.): Stahlbetonbau aktuell – Jahrbuch für die Baupraxis 2001. Düsseldorf, Werner, Beuth, (4)2001 S. A.3-A.52.

[Grasser/Thielen – 91] Grasser, E.; Thielen, G.:
Hilfsmittel zur Berechnung der Schnittgrößen und Formänderungen von Stahlbetontragwerken nach DIN 1045 Ausgabe Juli 1988; 3., überarbeitete Auflage; Berlin, Beuth, 1991 (Deutscher Ausschuss für Stahlbeton Heft 240).

[Graubner/Kempf – 00] Graubner, C.-A.; Kempf, S.:
Mindestbewehrung in Betontragwerken. Warum und wieviel? Beton- und Stahlbetonbau 95(2000) S. 72-80.

[Gross – 05] Gross, D. u. a.:
Technische Mechanik; Bd. 2. Elastostatik; 8. Auflage; Berlin, Heidelberg, New York, Springer, 2005.

[Grunau – 92] Grunau, E. B. u. a.:
Sanierung von Stahlbeton; Stuttgart, Expert, 1992 (Baupraxis + Dokumentation, Bd. 6).

[Hahn/Steinle – 95] Hahn, V.; Steinle, A.:
Bauen mit Betonfertigteilen im Hochbau. In: Betonkalender 86(1995) Teil 2 S. 459-629; Berlin, Ernst & Sohn, 1995.

[Hilsdorf – 00] Hilsdorf, H. K.:
Beton; in: Betonkalender 89(2000) Teil 1 S. 1-138; Berlin, Ernst & Sohn, 2000.

[Karl/Solacolu – 92] Karl, J.-H.; Solacolu, C.:
Verbesserung der Betonrandzone – Wirkung und Einsatzgrenzen der saugenden Schalungsbahn; Beton 43(1992) S. 222-225.

[Klopfer – 83] Klopfer, H.:
Die Carbonatisierung von Sichtbeton und ihre Bekämpfung; Bautenschutz und Bausanierung; Filderstadt, E. Möller GmbH, 1983.

[König/Tue – 96] König, G.; Tue, N.:
Grundlagen und Bemessungshilfen für die Rissbreitenbeschränkung im Stahlbeton und Spannbeton. Berlin, Beuth, 1996 (Deutscher Ausschuss für Stahlbeton, Heft 466).

[Kordina – 92] Kordina, K. u. a.:
Bemessungshilfsmittel zu Eurocode 2 Teil 1 (DIN V ENV 1992 Teil 1-1, Ausgabe 06.92) – Planung von Stahlbeton- und Spannbetontragwerken; Berlin, Beuth, 1992 (Deutscher Ausschuss für Stahlbeton, Heft 425).

[Kordina/Quast – 01]	Kordina, K.; Quast, U.: Bemessung von schlanken Bauteilen für den durch Tragwerksverformungen beeinflussten Grenzzustand der Tragfähigkeit – Stabilitätsnachweis. In Betonkalender 90(2001), Ernst & Sohn, Berlin, 2001, S. 349-416.
[Krings – 01]	Krings, W.: Bemessungstafeln für Rechteckquerschnitte nach der neuen DIN 1045. In: Bautechnik 78 (2001) S. 164-170.
[Krüger/Mertzsch – 01]	Krüger, W.; Mertzsch, O.: Untersuchungen zum Trag- und Verformungsverhalten bewehrter Betonquerschnitte im Grenzzustand der Gebrauchstauglichkeit. In: Rostocker Berichte aus dem Fachbereich Bauingenieurwesen, Heft 3, Universität Rostock, 2001.
[Krüger/Mertzsch – 03]	Krüger, W.; Mertzsch, O.: Verformungsnachweise- Erweiterte Tafeln zur Begrenzung der Biegeschlankheit. In: Avak/Goris (Hrsg.), Stahlbetonbau aktuell – Praxishandbuch 2003. Berlin, Bauwerk, 2003, S. G.19-G.38.
[Lohmeyer/Ebeling – 07]	Lohmeyer, G.; Ebeling, K.: Weiße Wannen – einfach und sicher. 8. Auflage, Düsseldorf, Verlag Bau + Technik, 2007.
[Mainz – 03]	Mainz, J.: Bemessungsdiagramme und -tabellen zur Querkraftbemessung nach DIN 1045-1. Beton- und Stahlbetonbau 98(2003) S. 258-267.
[Mayer/Rüsch – 67]	Mayer, H.; Rüsch, H.: Bauschäden als Folge der Durchbiegung von Stahlbeton-Bauteilen; Berlin, Beuth, 1967 (Deutscher Ausschuss für Stahlbeton, Heft 193).
[Mehlhorn – 96]	Mehlhorn, G. (Hrsg): Der Ingenieurbau: Grundwissen Band 7 Bauphysik, Brandschutz, Berlin, Ernst&Sohn, 1996.
[Meyer/Meyer – 07]	Meyer, G.; Meyer, R.: Rissbreitenbeschränkung nach DIN 1045: Diagramme zur direkten Bemessung; 3. Auflage, Düsseldorf, Bau + Technik, 2007.
[Motz – 91]	Motz, H. D.: Ingenieur-Mechanik, Düsseldorf, VDI; 1991.

[Reineck – 01] Reineck, K.-H.:
Hintergründe zur Querkraftbemessung in DIN 1045-1 für Bauteile aus Konstruktionsbeton mit Querkraftbewehrung. In: Bauingenieur 76(2001) S. 168-179.

[Rußwurm/Martin – 93] Rußwurm, D.; Martin, H.:
Betonstähle für den Stahlbetonbau; Eigenschaften und Verwendung; Wiesbaden, Berlin, Bauverlag, 1993.

[Schlaich/Schäfer – 01] Schlaich, J.; Schäfer, K.:
Konstruieren im Stahlbetonbau. In: Betonkalender 90.2001 Teil 2 S. 311-492; Berlin, Ernst & Sohn, 2001.

[Schneider/Albert – 20] Albert, A. (Hrsg.):
Bautabellen für Ingenieure mit Berechnungshinweisen und Beispielen; 25. Auflage; Köln, Reguvis Fachmedien Verlag, 2022.

[Schneider – 88] Schneider, K. -J.:
Baustatik; Statisch unbestimmte Systeme; 2. Auflage; Düsseldorf, Werner, 1988.

[Scholz/Hiese – 16] Scholz,W. (Hrsg.):
Baustoffkenntnis; 18. Aufl. Düsseldorf, Bundesanzeiger Verlag, 2016.

[Schießl – 89] Schießl, P.:
Grundlagen der Neuregelung zur Beschränkung der Rißbreite; Berlin, Beuth, 1989 (in: Deutscher Ausschuss für Stahlbeton, Heft 400).

[Schmitz/Goris – 01] Schmitz, U.; Goris, A.:
Bemessungstafeln nach DIN 1045-1; Normalbeton – Hochfester Beton – Leichtbeton. Düsseldorf, Werner, 2001.

[Schmitz/Goris – 05] Schmitz, U.; Goris, A.:
DIN 1045 digital Version 2.0; Einführung, Anwendungsbeispiele. 2. Auflage; Düsseldorf, Werner, 2005.

[Schnellenbach-Held/Ehmann – 02] Schnellenbach-Held, M.; Ehmann, St.:
Stahlbetonträger mit großen Öffnungen; Beton- und Stahlbetonbau 97(2002) S. 130-139.

[Schnütgen – 05] Schnütgen, B.:
Stahlfaserbeton. In: Avak, R./Goris, A. (Hrsg.): Stahlbetonbau aktuell – Praxishandbuch 2007. Berlin, Bauwerk, (8)2005, S. G.1-G.42.

[Schweda/Krings – 00] Schweda, E.; Krings, W.:
Baustatik: Festigkeitslehre; 3., neubearbeitete u. erw. Auflage; Düsseldorf, Werner, 2000.

[Seelmann – 97] Seelmann, F.:
Tragverhalten von gedrungenen Wänden aus hochfestem Normalbeton unter Berücksichtigung des Knickverhaltens der Längsbewehrung. Diss. TH Darmstadt, 1997.

[Springenschmid – 84] Springenschmid, R.:
Die Ermittlung der Spannungen infolge von Schwinden und Hydratationswärme im Beton; Beton- und Stahlbetonbau 79(1984) S. 263-269.

[Soretz – 79] Soretz, St.:
Korrosion von Betonbauteilen - ein neues Schlagwort? Zement und Beton 24(1979) S. 21-29.

[Wierig – 84] Wierig, H. J.:
Herstellen, Fördern und Verarbeiten von Beton. In: Zement-Taschenbuch, 48. Ausgabe (1984), S. 197-333; Wiesbaden, Bauverlag, 1984.

17.3 Prospektunterlagen von Bauproduktenanbietern

Prospektunterlagen können aktuell über das Internet eingesehen, heruntergeladen oder angefordert werden. Daher werden nachfolgend (Internet-) Adressen bedeutender Anbieter von Bewehrungselementen genannt.

[BETOMAX] http://www.betomax.de/
BETOMAX Kunststoff- und Metallwarenfabrik GmbH & Co. KG, Dyckhofstraße 1, 41480 Neuss

[ERICO] http://www.erico.com
Erico GmbH, 66851 Schwanenmühle

[HALFEN] http://www.halfen.de/
Halfen GmbH & Co. KG, Liebigstr. 14, 40764 Langenfeld/Rhld.

[H-BAU] http://www.h-bau.de
H-Bau Technik Horstmann GmbH, Am Güterbahnhof 20, 79771 Klettgau 1

[JORDAHL] http://www.jordahl-group.com
JORDAHL GmbH, Nobelstraße 51, 12057 Berlin

[PFEIFER] http://www.pfeifer.de/
Pfeifer Seil- und Hebetechnik GmbH & Co,
Dr.-Karl-Lenz-Straße 66, 87700 Memmingen

[SCHÖCK] http://www.schoeck.de/
Schöck Bauteile GmbH, Vimbucher Straße 2,
76534 Baden-Baden

18 Bezeichnungen

18.1 Allgemeines

Alle betonspezifischen Bezeichnungen werden zumindest an der Stelle erklärt, an der sie innerhalb dieses Buches zum ersten Mal benutzt werden. Darüber hinaus sind die Bezeichnungen in den folgenden Unterkapiteln nochmals stichpunktartig erklärt. Die innerhalb der Zahlenbeispiele aufgeführten allgemeinen Gln. sind unter der angegebenen Nummer in der theoretischen Abhandlung des Themas zu finden. Die Bezeichnungen orientieren sich an [DIN EN 1992-1-1/NA - 13]. Sofern eine Bezeichnung nur für eine der Normen gilt, ist dies in Klammern angegeben. Die Zuordnung von Farben ist in **Tafel 18.1** erklärt:

Farbe	Erläuterung
	Lasten und Schnittgrößen, Spannungen
	Baustoff Beton, Spannungen im Beton, Integral der Spannungen im Beton (innere Kraft), sofern eine Unterscheidung zum Betonstahl oder zu anderen Spannungen erfolgen soll
	Baustoff Betonstahl, Spannungen im Betonstahl, Integral der Spannungen im Betonstahl (innere Kraft), sofern eine Unterscheidung zum Beton oder zu anderen Spannungen erfolgen soll
	für Beispielrechnungen relevante Linien und Werte
	hervorgehobene Linien, Verformungen
	hervorgehobene Linien in Diagrammen
	Füllfarbe für Risse

Tafel 18.1 *Bedeutung der Farben im Buch*

18.2 Verwendete Abkürzungen

aufn aufnehmbar

bem Bemessung

ca. cirka

cal Berechnung [calculation]

crit kritisch [critical]

dir direkt [direct]

max maximal [maximum]

min minimal [minimum]

mod modifiziert [modified]

nom nominal [nominal]

red reduziert [reduced]

SLS serviceability limite state(s)

est geschätzt [estimated]

extr Größt- oder Kleinstwert [extremal value]

evtl. eventuell

Gl(n). Gleichung(en)

Ges. gesamt

ggf. gegebenenfalls

Hrsg. Herausgeber

i. Allg. im Allgemeinen

ind indirekt

inf unterer (Grenzwert) [inferior]

i.d.R. in der Regel

Kap. Kapitel

lim Grenz- [limit]

sup Index für Unterstützung (support) *oder* oberer (Grenzwert) [superior]

tot Gesamt- [total]

u.a. unter anderem

u.U. unter Umständen

ULS ultimate limit state(s)

usw. und so weiter

vgl. vergleiche

vorh. vorhanden

z.B. zum Beispiel

zul zulässig

max maximal [maximum]

min minimal [minimum]

→ siehe

18.3 Fachspezifische Abkürzungen

18.3.1 Geometrische Größen

A Fläche

A^{I} Fläche im Zustand I (im Zusammenhang mit E-Modul E A^{I}: Dehnsteifigkeit im Zustand I)

A^{II} Fläche im Zustand II (analog Zustand I)

A_0 Fläche eines Prüfkörpers

A_A Auftragsfläche beim Einschneiden in den Querkraftverlauf

A_c Betonfläche

A_{cc} Gesamte Fläche der Biegedruckzone [2. Index: compression zone]

A_i ideelle Querschnittsfläche

A_k Ersatzfläche für Torsionsbemessung (Kernquerschnitt)

A_s Stahlfläche (evtl. weiterer Index zur Angabe der Lage im Querschnitt)

A_{sc} Fläche der Bewehrungsstäbe in der Druckzone [2. Index: compression zone]

$A_{s,ø}$ Stahlfläche eines Stabes

A_{sl} Fläche der Längsbewehrung

A_{s1} Fläche der (gesamten) Biegezugbewehrung

$A_{c,eff}$	wirksame Zugzone	A_{sf}	Fläche der in den Gurt ausgelagerten Biegezugbewehrung [2. Index: flange]
A_{cf}	Betonfläche des Flansches eines Plattenbalkens [2. Index: flange]	A_{sR}	Fläche der Bewehrung am Auflager
$A_{c,n}$	Nettofläche des Betonquerschnitts	$A_{s,s}$	Fläche der Aufhängebewehrung aus Schrägstäben [2. Index: slant]
A_{ct}	Betonfläche der Zugzone (Zustand I) [2. Index: tension]	$A_{s,st}$	Fläche der Aufhängebewehrung aus Bügeln [2. Index: stirrup]
A_E	Einschnittsfläche beim Einschneiden in den Querkraftverlauf	A_{st}	Fläche der Querbewehrung [2. Index: transverse]
A_{sw}	Fläche der Querkraftbewehrung	b_1; b_2	Teilbreiten von Platten *oder* Randabstand der Bewehrung in Richtung b
a	Abstand zwischen Schweißstelle und Krümmungsbeginn eines Betonstahls *oder* Abstand der inneren Betondruckkraft F_{cd} vom (stärker) gedrückten Rand	C_d	ein festgelegter Grenzwert (z.B. zulässige Durchbiegung, zulässige Rissbreite)
a_c	Betonfläche (in cm²/m)	c	Betondeckung (allgemein) *oder* Größe eines Fachwerkfeldes bei der Querkraftbemessung
a_{HT}	Länge des Kreuzungsbereichs im Hauptträger	c_k	Karbonatisierungstiefe
a_i	rechnerische Auflagertiefe (allgemein)	c_{min}	Mindestmaß der Betondeckung (evtl. zusätzlicher Index X, b oder fi)
a_l	Versatzmaß	c_{nom}	Nennmaß der Betondeckung
a_{NT}	Länge des Kreuzungsbereichs im Nebenträger	c_v	Verlegemaß
a_{sb}	Abstand von Stabbündeln [2. Index: bundled bars]	c_{vorh}	vorhandene Betondeckung
$a_{sbü}$	erforderliche Bügelfläche in cm²/m	c'	Projektion der Länge eines Fachwerkfeldes in Richtung der Betondruckstrebe
a_{sf}	Fläche der Querkraftbewehrung im Gurt (cm²/m)	D	Biegerollendurchmesser
a_{sl}	Fläche der (Torsions-)längsbewehrung (cm²/m)	d	statische Höhe [effective depth]

a_{sw}	Fläche der Querkraftbewehrung (in cm^2/m); bei Querkraft plus Torsion kann ein zusätzlicher Index (V bzw. T) zur Unterscheidung angefügt werden.	d_g	Größtkorn des Zuschlages [aggregate]
$a_{sw,s}$	Fläche der Querkraftbewehrung aus Schrägstäben [2. Index: slant]	d_k	Dicke des Kernquerschnitts
a_V	Bezugsabstand zweier Punkte in Längsrichtung	d_1	Randabstand der Bewehrung
a_1	rechnerische Auflagertiefe links	$\varnothing$	Durchmesser
a_2	rechnerische Auflagertiefe rechts	ϕ	Stabdurchmesser des Betonstahls (Nenndurchmesser)
B	bezogene Biegesteifigkeit	$\varnothing^*$	Grenzdurchmesser
b	Bauteilbreite	$\varnothing_{bü}$	Stabdurchmesser eines Bügelschenkels
b_{eff}	mitwirkende Plattenbreite	$\varnothing_l$	Durchmesser der Längsbewehrung
$b_{eff,i}$	anteilige mitwirkende Plattenbreite der Platte i	$\varnothing_n$	Vergleichsdurchmesser eines Betonstahlbündels
b_f	Flanschbreite eines Plattenbalkens [Index: flange]	E_d	durch Einwirkungen verursachte Größe (z.B. Durchbiegungen, Rissbreite); → auch Kap. 18.3.3
b_{HT}	Breite des Hauptträgers	e	allgemeiner Schwerpunktabstand
b_i	Teilbreite einer Platte i *oder* ideelle Breite	e_i	Zusatzausmitte
b_j	Breite einer Arbeitsfuge [2. Index: joint]	e_{iz}	Zusatzausmitte in Koordinatenachse z (bei schiefer Biegung)
b_k	Bauteilbreite eines Ersatzquerschnitts	e_e	Ersatzausmitte
b_{NT}	Breite des Nebenträgers	e_{tot}	Gesamtausmitte
b_{sup}	Unterstützungsbreite	e_y; e_z	Ausmitte in Koordinatenachse y bzw. z
b_t	(mittlere) Breite der Zugzone [tension]	e_0	Exzentrizität nach Theorie I. Ordnung (bei schiefer Biegung zus. Index y bzw. z für Koordinatenachse)
b_w	Stegbreite [Index: web]	e_{01}; e_{02}	Stabendausmitte

e_2	Ausmitte infolge Theorie II. Ordnung ($e_{2,stag}$ bei gestaffelter Längsbewehrung)
f_d	Durchhang
f_R	bezogene Rippenfläche des Betonstahls
f_1; f_2	Durchbiegung in verschiedenen Feldern
f_I	unterer Rechenwert der Durchbiegung
f_{II}	oberer Rechenwert der Durchbiegung
h	Bauteilhöhe [overall depth] *oder* Gebäudehöhe über der Einspannebene für ein lotrechtes aussteifendes Bauteil
h'	Bezugshöhe
h_0	wirksame Körperdicke
h_{eff}	Höhe der wirksamen Zugzone
h_f	Flanschhöhe (-dicke) eines Plattenbalkens [flange]
h_k	Bauteilhöhe eines Ersatzquerschnitts
h_n	Öffnungshöhe (evtl. mit zusätzlicher Indexzahl)
h_R	Rippenhöhe des Betonstahls
h_{red}	reduzierte Bauteilhöhe
h_t	Höhe der Zugzone im Querschnitt unmittelbar vor Erstrissbildung
h_{tot}	Höhe eines Bauteils
h_W	Wanddicke
I	Flächenmoment 2. Grades
f	(maximale) Durchbiegung
$l_{b,min}$	Mindestverankerungslänge
l_{bd}	erforderliche Verankerungslänge
l	Stützenlänge
l_E	Einschnittslänge beim Einschneiden in den Querkraftverlauf
l_{eff}	Stützweite [span] evtl. mit zusätzlicher Zahl im Index für das betreffende Feld
l_d	lichter Abstand der Rippen des Betonstahls
l_i	Ersatzstützweite
l_n	lichte Weite *oder* Öffnungslänge (evtl. mit zusätzlicher Indexzahl)
l_R	Stützweite eines Rahmenriegels
l_{Rand}	Achsabstand von zwei Rahmen beim c_o-c_u-Verfahren
l_0	Übergreifungslänge
$l_{0,min}$	Mindestübergreifungslänge
l_t	Einleitungslänge [transfer]
l_0	Abstand der Momentennullpunkte
l_{0t}	Länge des Druckgurtes zwischen den seitlichen Abstützungen
S	statisches Moment
s	Stababstand *oder* lokale Koordinate
$s_{bü}$	Bügelabstand

I^{I}	Flächenmoment 2. Grades eines Betonquerschnitts im Zustand I
I^{II}	Flächenmoment 2. Grades eines Betonquerschnitts im Zustand II
I_c	Flächenmoment 2. Grades des Betonquerschnitts
$I_{col,o}$	Flächenmoment 2. Grades der oberen Randstütze
$I_{col,u}$	Flächenmoment 2. Grades der unteren Randstütze
I_b	Flächenmoment 2. Grades eines Balkens [beam]
I_i	ideelles Flächenmoment 2. Grades
I_T	Torsionsflächenmoment 2. Grades
$I_{T,i}$	Torsionsflächenmoment 2. Grades des Teilquerschnitts *i*
I_ω	Wölbflächenmoment 2. Grades
i	Trägheitsradius
l_A	Auftragslänge beim Einschneiden in den Querkraftverlauf
l_B	Bezugslänge, auf die die Bewehrung verteilt wird
$l_{b,rqd}$	Grundmaß der Verankerungslänge
w	Rissbreite *oder* Biegelinie
w''	zweite Ableitung der Biegelinie (Verkrümmung)
w_k	charakteristische Rissbreite
s_{cr}	Rissabstand
s_l	Abstand der Längsbewehrung
s_{crm}	mittlerer Rissabstand bei Erstrissbildung
s_{max}	maximal zulässiger (möglicher) Bewehrungsabstand
s_r	Rippenabstand beim Betonstahl
s_{rm}	mittlerer Rissabstand
s_w	Abstand der Stäbe der Querkraftbewehrung in Bauteillängsrichtung *oder* Ganghöhe einer Wendel
s_0	Randabstand eines Bewehrungsstabes im Übergreifungsstoß
t	(tatsächliche) Auflagertiefe
t_{eff}	effektive Wanddicke
u	Relativverschiebung zwischen Beton und Betonstahl *oder* Versagenspunkt *oder* Umfang des Querschnitts
u_k	Umfang des Kernquerschnitts
W	Widerstandsmoment
W_T	Torsionsflächenmoment 1. Grades
ε_c	Betondehnung (oder -stauchung) (evtl. weiterer Index zur Beschreibung der Lage)
$\varepsilon_{ca,\infty}$	Schrumpfdehnung des Betons
ε_{cc}	Stauchung des Betons infolge Kriechen

w_m mittlere Rissbreite

x Koordinatenrichtung (eines lokalen Systems) *oder* Abstand vom linken Auflager *oder* Höhe der Betondruckzone [neutral a<u>x</u>is depth]

$\bar{x}$ Koordinatenachse

x_C Abstand des Drehpunktes C vom stärker gedrückten Rand

x_F Abstand einer auflagernahen Einzellast vom Auflagerrand

x_V Stelle der maßgebenden Querkraft

x^I Höhe der Betondruckzone im Zustand I

y Koordinatenrichtung *oder* Punkt des Bewehrungsfließens

z Hebelarm der inneren Kräfte *oder* Koordinatenrichtung

z^{II} effektiver Hebelarm der inneren Kräfte im Zustand II

z_c Abstand zwischen der Schwerachse des Bauteils und der resultierenden Kraft in der Druckzone

z_{SP} Schwerpunktabstand

z_s; z_{s1} Abstand zwischen der Schwerachse des Bauteils und der Schwerachse der Biegezugbewehrung

z_{s2} Abstand zwischen der Schwerachse des Bauteils und der Schwerachse der Druckbewehrung

$\varepsilon_{cd,\infty}$ Trocknungsschwinddehnung des Betons

ε_{cm} mittlere Betondehnung

$\varepsilon_{cs,\infty}$ Schwinddehnung des Betons

ε_{c2} Stauchung an der Übergangsstelle Parabel und Rechteck im Parabel-Rechteck-Diagramm *oder* Betonstauchung am Rand 2

ε_{c3} Stauchung an der Übergangsstelle im bilinearen Diagramm *oder* Betonstauchung an der Unterkante des Flansches eines Plattenbalkens

ε_{cu} Bruchdehnung (-stauchung) von Beton

ε_{cu2} Bruchstauchung im Parabel-Rechteck-Diagramm

ε_s Stahldehnung (-stauchung) (evtl. weiterer Index zur Beschreibung der Lage)

ε_{sm} mittlere Stahldehnung bei Berücksichtigung der Zugversteifung *oder* Bruchdehnung

ε_{smI} mittlere Stahldehnung bei Auftreten des 1. Risses

ε_{smII} mittlere Stahldehnung beim Übergang zwischen Erstrissbildung und abgeschlossener Rissbildung

$\varepsilon_{sm,fyk}$ mittlere Stahldehnung bei Erreichen der Fließgrenze im Betonstahl

ε_u Bruchdehnung

ε_{uk} charakteristische Dehnung unter Höchstlast (charakteristische Bruchdehnung)

α	Neigung der Fachwerkzugstrebe (Querkraftbewehrung) *oder* Umlenkwinkel am Betonstahl	ε_y	Fließdehnung
α^{I}	Winkel im Zustand I	κ	(Ver-)Krümmung
α^{II}	Winkel im Zustand II	$1/r$	(Ver-)Krümmung
β_r	Neigung der Schubrisse	$1/r_m$	mittlere Krümmung infolge Lasten unter Berücksichtigung des Kriechens an der Stelle des Maximalmomentes
$\Delta\, c_{dev}$	Vorhaltemaß der Betondeckung	$1/r_{cs,m}$	(Ver-)Krümmung infolge Schwindens
$\Delta\varepsilon_s$	Dehnungssprung im Betonstahl	λ	Schlankheit (einer Stütze)
Δl	Grenzabmaß	λ_b	Biegeschlankheit *oder* Beiwert zur Bestimmung der Ersatzbreite der Druckzone in einem Plattenbalken
Δl_0	elastische Verformung des Betons	λ_{crit}	kritische Schlankheit
Δl_{cc}	Verformung des Betons infolge Kriechen	λ_m	mittlere Schlankheit
ρ	geometrischer Bewehrungsgrad	$\theta_{2,lim}$	flachestzulässiger Winkel einer Betondruckstrebe im Fachwerk am Auflager
ρ_{eff}	effektiver Bewehrungsgrad	θ_{opt}	optimaler Winkel der Betondruckstrebe im Fachwerk (führt zum größten aufnehmbaren Schubfluss)
ρ_0	Referenzbewehrungsgrad	θ_i	Schiefstellung gegen die Sollachse
$\rho_{w,min}$	Mindestquerkraftbewehrungsgrad	ϑ	Verdrillung der Stablängsachse (infolge Torsion)
ρ_1	geometrischer Bewehrungsgrad der Längsbewehrung	ξ_{lim}	maximal zulässige bezogene Druckzonenhöhe
ρ_2	geometrischer Bewehrungsgrad der Druckbewehrung	ξ	bezogene Druckzonenhöhe
φ	Winkel	ζ	bezogener Hebelarm der inneren Kräfte
φ_o, φ_u	Neigung der Bauteilober- (-unter-) seite	θ	Winkel der Betondruckstrebe im Fachwerk

18.3.2 Baustoffkenngrößen

B Kennbuchstabe für Betonstahl mit anschließender Angabe der Fließgrenze

C Kennbuchstabe für Betonfestigkeitsklasse (mit nachfolgender Festigkeitsangabe $f_{ck}/f_{ck,cube}$) [concrete]

CEM Zementfestigkeitsklasse eines CEN-Zementes [cement]

D_{Sd} Schädigungssumme

E_c Tangentenwert des Elastizitätsmoduls für Normalbeton im Ursprung (Druckspannung Null)

$E_{c,eff}$ Wirksamer Elastizitätsmodul des Betons unter Beachtung der Auswirkungen aus Kriechen

E_{cm} Sekantenwert des Elastizitätsmoduls für Normalbeton

E_s Elastizitätsmodul des Stahls [steel]

f_c allgemein für Druckfestigkeit des Betons [concrete]

f_{cd} Bemessungswert der Zylinderdruckfestigkeit des Betons [design]

$f_{cd,fat}$ Bemessungswert der Zylinderdruckfestigkeit des Betons beim Ermüdungsnachweis

f_{ck} charakteristische (Zylinder-) Druckfestigkeit des Betons

$f_{ck,cube}$ charakteristische Würfeldruckfestigkeit des Betons [cube]

f_{cm2} Mittelwert der Zylinderdruckfestigkeit des Betons im Alter von 2 Tagen

f_{cm28} Mittelwert der Zylinderdruckfestigkeit des Betons im Alter von 28 Tagen

f_{ct} zentrische Zugfestigkeit des Betons [concrete tension]

$f_{ct,eff}$ wirksame Zugfestigkeit des Betons

$f_{ctk;0.95}$ ($f_{ctk;0.95}$) charakteristischer Wert des 95 %- (bzw. 5 %-) Quantils der Betonzugfestigkeit

f_t Zugfestigkeit [tension]

f_{tk} charakteristischer Wert der Zugfestigkeit des Betonstahls

$f_{tk,cal}$ rechnerischer Wert der Zugfestigkeit des Betonstahls bei Ausnutzen des Verfestigungsbereichs (B500: 525 N/mm^2)

f_y Fließgrenze (to yield)

f_{yk} charakteristischer Wert der Fließgrenze des Betonstahls

G_{cm} Schubmodul

k_1, k_2 Steigung der Wöhlerlinie von Betonstahl

m Steigung der Wöhlerlinie

R_e Fließgrenze des Stahles nach DIN 488-1

R_m Zugfestigkeit des Stahles nach DIN 488-1

r Festigkeitsverhältnis des erhärtenden Betons bei 2 und 28 Tagen

w Wassergehalt

$f_{ck,\theta}$ charakteristische Druckfestigkeit des Betons bei der Temperatur θ

f_{cm} Mittelwert der Zylinderdruckfestigkeit des Betons [concrete medium]

α_{CEM} Beiwert zur Berücksichtigung der Zementart

α_{cc} Beiwert zur Berücksichtigung von Langzeitauswirkungen auf die Betondruckfestigkeit

w/z Wasserzementwert

z Zementgehalt

z_{eq} Bindemittelgehalt

α_C Beiwert zur Berücksichtigung der Betonfestigkeitsklasse

$\beta_{WN(150)}$ Betonfestigkeit an einem Würfel mit 150 mm Kantenlänge nach [DIN 1045 – 88]

ρ Trockenrohdichte

18.3.3 Kraftbezogene Kenngrößen

$A_{k,i}$ außergewöhnliche Einwirkung [accidential action]

C Auflagerkraft

C_{NT} Auflagerkraft des Nebenträgers

E_{cd} bezogene maximale Betonspannung unter der schadensäquivalenten Einwirkung

E_d allgemeiner Bemessungswert einer Last → auch Kap. 18.3.1, evtl. mit weiterem Index

F F_c Einzellast oder Kraft (allgemein) Kraft im Beton

F_{cd} Bemessungswert der Druckkraft im Beton

F_{cdw} Bemessungswert der Betondruckstrebenkraft im Fachwerk

F_{cr} Risslast [crack]

$G_{k,i}$ ständige Einwirkung

g ständige Einwirkung (streckenbezogen = Streckenlast)

H Horizontalkraft

M Biegemoment (evtl. mit Index zur Beschreibung der Lage oder Koordinatenrichtung)

M_b Stützmoment des Riegels am Endauflager

$M_b^{(0)}$ Stützmoment des Endfeldes unter Annahme einer beidseitigen Volleinspannung und Volllast

M_{cr} Rissmoment (crack)

M_{Ed} Bemessungswert des Biegemomentes (zusätzlicher Index 0 = Th. I. O.; 2 = Th. II. O.)

M_{Ed1} Bemessungswert des Biegemomentes inkl. Auswirkungen aus Zusatzausmitte nach Th. I. O.

F_{ctd} Bemessungswert der Biegezugkraft des Betons im Zustand I

F_d Bemessungswert der Streckenlast

F_{Ed} Bemessungswert einer Kraft

$F_{ed,sup}$ Auflagerkraft für die Momentenausrundung

F_k kritische Einwirkung

F_s Kraft im Betonstahl

F_{sd} Bemessungswert der Kraft im Betonstahl

F_{sdl} Bemessungswert der Längszugkraft im räumlichen Fachwerk bei Torsion

F_{sdw} Bemessungswert der Zugstrebenkraft im Fachwerk

$F_{s,cr}$ Kraft im Betonstahl bei Risslast

F_{td} Bemessungswert der Biegezugkraft im Zustand I

F_u Bruchlast

F_v vertikale Kraft

F_{yk} Kraft im Betonstahl bei Erreichen der Fließgrenze

f_b Verbundspannung [bond]

f_{bd} Bemessungswert der Verbundspannung

f_{cd} Bemessungswert der Zylinderdruckfestigkeit des Betons

P Vorspannung

p Querdruck

M_{el} Moment (nach der Elastizitätstheorie berechnet)

M_F Moment im Feld

M_k charakteristischer Wert des Momentes

M_R Moment im Rahmenriegel

M_{Rd} Bemessungswert des aufnehmbaren Momentes

M_u Biegemoment im Bruchzustand

M_{yk} Biegemoment bei Erreichen der Fließgrenze im Betonstahl

m_{Si} maßgebendes Stützmoment

m_1; m_2 bezogenes Biegemoment über einer Stütze

n_{bal} Bemessungswert der bezogenen Längskraft im balance point

N_{Ed} Bemessungswert der Längskraft

N_k charakteristischer Wert der Längskraft

N_{Rd} Bemessungswert der aufnehmbaren Längskraft

n_{ud} Bemessungswert der aufnehmbaren bezogenen Längskraft bei zentrischer Beanspruchung

$V_{Rd,cct}$ Bemessungswert der aufnehmbaren Querkraft ohne Querkraftbewehrung (Balken)

p_u Umlenkpressung

$Q_{k,i}$ veränderliche Einwirkung

q Streckenlast(-einwirkung) aus Verkehr

R_d allgemeiner Bemessungswert des Bauteilwiderstandes, evtl. mit weiterem Index

R_{equ} Bauteilwiderstand unter der schadensäquivalenten Spannung

R_{d1}^{Q} Querschnittswiderstand des Bauteils ohne Ansatz der Verformungen

R_{d2}^{BW} Bauwerkswiderstand bei Ansatz der Verformungen

S Schnittgröße (allgemein); Beanspruchung

T Torsionsmoment [torsional moment]

T_d Torsionsmoment mit Bemessungswerten

T_{Ed} Bemessungswert des Torsionsmomentes

T_{Rd} Bemessungswert des aufnehmbaren Torsionsmomentes

$T_{Rd,max}$ Bemessungswert des aufnehmbaren Torsionsmomentes, der von den Betondruckstreben erreicht wird

$T_{Rd,sy}$ Bemessungswert des infolge Bewehrung aufnehmbaren Torsionsmomentes

U_h; U_v horizontale (bzw. vertikale) Umlenkkraft

V Querkraft

V_a; V_b; V_c Verankerungselemente nach Abb. 8.26

$V_{Rd,max}$ Bemessungswert der aufnehmbaren Querkraft, der von den Betondruckstreben erreicht wird

$V_{Rd,sy}$ Bemessungswert der aufnehmbaren Querkraft infolge Querkraftbewehrung (evtl. zusätzlicher Index st für Bügelbewehrung)

V_{td} Querkraftanteil der gegen die Systemachse geneigten Kraft der Bewehrung

v_{Ed} maßgebende Querkraft im Flansch *oder* Bemessungswert des Schubflusses aus Torsion

ΔF Differenzkraft

ΔF_{cc} Veränderung der Kraft im Beton infolge Kriechen

ΔF_d Bemessungswert der Differenzkraft in der Druckzone eines Plattenflansches

ΔF_{d2} Bemessungswert der Differenzkraft in der Druckzone eines Steges

$\Delta F_{d,tot}$ Veränderung der Biegedruckkraft (bei Zuggurten der Biegezugkraft) zwischen zwei Punkten in Längsrichtung, deren Abstand a_v beträgt

ΔM Ausrundungsanteil des Biegemomentes

ΔM_{Ed} Momentendifferenz zwischen zwei Punkten im Abstand a_v

$\Delta \sigma_s$ Spannungssprung im Betonstahl

V_{ccd} Querkraftanteil der gegen die Systemachse geneigten Kraft der Druckzone

v_{cd} Querkrafttraganteil des Betons im Flansch (Dimension kN/m)

V_d allgemeiner Bemessungswert der Querkraft

V_{df} Querkraftanteil aus Dübelwirkung der Bewehrung

V_{d1} Querkraftanteil aus Rissverzahnung (-reibung) [friction]

V_{Ed} maßgebende Querkraft

V_{Ed0} Bemessungswert der bezogenen Längskraft nach Statik

$V_{Ed,T}$ Schubkraft aus Torsion in der Wandseite

V_{Rd} Bemessungswert der aufnehmbaren Querkraft

$V_{Rd,c}$ Querkrafttraganteil des Betons im Fachwerkmodell

$V_{Rd,ct}$ Bemessungswert der aufnehmbaren Querkraft ohne Querkraftbewehrung (Platte)

σ_c (Druck-)Spannung im Beton (evtl. zus. Index für Randbezeichnung)

σ_{cd} Bemessungswert der Betonlängsspannung

$\sigma_{c,freq}$ Bemessungswert der Betonspannung unter der häufigen Lastkombination

$\sigma_{c,lim}$ Grenzwert der Betonspannung beim Ermüdungsnachweis

σ_{cp} Längsspannung (z.B. aus Vorspannung)

$\Delta\,\sigma_{s,equ}$ schädigungsäquivalente Schwingbreite

$\Delta\,\sigma_{Rsk}$ Spannungsamplitude im Betonstahl für N^*-Lastzyklen

μ_{Ed} bezogenes Biegemoment

μ_{Eds} bezogenes Biegemoment in Höhe der Bewehrung

μ_u bezogenes Versagensmoment

μ_{y1}; μ_{y2} bezogenes Moment bei Erreichen der Fließgrenze in Bewehrungsstrang 1 bzw. 2

ν_{Ed} Bemessungswert der bezogenen Längskraft

ν_u bezogene Längskraft

σ_a halbe Amplitude einer Spannungsschwankung

σ_m Mittelwert einer Spannung

$\sigma_{s,perm}$ Stahlspannung bei quasi-ständiger Einwirkungskombination [permanent]

σ_{stat} statischer Spannungsanteil

σ_t Quer-(zug-)spannung

σ_1; σ_2 Hauptspannung

τ_{adh} infolge Adhäsion aufnehmbare Schubspannung in einer Kontaktfuge

τ_{Ed} Bemessungswert der Schubspannung aus Torsion

$\sigma_{cp,eff}$ mittlere effektive Betondruckspannung infolge der Längskraft

σ_{ct} (Biege-) Zugspannung im Beton

σ_{dyn} dynamischer Spannungsanteil

σ_{Nd} Spannung infolge einer äußeren Kraft senkrecht zur Fugenfläche (Druckspannung positiv)

σ_{s} Stahlspannung (evtl. zusätzlicher Index für Lage der Bewehrung im Querschnitt)

$\sigma_{s,cr}$ Stahlspannung bei Auftreten des 1. Risses

$\sigma_{s,freq}$ Bemessungswert der Betonstahlspannung unter der häufigen Lastkombination [frequent]

$\sigma_{s,lim}$ Grenzwert der Betonstahlspannung beim Ermüdungsnachweis

τ_{fr} infolge Reibung [friction] aufnehmbare Schubspannung in einer Kontaktfuge

τ_{s} infolge kreuzender Bewehrung aufnehmbare Schubspannung in einer Kontaktfuge

τ_{sm} mittlere Verbundspannung innerhalb der Eintragungslänge

τ_{T} Torsionsschubspannung

υ_{Ed} Bemessungswert des Schubflusses

υ_{Rd} Bemessungswiderstand des Schubflusses

Ψ_{0} Kombinationsbeiwert für seltene Einwirkungen

Ψ_{1} Kombinationsbeiwert für häufige Einwirkungen

Ψ_{2} Kombinationsbeiwert für quasiständige Einwirkungen

18.3.4 Sonstige Größen

AF Arbeitsfuge

c_o; c_u Steifigkeitsverhältnis

cr Punkt der Rissbildung

E rechnerisches Ende der Bewehrung

f_k Quantilwert

HT Hauptträger

k_c Beiwert zur Berücksichtigung des Einflusses der Spannungsverteilung innerhalb der Zugzone A_{ct} *oder* Beiwert zur Berücksichtigung der Betonfestigkeitsklasse beim Nachweis der Biegeschlankheit

$k_{c,\theta}$ Verhältniswert der Betonfestigkeit bei Hochtemperatur/Normaltemperatur

k_d Tafelwert bei der Biegebemessung mit dimensionsbehafteten Beiwerten (abhängig von Betonfestigkeitsklasse)

i	Zählvariable
K	Beiwert zur Berücksichtigung des statischen Systems
K_1; K_r	Beiwerte des Nennkümmungsverfahrens
K_φ	Beiwert zur Berücksichtigung des Kriechens
k	Beiwert zur Berücksichtigung nichtlinear über den Querschnitt verteilter Eigenspannungen *oder* Beiwert zur Berücksichtigung der Bauteilhöhe
k_A; k_B	Steifigkeitsbeiwert
k_a	bezogener Randabstand der Kraft in der Druckzone
k_{zt}	Zeitbeiwert zur Entwicklung der Zugfestigkeit f_{ctm}
k_1, k_2	allgemein für Beiwert
M	Kennzeichen für Betonstahlmatten *oder* Schubmittelpunkt
MS	Montagestab
N	Lastspielzahl
N^*	Lastspielzahl beim Übergang vom Zeitfestigkeits- in den Dauerfestigkeitsbereich
N_i	Anzahl der ertragbaren Lastzyklen innerhalb eines Kollektivs
NT	Nebenträger
n	bestimmte Anzahl *oder* (als Exponent) Formänderungskennwert (Potenz) im Materialgesetz *oder* Schnittigkeit des Bewehrungselementes
k_{dc}	Tafelwert bei der Biegebemessung mit dimensionsbehafteten Beiwerten (unabhängig von Betonfestigkeitsklasse)
k_f	Beiwert zur Berücksichtigung der Verformungsvergrößerung
k_p	Quantilfaktor
k_s	dimensionsbehafteter Tafelwert zur Bestimmung von A_s
k_T	Rauigkeitsbeiwert
$\alpha_{c,red}$	reduzierter Abminderungsbeiwert für die Druckstrebenfestigkeit bei Torsion
α_e	Verhältnis der Elastizitätsmoduln von Betonstahl und Beton
α_I	unterer Rechenwert einer Verformungsgröße
α_{II}	oberer Rechenwert einer Verformungsgröße
β	Beiwert *oder* rechnerische Steigung im σ-σ-Diagramm des Betonstahls
$\beta_{cc}(t_0)$	Erhärtungsfunktion des Betons
β_{ct}	Rauigkeitsbeiwert für Betontragfähigkeit
β_t	Völligkeitsbeiwert infolge Spannungsänderung aus Zugversteifung
β_1	Beiwert zur Berücksichtigung des Einflusses eines Bewehrungsstabes auf die mittlere Dehnung

n_i Anzahl der einwirkenden Lastzyklen innerhalb eines Kollektivs

n_s Anzahl der Geschosse

n_1 Anzahl der Bewehrungslagen

n_2 Anzahl der Bewehrungsstäbe

OK Oberkante

p_f Versagenswahrscheinlichkeit

R Feuerwiderstandsklasse

R_i Beiwerte mit Indizes i zur Berechnung der Feuerwiderstandsdauer

r Verhältniswert zur Festigkeitsentwicklung des Betons

rel F relative Luftfeuchte

S Kennzeichen für Stabstähle

SA Systemachse

SP Schwerpunkt

t Zeit

t_0 bestimmter Zeitpunkt *oder* wirksames Betonalter

t_1 bestimmter Zeitpunkt

u Punkt des Versagens

v Geschwindigkeit

WU wasserundurchlässig

β_2 Beiwert zur Berücksichtigung der Belastungsdauer auf die mittlere Dehnung

γ Sicherheitsbeiwert

γ_C Teilsicherheitsbeiwert für Beton

$\gamma_{C,fat}$ Teilsicherheitsbeiwert für Beton im Rahmen des Ermüdungsnachweises

γ_E Ersatzsicherheitsbeiwert

γ_F Teilsicherheitsbeiwert für eine Einwirkung

$\gamma_{F,fat}$ Teilsicherheitsbeiwert für Einwirkungen beim Ermüdungsnachweis

γ_G Teilsicherheitsbeiwert für eine ständige Einwirkung

$\gamma_{G,stat}$ Teilsicherheitsbeiwert für den Nachweis der Lagesicherheit

γ_P Teilsicherheitsbeiwert für Vorspannung

γ_Q Teilsicherheitsbeiwert für eine veränderliche Einwirkung

γ_S Teilsicherheitsbeiwert für Stahl

$\gamma_{S,fat}$ Teilsicherheitsbeiwert für Betonstahl im Rahmen des Ermüdungsnachweises

Δt Zeitdifferenz

δ Anteil gestoßener Stäbe *oder* Umlagerungsbeiwert

δ_{lim} Grenzwert der bezogenen Momentenumlagerung

λ_s Betriebslastfaktor zur Bestimmung der schädigungsäquivalenten Schwingbreite

ν_{red} reduzierter Wirksamkeitsfaktor ν bei Torsion

φ Kriechzahl des Betons

y	Punkt der Fließgrenze (bei beidseitiger Bewehrung mit zus. Index)	θ	Temperatur
α	Beiwert (evtl. mit weiteren Indizes)	ρ_1; ρ_2	Hilfsfaktor für Bemessungshilfsmittel
α_c	Völligkeitsbeiwert *oder* Abminderungsbeiwert für die Druckstrebenfestigkeit infolge schiefwinklig kreuzender Risse	σ	Standardabweichung
η	Dehnungsverhältnis	ω	mechanischer Bewehrungsgrad
η_1	Beiwert für Betonart (Normal- oder Leichtbeton)	ω_w	mechanischer Bewehrungsgrad der Querkraftbewehrung
μ	Reibbeiwert *oder* Ermüdungsbeiwert	$1/k_{II}$	Steifigkeitsbeiwert für Zustand II
μ_{fi}	Ausnutzungsgrad im Brandfall		
ν	Wirksamkeitsfaktor (Abminderungsfaktor, der die verminderte Druckfestigkeit des Betons infolge unregelmäßig verlaufender Risse zwischen den Druckstreben berücksichtigt)		

Stichwortverzeichnis

M

N

O

P

Q

R

S

W

Z